"十三五"国家重点出版物出版规划项目
国家科技基础性工作专项重点项目
国家社会公益研究专项项目
中国农业科学院科技创新工程

中国土壤剖面数据集

·西藏卷

主　编　张维理

本卷主编　冀宏杰　刘国一　吴文斌　杨雅萍

浙江科学技术出版社·杭州

版权所有　侵权必究

图书在版编目（CIP）数据

中国土壤剖面数据集. 西藏卷 / 张维理主编；冀宏杰等本卷主编. -- 杭州：浙江科学技术出版社，2024. 6. -- ISBN 978-7-5739-1261-9

Ⅰ. S152.2

中国国家版本馆 CIP 数据核字第 20241K7R53 号

书　　名	中国土壤剖面数据集·西藏卷
主　　编	张维理
本卷主编	冀宏杰　刘国一　吴文斌　杨雅萍
出版发行	浙江科学技术出版社
	杭州市拱墅区环城北路 177 号　邮政编码：310006
	办公室电话：0571-85152719
	销售部电话：0571-85176040
排　　版	杭州万方图书有限公司
印　　刷	浙江新华数码印务有限公司
经　　销	全国各地新华书店
开　　本	787 mm × 1092 mm　1/8　　　印　　张　46.5
字　　数	821 千字
版　　次	2024 年 6 月第 1 版　　　印　　次　2024 年 6 月第 1 次印刷
书　　号	ISBN 978-7-5739-1261-9　　　定　　价　360.00 元
地图审核号	GS 浙（2024）312 号

策划组稿	詹　喜　章建林	**责任编辑**	詹　喜　孟珍真
责任校对	李亚学	**责任美编**	金　晖　　**责任印务**　吕　琰

如发现印、装问题，请与承印厂联系。电话：0571-85155604

《中国土壤剖面数据集》
编 委 会

主　　任　赵其国

副 主 任　张维理

委　　员　（按姓氏笔画排序）

　　　　　毛达如　　史学正　　刘　旭　　刘先林　　刘更另
　　　　　孙　睿　　孙九林　　孙铁珩　　杨　鹏　　张洪江
　　　　　张维理　　周健民　　赵其国　　陶　澍　　黄鸿翔
　　　　　黄德明　　傅伯杰

《中国土壤剖面数据集·西藏卷》
编写人员

主　　编　张维理

本卷主编　冀宏杰　　刘国一　　吴文斌　　杨雅萍

本卷编委　（按姓氏笔画排序）

　　　　　田有国　　乐夏芳　　刘国一　　杜　佳　　杨雅萍
　　　　　吴文斌　　宋国英　　张认连　　张继宗　　张维理
　　　　　武淑霞　　岳现录　　徐爱国　　黄鸿翔　　谢永春
　　　　　雷秋良　　冀宏杰

土壤大数据整合与数字制图

设　　计　张维理

制　　作　徐爱国　　张认连　　冀宏杰

程序编制　贾　萌　　吴章生　　严　豪

地图编辑　中国地图出版社集团有限公司

内容提要

本数据集以分县主要土壤类型与土壤剖面点分布图、土壤剖面理化性状表的形式，提供了我国各地详尽的土壤资源与质量的科学数据。全集共 25 卷，收录了全国 2200 多个县（市、区）的分县土壤图和 6 万多个土壤剖面的分层理化性状数据。根据各省级行政区土壤剖面数量和地域关联特征，既有一个省（自治区）的单卷，也有多个省（自治区、直辖市、特别行政区）的合订卷。各卷内容包含分县主要土类说明、主要土壤类型与土壤剖面点分布图、中心区气候特征图表，还含有全国和各卷所涉省级行政区的土壤图、土壤有机质含量图与地势图，以便读者在全国、省级和县级不同视角和尺度上，了解土壤资源与质量状况及其空间分布特征，以及土壤类型、土壤肥力与气候条件、地势、地貌之间的相互关联。

西藏自治区位于我国西南边陲，素有"世界屋脊"之称的青藏高原的西南部，平均海拔在 4000m 以上。其面积约占国土总面积的 1/8，仅次于新疆维吾尔自治区。地貌大致可分为喜马拉雅山区、藏南谷地、藏北高原和藏东高山峡谷区。气候总体上具有东南温暖湿润、西北严寒干燥的特点，气候类型也因此自东南向西北依次有热带、亚热带、高原温带、高原亚寒带、高原寒带等类型，其中冰川面积占全国冰川面积的 49%。主要土壤类型有寒钙土、草毡土、寒冻土、黑毡土、暗棕壤、冷钙土、草甸土、石质土、黄壤、黄棕壤、棕壤、灰褐土、赤红壤、粗骨土、褐土、冷棕钙土、寒原盐土、沼泽土、新积土、砖红壤、棕色针叶林土、风沙土、寒漠土、冷漠土、潮土等 25 个土类。本卷收录了西藏自治区 72 个县（市、区）898 个典型土壤剖面的分层理化性状数据，便于读者了解西藏自治区主要土壤类型的分布特征及剖面特征，可作为农业、林业、环境、气象、国土、水利、经济等领域的科研、管理、技术人员的工具书和参考书，也适合高等院校研究生参考使用。

序

万物土中生，有土斯有粮。土为万物之本，土壤的重要性是怎么强调都不为过的。现在，土壤相关数据已成为农业、林业、环境、气象、国土、水利等各部门、各行业的基础数据。土壤研究最基础、最重要的表现形式是土壤剖面数据，其反映了不同层次的土壤理化性状。然而，长期以来，我国一直缺乏一套完整的系统性表现全国各区域土壤性状的剖面数据。

中华人民共和国成立以来，我国曾开展了两次全国性土壤普查，其中20世纪70年代末开始的全国第二次土壤普查是迄今为止最完整的。当时全国挖掘了550余万个剖面，各地分县完成了大比例尺土壤图，数据完整且可靠性高；然而，限于种种因素，当时仅完成了全国范围小比例尺土壤类型图和养分图的汇总，未及时完成全国土壤剖面库的整理。这些纸质资料散落于各地，并且年代久远，面临丢失、损毁的风险。这些宝贵数据具有时空尺度的唯一性，一旦出现问题，将对国家和社会各层面造成无法挽回的损失。

自2001年起，在国家社会公益研究专项项目资助下，张维理研究员带领团队，在全国范围开始对分散存留各地的土壤调查资料进行抢救性收集和整理。2006年，科技部启动了国家科技基础性工作专项项目，"我国1:5万土壤图籍编撰及高精度数字土壤构建"项目被列入首批重点项目并连续获得两期资助。该项目由中国农业科学院农业资源与农业区划研究所牵头，全国近20个科研单位（两期）共同承担任务，极大地加快了土壤数据抢救的进程，为编制本数据集奠定了基础。在参与本数据集编制的土壤科技工作者20年的持续努力下，在2019年度国家出版基金的资助下，在中国农业科学院科技创新工程的持续支持下，本数据集终于得以面世。

本数据集以涵盖全国2200多个县的土壤剖面分层数据为主体，首次同时展示了分县土壤图与典型土壤剖面分布图，描述了影响土壤发生的气候特征、主要土类的性状等，内容丰富，兼具专业性和科普性。全集共25卷，既有一个省、自治区的单卷，也有多个省、自治区、直辖市、特别行政区的合订卷。鉴于其数据的完整性、系统性、科学性，本数据集可成为我国资源环境领域的必备工具书之一。

本数据集至少可以应用于以下几个方面：

第一，直接服务于农业生产，保障粮食安全和食品安全。全国分县的不同土壤类型分层养分数据、土壤质地信息，可为科学施肥、土壤培肥与耕作措施的制定提供决策依据。

第二，为水利、环境、建筑、旅游等行业提供便捷、直观的土壤分层次基础信息。信息后标有剖面点经纬度，便于查询获取。

第三，对于土壤质量演变、耕地地力演变、碳储量、面源污染、气候变化等多学科研究具有土壤科学起始点数据意义。

我国疆域辽阔，编制本数据集需要对各地分县完成的大比例尺土壤图和土壤调查资料进行数字化整合，创建覆盖我国全域的高精度数字土壤，再进行分县土壤剖面表的提取与分县土壤图的缩编。本数据集的总数据处理量达到 TB 级且数据来源多而复杂、专业性强、处理难度大，按常规方法，需数万人历时多年方能处理完成。张维理研究员创造性地将数据科学、人工智能与人机交互设计原理引入土壤学范畴，首创土壤大数据方法，以土壤科学需求设计统领其他各层级设计，以智能化、自动化、人机交互式的数据分析流程替代人工流程，高效、精准地完成了土壤大数据的时空整合和表达，这一巨著才得以面世。作为两期项目的专家组组长，我亲历了整个项目的全过程，对张维理研究员勇于创新、踏实、勤奋、务实、敬业、有担当的优秀品质印象深刻，也深感钦佩！

本数据集的完成前后历时 20 年之久，直接参与数据收集、编撰人数近百人，涉及我国各省（自治区、直辖市）的土壤肥料相关单位。正是他们的付出和努力，才使得本数据集得以面世。衷心希望本数据集能在农业、林业、环境、气象、国土、水利以及肥料工业等领域发挥积极作用，更好地服务于我国经济和社会发展。

中国科学院院士 赵其国

2021 年 12 月

前 言

土壤是农业的基础，是陆地生态系统生命过程的基础，也是维持地球上能量与水的交换、生命元素循环的重要基础。《中国土壤剖面数据集》首次以分县土壤图和土壤剖面理化性状表的形式，提供了我国陆域全覆盖的土壤资源与质量的科学数据，为农业、林业、环境、气象、国土、水利等部门和相关行业精准了解各地土壤资源分布与质量状况，科学利用土壤资源，发展绿色农业、特色农业和节水农业，进行耕地保育、科学施肥、面源污染防治和基本农田保护等提供了科学依据；也为农业科学、环境科学及地学、气象、测绘、水利等多个学科领域的科研工作者研究陆地生态系统生产力演变、地球物质循环、气候与环境变化提供了基础数据。

编入本数据集的分县土壤图和土壤剖面理化性状表主要源于对全国第二次土壤普查（以下简称"二普"）调查资料的收集、整理、提取与汇总。二普是我国现代规模最大的以查清土壤资源和土壤肥力为主要目标的土壤资源综合调查，既完成了我国迄今为止最详尽的土壤分类调查，也首次在全国范围进行了较高密度的土壤采样化验，开启了我国用土壤理化性状量化指标描述土壤资源与土壤质量状况的时代。二普地面调查采样实施于1979—1987年，通过550万个土壤剖面观测和采样，分县完成了1∶5万比例尺土壤图绘制和10万余个土壤剖面的分层采样、化验、记录，其中的土壤质量稳定性要素，如土体构造、质地、母质、成土条件、土壤类型等时效性长，CRT值（土壤特性响应时间，characteristic response time）达上千年，可长久使用；土壤有机质含量，氮、磷、钾含量，酸碱度，耕层厚度等土壤质量变化性要素为了解土壤与环境质量演变提供了重要信息。无论从数量还是质量上看，二普获取的土壤科学数据至今都是我国最详尽、最有价值的土壤资源基础数据，其精度与质量超过许多发达国家的土壤资源基础数据。

20世纪末期以来，全球性人口和经济快速增长导致的人均土地资源与水资源紧缺、环境污染、气候变化、粮食安全危机，使科学界对土壤及其形成过程的关注度不断提高，关注重点也从了解土壤与环境质量现状转变为弄清演变趋势、引致变化的内在机理和驱动因素。土壤圈处于地球大气圈、水圈、生物圈和岩石圈的交会处。土壤层中的生物过程和物质循环过程既活跃，又具有一定的稳定性，能较好地反映地球水圈、土壤圈、大气圈、生物圈及岩石圈五大圈层动态交互作用的结果。只要对近年来国际上关于碳足迹、气候变化的研究进展稍加关注，就可知晓具有时空维度的土壤科学数据对于阐明土壤与环境过程并弄清其驱动因素、预测未来土壤与环境质量变化具有无可替代的作用。本数据集编入的土壤质量数据既是我国在全国范围内首次完成的土壤理化性状的科学记载，也是40多年前对我国土壤质量变化性要素的客观记录，能帮助我们了解改革开放以来经济、农业高速发展以及农用化学品投入量高速增长对土壤与环境质量的影响，对了解我国土壤与环境质量时空演变亦具有起始点土壤科学数据的意义。本数据集编入的起始点数据使我们对全国土壤及相关过程的认识延伸了40多年。历史上的土壤调查结果不能被新的调查结果替代，这一不可替代性使得本数据集将成为我国农业与环境领域最具影响力的工具书和参考书之一。

本数据集既是我国老一辈土壤与农业科研工作者在全国土壤普查工作中取得的成果，也是数据集编制人员长期以来默默耕耘的结晶。二普完成的大比例尺土壤图件和土壤剖面理化性状主要为手绘纸质图件和非正式出版的铅印或油印资料，份数少且由各地自行保存。二普结束后，随着各地机构调整与人员变动，土壤调查资料被损毁或丢失严重，难以发挥作用。在我国多位知名科学家的倡议和推动下，"十一五"期间，"我国1∶5万土壤图籍编撰及高精度数字土壤构建"项目（2006—2017）被列为国家科技基础性工作专项重点项目。其目的是对各地宝贵的土壤科学数据进行抢救性收集、数字化和整合，提升我国科学研究与管理基础数据的条件。为实现这一目标，项目组研究人员首先对各地分散存留的纸质分县土壤调查资料进行了全面的收集、修复和整理。针对国际范围内缺少对异源、异质、异构、异形土壤大数据的提取、整合方法的难题，项目组研究人员积极探索、勇于创新，融合应用土壤学、地理信息系统技术、数据科学、人工智能、人机交互设计方法，创建了土壤大数据方法，以层级化的流程设计实现土壤科学层面的需求设计统领体系架构、数据流程及模块设计，以独立于数据流程的监控设计实现土壤科学家对全流程的掌控和人工干预，以智能化、人机交互式数据流程替代人工流程，优质、高效地完成了对各地异源土壤资料的审核、提取、过滤、分类、整合与表达，完成了覆盖我国全陆域的1∶5万比例尺土壤图绘制与土壤剖面点空间数据库建设工作。为满足各行各业准确了解我国各地土壤资源与质量状况的广泛需求，编者通过对1∶5万比例尺土壤图数据的缩编表达与10万余个土壤剖面理化性状数据的进一步提取，最终完成了本数据集的编制。

本数据集共25卷，收录了全国2200多个县（市、区）的分县土壤图和6万多个土壤剖面的理化性状数据。根据各省级行政区土壤剖面数量的多寡和地域关联特征，既有一个省（自治区）的单卷，也有多个省（自治区、直辖市、特别行政区）的合订卷。为便于读者了解全国及各省级行政区土壤资源与质量的分布特征，特别编制了全国及各省级行政区土壤图、土壤有机质含量图与地势图三个序图，读者可以方便地查询全国及各省级行政区任何地区拥有的主要土壤类型，了解其土壤有机质含量及地势、地貌特征。在各分卷中，分县土壤资源与土壤质量性状由主要土类说明、中心区气候特征图表、分县主要土壤类型与土壤剖面点分布图以及土壤剖面理化性状表共同呈现。

本数据集既可作为工具书、参考书，供农业、林业、环境、气象、国土、水利、经济等领域的管理人员和技术人员使用，也适合高等院校相关专业研究生参考使用。

我国幅员辽阔，从收集、整理全国分县土壤调查资料，到完成覆盖我国全境的1:5万比例尺土壤图籍，再到完成本数据集的编制，来自全国近20家研究机构的科研人员组成项目组，辛苦工作了20多年。其间，本项工作得到了国家社会公益研究专项项目、国家科技基础性工作专项重点项目的长期、连续资助和在项目实施年限上给予的充分理解，同时得到了中国农业科学院科技创新工程的资助，全国50多家国家级及省级土壤、测绘、农业科研与管理机构的大力支持以及我国老一辈土壤科学家自始至终的关心和鼓励。在整个项目实施期间，有9位院士和7位长期从事土壤科学、农业资源环境研究的专家给予了直接和全程的指导。近20年间，项目组研究人员一方面要承担艰难而繁重的科研任务，另一方面要顶着多年没有科研产出的压力，没有他们的坚持和付出，就没有本数据集的面世。在此，谨向所有参加数据集编制的科研人员及对本项工作给予支持的部门和人员一并表示衷心的感谢！

由于本数据集包含的数据量庞大，且不限于土壤学本身，尽管我们在编撰过程中极尽斟酌，仍难免存在不足之处，敬请读者批评指正，以便今后修订完善。

中国农业科学院研究员 张维理

2021年12月

目 录

第一编　编制说明与序图

编制说明

编制目的……………………………………………………………………002
土壤数据基础知识…………………………………………………………002
数据集内容…………………………………………………………………005
土壤数据来源………………………………………………………………005
编制方法——土壤大数据方法……………………………………………006
中国土壤图、中国土壤有机质含量图与中国地势图编制………………007
分省土壤图、分省土壤有机质含量图与分省地势图编制………………009
县域中心区气候特征图表编制……………………………………………011
分县主要土壤类型与土壤剖面点分布图编制……………………………012
分县土壤剖面理化性状表编制……………………………………………012
土壤专题图与土壤剖面数据可靠性检验…………………………………017
参编单位……………………………………………………………………019

序　图

中国土壤图…………………………………………………………………020
中国土壤有机质含量图……………………………………………………022
中国地势图…………………………………………………………………024
西藏自治区土壤图…………………………………………………………026
西藏自治区土壤有机质含量图……………………………………………028
西藏自治区地势图…………………………………………………………030

第二编　分县土壤图与土壤剖面数据

拉　萨　市

市辖区………………………… 034	当雄县………………………… 049
堆龙德庆区…………………… 037	尼木县………………………… 053
达孜区………………………… 041	曲水县………………………… 056
林周县………………………… 045	墨竹工卡县…………………… 061

日喀则市

市辖区………………………… 065	仁布县………………………… 103
南木林县……………………… 068	康马县………………………… 107
江孜县………………………… 073	定结县………………………… 111
定日县………………………… 077	仲巴县………………………… 115
萨迦县………………………… 081	亚东县………………………… 120
拉孜县………………………… 086	吉隆县………………………… 124
昂仁县………………………… 090	聂拉木县……………………… 129
谢通门县……………………… 095	萨嘎县………………………… 134
白朗县………………………… 098	岗巴县………………………… 138

昌　都　市

市辖区………………………… 143	八宿县………………………… 173
江达县………………………… 148	左贡县………………………… 178
贡觉县………………………… 153	芒康县………………………… 182
类乌齐县……………………… 158	洛隆县………………………… 186
丁青县………………………… 162	边坝县………………………… 191
察雅县………………………… 167	

林 芝 市

市辖区	196	波密县	209
工布江达县	199	察隅县	214
米林县	202	朗县	219
墨脱县	205		

山 南 市

市辖区	222	措美县	244
扎囊县	226	洛扎县	248
贡嘎县	229	加查县	251
桑日县	232	隆子县	256
琼结县	236	错那县	261
曲松县	240	浪卡子县	266

那 曲 市

市辖区	271	申扎县	294
嘉黎县	277	索县	299
比如县	282	班戈县	305
聂荣县	287	巴青县	310
安多县	290	尼玛县	314

阿里地区

普兰县	319	日土县	330
札达县	324	改则县	334
噶尔县	327	措勤县	337

附 录

附录1 西藏自治区县级行政区及分县主要土壤类型与土壤剖面点分布图中地域名对照表……………342

附录2 专题图基础地理要素图例……………344

附录3 土壤图土类图例……………345

附录4 中国主要土壤类型简表……………347

附录5 西藏自治区主要土壤类型表……………352

附录6 分省土壤有机质含量图有机质含量分级图例……………353

附录7 西藏自治区典型剖面0—20cm土层土壤理化性状中位数与平均数……………353

附录8 西藏自治区主要土地利用类型0—30cm土层土壤有机质含量……………354

附录9 西藏自治区耕地、园地、林地和草地中主要土壤类型占比……………355

附录10 《中国土壤剖面数据集》参编单位……………356

参考文献……………358

第一编 | **编制说明与序图**

编制说明

编制目的

土壤是农业的基础，也是维持地球碳、氮、硫、磷等重要生命元素正常循环的基础。肥沃的土壤促进了人类文明的诞生和繁荣。科学研究表明，地球上种类繁多、形态各异的土壤是在气候、生物、地形、时间、成土母质五大成土因素共同作用下形成的。北京社稷坛铺设的青、白、红、黑、黄五种不同颜色的土壤（五色土），分别代表我国东、西、南、北、中五大区域的典型土壤。不同类型的土壤性状差别很大。例如，南方红壤呈酸性，易缺乏钾离子、钙离子、镁离子等阳离子，农业生产上要注意调酸和补充富含钾、钙、镁的肥料；而西部土壤有机质含量低，施用有机肥料和秸秆还田对提高地力至关重要。我国人均土地资源紧缺，要实现粮食安全、环境安全和可持续发展，需要精准掌握各地土壤资源与质量状况，做到因土制宜，科学管理。

《中国土壤剖面数据集》是国家自然资源基本资料之一，其首次以分县土壤图和土壤剖面理化性状表的形式，提供了我国各地详尽的土壤资源与质量科学数据，为农业、林业、环境、气象、国土、水利等部门了解各地土壤质量状况，科学利用土壤资源，发展绿色农业、特色农业和节水农业，进行耕地保育、科学施肥、面源污染防治和基本农田保护提供了基础数据，也为农业科学、环境科学及地学、气象、测绘、水利多个学科领域的科研工作者研究陆地生态系统生产力及其演变、地球物质循环、气候与环境变化提供了科学依据。

本数据集编入的土壤质量数据亦是我国在全国范围内首次完成的土壤理化性状的科学记载，对了解我国土壤与环境质量时空演变具有起始点数据的意义。通过这些数据，科研工作者可以追溯我国全国范围土壤与环境相关过程至 20 世纪 80 年代，分析和了解导致土壤质量变化的环境和人为因素，并对土壤与环境质量演变趋势进行预报与预警。历史上的土壤调查结果不能被新的调查结果替代，这一不可替代性使得本数据集将成为我国农业与环境领域最具影响力的工具书和参考书之一。

土壤数据基础知识

本数据集收录的土壤数据源于土壤调查。为便于读者了解和应用这些数据，本节对土壤调查的目标、内容与主要方法，土壤数据的时空维度特征，土壤数据的应用领域与时效性做一简要介绍。

（一）土壤调查的目标、内容与主要方法

土壤调查的主要目标是查清一个区域内土壤资源与质量状况及其空间分布特征。19 世纪末期至 20 世纪中后期，各国土壤调查的主要目标是查清土壤类型及分布特征[1-2]。由于不同土壤类型最典型的区别是成土过程中形成的土壤剖面特征，因而在传统的土壤调查中，需要在调查区域内进行多点采样，并在每个采样点对 0—1—2m 深土体的土壤剖面进行分层采样、观测、理化性状分析，记录剖面各分层土壤理化性状，据此进行土壤

分类、命名，并最终依据多点调查结果完成土壤图的绘制。

20世纪末期以来，全球人口及经济快速增长导致人均土地资源和水资源紧缺、环境污染、气候变化与粮食安全危机，不同行业及学科领域对土壤生产功能和环境功能的关注度不断提高，土壤调查的核心内容也逐步从查清土壤类型分布特征转为土壤功能调查。土壤功能调查的目标是了解土壤生产力、土壤环境质量和土壤健康质量等。例如，为了耕地保育和科学施肥，需要进行土壤有效养分含量状况、土壤障碍因素调查；为了了解环境质量，需要进行土壤污染状况、土壤环境容量调查；为了发展节水农业，需要进行土壤保水性状调查；为了控制水污染，需要进行流域农田土壤氮、磷流失特征与风险调查。土壤功能调查的内容主要为可量化的，或含义单一且明确、易于被其他学科和行业认知的土壤功能性指标，如土壤有机碳含量、土壤重金属含量、土壤质地类型、耕层厚度等。在土壤功能调查中，也需要在调查区进行多点采样，并根据调查目标的不同，选择适宜的采样深度。例如，当调查目标是了解土壤有效养分供应量或农田土壤污染物含量时，通常仅对耕层土壤进行采样；当调查目标是了解土壤保水性能、土壤水土流失与养分流失性状时，则需要对较深的土壤剖面进行分层采样和观测。

较早的土壤调查主要通过地面多点采样来了解一个区域土壤资源与质量性状的空间分布特征。近年来，随着遥感技术、地理信息系统（GIS）技术、模拟技术与大数据技术的发展，土壤质量相关数据（如数字高程、土地覆盖、植被数据等）产生量急剧增长，这使得在大区域尺度内通过多类型相关信息精确地捕捉和表达土壤质量性状以及相关过程成为可能。在国际上，地面采样调查与辅助信息结合的方法——数字土壤制图方法（digital soil mapping）已成为土壤调查的重要方法[3]。该方法能利用采样设计、辅助信息、推理模型与地统计检验，大幅度减少地面采样和土壤理化性状测试分析的工作量。与传统方法相比，采用数字土壤制图方法进行土壤调查，可缩短调查周期，降低调查成本，提高用土壤专题地图表征土壤资源与土壤质量性状空间分布特征的可靠性和精度，从而提高土壤调查的效率与质量。

（二）土壤数据的时空维度特征

在现代社会，农业、环境等领域的专业工作者要了解最新的土壤调查结果，更需要掌握未来土壤质量变化趋势，以便根据变化趋势、自然与人为要素对土壤质量的影响，制定具有针对性的政策与技术措施，实现高产、稳产和环境安全。要精确进行土壤与环境质量预测和预警，就需要对重要的土壤质量性状进行周期性的采样、调查、记录，构建具有时空维度的土壤质量数据。这意味着历史上完成的土壤调查不能被新的调查所替代，所以其结果十分宝贵。

土壤数据最重要的特征之一是时空维度特征。通过历史上的土壤调查结果记录，构建具有时间序列的土壤质量科学数据，能将土壤质量现状与土壤质量演变过程相关联，并以此对土壤质量演变趋势和导致其变化的因素进行分析、预测。而土壤数据标有空间坐标，便于科研工作者将土壤调查结果与其他类别的要素和过程，如与气候、地形、土地利用情况有关的变化信息，以及随施肥投入农田的碳、氮、硫、磷数据等相关联，从而进一步提高分析的精度和预测、预报的可靠性。

土壤圈处于地球大气圈、水圈、生物圈和岩石圈的交会处。土壤层中的生物过程和物质循环过程既活跃，又具有一定的稳定性，能较好地反映地球水圈、土壤圈、大气圈、生物圈及岩石圈五大圈层动态交互作用的结果。具有时空维度的土壤科学数据对于阐明土壤与环境过程并弄清其驱动因素、预测未来土壤与环境质量变化具有不可替代的作用。

近年来，具有地理坐标的土壤剖面点数据受到科学界的广泛关注。剖面数据记载了土体构造、剖面分层土壤理化性状，是了解成土过程的基础，也是构建推理模型，量化表征区域尺度土壤过程、流域水土流失与氮磷流失特征、碳氮循环与环境质量演变的基础。在过去的半个世纪中，尽管完成了大量的土壤剖面调查，但由于在较早的土壤调查中尚未使用全球定位系统（GPS）设备，各国在构建地理坐标的土壤剖面点数据库上差别较大。目前，美国完成了约2万个有地理位点标识的土壤剖面数据[4]，澳大利亚已完成约16万个有地理坐标的土壤剖面数据[5]，欧盟各成员国共享使用的土壤剖面数据库含4000个剖面的分层土壤理化性状数据[6]。本数据集则汇集了我国总计6万多个有地理坐标的土壤剖面数据。

（三）土壤数据的应用领域与时效性

表1汇总了本数据集编入的土壤理化性状及其主要影响因素与过程、时间变化特征、所关联的土壤质量性状和应用领域。

表1　土壤理化性状及其主要影响因素与过程、时间变化特征、所关联的土壤质量性状和应用领域

土壤理化性状	主要影响因素与过程	时间变化特征	所关联的土壤质量性状	应用领域
土壤类型	成土过程	变化慢	土壤肥力与环境质量	农业、水利、环境、建筑、肥料工业等
剖面深度（指剖面各土层厚度的总和）	成土过程	变化慢	土壤肥力、土壤环境容量、土壤保水和保肥性能、土壤持水性能	农业、环境等
土体构造（指土壤剖面各发生层有规律的组合，是土壤剖面最重要的特征）	成土过程	变化慢	土壤肥力、土壤环境容量、土壤保水和保肥性能、土壤持水性能、土壤透水性能	农业、水利、环境等
母质	成土因素	变化慢	土壤肥力、土壤矿物组成、矿质养分含量、土壤质地	农业、水利、环境、肥料工业等
质地	成土过程、母质	变化慢	土壤肥力、土壤环境容量、土壤持水性能、土壤耕性、土壤有机碳与养分含量、土壤重金属吸附性能等	农业、水利、环境、建筑等
颜色	土壤氧化还原、淋溶等成土过程，土壤有机质累积过程	变化较慢	土壤肥力、土壤有机碳与养分含量	农业
土壤结构	成土过程、耕作措施	耕层：变化快；深层：变化慢	土壤水分、通气与养分供应状况，土壤持水性能、土壤透水性能、土壤阳离子交换量、土壤孔隙度、土壤松紧度、土壤耕性等多个土壤肥力相关性状	农业
有机质含量	成土过程、质地、土地利用、施肥、轮作等	变化较慢	与多项土壤肥力与环境指标密切相关，是土壤肥力最重要的指标	农业、环境、肥料工业等
全氮含量	成土过程、土地利用、施肥、轮作等	变化较慢	土壤肥力、土壤供氮性能	农业、环境等
全磷含量	成土过程、母质等	变化较慢	土壤肥力、土壤供磷性能	农业、环境等
全钾含量	成土过程、母质等	变化较慢	土壤肥力、土壤供钾性能	农业、环境等
pH	成土过程、酸雨、土壤调理剂施用等	变化快	土壤肥力、土壤养分有效性、土壤结构及重金属吸附性能	农业、环境、肥料工业等
碱解氮含量	土地利用、施肥等	变化快	土壤供氮性能、土壤氮素流失特征	农业、环境、肥料工业等
有效磷含量	土地利用、施肥等	变化快	土壤供磷性能、土壤磷素流失特征	农业、环境、肥料工业等
速效钾含量	土地利用、施肥等	变化快	土壤供钾性能、土壤钾素流失特征	农业、环境、肥料工业等
阳离子交换量	成土过程、黏粒、有机质含量、盐分含量	变化较慢	土壤供肥和保肥性能、土壤重金属吸附性能	农业、环境

在表1中，主要影响因素与过程指对某项理化性状起主要作用的过程和因素。例如，土壤类型、土壤剖面深度、土体构造、母质、土壤质地类型主要由成土过程或成土条件决定；土壤有机质含量和土壤全氮含量则受成土过程、施肥及轮作等农业技术措施的共同影响；在耕地土壤上，施肥等农业技术措施对土壤碱解氮、有效磷、速效钾等土壤有效养分含量的影响很大。

土壤理化性状的现势性主要取决于其影响因素与过程的时间尺度。自然条件下，成土过程通常需要数万年。受成土过程影响的土壤类型、土层厚度、土体构造、土壤质地类型、母质等土壤理化性状变化很慢，CRT值（土壤特性响应时间，characteristic response time）达上千年，可称为土壤稳定性要素或慢变化性状，其相关数据时效性很长，可长久使用。而农田土壤有效养分含量、酸碱度、耕层厚度等土壤质量性状受施肥和耕作等农业措施影响大，变化较快。例如，农田土壤有效磷、速效钾养分含量，在大量施用磷、钾肥条件下，10余年后可成倍提升。这些土壤理化性状亦可称为土壤变化性要素或快变化性状。

不同土壤理化性状的应用范围既取决于其现势性、时空维度特征，又取决于其所关联的土壤质量性状。土壤剖面深度、土体构造、质地、有机质含量等与土壤持水、保肥、通气和透水性能密切相关，可供农业、水利、环境、金融等行业用于农田稳产、高产性能，农田排灌设施规划与灌溉定额编制，农田水土流失风险分级，流域农田蓄水容量与降雨后流失水量分级，农田水、旱灾害风险分级，农田环境容量测算等各方面的地力评价。土壤有效养分含量、pH与土壤需肥性状和调酸性状密切相关，可供农业、肥料生产和销售部门用于科学施肥和土壤改良。土体构造和质地、土壤结构、土壤有效养分含量还影响流域农田土壤养分流失特征，农业和环境部门在进行农业面源污染防控时，可利用这些土壤性状与其他要素共同编制流域污染源解析与控制类型区分布图，以便对农业面源污染采取分类型、分区段的源头控制措施。土壤有机质含量变化也是了解气候变化和碳减排措施效果的基础，对于环境管控和环境外交具有重要意义。

数据集内容

本数据集全集共25卷，收录了我国2200多个县（市、区）的分县土壤图和6万多个土壤剖面的理化性状数据。根据各省级行政区土壤剖面数量的多寡和地域关联特征，既有一个省（自治区）的单卷，也有多个省（自治区、直辖市、特别行政区）的合订卷。

为便于读者了解各地土壤资源与质量分布概况及其主要特征，编者为各分卷编制了省级行政区的土壤图、土壤有机质含量图与地势图三图。读者可通过分省三图查询各省级行政区任何地区拥有的主要土壤类型，了解其土壤有机质含量及其地势、地貌特征。此外，编者还编制了全国土壤图、土壤有机质含量图与地势图三图附于各分卷，供读者比较和了解各省级行政区土壤资源及质量特征同全国其他地区的区别和关联。

各分卷的第二部分为分县土壤图与土壤剖面数据。在每个省级行政区内，各分县按四部分展示土壤及其相关信息，即分县主要土类说明、本区域中心区气候特征、主要土壤类型与土壤剖面点分布图以及土壤剖面理化性状表。在本卷目录中，分县按民政部于2022年3月发布的《2021年中华人民共和国行政区划代码》中的地级、县级行政区顺序排序。各分卷目录中仅收录了县域内有土壤剖面数据的县级行政区，无土壤剖面数据的县级行政区未纳入分卷目录中，并在附录1中对其进行了标注。

土壤数据来源

编入数据集的分县土壤图与土壤剖面理化性状数据主要源于全国第二次土壤普查（以下简称"二普"）。二普是我国现代规模最大的、以查清土壤类型和土壤肥力为主要目标的土壤资源综合调查。二普之前，我国土壤调查以观测性调查和定性评价为主，很少有采样化验。在总结之前国内外土壤调查经验的基础上，二普不仅完成了我国迄今为止最为详尽的土壤分类调查，也首次在全国范围进行了高密度土壤采样化验，开启了我国用土壤理化性状量化指标描述土壤资源与土壤质量状况的时代。

二普地面采样调查实施于1979—1987年，调查区域基本覆盖我国全陆域。二普不仅地面采样密度高，科学性和系统性也比较突出。全国百余名长期从事土壤研究的科研工作者共同制定了全国土壤分类系统和统一的土壤调查技术规程[7]。在地面调查中，各地以1∶1万比例尺地形图作为工作底图，以乡为调查单元进行野外采样作业，全国共挖取土壤观察剖面550余万个，记录了1—2m深土体各发生层形态和特征，并根据土壤分类标准对土壤进行了分类和命名。对边远区、高寒区和无人区应用遥感解译方法，填补了之前土壤调查及成图中上述地区土壤数据的空白。在大量剖面土体观测和采样调查的基础上，完成了全国绝大部分分县1∶5万比例尺土壤图的绘制，牧区和边疆地区完成了 1∶20 万—1∶10 万比例尺土壤图的绘制。二普还完成了 10 余万个典型剖面的分层采样，化验分析了剖面分层质地，有机质含量，大量、中量和微量元素含量，pH，阳离子交换量，土壤矿物组成等多项土壤理化性状，编制了分县土壤志。二普通过野外实地调查、采样和测试获取的土壤科学数据，至今仍是我国最详尽、最有实用价值的土壤资源基础数据，其精度与质量超过许多发达国家的土壤资源基础数据[8]。

如图 1 所示，收录于本数据集的土壤质量数据是对我国 40 多年前土壤质量状况的客观记录，亦是我国在全国范围内首次完成的土壤理化性状的科学记载，其中的土壤稳定性要素现势性较长，可在今后若干年间长期使用；而土壤变化性要素对了解我国土壤与环境过程的作用亦不可替代。这些数据使我们用现代科学手段研究各地土壤及相关过程的历史可上溯至 20 世纪 80 年代。

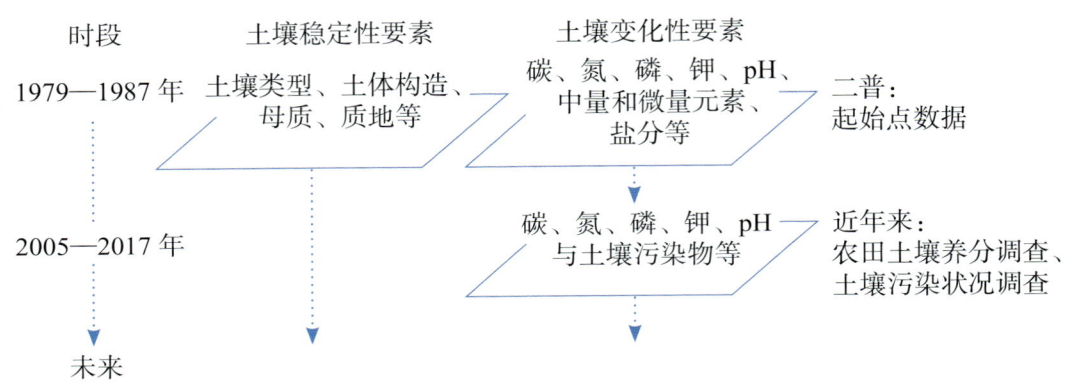

图 1　全国性土壤调查所覆盖的时段

受历史条件限制，二普完成的大比例尺土壤图和土壤剖面理化性状主要为手绘纸质图件、非正式出版的铅印或油印资料，份数少且由各地自行保存。二普结束后，随着各地机构调整与人员变动，土壤调查资料被损毁或丢失严重。2000 年以来，编者开始对各地分散存留的纸质分县土壤调查资料进行系统性收集、修复与整理，通过对宝贵的土壤科学数据的提取、整合和表达，我国科学研究与管理基础数据的水平得到了提升。本数据集收录的分县土壤图和剖面数据主要源于对全国分县土壤图、分县土种志和分省土种志的整理、提取、汇总与表达（表 2）。

表 2　数据集主要土壤资料与数据来源

资料类型	资料名称及数量
土壤图（纸质）	1∶5 万分县土壤图，总计约 1600 个县
	1∶100 万—1∶50 万省级土壤图，总计 570 个县
土壤剖面资料（纸质）	分县土种志：约 2200 册，计约 2200 个县；分省土种志：28 册
土壤有机质含量图（纸质）	全国、分省土壤有机质含量图
农区土壤耕层采样数据（电子）	2005—2017 年在全国农区采集的、含 GPS 坐标定位的 1000 万个采样点耕层有机质含量数据

为编制全国与分省土壤有机质含量分布图，本数据集还使用了我国于二普期间完成的全国、分省土壤有机质含量图纸质图件和于 2005—2017 年在全国采集的 1000 万个具有 GPS 坐标定位的采样点耕层有机质含量数据[9]。

编制方法——土壤大数据方法

我国幅员辽阔，不同地区土壤的土壤类型及其质量状况和分布特征差别较大，各地土壤调查技术条件和水平差别也较大，因此各地分县完成的图件和剖面资料在形式和内容上有较大差异。在用异源土壤数据生成新数据时，新数据的科学性既取决于各异源数据本身的科学性和可靠性，也取决于数据整合采用方法的科学性和可靠性。例如，对分县剖面资料进行整合时，对国标上未出现过的土壤类型名进行归并需要有土壤分类学上的依据；用新的土壤调查数据对原有土壤有机质含量图进行更新，也需要有进行合并表达的科学依据。编制本数据集需要对海量异源数据进行提取、分析、整合、缩编与表达，数据分析流程复杂。同时，在数据分析过程中，土壤专业问题，非标准化数据问题，计算机硬、软件平台系统问题和数据分析员、程序员疏漏问题等可能引致多类别数据分析错误。若既要准确无误地完成各项数据分析技术任务，又要在繁复的数据分析流程中有效贯彻科学原则、实现数据分析科学目标，这就需要一套科学的方法体系。为此，本数据集编者通过研究异源非标准土壤数据特征，融合应用土壤学、数据科学、人工智能、人机交互设计方法与地理信息系统技术，创建了土壤大数据方法[10-11]。

土壤大数据方法是专门供土壤科研工作者使用的一种设计方法，是对经典土壤学研究方法的补充，主要适用于对海量异源土壤数据信息的提取、筛选、分析与表达。通过土壤大数据方法的使用，科研工作者能够分析、认识和阐明土壤性状及相关过程和规律。土壤大数据方法的主要设计规则为以层级化的流程设计实现土壤科学层面的需求设计统领体系架构设计，界定各分段流程目标和关联，部署低层级分段流程、模型和功能模块；以独立于数据流程的监控设计实现土壤科学家对全流程的掌控和人工干预。土壤大数据方法的设计内容包括数据科学分析目标与科学基础界定，数据流程体系架构，流程及软件工具设计，数据流程监控设计。设计中，所有节点均采用双命名制命名，对流程中各节点数据同时进行土壤科学内涵命名和函数代码命名。应用以上设计方法编制设计文档，能在庞杂的异源、异质、异形、异构大数据分析中，实现以科学目标引领数据分析流程，以自动化、人工智能、人机交互式的数据流程替代人工流程，提高大数据分析效率。

在本数据集编制过程中，编者需要完成图件与资料数字化、矢量化，元数据构建，信息提取、过滤、分类、赋码，土壤空间数据逻辑结构、存储结构归一化，统计检验，数据整合、缩编表达、输出等多项数据分析任务，分段流程达1500余个，需要存储的重要节点数据超过2000个，数据量超过20TB。采用土壤大数据方法，编者自主设计和完成了6个土壤大数据分析工具软件包，其中包含157个功能模块（表3），设计文档的科学和工程目标实现率超过99%，为准确、高效完成数据集编制提供了保障，也为土壤学研究提供了新的方法。

表3　系列化土壤大数据分析软件包及其主要功能与模块数

软件包	主要功能	模块数/个
IMAT2.0（intelligent mapping tools）智能化制图工具	异源土壤空间数据的要素提取、过滤、分类、赋码、坐标转换，空间库要素与字段的编辑，图幅与图层的编辑，土壤要素空间库外挂属性表编辑与管理等	35
IMAT-big（intelligent mapping tools for big data）智能化大数据制图工具	超大土壤及相关要素空间数据的要素筛选、图层拆分、数据整合、节点监控、逻辑结构重组等分析	37
IMAP（intelligent map presentation）智能化地图表达工具	土壤大数据地图制图表达与输出	30
ISPA（intelligent soil profile data analysis）智能化土壤剖面数据分析	异源土壤剖面数据的信息提取、过滤、赋码、坐标匹配、检验、整合与统计等	22
ISPP（intelligent soil profile presentation）智能化土壤剖面表达	土壤剖面图表及辅助信息的表达	12
IMAT-SOM（intelligent mapping tools-SOM）土壤有机质图制图工具	异源土壤有机质数据整合与表达	21

中国土壤图、中国土壤有机质含量图与中国地势图编制

编制全国三图的目的是便于读者在全国视角和尺度上了解我国各地区土壤资源与质量状况空间分布特征，土壤类型和土壤肥力与地势、地貌之间的相互关联。其中，土壤图用于展示土壤资源分布状况及与成土过程相关的土壤质量状况；土壤有机质含量图用于直观反映土壤肥力情况；地势图便于读者了解不同类型和肥力水平土壤的地势、地貌特征。全国三图的制图比例尺为1∶1300万。

全国三图中采用的境界、城市等基础地理信息要素源于中国地图出版社出版的《第一次全国地理国情普查地图集》[12]和《中国地图集》[13]。全国三图中，境界、水系、居民地、地级以上城市等基础地理信息要素的图示与图例表达见附录2。

（一）中国土壤图

由于制图比例尺小，中国土壤图是在二普完成的1∶400万比例尺全国土壤图的基础上进行矢量化和缩编表达获得的。在缩编表达过程中，土壤类型仅保留了我国土壤分类系统中的第三层级——土类。

在土壤图中，土类颜色主要根据不同土类在其成土因素、发育程度下形成的典型颜色进行设计（附录3）。红色系供土壤富铝化程度高的土壤选用，如红壤、砖红壤、赤红壤等；黄色系、棕色系供干旱区发育程度低的土壤选用，如黄绵土、灰漠土、灰棕漠土等。受灌水、耕作和地下水影响大的土壤采用绿色系，如水稻土、灌淤土、潮土、草甸土等，表示土壤肥力较高，绿色植物生长茂盛；黑土、黑钙土、栗钙土、棕壤、褐土、黄棕壤、紫色土等分别选用深棕色系、褐色系、紫色系；盐土、碱土、沼泽土等植物生长有障碍的土类采用暗色系，如暗紫色系、灰褐色系、青灰色系等，表示土壤生产力低下，植物生长较差。这一颜色设计与国标相关规定一致[14]。

在图例中，按照我国主要土壤类型从南到北、从东向西的地带性分布规律对土类进行排序，附录4所列中国主要土壤类型的排序也按此规则编排。

（二）中国土壤有机质含量图

土壤有机质含量是指土壤中各种含碳有机物质的总和。土壤有机质主要包括土壤腐殖质、半分解的动植物残体、与土壤黏粒和细粉粒紧密结合的有机物质、土壤微生物体所含的有机物质等。以动植物残体形式进入土壤的有机物质成为土壤生物的食物，供养土壤生物的生命活动；在土壤生物，特别是土壤微生物作用下生成的土壤腐殖质，能够促进土壤团聚体形成，提高土壤保水、保肥、供水、供肥性能，提高土壤肥力，并大幅度提高耕地土壤高产、稳产性能。因此，土壤有机质含量是最重要的土壤质量指标之一。土壤有机质碳量是大气总碳量的2倍，是地球植被总碳量的3倍，参与地球陆域碳循环总碳量中80%的碳以土壤有机质碳的形式存在。研究显示，土壤有机质含量实质上是土壤有机碳投入和分解之间动态平衡的表现，影响这一平衡的主要因素为气候、土壤质地与土地利用方式，施肥和耕作等农业技术措施对其影响则相对较小。当影响平衡的主要因素未发生变化时，土壤有机质含量也比较稳定[15]。

中国土壤有机质含量图由各分省土壤有机质含量图（0—30cm土层）合并编制生成。制图用源数据和编制方法在分省土壤有机质含量图编制说明中加以叙述。

为展示全国范围的土壤有机质含量空间分布特征，编者在中国土壤有机质含量图的图示和图例表达中采用了有机质含量范围的非等距划分分级方式，将我国土壤有机质含量分为7个等级（表4），各分级所占我国陆域面积的比例也列于表中。其中，占我国陆域面积29%的"很低"和"低"两个分级的土壤（有机质含量小于10g/kg）主要分布于西北干旱地区，而"较高""高""很高"三个分级的土壤（有机质含量大于25g/kg）主要分布于东北、西南地区，这些地区森林覆盖率较高，雨量充沛，温度适宜，有利于土壤有机质的累积。

表4 中国土壤有机质含量（0—30cm土层）分级

分级	分级释义	有机质含量/（g/kg）	换算系数	有机碳含量/（g/kg）	占陆域面积/%
1	很低	≤5	1.724	≤2.9	5
2	低	5—10（含）	1.724	2.9—5.8（含）	24
3	较低	10—15（含）	1.724	5.8—8.7（含）	18
4	中	15—25（含）	1.724	8.7—14.5（含）	19
5	较高	25—35（含）	1.724	14.5—20.3（含）	9
6	高	35—45（含）	1.724	20.3—26.1（含）	16
7	很高	>45	1.724	>26.1	6

（三）中国地势图

地势图是表示制图区域地貌特征的专题地图，强调表现地面的高低起伏、倾斜程度及其区域对比关系，以及与地形密切相关的河流、湖泊等水系要素分布特征，显示出制图区域山河分布的脉络体系、结构形式、各种地貌类型的形态特征。地势是影响土壤类型的重要因素，地势图也是编制土壤图、气候图、植被图等的基础。

中国地势图的地貌晕渲图采用SRTM3 DEM（shuttle radar topography mission, digital elevation model, 2003）数据，考虑我国地势呈三级阶梯状分布的特点，按0—50—100—200—500—800—1000—1200—1500—2000—2500—3000—3500—5000m及以上设计高度表，以深绿色—黄绿色—棕色—紫色色调的象征色表示海拔由低向高过渡。其他矢量数据来源于中国地图出版社编制的1:400万《中国地形图》[16]。河流参照中国地图出版社编制的《中国河流、水运资料图》进行选取、表达，三级及以上河流全部选取，二级及以上河流标注名称，低级别河流适当选取以反映区域水系特点；成图面积4mm²以上湖泊和水库全部表示，但仅标注大型湖泊名称，小面积湖泊适当选取以反映区域特点，如青藏高原湖泊群分布；山脉、山峰参照中国地图出版社编制的《中国山脉资料图》选取，三级及以上山脉全部选取、表达，二级山脉主峰及知名山峰标注名称和高程，我国主要高原、平原、盆地和沙漠均选取、表达；自然地理要素分级参考中国地图出版社采用的地图编制分级系统；根据版面载负量情况选取省会、部分地级市和少量县级居民点（主要位于西部地区），居民地主要用于定位参照。

分省土壤图、分省土壤有机质含量图与分省地势图编制

编制分省土壤图、分省土壤有机质含量图与分省地势图三图的主要目的是使读者了解各省级行政区内不同地区土壤类型、土壤肥力与地貌的主要分布特征及其相互关联。其中，土壤图用于展示土壤资源分布状况及与成土过程相关的土壤质量状况；土壤有机质含量图用于直观反映土壤肥力情况；地势图便于读者了解不同类型和肥力水平土壤的地势、地貌特征。为便于比较，每个省级行政区的分省三图采用的比例尺相同，制图则采用幅面固定、各省级行政区制图比例尺自适应方法。

分省三图中采用的境界、城市等基础地理信息要素源于中国地图出版社出版的《第一次全国地理国情普查地图集》[12]和《中国地图集》[13]。分省三图中，境界、水系、居民地、地级以上城市等基础地理信息要素的图示与图例表达见附录2。

（一）分省土壤图

为编制数据集用分省土壤图，编者对二普完成的纸质分省土壤图（原图比例尺主要为1:50万）进行了地理校正、空间要素提取、图层与分级码标准化、土壤学专业校正、属性表制作、挂接和专题图缩编表达。在缩编表达过程中，制图比例尺一般为1:200万—1:100万之间。由于制图比例尺较小，土壤类型仅保留了我国土壤分类系统中的第三层级——土类。各土类颜色与中国土壤图中采用的土类颜色相同（附录3）。在分省土壤图中，按照我国主要土壤类型从南到北、自东向西的分布规律对图例中的土壤类型进行排序。附录4所列中国主要土壤类型的排序也按此规则编排。附录5列出了西藏自治区主要土壤类型及其占省级行政区域面积百分比。

（二）分省土壤有机质含量图

1. 数据源说明

本数据集中，土壤剖面理化性状表给出了有确切时间和空间坐标的剖面信息。分省土壤有机质含量图的主要作用是便于读者直观了解各省级行政区最重要的土壤肥力指标——土壤有机质含量的空间分布特征。

二普中，受当时技术条件限制，全国仅完成了比例尺为 1∶400 万的纸质土壤有机质含量分布图的绘制，19 个省、自治区、直辖市完成了比例尺为 1∶250 万—1∶50 万的纸质分省土壤有机质含量分布图的绘制。直接采用小比例尺纸质图矢量化生成的土壤有机质含量等级划线图作为分省土壤有机质含量图，存在有机质含量分级的级差大、信息均化、图斑大、制图精度不够等问题，难以精细表现一个省级行政区域内土壤有机质含量的空间分布特征。

2005—2017 年，我国在农区进行了测土施肥，农田耕层采样点达到 1000 万个。这批数据的主要优点是采样密度大且有空间坐标，通过对这批数据进行空间插值分析，可较精细地展示各地农田土壤有机质含量分布特征；其缺点是采样点主要集中于占陆域面积不到 20% 的农田，仅采用这批数据难以绘制覆盖全域的土壤有机质含量分布图。考虑到土壤，尤其是林地、草地土壤的有机质含量变化较慢，在制图中采用了混合时段数据合并表达的方式。对无测土数据的林地、草地等，仍然采用从小比例尺土壤有机质含量等级划线图中提取的数据；对有测土数据的农田，则采用 2005—2017 年间耕层采样数据，对原有数据进行了更新。通过对两源数据的提取、土层转换、合并、插值，最终生成各省级行政区土壤有机质含量分布图（土层厚度 0—30cm），这样既可较精细展示出各省级行政区土壤有机质含量的空间分布特征，也能保证所做专题图有很强的现势性。

三个数据源制图表达结果比较显示，采用异源数据合并表达的方式制图，各分省图展示的有机质含量空间分布特征与二普小比例尺图相近，但制图精度有较大改进，一个省级行政区域内土壤有机质含量的空间分布特征更为清晰（表 5）。

表 5　三个数据源制图表达结果比较

数据源	土壤有机质含量图制图表达效果	
	优点	存在问题
采用二普完成的手绘图	小比例尺手绘图中，土壤有机质含量地带性分布特征十分明显；基本无数据空区	局部地区图斑大，制图精度不够
采用新的测土数据插值生成	有数据的区域制图精度高	占陆域面积约 80% 的林地、草地和一些县域无新的测土数据，难以通过采样点插值生成覆盖全域的有机质含量图
异源数据合并表达	基本无数据空区；制图精度有较大改进；小比例尺图中土壤有机质含量的地带性分布特征被保留	用混合时段数据表达全陆域土壤有机质含量分布状况，其中林地、草地数据主要源于 20 世纪 80 年代采样数据，农田数据更新至 2017 年

表 6 汇总了分省土壤有机质含量图的主要制图信息。制图采用异源数据合并表达的方式，生成的分省土壤有机质含量图所代表的时间段为 1979—2017 年，图中核算土壤有机质含量的土层厚度为 0—30cm。

表 6　分省土壤有机质含量图制图信息

制图数据	异源数据合并表达
采样时间	草地、林地及其他非农田土壤采样时间段为 1979—1987 年，农田土壤采样时间段为 2005—2017 年
土层厚度	0—30cm（对采样深度不足 0—30cm 的耕层采样数据，用剖面数据进行了土层厚度转换，统一转换为 0—30cm）
制图方法	普通克利金插值（ordinary Kriging）
网格尺寸	200m

2. 制图表达说明

我国地域辽阔，各地土壤有机质含量差异极大。西北部地区降水量少，土壤粗砂粒含量高，风沙土、漠土大量分布，占我国陆域总面积的 12.6%，其 0—30cm 土层内有机质平均含量不到 10g/kg；东北部地区雨量充沛，气候、植被有利于土壤有机碳累积，其 0—30cm 土层有机质平均含量在 40g/kg 以上。另外，一些省级行政区的土壤有机质含量变化范围很宽，如内蒙古土壤有机质含量主要为 4—70g/kg；而北京、山东等地土壤有机质含量变化范围很窄，为 7—17g/kg。

为使各省级行政区域内土壤有机质含量空间分布特征均能得到充分展示，编者在分省土壤有机质含量图的图示和图例表达中对有机质含量范围进行等距划分分级，根据各省级行政区土壤有机质含量分布特征，将有机质含量分为 7—14 个等级。各分级的颜色设计及其 RGB 与 CMYK 色码见附录 6。

（三）分省地势图

根据各省级行政区的成图比例尺和地形特点，选取合适精度的数字高程模型（DEM）栅格数据，确定设色原则和色层表进行分层设色，编制彩色晕渲的分省地势图。图中的河流水系及山峰、山脉等地理要素基于中国地图出版社研制的多尺度中国地图数据库选取，按各省级行政区地图设定的投影参数和比例尺投影转换后进行数据融合处理，再进行图形化编辑和地图整饰，最后输出成图。各省级行政区的彩色地貌晕渲图，按 0—50—200—500—1000—1500—2000—3000—4000—5000—6000 及以上设计统一的高度表，但对一些低海拔平原地区，如天津、山东、上海等省、直辖市，则增添了 20m 等高距。确定统一的设色原则，建立色层表，以深绿色—黄绿色—棕色—紫色色调的象征色过渡方式表示海拔由低向高过渡，低海拔地区以绿色为主，中海拔地区以棕色为主，高海拔地区的高寒地带则用冷色调紫色。地势图中的其他地理要素，地级市及以上级别居民地全部选取，县级居民地根据图面载负量情况酌情选取；河流按等级选取以反映地域水系结构特点，主要河流加注名称；成图面积 4mm² 以上的湖泊和水库全部选取，大型湖泊、水库加注名称，适当选取小面积湖泊以反映区域分布特点；山脉按等级选取，仅标注主要山脉主峰和知名山峰。

县域中心区气候特征图表编制

气候是五大成土因素之一，也是土壤质量的重要影响因素。为便于读者了解各地土壤资源与质量状况及其与气候特征的关联，编者编制了各县域中心区（位于各县域中心点、代表面积约为 400km² 的区域）气候特征值表、月平均气温与月平均降水量分布图。各县域中心区气候特征值是通过对 160 个中国地面国际交换站的气象年值、月值以及日值数据的计算和空间分析获得的。气象数据的相关用语也采用中国地面国际交换站所用的表达方式。鉴于各地气候特征值需要依据多年气象观测数据分析和提取，而二普采样时段为 1979—1987 年，因此采用了 1971—2000 年共计 30 年的年值、月值和日值气象数据，气象数据时段覆盖二普采样时段。

在分县气候特征值编制过程中，先从相应的各数据源中提取出各站点年值、月值以及日值数据，再按照表 7 所示计算方法，计算 160 个站点的各项气候特征值并对其分别进行插值计算，获得覆盖我国全域、网格尺寸约为 20km 的网格化气候特征年值与月值数据，最后再与县域中心点图层叠加，提取出各县中心区气候特征值。各县所处气候带则是通过县域中心点图层与中国气候区划图叠加后提取获得的[17]。

表 7　县域中心区气候特征值的计算方法与数据来源

县域中心区气候特征	计算方法	气象数据来源
年平均气温 /℃	30 年的年值平均	中国地面国际交换站气候标准值年值数据集（160 个站点，1971—2000 年）
年平均最高气温 /℃		
年平均最低气温 /℃		
年降水量 /mm		
年平均相对湿度 /%		
年日照时数 /h		
月平均气温 /℃	30 年的月值平均	中国地面国际交换站气候标准值月值数据集（160 个站点，1971—2000 年）
月平均降水量 /mm		
≥10℃的积温 /℃	一年中日平均气温≥10℃的温度值加和	中国地面国际交换站气候资料日值数据集（160 个站点，1971—2000 年）
干燥度	修正的谢良尼诺夫公式： 干燥度 = $0.16 \times \dfrac{\text{全年} \geq 10℃ \text{的积温}}{\text{全年} \geq 10℃ \text{期间的降水量}}$	
气候带	提取	1∶3200 万中国气候区划图

分县主要土壤类型与土壤剖面点分布图编制

编制分县主要土壤类型与土壤剖面点分布图的主要目的是使读者在一个较小的图幅上也能大致了解一个县域内主要土壤类型概况。编者通过对全国 1∶5 万土壤图的缩编表达，为有土壤剖面数据的县级行政区编制了分县主要土壤类型图。受地图幅面限制，在分县土壤图中，仅保留了我国土壤分类系统中的第三层级——土类，通过缩编滤掉了亚类、土属、土种信息。

各分县主要土壤类型与土壤剖面点分布图的制图采用幅面固定、制图比例尺自适应的方法，制图比例尺一般为 1∶35 万—1∶20 万，自适应制图由编制者自行设计的软件模块自动完成。

在分县主要土壤类型与土壤剖面点分布图中，各土类颜色与中国土壤图中采用的土类颜色相同（附录 3）。图中各土类在图例中的排序则按各土类占本县县域面积比例从大到小的顺序排列，便于读者了解本县内主要土壤类型的分布。

在分县主要土壤类型与土壤剖面点分布图中，为便于读者查找，剖面点按照其在图面的位置，先左后右、先上后下顺序编码，编码过程也由 ISPP 软件包（表 3）中的模块自动完成。

分县主要土壤类型与土壤剖面点分布图中的基础地理底图来源于国家基础地理信息中心提供的 1∶25 万 DLG（公众版）数据（使用许可协议编号：非 2011-1011），基础地理信息要素的图示与图例表达主要参照相关国标（详见附录 2）。为保证本数据集中主要土壤类型与土壤剖面点分布图的内容和土壤剖面数据表对应，分县主要土壤类型与土壤剖面点分布图中的市级界线、县级界线均采用二普时的普查界线，并以此作为分县主要土壤类型与土壤剖面点分布图的分幅标准。为兼顾地名位置定位准确性和图书实用性，地图中乡镇级及以上居民地分别根据新版《中华人民共和国行政区划简册》和各省级行政区地图册进行了更新，现势性截至 2021 年 12 月。为更好地表现全书的系统性与协调性，在地图下方加注说明县级行政区划变更情况，部分市辖区图幅的图名根据图上县级居民点进行了更新。

二普后，随着城市化的加快，城市周边土地利用情况变化很大，居民地面积大幅增加，导致一些分县土壤图中的土壤面积占县域面积比例和分县主要土类说明中的一些土类面积占县域面积比例较二普时均有下降。在一些大城市周边县（市、区），土地利用情况的变化使各类土壤总面积不到县域面积的 60%。

二普时，分县完成了 1∶5 万比例尺土壤图编绘后，还通过省级汇总和缩编制图，完成了 1∶50 万比例尺省级土壤图。在省级汇总中，对一些分县土壤图中原有土壤类型名进行了修订。例如，浙江在进行省级汇总时，将分县土壤图中原命名为侵蚀型红壤亚类的大部分土属划归粗骨土类；安徽、湖北等省在省级汇总时将黏盘黄棕壤亚类改为黄褐土类。在对二普调查成果的数字整合中，编者仅收集到约 1600 个县的大比例尺土壤图（表 2）。对大比例尺图数据缺失的县，则以省级土壤图裁切方式进行了补全。这种补全虽有利于完成覆盖我国全域的高、中精度土壤图，但也引起了在一个省级行政区里源于分县和分省的两类土壤图中土壤分类命名不统一的问题，编者在尽量保持调查资料原始记载的前提下，对这类问题进行了力所能及的修订。

分县土壤剖面理化性状表编制

分县土壤剖面理化性状表是本数据集的主体内容。前文已对各项土壤理化性状应用范围以及从分县纸质土种志中进行信息提取、表达和制作的方法做了说明，本节仅对土壤理化性状测试方法、剖面点坐标匹配方法与土壤剖面分类名的修订加以说明。

（一）土壤理化性状测定方法

本数据集所列土壤理化性状的测定方法见表 8。其中，土壤有机质含量，土壤氮、磷、钾全量与有效态含量，pH，土壤阳离子交换量的测定方法以及土壤分类方法均为国标方法。剖面理化性状表中的土壤全氮、全磷、全钾、碱解氮、有效磷、速效钾含量均以 N、P、K 纯养分量计。

在二普中，我国大多数地区土壤质地分级采用了卡庆斯基制，仅极少数地区采用了国际制。其中，卡庆斯基制采用了简制，将土壤质地分为 3 组 9 种类型；国际制将土壤质地分为 12 种类型（表 9）。由于两种分级制中的质地分级名并无重复，因此在分县土壤剖面理化性状表中未对两种分级制的分级名进行合并。

表 8　土壤理化性状的测定方法

土壤理化性状	测定方法
有机质	湿灰化或干灰化消化后，重铬酸钾滴定法测定（丘林法）
全氮	凯氏定氮法测定
全磷	酸溶或碱熔消化后，钼锑抗比色法测定
全钾	碱熔或酸溶消化后，火焰光度法或四苯硼钠比浊法测定
pH	水浸提法，水土比为 5∶1 或 2∶1
碱解氮	扩散吸收法（康惠法）测定
有效磷	中性及石灰性土壤：Olsen 法测定；酸性土壤：Bray 法测定
速效钾	醋酸铵浸提后，火焰光度法或四苯硼钠比浊法测定
阳离子交换量	醋酸铵法测定

表 9　卡庆斯基制与国际制土壤质地分级名

等级序号	卡庆斯基制[1] 土壤质地分级名	等级序号	国际制[2] 土壤质地分级名
1	松砂土	1	砂土
2	紧砂土	2	壤质砂土
		3	砂质壤土
3	砂壤土	4	壤土
4	轻壤土	5	粉砂质壤土
		6	砂质黏壤土
5	中壤土	7	黏壤土
6	重壤土	8	粉砂质黏壤土
7	轻黏土	9	砂质黏土
		10	壤质黏土
8	中黏土	11	粉砂质黏土
9	重黏土	12	黏土

注：1）卡庆斯基制指按卡庆斯基粒径分级的质地分类。该分类制有简制和详制两种。简制有 3 组 9 种质地，其主要特点是将土粒分为物理性黏粒和物理性砂粒两级；按物理性黏粒或物理性砂粒的数量进行质地分类，而不是按照砂粒、粉粒、黏粒三个粒级的质量比分组。详制是在简制的基础上，把 9 种质地进一步细分为 39 种质地类别，把含量最多和次多的粒组作为冠词，顺序放在简制名称前面，主要用于土壤基层分类及大比例尺制图。卡庆斯基还提出根据石砾含量而定的附加分类，也可作为质地分类的冠词，主要应用于山地土壤的质地分类。

2）国际制土壤质地分类在第二届国际土壤学会上通过，根据砂粒（粒径 0.02—2mm）、粉粒（粒径 0.002—0.02mm）、黏粒（粒径小于 0.002mm）三粒组含量的比例，通过国际土壤质地分类三角图，以黏粒含量为主要标准，小于 15% 者为砂土质地组和壤土质地组，15%—25% 者为黏壤组，黏粒含量大于 25% 者为黏土组，划定 12 种质地类别。

（二）土壤剖面点的坐标匹配

含地理坐标的剖面数据可直观展示该土壤剖面点所代表土壤的土层厚度、土体构造及理化性状等特征，也是构建推理模型，进行土壤及其理化性状数字制图的基础。

二普完成的分县土种志中虽无典型剖面地理坐标记载，却有关于剖面采样地点、景观和土壤剖面分类命名的详细记录，如乡镇名、村名、高程和土类、亚类、土属、土种名等。从 1∶5 万土壤类型图与 1∶5 万基础地理信息数据库中也能提取出上述信息。在1∶5万比例尺空间数据库中，空间对象分辨率可达到 100m×100m精度，折合为1hm²。在全国性土壤调查中，对于选择、确定典型剖面采样点点位，通常要求其所代表的土壤类型在面积上能代表采样点周围100亩（1亩≈666.7m²）以上的土壤，通过这种匹配方法获得的点位对实际采样点点位有较高的代表性。

为了使分县土种志中记载的剖面数据获得坐标，编者构建了多要素土壤剖面点坐标匹配模型，无空间坐标的土壤剖面从1∶5万土壤类型图和基础地理信息数据库中获得空间坐标。坐标匹配模型工作机制如图2所示。首先，从分县土种志中提取出A源数据，即每个剖面隶属的土类、亚类、土属、土种名及剖面采样点地名、采样点高程等多要素信息；然后，用分县1∶5万土壤图与多要素基础地理信息数据库叠加，生成含土类、亚类、土属、土种名和村名、乡镇名、高程等要素信息的空间数据，即B源数据；最后，利用多要素匹配模型，逐县对A、B两源数据进行匹配。当A源数据中某剖面点土类、亚类、土属、土种名和采样点地名、高程与B源数据中某土壤要素空间对象的四个土壤分类名、地名、高程等多要素信息一致时，该剖面点获得B源数据中土壤要素空间对象中心点坐标。若一个县域内，某剖面点与B源数据中多个空间对象存在配对关系，则取其中面积最大的空间对象的中心点坐标。

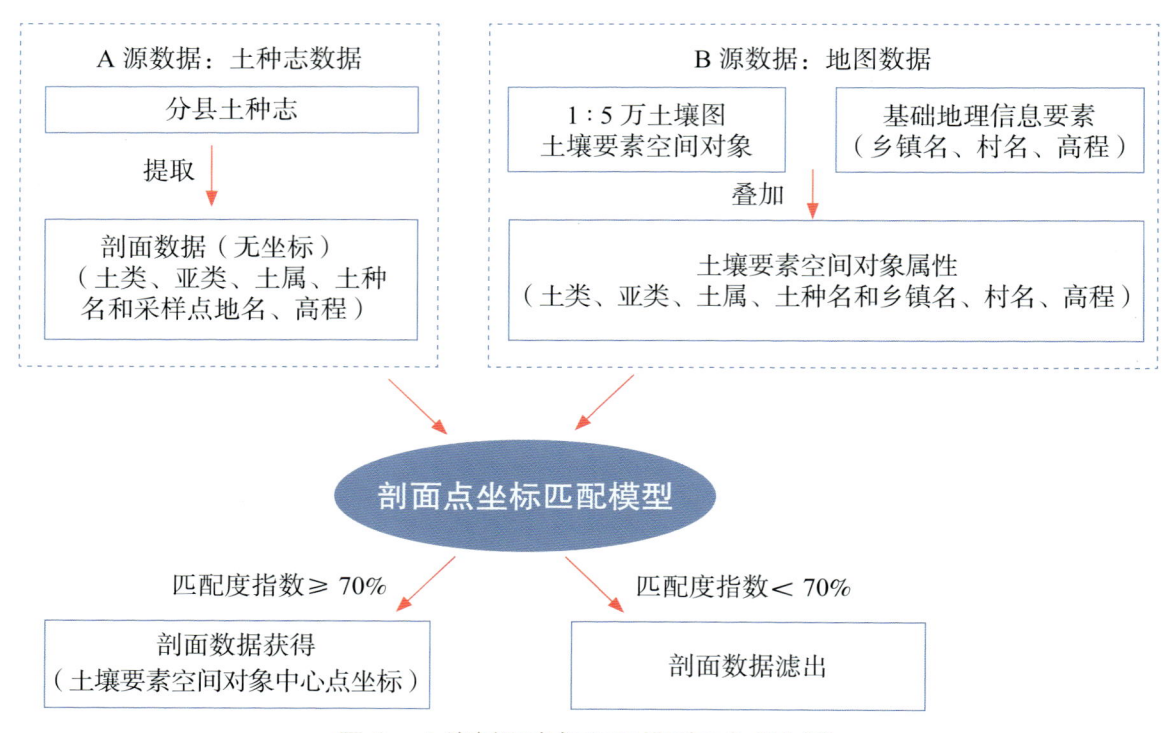

图2　土壤剖面坐标匹配模型工作机制图

为衡量每个土壤剖面坐标匹配的质量，在匹配模型中植入了匹配度评价模型，分析和提取每个土壤剖面点坐标匹配中多要素信息的吻合度。匹配度指数较高，代表两源数据中的土类、亚类、土属、土种名和地名、高程等多要素信息一致性高；匹配度指数较低，代表A、B两源多要素信息存在一些不一致性；匹配度指数小于70%的剖面数据会被滤出，该剖面也会从分县土壤剖面理化性状表中删除（表10）。利用坐标匹配模型，从分县土种志中提取出的10万余个剖面数据中，有6万多个获得了地理坐标并被收录于本数据集的分县土壤剖面理化性状表中，有约3万个由于匹配度指数较低被滤出。

表10　坐标匹配的匹配度指数及释义

匹配度指数 / %	释义
90—100	匹配度高：A（分县土种志）、B（地图）两源数据中乡镇名、村名和三个以上土壤分类名（土类、亚类、土属、土种）、高程均一致
80—90	匹配度较高：A、B两源数据中乡镇名、村名和两个土壤分类名（土类、亚类）、高程一致
70—80	具有一定匹配度：A、B两源数据中乡镇名、村名、土类名、高程一致
<70	匹配度较低：A、B两源数据中地名和土类名不能全匹配

为检验通过匹配模型获得地理坐标的剖面对当地土壤类型是否具有代表性，编者自2008年以来，在河北、

山东、黑龙江、宁夏、海南等地挖取了300余个校验剖面，进行了比对研究。比对研究结果显示，校验剖面与二普完成的剖面记载在土壤类型、土体构造、母质、质地等土壤质量慢变化性状上都有很好的一致性。

（三）土壤剖面分类名的修订

分县土壤剖面理化性状表列出了每个土壤剖面的分类名。土壤分类名是对某一类土壤资源的抽象概括和表达，表述了各类土壤的主要成土过程以及各类土壤综合性的典型特征。如黑土是指在温带半湿润地区草甸草原植被条件下形成的具有深厚均匀腐殖质层的土壤，呈黑色，富含有机质和各种养分；褐土是指在暖温带半湿润地区形成的具有弱腐殖质表层和黏化层的土壤，盐基饱和度较高，呈棕褐色。土壤分类名既具有典型性，又具有综合性，是土壤最基本的属性。

二普中，我国基于全国第一次土壤普查经验制定了六等级土壤分类系统，这也是目前的国标系统。该系统中的六等级分别为土纲、亚纲、土类、亚类、土属和土种，从高级到低级，不同层级之间为隶属关系。其中，土纲用于界定水、温等主要的土壤成土条件，亚纲用来进一步区分土纲内成土条件与过程的差异，土类反映成土条件引致的最典型土壤特征，亚类反映土类内成土条件引致剖面特征的进一步分异，土属反映母质等成土条件引致亚类剖面的分异，土种反映同一土属中土壤的分异或当地群众对该土壤的命名。

在对各地土壤调查数据进行全国汇总时，编者发现，从全国2200多个分县土壤剖面资料中提取出的土壤分类名与我国在1998—2009年发布的三版《中国土壤分类与代码》国标差异较大[18-20]。国标发布的土类、亚类、土属、土种名数量分别为60个、229个、663个和3246个，而从2200多个分县土壤图件与剖面资料中提取出的土类、亚类、土属、土种名数量分别为312个、1520个、12150个和43200个。对国标上从未出现的土壤类型名进行审核和归并需要有土壤分类学上的依据。通过对俄罗斯、美国、加拿大、澳大利亚、德国、英国等各国土壤分类研究及发展状况的研究，编者总结了我国和其他世界各国过去半个世纪中在土壤分类方面的经验，确定了土壤剖面分类名的修订原则[1]。

研究显示，我国国标分类系统中的第三层级——土类（附录4），能很好地反映我国主要土壤类型形态上的典型特征。通过土类及其隶属的12大土纲可清晰展现出我国60个土类受温度、海拔、降雨、土壤发育度、地下水盐运动、耕种垦殖等主要成土条件影响而形成的地带性分布特征。另外，土类本身属于高层级分类，数目有限，命名符合汉语语言特征，易于专业及非专业人员掌握。通过土类名，读者能够辨识各种土壤类型，了解其成土过程、土壤质量与肥力特征。因此，在土壤剖面分类名的修订中，应重视维护土类名的稳定性。根据这一原则，在对分县资料中土壤分类名的编审中，编者将国标发布的60个土类名进行了归并，对亚类及以下的中、低级分类名称则在尽量保留现场获取的一手土壤调查信息的前提下进行适度归并与整合。

为便于读者了解我国目前采用的土壤分类名与国际土壤学会推荐的土壤分类名（world reference base for soil resources，WRB）[21]之间的关联，附录4中还给出了由史学正研究员通过剖面比对建立的WRB土组名与我国60个土类名的关联及WRB土组名对我国土类名的最大可参比性[22]。

（四）剖面土层代码

在形成过程中，由于物质迁移和转化，土壤会分化成一系列组成、性质和形态各不相同的层次，称为发生层或土层。土壤剖面各土层的顺序和变化情况，反映了土壤形成过程及土壤性质。

目前各国尚无统一的土层命名。1967年国际土壤学会提出将土壤剖面划分成O层（有机层）、A层（腐殖质层）、E层（淋溶层）、B层（淀积层）、C层（母质层）和R层（基岩）等6个主要土层。全国土壤普查办公室编制出版的《中国土种志》（6卷）[23-28]、《中国土壤》[29]则将自然土壤剖面划分成O层（凋落物有机质层）、A层（表层）、B层（淀积层）、C层（母质层）、D层（岩石碎屑层）和R层（坚硬岩石层）等6个主要土层；将旱地农田土壤划分成A（耕层）、C_1（心土层）和C_2（底土层）等几个主要土层；将水田土壤划分成Aa（耕作层）、Ap（犁底层）、P（渗育层）、W（潴育层）和G（潜育层）等5个主要土层。

由于分县土种志中，土层代码和释义与以上文献给出的土层码不尽相同，因此在数据集编制中，编者主要保留了2200多个分县土种志中实际采用的土层代码和释义（表11）。为便于读者参考，编者在附录4中列出了引自《中国土壤》部分土类典型剖面的土体构造及其关联的土层代码[29]。

表 11　土壤剖面土层代码和释义[1]

代码		释义
自然土壤与旱地土壤	Ao	位于土表的枯枝落叶层
	A	自然土壤指表土层，耕地土壤指耕作层
	B	心土层，受成土作用形成的淋溶淀积层
	C	底土层，受成土作用少的母质层，较紧实，通常不受耕作、施肥影响
	D	未风化的母岩层，岩石碎屑层
水田土壤	A	耕作层，亦称淹育层和作物栽培层
	P	犁底层，位于耕作层下，经机械耕作和黏粒淀积，结构较为紧实
	W[2]	潴育层，位于犁底层下，水田在干湿交替作用下，铁、锰淋溶淀积形成斑纹层，使水稻土有较好的通透性，渗水而不漏水，渍水而不滞水
	G	潜育层，存在于水稻土、沼泽土和泥炭土中。土体长期积水，通透性不良，在还原状态下形成青灰色土层又叫青泥层，作物受还原性物质危害。若在其他土层出现，可用 g 表示，如 Pg、Wg
	E	漂洗层，侧渗作用下黏粒、有机质被淋洗，铁质溶脱，形成灰白色或白色漂洗层

注：1）表中土层代码和释义主要根据全国各分县土种志中实际采用代码和释义进行综合与汇总。土体构造中，两个字母并列表示过渡层土壤，例如 AB 层、BC 层等。

2）一些地区将潴育层细分为 W_1（渗育层）和 W_2（淀积层）两层。渗育层指有明显水化铁层，多见黄色锈斑；淀积层指明显有铁锰淀斑或铁锰结核的土层。

（五）其他

分县土壤剖面理化性状表中，空格代表本项无数据。

若土壤剖面的土层码为数字，则表示调查中未对该剖面的各分层进行土层代码赋码。对这类剖面，编者按从地表至底土顺序赋土层序号 1、2、3……。土层序号不具有土壤发生学上的含义，仅表达每一土层的顺序。

分县土壤剖面理化性状表中土层厚度的上、下边界表示该土层采样范围。例如：土层厚度为 0—17cm，表示土层采自剖面 0—17cm 部位；土层厚度为 50—100cm 表示采自剖面 50—100cm 部位。一些剖面底土的土层厚度仅有上界而无下界。例如：85—，表示该土层采自剖面 85cm 至更深部位。

个别剖面上、下土层的上、下边界相互不衔接，例如：两个土层厚度分别为 0—10cm、30—35cm，表示该剖面的采样为不连贯采样，每个土层只选取了该土层的代表性层段。

一些剖面分层样本上、下土层的上、下边界相互不衔接，例如：按从地表至底土顺序，6 个土层采样范围分别为 0—13cm、13—18cm、18—40cm、18—32cm、32—100cm、50—100cm，其中第三个土层 18—40cm 为额外增加的采样层。在土壤调查中，当调查者认为需要对某些区域或土类的特定土层进行单独采样和分析时，往往会出现这一情形。为了最大限度保持第一手调查资料的完整性，编者将这类土层也编入了分县土壤剖面理化性状表中。

本卷收录的西藏自治区典型土壤剖面共计 898 个。通过对剖面数据的土层厚度转换，附录 7 给出了这些典型剖面 0—20cm 土层土壤理化性状中位数与平均数。全国第二次土壤普查剖面采样为典型土类采样，而非网格化采样。0—20cm 土层土壤理化性状中位数与平均数不代表本自治区土壤理化性状平均状况。但全国第二次土壤普查是我国最早的大样本量调查，附录 7 所示的 0—20cm 土层土壤理化性状中位数与平均数对了解西藏自治区 20 世纪 80 年代土壤肥力性状量化指标具有一定参考价值。

附录 8 列出了西藏自治区耕地、园地、林地、草地和湿地 0—30cm 土层土壤有机质含量的平均值。该值由西藏自治区土壤有机质含量图和自然资源部土地科学数据中心编制的 2019 年 1∶100 万比例尺全国土地利用缩编图通过叠加、计算生成。其中，耕地包括水田、水浇地、旱地 3 种土地利用类型；园地包括果园、茶园和其他园地 3 种土地利用类型；林地包括有林地、灌木林地和其他林地 3 种土地利用类型；草地包括天然牧草地、人工牧草地和其他草地 3 种土地利用类型；湿地包括沼泽地、沿海滩涂和内陆滩涂 3 种土地利用类型。鉴于西藏自治区土壤有机质含量图源于大样本量地面采样，土壤有机质含量亦为变化较慢的土壤质量性状[15]，附录8对了解西藏自治区耕地、园地、林地、草地和湿地的土壤有机质含量状况及演变具有较高的参考价值。为便于读者了解西藏自治区耕地、园地、林地和草地4种土地利用类型中受成土过程影响而形成的各主要土壤类型及其在各土地利用类型中的占比情况，附录9给出了主要土壤类型在这4种土地利用类型中的占比。

土壤专题图与土壤剖面数据可靠性检验

该检验目的是对数据集中的土壤专题图和土壤剖面数据能否真实反映土壤资源与土壤理化性状及其空间分布特征给出科学、客观的评价。另外，数据集中的土壤专题图和土壤剖面数据主要源于1979—1987年间的二普和2005—2017年在全国测土配方施肥项目中的土壤养分调查，因此，该检验也是对我国两次全国性土壤调查所获成果的质量评估。

对土壤专题图及含地理坐标的剖面数据的检验涉及地图制图学、测绘科学、土壤学、地统计学等多学科内容，而对于不同的学科，数据检验的目标和内容也不同。对于地图制图，精度检验十分重要；而在土壤学范畴，可靠性检验更为重要。精度检验方面，本数据集剖面坐标是通过1:5万比例尺地图数据匹配获得，匹配用地图精度直接影响剖面数据坐标精度。可靠性检验方面，土壤专题图和土壤剖面数据均属于土壤学范畴，还需要从土壤学角度给出科学评价。借助目前仍在发展中的地统计方法，编者最终给出了合理的可靠性检验方法。为便于读者理解，本节将重点说明两点：一是地图精度与土壤专题图制图的关联；二是土壤专题图和剖面数据的地统计检验结果。

在地图制图中，地图精度用于衡量某一地物点或地物轮廓点的平面位置和高程位置偏离其真实位置的平均误差。这里的地物点或地物轮廓点可以是测量控制点、水准点、道路交叉点、境界线方向变化点、山脚点、山顶等。地图精度与地图投影、比例尺、制作方法和工艺有关。地图比例尺不同，误差控制要求也不同。一般来说，地图比例尺越大，误差越小，精度越高。换言之，地图精度或比例尺主要反映对地图中基础地理信息要素，如测量控制点、河流、道路、等高线、境界的误差控制要求。

在土壤专题图制图中，需要用基础地理信息要素标识土壤要素空间位置。在较早的土壤调查中，没有GPS设备，通常用纸质地形图为底图标识采样点位置。地面土壤采样调查完成后，根据底图标记的采样点位置和实测获得的土壤要素值，由经验丰富的土壤科学家依据土壤及相关要素的空间分布、空间相关性和空间依赖性规律进行人工综合判图，在底图上手工完成土壤专题图的勾绘和制图。我国的二普与欧美各国在20世纪80年代之前进行的全国性土壤调查基本均采用这一方法进行土壤专题图编绘。二普为大样本量土壤调查，采样密度高，采用1:1万大比例尺地形图为工作底图，全国共挖取土壤观察剖面550余万个，采集0—20cm土壤表层样本200余万个，通过综合判图和人工勾绘，最终完成分县1:5万比例尺土壤图和各类土壤养分含量图的编制。土壤专题图比例尺不代表地图中对土壤要素的误差控制要求，客观上，地面采样中应用大比例尺的工作底图，采样密度高，土壤采样点均衡分布于调查区域中，以此为依据编制的土壤专题图能精细表达调查区域内土壤要素的空间变化特征。采样密度低的土壤调查结果则不适合编制大比例尺土壤专题图。

近年来，随着GPS和GIS技术的发展，地统计方法已较多用于反映和研究土壤要素的空间变化规律。地统计方法不仅提供了利用含地理坐标的土壤采样点数据制作土壤专题图的地统计模型，还提供了对模拟结果进行不确定性检验的方法。地统计检验的主要目的是了解模拟结果对真实情况反演的客观性和可靠性，而不是评价地图中土壤要素的精度或误差控制。检验结果既受地面采样原则、采样量的影响，也受所选模型类型、建模过程中是否引入协变量等因素的影响。

由于二普完成的土壤图和养分含量图中没有采样点标注，难以对其进行地统计检验。为此，编者同时对我国在全国测土配方施肥项目中完成的、有GPS定位坐标的农田耕层土壤有机质含量数据进行了地统计分析和检验。与二普相似，全国测土配方施肥项目也按网格化均匀分布原则进行大样本量、高密度土壤采样，全国总计完成1000万个农田土壤耕层样本的采集。

检验方法为：首先，在我国东、南、西、北、中不同地域选取7个代表性片区，每片区包含地域相连、域内无大面积剖面点缺失的多个行政县，且含土壤剖面点500个以上。其次，提取7个片区源于二普剖面0—20cm土层和源于2005—2017年0—20cm农田耕层采样的土壤有机质含量数据。二普剖面数据的采样特征为在优先选取典型土壤类型的前提下，尽量均衡分布；样本量较小，全国有6万多个具有匹配坐标的剖面。2005—2017年农田养分调查数据为网格化均衡分布的大样本量，全国完成了1000万个有GPS定位坐标的耕层样本。最后，用普通克利金插值（ordinary Kriging）方法进行地统计分析和检验。在每片区剖面点和耕层采样点的数据中分别随机选取80%作为训练样本集，20%作为验证样本集，同时进行建模；将验证样本预测值与实测值进行线性回归，计算R^2（决定系数）和RMSE（均方根误差），以此评价两组数据表达土壤要素空间分布特征的可靠性和误差。选择土壤有机质含量作为检验指标的原因为该指标是最重要的土壤质量性状之一，且可量化表达，便于进行地统计检验。

二普剖面数据的检验结果显示，在7个代表性片区，剖面点数据表达的有机质含量分布状况可靠性均达极显著水平（见表12）。这表明，尽管二普典型剖面数据为非网格化采样，含地理坐标样本量较少，需采用匹配坐标替代原点坐标，但在一个由多县组成的片区内，当剖面样本量达到一定数量后，即使未引入可极大改进R^2的地形、土地利用类型等辅助变量，用普通克利金插值仍然能比较真实、可靠地反演土壤要素空间分布特征。2005—2017年耕层采样点数据的检验结果显示，与二普剖面点数据相比，大部分片区的有机质含量分布数据R^2更大（达到中等相关至强相关），RMSE更小，可靠性和预测精度明显更优，这说明就表征土壤要素空间分布特征而言，网格化均衡分布的大样本量采样得到的数据可靠性和精度相对较高。这为二普大比例尺土壤专题图数据（土壤图和土壤pH、有机质、氮、磷、钾养分含量图）的地统计检验特征提供了佐证。二普大比例尺土壤专题图数据均源于网格化均衡分布的大样本量地面调查，其可靠性和精度应优于二普剖面点数据。

两组数据地统计检验结果还显示，尽管相隔近30年，两时段调查的土壤有机质含量也有一定变化，但各片区土壤有机质含量的空间分布规律总体相近。图3展示了东北片区两组数据通过克里格插值获得的土壤有机质含量分布图。可以看出，尽管二普土壤剖面样本数（546）远少于农田耕层土壤样本数（45182），20%校验集所获R^2较低，预测值与实测值偏差较大，但两组数据展示的土壤有机质含量空间分布格局相近，均为东北角最高，西南角最低。另外，该片区2005—2017年的农田耕层有机质含量均值为36.41g/kg，低于1979—1987年间的二普采样结果（40.53g/kg），这一结果与东北地区所做长期定位试验结论一致。这表明，本数据集剖面数据可为了解土壤质量时空演变规律提供可靠的数据支持[9]。

表12 二普典型土壤剖面数据和2005—2017年耕层采样点数据的地统计检验结果

编号	片区名	县数	面积/km²	二普剖面土壤有机质含量[1]			耕层土壤有机质含量[2]		
				样本量	R^2 [3]	RMSE [3]	样本量	R^2 [3]	RMSE [3]
1	东北片区	19	72353	546	0.329**	14.77	45182	0.689**	6.32
2	冀鲁豫片区	64	50071	881	0.363**	5.65	256341	0.429**	3.47
3	江浙片区	53	63003	1312	0.334**	8.83	51759	0.666**	4.05
4	湖北片区	10	21044	515	0.286**	20.21	60545	0.281**	11.09
5	四川片区	39	98052	1283	0.380**	9.20	206682	0.344**	7.08
6	粤闽赣片区	27	58745	801	0.223**	13.33	51759	0.285**	6.42
7	陕甘片区	47	109010	990	0.296**	7.20	256341	0.558**	2.48

注：1）数据源于二普土壤剖面（1979—1987年采样，0—20cm土层）数据库，土壤有机质含量单位为g/kg。
2）数据源于2005—2017年农田耕层（0—20cm）土壤养分调查数据库，土壤有机质含量单位为g/kg。
3）20%验证样本所获预测值与实测值的线性回归R^2（决定系数，其中**表示1%水平显著）和RMSE（均方根误差）。

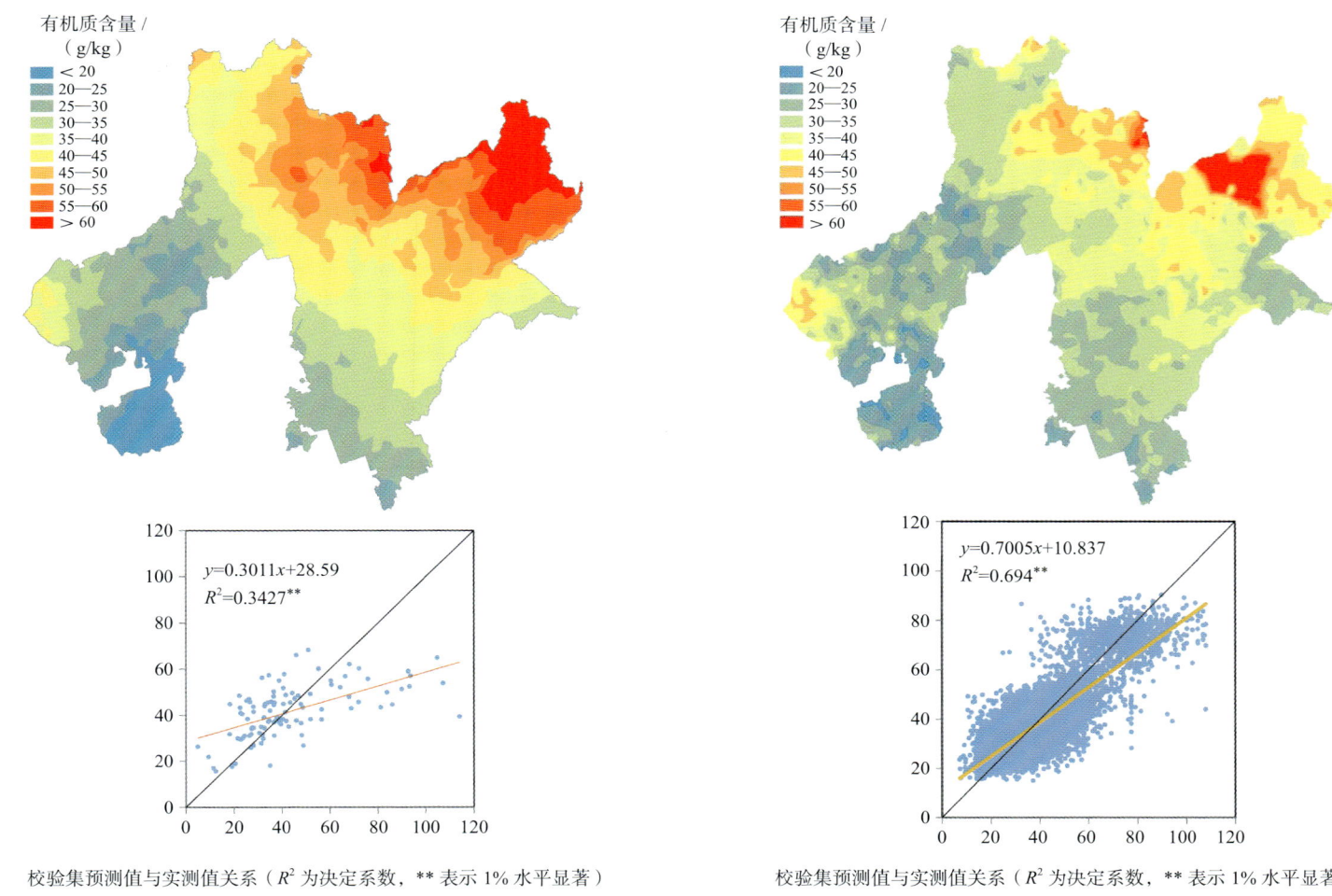

图3　东北片区土壤有机质含量分布图及地统计检验结果

参编单位

《中国土壤剖面数据集》的编制工作始于1998年。其编制过程主要分为以下两个阶段：

第一阶段为全国1∶5万土壤图编制和中国剖面数据库构建阶段。20世纪末，随着现代科学研究与管理对土壤时空信息的迫切需要和大数据技术的发展，利用土壤调查结果构建我国土壤资源与质量时空数据库日益显现出可行性和必要性。1998年，我国土壤科技工作者开始对二普分县土壤图件和资料进行系统收集和整理，这项工作曾得到国家社会公益性研究专项的资助。"十一五"期间，"我国1∶5万土壤图籍编撰及高精度数字土壤构建"被列为国家科技基础性工作专项重点项目。在全国各地农业、国土、档案等多家单位的大力配合和各地土壤科技工作者的支持下，项目组汇聚全国土壤科学、农业、测绘与环境领域多家专业科研院所的科研力量，深入31个省、自治区、直辖市以及数百个县的原始图件与资料存放部门，完成了2200多个县的分县大比例尺纸质土壤图与土种志的收集。同时，项目组还收集了全国31个省、自治区、直辖市的分省土壤图、土壤有机质含量图等多类别土壤专题图和分省土壤调查资料，并在此基础上，项目组研究人员通过融合多学科方法创建土壤大数据方法，以方法创新带动异源非标准海量土壤信息的时空整合与表达，至2017年，完成了我国1∶5万土壤图的整合表达和中国土壤剖面数据库的构建，为编制《中国土壤剖面数据集》奠定了科学基础、方法基础和数据基础。

第二阶段为《中国土壤剖面数据集》编制阶段。为满足我国农业、林业、环境、气象、国土、水利等各部门对公众版土壤资源与质量信息的迫切需求，项目组于2017年启动了数据集编制工作。在数据集编制过程中，项目组一方面利用土壤大数据方法进行数据的审核、土壤专题图的缩编与剖面数据表的表达等多项工作，另一方面组织了各省级土壤专业科研院所参与各分卷内容的审核和修订工作。数据集的编制还得到了中国农业科学院科技创新工程的资助。

本数据集的最终面世离不开多家科研单位在过去20多年时间里的共同付出。这些单位包括国家科技基础性工作专项重点项目"我国1∶5万土壤图籍编撰及高精度数字土壤构建""我国1∶5万土壤图籍编撰及高精度数字土壤构建二期工程"主持与参加单位、参加数据集各分卷审核和修订工作的土壤专业科研单位以及参与分县大比例尺纸质土壤图与土种志收集的各地相关管理与科研部门（附录10）。

（张维理、徐爱国、张认连、冀宏杰）

序图

中国土壤图
1:13 000 000

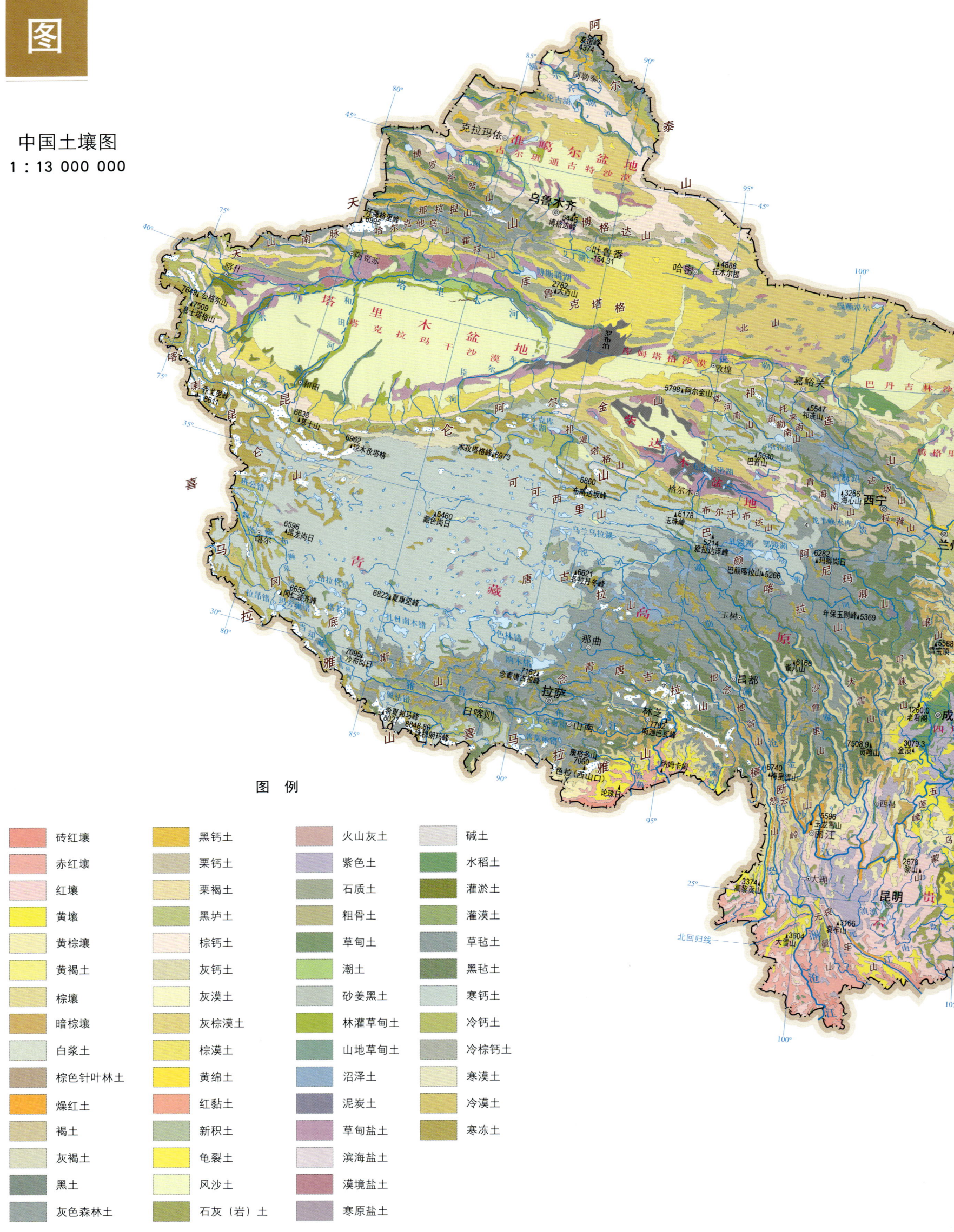

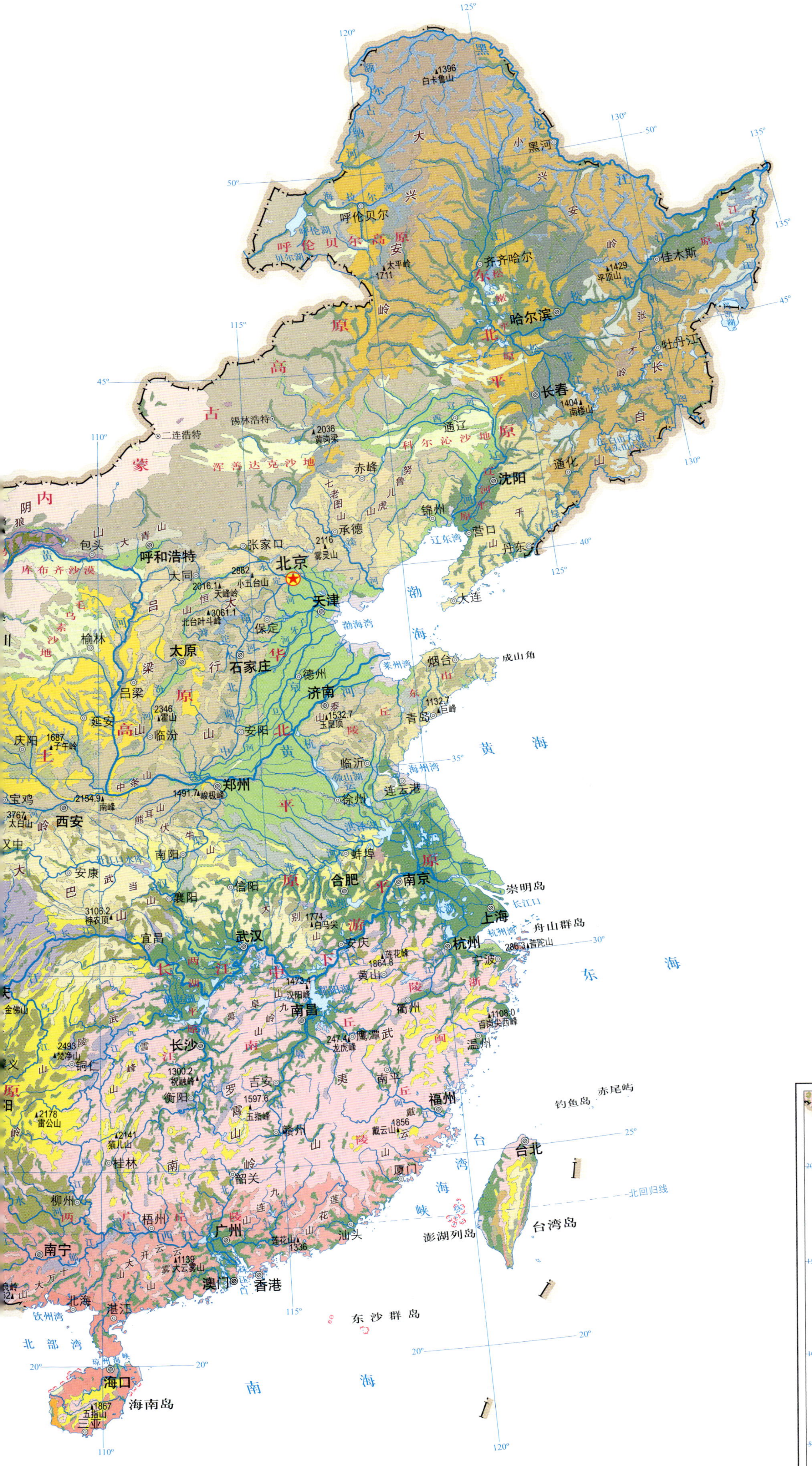

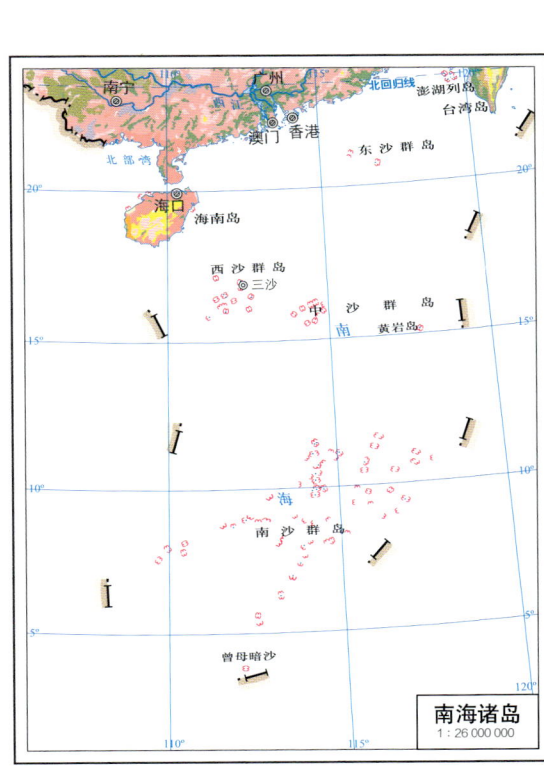

南海诸岛　1∶26 000 000

中国土壤有机质含量图
1 : 13 000 000

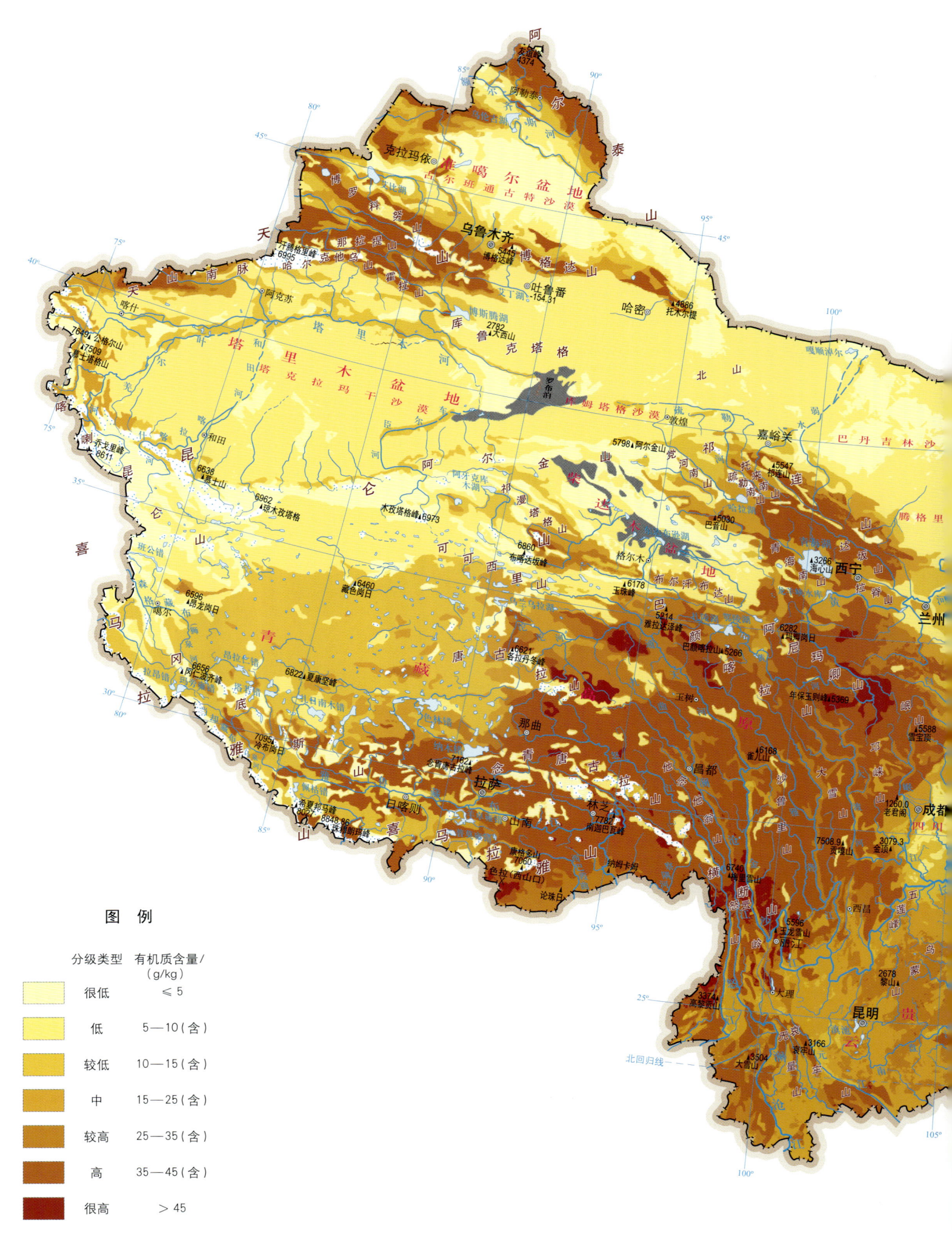

图 例

分级类型	有机质含量/(g/kg)
很低	≤ 5
低	5—10（含）
较低	10—15（含）
中	15—25（含）
较高	25—35（含）
高	35—45（含）
很高	> 45

注：土层厚度为0—30cm。

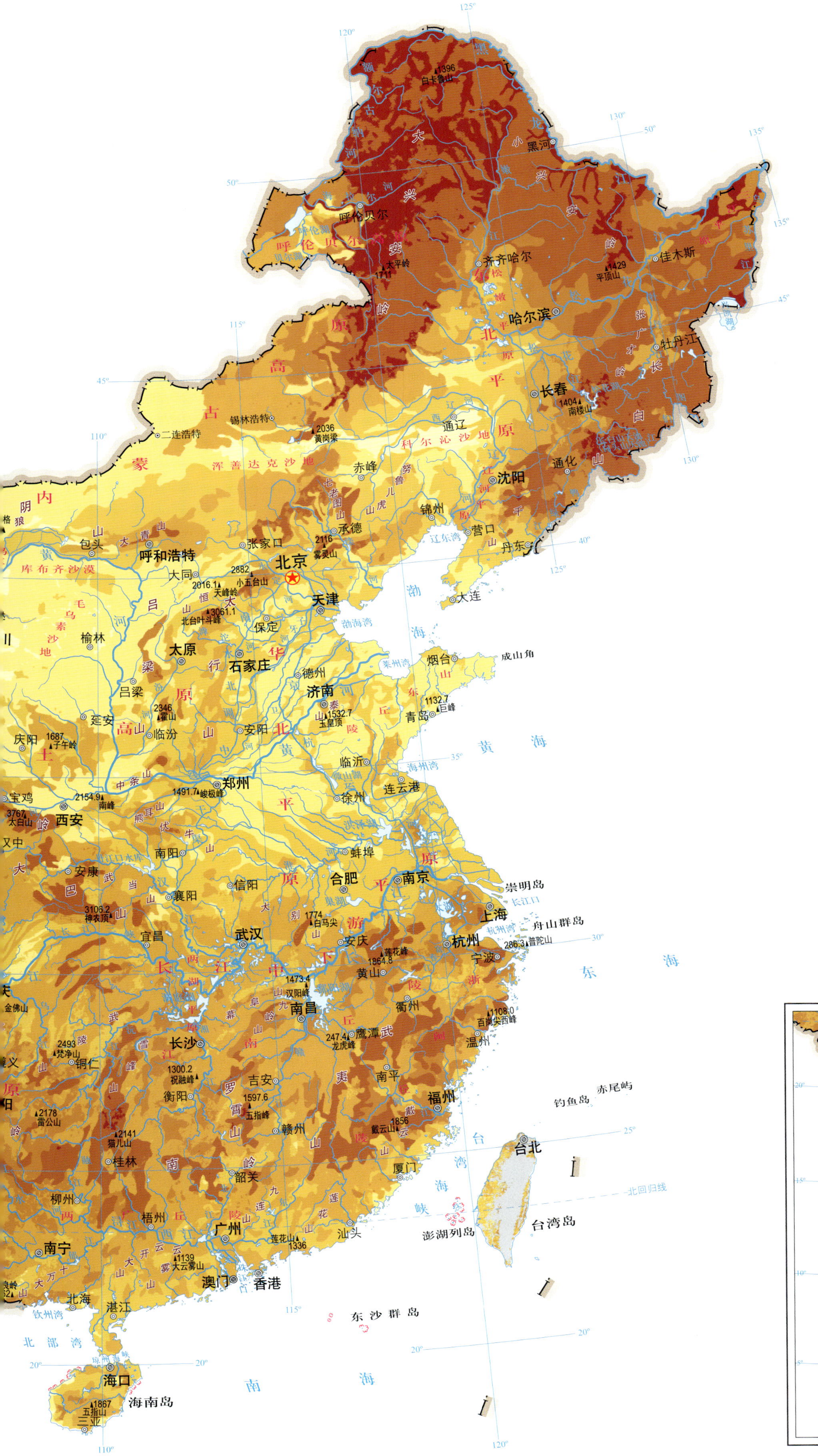

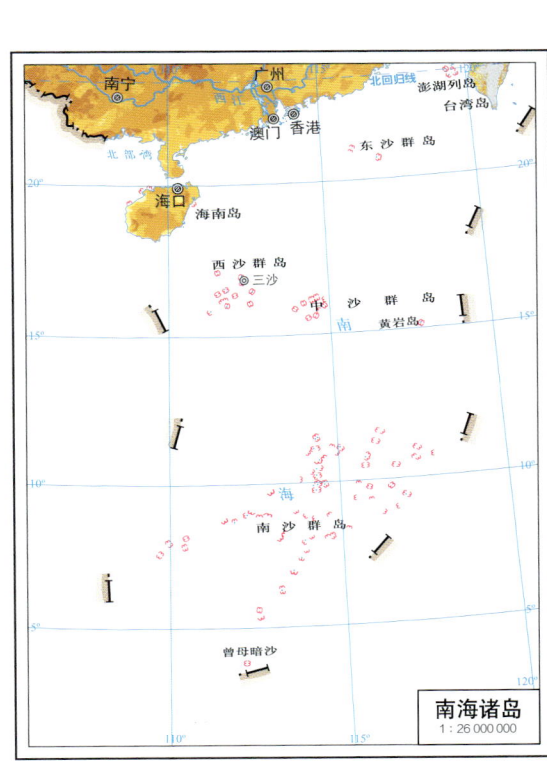

中国地势图

1 : 13 000 000

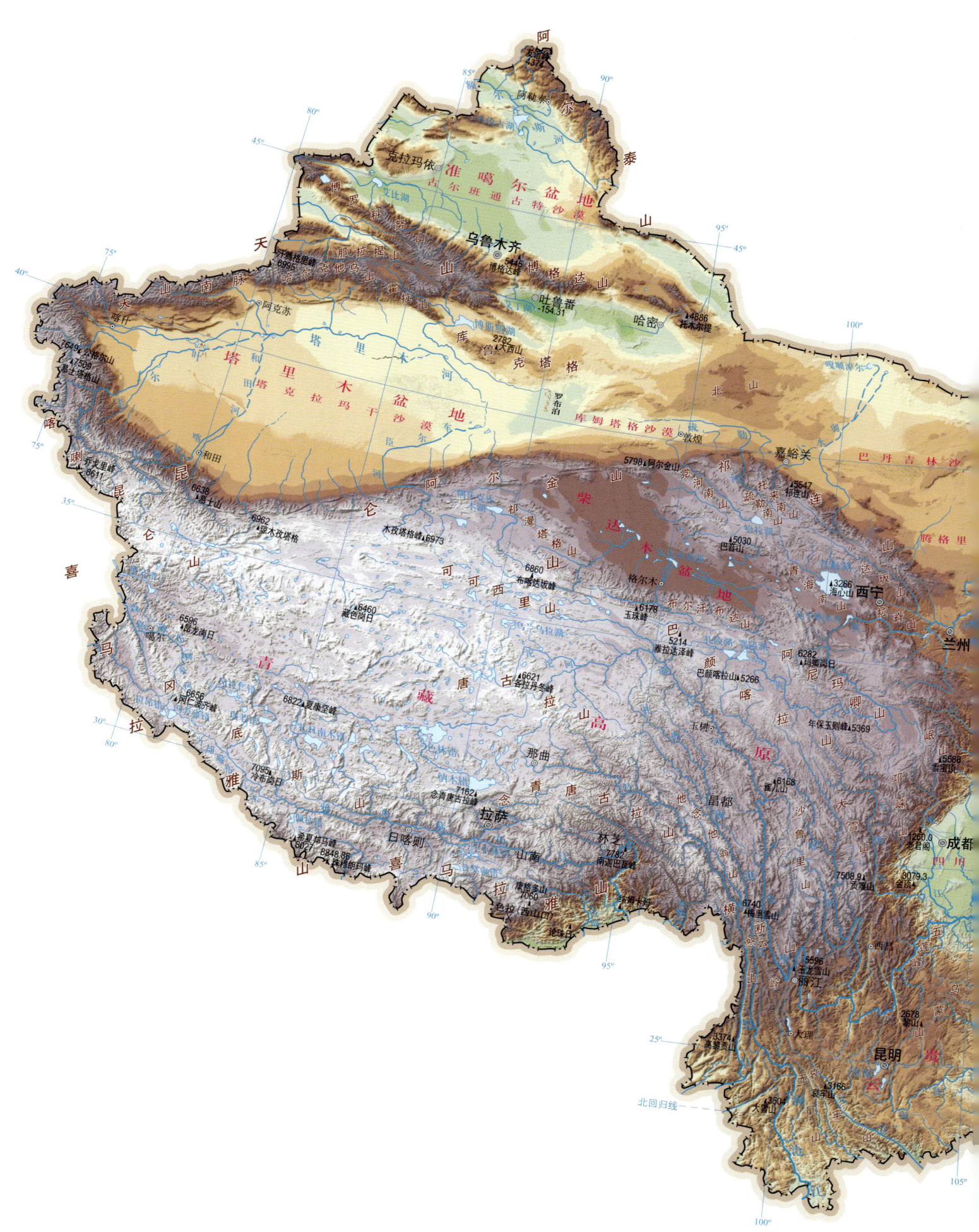

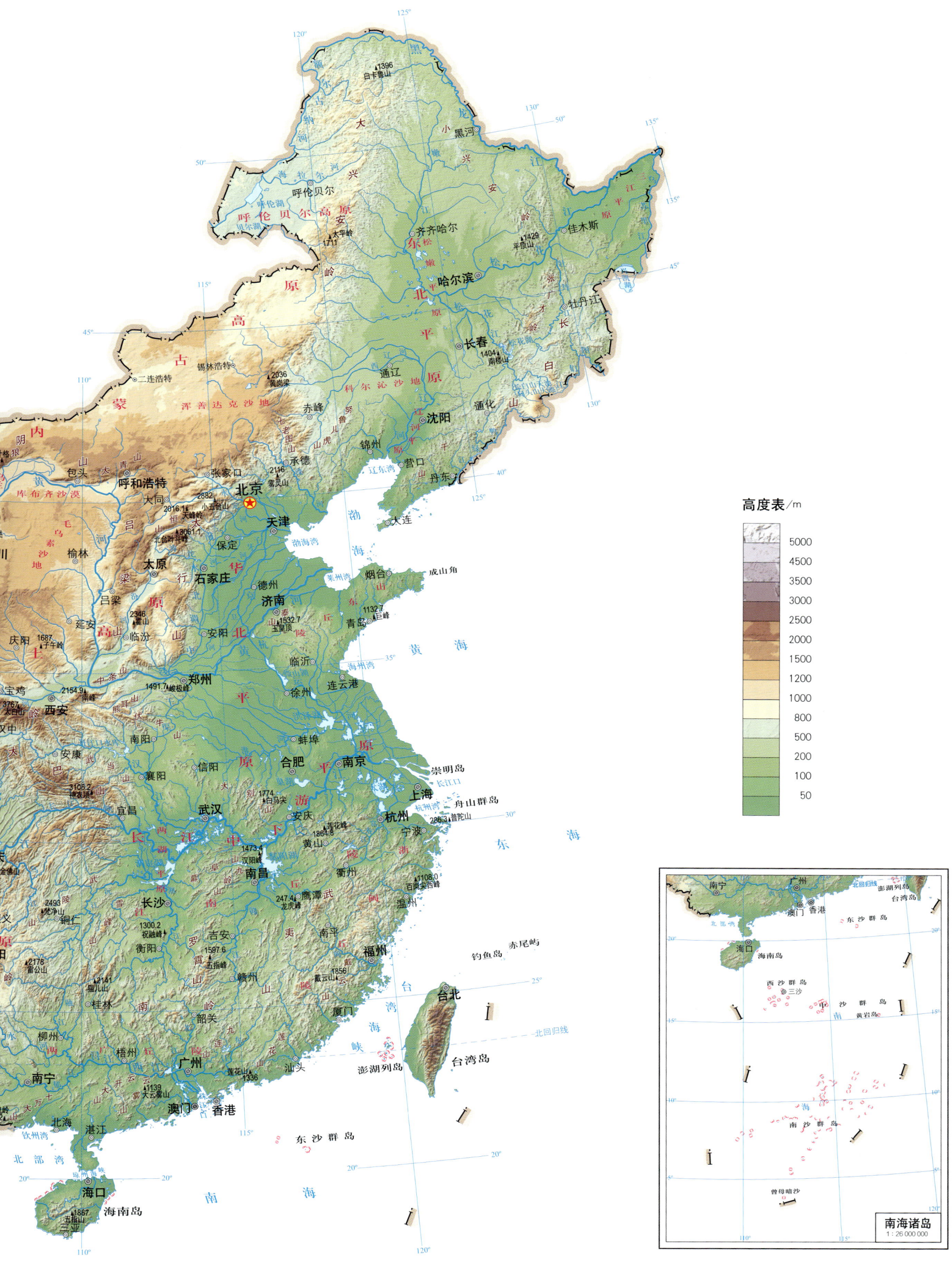

西藏自治区土壤图

1∶4 300 000

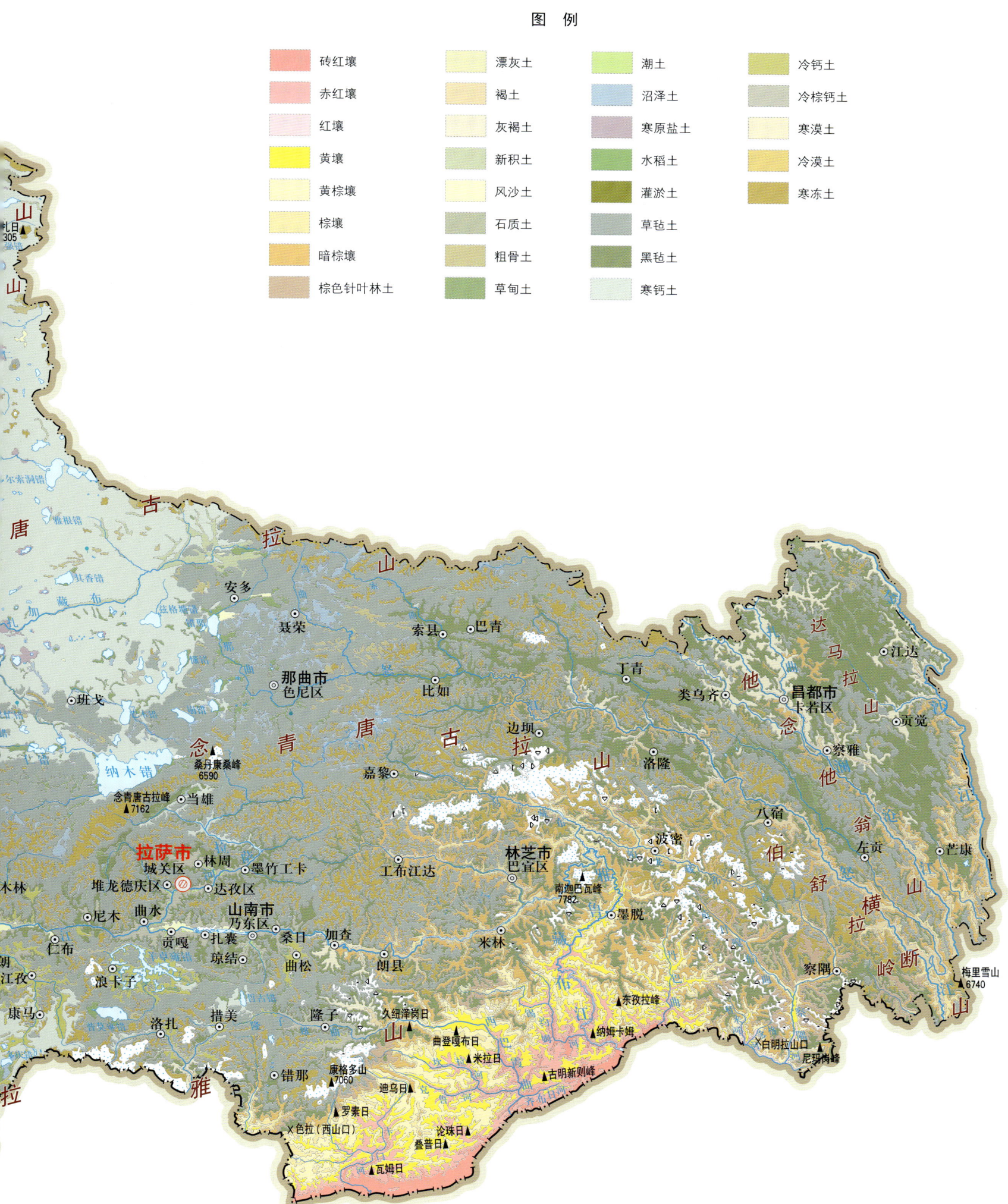

西藏自治区土壤有机质含量图
1∶4 300 000

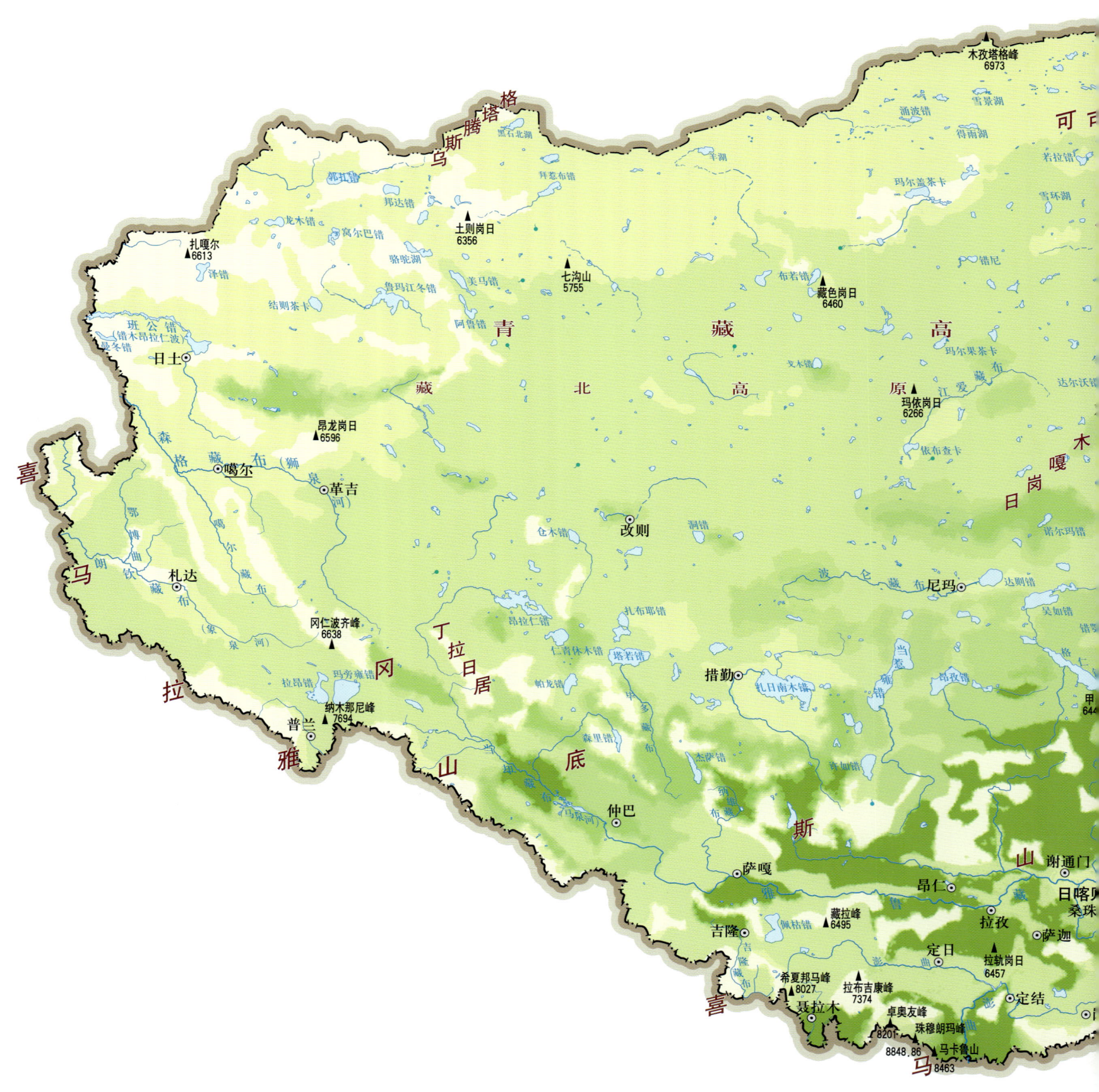

注：土层厚度为0—30cm。

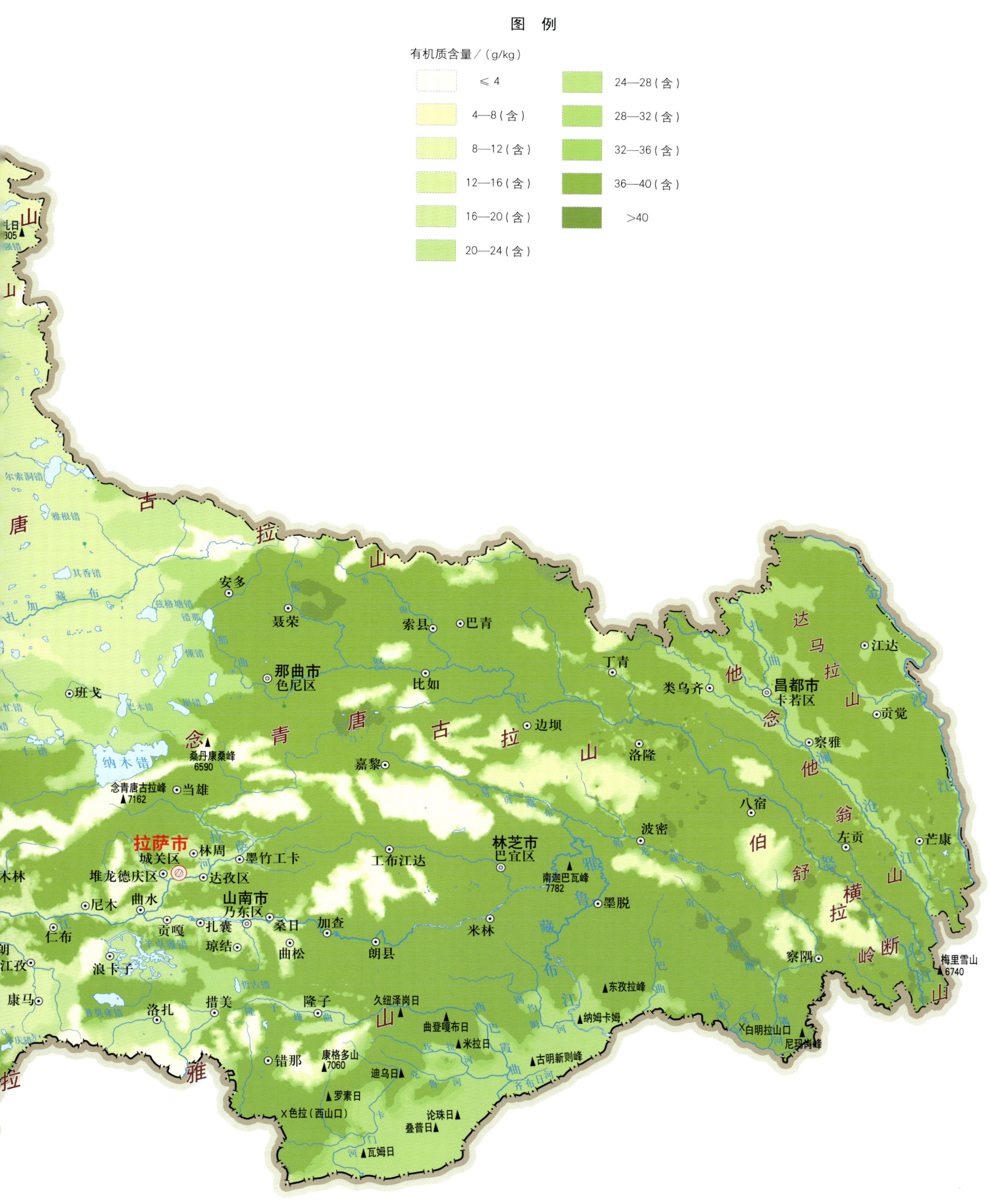

西藏自治区地势图
1:4 300 000

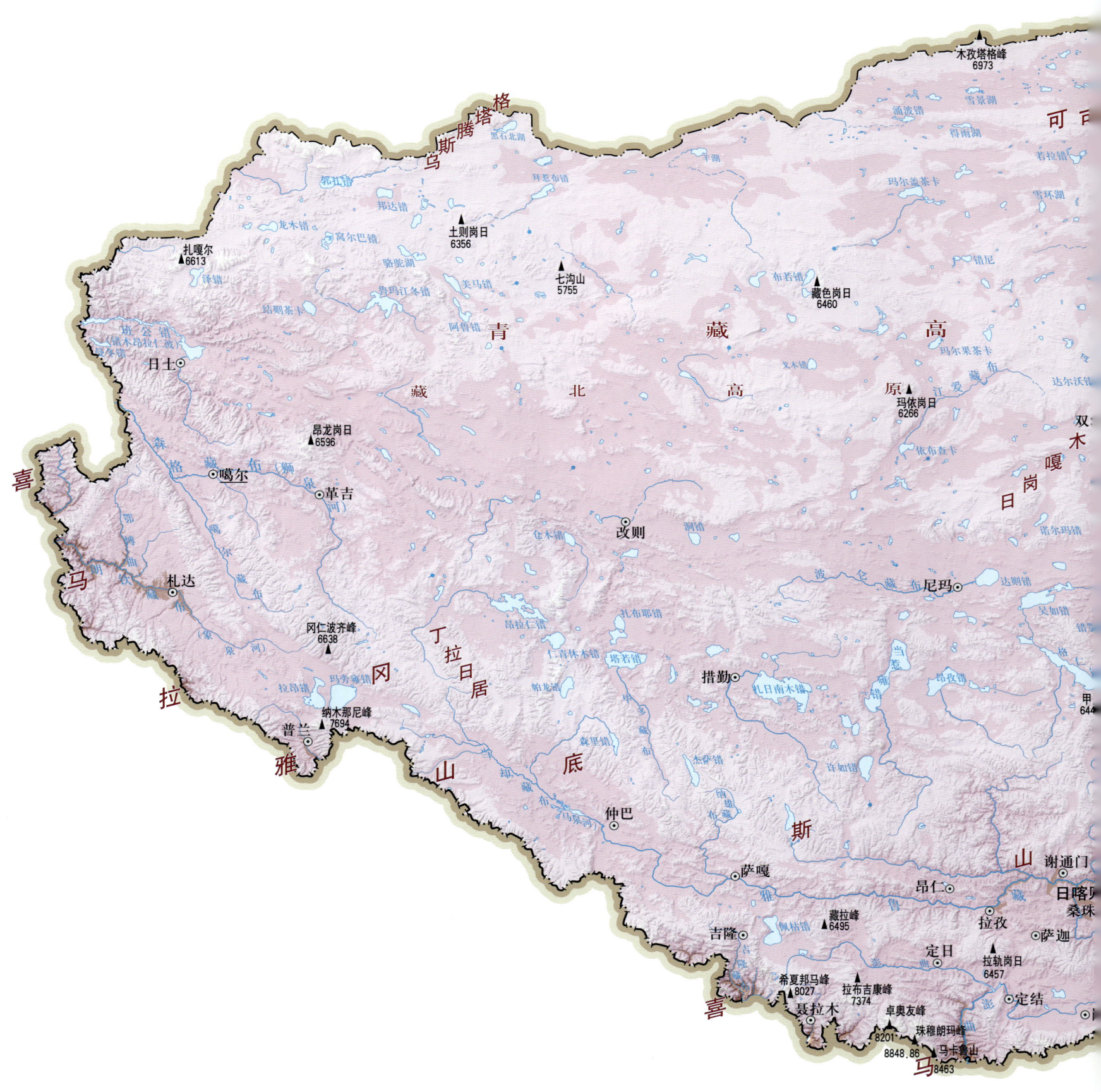

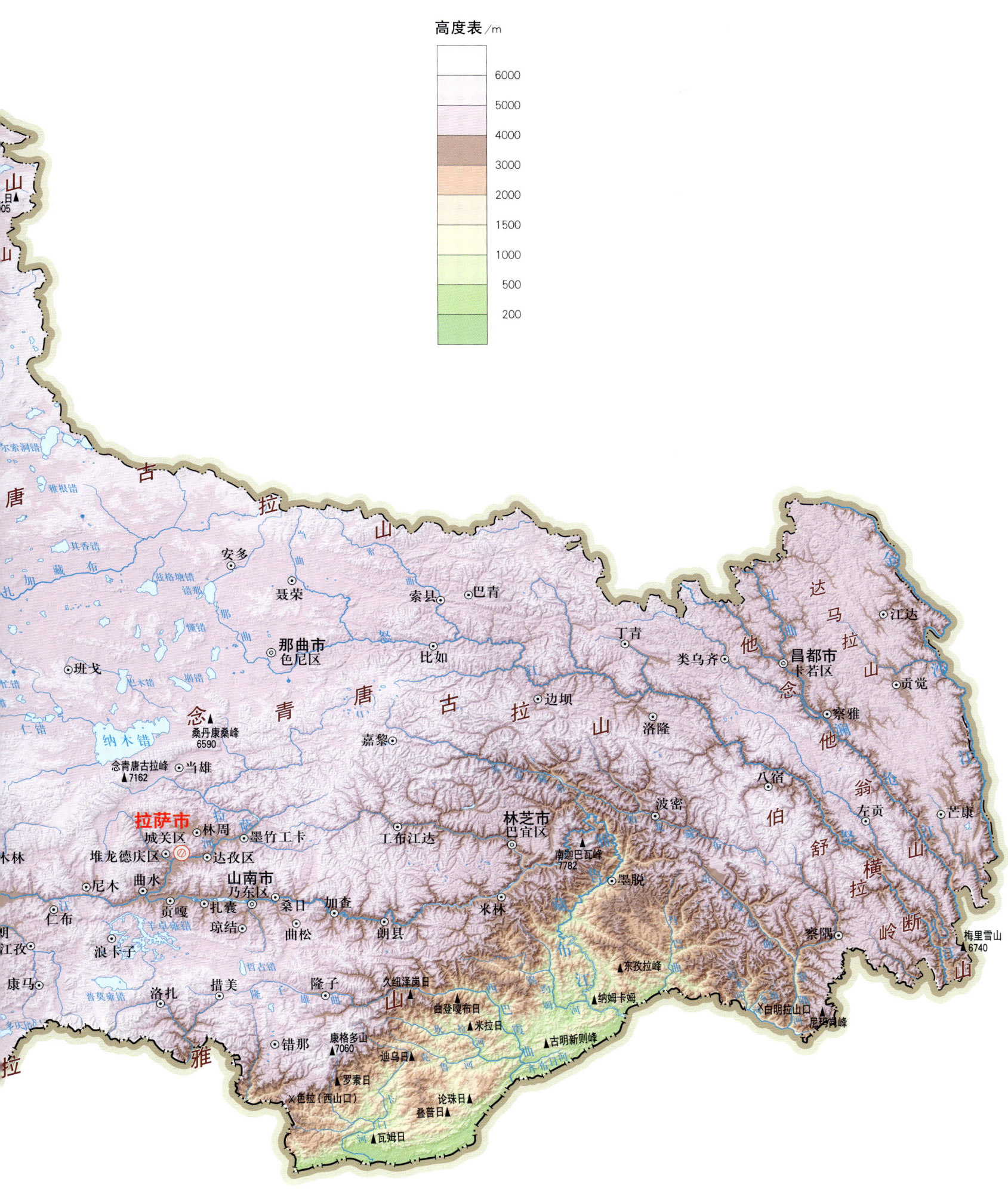

第二编 | 分县土壤图与土壤剖面数据

拉 萨 市

市 辖 区

主要土类说明

黑毡土是拉萨市主要土壤类型，占本市地域面积的32%，主要分布于海拔4200—4700m的山地，在阴坡缓坡和高原面上发育较好。成土母质多为坡积物和残积物。植被组成以矮生嵩草为优势种，盖度约达70%。黑毡土的成土过程具有腐殖质积累过程和冻融作用，但是强度不如草毡土。另外，高度、坡向、坡度及植物成分等因素的改变和人为活动强度的不同均使黑毡土产生分异。

冷棕钙土是拉萨市第二大土壤类型，占本市地域面积的26%，主要分布于海拔3700—4100m的沟谷两侧的山坡和洪积扇。在温暖半干旱的气候条件下，通过落叶灌丛和草本植物的参与，表土层发生着植物残体分解—腐殖质合成积累的过程，形成腐殖质层；碳酸钙在土体内淋溶、淀积于剖面下层，形成富含碳酸钙的白色钙积层或磐层。

草毡土是拉萨市第三大土壤类型，占本市地域面积的20%，主要分布于海拔4600—5000m的高山地带。优势植物为矮生嵩草和高山嵩草，生长缓慢，但根系发达，并缠绕交织而成毡状。土层浅薄，质地轻粗，土体本身不易滞水，但山高气寒，土体内有季节性冻层，不仅能将水分以固态形式保留于土中，而且还能托滞下渗雨水使之临时潴育，加之夜冻昼融致水分上下移动，故形成了特殊的高山草甸过程。

寒冻土占拉萨市地域面积的9%，分布于海拔5300m以上区域。此区域物理风化和冰雪剥蚀作用强烈，生物化学作用微弱，地面被砾幕覆盖。仅有一些耐寒、耐旱、耐瘠薄的低等植物着生，生物量很低，有机质积累微弱。寒冻土土层浅薄，剖面分化不明显，砾石含量高，质地轻粗，土壤呈中性。

潮土占拉萨市地域面积的4%，集中分布于拉萨河两岸的宽谷平原上，是草甸土或冲积物经耕种熟化并受地下水影响而形成的一类旱作土壤。与黄河、长江中下游地区相比，本市潮土成土母质和小地形更为复杂，农业历史较短，常受河流泛滥及山洪冲刷或覆没而中断耕种熟化成土过程。

本区域中心区气候特征

本区域中心区气候特征值
Regional climate characteristics in central area of the region

气候带：高原温带亚干旱气候 Climate region: Plateau temperate sub arid climate	
年平均气温 /℃ Annual average temperature /℃	8.1
年平均最高气温 /℃ Annual average maximum temperature /℃	15.9
年平均最低气温 /℃ Annual average minimum temperature /℃	1.6
年降水量 /mm Annual precipitation /mm	441
≥10℃的积温 /℃ Daily temperature accumulated in a year (≥10℃) /℃	2948
年日照时数 /h Annual sunshine /h	2976
年平均相对湿度 /% Annual average relative humidity /%	44
干燥度 Dryness	1.21

本区域中心区月平均气温与月平均降水量
Monthly temperature and precipitation in central area of the region

拉萨市市辖区（部分）主要土壤类型与土壤剖面点分布图
1：130 000

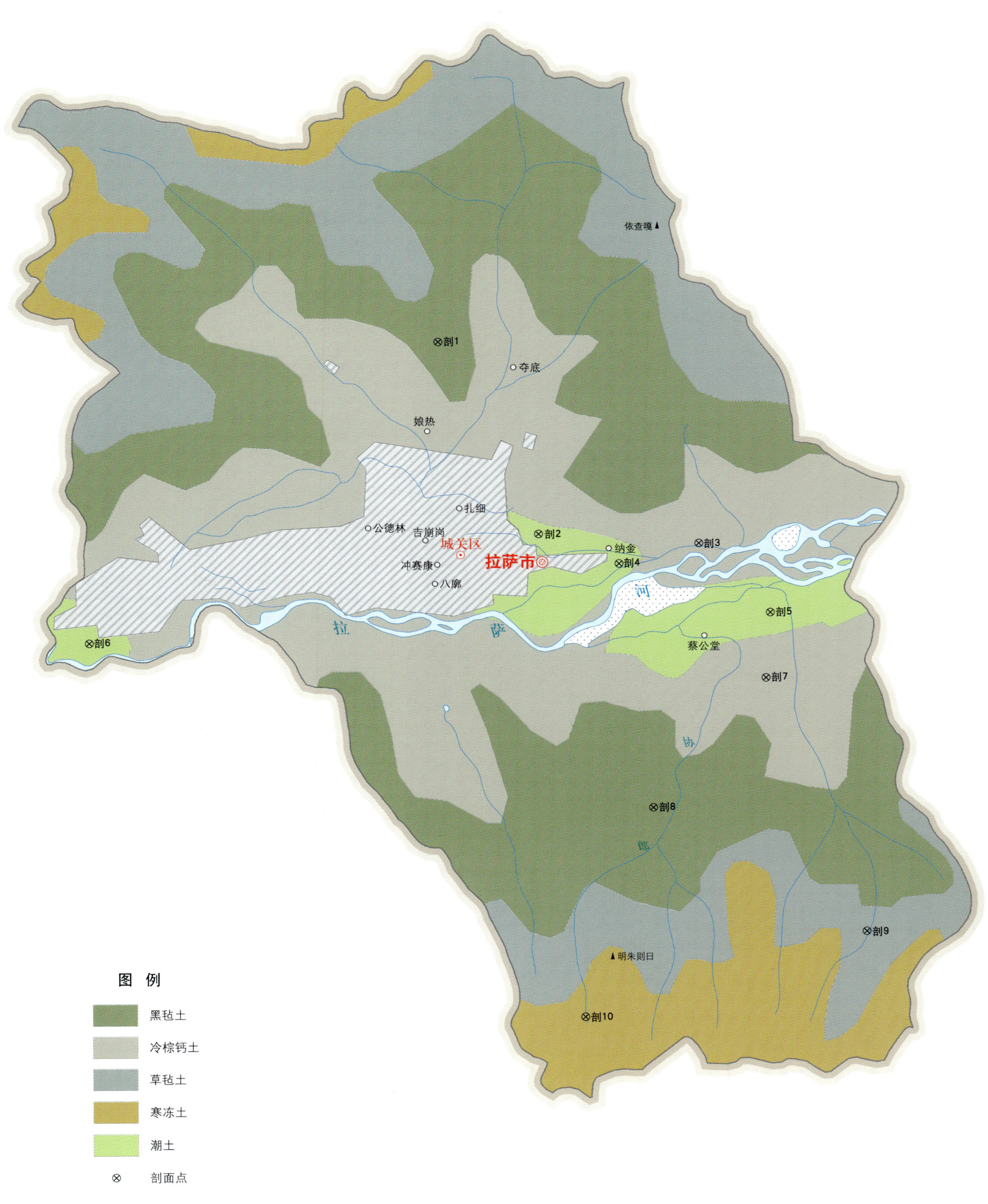

拉萨市土壤剖面理化性状表

剖面号 Soil profile	土纲 Soil order	土类 Soil great group	亚类 Soil subgroup	土属 Soil genus	土层码 Layer code	土层厚度 Depth/cm	颜色 Soil color	质地 Soil texture	土壤结构 Soil structure	pH	有机质 OM/(g/kg)	全氮 TN/(g/kg)	全磷 TP/(g/kg)	全钾 TK/(g/kg)	碱解氮 AN/(mg/kg)	有效磷 AP/(mg/kg)	速效钾 AK/(mg/kg)	阳离子交换量 CEC/(cmol/kg)	土壤母质 Parent material	剖面点坐标 Profile coordinate	匹配指数 Matching index/%
剖1	高山土	黑毡土	薄黑毡土		1	0—12	灰棕色	砂壤土	屑粒状	7.2	39.9	1.96	0.57	21.4	189			10.0		E 91°08′12.5″ N 29°43′06.2″	89
剖2	半水成土	潮土	潮土	灰壤质潮土	1	12—30	黄棕色	砂壤土	屑粒状	7.5	11.0	0.59		19.0	55			11.6	石灰性洪积物、冲积物	E 91°10′04.8″ N 29°39′59.0″	75
					2	30—	灰色	砂壤土	块状	7.6	24.3	1.17	0.60					10.1			
					1	0—23	黄棕色	砂壤土	团块、屑粒状	8.3	15.8	0.98	0.91	25.4	86	14.2	73	7.4			
					2	23—42	灰黄色	砂壤土	块状	8.4	15.3	0.95		22.2	72	12.4	74	9.0			
					3	42—63	灰黄色	砂壤土	块状	8.5	11.4	0.78	1.02		55	11.2	51	9.6			
					4	63—100	暗棕色	砂壤土	块状	8.4	9.5	0.63			48	10.3	51	9.3			
剖3	高山土	冷棕钙土	冷棕钙土		1	0—10	棕灰色	砂土	团块状	8.4	6.6	0.33	0.63	19.6	37	3.8	33	3.7		E 91°12′59.0″ N 29°39′52.6″	73
					2	10—34	棕灰色	砂壤土	团块状	8.6	4.5	0.29			23	1.3	32	3.3			
					3	34—55	灰白色	砂壤土	团块状	8.6	2.5	0.20	0.61	22.9							
					4	55—100	灰白色	砂壤土	团块状	8.7	2.4	0.12									
剖4	半水成土	潮土	潮土	灰壤质潮土	1	0—21	灰褐色	砂壤土	屑粒、团块状	7.5	17.8	1.00	1.33	25.0	83	14.0	83	10.0		E 91°11′32.6″ N 29°39′31.3″	73
					2	21—33	黄褐色	砂壤土	块状	8.0	13.1	0.78			17	5.0	40	3.9			
					3	33—53	深黄色	砂壤土	块状	8.3	4.1	0.25	0.67								
					4	53—71	深黄色	砂壤土	块状	8.3	4.8	0.30									
剖5	半水成土	潮土	潮土	灰泥砾质潮土	1	0—16	灰棕色	砂壤土	团块状	7.2	16.3	1.03	0.66	21.5	90	4.2	55	9.1	洪积物、冲积物	E 91°14′17.9″ N 29°38′45.2″	95
					2	26—33	暗棕色	砂壤土	块状	7.4	11.7	0.80		21.0	72	3.3	45	9.7			
					3	33—74	暗棕色	砂壤土	块状	7.6	8.8	0.52			48	5.3	43	9.0			
					4	74—100	棕黄色	砂壤土	块状	7.6	6.0	0.45			35	4.6	45				
剖6	半水成土	潮土	潮土	灰壤质潮土	1	0—20	暗棕色	砂壤土	团块、屑粒状	7.5	45.4	2.33	1.24	23.0	145	100.0	278	14.8	石灰性冲积物	E 91°01′58.4″ N 29°38′04.6″	72
					2	20—34	黄棕色	砂壤土	团块状	7.8	23.1	1.23	0.48	24.4	106	45.6	102	10.8			
					3	34—75	黄黄棕色	砂壤土	团块状	7.5	4.4	0.24			48	13.8	70	3.9			
					4	75—100	黄棕色	砂土	单粒状	8.1	4.2	0.20			41	11.1	134	4.1			
剖7	高山土	冷棕钙土	淋溶冷棕钙土	灌耕淋溶冷棕钙土	1	0—8	灰棕色	砂壤土	团块状	7.6	28.2	1.59	0.62	22.3	162	4.0	246	9.1		E 91°14′13.9″ N 29°37′40.8″	71
					2	8—30	黄棕色	砂壤土	团块状	8.1	4.0	0.30		21.6	55	3.8	39	6.8			
					3	30—53	暗黄棕色	砂壤土	团块状	7.9	5.1	0.32	0.48					5.6			
					4	53—80	暗黄棕色	砂壤土	团块状	7.9	5.6	0.47									
					5	80—	棕黄色	砂壤土	屑粒状	8.1	4.4	0.42									
剖8	高山土	黑毡土	黑毡土		As	0—13	棕灰色	砂壤土	屑粒状	6.4	61.0	2.39	0.65	21.1	268	7.9	65	12.1		E 91°12′13.7″ N 29°35′31.6″	88
					2	13—30	暗黄棕色	砂壤土	屑粒状	6.9	32.5	1.37		22.7	194	2.9	75	12.2			
					3	23—34	暗黄棕色	砂壤土	屑粒、团块状	6.9	12.8	0.55	0.49					8.9			
					4	48—62	棕黄色	砂壤土	屑粒、团块状	6.9	9.3	0.39									
剖9	高山土	草毡土	草毡土		As	0—15	灰棕色	砂壤土	屑粒状	6.4	60.5	2.39	0.55	18.8	333	4.2	7	13.6		E 91°16′06.6″ N 29°33′31.3″	83
					2	15—23	暗黄棕色	砂壤土	屑粒状	6.3	35.0	1.37	0.64	21.2		3.0	39	11.3			
					3	23—34	黄黄棕色	砂壤土	屑粒状	6.4	35.6	1.31						12.2			
					4	34—50	黄黄棕色	砂壤土	屑粒状	6.3	23.7	0.86	0.56	21.6							
					5	50—68	灰黄棕色	砂壤土	屑粒状	6.5	14.6	0.51									
剖10	高山土	寒冻土	寒冻土		A	0—5	棕黄棕色	砂壤土	团块、鳞片状	7.5	16.2	0.93	0.70	23.4	88	6.0	96	11.1		E 91°11′02.4″ N 29°32′04.2″	75
					AC	5—20	灰黄棕色	重砾质砂壤土	团块状	7.5	7.5	0.46			74	7.0	112	13.9			
					C_1	20—34	灰黄棕色	重砾质砂质黏壤土		7.5	5.0	0.28									
					C_2	34—55	灰黄棕色	砾质砂壤土	粒状	7.5	4.2	0.18									

堆龙德庆区

主要土类说明

草毡土是堆龙德庆区主要土壤类型，占本区地域面积的45%。草毡土分布区植被以垫状植物与矮生嵩草为主，其次为苔草、毛茛、报春花、龙胆草等；退化地段有较多的火绒草、针茅侵入，组成高山矮草草甸群落，有的矮草草甸尚与一些灌丛，如金露梅、刺鼠李、小叶杜鹃、高山柳等混生，盖度为70%—90%。主要成土特点是：①具有明显的腐殖质积累作用和氧化还原作用，并和其他高山土壤一样，具有强粗骨性的剖面特征。②土壤氧化还原作用交替进行，土壤处于冬春长期的冻结干旱与夏秋短期湿润交替进行的状态，为成土物质的氧化还原创造了条件，使土壤中的铁锰化合物发生淋溶移动和淀积，而在剖面中形成相应的锈纹锈斑与相应的发生层段。

黑毡土是堆龙德庆区第二大土壤类型，占本区地域面积的22%，主要分布于中切、深切高山中下部。其主要成土条件和草毡土有着相似之处，均为寒冷半湿润气候条件，二者又有着共同的成土过程，即腐殖质积累作用和氧化还原作用。但二者在成土条件上又存在着差异，黑毡土分布带的气温、降水量、蒸发量都较草毡土分布带更高，土壤冻结期更短，土壤冻融作用更不显著；黑毡土一般发育更深刻，其As层及A_1层均较草毡土厚，剖面中具有微弱的氧化还原特征层发育。植被为高山矮草草甸，或与灌丛混生。植被组成分层明显，种类繁多，优势种有矮生嵩草、苔草、二裂委陵菜等。成土母质为砂岩、泥页岩、火山碎屑岩、结晶灰岩、硅质岩、花岗岩等各种岩石风化的残积物和坡积物。

寒冻土是堆龙德庆区第三大土壤类型，占本区地域面积的19%。是全区土壤垂直分布位置最高的土壤，也是脱离冰川和永久积雪影响最晚、成土年龄最短的土类。土上只生长一些耐寒、耐生理干旱、耐瘠薄的低等植被，如雪莲、绿绒蒿、高山点地梅、高山红景天、高山石竹以及壳状地衣、黄绿地衣等，植被盖度为1%—12%，个别地段为4%—5%。成土母质为泥质岩、灰岩、大理岩、硅质岩、板岩、火山碎屑岩等风化的冰碛物、坡积物和残积物。主要成土过程及成土特征表现为：气候严寒湿润，有机质分解缓慢，但因生物量低，有机质来源缺乏，故有机质含量低。其腐殖质组成以富里酸为主，胡敏酸含量少，芳构化程度低。

冷棕钙土占堆龙德庆区地域面积的10%，主要分布于拉萨河谷与堆龙曲河谷两侧高山下部，较黑毡土分布高度更低。冷棕钙土分布区植被较黑毡土分布区稀疏，以旱生针茅、白茅、羊茅、三刺草等草原植被为主，伴生有狼牙刺、锦鸡儿、冷蒿、黑沙蒿等灌丛植被。成土母质为砂泥岩、硅质岩、花岗岩风化坡积物、残积物。冷棕钙土分布区降水较少而集中，土体经常处于干燥环境，植被盖度低，不能形成草根盘结层，有机质少，腐殖质积累微弱，在剖面中通常只能形成腐殖质侵染层（Ah层）。

小于本区地域面积3%的土壤类型还有潮土和草甸土等。

本区域中心区气候特征

本区域中心区气候特征值
Regional climate characteristics in central area of the region

气候带：高原温带亚干旱气候 Climate region: Plateau temperate sub arid climate	
年平均气温 /℃ Annual average temperature /℃	7.6
年平均最高气温 /℃ Annual average maximum temperature /℃	15.4
年平均最低气温 /℃ Annual average minimum temperature /℃	1.0
年降水量 /mm Annual precipitation /mm	421
≥10℃的积温 /℃ Daily temperature accumulated in a year（≥10℃）/℃	2973
年日照时数 /h Annual sunshine /h	2995
年平均相对湿度 /% Annual average relative humidity /%	44
干燥度 Dryness	1.67

本区域中心区月平均气温与月平均降水量
Monthly temperature and precipitation in central area of the region

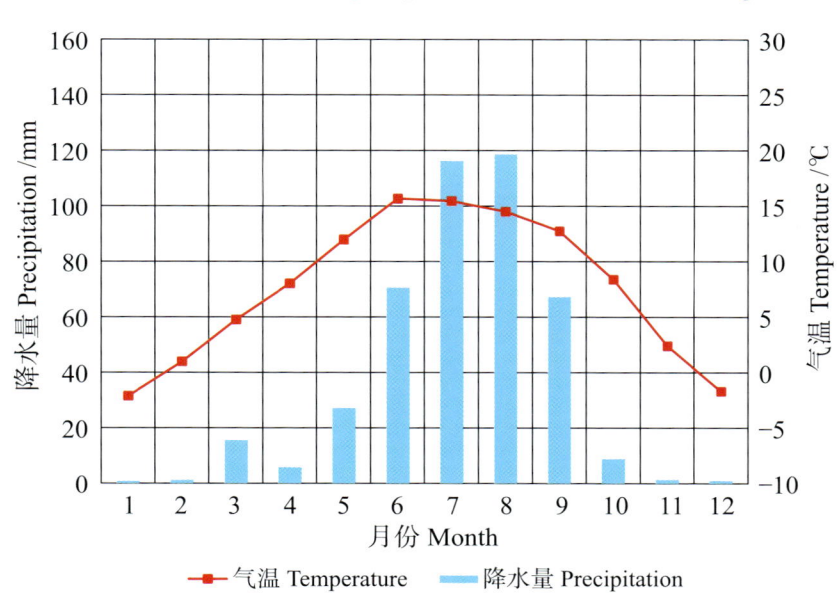

堆龙德庆县主要土壤类型与土壤剖面点分布图
1∶300 000

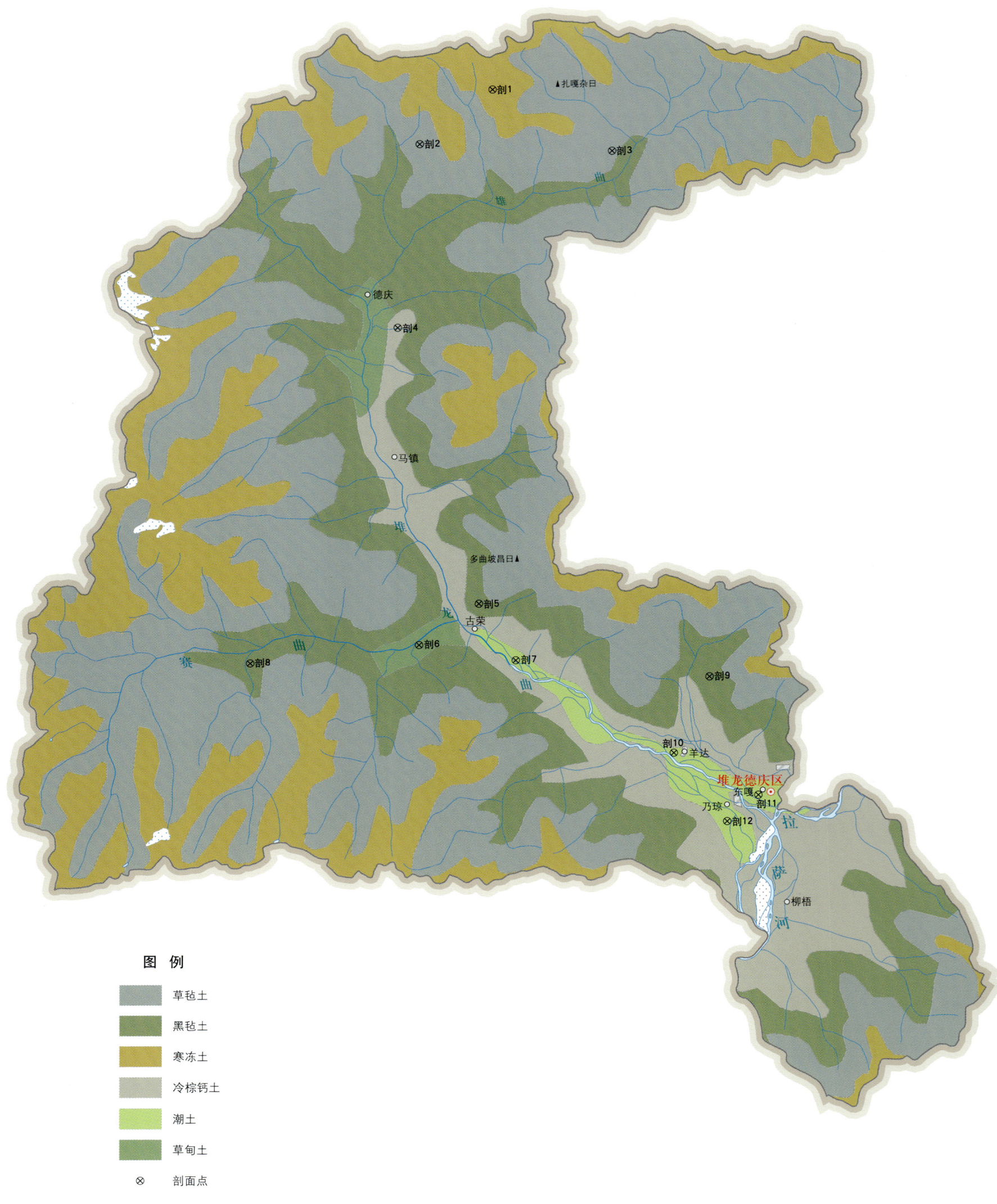

图 例

- 草毡土
- 黑毡土
- 寒冻土
- 冷棕钙土
- 潮土
- 草甸土
- ⊗ 剖面点

注：国务院于2015年10月批准，撤销堆龙德庆县，设立堆龙德庆区。本图界线不作为实地划界依据。

堆龙德庆区土壤剖面理化性状表

剖面号 Soil profile	土纲 Soil order	土类 Soil great group	亚类 Soil subgroup	土属 Soil genus	土层码 Layer code	土层厚度 Depth/cm	颜色 Soil color	质地 Soil texture	土壤结构 Soil structure	pH	有机质 OM/(g/kg)	全氮 TN/(g/kg)	全磷 TP/(g/kg)	全钾 TK/(g/kg)	碱解氮 AN/(mg/kg)	有效磷 AP/(mg/kg)	速效钾 AK/(mg/kg)	土壤母质 Parent material	剖面点坐标 Profile coordinate	匹配指数 Matching index/%
剖1	高山土	寒冻土	寒冻土		1	10—15	灰黄色	轻砾石土	块状	6.7	13.0	0.66	0.92	29.7	49	9.0	149	变质板岩残积物、坡积物	E 90°48′09.7″ N 30°06′05.8″	71
					2	15—45	灰黄色	多砾石土	鳞片状	6.6	14.4	0.77	0.88	27.3	54	7.0	120			
剖2	高山土	草毡土	草毡土		1	0—10	黑棕色	砂壤土	块状	6.1	88.8	4.01	0.78	22.5	226	8.0	104	安山岩坡积物、残积物	E 90°45′00.4″ N 30°03′54.4″	74
					2	10—22	暗棕色	砂壤土	粒状	6.1	65.6	3.10	0.79	21.9	127	2.0	107			
					3	22—35	淡棕色	砂壤土	块状	6.2	75.4	3.36	0.96	22.8	233	3.0	104			
					4	35—42	淡棕黄色	砂壤土	块状	7.0										
					5	42—	暗棕色													
剖3	高山土	草毡土	棕草毡土		2	2—14	暗棕色	砂壤土	块状、粒状	6.1	37.7	1.82	0.90	22.1	138		120			71
					3	14—23	暗棕黄色	壤质砂土	块状	6.2	59.7	2.61	0.75	21.5	212		90			
					4	23—31	淡棕黄色	砂壤土	块状	6.5	14.9	0.75	0.50	24.7	48		85			
剖4	高山土	冷棕钙土	冷棕钙土		1	0—22	紫灰色	多砾质砂质黏土	块状	8.2	17.6	1.15	0.51	13.6	56		76			71
					2	22—50	紫棕色	多砾质砂质黏土	块状	8.2	16.0	1.10	0.55	17.5	46		74			
剖5	高山土	黑毡土	薄黑毡土		1	0—7		少砂质砂质黏壤土		6.6	46.2	2.08	0.68	23.8	163	3.0	113	石英闪长岩坡积物、残积物	E 90°47′57.1″ N 29°45′43.6″	71
					2	7—15	淡棕黄色	中砂质砂质黏土	块状	7.0	23.9	1.13	0.59	25.7	66	3.0	72			
					3	15—28	淡棕黄色	中砂质砂质黏土	块状	7.4	7.0	4.44	0.53	25.2	20	4.0	75			
					4	28—	灰黄色	砂壤土	单粒状	7.0										
剖6	半水成土	草甸土	草甸土	灰壤质草甸土	1	0—18	淡棕黄色	砂壤土	团粒	7.2	32.5	1.70	0.75	27.2	91	5.0	180	冲积物	E 90°45′21.6″ N 29°44′03.8″	75
					2	18—26	褐色	黏土	鳞片状	7.3	61.4	2.58	0.73	25.1	175	7.0	232			
					3	26—41	灰黄色	砂质黏质壤土	棱片状	7.8	14.7	>6.00	0.59	27.6	64	4.0	143			
					4	41—47	淡灰色	砂质砂壤土	棱块状	7.7	7.2	4.14	0.50	27.0	27	3.0	65			
					5	47—100	青灰色	砂质壤土	整体状	5.5										
剖7	半水成土	潮土	潮土	灰壤质潮土	1	0—18	褐色	砾质、砂质壤土	团粒、小块状	7.6	19.4	1.09	0.73	25.8	74	6.0	58	河流冲积物	E 90°49′36.8″ N 29°43′30.4″	85
					2	18—43	灰黄色	砾质、砂质黏土	片状	7.6	10.3	0.67	0.66	28.8	44	4.0	105			
					3	43—75	暗黄色	砾质、砂质黏土	块状	7.7	8.4	0.48	0.77	31.2	42	4.0	61			
					4	75—														
剖8	高山土	黑毡土	黑毡土		1	0—10	暗灰棕色	少砂质砂质黏土	团粒状	6.1	63.1	2.82	0.74	23.5	237	4.0	118	花岗岩残积物、坡积物	E 90°37′59.5″ N 29°43′13.1″	71
					2	10—28	灰棕色	中砂质砂质黏土	团粒状	6.2	26.0	1.27	<0.10	23.5	90	3.0	73			
					3	28—45	灰黄色	多砾质砂质壤土	块状	6.0	17.1	0.85	0.60	22.8	59	3.0	88			
					4	45—70	灰黄色	多砾质砂质壤土	单粒状	6.2	9.2	0.52	0.51	24.2	33	3.0	79			
剖9	高山土	黑毡土	黑毡土		1	0—7	淡棕色	轻砾质石土	块状	7.7	24.2	1.36	0.74	26.5	60	3.0	56		E 90°58′06.6″ N 29°42′59.0″	71
					2	7—23	暗黄色	砂壤土	块状	7.8	15.8	>6.00	0.65	26.8	32	4.0	46			
剖10	半水成土	潮土	潮土	灰壤质潮土	1	0—17	暗黄色	团粒状、块状	块状	7.4	19.4	1.16	0.69	26.6	91	20.0	106	河流沉积物	E 90°56′37.0″ N 29°39′56.5″	75
					2	17—33	暗黄色	砂壤土	块状	7.8	13.1	0.82	0.55	24.4	65	4.0	87			
					3	33—52	暗黄色	砂质黏质壤土	块状	8.2	3.6	0.22	0.46	37.4	16	4.0	40			
					4	52—76	褐黄色	中砾质砂质壤土	块状	8.2	7.2	0.49	0.68	33.0	32	3.0	66			
					5	76—100		砂土												
剖11	半水成土	潮土	潮土	灰壤质潮土	1	0—17	褐色	壤黏土	团粒状	7.7	20.0	1.17	1.11	25.2	84	25.0	72		E 91°00′20.5″ N 29°38′19.3″	71
					2	17—45	灰黄色	壤黏土	块状	8.4	16.4	1.04	1.15	23.8	83	5.0	107			
					3	45—62	黄色	少砾质壤质黏土	块状	8.2	10.2	0.59	0.94	22.7	47	5.0	76			
					4	62—85	暗灰黄色	壤质黏土	块状	8.1	23.8	1.17	1.43	23.1	79	5.0	65			

续表 Continued

剖面号 Soil profile	土纲 Soil order	土类 Soil great group	亚类 Soil subgroup	土属 Soil genus	土层码 Layer code	土层厚度 Depth/cm	颜色 Soil color	质地 Soil texture	土壤结构 Soil structure	pH	有机质 OM/(g/kg)	全氮 TN/(g/kg)	全磷 TP/(g/kg)	全钾 TK/(g/kg)	碱解氮 AN/(mg/kg)	有效磷 AP/(mg/kg)	速效钾 AK/(mg/kg)	土壤母质 Parent material	剖面点坐标 Profile coordinate	匹配指数 Matching index/%
剖12	半水成土	潮土	潮土	灰壤质潮土	1	0—17	暗灰黄色	壤质黏土	核粒状	7.8	20.6	1.15	0.94	22.2	86	11.0	143	河流冲积物	E 90°58′59.5″ N 29°37′16.0″	95
					2	17—28	暗灰黄色	中砾质砾质黏土	块状	7.7	21.9	1.28	0.58	22.4	75	6.0	98			
					3	28—50	褐色	壤质黏土	块状	7.7	10.3	0.65	0.91	21.0	37	4.0	71			
					4	50—74	暗灰黄色	黏壤土		7.5										

达孜区

主要土类说明

黑毡土是达孜区主要土壤类型，占本区地域面积的 41%。黑毡土分布区植被以嵩草、扁芒草为主，某些地区成片分布有小叶杜鹃（阴坡）、桧柏、小叶栒子、西藏忍冬（阳坡）等，盖度可达 60%—70%，甚至更高。土壤有机质分解较快，颜色较暗，表层仍似毛毡，表土亦无石灰反应。剖面构型为 $As-A_1-A_1B-C$ 型，表层有明显的连续成片的草毡层，但是不似草毡土般紧密。腐殖质层厚 10—33cm，呈暗灰色至灰棕色，具粒状结构，向下过渡明显，由暗灰色变成棕色。有机质含量为 8%—17%，粗骨性较强。在紧实的草根层下有细土层，再过渡为与母质相近的 AB 层。全剖面厚 40—90cm，表土中养分含量较草毡土高，全氮含量为 0.2%—0.4%，全磷含量为 0.03%—0.08%，土壤阳离子交换量为 7—15cmol/kg。本区黑毡土发育于石灰岩风化物，碳酸钙受到淋洗，心土层以上均无石灰反应，剖面下部才有少量碳酸钙的聚积，土体呈微酸性至中性反应，pH 为 6—7。

草毡土是达孜区第二大土壤类型，占本区地域面积的 28%。草毡土分布区气候寒冷而较湿润，土壤夜冻昼融现象显著。植被以嵩草为主，其次为苔草、龙胆组成的高山矮草草甸群落，盖度为 50%—60%。土壤中草根及有机残体盘结似毛毡状，土体易产生滑坡及崩塌现象。剖面构型多为 $As-A_1-A_1B-C$ 型。草毡层和腐殖质层发育较好，有机质分解微弱。草毡层厚 3—10cm，有弹性。腐殖质层厚 10—20cm，呈浅棕灰色至棕褐色。表土无石灰反应，表层有机质含量为 8%—13%。

冷棕钙土是达孜区第三大土壤类型，占本区地域面积的 16%。主要发生于青藏高原高寒湿凉的半干旱河谷地带，分布有灌丛植被和草原植被，有机质含量为 1.0%—3.0%。钙积层位于中下部，厚度为 30—50cm，碳酸钙含量为 20—60g/kg。土壤 pH 为 7.5—8.5。

寒冻土占达孜区地域面积的 8%。寒冻土发生于高山冰雪带下缘。其成土过程以寒冻物理风化为主，生物累积弱，土层薄，含砾石多，仅在岩屑中见少量细土物质堆积。土壤 pH 为 7.0—8.5。

小于本区地域面积 3% 的土壤类型还有潮土和粗骨土等。

本区域中心区气候特征

本区域中心区气候特征值
Regional climate characteristics in central area of the region

气候带：高原温带亚干旱气候 Climate region: Plateau temperate sub arid climate	
年平均气温 /℃ Annual average temperature /℃	8.0
年平均最高气温 /℃ Annual average maximum temperature /℃	15.7
年平均最低气温 /℃ Annual average minimum temperature /℃	1.4
年降水量 /mm Annual precipitation /mm	449
≥10℃的积温 /℃ Daily temperature accumulated in a year（≥10℃）/℃	2911
年日照时数 /h Annual sunshine /h	2948
年平均相对湿度 /% Annual average relative humidity /%	45
干燥度 Dryness	1.03

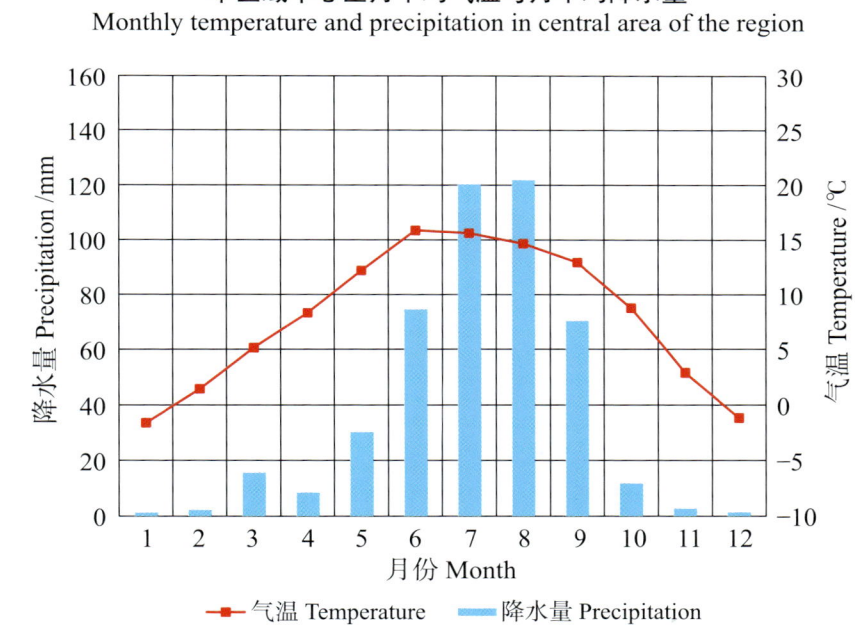

本区域中心区月平均气温与月平均降水量
Monthly temperature and precipitation in central area of the region

达孜县主要土壤类型与土壤剖面点分布图
1:210 000

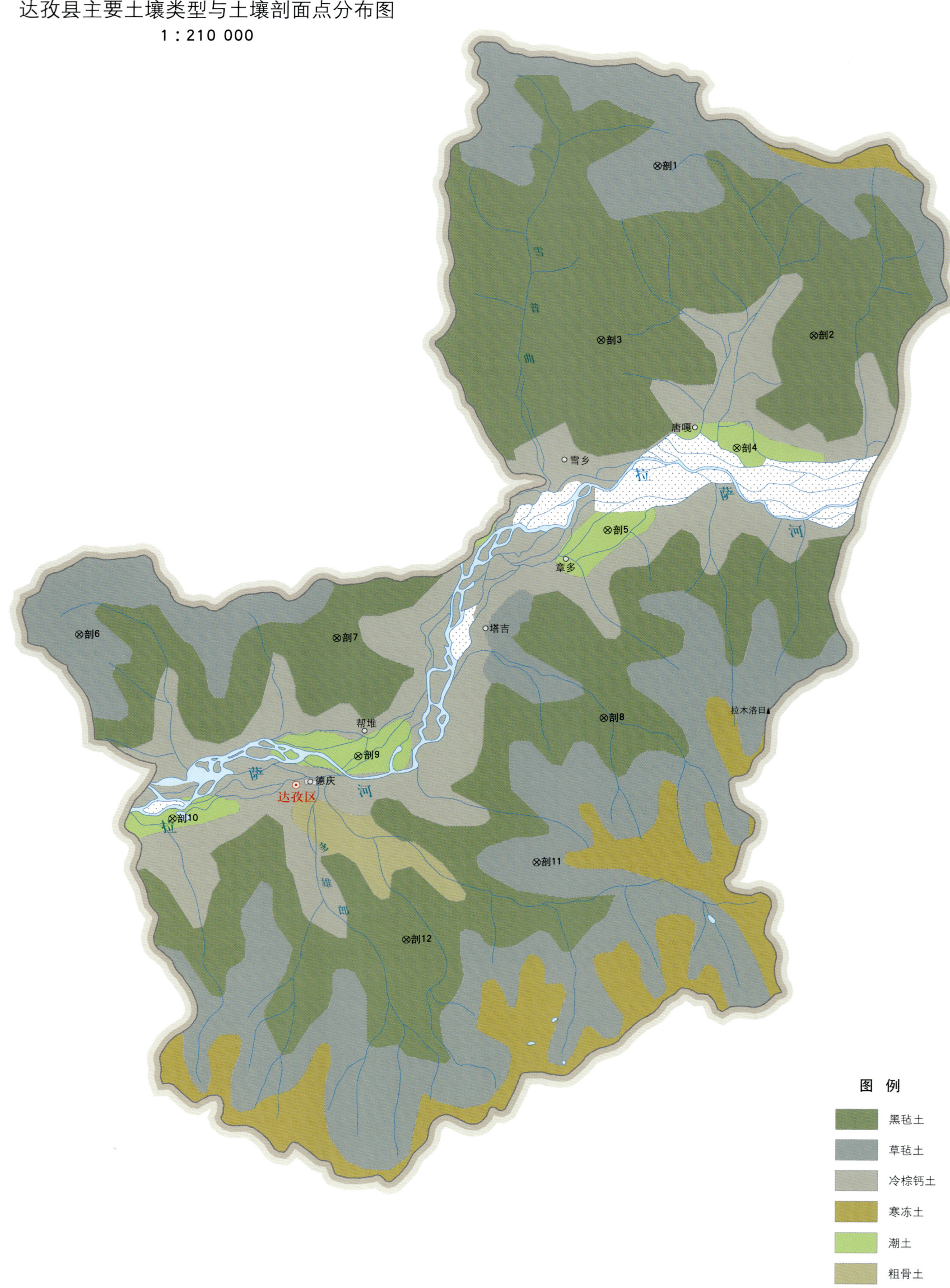

注：国务院于2017年7月批准，撤销达孜县，设立达孜区。本图界线不作为实地划界依据。

达孜区土壤剖面理化性状表

剖面号 Soil profile	土纲 Soil order	土类 Soil great group	亚类 Soil subgroup	土属 Soil genus	土层码 Layer code	土层厚度 Depth/cm	颜色 Soil color	质地 Soil texture	土壤结构 Soil structure	pH	有机质 OM/(g/kg)	全氮 TN/(g/kg)	全磷 TP/(g/kg)	碱解氮 AN/(mg/kg)	有效磷 AP/(mg/kg)	速效钾 AK/(mg/kg)	阳离子交换量CEC/(cmol/kg)	土壤母质 Parent material	剖面点坐标 Profile coordinate	匹配指数 Matching index/%
剖1	高山土	草毡土	草毡土		1	0~7	褐色	壤土	粒状	6.0								坡积物、残积物	E 91°31′41.5″ N 29°57′42.5″	86
					2	7~35	灰褐色	壤土	块状	6.0										
					3	35—	灰黄色	砾石壤土	块状	7.0										
剖2	高山土	黑毡土	黑毡土		1	0~5	棕色	壤土	粒状	6.9	90.8	2.38	0.34	74	2.0	15		石灰性母质	E 91°36′34.9″ N 29°53′02.8″	81
					2	5~25	棕褐色	壤土	粒状	5.9	40.2	2.18	0.86	45	2.0	96				
					3	25~31	棕黄色	砂土		6.3	19.7	1.46	0.94	57	1.0	8				
					4	31—	棕黄色	砾石砂土		7.5	7.3	0.66	1.00	30	2.0	5				
剖3	高山土	黑毡土	黑毡土		1	0~10	褐色	壤质砂土	粒状	7.0	26.7	1.48	0.40	45	3.0	46		坡积物、残积物	E 91°30′01.8″ N 29°52′51.6″	75
					2	10~75	褐色	壤质砂土		7.0	19.5	1.36	0.50	67	2.0	45				
					3	75—	黄棕色	砾质砂土	粒状	7.6	5.1	0.12	0.40	30	3.0	24				
剖4	半水成土	潮土	潮土	灰壤质潮土	1	0~18	灰色	砂土	块状	8.5	15.7	0.98	0.50		2.0	103	3.4		E 91°34′15.6″ N 29°49′54.1″	71
					2	18~40	淡灰褐色	砂土	块状	8.4	10.2	0.72	0.42		2.0	42	5.2			
					3	40~78	黄灰色	砂壤土	块状	8.4	9.1	0.86			1.0	15	10.6			
					4	78—	灰色	砾石砂土		8.2	3.7									
剖5	半水成土	潮土	潮土	灰泥砾质潮土	1	0~22	暗褐色	壤土	粒状	8.2	22.4	0.95	0.63	56	2.0	14			E 91°30′19.1″ N 29°47′35.2″	83
					2	22~51	暗褐色	壤土	片状	8.5	11.1	0.56	0.55	48	2.0	86				
					3	51~150	暗褐色	砂壤土	块状	8.6	14.6	0.28	0.79	41	1.0	161				
剖6	高山土	草毡土	草毡土		1	0~10	黑褐色	壤土	粒状	6.4	129.1	5.63	1.70	15	4.0	97		石灰性母质	E 91°14′07.4″ N 29°44′28.3″	89
					2	10~33	褐色	壤土	粒状	5.9	88.5	3.06	1.70	58	5.0	89				
					3	33~48	黑褐色	壤土	块状	5.6	74.9	2.99	1.70	48	4.0	60				
					4	48—	黑灰色	砾石壤土	块状	5.6	25.8	2.10	2.20	41	4.0	57				
剖7	高山土	黑毡土	黑毡土		1	0~8	暗褐色	砂壤土	粒状	6.3	82.4	2.31	0.80	49	6.0	20	14.1	坡积物、残积物	E 91°22′03.0″ N 29°44′28.3″	88
					2	8~25	淡褐色	壤土	块状	6.3	42.5	1.40	0.67	15	2.0	26	12.3			
					3	25~89	淡黄色	重壤土	块状	6.6	6.3	1.15	0.73	24	5.0	61	7.4			
					4	89—	淡黄色	砾石壤土	块状	7.1	1.7	<0.10	0.70	24	2.0	136				
剖8	高山土	草毡土	草毡土		1	0~4	暗褐色	砂壤土	粒状	6.4	103.7	3.99	0.40	72	3.0	24		中性母质	E 91°30′17.6″ N 29°42′21.2″	75
					2	4~10	棕褐色	砂壤土	块状	6.1	61.0	3.09	0.87	65	1.0	141				
					3	10~15	棕褐色	砂壤土	块状	6.2	57.8	2.74	0.48	73	<1.0	69				
					4	15~37	灰棕色	粉质砂壤土	粒状	6.3	15.4	0.30	0.15	56	1.0	73				
					5	37—	棕褐色	砾石壤土	粒状	6.5	11.1	0.64	0.80	95	4.0	47				
剖9	半水成土	潮土	潮土	灰泥砾质潮土	1	0~21	暗棕色	砂土	粒状	8.1	19.6	1.05	0.50	56	4.0	85			E 91°22′46.2″ N 29°41′12.1″	82
					2	21~70	暗棕色	壤土	块状	7.8	13.1	0.86	0.68	32	3.0	83				
					3	70~90	黄棕色	壤土	块状	8.5	9.2	0.29	0.73	64	18.0	42				
					4	90~130	黄棕色	砾石壤土	块状	8.1	12.0	0.10	0.70	24	11.0	40				
剖10	半水成土	潮土	潮土		1	0~20	灰黄色	砂土	粒状	8.5	1.8	0.62	0.63	48	3.0	27			E 91°17′06.0″ N 29°39′22.3″	88
					2	20~30	红棕色	砂土	单粒状	7.6	12.0	0.34	0.58	8	2.0	68				
					3	30~70	深棕色	壤质砂土	块状	7.5	4.8	0.39	0.57	40	3.0	103				
					4	70—	深棕色	砂土	块状	7.2	95.4	3.37	0.35	40	4.0	66				
剖11	高山土	草毡土	草毡土		1	0~3	棕色	壤土	粒状	6.8	61.4	3.06	0.69	58	5.0	61		酸性母质	E 91°28′18.5″ N 29°38′18.2″	80
					2	3~15	黄棕色	壤土	粒状	6.4	43.1	1.21	0.86	49	2.0	88				
					3	15—	黄棕色	砾石壤土	块状	6.8	43.1		0.83	40	2.0	81				

续表 Continued

剖面号 Soil profile	土纲 Soil order	土类 Soil great group	亚类 Soil subgroup	土属 Soil genus	土层码 Layer code	土层厚度 Depth/cm	颜色 Soil color	质地 Soil texture	土壤结构 Soil structure	pH	有机质 OM/(g/kg)	全氮 TN/(g/kg)	全磷 TP/(g/kg)	碱解氮 AN/(mg/kg)	有效磷 AP/(mg/kg)	速效钾 AK/(mg/kg)	阳离子交换量 CEC/(cmol/kg)	土壤母质 Parent material	剖面点坐标 Profile coordinate	匹配指数 Matching index/%
剖12	高山土	黑毡土	黑毡土		1	0—32	棕褐色	砂壤土	粒状	6.9	166.1	1.98	0.73	89	2.0	95		酸性母质	E 91°24′21.2″ N 29°36′05.0″	75
					2	32—46	棕黄色	砂壤土	块状	6.1	50.1	1.14	0.67	82	4.0	21				
					3	46—	灰白色	砾石壤土	块状	6.7	9.3	0.69	0.53	11	2.0	26				

林 周 县

主要土类说明

草毡土是林周县主要土壤类型，占本县地域面积的43%，分布在海拔4500—5300m的高山地带。由于分布在特定的高山地带，因而草毡土进行着一种特殊的高山草甸过程，主要表现为土体在一定时间内有较多水分停滞和升降运动，发生氧化还原作用。这是由于该地区地势高亢、层峦叠嶂，夏秋季节频降地形雨，但更多时日山高云低，云雾水汽时刻湿润着土壤，从而保证了土体中水分的来源。但在一年的跨度中，土壤则较长时间处于干旱状态。土壤长期受"干旱"和"湿润"的交替影响，加上山高寒冷，土体内的季节性冻层不但能把水分以"固态"形式保留在土中，而且能托滞下渗的雨水、冰雪融水，使之临时潴育其中。夜冻昼融作用引起土体频繁"封闭""开启"，导致氧化还原作用加剧，因而形成了特殊的高山草甸过程。

黑毡土是林周县第二大土壤类型，占本县地域面积的22%。黑毡土是在高原较温半湿润气候条件下发育形成的地带性土壤，一般分布在海拔4200—4700m，在该带谱内的阴坡、缓坡和高原夷平面上，发育得最好。成土母质为坡积物和残积物。植被组成分层明显，优势种有矮生嵩草、委陵菜、矮火绒草、锦鸡儿、麻黄、水枸子、高山柳和一定数量的西藏早熟禾、羊茅、针茅、米嵩等，植被盖度一般达到50%—80%。黑毡土的成土过程与草毡土基本相同，但因分布位置低，热量稍高，土体封冻时间短，故成土作用相对较强。黑毡土有机质积累过程与草毡土基本相似，但氧化还原作用不及草毡土那么明显。

寒冻土是林周县第三大土壤类型，占本县地域面积的14%，主要分布在本县北部，是林周县土壤垂直分布位置最高的土壤。高寒、大风、雹雪是寒冻土形成的主要环境条件，所在地形多是高山顶部、山地分水岭脊、古冰斗等。成土母质主要是残积物和坡积物。成土特点为成土年龄短、成土过程弱、成土过程容易中断。

冷棕钙土占林周县地域面积的10%，是在温暖半干旱生物气候条件下形成的一类地带性土壤，一般分布在海拔3700—4200m的河谷地域，主要分布在县境南部各乡村的山坡和洪积扇上。冷棕钙土地带气候较温和，暖湿同季，有利于成土过程的进行。其成土过程主要是弱的草原腐殖质积累过程和较弱的钙化过程。成土作用特点：①表层有腐殖质积累。②碳酸钙在土体内淋溶，并在剖面中下部重新聚集、淀积，形成富含碳酸钙的"白色淀积层"。③暖湿同季的气候条件，有利于土壤形成和风化作用进行，黏粒增加。

寒钙土占林周县地域面积的8%。寒钙土是发生于青藏高原高寒半干旱区，具弱度腐殖质积累，底层钙积的土壤。土壤有机质层厚度为15cm，有机质含量为1.0%—3.0%；碳酸钙含量为50—120g/kg，上部低，下部高；土壤pH为7.5—8.5。

小于本县地域面积3%的土壤类型还有潮土等。

本区域中心区气候特征

本区域中心区气候特征值
Regional climate characteristics in central area of the region

气候带：高原亚温带亚干旱气候 Climate region: Plateau sub temperate sub arid climate	
年平均气温 /℃ Annual average temperature /℃	6.8
年平均最高气温 /℃ Annual average maximum temperature /℃	14.6
年平均最低气温 /℃ Annual average minimum temperature /℃	0.1
年降水量 /mm Annual precipitation /mm	416
≥10℃的积温 /℃ Daily temperature accumulated in a year (≥10℃) /℃	2854
年日照时数 /h Annual sunshine /h	2964
年平均相对湿度 /% Annual average relative humidity /%	45
干燥度 Dryness	1.75

本区域中心区月平均气温与月平均降水量
Monthly temperature and precipitation in central area of the region

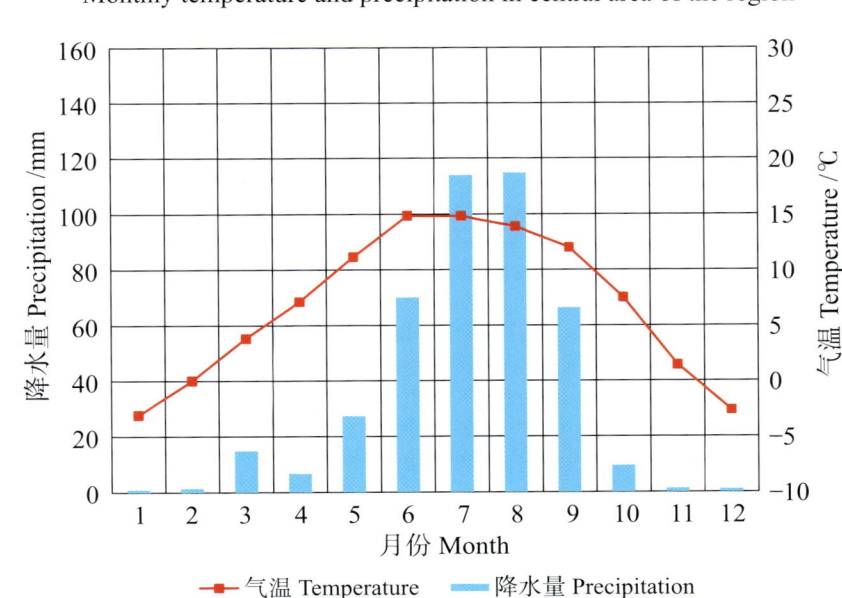

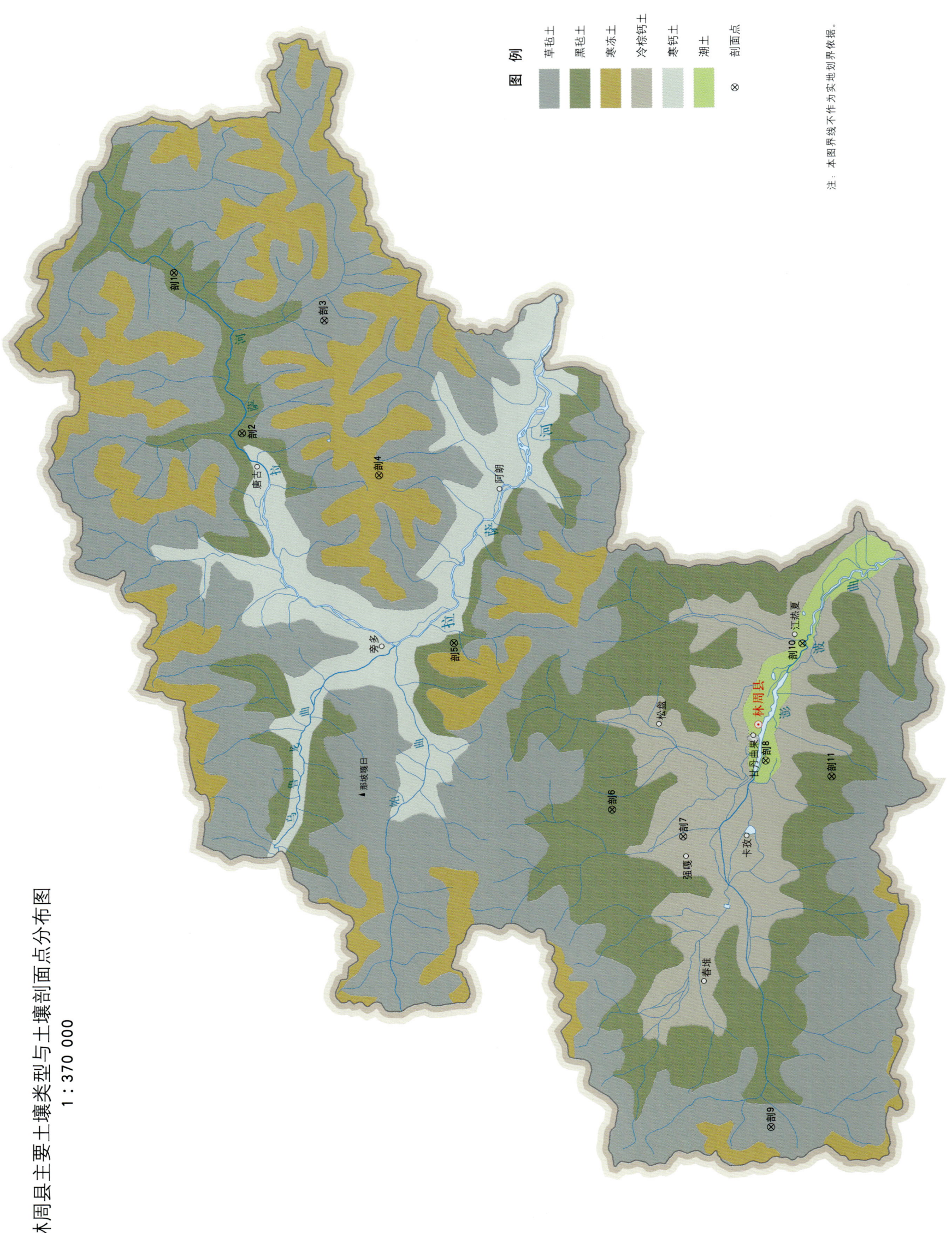

林周县土壤剖面理化性状表

剖面号 Soil profile	土纲 Soil order	土类 Soil great group	亚类 Soil subgroup	土属 Soil genus	土层码 Layer code	土层厚度 Depth/cm	颜色 Soil color	质地 Soil texture	土壤结构 Soil structure	pH	有机质 OM/(g/kg)	全氮 TN/(g/kg)	全磷 TP/(g/kg)	全钾 TK/(g/kg)	碱解氮 AN/(mg/kg)	有效磷 AP/(mg/kg)	速效钾 AK/(mg/kg)	土壤母质 Parent material	剖面点坐标 Profile coordinate	匹配指数 Matching index/%
剖1	高山土	黑毡土	棕黑毡土		1	0—7	赤黑色	砂壤土	屑粒状									坡积物	E 91°42′02.2″ N 30°22′12.7″	71
					2	7—18	灰褐色	砂壤土	屑粒状											
					3	18—37	明褐灰色	砂壤土	块状											
					4	37—45	明褐灰色	中壤土	粒状											
					5	45—70	明褐灰色	中壤土												
剖2	高山土	黑毡土	棕黑毡土		1	0—7	黑褐色	轻壤土	屑粒状	6.6	203.5	>6.00	0.40	29.5	>400	6.2	312	坡积物	E 91°32′43.8″ N 30°18′51.1″	89
					2	7—13	黑褐色	轻壤土	屑粒状、团块	6.7	165.5	>6.00	0.75	14.9	>400	4.5	107			
					3	13—22	灰褐色	轻壤土	团块	7.0	39.1	1.78		15.0	226		88			
					4	22—33	灰褐色	轻壤土	团块	7.1	31.2	1.39	0.72		150	<1.0				
					5	33—48	灰褐色	轻壤土	粒状	7.2	22.7	1.09	0.40	27.2		<1.0	68			
					6	48—65	灰褐色	砂壤土		7.3	6.0	0.31								
剖3	高山土	草毡土	棕草毡土		1	0—9	黑色	中壤土	屑粒、团块状		64.0	5.01	0.43	19.6	371	9.0	289	安山岩类坡积物、残积物	E 91°39′17.3″ N 30°14′54.2″	90
					2	9—25	黑褐色	中壤土	屑粒、团块状		65.0	3.31	0.92	23.6	201	<1.0	241			
					3	25—46	灰黄褐色	砂壤土	单粒、团块状											
					4	46—67	灰黄褐色	砂壤土	单粒、团块状											
剖4	高山土	寒冻土	寒冻土		As	0—3	灰黄褐色	轻壤土	块状									花岗岩坡积物	E 91°30′20.5″ N 30°12′10.4″	71
					2	3—10	灰黄褐色	轻壤土	鳞片状		10.2	0.62	0.94	32.0	41	<1.0	98			
					3	10—30	灰黄褐色		鳞片、屑粒状		4.7	0.35	0.88	37.8	17	1.0	83			
					R	30—														
剖5	高山土	黑毡土	棕黑毡土		1	0—5	黑褐色		屑粒状、团块		203.2	>6.00	0.73	22.9	162	19.5	334	坡积物、残积物	E 91°20′39.5″ N 30°08′27.6″	71
					2	5—26	灰褐色	轻壤土	屑粒状、团块		41.6	1.75				<1.0	123			
					3	26—43	灰褐色	轻壤土	块状		6.9									
					4	43—67	明褐灰色	轻壤土	块状		5.8									
					5	67—85	明褐灰色	砂砾壤土	块状		6.2									
					6	85—100	明褐灰色				6.0									
剖6	高山土	黑毡土	薄黑毡土		1	0—7	暗赤褐色	砂壤土	屑粒状、团块		26.2	1.35	0.40	26.2	94	<1.0	122	洪积物、冲积物	E 91°11′07.1″ N 30°00′40.7″	70
					2	7—18	灰赤褐色	轻壤土	屑粒状、团块		20.0	1.21	0.59	25.7	94	<1.0	117			
					3	18—28	灰褐色	轻壤土	屑粒状、团块		11.7	0.85			61					
					4	28—40	褐灰色	轻壤土	块状		5.7									
					5	40—														
剖7	高山土	冷棕钙土	冷棕钙土	灌耕冷棕钙土	1	0—15	灰赤色	中壤土	屑粒、屑粒状	7.6	21.0	1.38	0.61	21.0	82	12.0	83	坡积物	E 91°09′36.4″ N 29°57′12.6″	74
					2	15—34	褐灰赤色相同	轻壤土	块状、屑粒状	7.6	14.0	1.15	0.63	21.0	61	21.0	48			
					3	34—60	灰褐色	中壤土	团块状	7.7	10.0	0.85	0.58							
					4	60—80	褐灰色	中壤土	块状											
剖8	半水成土	潮土	潮土	灰壤质潮土	1	0—14	褐灰色	中壤土	屑粒、屑粒状	7.6	16.2	1.10	0.80	26.5	65	<1.0	60	石灰性洪积物、冲积物	E 91°14′01.7″ N 29°53′16.1″	74
					2	14—25	褐灰色	中壤土	块状、屑粒状	7.6	15.5	1.03	0.75	26.4	43	2.5	55			
					3	25—40	褐灰色	砂壤土	粒状	7.7	9.3	0.68			17					
					4	40—63	褐灰色	砂壤土	粒状	7.8	4.0	0.35								
					5	63—100	褐灰色	紧砂土		7.9	3.9	0.26			14	1.5				

续表 Continued

剖面号 Soil profile	土纲 Soil order	土类 Soil great group	亚类 Soil subgroup	土属 Soil genus	土层码 Layer code	土层厚度 Depth/cm	颜色 Soil color	质地 Soil texture	土壤结构 Soil structure	pH	有机质 OM/(g/kg)	全氮 TN/(g/kg)	全磷 TP/(g/kg)	全钾 TK/(g/kg)	碱解氮 AN/(mg/kg)	有效磷 AP/(mg/kg)	速效钾 AK/(mg/kg)	土壤母质 Parent material	剖面点坐标 Profile coordinate	匹配指数 Matching index/%
剖9	高山土	草毡土	草毡土		1	0—8	黑褐色	砂壤土	屑粒、团块状		89.5	3.79	0.62	18.0	237	4.0	208	石英砂岩坡积物、残积物	E 90°52′56.6″ N 29°52′41.9″	71
					2	8—21	黑褐色	轻壤土	屑粒、团块状		52.8	2.51	0.79	19.3	222	1.0	126			
					3	21—34	黑褐色	中壤土	屑粒、团块状		41.4									
					4	34—49	灰白色	轻壤土	屑粒、团块状		27.5									
					5	49—80	黄褐色	砂壤土	块状		10.5									
剖10	半水成土	潮土	潮土	灰壤质潮土	1	0—16	灰黄色	重壤土	屑粒、团块状	8.1	27.4	1.44	0.79	22.3		13.1	142	洪积物、冲积物	E 91°20′48.5″ N 29°51′33.1″	71
					2	16—31	灰黄色	重壤土	团块状	8.1	21.3									
					3	31—64	淡黄色	中壤土		8.3	7.8	0.57	0.51	22.6	10	3.2	48			
					4	64—85	淡黄色	重壤土		8.2	6.6									
					5	85—100	淡黄色	重壤土		8.3	10.5	0.63								
剖11	高山土	黑毡土	黑毡土		1	0—5	黑褐色	轻壤土	屑粒状	6.3	88.8	3.29	0.56	<1.0	255	3.7	177	紫色砂页岩残积物	E 91°13′10.2″ N 29°50′02.8″	71
					2	5—17	黑褐色	轻壤土	屑粒状、团状	6.3	37.3	1.85	0.62	21.7	145	3.4	156			
					3	17—29	灰黄褐色	轻壤土	屑粒状、团状	6.4	25.6	1.18	0.79	23.4	119	5.6	96			
					4	29—37	黄褐色	轻壤土	屑粒状、团状	6.5	9.3	0.53	0.64	25.3	35	8.0	194			
					5	37—40	黄褐色			6.6										

当 雄 县

主要土类说明

草毡土是当雄县主要土壤类型，占本县地域面积的49%，主要分布于本县中、南及东南部海拔4500—5300m的高山和宽谷两侧等地带，是当雄县分布最广、面积最大的一个土壤类型。成土母质主要是花岗岩、片麻岩、砂岩、板岩、紫色岩类的残积物、坡积物、冰碛物和冰水沉积物。受成土条件的综合影响，草毡土进行着一种特殊的高山草甸化过程（即腐殖质积累和氧化还原作用过程）而具有独特的形态特征。在暖湿的夏半年，土壤解冻，加之常有地形雨（雪、雹）和云雾水汽的湿润，草甸植物生长旺盛，植物残体进入土壤，密丛性草甸植物的根系盘结交织，吸水性强，但通气不良，限制了有机物质的分解。在干旱的冬半年，土壤冻结期长，微生物活动微弱，有机质分解更差。因此，剖面上部多以根系原形或半分解的形态累积起来，形成毡状草皮层。同时，土壤处于较长时期的干旱与夏秋短期湿润交替的状态，夜冻昼融而水分上下移动频繁，为成土物质的低温氧化与短暂还原过程的进行创造了条件，使土壤剖面中部出现特有的暗色层和冻层结构。

寒冻土是当雄县第二大土壤类型，占本县地域面积的16%。寒冻土多见于本县西北部、中部和东南半壁海拔5300m以上地带，上承雪线，下接草毡土，是本县土壤垂直带谱中分布位置最高的土壤。海拔高，气温低，风大，植被生长差、盖度低，是寒冻土的主要成土条件。由于气候干旱，昼夜温差大，土壤以物理风化为主，冰雪剥蚀作用强烈，而生物化学作用微弱，土被上岩石裸露，冰碛石满布，不能形成连片土被。寒冻土石多土少，土层浅薄，通体粗骨，质地轻粗，石砾含量很高，大部分土层黏粒含量不超过10%，且以表层含量最低，这除受风蚀影响外，还与冻融过程引起的细土顺岩屑缝下漏有关。土壤呈中性至弱碱性反应。

黑毡土是当雄县第三大土壤类型，占本县地域面积的8%。黑毡土主要分布于海拔4200—4500m的县境中部和东南部，所处位置相对较低。植被组成以矮生嵩草为优势种，但常有灌木混杂生长。成土母质多为花岗岩、板岩等的残积物、坡积物、洪积物与冲积物。黑毡土与草毡土进行着同样的成土过程，但土体发生的间歇性氧化还原过程和作用强度不如草毡土明显。

寒钙土占当雄县地域面积的7%，主要分布于纳木错盆区海拔4700—4900m的剥蚀山地、丘陵、山麓洪积扇、湖成阶地及湖滩地。成土母质主要是花岗岩、板（页）岩和紫色岩类等组成的残积物、坡积物、冰碛物和洪积物，部分为粉砂质地的风积物和湖积物等，有的富含碳酸钙。其形成过程的主要特点是具有腐殖质积累作用和钙积作用。土壤的风化和成土作用较弱，基本发育程度低，淋溶程度不强，碳酸盐新生体不发育。

小于本县地域面积7%的土壤类型还有草甸土、沼泽土和新积土等。

本区域中心区气候特征

本区域中心区气候特征值
Regional climate characteristics in central area of the region

气候带：高原亚温带亚干旱气候 Climate region: Plateau sub temperate sub arid climate	
年平均气温 /℃ Annual average temperature /℃	6.2
年平均最高气温 /℃ Annual average maximum temperature /℃	14.2
年平均最低气温 /℃ Annual average minimum temperature /℃	−0.5
年降水量 /mm Annual precipitation /mm	405
≥ 10℃的积温 /℃ Daily temperature accumulated in a year（≥ 10℃）/℃	2885
年日照时数 /h Annual sunshine /h	2982
年平均相对湿度 /% Annual average relative humidity /%	45
干燥度 Dryness	2.44

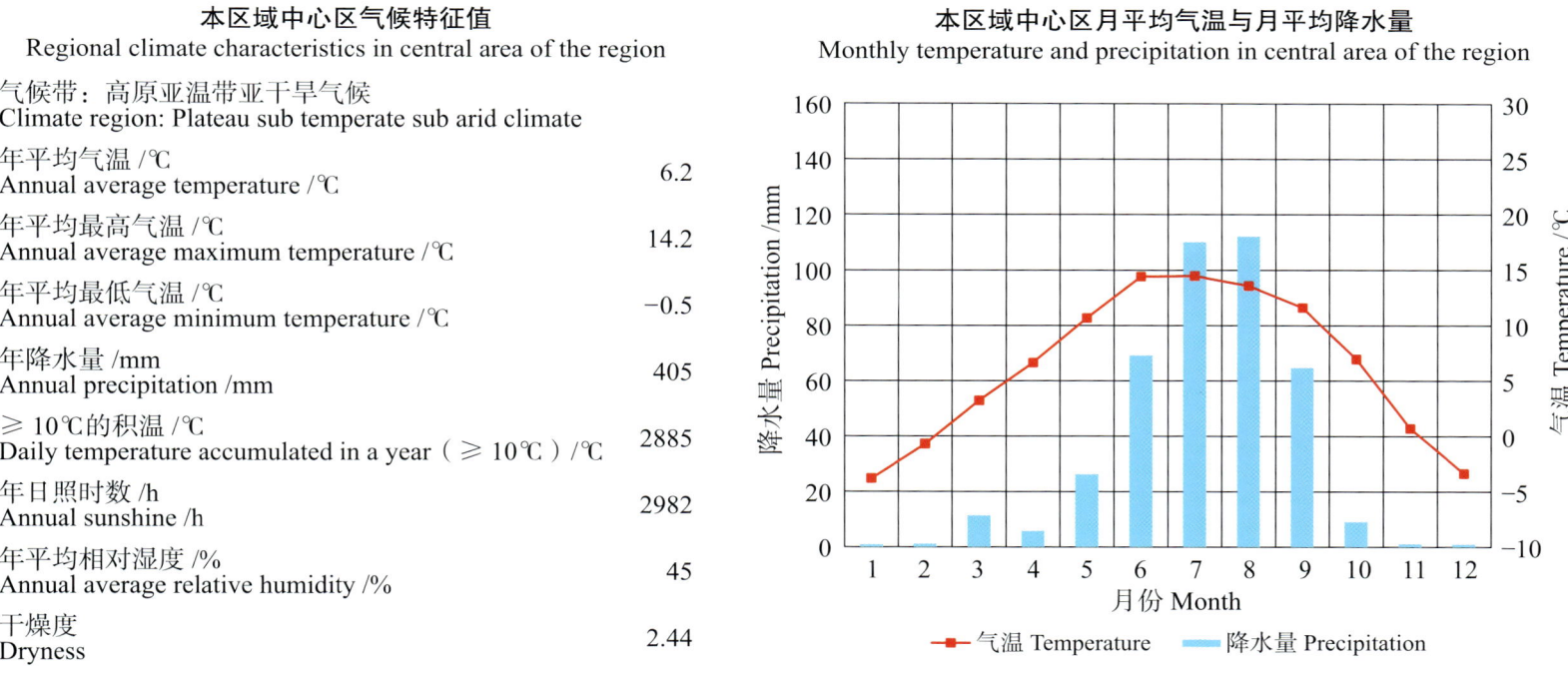

本区域中心区月平均气温与月平均降水量
Monthly temperature and precipitation in central area of the region

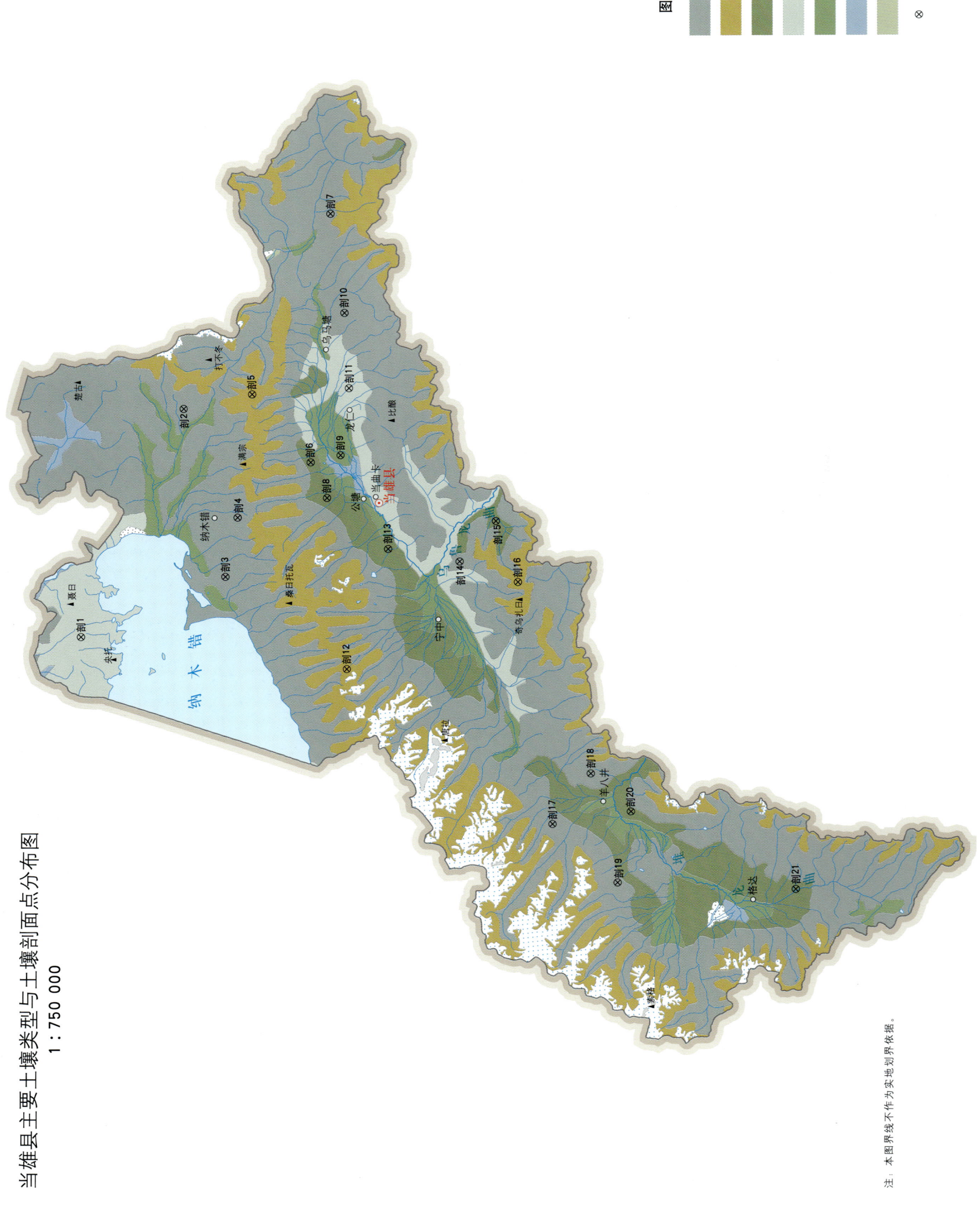

当雄县土壤剖面理化性状表

剖面号 Soil profile	土纲 Soil order	土类 Soil great group	亚类 Soil subgroup	土层码 Layer code	土层厚度 Depth/cm	颜色 Soil color	质地 Soil texture	土壤结构 Soil structure	pH	有机质 OM/(g/kg)	全氮 TN/(g/kg)	全磷 TP/(g/kg)	全钾 TK/(g/kg)	碱解氮 AN/(mg/kg)	有效磷 AP/(mg/kg)	速效钾 AK/(mg/kg)	土壤母质 Parent material	剖面点坐标 Profile coordinate	匹配指数 Matching index/%
剖1	高山土	寒钙土	暗寒钙土	A	0—4	灰棕色	砂壤土	粒状、块状	6.4	34.9	1.56	1.22	30.7	125	6.8	329	湖积物	E 90°50′04.9″ N 30°56′59.6″	86
				B	4—32	棕色	砂壤土	粒状、块状	6.8	20.6	1.01	1.14	30.3	91	2.2	114			
				C	32—51	黄棕色	砂土	无明显结构	7.4	6.8	0.41	0.79	28.8	20	1.8	85			
剖2	高山土	草毡土	草毡土	1	0—11	棕色	砂壤土	屑粒状	6.6								紫色岩类残积物、坡积物	E 91°16′58.8″ N 30°47′25.8″	74
				2	11—34	淡棕色	砂壤土	屑粒状	6.8										
				3	34—71	黄棕色	砂壤土	块状	7.0										
				4	71—95	灰黄色	细砂土		7.0										
剖3	高山土	草毡土	薄草毡土	As	0—12	棕色	砂壤土	屑粒状	6.6	40.4	1.89	1.54	32.0	111	2.4	81	砂岩残积物、坡积物	E 90°57′24.1″ N 30°43′05.5″	73
				AB	12—23	淡棕色	砂壤土	屑粒状	6.8	20.9	1.00	1.03	32.6	62	1.3	106			
				B	23—36	黄棕色	砂壤土	块状	6.6	12.0	0.61	0.77	32.9	40	1.7	92			
				C	36—43	灰黄色	细砂土	块状	6.8	5.2	0.21	0.52	>40.0	18	1.5	64			
剖4	高山土	草毡土	草毡土	As	0—15	棕色	轻壤土	片状、粒状	6.1								板岩与页岩残积物、坡积物	E 91°04′20.6″ N 30°42′01.8″	87
				A	15—34	暗棕色	轻壤土	片状、粒状	5.8										
				B	34—60	灰棕色	砾石土	片状、粒状	5.6										
				C	60—91	灰棕色	砾石土	无明显结构	5.9										
剖5	高山土	寒冻土	寒冻土	C	0—4	灰棕色		无明显结构									板岩与页岩残积物、坡积物	E 91°18′44.3″ N 30°40′48.4″	71
				AB	4—11	灰棕色	轻壤土	粒状	7.5	19.0	0.60	1.48	25.6	37	4.6	84			
				BC	11—20	深灰色	黏土	粒状	7.7	14.8	0.50	1.48	39.3	13	8.7	154			
				C	20—34	淡红色	黏土	块状	7.8	14.0	0.29	1.50	>40.0	8	6.1	12			
				CR	34—47	淡黄色	黏土	块状											
剖6	高山土	黑毡土	棕黑毡土	As	0—16	淡棕色	轻壤土	粒状	6.2	84.6	3.86	1.65	28.7	306	2.7	59	洪积物、冲积物	E 91°10′55.6″ N 30°35′01.0″	73
				AB	16—28	淡棕色	轻壤土	粒状	7.0	56.6	2.64	1.56	31.4	167	1.6	56			
				B	28—52	黄棕色	轻壤土	粒状	6.5	58.1	3.02	2.15	36.8	181	2.6	37			
				C	52—														
剖7	高山土	草毡土	薄草毡土	As	0—10	棕色	砂壤土	屑粒状、团块状	6.6	23.7	1.18	0.78	34.4	104	2.8	141	洪积物、冲积物	E 91°39′52.9″ N 30°33′25.9″	73
				A	10—21	暗棕色	中壤土	团粒、团块状	6.8	21.9	1.13	0.78	35.2	93	2.0	90			
				B	21—38	黄褐色	砂壤土	块状	7.0	12.1	0.62	0.68	34.5	19	1.3	75			
				C	38—60	淡灰色	砂土	块状	7.0	6.4	0.49	0.52	34.7	38	1.1	104			
剖8	半水成土	黑毡土	黑毡土	As	0—14	淡棕色	轻壤土	粒状、片状	6.0	100.5	4.06	1.39	23.1	145	4.0	176	砂岩残积物、坡积物	E 91°06′47.2″ N 30°33′22.7″	74
				AB	14—35	暗棕色	轻壤土	块状	6.5	47.0	1.75	1.22	24.7	143	2.0	101			
				C	35—57	淡灰棕色	砂壤土	块状	6.8	9.0	0.51	0.73	26.1	30	2.6	109			
剖9	高山土	草甸土	草甸土	As	0—10	棕色			6.5	56.3	3.21	1.56	21.8	158	7.5	159	洪积物、冲积物	E 91°11′47.8″ N 30°32′06.7″	95
				A	10—22	暗棕色	中壤土	粒状	6.8	39.7	1.95	1.19	23.4	101	4.6	132			
				B	22—83	黄棕色	砂壤土	块状	6.6	21.3	1.12	1.20	20.9	78	5.1	105			
				Cg	83—90	淡灰色	砂土	块状	7.0	14.0	0.89	0.98	21.5	42	4.2	72			
剖10	高山土	草毡土	草毡土	As	0—20	灰棕色	轻壤土	粒状	6.5	91.8	2.96	1.48	27.0	145	5.8	77	砂岩残积物、坡积物	E 91°28′19.9″ N 30°31′55.6″	74
				BC	20—38	暗棕色	砂壤土	块状	6.7	49.0	1.81	1.14	28.6	142	2.9	117			
				C	38—80	淡灰棕色	砂壤土	块状	6.5	15.2	0.57	1.85	31.6	27	5.0	72			
剖11	高山土	寒钙土	寒钙土	A	0—11	红棕色	砂壤土	鳞片状									花岗岩残积物、坡积物	E 91°19′34.7″ N 30°31′23.5″	71
				B	11—23	暗红棕色	砂壤土	鳞片状	6.4	9.2	0.11	2.00	>40.0	10	3.8	73			
				C	23—														
剖12	高山土	寒冻土	寒冻土	AB	0—17	红棕色	砂壤土		6.6	7.8	<0.10	2.09	>40.0	6	4.2	85	花岗片麻岩残积物、坡积物	E 90°46′55.2″ N 30°31′07.0″	71
				BC	17—37		砂壤土												

续表 Continued

剖面号 Soil profile	土纲 Soil order	土类 Soil great group	亚类 Soil subgroup	土层码 Layer code	土层厚度 Depth/cm	颜色 Soil color	质地 Soil texture	土壤结构 Soil structure	pH	有机质 OM/(g/kg)	全氮 TN/(g/kg)	全磷 TP/(g/kg)	全钾 TK/(g/kg)	碱解氮 AN/(mg/kg)	有效磷 AP/(mg/kg)	速效钾 AK/(mg/kg)	土壤母质 Parent material	剖面点坐标 Profile coordinate	匹配指数 Matching index/%
剖13	高山土	黑毡土	薄黑毡土	As	0—2	暗棕色	轻壤土	粒状	6.2	40.6	1.93	1.10	31.4	195	4.8	227	洪积物、冲积物	E 91°00′56.5″ N 30°27′20.5″	89
				A	2—23	淡红棕色	轻壤土	团块状	6.0	35.0	1.94	1.46	31.1	144	1.7	95			
				B	23—30	青灰色	砂壤土	粒状、块状	6.6	27.9	1.31	1.52	30.1	64	2.8	76			
				C	30—	淡灰色	粉质砂土	无明显结构	6.7	15.1	0.68	1.33	31.4	19	2.7	67			
剖14	高山土	草毡土	草毡土	As	0—9	深棕色	轻壤土	粒状									板岩、页岩、片岩残积物、坡积物	E 90°59′37.3″ N 30°20′22.6″	74
				AB	9—20	暗棕色	轻壤土	粒状	7.6	23.4	1.07	0.81	30.7	77	1.7	67			
				CR	20—24	暗棕色	砾质土	无明显结构											
剖15	高山土	黑毡土	棕黑毡土	As	0—3				8.2	29.2	1.42	1.02	31.9	118	3.5	205	花岗岩残积物、坡积物	E 91°04′22.4″ N 30°16′55.6″	76
				A	3—9				7.1	41.4	2.02	1.19	30.6	175	3.6	116			
				B	9—20				6.0	41.6	1.97	1.40	31.3	163	1.9	95			
剖16	高山土	寒冻土	寒冻土	A	0—13				6.3	28.2	1.22	1.40	30.5	88	5.1	154	花岗片麻岩残积物、坡积物	E 90°57′20.5″ N 30°14′40.6″	82
				BC	13—23				6.0	25.7	1.08	1.25	32.1	64	5.5	79			
剖17	高山土	草毡土	草毡土	As	0—15	棕色	轻壤土	片状、粒状	7.0	81.1	3.24	1.68	23.3	268	6.1	134	花岗片麻岩残积物、坡积物	E 90°29′17.9″ N 30°10′48.4″	74
				A	15—36	暗棕色	轻壤土	片状、粒状	6.5	57.4	2.08	1.65	21.7	181	3.8	96			
				B	36—52	灰棕色	轻壤土	片状、粒状	7.0	17.4	0.68	1.72	27.8	41	5.7	137			
				C	52—60	灰棕色	砾石土	无明显结构	6.2	10.6	0.21	2.12	28.5	18	2.9	103			
剖18	高山土	草毡土	草毡土	As	0—15	深棕色	轻壤土	粒状	7.5	65.3	2.41	1.07	26.3	218	5.0	114	花岗岩残积物、坡积物	E 90°35′17.9″ N 30°07′12.4″	74
				B	15—26	深棕色	黏壤土	粒状、块状	6.5	78.7	2.88	1.46	26.0	266	3.7	121			
				B	26—32	灰棕色	轻壤土	片状、粒状	6.6	47.8	1.26	1.26	28.0	167	1.9	151			
				C	32—50	灰棕色	砂壤土	块状	6.8	28.4	1.44	3.04	28.3	86	7.7	123			
剖19	高山土	草毡土	棕草毡土	As	0—15	棕色	轻壤土	粒状	6.8	55.6	2.30	1.24	26.9	139	2.8	88	花岗岩残积物、坡积物	E 90°22′41.5″ N 30°04′19.6″	76
				A	15—32	黄棕色	轻壤土	粒状、块状	5.6	53.3	2.28	1.51	27.1	153	4.3	122			
				B	32—40	灰黄棕色	砂壤土	块状	5.2	30.7	1.19	1.02	31.4	69	4.5	119			
				C	40—60	灰白夹蓝色	砾石土	无明显结构											
剖20	高山土	黑毡土	黑毡土	As	0—17				6.1	89.1	3.45	1.75	26.0	346	5.5	161	板岩、片岩残积物、坡积物	E 90°30′59.0″ N 30°03′13.7″	74
				AB	17—20				6.3	60.5	2.51	2.07	27.3	227	5.1	112			
				C	20—80														
剖21	高山土	黑毡土	棕黑毡土	As	0—11				7.6	56.5	2.50	1.61	31.9	128	2.7	106	板岩、片岩残积物、坡积物	E 90°22′25.0″ N 29°47′01.3″	73
				AB	11—23				7.7	53.8	2.43	1.69	33.5	101	1.4	104			

尼木县

主要土类说明

草毡土是尼木县主要土壤类型，占本县地域面积的56%，主要分布于海拔4700—5400m的高山地带，尤以麻江、帕古、安岗和泽南最多。在寒冷半湿润的生物气候条件下，土上植物生长缓慢，草高只有2—5cm，但根系却十分发达，互相缠绕交织而成毡状。优势植物以矮生嵩草、高山嵩草和苔草为主，次为圆穗蓼、矮火绒草、龙胆等，盖度多在70%—80%，甚至可达95%，但也常见局部滑坡侵蚀而植被斑驳。草毡土分布区常有地形雨频降，且水汽氤氲湿润土壤，水湿条件优越。尽管土层浅薄，质地轻粗，土体本身不易滞水，但土体内有季节性冻层，不仅能将水分以固态形式保留于土中，而且能托滞下渗的雨水使之临时潴育于土中，加之夜冻昼融致水分上下移动，故而形成了特殊的高山草甸过程。

黑毡土是尼木县第二大土壤类型，占本县地域面积的18%，主要分布于中、东南部海拔4200—4700m的山地，尤以阴坡、缓坡和高原面上发育得更好。成土母质多为坡积物和残积物。植被组成以矮生嵩草为优势种，但常有灌木混杂生长。黑毡土所处位置气温较高，封冻时间为11月到翌年5月。黑毡土同样进行腐殖质积累和冻融过程，但其间歇性氧化还原过程和作用强度不如草毡土明显。由于黑毡土接近人为活动频繁的低山区，故局部地段植被出现草原化。有机质积累的减弱，已直接影响到黑毡土的成土过程和演变。

寒冻土是尼木县第三大土壤类型，占本县地域面积的16%，多见于西、北部海拔5400m以上地带，所处位置最高，主要分布于麻江，泽南、吞普也有零星分布。寒冻土分布地带海拔高，气候寒冷，风大，使寒冻土形成过程中的物理风化和冰雪剥蚀作用强烈，而生物化学作用微弱。地面常常覆盖一层石块，冻土期长，故仅有耐寒、耐旱、耐瘠薄的低等植物生长。优势植物有垫状点地梅、苔状蚤缀、红景天、小叶金露梅和雪莲，植被盖度大多仅为1%—2%，个别比较好的地段也不超过5%。寒冻土石多土少，有机质积累微弱，土体浅薄，剖面分化不明显，质地轻粗，土壤呈中性反应。

冷棕钙土占尼木县地域面积的5%，是温暖半干旱生物气候条件下形成的地带性土壤，主要分布于海拔3700—4200（4400）m的南部低山区至江北岸台地。植被以耐旱的灌木、草本植物为主，如狼牙刺、锦鸡儿、蒿属和白草、西藏紫云英、天南星等，盖度为10%—20%。成土过程主要为弱的草原腐殖质积累过程和较弱的冻融过程以及钙化过程。冷棕钙土的发育是在干热条件下，由落叶灌丛和草本植物的参与完成的。腐殖质大部分被中和成较为稳定的化合物，积累在表层；而碳酸钙经淋溶，淀积于剖面下层，形成白色钙积层。冷棕钙土具有腐殖质层、腐殖质淀积过渡层、钙积层、母质过渡层和母质层等发生层，全剖面呈微碱性反应，土壤质地轻粗，砾石多，表土常受水蚀和风蚀。

小于本县地域面积3%的土壤类型还有草甸土和沼泽土等。

本区域中心区气候特征

本区域中心区气候特征值
Regional climate characteristics in central area of the region

气候带：高原温带亚干旱气候 Climate region: Plateau temperate sub arid climate	
年平均气温 /℃ Annual average temperature /℃	7.7
年平均最高气温 /℃ Annual average maximum temperature /℃	15.5
年平均最低气温 /℃ Annual average minimum temperature /℃	1.0
年降水量 /mm Annual precipitation /mm	438
≥10℃的积温 /℃ Daily temperature accumulated in a year（≥10℃）/℃	3122
年日照时数 /h Annual sunshine /h	2990
年平均相对湿度 /% Annual average relative humidity /%	45
干燥度 Dryness	2.44

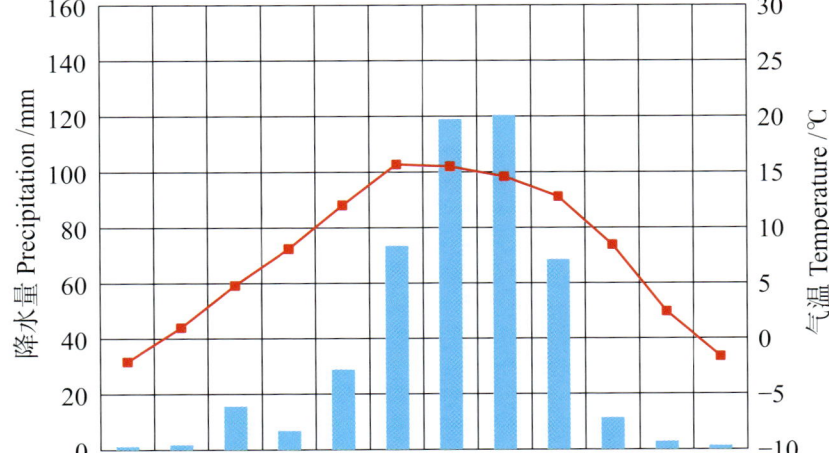

本区域中心区月平均气温与月平均降水量
Monthly temperature and precipitation in central area of the region

尼木县主要土壤类型与土壤剖面点分布图
1∶310 000

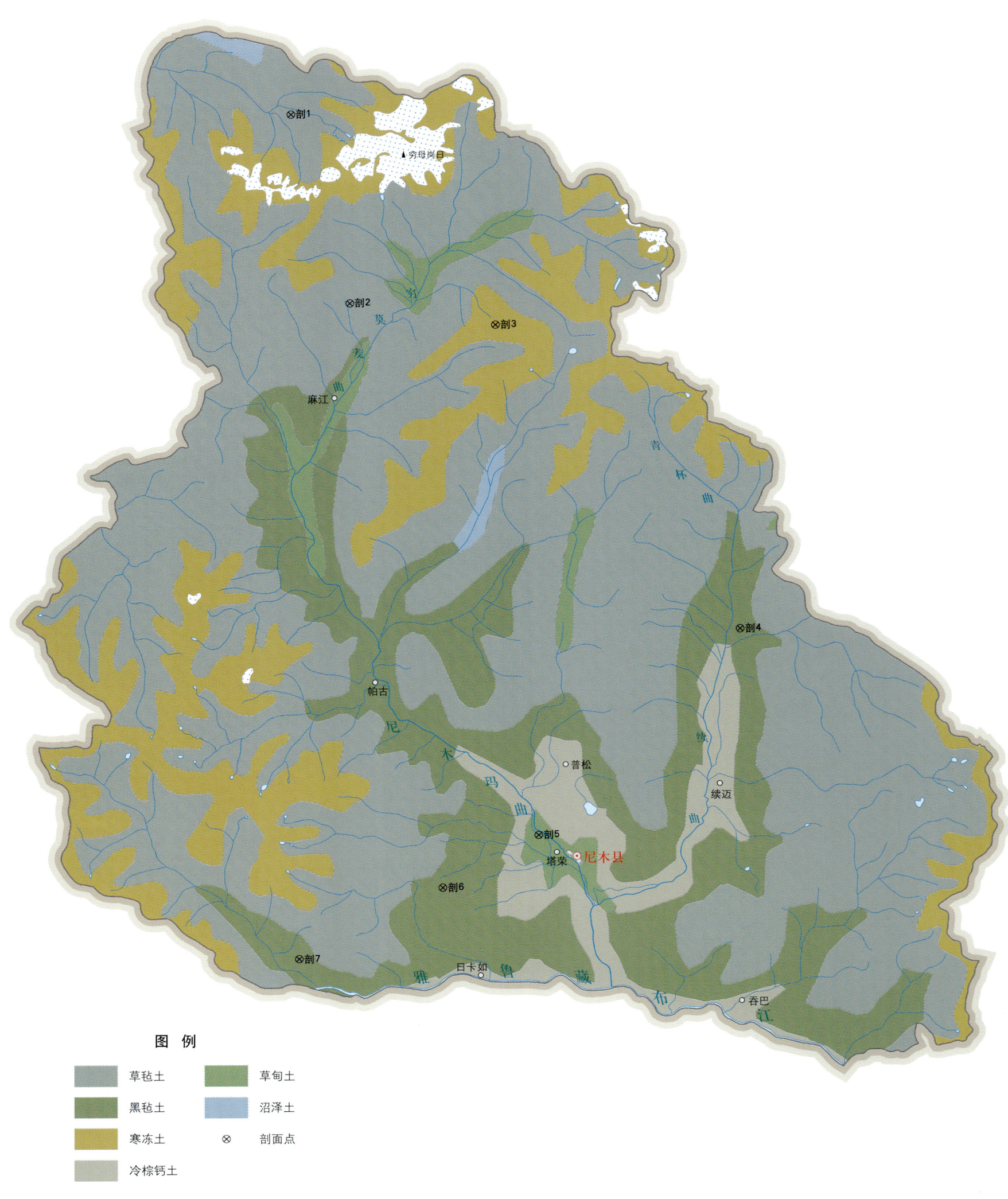

尼木县土壤剖面理化性状表

剖面号 Soil profile	土纲 Soil order	土类 Soil great group	亚类 Soil subgroup	土层码 Layer code	土层厚度 Depth/cm	颜色 Soil color	质地 Soil texture	土壤结构 Soil structure	pH	有机质 OM/(g/kg)	全氮 TN/(g/kg)	全磷 TP/(g/kg)	全钾 TK/(g/kg)	碱解氮 AN/(mg/kg)	有效磷 AP/(mg/kg)	速效钾 AK/(mg/kg)	阳离子交换量CEC/(cmol/kg)	土壤母质 Parent material	剖面点坐标 Profile coordinate	匹配指数 Matching index/%
剖1	高山土	草毡土	草毡土	As	0—8														E 89°56′19.3″ N 29°55′36.5″	95
				A	8—18	浊棕色	砂壤土	团块状	6.6	19.4	0.99	1.07	28.4	53	2.0	49	8.2			
				AC	18—33	浊棕色	壤质砂土	团块状	6.6	14.0	0.87	1.08	30.5	45	3.0	43	7.2			
				C	33—45	浊橙色	砂壤土	团块、屑粒状	6.6	16.8	0.84	1.12	30.5	39	3.0	39	7.6			
剖2	高山土	草毡土	草毡土	1	0—10	灰色	中壤土	粒状	6.1	73.5	3.00	0.96	19.8				26.5		E 89°59′08.2″ N 29°48′05.0″	74
				2	10—18	暗灰棕色	重砾质轻壤土	团块状	5.8	66.8	2.58	0.69	20.8				17.7			
				3	18—28	淡灰棕色	中壤土		5.6	61.8	2.65	0.94					25.1			
				4	28—38	灰黄色	重砾质砂壤土	块状	5.9	25.6	1.00	0.68					14.8			
				5	38—70	淡灰棕色	重砾质砂壤土		6.1	14.0	0.69	0.45					9.9			
剖3	高山土	寒冻土	寒冻土	1	0—10	暗灰色	重砾质砂壤土		6.8	52.2	2.24								E 90°05′36.6″ N 29°47′21.1″	73
				2	10—32	灰棕色	重砾质砂壤土		7.0	24.0	1.16									
				3	32—56	棕灰色	重砾质砂壤土		7.0	16.1	0.82									
				4	56—75	棕色	重砾质砂壤土		7.6	10.3	0.59									
剖4	高山土	黑毡土	薄黑毡土	1	0—14	暗棕灰色	重砾质砂壤土	屑粒状	7.4	26.8	1.41	0.57		101	7.5	126	10.2		E 90°16′44.8″ N 29°35′21.5″	71
				2	14—29	深灰色	重砾质砂壤土	屑粒状	7.6	22.8	1.34	0.48		88	4.1	121	11.5			
				3	29—46	紫棕色	重砾质砂壤土	块状	7.9	7.2	0.58	0.42		34	3.8	107	8.8			
				4	46—63	褐色	重砾质砂壤土	块状	8.0	5.3	0.48	0.39		27	4.2	112	8.3			
				5	63—100	暗棕红色	重砾质砂壤土	块状	8.5	5.3	0.52	0.34		18	4.9	118	7.2			
剖5	半水成土	草甸土	草甸土	1	0—16	暗棕色	重砾质砂壤土	团粒状	9.5	23.4	1.47	1.40	22.0	95	30.0	>500	9.5	钙质冰碛物	E 90°08′02.4″ N 29°26′54.2″	76
				2	16—50	暗灰棕色	重砾质砂壤土	鳞片状、块状	9.4	7.8	0.64	1.04	22.2	32	4.0	>500	8.2	钙质洪积物、冲积物		
				3	50—110	黄褐色	重砾质砂壤土	粒状、块状	8.6	6.4	0.61	0.71	22.2	30	6.0	118				
				4	110—	灰色	重砾质砂壤土	粒状、块状	8.6	7.4	0.59	0.69	22.3							
剖6	高山土	黑毡土	黑毡土	1	0—7	暗棕色	中砾质砂壤土	屑粒、团粒状	7.3	25.7	1.50	0.55	20.9				13.2		E 90°03′51.5″ N 29°24′42.5″	74
				2	7—18	暗棕色	中砾质砂壤土	屑粒、团粒状	7.7	19.6	1.24	0.51	20.6				10.8			
				3	18—39	暗棕灰色	重砾质砂壤土	团块状	8.0	26.4	1.49	0.79					14.7			
				4	39—48	淡灰棕色	重砾质砂壤土	团块状	7.9	16.8	0.91	0.75					12.0			
				5	48—64															
剖7	高山土	黑毡土	薄黑毡土	1	0—14	暗灰色	松砂土	屑粒状	7.9	36.4	2.87	0.89		160	25.0	252	10.3	洪积物	E 89°57′36.0″ N 29°21′42.1″	71
				2	14—27	灰棕色	重砾紧砂土	弱团块状	8.0	45.0	2.86	0.84		154	23.0	301	13.4			
				3	27—59	黄灰色	重砾质砂壤土	团块状	8.2	10.6	0.84	0.83		45	22.0	253	8.3			
				4	59—81	黄褐色	重砾质砂壤土	团块状	8.1	5.2	0.37	0.82		31	17.0	188				
				5	81—100	黄棕色	松砂土	粒状		2.5	0.21									

曲 水 县

主要土类说明

草毡土是曲水县主要土壤类型，占本县地域面积的34%，主要分布于县中北部海拔4600—5300m的高山地带，东南部的高山峻岭也有少量分布。草毡土多见于高山区的平缓山坡和古冰碛平台，成土母质多为冰碛物和坡残积物。尽管土壤含水量较高，但因所处气候寒冻，土上植物生长缓慢，草高只有2—5cm；优势植物种类以嵩草、苔草为主，并间有少量垫状植物，根系十分发达，互相缠绕交织而成毡状，盖度多在70%—80%，部分可达95%以上；局部滑坡侵蚀现象使植物呈斑驳状分布。草毡土的成土作用以腐殖质积累过程和冻融氧化还原作用为主，因大气湿度高，有一定规模的雪雨量，导致在微域地形有较多水分滞留；加之夜冻昼融，水分在土壤中做升降运动，土体不断进行着氧化还原作用，加速了高山草甸的过程，并且在表层形成较多的腐殖质和较厚的草毡层。剖面形态特征：剖面分化明显，一般分为四层，即草毡层（As层）、腐殖质层（A_1层）、过渡层（A_1B层）和母质层（C层）。因土壤的腐殖质积累过程和较强的淋溶作用，以及每年长达半年的土壤冻结期，其草皮和腐殖质层发育良好，上土层土色为暗棕色或棕褐色，腐殖质层厚度为5—15cm，草毡层根系交织，质地弹软；除上土层外，各层次土壤较疏松，在冻融作用下，20—50cm处的土壤多呈鳞片结构，均为壤土，中土层常见有铁锰类型的锈斑锈纹，体现了土壤具有的氧化还原作用过程；土体较深厚，无石灰反应。据8个剖面样本的表层分析数据可知：本县草毡土平均有机质含量为7.802%，全氮含量为0.317%，碳氮比为14.28，全磷含量为0.093%，全钾含量为2.221%，交换性盐基含量为13.6—18.6cmol/kg，土壤质地为轻壤。土壤养分较丰富，保肥能力中等，pH为弱酸性，一般表层深度为20—25cm及以下的土壤所含的有机质和全氮骤减，但其含量仍然较高。

黑毡土是曲水县第二大土壤类型，占本县地域面积的24%，集中分布于县内中部和东南部的海拔4200—4600m处，所处地形为比较平缓的分水岭和开阔的山原面。成土母质多为残积物、坡积物，植被以矮生嵩草为优势种，也有一年生植物生长，双子叶植被比重增大。此外，在向草原土过渡的地段植被中杂有一定量的旱生禾本科和蒿属植物，总的说来植被盖度为70%左右。黑毡土分布区海拔较低，受南北两向季风的影响，气候条件相对较好，气温较高，降雨多集中于6—8月，但较草毡土分布区更干燥，其底土作用受高原或山地气候影响。成土过程主要是腐殖质积累和冻融两个过程。冬春季土壤结冰，夏季融化，并有夜冻昼融现象，因而岩石风化以冻融风化为主，化学风化薄弱；在暖温的夏季，草甸植被生长旺盛，嵩草等植被超过50种，植被残体大量进入土壤，但由于草根盘结，吸水性强，通气不良，且在干旱的冬天，微生物活动极弱，有机质分解作用较弱；表土根系盘结交错，形成毡状草皮层，但密集程度低于草毡土。高山草甸过程同样也是黑毡土的主要成土过程，其程度不如草毡土强烈，主要原因是黑毡土的冻融作用较草毡土弱，以及土体中的间歇性氧化还原过程和作用程度不明显。

冷棕钙土是曲水县第三大土壤类型，占本县地域面积的21%。其成土过程主要是较弱的草原腐殖质积累过程、较弱的冻融过程和钙化过程。因钙的淋溶和淀积表现得十分普遍和强烈，当地群众称该土为"阿嘎土"，就是指土中有石灰淀积而言。冷棕钙土具有以下形成特点：一是腐殖质在土壤表层中，大部分被中和成较稳定的化合物而积累在表层；二是碳酸钙在土体内淋溶，淀积于剖面下层，形成富含碳酸钙的白色钙质层，也有地方的一些地段发生崩塌，呈白色一片。冷棕钙土剖面形态特征：无草毡层；腐殖质层厚度约为10cm，土壤通体有不同程度的石灰反应，并在20—30cm及以下深度出现斑点或脉纹状碳酸盐积累，但无石膏积累；土色以棕色为主，钙质淀积层为黄白色，表土层较疏松，中下层均较紧。土壤结构中，上层为屑粒状、碎块状，中下各层为块状，而砂砾较多的土层为屑粒结构。冷棕钙土的理化性状：据剖面的表层样本分析数据统计，有机质含量平均为1.590%，全氮含量为0.098%，碳氮比为9.41，全磷含量为0.070%，全钾含量为2.075%，交换性盐基含量为7.0cmol/kg，pH平均为7.7。土壤质地属于砂、轻壤质地。此外，土壤腐殖质层极薄（10cm），下层养分骤减，土壤养分属中下水平，适宜牧草植被的生长。阴坡地段系板岩发育，土壤养分量较高，而阳坡地段系石英长石较多的花岗岩发育，土壤养分量偏低。

寒冻土占曲水县地域面积的15%，集中分布于县内北半部海拔5200m以上的高处，上承雪线，下接草毡土，是本县土壤垂直带谱中分布位置最高的土壤。除才纳乡外，其余各乡镇均有分布。寒冻土所在的高山土体在冰川退缩后受到强烈的寒冻作用，生物化学作用很微弱，这是形成岩幂寒冻土的主要环境条件。地面常覆盖一层杂乱的岩屑、石粒和滚石，成土母质以残积物、坡积物和冰川泥砾（冰碛物）为主。寒冻土发育处于原始状况，成土时间短。一方面，所在地形部位是在冰川退缩下最晚露出的地方，成土的绝对年龄最轻；另一方面，在高寒的气候条件下，生物作用十分微弱，土壤矿物分解转化过程极为缓慢，土壤剖面发育原始，土层浅薄，粗骨性强。再者，其所处地形易遭到冻、水、风、重力等多种因素的侵蚀和影响，不断中断它的成土过程，成土效果难以定向继承和发展，导致其具有年轻性和原始性的特征。寒冻土土壤理化性状：据两个剖面样本的分析结果表明，表层有机质含量为 2.25%，全氮含量为 0.124%，全磷含量为 0.092%，全钾含量为 2.12%，碳氮比为 10.57，交换性盐基含量为 6.8—8.9cmol/kg，pH 平均为 6.7，土壤质地为多砾质砂壤土，土壤养分含量水平属中下。

潮土占曲水县地域面积的 3%，是一种半水成的非地带性土壤，是在草甸土的基础上，经长期人为耕种熟化形成的旱地土壤。主要分布于雅鲁藏布江北岸达嘎镇和拉萨河两岸的才纳乡、聂当乡及茶巴拉乡的冲积地带，是农地中的主要土壤。成土母质为河流冲积物，其前身为浅色草甸土，经开垦种植农作物后仍受地下水升降的影响，土体内出现氧化还原交替过程。心土层以下的铁、锰物质，不断交替进行着氧化与还原过程，并与有机质结合形成络合态的锈纹锈斑新生体，淀聚于结构面上，构成了标志潮土的诊断层。河水流速的差异，致使土壤剖面质地具有多层性，又由于地下水沿毛管上升补给耕层，故具有回潮现象。在耕作熟化过程中原来的腐殖质成为耕作层，在微生物作用下，腐殖质品质改善，土壤结构变好，土壤肥力提高。

小于本县地域面积 3% 的土壤类型还有石质土和风沙土等。

本区域中心区气候特征

本区域中心区气候特征值
Regional climate characteristics in central area of the region

气候带：高原温带亚干旱气候 Climate region: Plateau temperate sub arid climate	
年平均气温 /℃ Annual average temperature /℃	8.0
年平均最高气温 /℃ Annual average maximum temperature /℃	15.8
年平均最低气温 /℃ Annual average minimum temperature /℃	1.4
年降水量 /mm Annual precipitation /mm	445
≥10℃的积温 /℃ Daily temperature accumulated in a year（≥10℃）/℃	3081
年日照时数 /h Annual sunshine /h	2981
年平均相对湿度 /% Annual average relative humidity /%	45
干燥度 Dryness	1.86

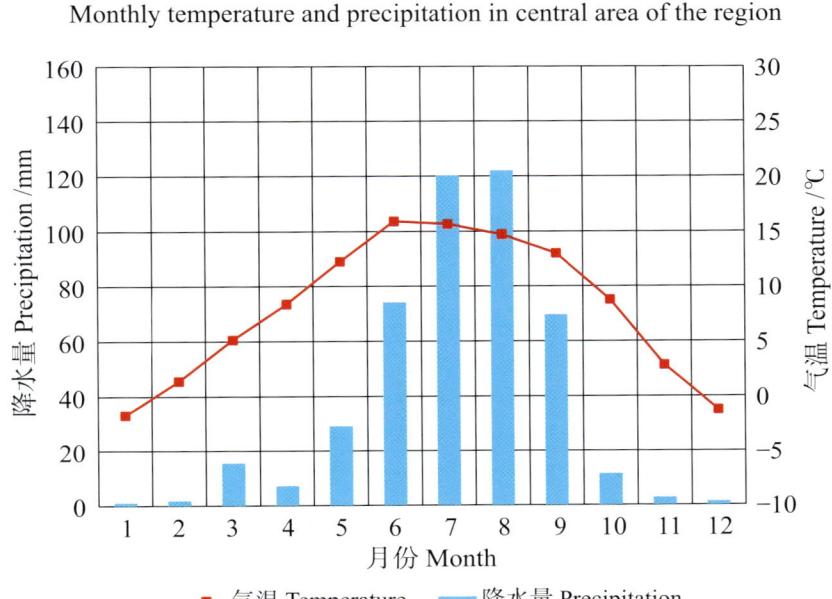

本区域中心区月平均气温与月平均降水量
Monthly temperature and precipitation in central area of the region

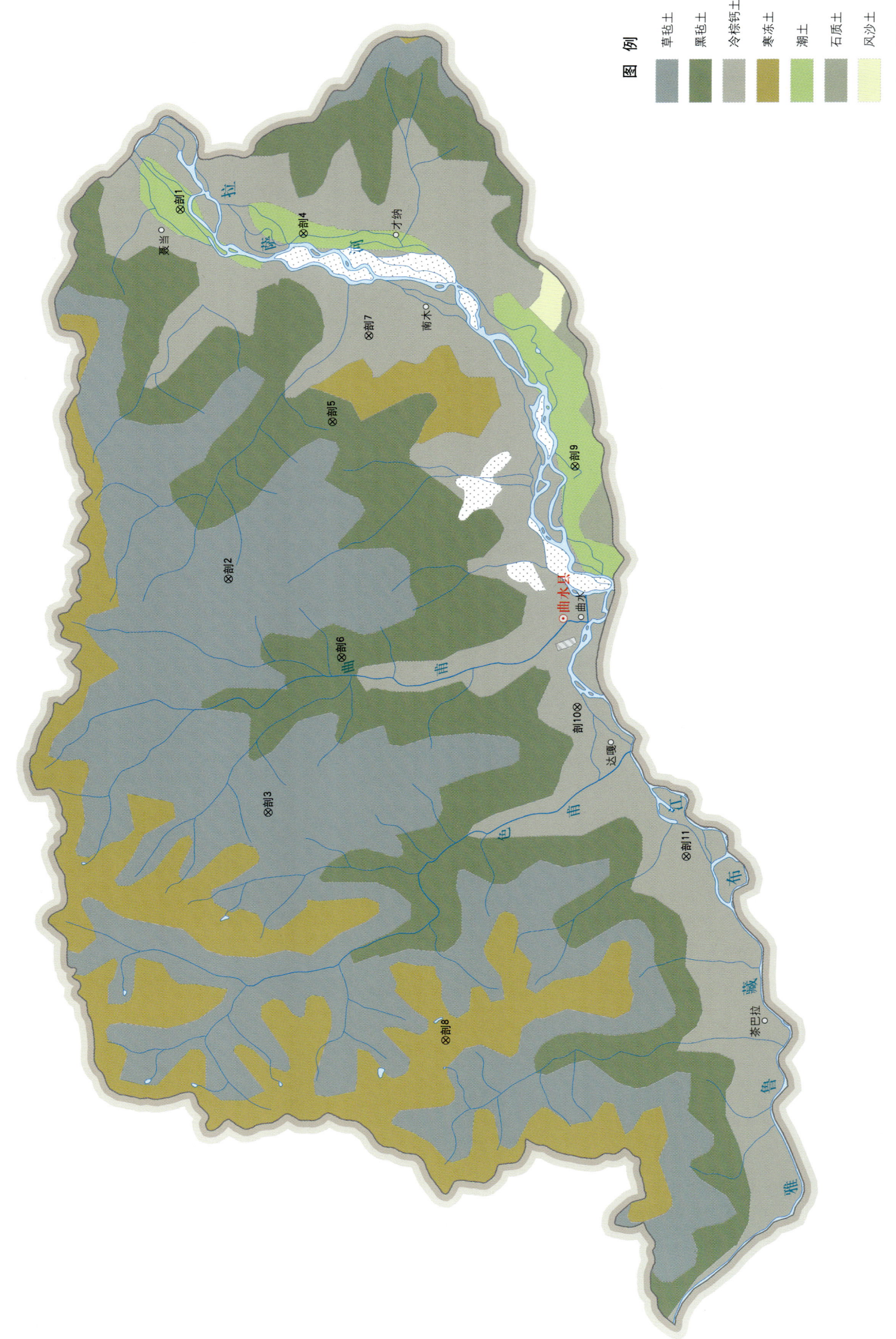

曲水县土壤剖面理化性状表

剖面号 Soil profile	土纲 Soil order	土类 Soil great group	亚类 Soil subgroup	土属 Soil genus	土层码 Layer code	土层厚度 Depth/cm	颜色 Soil color	质地 Soil texture	土壤结构 Soil structure	pH	有机质 OM/(g/kg)	全氮 TN/(g/kg)	全磷 TP/(g/kg)	全钾 TK/(g/kg)	碱解氮 AN/(mg/kg)	有效磷 AP/(mg/kg)	速效钾 AK/(mg/kg)	阳离子交换量CEC/(cmol/kg)	土壤母质 Parent material	剖面点坐标 Profile coordinate	匹配指数 Matching index/%
剖1	半水成土	潮土	潮土	灰壤质潮土	1	2—9				7.7	21.5	1.25	0.67	19.9				8.3		E 90°57′49.7″ N 29°32′18.2″	75
					2	14—25				7.8	18.5	1.06	0.74	28.9				7.7			
					3	30—48				8.1	8.0	0.54	0.77	19.8				6.6			
					4	52—82				8.4	3.9	0.30	0.62	26.9				3.9			
剖2	高山土	草毡土	草毡土		1	0—8	暗棕灰色	轻壤土	屑粒状	5.5	112.5	4.18	0.90	24.8				18.2		E 90°45′44.6″ N 29°30′45.4″	71
					2	8—20	灰棕色	轻壤土	团块状	5.8	69.9	3.23	1.23	24.8				17.8			
					3	20—35	棕色	轻壤土	鳞片状	5.8	38.9	2.09	0.94	24.1				16.6			
					4	35—50	灰黄棕色	轻壤土	块状、鳞片状	5.0	27.3	1.32	0.83	25.2				11.4			
					5	50—65	黄棕灰色	砂壤土	块状	6.2	13.4	0.66	1.15	29.2				6.8			
					6	65—100	灰黄色	砂砾石土	单粒状	6.6	4.3	0.23	1.43	26.3				3.8			
剖3	高山土	草毡土	草毡土		As	0—8														E 90°38′07.4″ N 29°29′30.8″	75
					A	8—20	灰棕色	壤土	屑粒、团块状	5.8	69.9	3.23	1.23	24.8	286	4.0	105	17.8			
					AC	20—35	棕色	壤土	屑粒、团块状	5.9	38.9	2.09	0.94	24.1	170	4.0	140	16.6			
					C	35—50	暗棕色	砂壤土	块状	6.2	27.3	1.32	0.83	25.2	95	1.0	98	11.4			
					Cu	50—65	灰黄棕色	重砾质砂壤土		6.6	13.5	0.66	1.15	29.2	46	1.0	99	6.8			
剖4	半水成土	潮土	潮土	灰泥砾质潮土	1	0—11	淡灰色	轻壤土	块状											E 90°57′06.1″ N 29°28′53.0″	95
					2	11—27	灰灰色	轻壤土	棱块状												
					3	27—52	灰黄棕色	轻壤土	棱块状												
					4	52—86	灰黄色	轻壤土	屑粒状												
					5	86—100	灰色	砂砾石土	块状												
剖5	高山土	黑毡土	棕黑毡土		1	0—15	暗棕色	轻壤土	屑粒状											E 90°50′57.5″ N 29°27′59.0″	71
					2	15—32	淡灰棕色	轻壤土	碎块状												
					3	32—54	淡灰白色	轻壤土	单粒状												
					4	54—80			屑粒状												
剖6	高山土	黑毡土	棕黑毡土		1	3—12		砂壤土	团块状	7.0	45.9	2.21	0.81	21.2				9.9		E 90°43′14.9″ N 29°27′35.6″	80
					2	17—30		砂壤土	块状	7.0	34.8	1.61	0.77	22.0				10.0			
					3	35—50		砂壤土	块状	6.8	27.2	1.30	0.86	23.0				8.8			
剖7	高山土	冷棕钙土	冷棕钙土		1	0—15	淡棕色	砂壤土	块状	7.1	22.8	1.26	1.31	23.1				8.6		E 90°53′47.4″ N 29°27′01.8″	85
					2	15—28	灰棕色	砂壤土	块状	7.0	20.7	1.26	1.28	22.1				8.4			
					3	28—61	淡棕黄色	砂壤土	块状	7.3	7.9	0.57	1.20	21.8				6.5			
					4	61—100	棕黄色	砂砾石土	屑粒状	7.2	3.7	0.33	1.29	21.9				4.5			
剖8	高山土	寒冻土	寒冻土		1	0—5	灰色	轻壤土	屑粒状	6.6	24.0	1.40	0.72	17.0				8.9		E 90°30′46.4″ N 29°24′27.4″	71
					2	5—15	深棕色	轻壤土	碎块状	7.2	7.8	1.45	0.92	18.5				6.1			
					3	15—30	淡灰棕色	轻壤土	棱块状	7.2	7.4	0.46	2.19	19.2				6.3			
					4	30—70	黄棕色	砂壤土	单粒状	7.4	7.4	0.36	1.93	21.0				6.7			
剖9	半水成土	潮土	潮土	灰壤质潮土	A_{11}	0—18	黄棕色	砂壤土	团块状	6.5	22.4	1.41	1.45	20.5	87	22.0	80		洪积物	E 90°49′38.6″ N 29°21′15.8″	75
					A_{12}	18—36	浊棕色	砂壤土	块状	6.8	16.5	0.94	1.42	20.3	65	8.0	60				
					Cu_1	36—58	黄棕色	砂壤土	块状	7.1	5.8	0.46	1.57	22.4	22	3.0	51				
					Cu_2	58—100	黄棕色	砂壤土	块状	7.3	4.8	0.41	1.25	20.9	20	4.0	51				
剖10	高山土	冷棕钙土	冷棕钙土	灌耕冷棕钙土	1	0—13	淡黄棕色	砂壤土	块状										坡积物	E 90°41′47.0″ N 29°21′03.6″	71
					2	13—30	灰棕色	砂壤土	块状												
					3	30—68	黄棕色	砂壤土	块状												
					4	68—100	淡棕黄色	砂壤土	块状												

续表 Continued

剖面号 Soil profile	土纲 Soil order	土类 Soil great group	亚类 Soil subgroup	土属 Soil genus	土层码 Layer code	土层厚度 Depth/cm	颜色 Soil color	质地 Soil texture	土壤结构 Soil structure	pH	有机质 OM/(g/kg)	全氮 TN/(g/kg)	全磷 TP/(g/kg)	全钾 TK/(g/kg)	碱解氮 AN/(mg/kg)	有效磷 AP/(mg/kg)	速效钾 AK/(mg/kg)	阳离子交换量CEC/(cmol/kg)	土壤母质 Parent material	剖面点坐标 Profile coordinate	匹配指数 Matching index/%
剖11	高山土	冷棕钙土	冷棕钙土		1	5—10				7.3	30.2	1.78	1.30	19.2				10.8	坡积物	E 90°36′58.3″ N 29°17′57.1″	76
					2	10—28				7.2	26.4	1.50	1.24	21.4				9.6			
					3	35—65				7.2	10.5	0.74	1.30	19.5				7.8			
					4	75—90				7.5	4.9	0.42	1.28	25.5				5.8			

墨竹工卡县

主要土类说明

草毡土是墨竹工卡县主要土壤类型，占本县地域面积的 53%，主要分布于县境内海拔 4500—5400m 高山的上部，地形为冰碛台地和深切割高山分水岭地带或坡的中部、上部。成土母质为伟晶花岗岩、板岩、千枚岩、安山岩、花岗岩等的残积物、坡积物和冰碛物。其分布区气候寒冷而偏湿润，土壤有季节性冻层存在，一般从 11 月到翌年 4 月土壤冻结，一年内其他时间夜冻昼融频繁交替。植被以矮生嵩草为主，伴有苔草、马先蒿、毛茛、龙胆、报春花、圆穗蓼、矮火绒草等组成高山矮草甸群落。其分布区的上段，亦伴生垫状点地梅、苔状蚤缀和红景天等，植被外观上具有草丛低矮、组成单一、分层不明显和垫状植物颇为醒目等特征，盖度为 20%—90%，无蚯蚓。草毡土的成土过程是强烈的冻融作用和腐殖质积累过程。冻融引起的氧化还原作用过程，在土体内出现冻层结构与"暗色层"。而草甸化过程积累了大量半分解的有机质。本县 5 月下旬至 9 月为雨季，湿热同期，是植物旺盛生长和成土作用最活跃时期，故夏半年有较多的植物残体进入土体，但因同期内草毡层具较强的吸水性能，导致通气不良，腐殖化进程微弱，限制了有机质的分解。冬半年寒冷漫长，从 11 月至翌年 4 月为土壤结冻期，微生物活动几近停止，因此，植物残体多以原形或半分解状态积累于土体中。4—6 月气温回升，水分蒸发和蒸腾加快，然而降水稀少，植物和微生物同样受到生理干旱限制，活动较弱，有机质分解依然缓慢。如此长年累月，在土壤剖面中积累了一定量的腐殖质，并且活根与死根相互交织，形成了致密紧实富有弹性的毡状草皮层，这是有机质的增长与矿化长期不平衡的结果。由于湿热同期的时间短，草毡土的生物量较之黑毡土偏低，相应的腐殖质层较薄，而草毡层比黑毡土厚。

黑毡土是墨竹工卡县第二大土壤类型，占本县地域面积的 22%，分布于海拔 3800—4500m 深切割高山的阴坡、阳坡、河谷谷坡及坡麓洪积扇上。黑毡土是在以嵩草为主的中生草甸植被下发育形成的，土体约有 3 个月的冻结期，土壤的冻融作用较草毡土弱。黑毡土的植被组成虽与草毡土植被群落相似，但要复杂得多。一方面，由于热量条件改善，一年生的双子叶植物显著增多；另一方面，由于相对温度增加，普遍出现灌丛植物，在植被结构上有明显的层次性，盖度为 70%—90%。常见草本植物有多种嵩草、苔草、龙胆、火绒草、黄芪、棘豆、高山荨麻、早熟禾、蒿等；灌丛主要有杜鹃、高山柳、金露梅等。土体中常见蚯蚓及其活动痕迹，并且也是旱獭、野兔、鼠兔、山鼠等动物穴居和出没地带。上述这一切都是与草毡土相区别的标志。黑毡土的成土母质有板岩、砂板岩、千枚岩、绢云母岩、千枚岩和花岗岩等风化的坡积物、洪积物、古湖积物和近代冲积物等。黑毡土分布区位置已接近人为活动频繁地段，农事放牧活动加强，加上对自然植被的破坏，使局部地段植被出现草原化，土壤有机质积累作用减弱，已直接影响到黑毡土的成土和演化过程。黑毡土的形成包含强腐殖质的积累和较弱冻融引起氧化还原过程。黑毡土的气候条件比草毡土温暖，冬季土壤冻结期也缩短到 3 个月左右，通常草本植物的返青期可提前近 1 个月，枯黄期推迟近 2 个月。由于植物生长期延长了 3 个月，故生物量的累积大于草毡土，土体内动物和微生物活动明显，有机质分解和转化速度加快。黑毡土有机质积累过程看似与草毡土相似，但草毡层与腐殖质层厚度不同，并且化学性质也有一定的差异。

寒冻土是墨竹工卡县第三大土壤类型，占本县地域面积的 19%，主要分布于东、西部高山、极高山中上部海拔 5400（5450）—5600m 的雪缘地带，如分水岭脊、冰碛台地、流石滩或活动岩屑堆等，仅局部地段有零散细土堆积，一般都不形成连片土被。其分布区气候严寒而湿润，昼夜温差大，年降水量在 400mm 以上，常以固体形式降落，夏季有冰川和雪峰融水浸润土壤，太阳辐射强，风大，蒸发强烈。石缝中生长着一些耐寒和耐生理干旱的垫状植物和黄绿地衣，如垫状蚤缀、雪莲、雪灵芝等。植被株体矮小，呈垫状或流线形，被覆白色绒毛，盖度为 2%—5%，生物量很低，地表岩石裸露，多为活动岩屑或岩屑滩以及冰碛物等。寒冻土上形成了深厚的砾幂层，细土物质仅在石缝或岩屑缝中有少量聚积。寒冻土的成土过程是以矿物物理风化为主的原始成土过程。首先高寒恶劣的气候条件，决定了冻融作用和冰雪剥蚀作用强烈，而生物化学作用微弱，土壤有机质分解缓慢，腐殖化微弱。土壤剖面发育原始，土层浅薄，分化不明显，粗骨性极强，几乎全为骨骼粗粒组成。其次，寒冻土脱离冰川影响最晚，成土绝对和相对年龄短。同时，寒冻土容易遭到冰雪融水、风、重力等多种因素的侵蚀而经常中断成土过程，致使该过程难于继承和发展。寒冻土的剖面构型为 A-C 型，土体总厚度不一，一般在15—30cm，地表常有2—10cm厚的砾幂层，下接腐殖质层，厚度一般小于10cm，通常在此层之上段，有一薄层蜂窝状结皮层，海绵状孔隙发育，厚度约为1cm，这是频繁的夜冻昼融交替和白天强烈的蒸发作用所形成的，再下为5—8cm厚的土石混杂层，角石缝中聚积着的细土物质，呈鳞片状或屑粒状结构，常见冰晶，砾石含量为40%—80%，偶见植物根系。底层为半风化的母质层，略具片状结构，碳酸盐含量随母质而定。

冷棕钙土占墨竹工卡县地域面积的4%，主要分布于县境内海拔3800—4000m的西部地区，以及拉萨河和支流谷地中，分布地形部位为河谷的迎风坡、洪积扇、一级阶地和超河漫滩。由于水热条件比较好，气候比较温和，降水集中于暖季，成土过程的进行因此受益。成土母质为花岗岩、片麻岩、板岩、砂岩、页岩、灰岩等各种岩石风化的坡积物、残积物、冲积物、洪积物。在冷棕钙土分布区域内，往往有红棕色黏质土层，埋藏深度可在1—2m，甚至4—5m，与上覆地层有明显的沉积界面差异。显然，它们是较之现代气候条件更为干热的环境下形成的土壤，对于现代冷棕钙土的形成起着特殊的母质作用。凡是直接在这类土壤上发育起来的冷棕钙土，往往具有与现代气候条件不相适应的、深厚的、高石灰含量的碳酸钙聚积层，在阶地和坡地均可见到。随着土壤钙积程度的不同，这种石灰层出现的深度也有很大的差异。冷棕钙土的成土过程是腐殖质积累、弱黏化和钙积过程。

小于本县地域面积3%的土壤类型还有寒钙土等。

本区域中心区气候特征

本区域中心区气候特征值
Regional climate characteristics in central area of the region

气候带：高原亚温带亚干旱气候 Climate region: Plateau sub temperate sub arid climate	
年平均气温 /℃ Annual average temperature /℃	6.7
年平均最高气温 /℃ Annual average maximum temperature /℃	14.5
年平均最低气温 /℃ Annual average minimum temperature /℃	0.3
年降水量 /mm Annual precipitation /mm	464
≥10℃的积温 /℃ Daily temperature accumulated in a year（≥10℃）/℃	2719
年日照时数 /h Annual sunshine /h	2856
年平均相对湿度 /% Annual average relative humidity /%	48
干燥度 Dryness	1.19

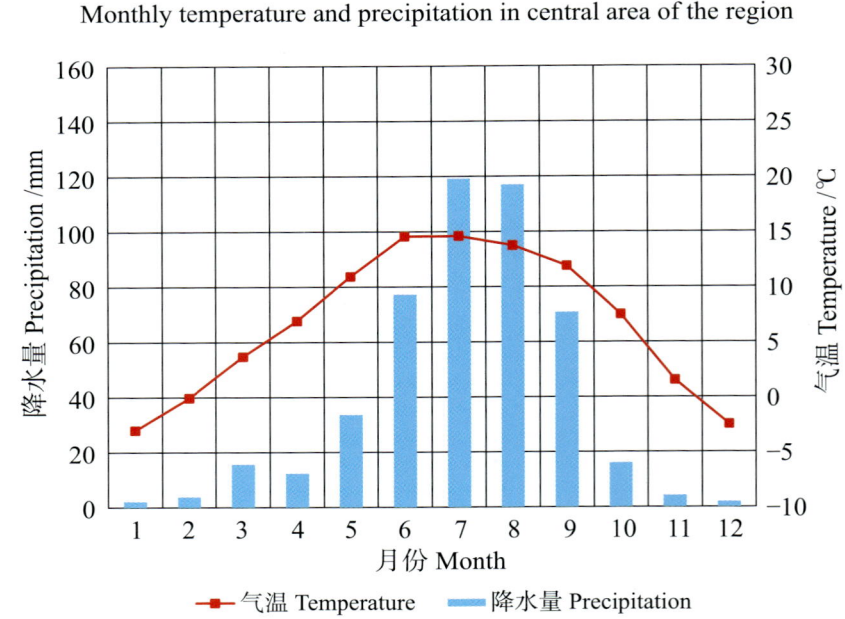

本区域中心区月平均气温与月平均降水量
Monthly temperature and precipitation in central area of the region

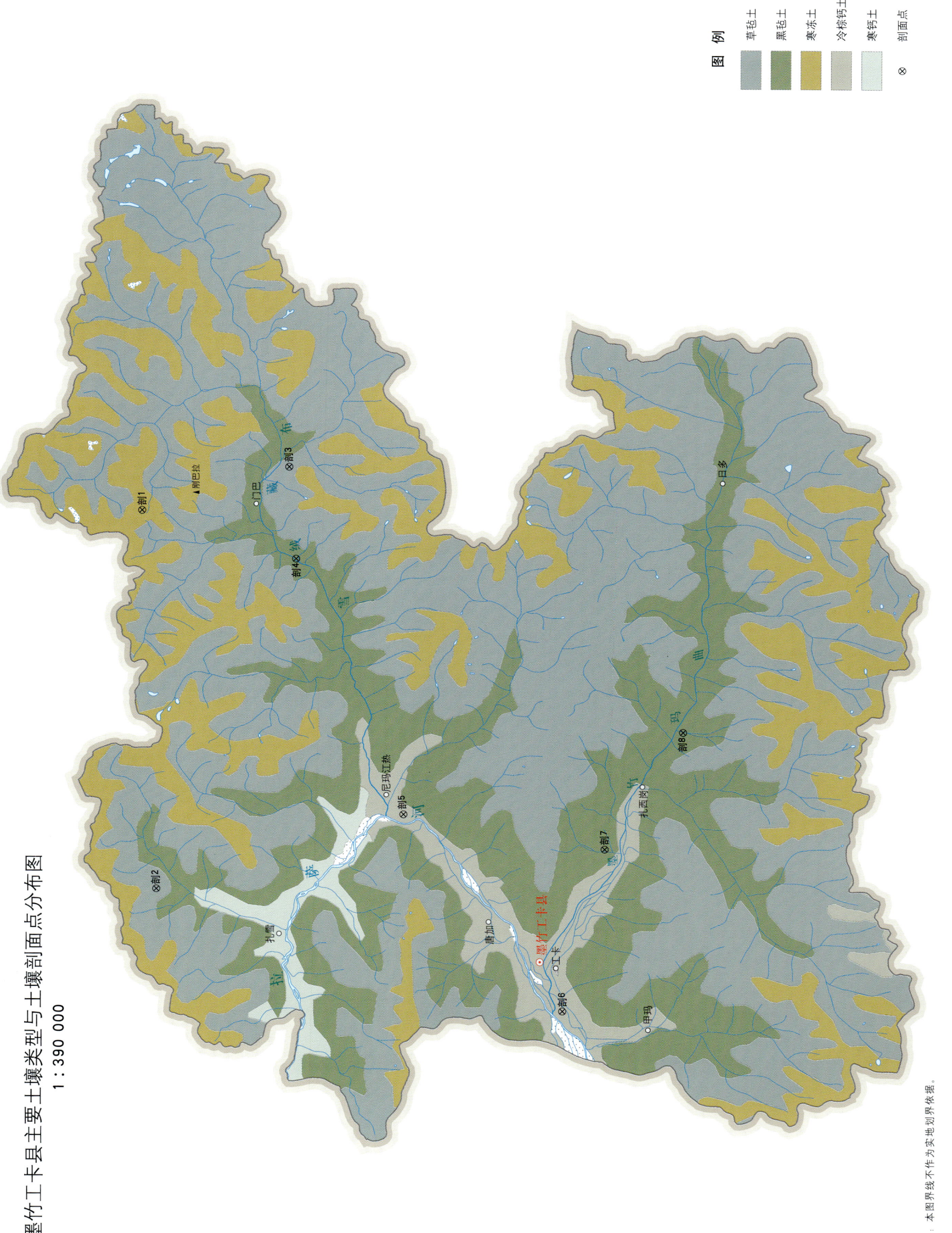

墨竹工卡县土壤剖面理化性状表

剖面号 Soil profile	土纲 Soil order	土类 Soil great group	亚类 Soil subgroup	土层码 Layer code	土层厚度 Depth/cm	颜色 Soil color	质地 Soil texture	土壤结构 Soil structure	pH	有机质 OM/(g/kg)	全氮 TN/(g/kg)	全磷 TP/(g/kg)	全钾 TK/(g/kg)	碱解氮 AN/(mg/kg)	有效磷 AP/(mg/kg)	速效钾 AK/(mg/kg)	阳离子交换量 CEC/(cmol/kg)	剖面点坐标 Profile coordinate	匹配指数 Matching index/%
剖1	高山土	寒冻土	寒冻土	Am	0—2				7.3									E 92° 11′ 54.6″ N 30° 12′ 09.4″	71
				As	2—3	淡黄色	砾质砂土	鳞片、屑粒状	7.1	16.6	0.84	1.36	31.5	92	78.0	87	12.1		
				A₁	3—11	灰黄色	砾质砂土		7.0	3.6	0.23	0.55	25.2	35	35.2	70	8.9		
				C	11—20				5.7	65.2	2.62	0.90	22.8	385	1.3	98	16.1		
剖2	高山土	草毡土	草毡土	As	0—13	深暗棕色	少砾质砂质黏壤土											E 91° 48′ 16.9″ N 30° 11′ 11.0″	71
				A₁	13—20	暗暗棕色		鳞片状	5.9	55.1	2.34	0.94	21.5	206	4.4	71	19.2		
				An	20—22	暗棕色	多砾质砂质壤土	屑粒状	6.1	41.3	1.78	0.90	24.2	148	<1.0	75	14.6		
				BC	22—45	淡黄色	多砾质砂质壤土	单粒状		21.2	0.95	1.10	23.1	73	3.1	59	8.8		
				C	45—	淡灰黄色													
剖3	高山土	草毡土	棕草毡土	Ao	0—1	暗棕色												E 92° 14′ 42.4″ N 30° 04′ 29.3″	82
				A₁	1—20	紫棕色	砂壤土	团粒状	5.7	145.0	5.32	0.82	19.2	>400	8.2	177	31.9		
				An	20—33	淡黄棕色	砂壤土	屑粒状	5.8	80.0	1.02	0.33	22.1	85	2.3	94	13.4		
				BC	33—	淡黄色	砂壤土	块状	5.5	43.9	1.82	0.56	23.6	178	2.1	139	17.6		
剖4	高山土	黑毡土	棕黑毡土	Ao	0—1	黑棕色												E 91° 08′ 59.3″ N 30° 04′ 04.4″	86
				A₁	1—3	灰棕色	砂壤土	粒状	6.5	145.0	5.95	0.95	21.1	>400	12.8	294	27.2		
				An	3—12	淡黄棕色	砂壤土	块状	6.2	64.2	2.64	0.80	22.8	234	3.8	218	16.2		
				B	12—28	暗黄棕色	砂壤土	块状	5.3	50.7	2.15	>4.00	22.8	158	4.5	103	12.2		
				BC	28—41	淡棕色	砂壤土	块状	5.8	18.9	0.82	>4.00	27.7	66	3.6	74	8.3		
				C	41—														
剖5	高山土	冷棕钙土	冷棕钙土	As	0—4	黄棕色	少砾质砂质壤土	粒状	6.7	29.8	1.27	0.36	25.5	114	2.5	83	8.8	E 91° 53′ 06.4″ N 29° 58′ 18.1″	71
				An	4—20	灰棕色	少砾质砂质壤土	粒状、块状	7.0	9.1	0.45	0.36	26.6	48	3.7	25	5.9		
				B	20—47	紫棕色	中砾质砂质壤土	块状	8.0	4.3	0.33	0.47	26.0	22	3.7	22	15.5		
				C	47—														
剖6	高山土	冷棕钙土	冷棕钙土	A₁₁	0—16	灰棕色	砂壤土	屑粒状	7.4	29.8	1.78	0.53	31.8	125	8.0	91	15.9	E 91° 40′ 59.5″ N 29° 49′ 52.7″	95
				AB	16—26	黄灰棕色	砂壤土	块状	7.4	31.3	1.71	0.59	27.0	126	8.0	104	11.8		
				Bk	26—50	黄棕色	砂质黏壤土	块状	8.5	8.8	0.65	0.40	26.2	33	5.0	45	8.9		
				BC	50—75	明棕色	砂质黏壤土		8.1	8.8	0.58	0.58	27.0	31	4.0	29	8.0		
				C	75—100	明棕色			7.2										
剖7	高山土	黑毡土	薄黑毡土	As	0—2	暗棕色	少砾质砂质壤土	粒状	6.7	29.8	1.29	0.30	25.5	114	2.5	83	8.8	E 91° 51′ 04.7″ N 29° 47′ 45.6″	71
				A₁	2—4	暗棕色	少砾质砂质壤土	粒状	7.0	9.1	0.45	0.36	26.6	48	3.7	25	5.9		
				An	4—28	紫棕色	少砾质砂质壤土	粒状	7.0	9.1	0.45	0.36	26.6	48	3.7	25	5.9		
				C	28—48	灰棕色			8.0	4.3	0.33	0.47	26.0	22	3.7	22	5.5		
剖8	高山土	黑毡土	黑毡土	As	0—11	暗灰棕色	少砾质砂质黏壤土	粒状	7.2	37.9	1.79	0.71	18.0	166	2.2	43	10.6	E 91° 58′ 26.4″ N 29° 43′ 43.7″	71
				A₁	11—28	暗灰棕色	少砾质砂质黏壤土	粒状	7.2	37.9	1.79	0.71	18.0	166	2.2	43	10.6		
				AB	28—50	灰棕色	中砾质砂质壤土	粒状	7.3	32.8	1.01	0.61	19.3	97	2.2	49	16.3		
				C	50—70	淡灰黄色	多砾质砂质壤土	单粒状	7.4	5.6	0.35	0.37	19.7	27	2.2	34	5.2		

日 喀 则 市

市 辖 区

主要土类说明

黑毡土是日喀则市主要土壤类型，占本市地域面积的24%。黑毡土发生于青藏高原高寒但略温湿的原面上，嵩草与杂生草类的草毡层初步分解后形成了初步腐殖化的暗色草根茎盘结层。土壤色泽较暗，有机质含量较高，可达10.0%—15.0%，底土可见锈色纹斑，土壤pH为6.5—8.0。

冷钙土是日喀则市第二大土壤类型，占本市地域面积的22%。冷钙土发生于青藏高原高寒半干旱原面上，土壤具弱腐殖质积累与钙积特征，有机质含量为1.5%—3.0%。土壤碳酸钙含量为50—200g/kg，在土体中呈斑点状或脉络状分布，含少量易溶盐与石膏，土壤pH为7.5—8.5。

冷棕钙土是日喀则市第三大土壤类型，占本市地域面积的18%。冷棕钙土主要发生于青藏高原高寒温凉的半干旱河谷，土壤具弱腐殖质积累、弱度淋溶与钙积特征。土上生长草原灌丛，有机质含量为1.0%—3.0%，钙积层位于中下部，厚度为30—50cm，碳酸钙含量为20—60g/kg，土壤pH为7.5—8.5。

草毡土占日喀则市地域面积的18%。草毡土是发生于高寒区平缓高原面上，具强度生草腐殖质积累与弱度氧化还原特征的高山土壤。土壤冻结期长，嵩草等植物根系发达，因弱度分解而积累，互相缠绕交织而成草毡状；土体滞水，冻融交替，弱度氧化还原交互进行，造成氧化铁微弱游离。

风沙土占日喀则市地域面积的7%。风沙土发生于半干旱、干旱的漠境地区，是由风沙移动而堆积形成的多种形态的风沙沉积。由于成土时间短暂，无剖面发育，具C型、（A）-C型或A-C剖面构型，反映了风沙流动堆积与固定的不同阶段。

寒冻土占日喀则市地域面积的5%。寒冻土发生于高山冰雪带下缘，其形成以寒冻物理风化为主，弱生物累积，土层薄，含石砾多，仅在岩屑中见少量细土物质堆积。土壤pH为7.0—8.5。

小于本市地域面积3%的土壤类型还有新积土和潮土等。

本区域中心区气候特征

本区域中心区气候特征值
Regional climate characteristics in central area of the region

气候带：高原温带亚干旱气候 Climate region: Plateau temperate sub arid climate	
年平均气温 /℃ Annual average temperature /℃	8.5
年平均最高气温 /℃ Annual average maximum temperature /℃	16.5
年平均最低气温 /℃ Annual average minimum temperature /℃	1.6
年降水量 /mm Annual precipitation /mm	441
≥10℃的积温 /℃ Daily temperature accumulated in a year（≥10℃）/℃	3370
年日照时数 /h Annual sunshine /h	2964
年平均相对湿度 /% Annual average relative humidity /%	45
干燥度 Dryness	4.14

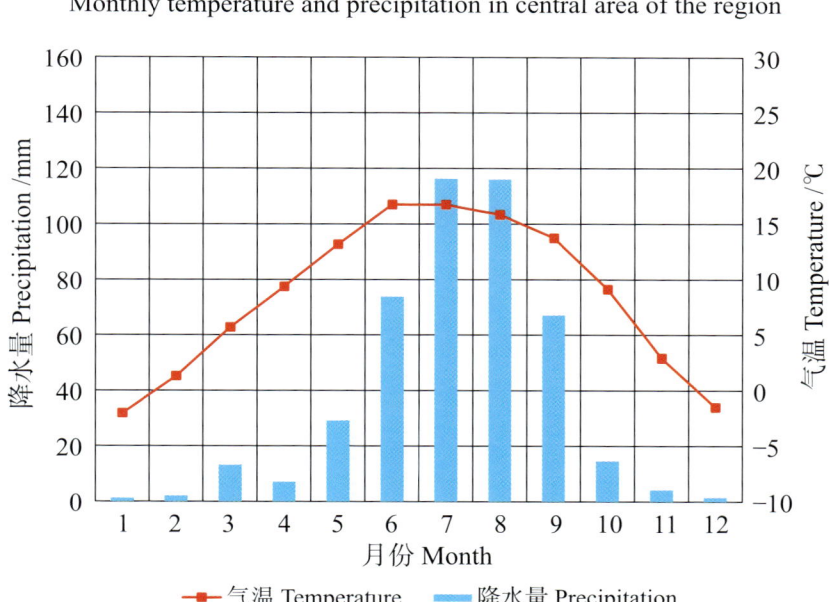

本区域中心区月平均气温与月平均降水量
Monthly temperature and precipitation in central area of the region

日喀则市市辖区主要土壤类型与土壤剖面点分布图

1:400 000

图 例

黑毡土	冷钙土	冷棕钙土	草毡土	风沙土
寒冻土	新积土	潮土	⊗ 剖面点	

注：本图界线不作为实地划界依据。

日喀则市土壤剖面理化性状表

剖面号 Soil profile	土纲 Soil order	土类 Soil great group	亚类 Soil subgroup	土属 Soil genus	土层码 Layer code	土层厚度 Depth/cm	颜色 Soil color	质地 Soil texture	土壤结构 Soil structure	pH	有机质 OM/(g/kg)	全氮 TN/(g/kg)	全磷 TP/(g/kg)	全钾 TK/(g/kg)	碱解氮 AN/(mg/kg)	有效磷 AP/(mg/kg)	速效钾 AK/(mg/kg)	阳离子交换量CEC/(cmol/kg)	剖面点坐标 Profile coordinate	匹配指数 Matching index/%
剖1	高山土	冷棕钙土	冷棕钙土		A_1	0—16	暗灰黄色	砂壤土	粒状	7.0	15.8	0.86	1.02	21.3	52	8.0	73		E 88°50′25.4″ N 29°22′50.9″	71
					AB	16—24	暗灰黄色	砂壤土	块状	7.2	12.3	0.73	1.04	21.6	46	3.0	69			
					B	24—59	灰黄色	砂壤土	块状	7.4	6.1	0.39	0.72	21.1	29	3.0	56			
					C	59—92	灰黄色	砂壤土	块状	7.6	4.9	0.32	0.72	21.4	20	3.0	47			
剖2	初育土	新积土	冲积土		A_{11}	0—16	棕灰色	砂质黏壤土	块状	8.4	10.6	0.69	0.61	17.3	34	11.0	80	7.6	E 88°46′21.4″ N 29°21′19.8″	76
					A_{12}	16—24	灰黄棕色	砂质黏壤土	块状	8.3	10.0	0.68	0.62	19.5	29	5.0	81	12.0		
					Cu	24—50	黄棕灰色	砂质黏壤土	块状	8.4	6.4	0.44	0.52	16.6	19	3.0	61	7.1		
					G	50—80	棕灰色	砂质黏壤土	块状	8.4	6.5	0.44	0.45	15.6	16	3.0	65			
剖3	半水成土	潮土	潮土	灰壤质潮土	A_{11}	0—15	棕灰色	砂壤土	屑粒状	8.2	11.8	0.78	0.77	17.5	37	7.0	209		E 88°54′18.4″ N 29°14′21.5″	75
					A_{12}	15—22	棕灰色	砂壤土	块状	8.2	11.2	0.76	0.78	15.3	30	6.0	165			
					Cu_1	22—50	暗棕灰色	砂壤土	块状	8.3	9.0	0.63	0.86	18.5	27	4.0	159			
					Cu_2	50—70	灰黄色	砂壤土	块状	8.4	5.6	0.45	0.78	17.8	13	3.0	136			
剖4	高山土	冷钙土	冷钙土		A_{11}	0—13	棕灰色	轻砾质砂质黏壤土	屑粒状	7.7	29.9	1.92	0.60	24.7	108	9.0	199	19.2	E 88°45′29.2″ N 29°14′08.9″	79
					A_{12}	13—22	棕灰色	轻砾质砂质黏壤土	块状	7.8	30.3	1.92	0.65	18.0	95	5.0	202	19.3		
					B	22—53	棕灰色	轻砾质砂质黏壤土	块状	8.2	15.2	1.04	0.52	18.7	49	3.0	144	18.6		
					BC	53—100	亮棕灰色	轻砾质砂质黏壤土	块状	8.2	13.2	0.90	0.61	23.4	43	4.0	162	16.0		
剖5	高山土	冷钙土	冷钙土		A_{11}	0—14	暗灰黄色	轻砾质砂质壤土	粒状	8.4	7.0	0.47	0.47	25.2	22	12.0	134	9.6	E 88°52′21.0″ N 29°07′28.6″	79
					AB	14—22	灰黄色	砂壤土	块状	8.3	7.6	0.62	0.51	24.2	19	9.0	104	12.2		
					Bk	22—54	泥黄色	砂壤土	块状	8.5	6.6	0.56	0.25	25.5	19	7.0	108			
					BkCk	54—80	泥黄色	砂壤土	块状	8.6	5.1	0.61	0.25	26.7	16	8.0	95			

南木林县

主要土类说明

草毡土是南木林县主要土壤类型，占本县地域面积的50%。作为本县主要的高山带土类，随坡向和水热条件的不同，草毡土分布高度有所差异。一般阳坡土壤分布在海拔4700—5200m区域，阴坡土壤分布在海拔4600—5300m区域。草毡土分布的地形部位主要为深、中切高山中上部以及平缓的山脊，成土母质为砂岩、板岩、花岗岩、灰岩、千枚岩等的残积物、坡积物以及冰碛物。草毡土形成于寒冷、半湿润的环境条件下，年降水量大于400mm，降水集中于6—9月，每年10月至翌年4月为积雪覆盖，土壤冻结期长达半年以上，因而植被生长期短，生长也缓慢。地上部植株矮小，株高2—5cm，但地下部根系发达，强大的根系互相交织成毡状，具有一定的韧性和弹性。优势植物以矮生嵩草、高山嵩草为主，其次为苔草、圆穗蓼、各种龙胆以及绒毛蚤缀等，地表有苔藓与地衣附生，矮生灌木呈垫状，共同组成了高山草甸植被群落。植被盖度在80%以上，局部较平缓地段可高达95%。但在陡坡地段，土体较薄，受频繁冻融影响，草被多呈滑塌与斑驳状态。草毡土主要成土特点是具有明显的腐殖质积累和氧化还原作用过程，当然也和其他高山土壤一样，具有粗骨性强等剖面特征。草毡土分布区常年气温低，土壤冻融交替频繁，在夏半年，尤其6—8月降水较多，热量也较充足，两者同步，植物生长迅速，根系茂密，土壤蓄积了大量的水分，通气性能不良。一方面，植物生长量大，进入土体中的有机质多；另一方面，有机质分解微弱，植物残体以原形或半分解状累积于土壤中。至冬半年，气候冷旱，植物枯死或停止生长，微生物活动微弱，有机质更难分解。因此每年有机质积累量大于分解量，在表土层根系交织，形成细密的草毡层。草毡土另一大特征是土壤氧化还原作用交替进行，一年中土壤处于较长时期的干旱与夏秋短期湿润交替进行的状态，为成土物质的低温氧化与短暂的还原过程的进行创造了条件，使得土壤中铁锰化合物发生移动和淀积，而在剖面中出现新生体与相应的发生层段（暗色层）。

寒冻土是南木林县第二大土壤类型，占本县地域面积的26%。寒冻土主要分布在全县各乡深、中切高山、极高山接近雪线的中上部或岭脊地段；在北部仁堆乡、芒热乡一带，主要分布于冰碛堤和冰碛平台以及流石滩、石海等，所处高度通常在海拔5300—5400m范围内，在海拔6200m处也有分布。寒冻土地带环境条件严寒而湿润，年降水量在400mm以上，但多以固体的形式降落。夏季有冰川和冰雪融水浸润土壤，太阳辐射强烈，风大，蒸发强烈。由于低温和冻结，只有一些冷生壳状地衣着生在岩石或砾石的背风面。仅在岩缝中生长有极少数的绒毛蚤缀、垫状点地梅、高山红景天、垂头风毛菊、雪莲、雪灵芝等稀疏垫状植被，植被盖度在1%以下。地表岩石裸露，多为活动岩屑滩或石海。成土母质多为冰碛物，形成深厚的砾幂层，细土物质仅少量聚积于石缝或岩屑物中。高寒恶劣的气候条件，决定了冻融作用和冰雪剥蚀作用强烈，生物化学作用微弱，导致土壤矿物以物理风化为主；土壤有机质分解缓慢，腐殖化微弱；胡敏酸含量及芳构化程度很低，胡敏酸与富里酸的比值（简称胡富比）约为0.1。剖面发育原始，层次间分化不明显，粗骨性极强，土壤几乎全由岩石骨骼颗粒组成，细土物质极少，常积聚于岩隙和石缝中。由于寒冻土脱离冰川影响最晚，因此成土年龄最短。同时，易遭到冰雪融水、风和重力等多种因素的侵蚀而经常中断其成土过程，致使成土过程难于定向继承和发展。土壤剖面发育呈现原始性和年轻性的特征。寒冻土剖面具有A-C构型，石多土少，土层浅薄。地表常有厚度为3—12cm的砾幂层，下接粗腐殖质层（A层），通常本层之上段有一薄层蜂窝状结皮层，厚度为0.5—1cm，具海绵状孔隙，这是因频繁的冻融交替和强烈的蒸发而形成的。底层为半风化的母质层（C层），略具鳞片状结构，碳酸盐含量随母质而定。

冷钙土是南木林县第三大土壤类型，占本县地域面积的9%。冷钙土主要分布于溪河两侧海拔为3900（4000）—4150（4250）m的山地上，尤以县境南部雅鲁藏布江北岸海拔4050—4300m的山地面积较大，在全县范围内均有分布。其分布区处于温凉半干旱的气候条件下，降水集中于6—9月。土壤冻结期短，仅为3个月左右，寒冻作用相对较弱。成土母质为花岗岩、砂板岩、灰岩、千枚岩和泥岩等的坡积物及风积物。植被组成以针茅、羊茅为主，其次为白草、燕麦草、锦鸡儿等，盖度为30%—50%。冷钙土的成土过程有明显的弱腐殖质积累作用和钙化作用。由于冷钙土分布区干旱，植物生长量低，而微生物较活跃，植物残体易为分解，故有机质积累量小，一般不产生草毡层，仅在表层有腐殖质侵染层出现。钙积层出现的深度，随气候干旱程度的增加而逐渐上移。成土时间短的土壤，如洪积扇的中上部，由于土壤的化学风化较弱，基质发育程度低，淋洗作用不强，因此，钙化作用表现比较微弱。但成土时间较长的土壤，尤其位于地势平缓之处的冷钙土，由于季节性淋溶较强，钙积层发育明显，碳酸盐新生体较多，剖面下层常有假菌丝体或脉纹状、结核状新生体存在，同时地表砾石背面亦有石灰聚积。

黑毡土占南木林县地域面积的9%。黑毡土在全县境内均有分布，是本县的优质的牧场土壤。分布海拔为4150（4200）—4600（4700）m，主要分布于深、中切高山中下部，以及亚高山或残留山原面，以阴坡、缓坡上发育最好。黑毡土成土母质与草毡土相同，但分布的地形部位较低，水热条件较草毡土优越。黑毡土地带环境条件属寒冷半湿润气候，年降水量大于400mm，土壤冻结期仅为3—4月，季节性冻土层厚度不超过10cm，土壤冻融作用较不显著。植被组成主要以多种嵩草、苔草草甸群落为优势种，次为针茅、委陵菜、点地梅等。灌木有金露梅、密枝杜鹃、方枝柏、三颗针等，并有一年生植物加入，双子叶植物比重增多，盖度大于80%。在黑毡土上定居的动物，除鼠类和大耳兔外，常可见到蚂蚁和蚯蚓等。黑毡土与草毡土有共同的成土特点，即有明显的腐殖质积累作用和寒冻草甸化过程，但其程度没有草毡土强烈；有机残体分解程度和有机质含量亦强于草毡土，但胡富比却小于草毡土，上下土层间物质移动明显强于草毡土。

小于本县地域面积3%的土壤类型还有冷棕钙土、新积土、沼泽土和风沙土等。

本区域中心区气候特征

本区域中心区气候特征值
Regional climate characteristics in central area of the region

气候带：高原温带亚干旱气候 Climate region: Plateau temperate sub arid climate	
年平均气温 /℃ Annual average temperature /℃	7.8
年平均最高气温 /℃ Annual average maximum temperature /℃	15.8
年平均最低气温 /℃ Annual average minimum temperature /℃	0.9
年降水量 /mm Annual precipitation /mm	412
≥10℃的积温 /℃ Daily temperature accumulated in a year（≥10℃）/℃	3241
年日照时数 /h Annual sunshine /h	2984
年平均相对湿度 /% Annual average relative humidity /%	45
干燥度 Dryness	4.20

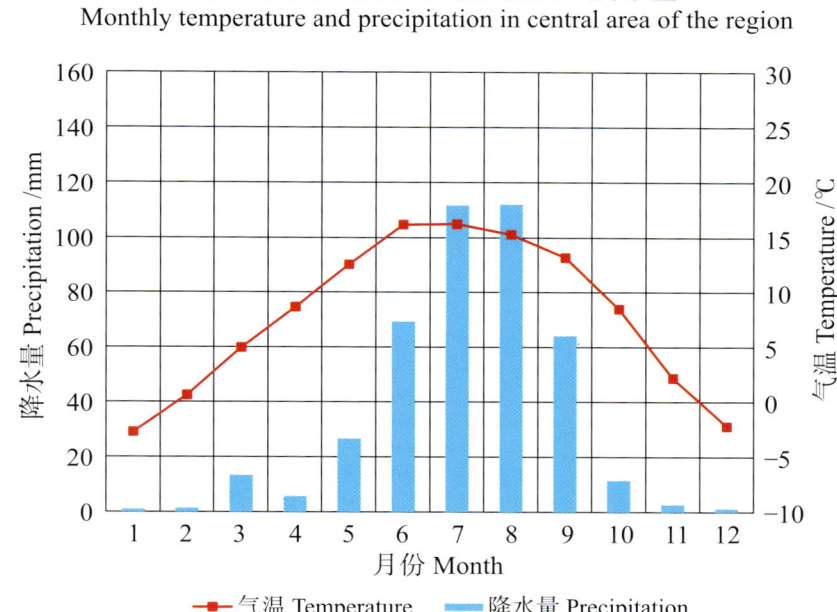

本区域中心区月平均气温与月平均降水量
Monthly temperature and precipitation in central area of the region

南木林县主要土壤类型与土壤剖面点分布图
1:470 000

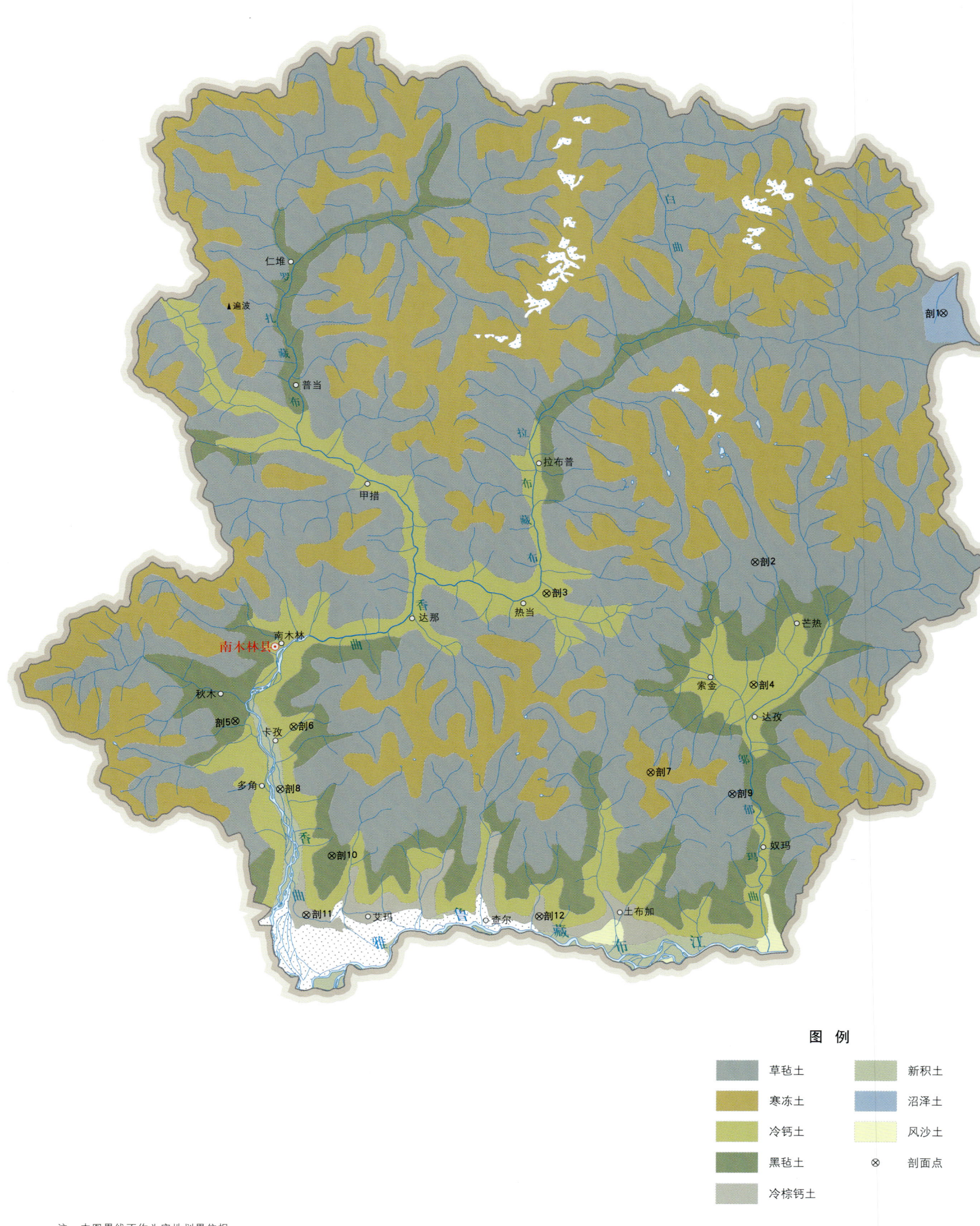

南木林县土壤剖面理化性状表

剖面号 Soil profile	土纲 Soil order	土类 Soil great group	亚类 Soil subgroup	土层码 Layer code	土层厚度 Depth/cm	颜色 Soil color	质地 Soil texture	土壤结构 Soil structure	pH	有机质 OM/(g/kg)	全氮 TN/(g/kg)	全磷 TP/(g/kg)	全钾 TK/(g/kg)	碱解氮 AN/(mg/kg)	有效磷 AP/(mg/kg)	速效钾 AK/(mg/kg)	阳离子交换量CEC/(cmol/kg)	土壤母质 Parent material	剖面点坐标 Profile coordinate	匹配指数 Matching index/%
剖1	水成土	沼泽土	草甸沼泽土	As	0—22	暗棕色	砂壤土	草毡状	7.8	70.1	3.17	0.48	22.7	234	8.6	125		河流冲积物	E 89°51′10.8″ N 30°00′34.9″	97
剖2	高山土	草毡土	草毡土	A₁	22—46	暗棕色	砂壤土	粒状	6.9	80.8	3.16	0.52	19.9	310	5.6	62		花岗岩、砂岩坡积物、残积物	E 89°37′47.3″ N 29°45′22.0″	86
				B(w)	46—62	暗棕色	砂壤土	块状	6.9	89.7	3.94	0.57	20.9	360	3.9	61				
				C	62—80	紫棕色	砂壤土	块状	6.9	29.1	1.29	0.38	22.5	206	3.2	82				
剖3	高山土	冷钙土	冷钙土	As	0—22	棕色	砂壤土	草毡状	6.6	80.8	3.93	0.78	21.4	285	7.1	74		花岗岩、砂岩坡积物、洪积物	E 89°23′21.5″ N 29°43′41.9″	95
				A₁	22—34	棕色	砂壤土	鳞片状	6.3	62.4	3.20	0.93	22.6	241	8.8	55				
				Bd	34—45	淡灰黄色	砂壤土	块状	6.3	17.2	0.90	0.59	25.8	49	9.6	87				
				C	45—	紫棕色	砂壤土	块状	6.5	6.6	0.36	0.73	29.2	36	9.5	94				
剖4	高山土	冷钙土	冷钙土	A₁₁	0—17	灰黄棕色	砂砾质砂质黏壤土	块状	8.1	29.1	1.55	1.78	28.1	125	25.0	242	16.6	花岗岩、片麻岩坡积物	E 89°37′30.0″ N 29°37′43.7″	90
				AB	17—30	灰黄棕色	轻砾质砂质黏壤土	块状	7.9	23.8	1.31	1.84	27.4	112	13.0	169	15.8			
				B	30—60	灰棕色	砂质黏壤土	块状	8.0	10.7	0.63	0.91	27.1	49	11.0	132	9.3			
				BC	60—95	淡黄棕色	轻砾质砂质黏壤土	块状	7.8	11.5	0.63	0.79	27.2	52	10.0	145	10.1			
剖5	高山土	黑毡土	薄黑毡土	A	0—13	灰黄色	砂壤土	团块状	7.0	10.6	0.56	0.79	28.3	59	9.3	68		花岗岩坡积物、残积物	E 89°01′46.2″ N 29°36′05.0″	72
				ABca	13—38	灰黄色	砂壤土	块状	7.0	16.5	0.95	0.65	28.0	85	5.3	82				
				Bca	38—62	淡黄棕色	砂壤土	块状	7.0	9.8	0.53	0.55	25.5	54	10.1	59				
				C	62—80	淡黄棕色	砂壤土	粒状	7.0											
剖6	高山土	冷钙土	冷钙土	As	0—15	灰棕色	砂壤土	草毡状	6.8	37.1	2.01	0.71	23.7	126	8.6	78		花岗岩、片麻岩等洪积物	E 89°37′46.7″ N 29°35′39.8″	84
				A₁,Bd	15—30	淡棕色	砂壤土	团粒状	6.9	27.4	1.47	0.68	23.1	106	7.9	47				
				Bd	30—42	淡红棕色	砂壤土	块状	7.6	17.8	1.03	0.67	23.1	72	8.6	34				
				C	42—53	淡黄棕色	砂壤土	块状	7.6	11.0	0.60	0.64	23.0	44	5.5	23				
剖7	高山土	寒冻土	寒冻土	An	0—7	灰棕色	砂壤土	单粒状	7.6	10.9	0.59	0.39	24.6	41	5.4	28		砂岩残积物	E 89°30′17.3″ N 29°32′24.0″	71
				AnBca	7—47	淡黄棕色	砂壤土	块状	8.3	2.1	0.10	0.41	22.7	10	2.8	13				
				C	47—80	淡黄棕色	砂壤土	粒状	8.4	1.9	<0.10	0.73	23.4	10	4.5	27				
剖8	初育土	新积土	冲积土	A₁	0—7	淡黄棕色	砂壤土	团块状	7.4	12.5	0.74	0.17	8.7	54	9.7	42		河流冲积物	E 89°04′47.3″ N 29°31′46.2″	71
				C	7—15	淡黄棕色	砂壤土	鳞片状	7.5	7.7	0.48	0.62	25.1	30	10.9	61				
				A	0—15	淡黄棕色	多砾质砂质黏壤土	块状	7.8	19.5	1.16	0.89	25.5	80	7.9	76				
				C	15—60	灰黄色	砂壤土	单粒状	8.0											
剖9	高山土	草毡土	棕草毡土	Aoo	0—2													花岗岩、砂岩坡积物、残积物	E 89°35′52.8″ N 29°30′56.5″	82
				As	2—10	灰黄棕色	砂壤土	草毡状	6.6	18.5	1.05	0.64	26.2	90	10.2	68				
				A₁	10—42	灰棕色	砂壤土	团粒状	6.6	16.9	0.99	0.67	29.0	67	7.1	83				
				BC	42—70	灰黄色	砂壤土	粒状	5.8											
剖10	高山土	黑毡土	黑毡土	As	0—20	红棕色	砂壤土	草毡状	6.9	34.1	1.86	0.64	23.6	142	9.5	133		花岗岩坡积物、残积物	E 89°08′15.0″ N 29°27′32.4″	71
				A₁	20—35	黑棕色	砂壤土	团块状	7.3	36.6	0.86	0.86	23.5	107	8.3	42				
				A₁,B	35—50	暗红棕色	砂壤土	块状	7.3	21.4	0.75	0.75	26.1	74	8.5	48				
				B	50—63	棕色	砂壤土	块状	7.3	6.6	0.39	0.73	25.4	25	9.0	34				
				C	63—70	淡黄棕色	砂壤土	块状	7.3											
剖11	高山土	冷棕钙土	冷棕钙土	An	0—12	淡灰黄色	砂土	块状	8.3	5.7	0.36	0.51	24.2	25	4.7	19		风积物	E 89°06′26.6″ N 29°23′50.3″	73
				Bca	12—26	淡灰黄色	砂土	块状	8.6	2.7	0.16	0.48	26.9	10	3.7	18				
				C	26—	淡灰黄色	砂土	粒状	8.3	1.5	<0.10	0.38	22.0	10	2.1	34				

续表 Continued

剖面号 Soil profile	土纲 Soil order	土类 Soil great group	亚类 Soil subgroup	土层码 Layer code	土层厚度 Depth/ cm	颜色 Soil color	质地 Soil texture	土壤结构 Soil structure	pH	有机质 OM/ (g/kg)	全氮 TN/ (g/kg)	全磷 TP/ (g/kg)	全钾 TK/ (g/kg)	碱解氮 AN/ (mg/kg)	有效磷 AP/ (mg/kg)	速效钾 AK/ (mg/kg)	阳离子 交换量CEC/ (cmol/kg)	土壤母质 Parent material	剖面点坐标 Profile coordinate	匹配指数 Matching index/%
剖12	高山土	冷棕钙土	冷棕钙土	A₁₁	0—18	灰黄色	轻砾质砂壤土	块状	8.2	17.3	0.88	0.88	23.1	52	9.0	74	8.1		E 89°22′26.8″ N 29°23′29.8″	96
				AB	18—30	灰黄色	重砾质砂壤土	块状	8.2	15.6	0.81	0.82	22.5	44	4.0	52	7.4			
				B	30—55	淡灰黄色	轻砾质砂壤土	块状	8.4	7.0	0.36	0.75	21.3	30	1.0	37	6.6			
				C	55—85	灰黄色	重砾质砂壤土	块状	8.2	6.3	0.33	0.89	21.1	54	5.0	35	7.9			

江 孜 县

主要土类说明

草毡土是江孜县主要土壤类型，占本县地域面积的 46%。草毡土零星分布于全县的高山上部和顶部，地处起伏较缓的高原夷平面及古冰碛台地，海拔多在 4550—5000m。成土母质主要为花岗岩、长石石英砂岩、紫色砂页岩、千枚岩、灰岩风化的残积物、坡积物、冰碛物。草毡土分布区气候条件为寒冷半湿润，全年冻土期为半年以上，季节性冻土深达 1.5m 左右。植被类型是以矮生嵩草为主的高山矮草草甸，优势种为矮生嵩草、高山嵩草、黑穗苔草等，盖度为 70%—90%，在山体阴坡，尚有雪层杜鹃、金露梅、匍匐柳等生长形成高山矮灌丛草甸。草毡土带由于冻融交替频繁，常见局部滑坡，草毡层斑块状脱落。草毡土分布区气候寒冷，土壤周期性冻融交替，夏半年气温较高，降水较多，暖湿同季，植物生长茂密，有较多的植物残体进入土壤，同时也是成土作用最活跃的时期；冬半年气温低，寒冷漫长，土壤冻结，微生物活动弱，植物残体分解极慢，多以未分解或半分解的状态累积于土壤中，因而土壤中有机物的积累大于分解，形成活根与死根相互交织的连片草皮。土壤表层有机质含量可高达 20%，碳氮比为 16—20。在腐殖质组成中，胡敏酸的含量和芳构化程度均比寒冻土高。此外，高山草甸所处地势高亢，层峦叠嶂，降水（包括雨、雪、雹）频繁，雨季期间一日数次雨雪冰雹并不鲜见，更多时间是山高云低，即使不降雨雪，土壤仍在云雾水汽中湿润，草被在水汽湿润中滋长，水分条件比低海拔山区优越。由于土壤表层有机质逐渐累积，形成了吸水性很强的草毡层，而土体一定深度内又有季节性冻层，不仅能将水分以固态形式保留土中，而且能托滞下渗的雨水临时潴积于土壤之中，加之夜冻昼融，土体内水分上下移动频繁，故虽然草毡土土层浅薄，质地轻粗，土体本身不易滞水，但仍然能形成特殊的高山草甸过程。草毡土长期的干旱与季节性的干湿交替，为成土物质的低温氧化和短暂还原过程的进行创造了条件，使土壤中铁、锰等发生了轻微的移动和淀积，因而草毡土的成土过程具有明显的生草腐殖质积累和氧化还原过程。

冷钙土是江孜县第二大土壤类型，占本县地域面积的 25%。冷钙土发生于青藏高原高寒半干旱原面上，土壤具弱腐殖质积累与钙积特征，有机质含量为 1.5%—3.0%。土壤碳酸钙含量为 50—200g/kg，在土壤中呈斑点或脉络状分布，含少量易溶盐与石膏，土壤 pH 为 7.5—8.5。

寒冻土是江孜县第三大土壤类型，占本县地域面积的 7%。寒冻土主要分布于海拔 5000m 以上的岭脊地带，在本县土壤垂直带谱中分布位置最高，下接草毡土，上接雪线。本县的寒冻土常与裸岩或碎石堆呈复区分布。寒冻土是脱离冰川最晚，成土年龄最短的土壤类型，所处地形多为分水岭脊。山坡上岩石裸露，岩屑满布，仅局部地点有小片细土堆积，呈不连续分布。寒冻土的成土母质主要为灰岩、板岩的寒冻风化崩积物和坡积物，所处地势陡峭，坡度一般为 40°—70°。其分布区气候寒冷、风大。土壤冻结时间达半年以上，土壤表层昼夜正负温度交替出现，冻结与融化交替进行。由于高寒的生态条件，一般高等植物难以繁衍生存，仅着生一些垫状点地梅、雪莲等耐寒、耐旱、耐瘠薄的植物，及贴伏于岩块、砾石表面的壳状地衣和苔藓，植被盖度一般在 5% 以下，故土壤中有机质积累较弱。在这种高寒气候条件下，土壤化学风化和成土作用微弱，土壤矿化分解缓慢，物理风化作用占主要地位，加之所处地形多为山峰顶脊，易受冰、水、风和重力等多种因素的侵蚀，因而土壤发育原始，土层浅薄，粗骨性强，土壤发育呈幼年性和原始性的特点。寒冻土土层浅薄，厚度一般为 3—10cm，剖面无层次分化，砾石含量特高，质地轻粗，土壤 pH 多随母质类型而定，一般为中性，发育于石灰岩风化母质的寒冻土多具石灰反应。

冷棕钙土占江孜县地域面积的 7%。冷棕钙土主要发生于青藏高原高寒温凉的半干旱河谷，土壤具有弱腐殖质积累、弱淋溶与钙积特征。土上生长灌丛草原，有机质含量为 1.0%—3.0%，钙积层位于中下部，厚度为 30—50cm，碳酸钙含量为 20—60g/kg，土壤 pH 为 7.5—8.5。

黑毡土占江孜县地域面积的 6%。黑毡土是在寒温半湿润气候条件下形成的地带性土壤，在全县各地均有分布，海拔多在 3800—4550m。黑毡土是本县最主要的天然草场基地，也是农耕地分布的上界线。黑毡土主要分布在地形比较平缓的分水岭、古冰碛台地或地形较开阔的山原面上，仅在江沿岸深切割地区地形较陡峻。其成土母质主要为千枚岩、片麻岩、紫色砂页岩及花岗岩的残积物、坡积物与洪积物，个别地方也有石灰岩残积物、坡积物及冰碛物出现。黑毡土带的气候特点是寒冷湿润，日照较强，气温较低，土壤冻结期为5—7个月，季节性冻层厚度小于1m，土壤冻融作用比草毡土弱。植被组成为以多种嵩草为主的杂类草甸，草本植物的组成相当复杂，植被在结构上有明显的层次分化，呈现繁茂的外观，双子叶植物比重明显增大，土上植被盖度一般为70%—95%。主要植物有西藏嵩草、早熟禾、披碱草、钉柱委陵菜等。在地势较陡的山坡（主要在阴坡），还有成片的灌丛出现，主要有雪层杜鹃、金露梅、小檗、高山柳、锦鸡儿等。在黑毡土带有较多的旱獭、啼兔、草鼠、草狐狸出现，个别地方也可看见蚯蚓及其活动痕迹，证明本土壤环境已能保证多种动物活动和越冬。黑毡土与草毡土具有相同的成土过程，即生草腐殖质积累和冻融氧化还原作用过程，但其程度不如草毡土强烈。冻融作用仍为土壤水分运动的主要形式，所不同的是因水热条件相对较好，土壤冻结期比草毡土短1—2个月，草类返青期也相应提前，植物生长的速度和数量均有明显增加。植物根系仍集中于土壤表层并呈毡状，但草毡层密实程度降低，韧性增强，其分解程度比草毡土高，有机质含量多为10%—15%，碳氮比为12—15，腐殖质层较深厚，一般为20—30cm，土色较暗。此外，黑毡土带因降水量较大，特别是夏秋季，草毡层大量吸水，并以其隔绝作用遏制土壤蒸发，而冬季干旱时期又较草毡土短，受冰冻作用较弱，因而成土作用相对较强，土壤层次分化较明显，B层发育较好，间歇性氧化还原过程和作用强度则不如草毡土明显。

寒钙土占江孜县地域面积的4%。寒钙土是发生于青藏高原高寒半干旱区，具有弱度腐殖质积累、底层钙积特征的土壤类型。土壤有机质层厚度为15cm，有机质含量为1.0%—3.0%。碳酸钙含量为50—120g/kg，土层上部低，下部高，土壤pH为7.5—8.5。

小于本县地域面积3%的土壤类型还有潮土和草甸土等。

本区域中心区气候特征

本区域中心区气候特征值
Regional climate characteristics in central area of the region

气候带：高原温带亚干旱气候 Climate region: Plateau temperate sub arid climate	
年平均气温 /℃ Annual average temperature /℃	8.1
年平均最高气温 /℃ Annual average maximum temperature /℃	15.8
年平均最低气温 /℃ Annual average minimum temperature /℃	1.5
年降水量 /mm Annual precipitation /mm	477
≥10℃的积温 /℃ Daily temperature accumulated in a year（≥10℃）/℃	3300
年日照时数 /h Annual sunshine /h	2966
年平均相对湿度 /% Annual average relative humidity /%	46
干燥度 Dryness	2.94

本区域中心区月平均气温与月平均降水量
Monthly temperature and precipitation in central area of the region

江孜县主要土壤类型与土壤剖面点分布图
1∶380 000

图 例

寒钙土　潮土　草甸土　剖面点
草毡土　冷钙土　寒冻土　冷棕钙土　黑毡土

注：本图界线不作为实地划界依据。

第二编　分县土壤图与土壤剖面数据 ｜ 075

江孜县土壤剖面理化性状表

剖面号 Soil profile	土纲 Soil order	土类 Soil great group	亚类 Soil subgroup	土属 Soil genus	土层码 Layer code	土层厚度 Depth/cm	颜色 Soil color	质地 Soil texture	土壤结构 Soil structure	pH	有机质 OM/(g/kg)	全氮 TN/(g/kg)	全磷 TP/(g/kg)	全钾 TK/(g/kg)	碱解氮 AN/(mg/kg)	有效磷 AP/(mg/kg)	速效钾 AK/(mg/kg)	阳离子交换量CEC/(cmol/kg)	剖面点坐标 Profile coordinate	匹配指数 Matching index/%
剖1	高山土	冷棕钙土	冷棕钙土	灌耕冷棕钙土	A₁₁	0—15	灰黄色	砂壤土	粒状	8.1	19.5	1.38	0.76	24.2	53	10.0	85		E 89°33′14.8″ N 29°06′53.6″	87
					AB	15—26	灰黄色	砂壤土	块状	8.1	14.8	1.14	0.75	24.0	36	5.0	67			
					B	26—50	灰黄色	砂壤土	块状	8.2	10.8	0.91	0.70	23.7	23	3.0	59			
					C	50—80	灰黄色	砂壤土		7.9	7.4	0.64	0.64	19.7	22	3.0	42			
剖2	高山土	冷棕钙土	冷棕钙土	灌耕冷棕钙土	A	0—9	灰棕色	黏壤土	屑粒状	8.2	19.1	1.30	0.58	16.3	39	2.0	87	10.0	E 89°31′37.9″ N 28°53′50.6″	72
					Bk	9—57	灰棕色	黏壤土	块状	8.0	10.0	0.83	0.57	16.0	26	2.0	82	8.0		
					BkC	57—85	灰棕色	黏壤土	块状	8.1	9.9	0.66	0.55	15.6	17	2.0	69	7.2		
剖3	高山土	草毡土	棕草毡土		Ao	0—1													E 89°48′00.7″ N 28°53′02.4″	73
					As	1—5														
					A	5—13	灰黄棕色	砂壤土	块状	6.8	120.7	5.74	0.90	20.2	336	7.0	85	31.1		
					AC	13—38	灰黄棕色	重砾质砂壤土	块状	6.7	103.4	4.10	1.10	20.2	265	4.0	85	25.5		
					C	38—50	灰黄棕色	砾质砂壤土		7.3	47.9	2.65	1.06	22.0	162	3.0	48	17.1		

定 日 县

主要土类说明

草毡土是定日县主要土壤类型，占本县地域面积的27%。草毡土作为一种地带性的土壤，主要发育和分布于海拔4500—5200m的阴坡和半阴坡地区、拉轨岗日山脉北坡区域和珠穆朗玛峰南坡地区，上连寒冻土，下接黑毡土。草毡土所处气候相对冷湿，土壤冻结期长达半年以上，季节性冻层厚度超过1.5m。在夏半年，土壤夜冻昼融交替频繁，植被以矮生嵩草和高山嵩草为主，次为苔草、圆穗蓼、矮火绒草、报春花等组成的高山矮草草甸群落，盖度为70%—90%。草毡土成土母质主要是片麻岩、砂岩、板岩、千枚岩的残积物、坡积物、冰碛物等。草毡土成土过程具有明显的有机质积累作用和氧化还原作用的特点。草毡土所在地区常年气温低，土壤周期性冻融交替。夏半年降水量大，暖湿同季，植物生长茂密，有较多的植物残体进入土壤，而冬半年寒冷漫长，土壤冻结，微生物活动弱，植物残体得不到充分的分解，因而土壤有机物的积累量大于分解量，形成活根和死根相互交织的草皮，这就是有机质积累作用。草毡土形成过程中的氧化还原作用，则是由大气降水和冻融水浸润引起的，与一般受地下水直接影响的草甸土不太相同。在表层有机质逐渐积累和吸水性很强的草毡层形成后，土壤处于较长期的干旱与夏秋短期湿润交替的状态，为成土母质的低温氧化与短暂还原过程的进行创造了条件，使土壤中铁、锰等化合物发生移动或局部淀积，从而形成了一定的发生层段和新生体。草毡土水分的剖面分布特点是：表层水分随季节的不同而出现很大的变化，中部（AB层）含量稍高，湿度较为稳定，下部的变化较小。因此，土壤表层除夏季湿润期间有间隔性的还原淋溶淀积作用外，常处于氧化状态。中部基本上处于还原状态，如遇蒸发或蒸腾作用强烈，或者秋冬降温时自上而下的冻结，也可使土壤溶液上升而出现氧化状态。

寒冻土是定日县第二大土壤类型，占本县地域面积的23%，常见于海拔5200m处至雪线以下的地带，下接草毡土或寒钙土，主要分布于珠穆朗玛峰地区、卓奥友峰、苏热山一带。寒冻土是本县境内脱离冰雪覆盖年龄最短的一类土壤，所在地带一般地势陡峻、山坡上岩石裸露或岩屑、冰碛砾石广布，活动的岩屑堆和融冻石流广泛分布，因而不能形成连片土被。其成土母质主要为片麻岩、片岩及砂页岩等的残积物、崩积物和坡积物，所处地带气候较寒冷、干旱且风大。由于高寒的生态条件，植物种类极少，主要只有一些冷生壳状地衣等着生，其他植被仅在低洼的间歇性流水沟边或岩屑缝中有少量分布，如垫状点地梅、垫状金露梅、苔状蚤缀、黄芪、风毛菊等，盖度为5%—10%。土壤中极少见动物及其活动迹象。寒冻土形成于高原寒带半干旱条件下，土壤冻结时间长，由于土壤表层昼夜正负温度交替出现，土壤交替冻结和融化，对成土过程的影响极为深刻，主要表现在以下几个方面：①土壤有机质分解缓慢和腐殖质化弱。低温干旱抑制了局部土壤中微生物的活动，导致有机残体的分解极弱。②土壤化学、生物风化和成土作用微弱，物理风化作用占主导地位。由于寒冻风化作用非常强烈，在稀疏的坐垫植被下，成土作用微弱，土壤粗骨性强，细土物质少。③土壤冻融的形态特征明显，并引起物质的移动。在冻融作用下，土壤出现微轻的冻结凸起。寒冻土剖面的形态特征主要表现为土层浅薄，剖面分化不明显，属A-C土壤构型。腐殖质层发育差，土表有微微向上突起的融冻结壳，呈浅灰色，土壤剖面通体为粗骨质，大部分土层黏粒含量不超过10%，以表层含量最低，这主要是由于风蚀原因所致。

冷钙土是定日县第三大土壤类型，占本县地域面积的19%。冷钙土一般形成于海拔4000—4500m的湖盆、高原宽谷及周围的山地上，在澎曲河流域的宽谷盆地广有分布。所处地带气候较温凉、半干旱，降水集中于6—9月，土壤冻结期仅3个月，土壤融冻作用微弱。因此在草本植物组成方面较寒钙土复杂，分别以丝颖针茅、固沙草及西藏嵩草组成的几种群系为主，还有灌丛锦鸡儿、金露梅等。植被盖度一般不高，其中较高者可达40%—60%，局部地区气候稍显湿润，植被组成中草甸成分增多，植物生长较茂密，形成了草甸草原类型。成土母质主要为坡积物、洪积物和冲积物等。由于土壤季节性冻结时间短和土壤季节性淋溶较强，腐殖质积累作用和钙积作用较强，钙积层明显。

寒钙土占定日县地域面积的11%。寒钙土分布区为高原亚寒带半干旱气候，全年日平均气温高于0℃的持续时间在175d以内。大部分地区年降水量较少，主要集中于6—9月，年蒸发量超过2000mm。土壤冻结期为5个半月左右，有季节性或部分多年冻土现象。土壤夜冻昼融作用较寒漠土、草毡土弱，但比冷钙土强一些。与此生态环境相适应的植被是高山草原植被，其建群种主要由紫花针茅、羽柱针茅等为代表的多年生旱生的草丛禾本科植物组成。在上述成土条件的综合影响下，寒钙土成土过程具有腐殖质积累作用和钙积作用的特点，但由于土壤季节性冻结时间长，腐殖质积累作用较弱。在土壤季节性淋溶相对较弱的情况下，钙积作用也较弱，钙积层聚积现象不明显。

黑毡土占定日县地域面积的5%。黑毡土分布于森林郁闭线以上、草毡土以下的带幅内，海拔在3900—4500m，全县各处均有不等分布，尤以北部地区为多。黑毡土所处的地形部位较草毡土低缓，为高山中下部的阴坡和半阴坡地区。气候条件属于温带半湿润，土壤冻结期仅有3—4个月。季节性冻层厚度小于1m，土壤冻融作用较不显著。草本植物的组成复杂，不但有一年生植物加入，双子叶植物显著增多，而且植被在结构上有明显的层次分化，呈现繁茂的景观。主要植被由多种嵩草和其他杂类草所组成，种类不下几十种，随所在地区和地形部位的不同，优势种有所改变。以嵩草草甸群落占据相对优势，主要植物有多种嵩草、早熟禾、委陵菜、木根香青、风毛菊、龙胆等。此外，在一些地段还有散生的杜鹃、金露梅、锦鸡儿等生长。定居在黑毡土中的动物除数量较多的大旱獭和大耳啼兔外，还可见到蚯蚓及其活动痕迹。黑毡土的成土母质主要为片麻岩、砂岩、板岩、千枚岩的残积物、坡积物等。由于成土条件和草毡土相差不大，因而黑毡土成土过程也与草毡土基本一致。

石质土占定日县地域面积的3%，主要分布于石质山地。在无植被保护或仅生有稀疏植被处，常有这种土壤出现。它与寒冻土的区别主要在于：寒冻土为地带性土壤而石质土为非地带土壤，即可以在不同的海拔与地带性土壤呈复区存在；寒冻土剖面构型为A-（BC）-C型，而石质土为A-R型，即在薄土层下就为基岩层。另外，石质土土被分布地十分不连续。

小于本县地域面积3%的土壤类型还有草甸土、暗棕壤、风沙土、棕壤和新积土等。

本区域中心区气候特征

本区域中心区气候特征值
Regional climate characteristics in central area of the region

气候带：高原亚温带亚干旱气候 Climate region: Plateau sub temperate sub arid climate	
年平均气温 /℃ Annual average temperature /℃	9.8
年平均最高气温 /℃ Annual average maximum temperature /℃	17.5
年平均最低气温 /℃ Annual average minimum temperature /℃	3.4
年降水量 /mm Annual precipitation /mm	464
≥10℃的积温 /℃ Daily temperature accumulated in a year（≥10℃）/℃	3733
年日照时数 /h Annual sunshine /h	2895
年平均相对湿度 /% Annual average relative humidity /%	46
干燥度 Dryness	6.47

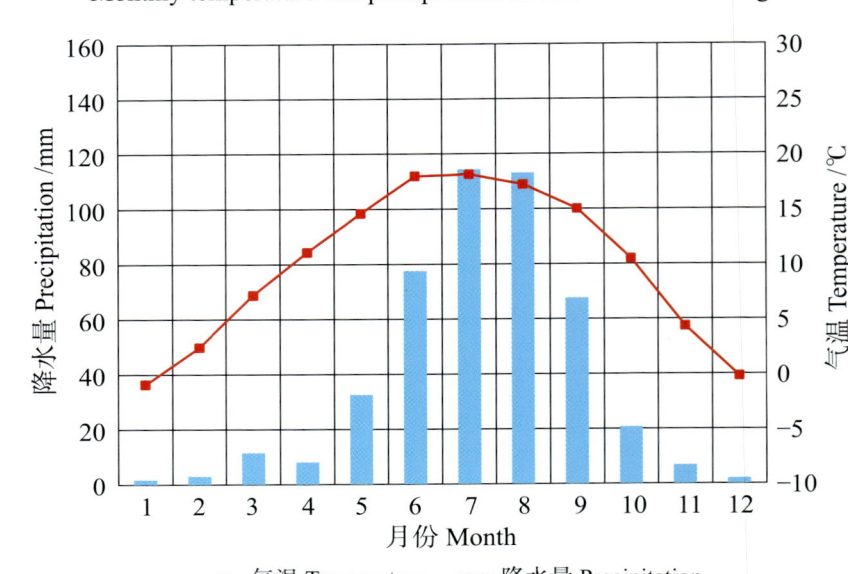

本区域中心区月平均气温与月平均降水量
Monthly temperature and precipitation in central area of the region

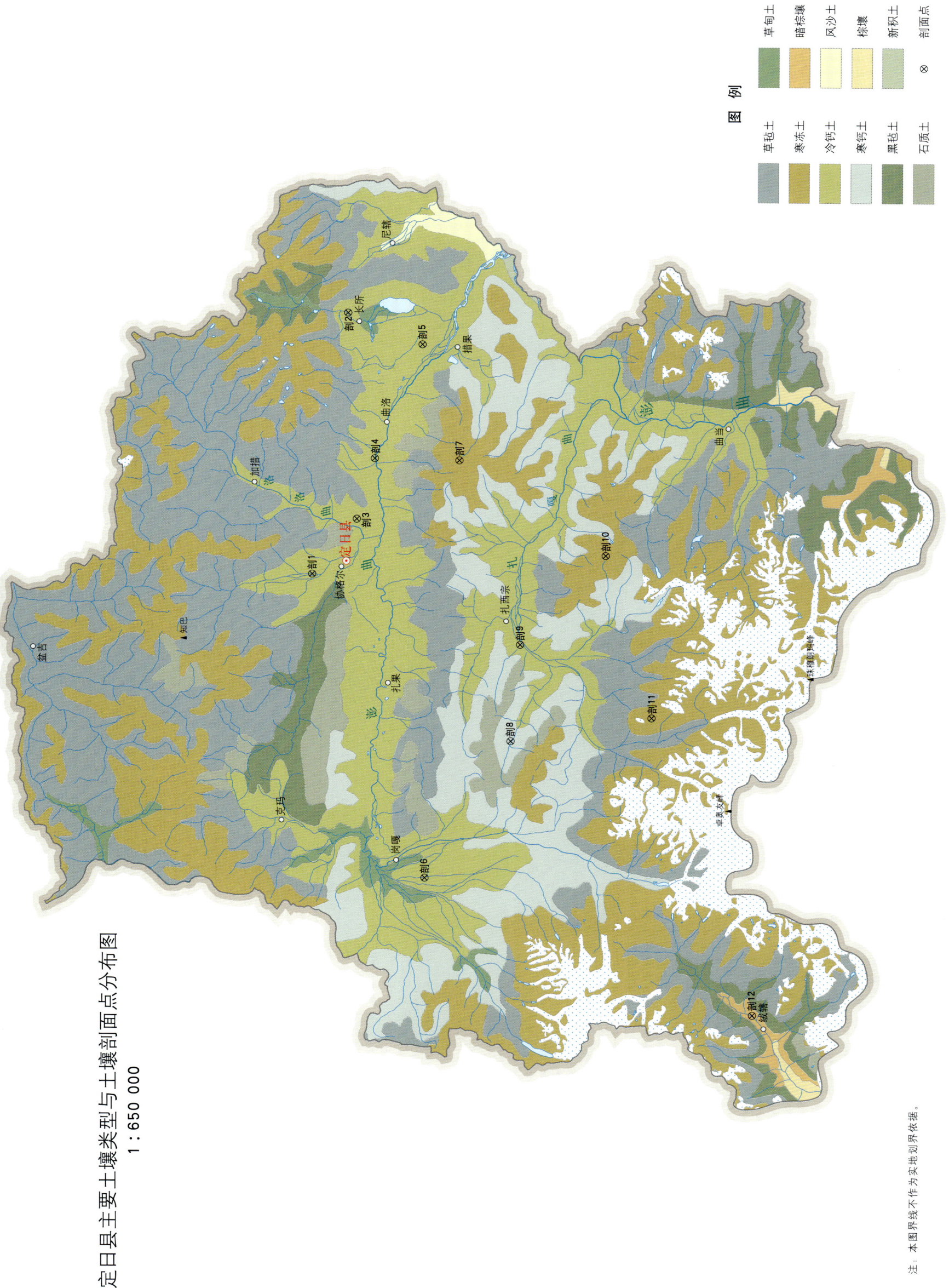

定日县土壤剖面理化性状表

剖面号 Soil profile	土纲 Soil order	土类 Soil great group	亚类 Soil subgroup	土属 Soil genus	土层码 Layer code	土层厚度 Depth/	颜色 Soil color	质地 Soil texture	土壤结构 Soil structure	pH	有机质 OM/ (g/kg)	全氮 TN/ (g/kg)	全磷 TP/ (g/kg)	全钾 TK/ (g/kg)	碱解氮 AN/ (mg/kg)	有效磷 AP/ (mg/kg)	速效钾 AK/ (mg/kg)	阳离子交换量CEC/ (cmol/kg)	土壤母质 Parent material	剖面点坐标 Profile coordinate	匹配指数 Matching index/%
剖1	高山土	冷钙土	冷钙土	洪积泥砾质冷钙土	A	0—11	浊黄棕色	壤质砂土	屑粒状	8.5	8.7	0.68	0.95	24.0	32	1.0	57	5.1		E 87°05′44.2″ N 28°41′50.3″	78
					ABk	11—30	棕色	砂壤土	屑粒状	8.6	11.7	0.73	1.10	25.0	29	1.0	43	8.7			
					Bk	30—43	浊棕色	壤质砂土	屑粒状	8.7	10.9	0.67	1.02	25.8	28	1.0	35	7.3			
					BkC	43—55	浊黄橙色	砂土	粒状	8.7	7.2	0.50	0.95	25.9	20	2.0	33	5.6			
					C	55—84	浊黄橙色	砂土	粒状	8.8	3.9	0.28	1.10	26.5	19	1.0	33	4.2			
剖2	高山土	冷钙土	冷钙土	洪积泥砾质冷钙土	1	0—17	灰黄棕色	砂壤土	粒状										洪积物	E 87°31′53.4″ N 28°38′48.5″	74
					2	17—40	棕黄色	砂壤土	粒状												
					3	40—70	暗灰棕色	砂壤土	暗灰棕色												
剖3	高山土	冷钙土	冷钙土	洪积泥砾质冷钙土	1	0—20	暗黄棕色	轻壤土	块状										洪积物、冲积物	E 87°11′15.0″ N 28°38′03.5″	83
					2	20—50	黄棕色	砂壤土	粒状												
					3	50—60	黄棕色	砂壤土	粒状												
					4	60—															
剖4	高山土	冷钙土	冷钙土	洪积泥砾质冷钙土	1	0—20	灰棕色	砂壤土	粒状		3.8	0.29	0.35	13.9	58	7.4	63		洪积物、冲积物	E 87°17′18.2″ N 28°36′32.4″	73
					2	20—40	灰黄棕色				5.2	0.27									
					3	40—80	灰黄棕色				1.6	0.12									
					4	80—															
剖5	高山土	冷钙土	冷钙土	洪积泥砾质冷钙土	1	0—19	灰黄棕色	砂壤土	粒状	7.0	14.9	1.44	0.4	18.4	119	12.2	83		洪积物、冲积物	E 87°28′43.7″ N 28°32′28.7″	85
					2	19—40	黄棕色	砂壤土	粒状	6.2	19.3				129	5.6	67				
					3	40—100	暗黄棕色	砂壤土	粒状	4.5	6.9				64	4.3	50				
剖6	高山土	冷钙土	暗冷钙土	洪冲积壤质暗冷钙土	1	0—20	暗黄棕色	砂壤土											洪积物、冲积物	E 86°35′21.1″ N 28°32′11.0″	72
					2	20—46	暗黄棕色	砂壤土													
					3	46—64	暗黄棕色	砂壤土													
					4	64—100															
剖7	寒冻土	寒冻土			1	0—2	棕色	砂壤土	屑粒状	8.3	7.7	0.49	0.46	22.2	46	7.7	98		残积物	E 87°17′08.2″ N 28°29′21.8″	76
					2	2—10	灰棕色	砂壤土	屑粒状	8.2	8.4					4.7					
					3	10—23	灰棕色	砂壤土	粒状												
					4	23—															
剖8	寒冻土	寒冻土			1	0—8	灰棕色	砂壤土	粒状											E 86°49′05.2″ N 28°24′55.4″	74
					2	8—19	黄棕色	砂壤土													
					3	19—43		粗砂土													
剖9	高山土	冷钙土	冷钙土	灌耕冷钙土	1	0—20	暗黄棕色	轻壤土	团粒状		19.4	1.05	0.54	17.8	117	13.2	233			E 86°58′42.6″ N 28°24′08.6″	80
					2	20—50	暗黄棕色	轻壤土	团粒状		10.1	0.62			64	4.1	73				
					3	50—74	暗黄棕色	砂壤土	团块状												
					4	74—100															
剖10	高山土	寒冻土	寒冻土			1	0—3	紫棕色	砂壤土	粒状										酸性岩残积物	E 87°07′39.0″ N 28°16′54.1″	79
					2	3—11	暗棕色	砂壤土	鳞片状												
					3	11—36	暗棕色	砂壤土													
					4	36—															
剖11	高山土	寒冻土	寒冻土			1	0—10	黑棕色	砂壤土	屑粒状	8.3	7.7	0.49	0.46	22.2	46	7.7	98			E 86°51′27.0″ N 28°12′57.2″	75
					2	10—23	黑棕色	砂壤土	屑粒状	8.2	8.4					4.7					
剖12	淋溶土	暗棕壤	暗棕壤			1	0—10	棕黄色	砂壤土	屑粒状										酸性坡积物	E 86°21′51.5″ N 28°04′18.1″	71
					2	10—30		砂壤土	屑粒状												
					3	30—50		砂壤土	粒状												

萨 迦 县

主要土类说明

草毡土是萨迦县主要土壤类型，占本县地域面积的40%，主要分布于海拔4700（4750）—5000m地带，上接寒冻土，下连黑毡土。其分布区每年10月末至翌年5月中旬为积雪覆盖期，土壤冻结期长达半年以上，冻土厚度为10—30cm，但上层冻融交替频繁。植被以垫状植被、矮生嵩草为主，次为苔草、毛茛、龙胆、报春花，植被长势较好，盖度在85%以上。草毡土成土过程具有明显的腐殖质积累作用和氧化还原作用的特点，和其他高山土壤一样，也具有粗骨性强等剖面特征。草毡土分布区常年气温低，土壤冻融交替频繁，在夏半年，尤其6—9月降水较多，热量也较充足，水热同步，植物生长迅速，根系茂密，土壤蓄积了大量的水分，通气性能不良；一方面，植物生长量大，进入土体中的有机质多；另一方面，分解微弱，植物残体以原形或半分解状累积于土壤中。至冬半年，气候严寒，又为积雪覆盖，植物枯死或停止生长，微生物活动微弱，有机质更难分解，因此每年有机质积累量大于分解量，在表层根系交织，形成细密的草毡层；草毡土另一大特征是土壤氧化还原作用交替进行，土壤处于较长时期的干旱与夏秋短期湿润交替进行的状态，为成土物质的低温氧化与短暂的还原过程的进行创造了条件，使得土壤中的铁锰化合物发生移动和淀积，而在剖面中出现新生体与相应的发生层段。

冷钙土是萨迦县第二大土壤类型，占本县地域面积的23%。冷钙土是在较温暖半干旱气候条件以及亚高山嵩属草原植被下形成的，主要分布于本县境内深切高山中下部。其中，东部较湿润，冷钙土多分布于海拔4200—4500m地带，且多见于阳坡上；西部偏干旱，广泛分布于海拔4200m以上地带，上限可到海拔4600（4700）m。土壤冻结期短，一般不超过3个月，寒冻作用相对较弱。植被比寒钙土复杂，以针茅、白草、三刺草等草原植被为主，伴生有狼牙刺、锦鸡儿、刺鼠李、西藏嵩草等灌丛植被，盖度一般低于50%，鼠、兔洞穴密集。因土壤冻结期短，土壤季节性淋溶较强，有明显的聚钙过程和较弱的腐殖质积累过程。冷钙土分布区降水稀少，蒸发强烈，土体干燥，植被盖度小，有机质分解快，因此不能形成草毡层，有机质含量远较草甸土类低，腐殖质积累作用十分微弱，只能在剖面内形成腐殖质侵染层，但其聚钙作用，则视所处地形部位和成土母质等的不同，而表现出较大的差异。在西部，降水偏少，蒸发量大，土体干燥，一般通体剖面都呈强石灰反应，并有粉点状的钙新生体出现；但在某些地形部位，凡有季节性地下水出露的地段，由于淋溶势大，碳酸钙几乎全部被淋洗至下层，故土体上部一般无石灰反应；此外，碳酸钙含量还与母质有较大的关系，如成土母质若为酸性花岗岩风化物，虽在典型的草原植被之下，其土壤剖面通体呈酸性反应，无石灰反应，这是本县及藏南河谷在土壤分布上的一个特点。

寒冻土是萨迦县第三大土壤类型，占本县地域面积的13%，多分布于海拔5400m至雪线之间的分水岭、古冰斗、冰碛堤、冰碛台地区。寒冻土是脱离常年冰川积雪影响最晚、成土年龄最短的一类土壤类型，所处环境气候寒冷而湿润，多大风。由于脱离冰川影响晚，又距常年积雪近，母岩受寒冻风化最为深刻，在频繁的冻融交替下，产生剧烈的热胀冷缩，以致剥落成一些大小不等而又具棱角的砾石，并在地表形成流石滩或活动岩屑堆。受严酷气候的制约，土壤中生物活动极弱，只生长一些耐寒、耐生理干旱的植被，如雪莲、绿绒蒿、高山点地梅、高山红景天、高山石竹、壳状地衣等，植被盖度只有0.5%左右；通常无动物活动。生物对土壤的形成影响微弱，主要以物理风化为主，成土作用甚弱。土层浅薄，极富粗骨性且无连续土被，仅在岩屑砾石间隙中有零散土壤出露，地表常覆以大片的砾幂，成土母质为花岗岩、炭质板岩、砂板岩等的冰碛物或残积物、坡积物。尽管植物生长量小，每年进入土体中的有机质少，但由于气候严寒湿润，有机质分解缓慢，腐殖化作用弱，土壤腐殖质组成以富里酸为主，胡敏酸含量少，芳构化程度低，胡富比约为0.1。寒冻土的生物化学成土作用轻微，以寒冻风化作用占主导地位，且风蚀严重，故土体内岩石骨骼粒比重大，细粒物质甚少，多积聚于岩隙或石缝内，具有明显的下移特征。

冷棕钙土占萨迦县地域面积的10%。冷棕钙土是半干旱温暖河谷的地带性土壤，主要分布于雅鲁藏布江南岸及其支流两侧的高台地、洪积扇及坡麓地带。在南部高原湖盆区也有较大面积的分布，上接冷钙土或亚高山草原草甸土，下抵河谷高台地或河浸滩，与脱潮土或新积土相连，大多分布在海拔4200（4300）m以下地带。

成土母质为各类母岩风化物形成的坡积物、残积物、洪积物或古湖洪积物，土壤冻结期较短，寒冻作用较微弱。植被以旱生的锦鸡儿、狼牙刺、针茅、白茅、蒿属等灌丛草原为主。在半干旱的气候条件下，植物生长量小。而有机质的矿化度大，故有机质积累量少，在土壤剖面中不能形成草毡层和腐殖质聚积层，只能形成腐殖质侵染层，且有机质含量较低，所以弱的有机质积累过程是其主要成土特征之一。相反，在蒸发远大于降水的环境中，岩石风化释放的易溶性盐类大部分被淋失，而碳酸钙却聚积起来，形成多种形态的石灰新生体，构成"钙积层"，这是冷棕钙土的标志层之一。强的碳酸钙累积过程是冷棕钙土的又一主要成土特征。聚钙作用与成土母质关系密切，一般由花岗岩坡积物发育的土壤，可能剖面通体无石灰反应，pH 为中性。同时，石灰新生体的数量、形态与地形部位及水分条件也有极大的相关性，通常是地形平缓，水分状况较好时，石灰以假菌丝体状出现，钙积层出露较深；反之，则以粉点状、针孔状新生体存在于土体中，钙积层出露浅，厚度大，石灰含量高。所以根据钙积层出露的高度以及新生体的形态，就可以推断出它所处环境的水分状况。

黑毡土占萨迦县地域面积的 8%。黑毡土主要分布于本县东部中切、深切高山中下部，海拔 4200（4250）—4750（4800）m 范围内，上接草毡土，下接冷棕钙土。其主要成土条件和草毡土有着相似之处，都是以寒冷半湿润气候条件为其成土特点，因此它们之间有着共同的成土过程，即腐殖质积累和氧化还原两个过程，两者在成土条件上也有差异，即黑毡土带的气温、降水量、蒸发量略大于草毡土带，土壤冻结期更短，一般为 3—4 个月，季节性冻土层厚度不超过 10cm，土壤的冻融作用较不显著，植被为高山矮草草甸，或与灌丛混生，局部地段灌丛比例可大于 30%，盖度为 50%—85%，植被种类繁多，且出现明显的分层现象，主要植被有大叶杜鹃、小叶杜鹃、高山柳、刺鼠李、苔草等。成土母质主要为花岗岩、砂板岩、片麻岩、灰质板岩、二云母片岩等岩石残积物、坡积物。黑毡土一般较草毡土发育得更深刻，其 As 层及 A_1 层均厚于后者，土壤剖面中已具有一定的淋溶淀积特征，B 层已有发育。

小于本县地域面积 5% 的土壤类型还有寒钙土、潮土、粗骨土、新积土和草甸土等。

本区域中心区气候特征

本区域中心区气候特征值
Regional climate characteristics in central area of the region

气候带：高原亚温带亚干旱气候 Climate region: Plateau sub temperate sub arid climate	
年平均气温 /℃ Annual average temperature /℃	8.9
年平均最高气温 /℃ Annual average maximum temperature /℃	16.9
年平均最低气温 /℃ Annual average minimum temperature /℃	2.0
年降水量 /mm Annual precipitation /mm	461
≥10℃的积温 /℃ Daily temperature accumulated in a year（≥10℃）/℃	3518
年日照时数 /h Annual sunshine /h	2946
年平均相对湿度 /% Annual average relative humidity /%	46
干燥度 Dryness	4.69

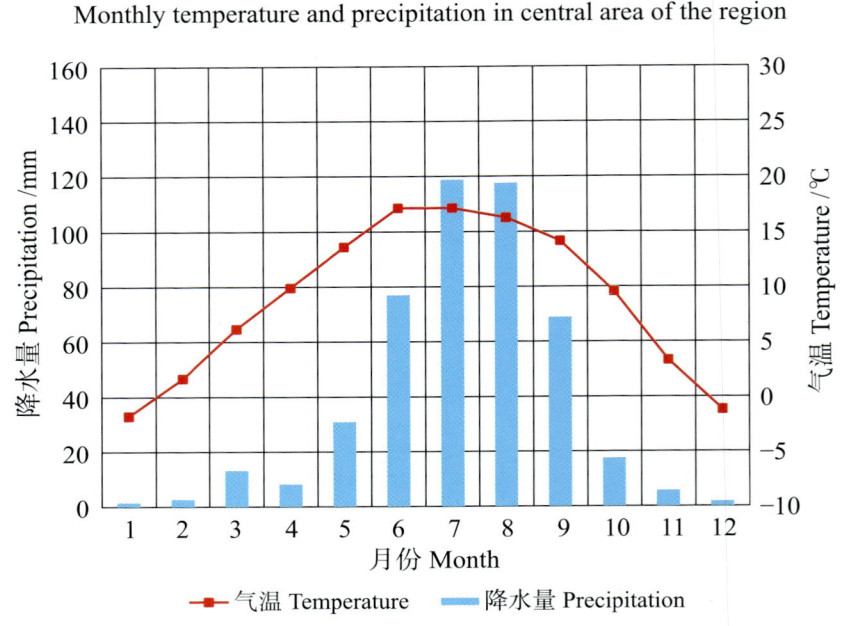

本区域中心区月平均气温与月平均降水量
Monthly temperature and precipitation in central area of the region

萨迦县主要土壤类型与土壤剖面点分布图

1:480 000

图 例

- 潮土
- 粗骨土
- 新积土
- 草甸土
- ⊗ 剖面点
- 草毡土
- 冷钙土
- 寒冻土
- 冷棕钙土
- 黑毡土
- 寒钙土

注:本图界线不作为实地划界依据。

第二编 分县土壤图与土壤剖面数据 | 083

萨迦县土壤剖面理化性状表

剖面号 Soil profile	土纲 Soil order	土类 Soil great group	亚类 Soil subgroup	土属 Soil genus	土层码 Layer code	土层厚度 Depth/cm	颜色 Soil color	质地 Soil texture	土壤结构 Soil structure	pH	有机质 OM/(g/kg)	全氮 TN/(g/kg)	全磷 TP/(g/kg)	全钾 TK/(g/kg)	碱解氮 AN/(mg/kg)	有效磷 AP/(mg/kg)	速效钾 AK/(mg/kg)	阳离子交换量CEC/(cmol/kg)	土壤母质 Parent material	剖面点坐标 Profile coordinate	匹配指数 Matching index/%
剖1	初育土	新积土	冲积土		A	0~20	暗灰黄色	砂土	块状	8.3	5.6	0.30	0.43	26.9	37	1.0	13		冲积物	E 88°22′57.7″ N 29°16′35.4″	77
					C	20~55	暗灰黄色	砂土	单粒状	7.5											
剖2	高山土	冷棕钙土	冷棕钙土		A	0~7	褐色	壤土	团块状	8.2	23.0	1.52	0.64	27.8	48	3.3	140		复理石坡积物	E 88°22′21.0″ N 29°11′05.6″	71
					B	7~28	褐色	壤土	块状	8.3	16.6	1.16	0.57	25.2	37	2.9	137				
					C	28~36	褐色	砂土		7.5											
剖3	半水成土	潮土	潮土	壤质潮土	A′	0~16	白色	砂质黏土	块状	8.2	17.2	1.26	0.60	26.0	70	8.0	85		洪积物、冲积物	E 88°26′15.7″ N 29°09′40.0″	85
					A″	16~27	白色	砂质黏土	块状	8.3	15.4	1.19	0.53	26.9	65	5.0	102				
					B′	27~53	灰黄色	壤黏土	块状	8.1	12.4	1.00	0.56	26.0	68	4.0	78				
					B′C′	53~84	灰黄色	壤黏土	块状	8.4	10.0	0.84	0.49	26.4	58	3.0	71				
					C″	84~100	灰黄色	壤黏土		7.8											
剖4	高山土	黑毡土	薄黑毡土		As	0~7	淡棕色	砂壤土	草毡状	6.0									绢云母千枚岩坡积物	E 88°33′31.7″ N 29°06′48.2″	71
					A₁	7~19	淡棕色	砂壤土	团粒状	7.4	33.0	1.56	0.46	25.2	108	3.0	47				
					B	19~34	棕色	砂壤土	块状	8.8	21.4	1.18	0.41	25.7	93	3.0	27				
					C	34~57	棕色	砂壤土	单粒状	7.3	18.1	1.06	0.56	18.9	83	2.0	33				
剖5	高山土	冷钙土	暗冷钙土		Ah	0~6	紫棕色	砂壤土	块状	7.6	36.1	1.96	0.53	26.7	124	2.0	62		砂板岩坡积物	E 88°32′49.6″ N 29°03′40.7″	72
					A₁	6~16	紫棕色	砂壤土	粒状	7.4	36.8	1.83	0.71	28.4	122	3.0	34				
					B	16~29	紫棕色	砂壤土	块状	7.0	23.7	1.45	0.68	28.7	103	3.0	24				
					BC	29~40	紫棕色	壤土	块状	7.0											
					C	40~53	紫棕色	壤土	块状	7.0											
剖6	半水成土	潮土	潮土	壤质潮土	A	0~17	紫灰色	砂质黏壤土	块状	8.5	9.4	0.60	0.49	21.2	49	2.0	20		冲积物	E 88°30′02.9″ N 29°02′58.9″	75
					B	17~29	紫灰色	砂质黏壤土	块状	8.4	21.1	1.48	0.57	23.1	32	10.0	137	7.1			
					BC	29~61	紫灰色	砂质黏壤土	片状	8.5	17.5	1.26	0.57	25.1	72	5.0	75	7.7			
						61~96	灰黄色	砂质黏壤土	块状	8.4	15.6	1.61	0.56	22.1	76	10.0	88	4.1			
剖7	高山土	冷钙土	冷钙土		A	0~14	紫灰色	重砾质砂壤土	粒状	8.0	23.1	1.58	0.52	17.5	89	2.0	54		砂板岩残积物、坡积物	E 87°56′19.0″ N 28°55′05.2″	96
					AB	14~41	紫灰色	重砾质砂壤土	块状	7.7	14.4	0.98	0.47	15.3	56	3.0	17				
					Bk	41~74	紫灰色	重砾质砂壤土	鳞片状	8.3	3.6	0.60	0.48	18.7	29	1.0	17				
					C	74~84	紫灰色														
剖8	高山土	冷钙土	冷钙土		Ah	0~14	棕色	砂壤土	粒状	6.3	23.1	1.58	0.57	25.7	89	2.0	54		千枚岩坡积物	E 88°38′25.8″ N 28°54′57.2″	73
					A₁	14~41	棕色	砂壤土	团粒、鳞片状	5.6	14.4	0.98	0.54	26.4	56	3.0	17				
					B	41~74	棕色	砂壤土	屑粒、鳞片状	6.6	3.6	0.60	0.61	25.5	29	6.0	37				
					C	74~	灰黄色	砂壤土	重砾质砂质壤土	6.0											
剖9	高山土	草毡土	草毡土		As	0~7	草毡色	砂壤土	草毡状	6.3	79.6	3.02	0.57	25.7	202	5.0	51		砂板岩残积物、坡积物	E 88°38′49.9″ N 28°50′21.8″	74
					A₁	7~16	棕色	砂壤土	团粒状	5.6	65.0	2.50	0.54	26.4	188	5.0	35				
					B	16~33	棕色	砂壤土	块状	6.6	29.8	1.50	0.61	25.5	122	6.0	37				
					C	33~50	灰黄棕色	砂壤土	块状	6.0											
剖10	高山土	寒钙土	寒钙土		Ah	0~4	灰黄棕色	砂壤土	团块状	8.0	29.9	1.76	0.49	24.0	96	3.0	37		变形复理石残积物、坡积物	E 87°56′48.5″ N 28°49′22.4″	72
					AhB	4~21	灰黄棕色	砂壤土	块状	8.3	11.2	0.78	0.45	20.0	61	4.0	47				
					B	21~37	褐色	砂壤土	块状	8.2	16.0	1.12	0.46	19.5	81	3.0	37				
					BC	37~51	褐色	砂壤土	块状	8.0											
					C	51~66	褐色	砂壤土	单粒状	8.1	3.2	0.44	0.31	24.0	32	2.0	58				

续表 Continued

剖面号 Soil profile	土纲 Soil order	土类 Soil great group	亚类 Soil subgroup	土属 Soil genus	土层码 Layer code	土层厚度 Depth/cm	颜色 Soil color	质地 Soil texture	土壤结构 Soil structure	pH	有机质 OM/(g/kg)	全氮 TN/(g/kg)	全磷 TP/(g/kg)	全钾 TK/(g/kg)	碱解氮 AN/(mg/kg)	有效磷 AP/(mg/kg)	速效钾 AK/(mg/kg)	阳离子交换量CEC/(cmol/kg)	土壤母质 Parent material	剖面点坐标 Profile coordinate	匹配指数 Matching index/%
剖11	高山土	冷钙土	冷钙土	洪积泥砾质冷钙土	A₁₁	0—19	棕色	砂壤土	粒状	8.1	25.0	1.74	0.60	28.1	148	4.0	94			E 87°51′01.1″ N 28°42′17.6″	85
					AB	19—25	暗灰黄色	砂壤土	团块、粒状	8.3	21.6	1.36	0.62	28.5	100	3.0	77				
					B	25—64	暗灰黄色	砂壤土	块状	7.6	8.6	0.54	0.48	27.2	55	2.0	44				
					BC	64—96	暗灰色	砂壤土	块状	8.1			0.60	28.1		1.0	57				
剖12	半水成土	潮土	潮土	壤质潮土	A	0—18	暗灰黄色	砂壤土	块状	8.7	13.8	0.76	0.44	22.7	69	4.0	114		湖洪积物、冲积物	E 87°50′50.6″ N 28°38′10.0″	71
					A	18—30	暗灰黄色	砂质黏壤土	块状	9.0	13.3	0.78	0.52	22.2	46	3.0	84				
					B	30—53	淡灰黄色	砂质黏壤土	块状	8.1	42.6	1.72	0.48	26.6	128	5.0	30				
					(A)	53—64	黑棕色	砂质黏壤土	块状	8.2	11.4	0.64	0.44	22.4	45	2.0	37				
					C′	64—120	暗灰色	壤土	块状	7.5											

拉 孜 县

主要土类说明

草毡土是拉孜县主要土壤类型，占本县地域面积的33%。在土壤垂直带谱中，草毡土上部为寒冻土，下部为黑毡土与冷钙土。草毡土分布在高寒层的中层半湿润地区，海拔4600—5200m的高山中部的平缓的背阴坡、陡峭的向阳坡和比较平缓的分水岭。成土母质主要是以受坡面流水或重力作用，沿着山坡向下移动，在斜坡上堆积而成的坡积物。草毡土分布地区的岩石种类很多，有超基性岩类、石英岩类、泥质岩类、碳酸岩类、紫红色岩类，而分布面积最广的为泥质岩类，包括千枚岩和板岩。植被类型为高山草甸，以嵩草为优势种，伴生有龙胆、雪莲、垫状点地梅，地表附有苔藓和地衣，也有少量灌木生长，主要是金露梅。草毡土是在草甸土过程为主导的作用下形成的，草甸过程的实质是大气湿润冰冻条件下的氧化还原作用。草甸过程的标志是既有腐殖质积累，又有还原物质生成。由于草毡土长期受低温影响，物理风化作用占优势，化学风化较弱，导致矿物的分解程度不高，黏粒含量很低，质地轻粗，土层较浅薄。草毡土的有机质聚积作用属于干泥炭-腐殖质聚积的表现形式。

冷钙土是拉孜县第二大土壤类型，占本县地域面积的25%，主要分布于海拔4000—4400m的垂直地带，上部为黑毡土，下部与地区性隐域土相连。由于气候比较温暖，降水量又少，所以地表无草毡层形成，一般以针茅、固沙草、嵩草为主，还生长有西藏紫云英、狼毒和铁线莲等，灌木主要有金露梅、爬地松和锦鸡儿等。植被盖度较低，较高者在30%左右，低的为15%，有的只有5%左右。冷钙土的成土母质，除去各类岩石风化的坡积物以外，还有洪积物和冲积物。冷钙土的成土过程主要以脱钙和钙积过程为主，但也有其他附加的成土过程，如有机质聚积过程、黏化过程等。①脱钙与钙积过程：由于高原上土壤的风化和成土作用比较弱，基质发育程度低，淋洗程度不强，因此脱钙过程表现比较微弱。拉孜县虽属半干旱地带，但降水季节比较集中。钙自土体上层向下层移动也很明显，在下层积聚为碳酸钙淀积层，而且碳酸盐新生体也较多发育。由于降水量少，钙积层的层位较高，厚度较大，且局部地区由于碳酸钙的淀积，碳酸钙与砾石或大的石块胶结在一起，故可形成坚硬、厚度大的石盘底。②有机质聚积过程：由于干旱，加之无地下水滋润，草类有机质年增长量较少，且矿化度较大，冷钙土有机质含量较低。③黏化过程：黏化过程就是矿物质土粒由粗变细，而形成黏粒的过程。一般在土壤中有残积黏化过程与黏粒淋溶淀积黏化过程两种情况。拉孜县由于气候寒冷而干旱，其黏化过程较弱。但在已被开垦为农田的冷钙土中，由于降水和人为灌溉，淋溶淀积黏化过程也有所发现。

黑毡土是拉孜县第三大土壤类型，占本县地域面积的20%。黑毡土是高山层下层半湿润地区的土壤，主要分布于海拔4400—4600m的垂直带上。黑毡土上部为草毡土，下接冷钙土。全年平均气温在0℃以下的共有5个月，冰冻期较短。土壤融化期较长，气候条件要比草毡土优越。植被类型为亚高山草甸，仍以嵩草为主，但灌木数量增加，双子叶植物所占比重较大，主要是金露梅和野荞麦数量增加，而且出现了荨麻和嵩草等，还有少量针茅。动物分布类型主要是兔形目和啮齿目动物。其成土母质主要是酸性岩类、基性岩类、超基性岩类、碳酸岩类和泥质岩类风化物的坡积物。黑毡土的成土过程与草毡土是一样的，主要有风化作用、有机质聚积作用淋溶作用、冻融作用和氧化还原作用，但是由于气候条件和生物条件都比草毡土要优越，所以它们的成土过程也有不同，因而使土壤的属性也就不同。由于气候比较温暖，微生物活跃期长，活动性也强，植物残体的分解和腐殖化作用也比草毡土强，因而草根层中密实程度有所降低。草毡层的滑塌很少见，只有在极少数地面比较陡峭的山坡上有少量滑塌，表明冬季绝对低温也较高。由于海拔低，气温较高，使得草原植被得以生存，但有机残体的分解程度较高，故土壤全剖面的有机质含量比草毡土低。黑毡土的形态特征与草毡土基本相似，土壤剖面构型均属于A-C型，全剖面可分出As、A、B、C等发生层次，但As层的草根密集程度较低，不如草毡土。黑毡土有机质、全氮、全磷、全钾、碱解氮含量都大大低于草毡土，其主要原因是由于分布区气温较高，微生物活动强，化学风化过程也强，使积累得少、释放得多。但速效磷、速效钾等含量比草毡土要高许多。

寒冻土占拉孜县地域面积的10%，主要分布在曾被冰川覆盖过的高峻山群上，大致为海拔5200m处至雪线以下地带，下接草毡土。主要分布在曲下镇与彭措林乡，其他几个乡镇也有分布，但面积不大。寒冻土所处部位分为高山上部或顶部的角峰和分水岭脊，不形成连续的土被，地面多覆盖杂乱的岩屑、滚石。山体比较陡峻的地方，从上到下呈条带状布满了巨大的滚石，但也有小面积的较为平坦的冰碛石出现于冰川退缩后的冬地或冰斗中，在接近现代冰川的谷地常有冰舌伸入。成土母岩主要有片麻状花岗岩、二云母砂板岩、砂岩和千枚岩等。由于土层薄，土多石少，气候寒冷，只生长极耐寒冷、干旱的少数植物，主要有红景天、垫状点地梅、多刺绿绒蒿、苔状蚤缀、雪莲、地衣等，大都以垫状、匍匐状贴于地面。植被盖度不超过2%，其他地面都处于裸露状态。寒冻土的成土过程：①以岩石冰冻物理风化作用为主，土壤是在岩石风化物上发育而成的，在土壤形成过程中包括两个重要的过程，即岩石的风化过程与母质的成土过程。但它的岩石风化过程是强烈的，以冰冻物理风化为主，母质成土过程却是微弱的原始成土过程，形成的土壤母质质地粗松、土层浅薄、养分含量低微。②冻融作用明显。寒冻土所处的地带，土壤长期处在结冰状态，因此，在冰冻影响下，使土壤形成片状或鳞片状结构。由于土壤的片状结构削弱了毛管作用，减轻了土壤蒸发，而自上而下的冰又阻碍了有限的可溶性物质下渗。这对土壤的温度状况、水盐运行都有很大影响，特别是在夜冻昼融交替情况下，生物就有可能不断获得水分和养料。③有机质聚积作用微弱。有机质积累只存在于局部的、面积很少的、能够生长一些低等植物的地方。主要为植物地下部位的残体，由于气候寒冷，分解极不完全，甚至多年保持原有状态。寒冻土的形态特征主要表现为：一是土层极薄，土被不连续，土多砂，质地较粗；二是由于夏季夜冻昼融，使土体内部有鳞片状或片状结构，有机质含量低；三是土壤水分含量少，较干燥。

冷棕钙土占拉孜县地域面积的7%。冷棕钙土主要发生于青藏高原高寒温凉的半干旱河谷，土壤弱腐殖质积累，弱度淋溶与钙积。土上生长灌丛草原，土壤有机质含量为1.0%—3.0%，钙积层位于中下部，厚度为30—50cm，碳酸钙含量为20—60g/kg，土壤pH为7.5—8.5。

小于本县地域面积3%的土壤类型还有新积土、潮土和风沙土等。

本区域中心区气候特征

本区域中心区气候特征值
Regional climate characteristics in central area of the region

气候带：高原亚温带亚干旱气候 Climate region: Plateau sub temperate sub arid climate	
年平均气温 /℃ Annual average temperature /℃	8.8
年平均最高气温 /℃ Annual average maximum temperature /℃	16.5
年平均最低气温 /℃ Annual average minimum temperature /℃	2.1
年降水量 /mm Annual precipitation /mm	423
≥10℃的积温 /℃ Daily temperature accumulated in a year (≥10℃) /℃	3528
年日照时数 /h Annual sunshine /h	2941
年平均相对湿度 /% Annual average relative humidity /%	45
干燥度 Dryness	5.86

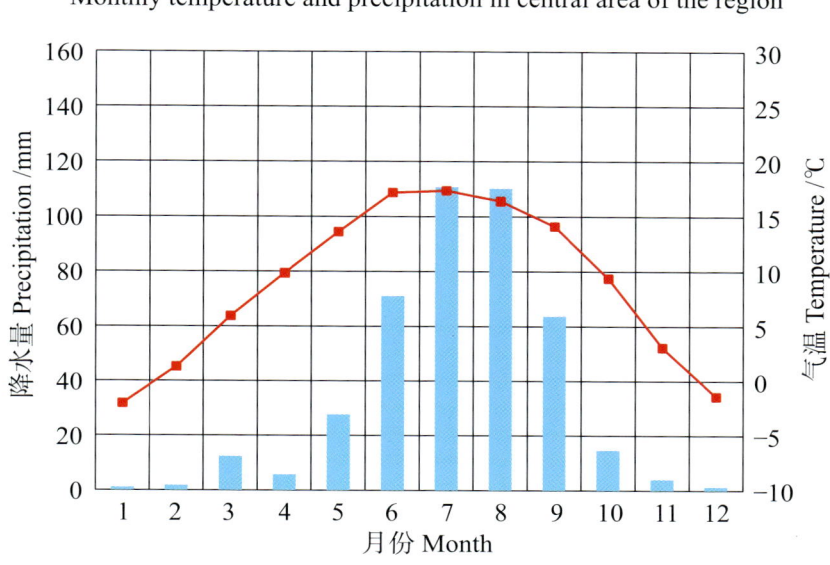

本区域中心区月平均气温与月平均降水量
Monthly temperature and precipitation in central area of the region

拉孜县主要土壤类型与土壤剖面点分布图

1:420 000

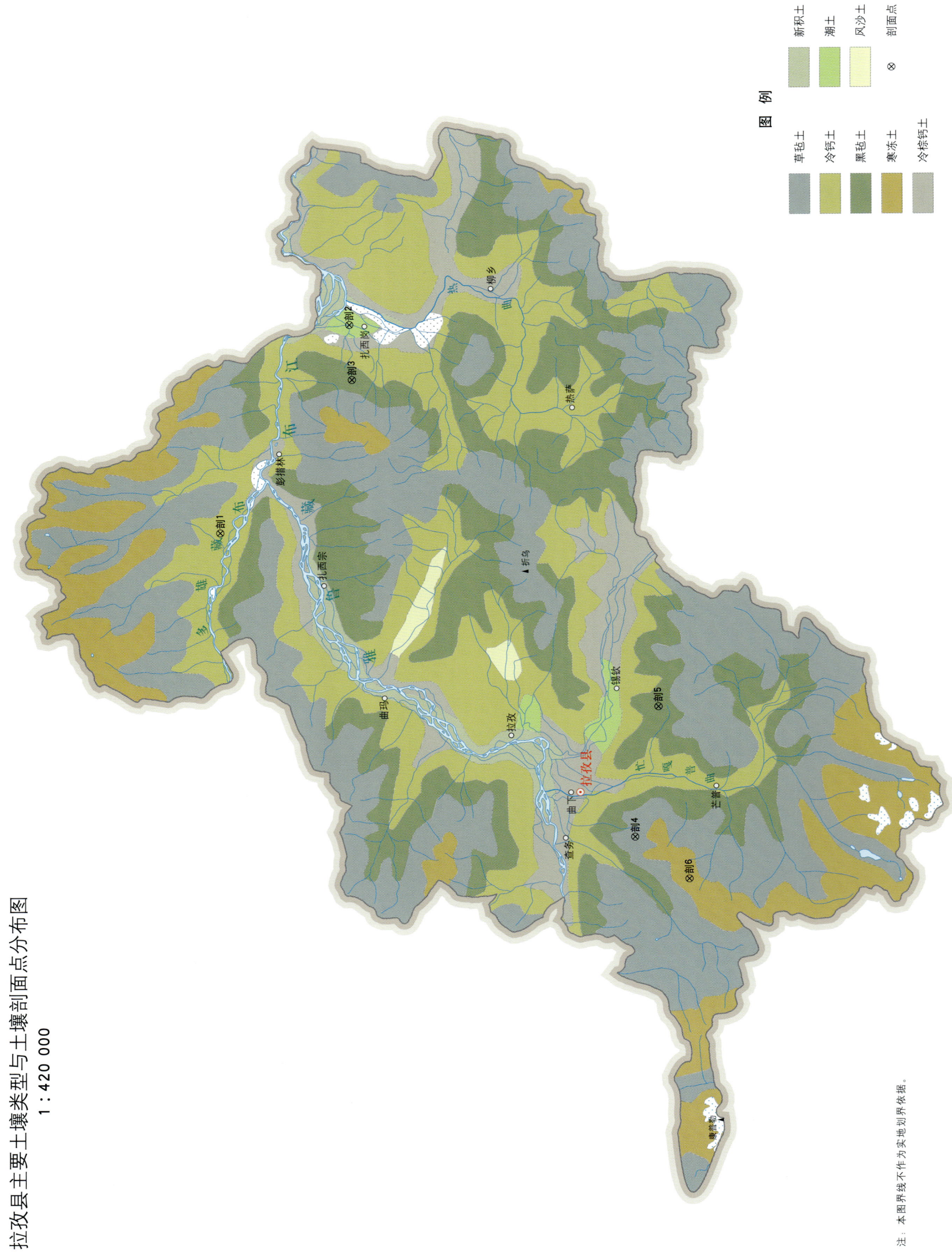

注：本图界线不作为实地划界依据。

拉孜县土壤剖面理化性状表

剖面号 Soil profile	土纲 Soil order	土类 Soil great group	亚类 Soil subgroup	土属 Soil genus	土层码 Layer code	土层厚度 Depth/cm	颜色 Soil color	质地 Soil texture	土壤结构 Soil structure	有机质 OM/(g/kg)	全氮 TN/(g/kg)	全磷 TP/(g/kg)	全钾 TK/(g/kg)	碱解氮 AN/(mg/kg)	有效磷 AP/(mg/kg)	速效钾 AK/(mg/kg)	土壤母质 Parent material	剖面点坐标 Profile coordinate	匹配指数 Matching index/%
剖1	高山土	冷钙土	冷钙土		1	0—20	黄棕色	轻壤土	粒状								碳酸盐类物	E 87°55′00.1″ N 29°25′31.1″	73
					2	20—50	淡黄棕色	轻壤土	粒状										
剖2	半水成土	潮土	潮土	灰壤质潮土	1	0—15	暗黄棕色	轻壤土	团粒状	17.5	1.28	0.66	24.5	86	5.2	146	河流冲积物	E 88°08′30.1″ N 29°18′15.1″	95
					2	15—35	暗黄棕色	轻壤土	片状	13.2	1.01	0.71	26.4	80	1.0	146			
					3	35—65	灰黄棕色	轻壤土	棱块状	8.6	0.70	0.56	26.2	52	<1.0	96			
					4	65—100	黄棕色	中壤土	团块状	7.0	0.60	0.57	22.8	41	3.0	58			
剖3	高山土	黑毡土	薄黑毡土		1	0—15	暗红棕色	轻壤土	粒状	6.5	0.46	0.12	13.3	21		30	紫色岩类坡积物	E 88°04′54.5″ N 29°18′08.6″	72
					2	15—38	暗红色	砂壤土	粒状	3.6	0.26	0.14	10.0	15	1.7	29			
					3	38—73	暗红色	重壤土	团块状	3.3	0.20	0.32	11.0	12	2.4	65			
					R	73—													
剖4	高山土	草毡土	草毡土		1	0—13	暗灰棕色	轻壤土	粒状	63.8	4.25	0.54	22.1	277	1.0	84	泥质岩类千枚岩、板岩坡积物	E 87°34′53.4″ N 29°02′47.0″	71
					2	13—26	黑棕色	轻壤土	粒状、鳞片状	37.9	1.72	0.49	1.9	105	1.0	30			
					3	26—55	暗灰棕色	轻壤土	鳞片状	8.7	0.52	0.18	7.7	31	4.4	12			
					R	55—	暗黄棕色												
剖5	高山土	黑毡土	薄黑毡土		1	0—13	红棕色	轻壤土	团粒状	8.4	0.65	0.36	16.0	33	7.0	95	泥质岩类坡积物	E 87°43′22.1″ N 29°01′26.4″	71
					2	13—32	紫棕色	轻壤土	粒状	2.7	0.28	0.28	33.1	11	4.8	90			
					3	32—	紫红色			7.5	0.39	0.39	16.8	7	6.0	66			
剖6	高山土	寒冻土	寒冻土		1	0—3	暗黄棕色										酸性结晶岩类残积物	E 87°32′07.8″ N 28°59′48.1″	84
					2	3—15	暗黄棕色	中砾石砂壤土	粒状	25.4	1.27	0.47	17.8	26	2.4	53			
					3	15—32	暗黄棕色	中砾石轻壤土	粒、微显片状	20.2	1.38	0.70	23.4	29	1.9	25			
					4	32—47	暗黄棕色	中砾石砂壤土	鳞片状	8.2	0.51	0.39	23.3	41	1.8	55			

昂仁县

主要土类说明

草毡土是昂仁县主要土壤类型，占本县地域面积的 34%。草毡土是在高原面以上阴湿地区广为分布的一种地带性土壤，上承寒冻土，下接黑毡土或冷钙土。本县主要集中分布于海拔 4500—5200m 的桑桑、措迈、卡嘎等乡镇高山山坡中上部的阴坡地区。其成土母质主要是残积物、坡积物。草毡土分布区较寒冷湿润，土壤冻结期长达半年以上，季节性冻土层厚度超过 1.5m，土壤夜冻昼融交替频繁。植被组成以矮生嵩草为主，次为苔草、火绒草等组成的高山矮草草甸群落，植被盖度为 76%—90%。在半阴坡或局部滑塌的地段，则出现草原化现象，有羊茅、紫花针茅、嵩草等加入，植被盖度为 50% 左右。在上述成土条件的综合影响下，草毡土的成土过程具有明显的腐殖质积累作用和氧化还原作用的特点。草毡土所在地区常年低温，土壤周期性冻融交替，在夏半年降水量大，暖湿同季，植物生长茂密，有较多的植物残体进入土壤，而在冬半年，寒冷漫长，土壤冻结，微生物活动弱，植物残体得不到充分的分解，多半以原形式半分解的形态累积于土壤中，因而土壤有机物的累积量大于分解量，形成活根和死根相互交织的连片草毡层，这就是腐殖质积累作用。草毡土形成过程中的氧化还原作用，是由大气降水和融冻水浸润引起的，与一般受地下水直接影响的草甸土无共同之处。在表层有机质逐渐累积和吸水性很强的草毡层形成后，草毡土处于较长时期的干旱与夏季短期湿润交替状态，为成土物质的低温氧化与短暂还原过程的进行创造了条件，使土壤中铁锰化合物发生移动或局部淀积，从而形成了一定的发生层段和新生体。

寒钙土是昂仁县第二大土壤类型，占本县地域面积的 27%。主要分布于各高山中上部以及海拔为 4500—5200m 的宽谷内。寒钙土与草毡土处于同一海拔高程地带。寒钙土多分布于极高山、高山地区，成土母质大多为残积物、坡积物。寒钙土分布区气候严寒、干燥，土壤冻结期为 5 个半月左右，有季节性或部分永久性冻土现象，土壤夜冻昼融作用比寒漠土弱，但比冷钙土强一些。与此生态环境相应的植被是高山草原植被，其建群种主要由紫花针茅、羽柱针茅等为代表的多年生旱生的草丛禾本科植物组成，伴生种植物有针茅、火绒草、固沙草、垫状点地梅，局部还有小香柏、锦鸡儿等灌丛，植被盖度为 20%—70%。在上述成土条件的综合影响下，寒钙土的成土过程具有腐殖质积累作用和钙积作用的特点。寒钙土的热量条件虽与草毡土相似，但降水量较少，草被盖度低，有机质的矿化作用较强烈，土壤表层不形成草毡层。寒钙土分布区冬季严寒少雨，土壤冻结期较长，暖季短促，每年要到 5 月下旬草类才返青发芽，草被层高度为 20—30cm。由于低温干旱，微生物活动并不旺盛，致使草原植物每年提供的有限残体分解不完全，使腐殖质仅有少量的积累，有机质含量为 1%—2%。寒钙土的土壤水分状况因半干旱气候条件而为非淋溶型，土体中易溶盐大部分被淋溶，土壤水及天然水大部分为钙或镁饱和，呈中性到碱性反应。在土壤表层，大部分钙与植物残体分解过程中产生的碳酸结合，形成重碳酸盐向下移动，淀积于剖面中下部，形成不同形式的碳酸钙积累。由于寒钙土的风化和成土作用较弱，基质发育程度低，淋溶程度不强，其钙积作用总体比较弱。

寒冻土是昂仁县第三大土壤类型，占本县地域面积的 25%。寒冻土常见于海拔 5200m 或 5400m 以上的山坡上部。其上一般接冰川或裸岩，是分布最高的一类土壤，也是脱离冰川影响最晚、成土年龄最短的一类土壤。其所在地形多为山地分水岭脊或古冰斗处。山坡上岩石裸露或岩屑、冰碛砾石满布，活动的岩屑堆和融冻的石流广泛分布，仅局部地点有小片细土堆积，因而不能形成连片土被。成土母质主要是残积物或坡积物。这里气候寒冷，风大，由于寒漠的生态条件，只有一些冷生壳状地衣等着生于岩石和石砾的背风面。高等植物种类极少，仅在低凹的间歇性流水沟边或岩屑缝中有零星分布，如垫状点地梅、景天蚤缀等，盖度不足 10%，土壤中很少见有动物活动。由于寒冻土形成于高山寒漠地带，因此，生物化学作用不强，以冻融形式的物理风化作用为主。成土作用微弱，土壤以粗骨物质为主，呈现出十分年轻的特征。寒冻土剖面的形态特征是土层浅薄，剖面分化不明显，略可分出 A（B）-C 发生层。腐殖质发育较差。土层有微度向上突出的融冻结壳，呈淡灰色。由于融冻作用，土壤微显片状结构，通体大部为粗骨质，剖面总厚度为 10—30cm，部分更厚，土壤有机质含量低，不足 1%，pH 为 7.5—8.2。

草甸土占昂仁县地域面积的 4%。草甸土主要分布于桑桑盆地、朗错周围，与萨嘎县交界处湖盆四周以及多雄藏布、雅鲁藏布江两岸低阶地处。草甸土是昂仁县主要的半水成土壤类型，其不连续分布在大多数地带性土壤范围内，以河流的低阶地和高泛滥地以及大小湖泊周围为常见。与草甸土经常复区并存的有沼泽土。地下水直接影响着草甸土的形成发育，地下水位一般为1—3m，夏季可升高到0.5m，但一般情况下并不淹没土壤。草甸土的成土母质主要是河流冲积物和湖积物，前者一般质地较粗，后者较细。草甸植被由多种嵩草、苔草、早熟禾、龙胆、火绒草、蒲公英和马先蒿等组成，生长十分茂密，盖度为30%—90%，甚至更高。草甸土的成土过程主要包括有机质的积累和毡状草皮层的形成，以及季节性的氧化还原作用与锈斑纹的形成。

冷钙土占昂仁县地域面积的4%。作为地带性土壤，上接寒钙土，下界线一直推到河谷区，与草甸土以复区并存，主要分布于卡嘎镇、多白乡一带。冷钙土一般形成于海拔4000—4500m的高原河谷、湖盆和高原宽谷周围的缓坡地带。土壤冻结期达3个月，土壤融冻作用微弱。因此，草本植物组成较寒钙土上的植被复杂多样，以丝颖针茅、固沙草及西藏嵩草等为主。局部地区气候稍湿润，植被组成中草甸成分增多，生长较茂密，形成草甸草原类型。成土母质多为坡积物、洪积物等。在上述成土条件的综合影响下，加之土壤季节性冻结时间短和土壤季节性淋溶较强，冷钙土具有较强的腐殖质积累和钙积作用，钙积层明显。冷钙土的水热条件较寒钙土好，土壤冻结期相比缩短近2个月。草本植物返青期要提前约1个月，植物生长速度和数量也明显增加，根多集中于表层，植物残体的腐殖化较强，腐殖质层厚度为10—20cm。其颜色为灰棕色或浅灰棕色，有机质含量一般为2%—3%。冷钙土的钙积作用和过程与寒钙土基本相同。由于冷钙土季节性淋溶较强，钙积层明显，碳酸盐新生体也发育较好。

小于本县地域面积3%的土壤类型还有黑毡土、沼泽土和粗骨土等。

本区域中心区气候特征

本区域中心区气候特征值
Regional climate characteristics in central area of the region

气候带：高原亚温带亚干旱气候 Climate region: Plateau sub temperate sub arid climate	
年平均气温 /℃ Annual average temperature /℃	8.3
年平均最高气温 /℃ Annual average maximum temperature /℃	16.0
年平均最低气温 /℃ Annual average minimum temperature /℃	1.7
年降水量 /mm Annual precipitation /mm	306
≥10℃的积温 /℃ Daily temperature accumulated in a year (≥10℃) /℃	3629
年日照时数 /h Annual sunshine /h	2937
年平均相对湿度 /% Annual average relative humidity /%	44
干燥度 Dryness	8.19

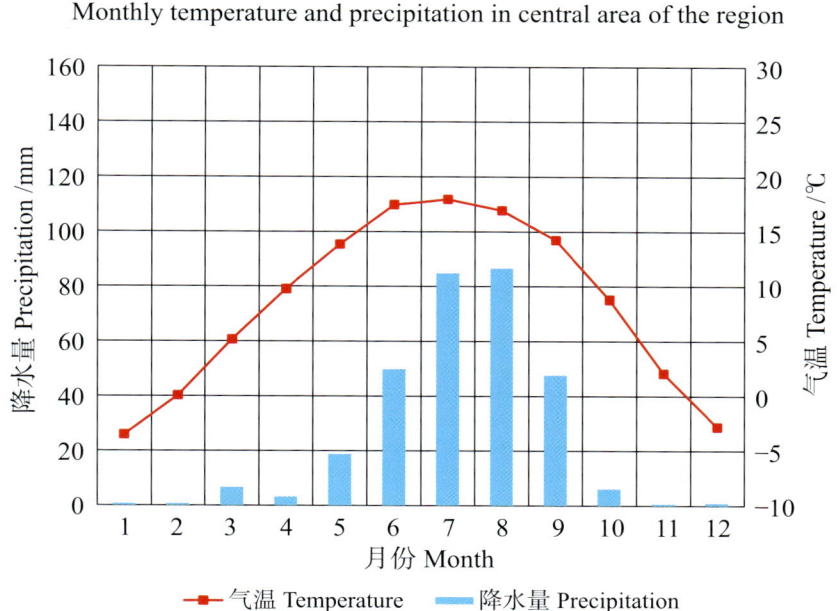

本区域中心区月平均气温与月平均降水量
Monthly temperature and precipitation in central area of the region

昂仁县主要土壤类型与土壤剖面点分布图
1 : 1 000 000

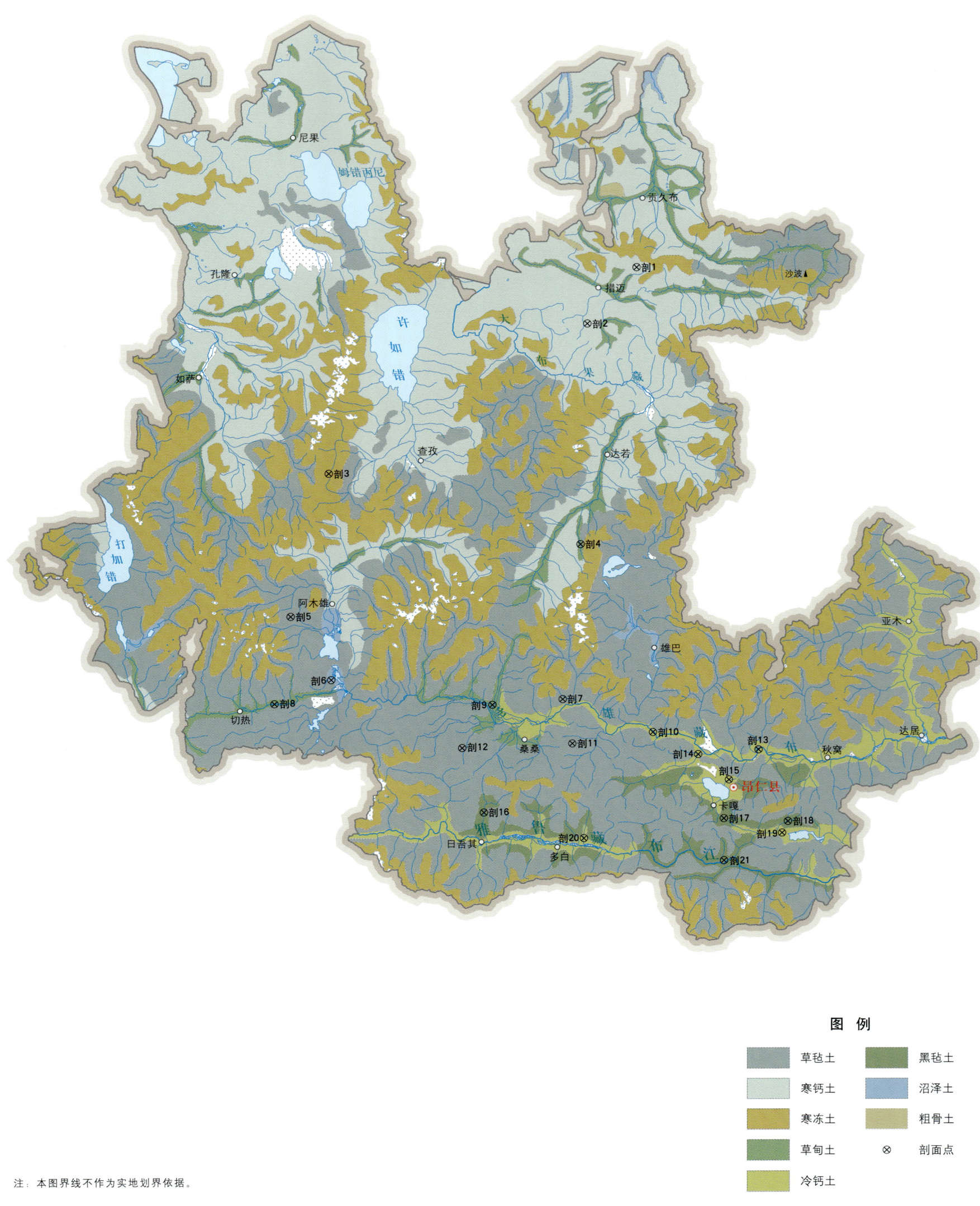

昂仁县土壤剖面理化性状表

剖面号 Soil profile	土纲 Soil order	土类 Soil great group	亚类 Soil subgroup	土属 Soil genus	土层码 Layer code	土层厚度 Depth/cm	颜色 Soil color	质地 Soil texture	土壤结构 Soil structure	pH	有机质 OM/(g/kg)	全氮 TN/(g/kg)	全磷 TP/(g/kg)	全钾 TK/(g/kg)	碱解氮 AN/(mg/kg)	有效磷 AP/(mg/kg)	速效钾 AK/(mg/kg)	阳离子交换量CEC/(cmol/kg)	土壤母质 Parent material	剖面点坐标 Profile coordinate	匹配指数 Matching index,%
剖1	高山土	寒钙土	寒钙土		1	0—5	灰棕色	砂壤土	粒状	8.8	10.4	0.65	0.38	22.1	86	3.8	133	6.7	坡积物	E 86°59′58.6″ N 30°27′59.4″	89
					2	5—14	棕色	砂壤土	块状	8.7	5.4	0.34	0.31	20.2	32	3.6	47	4.2			
					3	14—55	棕色	砂壤土	块状	8.8	4.6	0.44	0.27	18.2	24	3.8	44	2.8			
剖2	高山土	寒钙土	暗寒钙土		1	0—7	暗棕色	轻壤土	粒状	8.8	26.8	1.97	0.45	22.8	164	5.0	77	9.9	坡积物	E 86°52′40.8″ N 30°20′31.9″	88
					2	7—15	暗棕色	轻壤土	粒状	8.4	28.1	1.31	0.45	17.4	164	4.2	29	11.6			
					3	15—32	暗棕色	轻壤土	块状	8.3	26.3	1.16	0.51	22.0	103	5.2	36	10.1			
剖3	高山土	寒冻土	寒冻土		1	0—7	灰黄棕色	砂壤土	粒状	7.3	5.5	0.43	0.92	27.2	14	4.8	34	3.9	残积物、坡积物	E 86°14′31.9″ N 30°00′33.1″	71
剖4	半水成土	草甸土	草甸土		1	0—14	灰黄棕色	砂壤土	粒状	8.6	9.0	0.58	0.47	10.8	68	6.8	45	7.0	洪积物	E 86°51′37.1″ N 29°51′09.0″	95
					2	14—28	棕灰色	砂壤土	粒状	8.7	10.3	0.67	0.48	11.0	59	6.0	51	7.2			
					3	28—50	棕灰色	轻壤土	团块状	8.5	12.0	0.73	0.50	16.1	64	4.2	37	8.8			
					4	50—70	棕灰色	轻壤土	团块状	8.4	12.0	0.74	0.50	14.1	68	4.2	28	14.7			
剖5	高山土	草毡土	湿草毡土		1	0—10	暗棕色	砂壤土	粒状	8.1	102.0	4.40	0.64	23.9	356	7.0	245	21.7	冲积物	E 86°09′02.9″ N 29°41′30.8″	76
					2	10—29	暗棕色	轻壤土	粒状	8.1	112.0	5.23	0.58	25.6	>400	9.6	195	36.3			
剖6	水成土	沼泽土	草甸沼泽土		1	0—10	暗棕色	轻壤土	粒状	8.6	38.2	3.05	0.52	14.3	106	9.5	120	8.3	湖积物	E 86°15′01.8″ N 29°33′02.9″	75
					2	10—17	深灰色	轻壤土	粒状	8.5	59.0	3.30	0.47	13.7	324	5.0	105	7.5			
					3	17—30	暗灰色	轻壤土	块状	8.2	11.5	0.62	0.36	15.3	83	4.1	45	10.2			
					4	30—60	暗灰色	轻壤土	块状												
					5	60—	青黄色														
剖7	高山土	草毡土	棕草毡土		1	0—9	灰黄棕色	砂壤土	粒状	7.9	39.1	1.52	0.51	15.8	166	6.0	91	17.0	坡积物	E 86°48′57.2″ N 29°30′31.3″	76
					2	9—40	灰黄棕色	砂壤土	粒状	7.9	3.6	0.21	0.36	14.1	27	<1.0	11	14.0			
					3	40—80	灰黄棕色	砂壤土	粒状	8.9	10.7	0.54	0.31	12.4	32	2.2	26	13.1			
剖8	半水成土	草甸土	石灰性草甸土		A_{11}	0—15	灰黄色	壤质黏土	屑粒状	8.9	19.9	1.12	0.95	21.1	47	6.0	181	16.7	坡积物	E 86°06′44.3″ N 29°29′50.3″	75
					AC	15—24	棕色	壤质黏土	碎块状	8.9	15.7	1.12	0.91	20.7	46	6.0	187	11.6			
					Cu	24—63	棕色	壤质黏土	块状	8.5	8.2	0.71	0.84	21.7	24	5.0	161	11.1			
					Cg	63—95	棕灰色	黏壤土	粒状	8.4	6.7	0.39	0.64	19.3	17	3.0	137	4.5			
剖9	半水成土	草甸土	石灰性草甸土		A_{11}	0—14	橄榄棕色	砂壤土	屑粒状	8.2	12.8	0.98	0.52	19.4	108	8.0	134	4.0	坡积物	E 86°38′39.1″ N 29°29′47.4″	75
					AC	14—38	棕色	轻砾质砂壤土	碎块状	8.5	9.1	0.64	0.49	19.4	46	3.0	78	2.7			
					Cu	38—100	棕色	轻砾质砂壤土	块状	8.6	1.2	0.43	0.42	16.3	20	3.0	43				
剖10	高山土	冷钙土	冷钙土		1	0—16	灰色	轻壤土	粒状	8.7	13.1	0.78	0.82	14.2	65	8.5	90	4.8	坡积物	E 87°02′11.0″ N 29°26′07.8″	73
					2	16—36	灰棕色	砂壤土	粒状	8.8	6.4	0.42	0.54	10.9	30	5.1	40	3.1			
					3	36—85	灰棕色	砂壤土	粒状	8.8	11.9	0.61	1.05	17.8	50	10.0	113	>50.0			
剖11	草甸土	草甸土	薄草毡土		1	0—10	灰色	轻壤土	粒状	6.3	25.1	1.06	0.50	19.1	85	3.5	42	5.1	坡积物	E 86°50′21.8″ N 29°24′38.5″	73
					2	10—25	灰棕色	轻壤土	块状	6.3	31.1	1.41	0.52	18.8	138	3.3	52	8.4			
					3	18—50	灰白色	砂壤土	块状	7.3	15.7	0.70	0.40	18.5	97	3.6	86	7.1			
剖12	草甸土	草毡土	草毡土		1	0—10	灰色	砂壤土	块状	8.6	8.3	0.38	0.28	12.0	27	3.0	22	7.9	坡积物	E 86°31′15.2″ N 29°24′01.8″	77
					2	10—18	灰色	轻壤土	块状	8.5	2.0	0.10	0.19	9.9	22	2.4	20	7.9			
剖13	高山土	冷钙土	冷钙土		1	0—16	黄灰色	轻壤土	团粒状	8.1	32.0	1.80	0.74	17.5	248	13.0	251	16.4	洪积物、冲积物	E 87°17′39.5″ N 29°23′44.5″	73
					2	16—36	灰色	砂壤土	团块状	8.3	17.2	0.95	0.36	9.5	88	4.2	126	7.5			
					3	36—85	灰色	砂壤土	块状	8.3											
剖14	高山土	冷钙土	冷钙土		1	0—17	灰棕色	砂砾土	粒状	8.2	21.0	0.96	0.79	20.0	140	7.9	223	>50.0	冲积物	E 87°08′47.8″ N 29°23′09.6″	87
					2	17—37	黄棕色	砂壤土	粒状	8.1	19.1	0.91	0.76	21.0	120	5.2	241	8.1			
					3	37—80	暗棕色	砂壤土	团块状	8.1	15.1	0.88	0.68	21.0	91	4.1	210				

续表 Continued

剖面号 Soil profile	土纲 Soil order	土类 Soil great group	亚类 Soil subgroup	土属 Soil genus	土层码 Layer code	土层厚度 Depth/cm	颜色 Soil color	质地 Soil texture	土壤结构 Soil structure	pH	有机质 OM/(g/kg)	全氮 TN/(g/kg)	全磷 TP/(g/kg)	全钾 TK/(g/kg)	碱解氮 AN/(mg/kg)	有效磷 AP/(mg/kg)	速效钾 AK/(mg/kg)	阳离子交换量CEC/(cmol/kg)	土壤母质 Parent material	剖面点坐标 Profile coordinate	匹配指数 Matching index/%
剖15	高山土	冷钙土	冷钙土		1	0—15	灰黄棕色	中壤土	粒状	8.2	22.4	1.28	1.61	12.8	101	24.7	250	11.0	洪积物	E 87°13′17.4″ N 29°19′46.2″	73
					2	15—40	灰黄棕色	中壤土	块状	8.6	20.1	1.64	1.14	14.9	87	13.0	134	14.5			
					3	40—80	暗黄棕色	轻壤土	团块状	8.5	24.6	1.21	1.51	17.6	94	5.7	278	13.6			
剖16	高山土	黑毡土	薄黑毡土		1	0—18	灰黄色	砂壤土	粒状	8.1	8.6	0.65	0.40	12.2	50	5.3	47	6.3	洪积物	E 86°37′27.1″ N 29°15′24.5″	73
					2	18—45				8.1	9.2	0.65	0.40	12.5	52	5.3	48	6.3			
剖17	高山土	黑毡土	黑毡土		1	0—14	棕灰色	轻壤土	团粒状	6.4	31.6	1.31	0.56	26.2	107	3.6	30	9.2	板岩坡积物	E 87°12′31.7″ N 29°14′35.9″	71
					2	14—34	灰灰色	轻壤土	团块状	6.4	23.6	1.17	0.56	25.2	102	3.3	19	8.8			
					3	34—50	灰黄色	轻壤土	块状	6.6	17.0	1.08	0.53	23.2	83	4.0	18				
剖18	高山土	黑毡土	薄黑毡土		1	0—14	灰黄色	砂壤土	粒状	8.1	8.5	0.58	0.38	12.1	51	4.7	41	6.6	洪积物	E 87°21′54.0″ N 29°14′09.2″	90
					2	14—46	暗棕色	砂壤土													
					3	46—100	暗棕色	砂壤土													
剖19	高山土	冷钙土	冷钙土		1	0—16	灰色	轻壤土	团粒状	8.2	8.8	0.58	0.38	14.5	44	10.0	88	7.5	洪积物	E 87°21′01.8″ N 29°12′37.8″	73
					2	16—55	棕灰色	轻壤土	团块状	8.1	6.2	0.41			23	8.0	65	7.0			
剖20	高山土	冷钙土	冷钙土	洪积泥砾质冷钙土	1	0—9	暗灰黄色	砂壤土	粒状	8.7	2.0	0.23	0.31	11.8	16	3.7		<2.0	洪积物、冲积物	E 86°52′05.5″ N 29°11′59.3″	87
					2	9—31	暗灰黄色	砂壤土	粒状	8.6	1.4	0.43	0.31	11.8	9	3.2		<2.0			
					3	31—100	暗灰黄色	砂壤土	粒状	8.6	1.4	0.43	0.31	17.2	9	3.2		<2.0			
剖21	高山土	黑毡土	黑毡土		1	0—10	深灰色	砂壤土	粒状	6.7	76.0	4.20	3.90	17.2	65	8.0	150		坡积物	E 87°12′32.8″ N 29°09′00.7″	74
					2	10—18	棕色	壤土	粒状	6.1	48.0	2.40	3.60	15.5	58	7.0	140				
					3	18—50	灰色	砂壤土	块状	5.8	25.0	1.20	1.70	10.1	35	5.0	118				

谢通门县

主要土类说明

草毡土是谢通门县主要土壤类型，占本县地域面积的55%。草毡土是在高原面以上的阴湿地区广为分布的一种地带性土壤，上承寒冻土，下接黑毡土或冷钙土。主要集中分布于海拔4500—5200m的高山中上部阴坡处。草毡土成土母质以残积物、坡积物为主。土壤冻结期长达半年以上，季节性冻层厚度超过1.5m，土壤夜冻昼融交替频繁。植被组成以矮生嵩草和高山嵩草为主，次为苔草、火绒草等组成的高山矮草草甸群落，植被盖度为70%—90%。在上述成土条件的综合影响下，草毡土成土过程具有明显的腐殖质积累作用和氧化还原作用的特点。草毡土分布区常年气温低，土壤周期性冻融交替，在夏半年降水量大，暖湿同季，植物生长茂密，有较多的植物残体进入土壤，而在冬半年，寒冷漫长，土壤冻结微生物活动弱，植物残体得不到充分的分解，多半以半分解的形态累积于土壤中，因而土壤有机物的累积量大于分解量，形成活根和死根相互交织的连片草毡层，这就是腐殖质积累作用。而草毡土形成过程中的氧化还原作用，是由大气降水和融冻水浸润引起的，土壤表层有机质逐渐累积和吸水性很强的草毡层形成后，土壤处于较长时期的干旱与夏秋短期湿润的交替状态，为成土物质的低温氧化与短暂还原过程的进行创造了条件，使土壤中铁、锰、磷等元素的化合物发生移动或局部淀积，从而形成了一定的发生层段和新生体。

寒冻土是谢通门县第二大土壤类型，占本县地域面积的36%。寒冻土是分布最高的一类土壤。其所在地形多为山地分水岭脊或古冰斗处，山坡上岩石裸露或岩屑、冰碛砾石满布，活动的岩屑堆和融冻的石流广泛分布，仅局部地点有小片细土堆积，因而不能形成连片土被。其成土母质主要是残积物或坡积物。寒冻土分布区气候寒冷，风大，由于寒漠的生态条件，只有一些冷生壳状地衣等着生于岩石和石砾的背风面。高等植物种类极少，盖度不足10%，土壤中很少见有动物活动。由于寒冻土形成于高山寒漠地带，因此，生物化学作用不强，以冻融形式的物理风化作用为主，成土作用微弱，土壤以粗骨物质为主，呈现十分年轻的特征。寒冻土剖面的形态特征是土层浅薄，剖面分化不明显，腐殖质层发育较差，表土向上有微度突出的融冻结壳，呈淡灰色。由于融冻作用，土壤微显片状结构，剖面总厚度多为10—30cm。部分地区大于30cm，土壤有机质含量不足1%，pH为7.5—8.2。

小于本县地域面积5%的土壤类型还有冷钙土、黑毡土、草甸土、新积土和冷棕钙土等。

本区域中心区气候特征

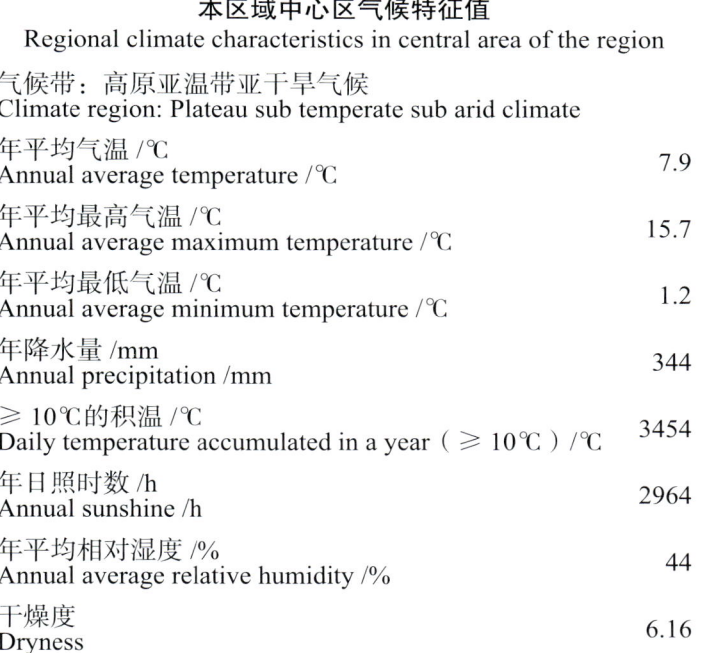

本区域中心区气候特征值
Regional climate characteristics in central area of the region

气候带：高原亚温带亚干旱气候 Climate region: Plateau sub temperate sub arid climate	
年平均气温 /℃ Annual average temperature /℃	7.9
年平均最高气温 /℃ Annual average maximum temperature /℃	15.7
年平均最低气温 /℃ Annual average minimum temperature /℃	1.2
年降水量 /mm Annual precipitation /mm	344
≥10℃的积温 /℃ Daily temperature accumulated in a year（≥10℃）/℃	3454
年日照时数 /h Annual sunshine /h	2964
年平均相对湿度 /% Annual average relative humidity /%	44
干燥度 Dryness	6.16

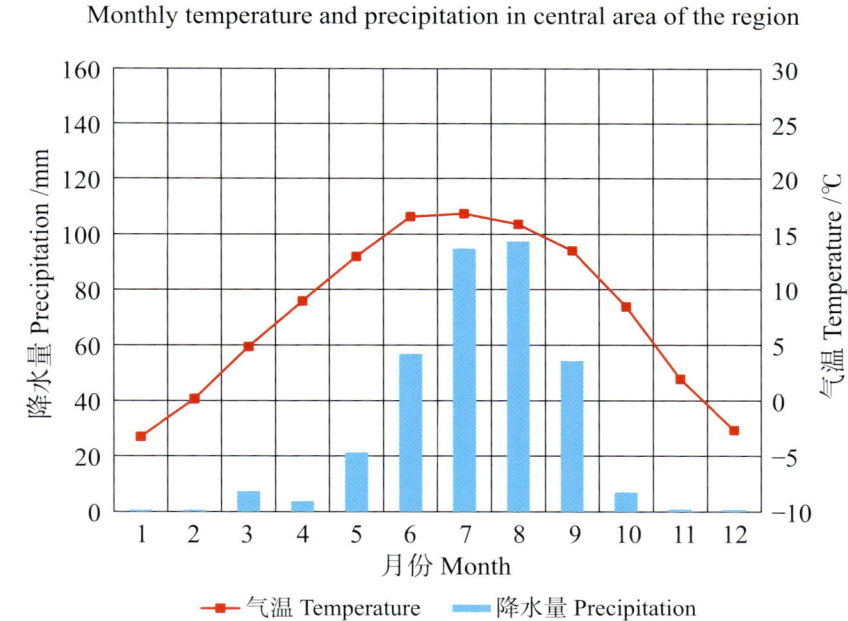

本区域中心区月平均气温与月平均降水量
Monthly temperature and precipitation in central area of the region

谢通门县主要土壤类型与土壤剖面点分布图
1∶620 000

图例：草毡土、寒冻土、冷钙土、黑毡土、草甸土、新积土、冷棕钙土、⊗ 剖面点

注：本图界线不作为实地划界依据。

谢通门县土壤剖面理化性状表

剖面号 Soil profile	土纲 Soil order	土类 Soil great group	亚类 Soil subgroup	土层码 Layer code	土层厚度 Depth/cm	颜色 Soil color	质地 Soil texture	土壤结构 Soil structure	pH	有机质 OM/(g/kg)	全氮 TN/(g/kg)	全磷 TP/(g/kg)	全钾 TK/(g/kg)	碱解氮 AN/(mg/kg)	有效磷 AP/(mg/kg)	速效钾 AK/(mg/kg)	土壤母质 Parent material	剖面点坐标 Profile coordinate	匹配指数 Matching index/%
剖1	半水成土	草甸土	草甸土	1	0—8	灰黄棕色	砂壤土	粒状	5.6	23.8	1.15	0.85	29.5	146	3.2	55	洪积物	E 88°20′44.5″ N 29°59′15.4″	97
				2	8—31	灰黄棕色	砂壤土	粒状	6.0	27.3	1.36	0.86	28.8	168	7.6	65			
				3	31—64	黑棕色	砂壤土	块状	5.5	34.1	1.56	0.87	25.9	166	3.9	55			
剖2	高山土	冷钙土	冷钙土	1	0—20	暗黄棕色	砂壤土	团块状	6.5	12.0	0.62	0.31	13.4	127	2.8	98	洪积物	E 87°38′26.2″ N 29°56′19.7″	71
				2	20—50	暗黄棕色	砂壤土	粒状	7.4	4.3	0.32	0.23	14.5	66	4.0	55			
				3	50—80	棕色	砂壤土	块状	7.6	6.8	0.44	0.32	18.4	18	3.2	43			
剖3	高山土	草毡土	湿草毡土	1	0—9	暗棕色	轻壤土	粒状	6.0	48.0	2.50	0.85	18.3	124	4.7	110	坡积物	E 88°13′31.1″ N 29°49′16.7″	74
				2	9—20	棕色	轻壤土	块状	<4.5	24.0	1.10	0.69	16.9	101	4.0	82			
				3	20—50	暗黄棕色	轻壤土	块状		11.4	0.54	0.43	11.4	47	2.8	53			
剖4	高山土	黑毡土		1	0—10	灰黄棕色	轻壤土	块状	6.6	45.0	2.30	0.70	24.0	210	2.4	40	坡积物	E 88°31′00.1″ N 29°46′01.6″	74
				2	10—25	棕色	轻壤土	团块状	6.5	24.0	1.40	0.60	20.0	114	2.4	26			
				3	25—50	淡棕色	轻壤土	团块状											
				4	50—														
剖5	高山土	草毡土	薄草毡土	1	0—12	灰棕色	砂壤土	粒状	6.2	11.6	0.60	0.40	12.7	40	2.4	27	花岗岩坡积物	E 88°23′34.4″ N 29°45′19.4″	73
				2	12—46	棕色	砂壤土	粒状	6.1	3.6	0.27	0.30	11.6	12	1.4	23			
				3	46—80	灰黄棕色	砂壤土	粒状	<4.5	1.4	0.20	0.30	12.3	4	1.9	31			
剖6	高山土	寒冻土	寒冻土	1	0—10	淡灰色	砂壤土	粒状									花岗岩残积物、坡积物	E 88°15′45.7″ N 29°43′42.6″	71
				2	10—25	淡灰色	砂壤土	粒状											
剖7	高山土	冷钙土	冷钙土	1	0—14	暗灰色	砂壤土	粒状	7.4	10.2	0.71	0.81	18.7	47	6.9	73	洪积物	E 88°41′53.5″ N 29°42′32.0″	71
				2	14—30	棕色	砂壤土	粒状	7.4	4.0	0.32	0.36	12.8	23	2.6	27			
				3	30—														
剖8	半水成土	草甸土	草甸土	1	0—18	棕灰色	轻壤土	粒状									冲积物	E 88°06′07.2″ N 29°42′12.6″	75
				2	18—50	灰白棕色	轻壤土	块状											
				3	50—80	灰白棕色	轻壤土	块状											
剖9	高山土	冷钙土	冷钙土	1	0—19	暗棕色	砂壤土	粒状	8.1	5.5	0.34	0.75	12.3	25	2.8	28	洪积物	E 88°34′49.1″ N 29°34′48.0″	72
				2	19—40	灰白色	砂壤土	团块状	8.1	1.2	0.17	1.09	12.3	9	1.4	12			
				3	40—100	灰白色	砂壤土	块状	8.1	3.7	0.27	0.52	11.5	24	1.6	19			
剖10	高山土	黑毡土	棕黑毡土	1	0—7	暗黄棕色	砂壤土	粒状	6.0	35.0	1.74	0.41	21.0	204	3.6	170	坡积物	E 88°12′10.8″ N 29°34′41.2″	73
				2	7—25	暗黄棕色	砂壤土	团块状	6.3	37.0	1.30	0.44	22.3	127	2.8	98			
				3	25—66	灰白色	轻壤土	团块状											
				4	66—														
剖11	高山土	草甸土	草甸土	1	0—7	灰黄棕色	轻壤土	粒状	5.9	46.8	2.20	0.71	21.0	200	4.4	84	花岗岩残积物	E 88°27′32.4″ N 29°30′51.5″	74
				2	7—23	棕色	砂壤土	块状	6.0	25.5	1.21	0.61	24.3	136	2.7	70			
剖12	高山土	黑毡土	薄黑毡土	1	0—12	灰黄色	砂壤土	粒状	8.3	18.0	1.10	0.62	15.0	104	2.9	85	坡积物	E 88°11′59.6″ N 29°29′31.6″	73
				2	12—30	灰黄色	砂壤土	块状	8.4	12.0	0.86	0.59	15.3	62	2.8	30			
				3	30—60	灰黄色	砂壤土	粒状											
剖13	高山土	冷钙土	冷钙土	1	0—18	暗黄棕色	轻壤土	粒状	7.2	12.5	0.87	0.79	18.9	88	22.0	70	洪积物	E 88°18′30.2″ N 29°28′32.2″	71
				2	18—67	暗黄棕色	砂壤土	粒状	7.4	14.0	0.89	0.87	21.3	68	9.9	50			
				3	67—90	棕色	轻壤土	粒状	7.6	8.8	0.78	0.72	20.9	38	7.9	40			

白 朗 县

主要土类说明

草毡土是白朗县主要土壤类型，占本县地域面积的 37%。草毡土普遍分布于海拔 4650—5400m 的高山上部，尤其是南部高山湖泊区，上接寒冻土，下接黑毡土或冷钙土。其地形多为阴坡或阳坡凹形坡。成土母质为片麻岩、板岩、千枚岩、橄榄岩等的残积物、坡积物。植物生长缓慢，优势植被为苔草和嵩草，还有一些垫状蚤缀、金露梅、银露梅、高山杜鹃、小花紫豆等，盖度为 20%—90%。其分布区气候寒冷，使微生物活动较弱，腐殖化过程缓慢，根系不易腐烂分解，从而互相缠绕交织成草毡状。草毡土成土过程除受物理、化学作用外，还受生物作用的影响，表现出独特的高山草甸化过程，故土壤具有独特的形态特征。由于季节性的干湿变化，水分的停滞时多时少，使土体内部进行反复的氧化还原过程。草毡土多处在阴坡、阳坡的凹形坡等水分较多的部位，太阳辐射量低，蒸发量相对较少，所以土体水分较丰富；同时草毡土地势较高，常处于湿润浓雾弥漫之中，也为土体的湿润提供了较好条件；其次由于气候寒冷，土体具有季节性冻土层，也保存一些水分。湿润的土壤环境，使草毡土植被生长发育良好，盖度较高。在生物因素作用下，草毡土形成了有机质含量高、分解程度低、腐殖质层薄、交换容量大、结构较好的特点。

冷钙土是白朗县第二大土壤类型，占本县地域面积的 25%。冷钙土是西藏高原亚高山草原植被下形成的地带性土壤，主要分布于海拔 4100—4650m 的山坡上。其分布区土壤冻结期较短，一般为 3 个月，冻层厚度为 30—50cm，冻融作用微弱。植被组成比寒钙土复杂，以亚高山嵩属草原为主，包括丝颖针茅、固沙草及西藏嵩草组成的几种群系，有时可见耐旱的锦鸡儿、狼牙刺、高山柏等灌丛，一般盖度低于 50%，鼠、兔洞穴密集。其成土母质为花岗岩、板岩、砂岩等风化的残积物、坡积物、洪积物与冲积物等。冷钙土的草原化和腐殖化过程强于寒钙土。冷钙土分布区温度比寒钙土区暖和，降水偏多，土壤冻结期短，仅 2—3 个月，故全年都能以相应速度进行成土过程，并在碳酸钙的含量、钙积层的厚度方面较寒钙土大，其在剖面内出露的位置也较深，新生体的形态多样，草原化过程强。在腐殖质积累过程中，冷钙土腐殖质层厚度比寒钙土厚 5cm，为 10—20cm，有机质含量则高 1%，为 2.0%—3.0%，同时腐殖质组成中，冷钙土以胡敏酸占优势，寒钙土以富里酸占优势，冷钙土的腐殖化和钙化过程强于寒钙土，但冻融交替过程弱于寒钙土。

寒钙土是白朗县第三大土壤类型，占本县地域面积的 11%。寒钙土曾被称为"莎嘎土"，是西藏高原高山草原植被下形成的地带性土壤，广泛分布于深、中切高山上部海拔 4650—5000m 的阳坡上。寒钙土分布区气候干燥、严寒，土壤冻结期约 5 个月，有季节性冻土存在，土体夜冻昼融现象弱于草毡土，而强于冷钙土。植被类型为以针茅、羊茅为主的旱生草丛禾本科植物组成的高山草原植被，伴有嵩类、棘豆、黄芪、固沙草、火绒草、苔状蚤缀等，盖度很低，仅为 20%—30%，地表裸露时间长。成土母质为花岗岩、板岩、千枚岩的残积物、坡积物。寒钙土包括旺盛的草原化和较弱的冻融过程。草原化过程指土体中进行腐殖质积累和钙积过程。冻融过程指暖季土体解冻后，夜间低温，表土短暂冻结，下层的气态水向地表移动凝结，增加湿度，白天太阳强烈辐射，地面迅速增温，表土融化水分蒸发，土体的昼夜冻昼融的交替进行，导致产生氧化与还原的变化过程，不但使土体出现浅棕或浅灰棕带黄色的特征，而且从冻到融、由湿到干的过程反复进行，土壤形成孔状结皮。寒钙土的冻融过程弱于冷钙土。寒钙土表层无草毡层或草毡层完全退化，地面散布较厚的砾石、浮沙，全剖面砾石含量较高，常具有腐殖质层及其侵染层。碳酸钙含量通体较高，有明显聚积层，所以全剖面呈碱性反应，土壤 pH 为 8.0—9.0，碳酸钙含量为 10%—15%，有机质含量低，为 1%—3%，但土体无盐化和碱化特征。

黑毡土占白朗县地域面积的 9%，是西藏高原高寒草甸植被下形成的地带性土壤。黑毡土分布于海拔 4300—4650m 的深、中切高山的阴坡上。成土母质有板岩、砂岩等各类岩石风化的坡积物、残积物。黑毡土区的气候条件比草毡土暖湿，冬季土壤冻结期也缩短到约 3 个月，所以植被组成复杂。通常草本植物的返青期可提前近 2 个月，枯黄期推迟约 2 个月。由于植物生长期延长了近 4 个月，故有机物累积量大于草毡土，土体内动物和微生物活动明显，有机质分解和转化速度加快。黑毡土有机质积累过程与看似草毡土相似，但草毡层与腐殖质层厚度不同，并且化学性质也有一定的差异。黑毡土具有较弱冻融引起的氧化还原过程，这是由大气降水和融冻水浸润所引起的。在表层有机质逐渐累积和吸水性很强的草毡层形成后，黑毡土土体处于较长时期的干旱与夏秋短期湿润交替的状态，为成土物质的低温氧化与短暂还原过程的进行创造了条件，使土体中铁、锰、磷等元素的化合物发生移动或局部淀积，从而形成了一定的发生层段和新生体。虽然黑毡土的水分、剖面分布大体与草毡土相似，但因降水量较多，特别是夏秋季草毡层吸持大量水分，并以隔绝作用限制土体蒸发，而冬季干寒时间又较草毡土短，受冰冻影响较轻，故土体氧化还原状况和成土物质的转化、移动与草毡土不同。黑毡土发生层次分化较草毡土明显，剖面中部的结构面上，有灰色具光泽的腐殖质胶膜及少量锈纹，底土的棕色较鲜艳。

冷棕钙土占白朗县地域面积的7%，是本县土壤垂直带谱中的基带土壤，地处海拔3860—4200m，主要分布在年楚河谷及其支流的河谷，以及与河谷相接的洪积扇、山麓地带，强堆、洛江、嘎东、杜琼、旺丹等乡镇均有分布。由于长期的人为耕作熟化，这部分土壤的人为耕种成土特点十分明显，形成耕作层和心土层等发生层次，土壤的生物产量较大，归还土壤的有机质也较多，有灌丛落叶和植物根系留于土壤。由于气温相对较高，水分偏多，土壤中微生物活动旺盛，将土壤中的有机质分解转化，所以土体中有机质含量不是很高，但在未受侵蚀的地段，土壤形成有表层的腐殖质层与侵染层和其下的弱变质黏化层，以及受集中降雨作用，土壤中碳酸钙发生淋溶而形成的钙积层等发生层。

寒冻土占白朗县地域面积的6%，主要分布于本县南部高山湖泊区海拔5400—5600m以上的冰缘地带，如分水岭脊、冰碛台地、流石滩或岩屑堆等，局部地段有零星细土堆积，不形成连片土被。具体分布以东喜乡为主，零星分布于嘎普乡。寒冻土砾石含量为30%—50%，偶见植物根系。土壤剖面发育呈现原始性和幼年性的特征，剖面具有A–C构型，一般土体总厚度为15—30cm。地表常有3—15cm厚的砾幂层，下接腐殖质层（A层），厚度一般小于10cm；通常层次上部有一薄层蜂窝状结皮层，厚约1cm，有海绵状孔隙，这是由频繁的冻融交替和强烈的蒸发导致的；再下为5—8cm厚的土石混杂层，角石缝中聚积着细土物质，呈鳞片状或屑粒状结构，常见冻晶；底层为半风化的母质层（C层），初见片状结构，碳酸盐含量随母质而异。

小于本县地域面积3%的土壤类型还有潮土、草甸土、石质土和风沙土等。

本区域中心区气候特征

本区域中心区气候特征值
Regional climate characteristics in central area of the region

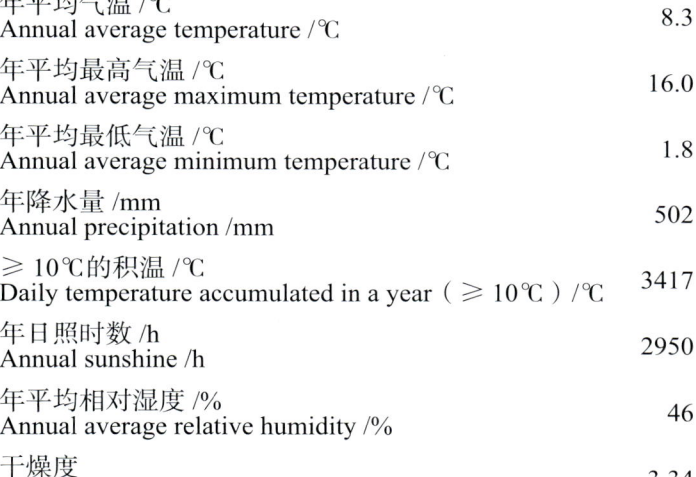

气候带：高原温带亚干旱气候 Climate region: Plateau temperate sub arid climate	
年平均气温 /℃ Annual average temperature /℃	8.3
年平均最高气温 /℃ Annual average maximum temperature /℃	16.0
年平均最低气温 /℃ Annual average minimum temperature /℃	1.8
年降水量 /mm Annual precipitation /mm	502
≥10℃的积温 /℃ Daily temperature accumulated in a year（≥10℃）/℃	3417
年日照时数 /h Annual sunshine /h	2950
年平均相对湿度 /% Annual average relative humidity /%	46
干燥度 Dryness	3.34

本区域中心区月平均气温与月平均降水量
Monthly temperature and precipitation in central area of the region

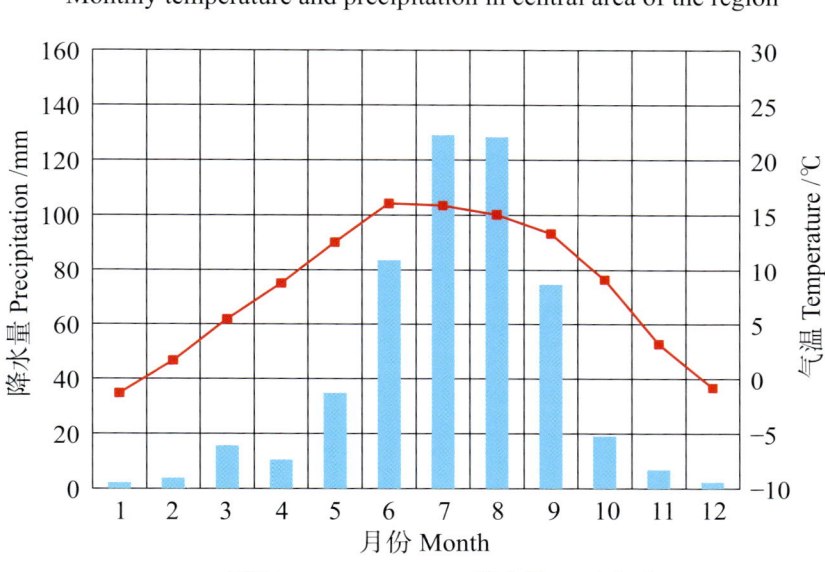

白朗县主要土壤类型与土壤剖面点分布图
1 : 370 000

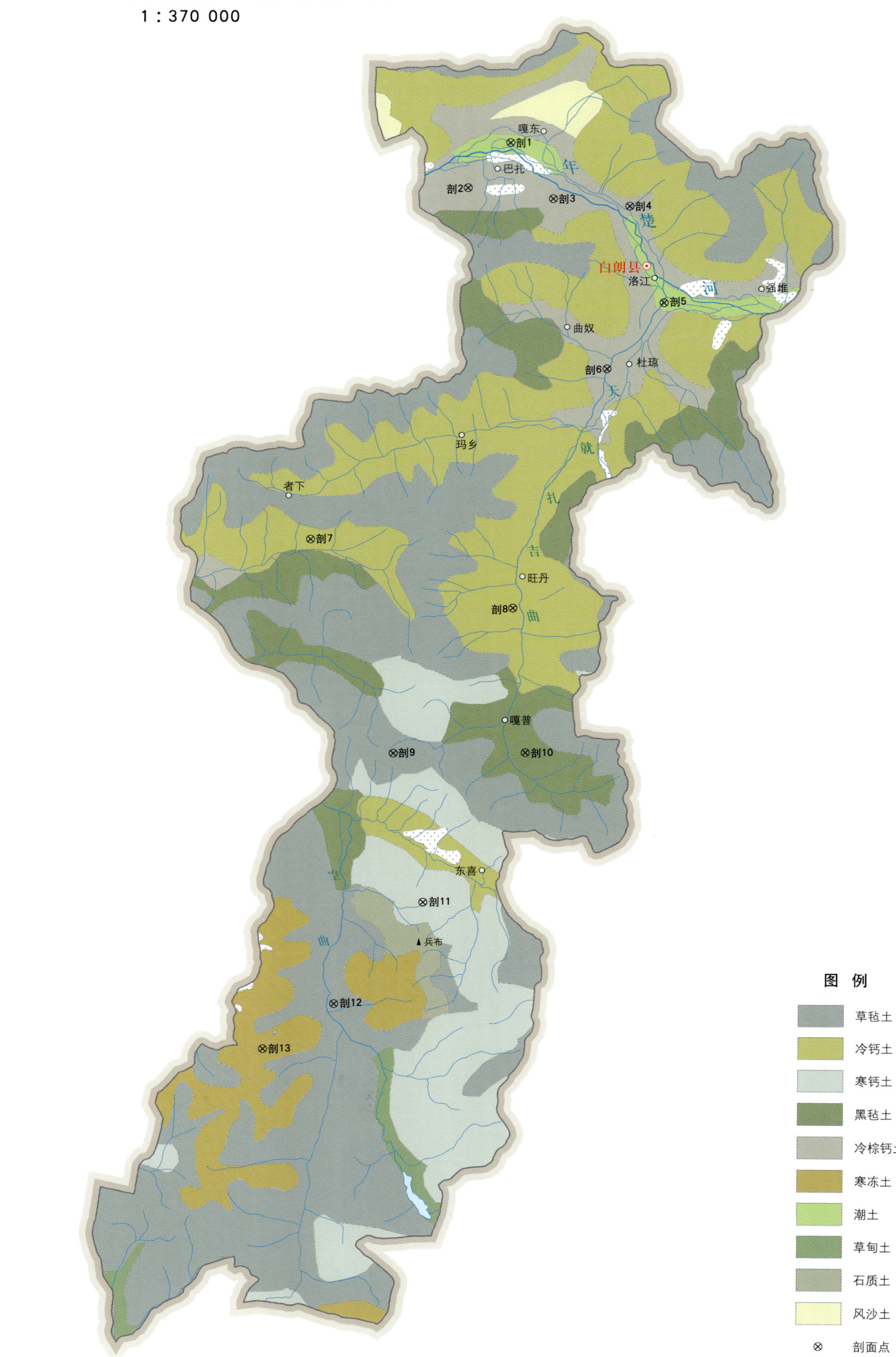

白朗县土壤剖面理化性状表

剖面号 Soil profile	土纲 Soil order	土类 Soil great group	亚类 Soil subgroup	土属 Soil genus	土层码 Layer code	土层厚度 Depth/cm	颜色 Soil color	质地 Soil texture	土壤结构 Soil structure	pH	有机质 OM/(g/kg)	全氮 TN/(g/kg)	全磷 TP/(g/kg)	全钾 TK/(g/kg)	碱解氮 AN/(mg/kg)	有效磷 AP/(mg/kg)	速效钾 AK/(mg/kg)	阳离子交换量 CEC/(cmol/kg)	土壤母质 Parent material	剖面点坐标 Profile coordinate	匹配指数 Matching index/%
剖1	半水成土	潮土	潮土	灰黏壤质潮土	A	0—20	暗灰棕色	砂质黏壤土	粒状	8.4	11.6	0.72	0.58	15.6	29	8.9	148	13.2	河流冲积物	E 89°08′59.3″ N 29°12′14.8″	71
					AB	20—33	暗黄棕色	砂质黏壤土	块状	8.3	11.1	0.96	0.57	15.6	29	1.1	140	13.0			
					BC	33—68	淡黄黄色	黏壤土	块状	8.4	10.9	0.70	0.54	14.4	23	1.5	151	14.5			
					BC(w)	68—100	灰黄色	黏壤土	块状	8.4	8.6	0.56	0.53	15.6	24	1.1	141	15.2			
剖2	高山土	冷棕钙土	冷棕钙土	灌耕冷棕钙土	A_{11}	0—16	灰黄棕色	砂质黏壤土	粒状	8.0	12.8	0.67	0.35	11.1	41	5.0	150			E 89°06′49.0″ N 29°10′13.1″	89
					B	16—31	灰黄棕色	黏壤土	块状	8.0	11.4	0.58	0.37	12.3	36	1.6	118				
					BC	31—57	浊黄棕色	黏壤土	块状	8.2	11.7	0.61	0.38	11.8	38	1.1	136				
					C	57—100	浊黄棕色	砂质黏壤土	块状	8.3	8.2	0.45	0.34	12.4	24	1.6	112				
剖3	高山土	冷棕钙土	冷棕钙土		A_{11}	0—18	灰黄色	砂质黏壤土	粒状	8.4	11.6	0.75	0.61	17.4	43	6.6	110			E 89°11′05.6″ N 29°09′39.6″	87
					AB	18—30	淡黄色	黏质黏壤土	块状	8.6	10.4	0.68	0.52	16.5	42	3.2	92	11.8			
					B	30—75	淡黄色	黏质黏壤土	块状	8.5	12.0	0.76	0.50	15.8	41	1.9	86	9.9			
					C	75—90	淡黄色	壤质黏壤土	块状	8.5	11.7	0.50	0.40	15.6	31	2.3	95	11.0			
剖4	高山土	冷棕钙土	冷棕钙土		A_{11}	0—18	灰黄色	壤质黏壤土	散状	8.2	18.3	1.44	0.98	25.4	61	4.0	296	10.2		E 89°14′56.8″ N 29°09′15.8″	95
					AB	18—26	灰黄色	壤质黏壤土	块状	8.3	13.0	1.10	0.75	23.9	42	3.0	199	13.8			
					B	26—65	淡黄色	壤质黏壤土	块状	8.3	8.8	0.79	0.60	22.8	25	3.0	173	13.8			
					BC	65—100	淡黄色	壤质黏壤土	块状	8.4	9.5	0.87	0.67	25.4	26	3.0	207	16.2			
剖5	半水成土	潮土	暗冷潮土	灰黏壤质潮土	A	0—16	灰黄色	少砂质黏壤土	粒状	8.4	14.7	0.90	0.59	17.1	47	8.0	222	9.3	洪积物、冲积物	E 89°16′35.8″ N 29°04′49.8″	83
					AB	16—26	灰黄色	少砂质黏壤土	块状	8.4	14.0	0.87	0.66	10.4	48	4.4	198	10.2			
					B	26—60	淡黄棕色	中砾石砂质黏壤土	块状	8.4	11.8	0.75	0.46	16.3	40	2.1	212	8.9			
					BC	60—100	淡黄棕色		粒状	8.4	14.3	1.14	0.88	22.3	45	23.0	193	9.3			
剖6	高山土	冷棕钙土	冷棕钙土	灌耕冷棕钙土	A_{11}	0—15	棕灰色	黏壤土	块状	8.3	10.1	0.93	0.82	22.0	27	9.0	231	14.2		E 89°13′40.4″ N 29°01′51.2″	75
					AB	15—24	暗灰棕色	壤黏土	块状	8.4	8.8	0.89	0.80	22.8	24	8.0	226	16.7			
					B	24—60	红灰棕色	砂壤土	粒状	8.5	8.0	0.86	0.68	21.7	21	7.0	222	15.7			
					BC	60—100	灰棕色	砂土	单粒状	8.1	29.9	1.78	0.59	20.8							
剖7	高山土	冷钙土	薄草毡		Ao	0—10	淡棕色	壤质砂土	粒状	8.3	29.8	1.73	0.60	20.0	45			12.8	橄榄岩、板岩残积物、坡积物	E 88°58′40.8″ N 28°54′16.2″	71
					AB	10—14	暗棕色	砂壤土	团粒状	8.3	19.8	1.20	0.67	20.8	85			12.4			
					C	30—50	淡棕色	砂土		8.2	40.9	2.18	0.68	19.7	101	1.8	108				
剖8	高山土	冷钙土	冷钙土		A_1	0—6	红灰色	多砾石砂壤土	粒状	8.1	29.0	1.50	0.61	19.5	67	1.1	58		花岗岩、板岩坡积物、残积物	E 89°08′47.0″ N 28°50′58.6″	85
					B	6—20	黄棕色	多砾石砂壤土	块状	7.2	15.4	1.30	0.51	23.4	45	<1.0	43	11.8			
					C	20—50	黄棕色	砂土	块状	7.2	28.4	0.91	0.67	24.6	85	<1.0	43	9.6			
剖9	高山土	草毡土	薄草毡土		A_s	0—6	紫棕色	多砾石黏质砂壤土	粒状	8.3	18.6	0.43	0.65	25.6	49	1.8	35	7.0	石英砂岩、花岗岩等坡积物、残积物	E 89°02′42.0″ N 28°44′25.8″	90
					A_1	6—15	紫棕色	砂质黏壤土	棱片状	7.1	9.8	0.46	0.87	24.1	33	1.4	73	10.6			
					AB	15—26	棕红色	砂质黏壤土	粒状	7.8	37.6	1.86	0.56	15.6	105	<1.0	182	19.2			
剖10	高山土	黑毡土	薄黑毡土		A_s	0—4	棕红色	少砾石砂质黏壤土	粒状	7.7	13.2	0.81	0.43	15.6	41	2.4	80	16.7	紫色砂岩残积物、坡积物	E 89°09′18.7″ N 28°44′21.8″	73
					A_1	4—8	棕红色	砂质黏壤土	块状	7.7	14.5	0.90	0.46	15.6	49	2.8	120	17.0			
					AB	8—14	棕红色	砂质黏壤土	块状	7.6	9.4	0.55	0.29	13.1	30	<1.0	143	17.2			
					C	24—45	红灰色	砂土	粒状	6.9											

续表 Continued

剖面号 Soil profile	土纲 Soil order	土类 Soil great group	亚类 Soil subgroup	土属 Soil genus	土层码 Layer code	土层厚度 Depth/cm	颜色 Soil color	质地 Soil texture	土壤结构 Soil structure	pH	有机质 OM/(g/kg)	全氮 TN/(g/kg)	全磷 TP/(g/kg)	全钾 TK/(g/kg)	碱解氮 AN/(mg/kg)	有效磷 AP/(mg/kg)	速效钾 AK/(mg/kg)	阳离子交换量CEC/(cmol/kg)	土壤母质 Parent material	剖面点坐标 Profile coordinate	匹配指数 Matching index/%
剖11	高山土	寒钙土	暗寒钙土		A₁	0—6	淡灰色	砂壤土	粒状	7.9	25.6	1.58	0.69	17.7	63	3.3	123	10.7	洪积物	E 89°04′05.5″ N 28°37′34.3″	72
					An	6—16	淡灰色	壤质砂土	块状	7.9	29.0	1.67	0.69	18.9	69	3.2	18	10.4			
					B	16—48	白色	黏质砂土	块状	8.2	18.2	1.14	0.58	13.7	38	1.6	82	10.4			
					BC	48—74	白色	砂壤土	块状	7.3	10.1	0.63	0.55	15.5	19	1.4	78	9.1			
					C	74—	淡红灰色	砂土	单粒状	8.5											
剖12	高山土	草毡土	草毡土		As	0—8	暗棕色	砂壤土	草毡状	6.3	65.7	2.59	0.72	23.3	167	1.0	90	15.4	千枚岩、花岗岩坡积物	E 88°59′35.2″ N 28°32′57.1″	79
					A₁	8—23	暗棕色	砂壤土	鳞片状	6.3	59.3	2.40	0.58	23.7	159	<1.0	83	17.4			
					B	23—45	灰黄棕色	砂壤土	块状	6.4	54.3	2.10	0.52	26.2	139	2.1	79	18.3			
					C	45—	灰黄色	多砾石砂土	单粒状	6.5	17.2	>6.00	0.50	20.9	44	<1.0	48	7.8			
剖13	高山土	寒冻土	寒冻土		A	0—10	暗绿灰色	多砾石壤质砂土		6.7	15.7	0.76	0.70	9.5	42	47.0	65	4.7	花岗岩残积物、坡积物	E 88°56′00.6″ N 28°30′54.4″	86
					BC	10—25	暗绿灰色	多砾质砂壤土		6.6											
					C	25—	暗绿灰色	多砾质砂壤土		6.8											

仁 布 县

主要土类说明

草毡土是仁布县主要土壤类型，占本县地域面积的45%。草毡土主要分布于海拔4500—5200m的高山阴坡和半阴坡地区，上连寒冻土，下接黑毡土。草毡土分布区较寒冷湿润，土壤冻结期长达半年以上，季节性冻层厚度超过1.5m，在夏半年土壤夜冻昼融交替频繁。植被组成以矮生嵩草和高山嵩草为主，次为苔草、圆穗蓼、矮火绒草、报香花等组成的高山矮草草甸群落，盖度为70%—90%。在多砾或高海拔地段，盖度下降到30%—50%，苔状蚤缀、垫状点地梅、景天等占有一定比重。高山矮草草甸群落植株低矮，组成分层不明显，但根系庞大、纠结成层。草毡土成土母质主要是火成岩、板岩、砂岩的残积物、坡积物。草毡土的成土过程具有明显的有机质积累作用和氧化还原作用特点。草毡土所在地区常年低温，土壤周期性冻融交替。在夏半年降水量大，暖湿同季，植物生长茂密，有较多的植物残体进入土壤，而冬半年寒冷漫长，土壤冻结，微生物活动弱，植物残体得不到充分的分解，多半以原始或半分解的形态累积于土壤中，因而土壤有机质的累积大于分解，形成活根和死根相互交织的连片草皮，这就是有机质累积作用。草毡土形成过程中的氧化还原作用是由大气降水和融冻浸润引起的，与一般的受地下水直接影响的草甸土不太相同。在表层有机质逐渐积累和吸水性很强的草毡层形成后，草毡土处于较长期的干旱与夏季短期湿润交替的状态，为成土母质的低温氧化与短暂的还原过程的进行创造了条件。土壤中铁、锰等化合物发生移动或局部淀积，从而形成了一定的发生层段和新生体。草毡土表层水分随季节的不同而出现很大的变化，中部含量稍高、湿度较为稳定，下部的变化较小。因此，土壤表层除夏季湿润期间有间隔性的还原淋溶淀积作用外，常处于氧化状态。中部基本上处于还原状态，如遇蒸发或蒸腾作用强烈，或者秋冬降温时自上而下的冻结，也可使土壤溶液上升而出现氧化状态。

黑毡土是仁布县第二大土壤类型，占本县地域面积的24%。黑毡土分布于海拔3900—4500m的带幅内，县内北部地区分布较广，上连草毡土，下承冷棕钙土。黑毡土所处的地形部位较草毡土低缓，为高山中下部的阴坡和半阴坡的地区。其他布区生物、气候条件基本与草毡土相似，土壤冻结期为3—4个月，季节性冻层厚度小于1m，土壤冻融作用较不显著。草本植物的组分相当复杂，不但有一年生植物加入，双子叶植物显著增多，而且植物结构上有明显的层次分化，呈现繁茂的景观。主要植物有嵩草、早熟禾、委陵菜、木根香青、风毛菊、龙胆等。此外，在雅鲁藏布江拐弯到亚德处还有散生的小叶杜鹃、锦鸡儿、爬地柏等生长。定居在黑毡土中的动物除数量较多的旱獭和大耳兔外，还可见到蚯蚓及其活动痕迹。成土母质主要为火成岩、板岩、砂岩的坡积物和残积物、坡积物。黑毡土的水分条件相对较优良，土壤冻结期比草毡土短2—3个月，草本植物返青期提前一个月左右，植物生长的速度和数量也明显增加，根系仍集中于表层并呈毡状，但草毡层密实程度降低，弹性较好，腐殖质层的色调较暗，主要呈暗灰棕色和棕褐色。形成这种色调的原因，一方面与腐殖质侵染的程度有关，另一方面可能与母质的特性有关。由于黑毡土的水分较草毡土丰富，特别是夏秋季草毡层吸持大量水分，并以其隔绝作用遏制了土壤蒸发，而冬季干寒时间又较短，受冰冻影响较轻，因而还原状况和成土母质的转化有所不同。如果把两种土壤作比较，黑毡土发生层次分化较明显，剖面中部结构上有灰色具光泽的腐殖质、胶膜及少量的锈纹锈斑，底土的棕色较鲜艳。

寒冻土是仁布县第三大土壤类型，占本县地域面积的14%。寒冻土常见于雪线以下至海拔5200m处的地带，主要分布于宁金岗桑、帕当雪山等，下接草毡土或寒钙土。寒冻土是脱离冰雪覆盖年龄最短的一类土壤，所在地形一般地势陡峻，山坡上岩石裸露或岩屑、冰、砾石满布，活动岩屑和融冻石流广泛分布，因而不能形成连片的土壤。成土母质主要为火成岩、板岩、砂岩等为主的残积物和坡积物。环境寒冷且风大，由于高寒的生态条件，只有一些冷生壳状地衣等着生于岩石和石砾的背面，高等植物种类极少，仅在低坳的间歇性流水沟边或岩屑缝中有零星分布，如垫状点地梅、苔状蚤缀、风毛菊等，盖度为5%—10%甚至更低，土壤中极少见动物及其活动迹象。寒冻土形成于高山寒带半干旱条件下，土壤冻结时间长，由于土壤表层昼夜正负温度交替出现，冻结和融化对成土过程的影响极为深刻，主要表现在以下几个方面：①土壤有机质分解缓慢和腐殖质化弱。低温干旱抑制了局部土壤中微生物的活动，导致有机残体的分解极弱。②土壤化学、生物风化和成土作用微弱，物理风化作用占主导地位。由于寒冻风化作用非常强烈，在稀疏的坐垫植被下成土作用微弱，土壤粗骨性强、细土粒少。③土壤冻融的形态特征明显，并引起物质的移动，在冻融作用下，土壤出现轻微的冻结凸起。寒冻土土层浅薄，剖面分化不明显，属 A–C 构型。

冷棕钙土占仁布县地域面积的 8%，是仁布县分布最低的一种土壤，上接冷钙土或黑毡土，可和草甸土以复区形式共存。其分布高度视基面的变化而变化，一般在海拔 3700—3850m。冷棕钙土通常形成于坡折线以下的河谷阶地和洪积扇上，地势较平坦开阔。植被类型为灌丛草原植被，主要由西藏狼牙刺、多刺锦鸡儿、蒿类、白草、三刺草和固沙草等组成。植被的盖度一般不超过 40%，生长茂密的地方可达 60%。冷棕钙土分布区气候比较温和，特别是降水集中于暖季，有利于土壤的发育。成土母质主要为河谷底部的冲积物和洪积物，其成分或风化程度视母质来源和搬运情况而不同。冷棕钙土具有明显的腐殖质积累作用和钙积作用特点。腐殖质的积累作用指灌丛草原植被的地上部分和地下部分积累于土内，经过暖季的腐殖质化作用逐步积聚于土壤表层内。一般表层有机质含量为 2% 左右，沿土壤剖面向下，随根量的显著减少，其含量也骤然降低。冷棕钙土分布降水高度集中于土壤生物、化学过程的比较旺盛的暖季，且降水绝大部分集中于夜晚。所以，虽然降水量不高，但却有一定强度的淋溶作用。冷棕钙土成土过程已经进入游离碳酸钙开始淋溶并在剖面中、下部重新聚集的阶段。碳酸钙多在表土层以下 40—50cm 深处大量淀积，其厚度为 10—15cm 不等，这就是钙积作用。现代成土所淀积的碳酸钙新生体多呈粉末状、假菌丝状，而古土壤则往往形成团结的石灰结核等。

冷钙土占仁布县地域面积的 5%。作为地带性土壤，它上接高山草原草甸土或寒冻土，有时也与粗骨土以复区共存。冷钙土一般形成于海拔 3800—4700 米或更高的高原宽谷、湖盆和高原宽谷的山地上。土壤冻结期仅 3 个月，土壤融冻作用微弱，因此草本植物组成较寒钙土的植被复杂，有针茅、固砂草以及藏蒿组成的几种群系，还有灌丛锦鸡儿、金露梅等。植被覆盖度一般很低，较高者可达 40%—60%，局部地区气候稍显湿润，植被组成草甸成分增多，植物生长较茂密，形成了草甸草原类型。成土母质主要为坡积物、洪积物等。由于土壤季节性冻结时间短、土壤季节性淋溶强，腐殖质积累多，钙积层较明显。

小于本县地域面积 3% 的土壤类型还有风沙土和粗骨土等。

本区域中心区气候特征

本区域中心区气候特征值
Regional climate characteristics in central area of the region

气候带：高原温带亚干旱气候 Climate region: Plateau temperate sub arid climate	
年平均气温 /℃ Annual average temperature /℃	8.0
年平均最高气温 /℃ Annual average maximum temperature /℃	15.7
年平均最低气温 /℃ Annual average minimum temperature /℃	1.4
年降水量 /mm Annual precipitation /mm	463
≥ 10℃的积温 /℃ Daily temperature accumulated in a year (≥ 10℃) /℃	3224
年日照时数 /h Annual sunshine /h	2974
年平均相对湿度 /% Annual average relative humidity /%	45
干燥度 Dryness	2.64

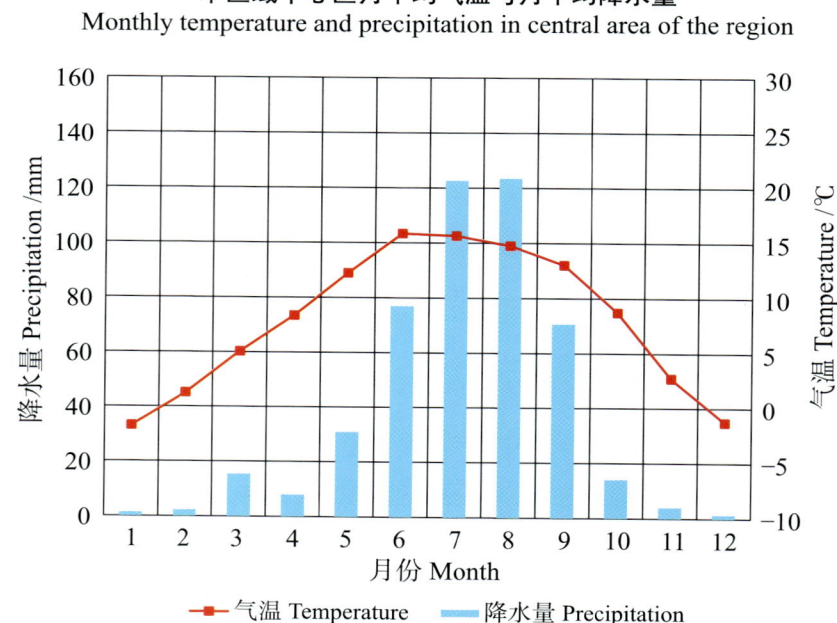

本区域中心区月平均气温与月平均降水量
Monthly temperature and precipitation in central area of the region

仁布县主要土壤类型与土壤剖面点分布图

1∶260 000

图例：草毡土、黑毡土、寒冻土、冷棕土、冷钙土、风沙土、粗骨土、剖面点

注：本图界线不作为实地划界依据。

第二编　分县土壤图与土壤剖面数据 ｜ 105

仁布县土壤剖面理化性状表

剖面号 Soil profile	土纲 Soil order	土类 Soil great group	亚类 Soil subgroup	土层码 Layer code	土层厚度 Depth/cm	颜色 Soil color	质地 Soil texture	土壤结构 Soil structure	pH	有机质 OM/(g/kg)	全氮 TN/(g/kg)	全磷 TP/(g/kg)	全钾 TK/(g/kg)	碱解氮 AN/(mg/kg)	有效磷 AP/(mg/kg)	速效钾 AK/(mg/kg)	土壤母质 Parent material	剖面点坐标 Profile coordinate	匹配指数 Matching index/%
剖1	高山土	黑毡土	黑毡土	1	0–17	棕灰色	砂壤土	屑粒状	8.2	35.3	2.26	1.08	21.0	140	8.0	104	石灰性洪积物	E 90°09′57.6″ N 29°18′33.5″	79
				2	17–37	暗灰棕色	砂壤土	团块状	8.2	24.9	1.93	1.03	21.4	103	3.0	69			
				3	37–52	暗棕色	砂壤土	团块状											
				4	52–100														
剖2	高山土	冷钙土	冷钙土	1	0–15	棕色	黏壤土	屑粒状	8.4	29.5	2.09	0.86	26.3	106	6.0	42	洪积物	E 90°04′55.9″ N 29°18′15.1″	73
				2	15–35	灰黄棕色	粉沙质黏土	块状	8.4	31.2	2.17	0.94	27.8	106	4.0	41			
				3	35–100	暗棕色	黏壤土	块状	8.2	30.5	2.15	0.95	27.7	96	5.0	32			
剖3	高山土	黑毡土	黑毡土	1	0–15	棕灰色	砂壤土	团粒状	8.0	43.9	2.69	0.95	21.1	146	17.0	175	洪积物	E 90°15′07.9″ N 29°15′20.2″	73
				2	15–30	灰黄棕色	砂壤土	块状	8.3	32.6	2.30	0.93	21.3	110	10.0	115			
				3	30–50	灰黄棕色	砂壤土	块状	8.5	23.4	1.80	0.64	22.1	76	7.0	78			
				4	50–100	暗灰黄色	砂壤土	块状											
剖4	高山土	寒冻土	寒冻土	1	0–12			散状									残积物、坡积物	E 90°17′06.0″ N 29°15′05.0″	71
				2	12—														
剖5	高山土	黑毡土	薄黑毡土	1	0–8		砂壤土	粒状	6.9	66.5	3.56	0.75	20.5	209	4.0	134	坡积物	E 90°08′51.0″ N 29°14′21.8″	71
				2	8–27		砂壤土	块状	7.1	30.5	2.09	0.72	19.9	90	3.0	42			
				3	27–60		砂壤土	块状	7.2	37.2	2.03	1.00	20.0	97	4.0	47			
				4	60—														
剖6	高山土	黑毡土	黑毡土	1	0–7	灰色	砂壤土	团块状									坡积物	E 89°49′11.6″ N 29°13′11.3″	77
				2	7–25	淡棕灰色	砂壤土	团块状											
				3	25–40	灰黄色													
				4	40—														
剖7	高山土	草毡土	草毡土	1	0–8	暗灰棕色	黏壤土	屑粒状	6.0	123.8	4.69	1.26	19.4	371	8.0	98	坡积物	E 90°13′12.7″ N 29°12′30.2″	72
				2	8–16	灰棕色	黏壤土	团粒状	5.9	64.9	2.61	1.21	21.0	168	11.0	73			
				3	16–35	棕黄色	砂砾石土	块状											
剖8	高山土	冷棕钙土	冷棕钙土	1	0–14	棕色	砂壤土	屑粒状	7.5	15.7	0.96	0.68	17.7	49	2.0	15	冲积物	E 89°54′25.9″ N 29°11′11.8″	71
				2	14–30	棕色	砂壤土	屑粒状	7.6	21.6	1.43	0.53	21.1	65	1.0	30			
				3	30–110														

康 马 县

主要土类说明

寒钙土是康马县主要土壤类型，占本县地域面积的51%。寒钙土是在高山草原植被下发育的一类土壤，广泛分布在全县各乡海拔4700—5300m高山的中上部，形成于剥蚀高山的中上部或古冰碛台地。成土母质主要是板岩、千枚岩、砂页岩和砾岩等组成的残积物、坡积物，质地一般较粗，砾石含量高。其分布区环境干旱多风，土壤冻结期为5个半月左右，有季节性冻土现象，土壤夜冻昼融作用虽比草毡土弱，但较冷钙土强一些。植被组成以针茅、羊茅、棘豆等为主，伴生种植物有苔草、麻黄、垫状点地梅、苔状蚤缀、小嵩草等，盖度为30%—80%。在上述成土条件的综合影响下，寒钙土的成土过程有以下特点：①腐殖质积累作用较弱，较之草毡土和冷钙土都弱。腐殖质层呈灰棕或浅灰黄色，具屑粒状或弱团块状结构，厚度为5—15cm。②钙积作用较弱，较之冷钙土弱。土壤季节性淋溶较差，碳酸钙在剖面中部B层或C层相对聚积，深度多在28—30cm，碳酸盐新生体不太发育。③地表无草毡层或为不连续草毡层，常为碎石、砾石、浮沙覆盖，表土以下多具腐殖质层、钙积层、母质层三个基本层段。土体厚度多在15—60cm。

冷钙土是康马县第二大土壤类型，占本县地域面积的20%。冷钙土是高原温带亚高山蒿属草原植被下发育的一类土壤，广泛分布在全县各乡镇，是本县分布较广、牧用价值较高的土壤类型。冷钙土一般形成于剥蚀高山的中下部、亚高山的上部、缓丘、山麓洪冲积扇、河湖阶地及洪冲积倾斜平原、湖积平原等。其分布区海拔为4100—4700m，地下水位深。成土母质主要是板岩、砂页岩、灰岩、千枚岩、石英岩等组成的残积物、坡积物和石灰性洪积物、冲积物，部分为石灰性壤质湖积物。土壤冻结期仅3个月，土壤冻融作用较微弱，因此草本植物组成较寒钙土复杂，多以西藏嵩草为主，伴生种植物有棘豆、固沙草、狼毒、蒲公英、委陵菜、苔草和锦鸡儿等，盖度一般较高，多为40%—80%。局部区域气候稍显湿润，植被组成中草甸成分增多，植物生长较茂密，形成了草甸草原类型。栖居于冷钙土的老鼠和兔子很多，洞穴密集。在上述成土条件的综合作用下，冷钙土的成土过程具以下特点：①由于土壤季节性冻结时间短和土壤季节性淋溶较强，腐殖质积累作用和钙积作用均较寒钙土强，形成了较为明显的腐殖质积聚层和明显的钙积层。②腐殖质层处0—20cm范围，厚10—20cm，颜色为灰棕色或浅灰棕色，具弱粒状结构，有机质含量一般为2%—3%，碳氮比为8—10。钙积层出现部位较深，多处在30cm以下，碳酸盐新生体呈菌丝体、脉纹状，在B层或C层中发育。③表土厚10—15cm，多为砾泥质或砂砾质，其下多为砾石土。剖面通体有石灰反应，土壤pH为7.5—8.5。土体厚度差异大，薄的为35—50cm，厚的为0.5m以上，直至3—5m。

草毡土是康马县第三大土壤类型，占本县地域面积的11%。草毡土是在高山带嵩草草甸植被下发育的一类土壤。主要分布在县境南部、东南部、东部和西北部边缘的高山带和康如普曲（少岗—萨马达段）两侧的高山上部，海拔多在4800—5300m，上界线至海拔5400m，下界线至海拔4700m。成土母质主要是以板岩、片岩、千枚岩等为主的残积物、坡积物，局部地段出现各种酸性结晶岩类为主或石灰岩类为主的残积物或坡积物。土壤冻结期长达半年以上，季节性冻层厚度超过1.5m，或有残留的岛状或带状分布的永冻层，土壤夜冻昼融交替频繁。植被组成以矮生嵩草和高山嵩草、苔草为主，次为矮火绒草、毛茛、龙胆等组成的高山矮草草甸群落，盖度为60%—90%。草毡土中穴居动物不多，活动密度小。在上述成土条件的综合影响下，草毡土的成土过程具有明显的腐殖质积累作用和氧化还原作用特点。本县草毡土常年气温偏低，土壤周期性冻融交替。在夏半年，降水量大，暖湿同季，植物生长茂密，有较多的植物残体进入土壤；而冬半年，寒冷漫长，土壤冻结，微生物活动弱，植物残体得不到充分的分解，多半以原形或半分解的形态累积于土壤中。因而这类土壤有机物的累积量大于分解量，形成活根和死根相互交织的连片草皮，也就是腐殖质积累作用。草毡土上植物生长和微生物活动，受低温和生理干旱的限制。每年从11月到翌年4月上、中旬，土壤冻结，4月上、中旬到5月底，气温逐渐回升，水分蒸发和蒸腾加快，而降水很少，土壤含水量较低；只有从5月底或6月上旬雨季开始到土壤冻结，才是植物生长和成土作用最活跃时期。因此，总体上植物生长缓慢，植株低矮，莎草科植物高仅3—5cm，根系集中于5—10cm，状如毛毡。草毡土有机质分解程度较差，碳氮比在15以上，腐殖质层厚度一般在10—20cm，有机质表层分布最多（含量多为2%—4%，高者达8%），向下骤然减少。其成土过程的氧化还原作用是由大气降水和融冻水浸润所引起的。草毡土在表层有机质逐渐累积和吸水性很强的草毡层形成后，土壤处于较长时期的干旱与夏秋短期湿润交替的状态，为成土物质的低温氧化与短暂还原过程的进行创造了条件，使土壤中铁、锰、磷等的化合物发生移动或局部淀积，从而在剖面的中部形成特有的"暗色层"。草毡土水分的剖面分布特点主要表现为：表层水分随季节的不同而有很大的变动；中部含水量稍高，湿度较为稳定；下部的湿度变化较小。因此，土壤表层除夏季较湿润时期有间歇性的还原淋溶作用外，常处于氧化状态。中部基本上处于还原状态，如果遇蒸发或者秋冬降温时自上而下的冻结，也可使土壤溶液上升而出现氧化状态。下部则呈还原状态。这种水分剖面分布，对土壤形成有两方面的影响，一是形成剖面中的冻层结构和暗色层，二是形成铁、磷等元素活化和迁移的环境条件。

寒冻土占康马县地域面积的11%，多分布在高山顶部冰缘附近，土壤冻结的时间长。由于土壤表层昼夜正负温度交替出现，冻结与融化也交替进行，这对寒冻土的成土过程具有深刻的影响，主要表现为以下几个特点：①土壤化学风化微弱，物理风化作用占主导地位。由于寒冻风化作用非常强烈，在稀疏的垫状植被下成土作用微弱，土壤岩组几乎全由骨骼颗粒部分组成，细土物质常积聚于岩隙和石缝内，有限的粉砂和黏粒部分以明显的物理渗漏向下移动。②土壤融冻的形态特征明显，并引起物质的移动。土壤冻结时出现轻微的凸起，化冻时有的地表常产生绳纹状融冻泥流等。由于土壤的冷暖随季节或昼夜交替，故融冻总是以大致平行于地表的水平层次变化着的，表现在土壤的亚表层有层状结构形成。由于冻裂作用和冻移作用的结果，使进入土壤中的少量有机质不但与表层土粒掺和，而且还往下混入表层之下的土层中。土壤中的钙离子也随冬夏融冻作用在土层中上下移动。一般说来，质地轻粗的寒冻土活性铁在亚表层积聚，质地较黏重的寒冻土活性铁多在表层积聚。③土壤有机质分解缓慢和腐殖化弱，腐殖质组成以富里酸为主。低温干旱抑制了局部土壤中微生物的活动，导致有机残体的分解缓慢，腐殖质的腐殖化作用弱，胡敏酸含量低。

小于本县地域面积3%的土壤类型还有草甸土、沼泽土和石质土等。

本区域中心区气候特征

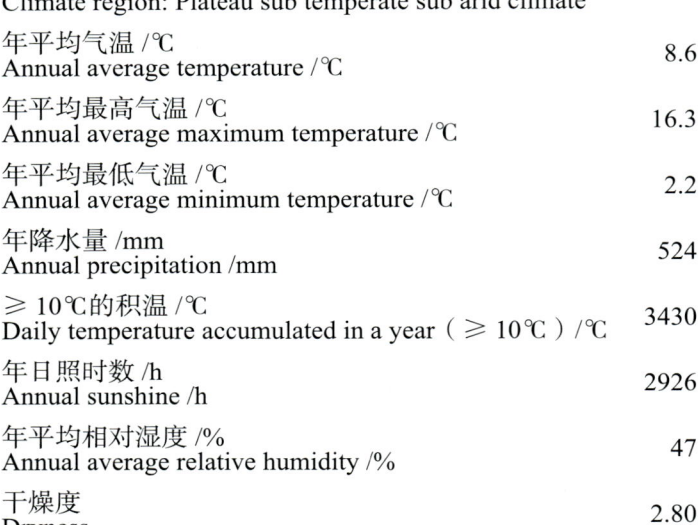

本区域中心区气候特征值
Regional climate characteristics in central area of the region

气候带：高原亚温带亚干旱气候 Climate region: Plateau sub temperate sub arid climate	
年平均气温 /℃ Annual average temperature /℃	8.6
年平均最高气温 /℃ Annual average maximum temperature /℃	16.3
年平均最低气温 /℃ Annual average minimum temperature /℃	2.2
年降水量 /mm Annual precipitation /mm	524
≥10℃的积温 /℃ Daily temperature accumulated in a year（≥10℃）/℃	3430
年日照时数 /h Annual sunshine /h	2926
年平均相对湿度 /% Annual average relative humidity /%	47
干燥度 Dryness	2.80

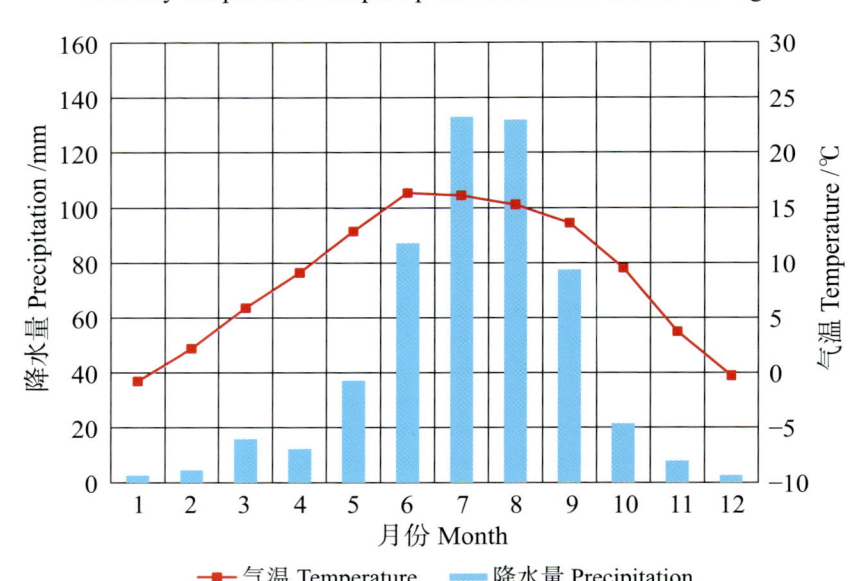

本区域中心区月平均气温与月平均降水量
Monthly temperature and precipitation in central area of the region

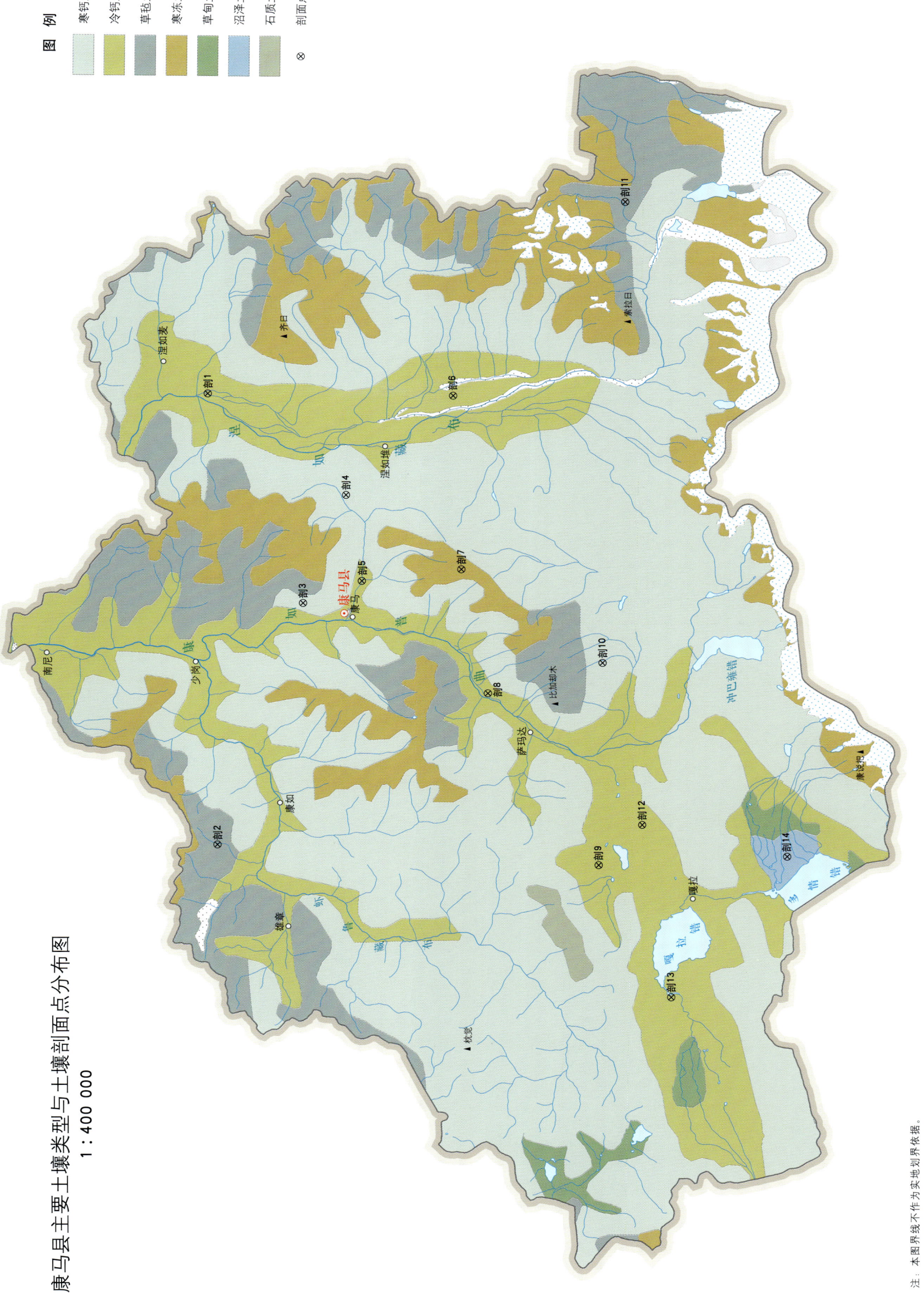

康马县主要土壤类型与土壤剖面点分布图
1∶400 000

第二编　分县土壤图与土壤剖面数据 | 109

康马县土壤剖面理化性状表

剖面号 Soil profile	土纲 Soil order	土类 Soil great group	亚类 Soil subgroup	土属 Soil genus	土层码 Layer code	土层厚度 Depth/cm	颜色 Soil color	质地 Soil texture	土壤结构 Soil structure	pH	有机质 OM/(g/kg)	全氮 TN/(g/kg)	全磷 TP/(g/kg)	全钾 TK/(g/kg)	碱解氮 AN/(mg/kg)	有效磷 AP/(mg/kg)	速效钾 AK/(mg/kg)	阳离子交换量CEC/(cmol/kg)	土壤母质 Parent material	剖面点坐标 Profile coordinate	匹配指数 Matching index/%
剖1	高山土	冷钙土	冷钙土	洪积泥砾质冷钙土	1	0—8	淡灰色	轻壤土	粒状	8.0	18.4	0.60	0.78	20.2	48	4.0	90	3.0	石灰性冲积物	E 89°54′23.8″ N 28°40′37.2″	71
					2	8—19	黄棕色	轻壤土	碎块状	8.0	28.7	1.14	0.64	17.6	69	2.0		5.1			
					3	19—35	黄棕色	轻壤土	碎块状	8.0	11.7	0.44	0.94	16.6	24	<1.0	32	2.8			
					4	35—58	灰白色														
剖2	高山土	草毡土	棕草毡土		1	0—21	暗棕色	轻壤土	块状	7.7	48.6	1.88	0.86	18.6	107	2.0	63	9.6	泥质板岩坡积物	E 89°26′44.2″ N 28°40′34.7″	73
					2	21—33	淡黄色	轻壤土	粒状	7.2	21.6	1.08	0.72	20.1	63	3.0	33	5.0			
					3	33—60	淡黄色	轻壤土		6.9	11.0	0.74	0.62	18.6	44	2.0	31	5.0			
剖3	高山土	寒钙土	寒钙土		1	0—20		紧砂土		7.8	22.7	0.72			53	5.0	56			E 89°41′27.2″ N 28°35′52.4″	71
					2	20—50		紧砂土		8.0	24.4	0.84			60	2.0	28	5.2			
剖4	高山土	寒钙土	寒钙土		1	0—8	淡黄色	紧砂土	粒状	8.0	30.8	1.22	0.58	21.5	81	5.0	61		泥质片岩、板岩残积物、坡积物	E 89°48′01.4″ N 28°33′31.3″	88
					2	8—20	淡黄褐色	砂壤土	粒状	8.0	33.8	1.31	0.74	21.7	88	3.0	33	8.1			
					3	20—31	淡黄色	紧砂土	粒状	7.8	32.6	1.24	0.62	20.4	92	2.0	41	6.2			
					4	31—	褐黄色														
剖5	高山土	冷钙土	冷钙土		1	0—20	褐黄色	轻壤土	粒状	8.0	19.3	0.60	0.44	20.6	47	2.0	60	4.4	石英岩、板岩、石灰岩坡积物、残积物	E 89°42′45.4″ N 28°32′47.4″	85
					2	20—40	黄褐色		碎块状	7.8	9.8	0.50	0.33	21.9	34	1.0	32	4.9			
					3	40—65	褐色		粒状												
剖6	高山土	冷钙土	冷钙土	洪积泥砾质冷钙土	1	0—17		中壤土	粒状	8.0	17.4	0.98	0.40	21.0	49	4.0	95	15.4	石灰性洪积物、冲积物	E 89°53′59.3″ N 28°27′50.8″	71
					2	17—39		轻壤土	粒状	8.0	12.6	1.21	0.60	18.2	72	3.0	59	<2.0			
剖7	高山土	寒冻土	寒冻土		1	0—10	棕色	轻壤土	屑粒状	6.5	7.9	0.49	0.70	22.6	37	5.0	73	10.4	板岩残积物、坡积物	E 89°43′21.7″ N 28°27′36.0″	71
					2	10—25	棕褐色	轻壤土	片状	7.4	5.1	0.36	0.76	23.6	26	4.0	55	9.0			
					3	25—47	暗暗棕褐色	轻壤土	屑粒状	7.5	4.4	0.25	0.73	23.4	20	3.0	44	9.4			
					4	47—70	黄棕色		屑粒状												
剖8	高山土	冷钙土	冷钙土		1	0—16		松砂土	粒状	6.9	54.2	1.92	0.71	23.2	171	<1.0	82	8.4		E 89°35′44.2″ N 28°26′20.8″	85
剖9	高山土	冷钙土	冷钙土		1	0—14	暗棕	砂壤土		8.2	44.1	1.69			97	2.0	132		石灰性洪积物、冲积物	E 89°25′04.4″ N 28°20′44.9″	70
					2	14—27	灰棕色		粒状	8.0	13.0	0.41			86	2.0					
剖10	高山土	寒冻土	寒冻土		1	0—14	暗棕色	紧砂土	屑粒状	7.6	76.8	2.28	0.72	23.1	201	6.0	72	11.6	泥质板岩残积物、坡积物	E 89°37′28.9″ N 28°20′20.4″	71
					2	14—37	灰黄色	紧砂土	屑粒状	7.4	60.5	1.90	0.78	24.1	145	4.0	59	11.6			
					3	37—55	黄黄棕色														
剖11	高山土	冷钙土	草毡土		1	0—19		砂壤土	粒状	7.1	66.5	2.12	0.60	22.8	184	2.0	305	10.2	泥质板岩残积物、坡积物	E 90°05′40.2″ N 28°18′40.7″	74
					2	19—35		轻壤土	粒状	7.0	64.6	1.88	0.77	24.4	160	2.0	58	10.4			
					3	35—55															
剖12	高山土	草毡土	盐化冷钙土		A	0—20	暗棕色	粉砂质壤土	屑粒状	8.1	14.2	0.58	0.24	16.3	26	6.0	235		石灰性洪积物、冲积物	E 89°27′30.2″ N 28°18′26.3″	95
					Bk	20—50	灰色	粉砂质壤土	块状	7.6	13.6	0.60	0.75	14.0	30	1.0	173				
					BkC	50—90	灰色	粉砂质壤土	块状	7.7	15.2	0.64	0.32	18.6	18	1.0	238				
剖13	高山土	冷钙土	暗冷钙土	湖泥质暗冷钙土	1	0—5	淡灰棕色		粒状											E 89°16′55.2″ N 28°17′06.0″	88
					2	5—22	暗棕		碎块状	8.0	68.9	2.89			189	7.0	257	9.2			
					3	22—50	棕色		粒状	8.1	67.8	2.76			169	6.0	216	8.9			
					4	50—85	粽色		块状	8.1	51.0	2.01			152	4.0	189	6.8			
剖14	水成土	沼泽土	草甸沼泽土		1	0—8	暗棕色		粒状											石灰性湖积物	E 89°25′23.9″ N 28°10′55.9″	71
					2	8—19	粽色		粒状												
					3	19—35	淡灰色		碎块状								120				
					4	35—50	暗灰色			8.2	48.0	1.75				2.0					

定 结 县

主要土类说明

冷钙土是定结县主要土壤类型，占本县地域面积的22%。冷钙土剖面中具有石灰性壤质的钙积层，且较为明显，碳酸盐新生体比较发育，细土部分稍多。本县冷钙土分布于海拔4700m以下的高原宽谷湖盆区及周围山地上，气候条件较温暖、半干旱。土壤冻结期为3个月，冻融作用弱。草本植物组成较寒钙土复杂，有固沙草、白草、劲直黄芪、垂穗披碱草、灰条菜、西藏嵩草等，盖度为30%—50%，栖居于冷钙土的啮齿动物数量很多，洞穴密集。与寒钙土成土特点相同，冷钙土的成土过程也表现为腐殖质积累作用和钙积作用特点，但由于后者土壤季节性冻结时间短和季节性淋溶较强，腐殖质的积累作用和钙积作用均较前者强。冷钙土的水热条件较好，草本植物返青期较高山草原土提前半个月左右，植物生长速度和数量也有明显增加，根系集中于表层，植物残体的腐殖化较强。由于季节性的淋溶作用，剖面中钙积层明显，碳酸盐新生体（呈菌丝状、脉纹状）也较发育。

寒冻土是定结县第二大土壤类型，占本县地域面积的19%。寒冻土是脱离冰川和永久积雪影响最晚、成土年龄最短的一类土壤，分布于海拔5200—6600m的高山顶部，上为冰雪覆盖，下接草毡土。地表岩石裸露，岩屑、冰碛砾石堆积，冻融石流广泛分布；局部有细土堆积，不形成连片土被。成土母质多为花岗岩、板岩、钙质砂岩的寒冻风化残积物、坡积物。由于地形高亢，气候寒冷，风大，因此，只生长少量冷生壳状地衣，高等植物种类极少，仅在低坳的间歇性流水沟边或岩屑缝中偶有分布。常见的植被有垫状点地梅、簇生柔子草、雪兔子、红景天、红棕苔和胎生早熟禾等，盖度仅为1%—2%。因受高寒环境条件的影响，寒冻土的成土过程以物理风化为主，化学风化和成土作用微弱，土壤几乎全由骨骼颗粒部分组成，只有少量细生物质随水流积在岩隙缝中，土壤剖面发育呈现出年轻性和原始性的特点；同时，稀疏矮小的植被使得土壤有机质分解积累十分缓慢。寒冻土的剖面形态特征表现为土体浅薄，剖面发育差，层次分化不明显，通常为A-C构型，即在浅薄的表层（A层）下，为风化层（C层）。寒冻土的理化性状具有高寒土壤特点，土壤质地轻粗，砾石含量高，土壤pH呈中性至微碱性，阳离子交换量低，有机质及其他养分也较缺乏。

寒钙土是定结县第三大土壤类型，占本县地域面积的17%。寒钙土是具有浅色砂质的弱钙积层的土壤，其剖面中白色碳酸钙稍有聚积，碳酸盐新生体不太发育，砂砾化较高。寒钙土分布在喜马拉雅山以北，气候寒冷干燥，土壤季节性冻结。成土母质主要是板岩、钙质砂岩等的残积物、坡积物，建群植被有紫花针茅、羽柱针茅、劲直黄芪、三角草、固沙草和羊茅等，局部地区有西藏锦鸡儿、金露梅伴生，盖度为20%—40%。在上述成土条件的综合影响下，植被稀疏，每年进入土壤的有机物质较少，加上土壤冻结时间长，微生物活动弱，不能完全分解所生产的有限的干物质，从而形成了腐殖质缓慢的积累作用。又因土壤季节性淋溶相对较弱，碳酸钙在剖面中部相对聚积，碳酸盐新生体不太发育，而呈现弱钙积作用的特点。

草毡土占定结县地域面积的15%。草毡土成土母质主要是花岗岩、片麻岩、板岩等的残积物、坡积物。建群植被以高山嵩草和矮生嵩草为主，并有苔草、报春花等伴生，盖度为70%—90%。在海拔高、砾石多的地段，有垫状点地梅等，盖度稍低，为30%—50%。阳坡的局部地段，常伴生有羊茅、针茅等草原植被，盖度在50%左右，部分草毡土还生长西藏方枝柏、栅枝垫柳、刚毛杜鹃等灌丛。高山草甸植被虽植株短小，但根系非常发达，盘根错节，形成了高山草甸特有的草毡层。草毡土的成土过程以腐殖质积累作用和氧化还原作用为主。草毡土腐殖质积累作用主要指在周期性的冻融交替环境条件下，土壤中大量的植物残体不能充分分解，以原形或半分解状态累积于土壤中，死的根系与活的根系交织网结，而形成厚为3—10cm的草根层，其下出现10—20cm厚的腐殖质层，有机质含量极高。草毡土氧化还原作用是由大气降水和融冻水浸润而引起的，土壤表层除夏季湿润，有间歇性还原淋溶作用外，常处于氧化状态，而土体中部基本处于还原状态；在蒸发强烈或秋冬土壤冻结期间，土壤溶液上升，使土体中下部处于氧化状态。这种土体各层间的氧化还原作用交替进行，形成了剖面中的冻层结构和暗色层。

草甸土占定结县地域面积的12%。草甸土是半水成土壤类型，广泛分布于沿河低平地、高泛滥地及大小湖泊周围。成土条件受环境因素制约，地下水直接影响着草甸土的形成发育，潜水位一般为1—3m，夏季可升高

定结县土壤剖面理化性状表

剖面号 Soil profile	土纲 Soil order	土类 Soil great group	亚类 Soil subgroup	土属 Soil genus	土层码 Layer code	土层厚度 Depth/cm	颜色 Soil color	质地 Soil texture	土壤结构 Soil structure	pH	有机质 OM/(g/kg)	全氮 TN/(g/kg)	全磷 TP/(g/kg)	全钾 TK/(g/kg)	碱解氮 AN/(mg/kg)	有效磷 AP/(mg/kg)	速效钾 AK/(mg/kg)	阳离子交换量 CEC/(cmol/kg)	土壤母质 Parent material	剖面点坐标 Profile coordinate	匹配指数 Matching index/%
剖1	初育土	风沙土	草甸风沙土	固定草甸风沙土	1	0–10	灰白色	砂土	单粒状	8.6	<1.0	0.15	0.65	21.6	13	1.5	35	<2.0	风沙沉积物	E 87°50′44.2″ N 28°25′50.9″	76
剖2	半水成土	草甸土	潜育草甸		2	10–25	白色	砂壤土	块状	8.1	7.0	0.44	0.83	14.8	35	1.5	21	3.7			77
					3	25–100	黑棕色	砂壤土	块状	8.1	2.0	0.37	0.86	19.8	33	1.0	35	6.3			
					A₁₁	0–19	淡灰色	砂壤土	屑粒状	8.2	10.7	0.74	0.99	24.5	64	23.0	>500	4.5		E 87°48′00.7″ N 28°22′26.8″	
					A₁₂	19–29	淡灰色	砂壤土	单粒状	8.7	11.8	0.74	1.08	24.6	54	15.0	445	4.6			
					Cu₁	29–44	淡灰色	砂壤土	单粒状	8.2	5.0	0.45	0.91	21.2	40	2.0	157	3.0			
					Cu₂	44–67	淡灰色	砂壤土	单粒状	8.1	4.1	0.33	1.01	21.8	35	5.0	98	3.8			
					G	67–90	淡灰夹淡蓝色	砂壤土	单粒状	8.2	3.9	0.39	0.88	20.8	34	2.0	73	3.8			
剖3	高山土	草毡土	薄草毡土		1	0–10	淡棕色	重质壤质砂土	粒状	7.5	23.0	1.50	1.53	28.3	104	2.0	95	7.8	花岗岩残积物、坡积物	E 87°39′06.5″ N 28°20′56.0″	73
					2	10–31	淡棕色	粒状	粒状	7.5	16.3	1.04	1.55	27.6	61	2.8	42	7.6			
					3	31–80	淡棕色	多砾质壤质砂土	单粒状												
					4	80–100	淡棕色	重质砾石土	单粒状												
剖4	高山土	寒钙土	暗寒钙土		1	0–17	紫红棕色	砂质壤土	粒状	7.9	18.1	1.15	1.32	31.1	103	3.8	102	7.7	花岗岩残积物、坡积物	E 87°44′24.0″ N 28°20′53.2″	83
					2	17–45	暗红棕色		粒状	7.7	23.2	1.40	1.41	28.1	107	2.0	46	11.6			
					R	45–															
剖5	高山土	冷钙土	冷钙土		1	0–14	淡灰黄色	中砾质砂土	单粒状	8.2	6.0	0.46	1.09	24.3	33	1.4	60	3.3	钙质砂岩残积物、坡积物	E 87°46′03.0″ N 28°20′26.2″	77
					2	14–37	淡灰黄色	多砾质壤质砂土	单粒状	8.2	5.8	0.46	1.02	23.6	33	<1.0	56	3.9			
					3	37–80	白色	多砾质砂土	单粒状	8.2	4.7	0.44	1.32	25.1	37	1.0	50	3.8			
					4	80–100	淡灰黄色	砂壤土	粒状												
剖6	高山土	寒钙土	寒钙土		1	0–12	淡灰黄色	砂壤土	粒状	8.2	4.6	0.51	1.14	36.7	39	<1.0	143	4.6	钙质砂岩残积物、坡积物	E 87°56′24.4″ N 28°14′26.9″	70
					2	12–25	淡棕色	中砾质壤土	屑粒状	8.2	5.5	0.54	1.12	37.1	53	<1.0	159	5.1			
					3	25–42	棕黄色	中砾质砂土	单粒状	8.2	2.2	0.21	2.52	26.2	10	<1.0	34	<2.0			
					4	42–100	淡黄色	中砾石土	单粒状	8.3	2.4	0.26	1.37	34.3	19	<1.0	58	4.1			
剖7	高山土	寒冻土	寒冻土		1	0–7	棕灰色	砂壤土	片状	7.6	10.1	0.85	1.48	22.8	25	3.1	27	6.2	残积物	E 87°52′01.2″ N 28°01′56.3″	81
					R	7–															
剖8	半水成土	草甸土	草甸土		1	0–19	灰黄棕色	轻砾石土	粒状	7.6	37.5	2.19	>4.00	23.8	105	71.1	210	12.6	花岗岩洪积物	E 87°42′41.4″ N 28°01′47.3″	98
					2	19–54	灰黄棕色	轻砾石土	块状	7.4	24.5	1.45	2.69	29.2	97	39.3	229	14.0			
					3	54–100	灰黄棕色	多砾质砂壤土	粒状	7.3	23.9	1.63	2.94	29.6	122	48.1	332	16.0			
剖9	高山土	草毡土	草毡土		1	0–22	黑褐色	重质砾石土	团粒状	5.7	57.8	2.62	2.39	21.4	223	3.8	128	14.1	花岗岩残积物、坡积物	E 87°36′09.4″ N 27°58′54.8″	78
					2	22–43	棕褐色	砂土	单粒状	6.5	27.2	1.22	2.46	17.6	26	4.3	52	8.1			
					3	43–100	棕黄色	多砾质砾石土	粒状												
剖10	高山土	草毡土	棕草毡土		1	0–11	暗棕色	轻砾石土	团粒状	5.2	75.7	3.64	2.43	29.5	290	4.0	226	18.9	板岩残积物、坡积物	E 87°42′19.4″ N 27°57′02.2″	73
					2	11–30	灰棕色	轻砾石土	块状	5.8	23.7	1.18	1.89	31.1	87	3.2	105	9.1			
					3	30–100	灰棕色	多砾质壤土	块状	5.9	22.2	1.04	1.81	32.0	88	6.1	101	8.6			
剖11	高山土	黑毡土	棕黑毡土		1	0–12	黑棕色	中砾石土	团粒状	6.0	104.7	4.63	2.30	29.9	121	1.8	103	18.6		E 87°31′17.8″ N 27°55′04.4″	73
					2	12–46	黄棕色	砂土	单粒状	6.0	80.5	3.87	2.90	30.4	99	2.0	68	22.4			
					R	46–															
剖12	淋溶土	棕壤	棕壤		1	0–10	棕色	砂壤土	团块状	<4.5	>250.0	>6.00	2.66	18.7	>400	10.0	>500	45.4	花岗岩残积物、坡积物	E 87°23′38.8″ N 27°53′35.5″	97
					2	10–22	暗灰色	砂质砂壤土	块状	<4.5	>250.0	>6.00	1.83	21.9	>400	10.5	332	35.3			
					3	22–72	棕色	多砾质砂壤土	块状	<4.5	164.8	4.13	1.89	25.0	278	3.5	155	37.6			
					4	72–100	暗灰棕色	多砾质砂壤土	块状	5.0	122.1	3.97	1.73	17.4	283	4.8	149	25.0			

仲 巴 县

主要土类说明

寒钙土是仲巴县主要土壤类型，占本县地域面积的50%。寒钙土是西藏最具代表性的一个土类，集中反映了高原主要自然环境和现代成土过程特点。寒钙土在本县各地均有分布，但以冈底斯山脉以北较为集中，分布海拔在4600—5260m。当地气候寒冷干燥，土壤季节性冻结，不利于胡敏酸的形成和芳构化程度的增大。成土母质主要是板岩、钙质砂岩等的残积物、坡积物；在山麓坡折线以下洪积扇和河谷地带，也有洪积物和冲积物分布在湖泊周围，则为湖积物母质。建群植被有紫花针茅、劲直黄芪、三角草、固沙草和藏沙蒿等，局部地区有变色锦鸡儿和小叶金露梅等灌木伴生，盖度为30%—50%。土壤夜冻昼融作用较寒漠土、草毡土弱，但比冷钙土强一些。在成土条件的综合作用下，寒钙土的成土过程主要为腐殖质的弱积累作用和弱钙积作用。寒钙土分布地带生境低温干旱，植被稀疏，以致牧草产量低，有机物循环缓慢，微生物活动不旺盛，不能完全分解所生产的有限的干物质，从而形成了腐殖质缓慢的积累作用；同时，土壤季节性淋溶作用较弱，大部分钙与植物残体分解过程中产生的碳酸结合形成重碳酸盐向下移动，在剖面中部相对聚积。由于寒钙土的风化和成土作用较弱，基质发育程度低，钙积作用总体比较弱，碳酸盐新生体不太发育。

寒冻土是仲巴县第二大土壤类型，占本县地域面积的19%。寒冻土是脱离冰川影响最晚、成土年龄最短的一类土壤，也是全县土壤垂直分布位置最高的土壤，分布在海拔5200—5600m高山处，其所处地形部位多在山脊分水岭、古冰川或冰碛台地。地表岩石裸露，岩屑、冰碛砾石堆积，冻融石流广泛分布，局部有细土堆积，不能形成连片，成土母质多为花岗岩、板岩、钙质砂岩的寒冻风化残积物、坡积物。高寒、大风、雹雪是寒冻土形成的主要环境条件，由于高寒的生态条件，只生长少量的冷生壳状地衣，高等植物种类极少，仅在低洼的间歇性流水沟边或岩屑缝中偶有分布。常见的植被有垫状点地梅、簇生柔子草、雪兔子、白尖苔草和早熟禾等，植被盖度仅有1%—2%。寒冻土的成土过程以物理风化为主，化学风化微弱，成土特点为成土年龄短、成土过程弱、成土过程容易中断。在植被稀疏的情况下，土壤有机质进入少，积累缓慢，在强烈的寒冻风化作用下，土壤岩组几乎全由骨骼颗粒部分组成，只有少量细土物质随水流积在岩隙缝中。寒冻土的剖面形态特征是土体浅薄，剖面发育差，层次分化不明显，通常为A-C构型，即在浅薄的表层（A层）下为风化层（C层）；理化性状具有高寒土壤特点，土壤质地轻粗，砾石含量高，土壤呈中性反应，阳离子交换量低，有机质及其他养分也较缺乏。同时，寒冻土容易遭到冰雪融水、风、重力等多种因素的侵蚀而经常中断成土过程，致使成土过程难以继承和发展，故寒冻土通常表现为以矿物物理风化为主的原始成土过程。

草毡土是仲巴县第三大土壤类型，占本县地域面积的14%，主要分布于海拔4700—5260m高山处，发育在苔草、嵩草草甸植被下。草毡土所处地域气候寒冷偏湿。成土母质主要是花岗岩、片麻岩、板岩等的残积物、坡积物。土壤冻结期长，因而植被生长期短，生长也缓慢，地上部植株矮小，建群植被以高山嵩草和矮生嵩草为主，并有苔草等伴生，盖度为70%—90%。在海拔高、砾石多的地段，有点地梅等垫状植被侵入，盖度稍低，为30%—50%。在阳坡局部地带，则伴生有羊茅、针茅等草原植被，盖度在50%左右。高山草甸植被虽植株矮小，但根系非常发达，盘根错节，形成了高山草甸特有的草毡层。草毡土的成土过程以腐殖质积累作用和氧化还原作用为主。在暖湿的夏季，气候温暖多雨，土壤解冻，加之常有地形雨（雪、雹）和云雾水汽的湿润，草甸植物生长旺盛，有较多的植物残体进入土壤，且植物的根系盘结交织，吸水性强，导致通气不良，限制了有机物质的分解；在冬季，低温寒冷，土壤冻结，微生物活动微弱，植物残体仍不能充分分解，多半以原形或半分解状态累积于土壤中，这样周期性的冻融交替，常年积累，使得植株残体不断增加，死的根系与活的根系交织网结，形成厚度为3—10cm的草根层，其下出现10—20cm厚的腐殖质层，有机质含量极高，此即为腐殖质积累作用。另外，在大气降水和冻融水的共同作用下，高山草甸还进行着氧化还原作用。夏季，土壤表层湿润，有间歇性淋溶作用，常处于氧化状态，而土体中部基本处于还原状态，在蒸发强烈或秋冬土壤冻结期间，土壤溶液上升，使土体中下部处于氧化状态。土体各层间的氧化还原交替进行，使土壤中的铁、锰化合物发生淋溶移动和淀积，在剖面中的形成冻层结构和暗色层。

草甸土占仲巴县地域面积的7%。草甸土是半水成土壤类型，主要分布于雅鲁藏布江宽谷内的低平地、高泛滥地及隆嘎尔乡的湖相阶地上。由于草甸土所处地势低平，地下水直接影响着土壤的形成发育，地下水位较高，多不足1m，夏季仅0.5m左右，一般情况下土壤并不被水淹没。其成土母质主要是河流冲积物。由于地下水的浸润，土壤湿度大，草甸植被发育，主要植物种类有蒿草、苔草、早熟禾、委陵菜、火绒草和蒲公英等，盖度可达90%以上。草甸土的成土过程主要表现在两个方面：一是有机质的积累作用，即草甸植被生长茂密，产草量高，根系发达，由于热量条件的限制，加上潮湿多水，地温不高，有机质分解缓慢，活的根系和不同腐烂程度的根系在表土层内密集交织，逐年累加，形成草甸土特有的弹性毡状草皮层；二是受地下水位季节性升降的影响，土体中部交替进行氧化还原作用。在夏季，地下水位升高，土体处于嫌气状态，铁、锰被还原而活动于土壤溶液中；至冬春季，地下水位下降，土体处于好气状态，低价铁、锰经过氧化而固定下来，通常沿着结构表面、土壤裂隙或根孔而淀积，形成锈色斑纹。在剖面下部经常受地下水影响的土层常形成青灰色的潜育层。

小于本县地域面积3%的土壤类型还有风沙土、粗骨土、寒原盐土、沼泽土和石质土等。

本区域中心区气候特征

本区域中心区气候特征值
Regional climate characteristics in central area of the region

气候带：高原亚温带亚干旱气候 Climate region: Plateau sub temperate sub arid climate	
年平均气温 /℃ Annual average temperature /℃	9.4
年平均最高气温 /℃ Annual average maximum temperature /℃	17.1
年平均最低气温 /℃ Annual average minimum temperature /℃	2.7
年降水量 /mm Annual precipitation /mm	236
≥10℃的积温 /℃ Daily temperature accumulated in a year (≥10℃) /℃	3761
年日照时数 /h Annual sunshine /h	2846
年平均相对湿度 /% Annual average relative humidity /%	44
干燥度 Dryness	11.96

本区域中心区月平均气温与月平均降水量
Monthly temperature and precipitation in central area of the region

仲巴县主要土壤类型与土壤剖面点分布图
1∶1 110 000

图 例

- 寒钙土
- 寒冻土
- 草毡土
- 草甸土
- 风沙土
- 粗骨土
- 寒原盐土
- 沼泽土
- 石质土
- ⊗ 剖面点

注：本图界线不作为实地划界依据。

仲巴县土壤剖面理化性状表

剖面号 Soil profile	土纲 Soil order	土类 Soil great group	亚类 Soil subgroup	土属 Soil genus	土层码 Layer code	土层厚度 Depth/cm	颜色 Soil color	质地 Soil texture	土壤结构 Soil structure	pH	有机质 OM/(g/kg)	全氮 TN/(g/kg)	全磷 TP/(g/kg)	全钾 TK/(g/kg)	碱解氮 AN/(mg/kg)	有效磷 AP/(mg/kg)	速效钾 AK/(mg/kg)	土壤母质 Parent material	剖面点坐标 Profile coordinate	匹配指数 Matching index/%
剖1	高山土	草毡土	薄草毡土		1	0—9	灰黄棕色	壤质砂土	粒状	7.4	18.8	1.07	1.08	32.1	80	2.6	165	花岗岩残积物、坡积物	E 83°51′27.4″ N 31°32′57.8″	87
					2	9—26	淡棕色	多砾质壤砂土	粒状	7.1	15.6	0.93	1.07	32.3	66	2.5	123			
					3	26—72	黄棕色	壤质砂土	粒状	7.4	15.5	0.91	1.08	32.4	54	3.4	85			
剖2	水成土	沼泽土	盐化沼泽土		1	0—6	暗黄色	砂壤土	粒状	8.2	37.5	1.90	0.54	18.2	160	6.5	247	湖积物	E 84°06′27.4″ N 31°27′22.0″	97
					2	6—30	淡灰黄色	多砾质砂土	粒状	8.7	8.7	0.41	0.60	28.5	23	<1.0	96			
					3	30—100	白色	砂壤土	单粒状	8.6	11.1	0.51	0.62	27.7	17	<1.0	83			
剖3	高山土	寒钙土	盐化寒钙土	风积淡寒钙土	1	0—11	淡黄棕色	轻砾质石土	单粒状	9.0	18.7	1.19	0.89	16.5	25	7.4	>500		E 83°55′19.6″ N 31°26′56.4″	71
					2	11—29	白色	轻砾质石土	单粒状	8.8	12.4	0.76	0.77	16.1	19	4.4	342			
					3	29—100	淡灰黄色	多砾质黏壤土	单粒状	9.0	8.9	0.54	0.80	19.2	13	4.4	172			
剖4	盐碱土	寒原盐土	寒原草甸盐土		1	0—13	白色	砂壤土	屑粒状	8.8	28.9	1.70	0.73	16.0	112	2.5	490		E 84°12′24.8″ N 31°19′39.4″	74
					2	13—27	淡黄色	砂壤土	屑粒状	8.6	15.4	0.96	0.69	21.0	54	1.2	327			
					3	27—100	白色	黏壤土	块状	8.7	10.8	0.56	0.55	14.2	18	2.3	468			
剖5	高山土	寒钙土	寒钙土		1	0—15	紫棕色	砂壤土	粒状	7.1	23.6	1.28	1.45	34.7	64	3.6	173	湖积物	E 83°51′51.1″ N 31°16′02.6″	73
					2	15—61	灰棕色	轻砾质石土	粒状	8.0	21.3	1.31	1.33	33.3	42	1.4	144			
					R	61—														
剖6	高山土	寒钙土	暗寒钙土		1	0—9	暗红棕色	多砾质砂土	屑粒状	7.4	33.5	1.88	1.08	31.6	108	1.9	365	石灰岩、残积物、坡积物	E 84°11′22.9″ N 31°01′22.8″	71
					2	9—26	紫棕色	砂壤土	粒状	7.1	26.5	1.52	1.19	33.4	81	1.2	142			
					3	26—44	紫棕色	轻砾质石土	粒状	7.0	13.9	1.01	1.40	30.9	53	1.7	108			
					R	44—														
剖7	高山土	寒钙土	暗寒钙土		1	0—7	棕色	多砾质砂土	粒状	7.0	21.1	1.30	1.66	36.0	57	5.6	193	花岗片麻岩残积物、坡积物	E 84°13′36.8″ N 30°53′43.8″	84
					2	7—21	棕色	重砾石土	粒状	7.3	21.7	1.50	1.56	34.9	41	1.8	138			
					3	21—100	紫棕色	砂壤土	粒状											
剖8	高山土	寒冻土	薄草毡土		1	0—30	紫棕色	砂壤土	团粒状	7.6	26.9	1.59	1.40	28.3	163	2.3	62	石灰岩残积物、坡积物	E 83°41′14.6″ N 30°20′17.9″	73
					2	30—45	灰黄棕色	砂壤土	屑粒状	7.5	14.8	0.87	0.94	27.5	72	1.9	56			
					3	45—100														
剖9	高山土	寒冻土	薄草毡土		1	0—25	淡棕色	轻砾质砂土	单粒状	7.3	1.7	0.24	0.52	28.7	68	2.7	66	洪积物	E 83°10′42.6″ N 30°17′59.6″	81
					R	7—35	暗黄色	重砾石土												
					R	35—														
剖10	高山土	寒钙土	寒钙土	洪积泥砾质寒钙土	1	0—25	灰黄色	砂土	单粒状	7.8	1.1	0.22	0.98	26.5	20	1.9	34		E 83°41′28.0″ N 30°11′58.2″	73
					2	25—52	淡灰黄色	砂土	单粒状	8.1	<1.0	0.17	0.62	28.9	12	<1.0	32			
					3	52—100	灰白色	砂土		8.2	<1.0	0.16	0.80	28.3	14	<1.0	30			
剖11	半水成土	草甸土	盐化草甸土		1	0—10	淡棕色	砂壤土	屑粒状	8.9	18.7	0.90	0.85	26.7	55	2.1	382	洪积物	E 83°13′11.6″ N 30°03′17.3″	80
					2	10—19	棕色	砂土	屑粒状	8.9	10.7	0.53	0.98	28.8	25	1.2	226			
					3	19—50	淡黄棕色	砂土	屑粒状	9.0	7.3	0.39	0.89	30.3	16	<1.0	221			
剖12	高山土	寒钙土	寒钙土		1	0—21	紫棕色	多砾质砂质黏壤土	屑粒状	8.0	30.9	1.81	1.31	32.1	73	1.6	128	冲积物	E 83°39′02.2″ N 29°57′07.9″	73
					2	21—36	淡灰色	多砾质砂土	粒状	7.7	6.8	0.57	1.10	32.5	28	<1.0	42			
					3	36—100	灰白色	轻砾质石土	单粒状	8.3	3.4	0.36	1.23	32.6	14	<1.0	32			
剖13	高山土	草甸土	草甸土		1	0—25	淡棕色	砂壤土	屑粒状	7.7	21.1	1.12	1.00	28.3	110	1.4	51	辉绿岩残积物、坡积物	E 84°32′02.8″ N 29°47′24.4″	74
					2	25—36	紫黄棕色	少砾质壤质砂土	屑粒状	7.3	11.8	0.74	0.94	28.1	81	2.6	46			
					3	36—	红棕色	重砾显结构	无明显结构											
剖14	初育土	风沙土	草原风沙土	固定草原风沙土	1	0—20	淡灰黄色	砂土	单粒状	8.4	1.6	0.20	0.70	28.0	16	1.6	77	风沙沉积物	E 84°09′51.8″ N 29°39′21.2″	79
					2	20—35	淡灰黄色	砂土	单粒状	8.5	1.9	0.27	0.53	26.6	15	1.2	65			
					3	35—100	淡灰黄色	砂土	单粒状	7.9	8.0	0.60	1.15	28.4	49	3.4	80			

续表 Continued

剖面号 Soil profile	土纲 Soil order	土类 Soil great group	亚类 Soil subgroup	土属 Soil genus	土层码 Layer code	土层厚度 Depth/cm	颜色 Soil color	质地 Soil texture	土壤结构 Soil structure	pH	有机质 OM/(g/kg)	全氮 TN/(g/kg)	全磷 TP/(g/kg)	全钾 TK/(g/kg)	碱解氮 AN/(mg/kg)	有效磷 AP/(mg/kg)	速效钾 AK/(mg/kg)	土壤母质 Parent material	剖面点坐标 Profile coordinate	匹配指数 Matching index/%
剖15	初育土	风沙土	草原风沙土	固定草原风沙土	1	0—18	紫棕色	多砾质砂土	单粒状	7.2	6.7	0.68	0.85	26.4	54	1.2	49	风沙沉积物	E 84°14′27.6″ N 29°35′26.5″	79
					2	18—41	淡棕色	多砾质砂土	单粒状	7.3	<1.0	0.25	0.49	25.9	20	<1.0	30			
					3	41—100	淡灰黄色	多砾质砂土	单粒状	7.4	<1.0	0.24	0.42	25.3	15	<1.0	34			

亚东县

主要土类说明

草毡土是亚东县主要土壤类型，占本县地域面积的24%。草毡土主要分布于海拔4500—5000m的高山层上部的阴坡和半阴坡，上连寒冻土，下接黑毡土。本县主要出现在帕里、堆纳、吉汝、上康布等地高山带。所处地带气候冷湿，土壤冻结期长达半年以上，季节性冻层厚度常超过1.5m。在夏半年，土壤夜冻昼融交替频繁；植被组成以矮生蒿草和高山蒿草为主，次为几种苔草，盖度为70%—90%，在多砾质或高海拔地段，盖度可降到30%—50%，形成高山矮草草甸群落；虽然植株低矮，组成单纯，分层不明显，但根系庞大，超过地上部生长量，且交错密实，能形成良好的草毡层，从而具有一定的耐牧能力。草毡土的成土母质主要为残积物、坡积物、冰碛物等。在上述成土条件的综合作用下，草毡土的成土过程是一个草甸化的过程，即具有明显的腐殖质积累作用和氧化还原作用两个特点。①腐殖质积累作用：草毡土均具一定厚度（10—15cm）和一定弹性的草毡层。在夏半年，降水量大，暖湿同季，植物生长茂密，有较多的植物残体进入土壤。而冬半年，寒冷漫长，土壤冻结，微生物活动弱，植物残体得不到充分的分解，多半以原始或半分解的形态累积于土壤中，因而土壤有机物的累积量大于分解量，形成活根和死根相互交织的连片草皮。②氧化还原作用：草毡土形成过程中的氧化还原作用，是由于大气降水和融冻浸润所引起的，同一般受地下水直接影响的草甸土不大相同。草毡土表层有机质逐渐累积和吸水性很强的草毡层形成后，土壤处于较长期的干旱与夏季短期湿润交替的状态，为成土母质的低温氧化与短暂还原过程的进行创造了条件，使土壤中铁、锰等化合物发生移动或局部淀积，从而形成了一定的发生层段和新生体。草毡土水分的剖面分布特点表现在表层水分随季节的不同而出现很大的变化，中部含量稍高，湿度较为稳定，下部变化较大。因此，土壤表层除夏季湿润期间有间歇性的还原淋溶作用，其他时间常处于氧化状态。中部基本上处于还原状态，如遇蒸发、蒸腾作用强烈或秋冬降温时土壤自上而下冻结，也可使土壤溶液上升而出现氧化状态。

黑毡土是亚东县第二大土壤类型，占本县地域面积的21%。黑毡土分布于森林郁闭线以上、草毡土以下地带，海拔为3900—4500m，主要分布在上亚东、帕里、下康布广大地区的阴坡处，下亚东、下司马二处虽无林，但在高山处也有一定分布。黑毡土所处地形部位较草毡土低缓，为高山中下部的阴坡和半阴坡地区。土壤冻结期仅3—4个月，季节性冻层厚度小于1m，土壤冻融作用不显著。草本植物的组成相当复杂，不但有一年生植物加入，而且植被在结构上也有明显的层次分化。成土母质主要为片麻岩、砂岩、板岩、千枚岩的残积物、坡积物和洪积物等。黑毡土成土条件和草毡土相差不大，不同之处在于：①黑毡土的水热条件相对良好，土壤冻结期比草毡土短2—3个月，草本植物返青期提前1个月左右，植物生长的速度和数量也明显增加，根系仍集中于表层并呈毡状，但草毡层密实程度降低，韧性好，腐殖质层的色调较暗，主要呈暗灰棕色和棕褐色。形成这种色调与腐殖质侵染的程度有关，也可能与母质的特性有关。②由于黑毡土的水分较草毡土丰富，特别是夏秋季草毡层吸持大量水分并以其隔绝作用限制了土壤蒸发，而冬季干寒时间又较草毡土短，受冰冻影响较轻，因而还原状况和成土母质的转化、移动与草毡土有所不同。黑毡土的发生层次分化较明显，剖面中部结构面上有灰色具光泽的腐殖质层、胶膜及少量锈纹，底土的棕色较鲜艳。

寒钙土是亚东县第三大土壤类型，占本县地域面积的20%，在本县主要分布于堆纳乡的广大地区，主要集中在海拔4500—5200m的高山区，上接寒冻土，下连冷钙土。土壤冻结期为5个半月左右，有季节性或部分多年冻土现象。土壤夜冻昼融作用虽较寒漠土弱，但比冷钙土强一些。与此生态环境相适应的植被是高山草原植被。在上述成土条件的综合影响下，寒钙土的成土过程具有腐殖质积累作用和钙积作用特点，但由于土壤季节性冻结时间长，腐殖质积累作用较弱，在土壤季节性淋溶相对较弱的情况下，钙积作用也较弱，钙积层聚积不甚明显。①腐殖质积累作用：寒钙土分布区冬季严寒、少雨，土壤冻结期较长，暖季短促，每年要到5月下旬草类才返青发芽，草皮较薄。由于低温干旱，微生物活动并不旺盛，致使草原植物每年提供的有限残体分解不完全。因此，尽管寒钙土腐殖质的积累相当低微，但仍有植物残体的累积，有机质含量为1%—2%。②钙积作用：由于高原上土壤的风化和成土作用弱，基质发育程度低，淋溶程度不强，钙积作用总体比较弱。

暗棕壤占亚东县地域面积的7%。暗棕壤是山地温带针阔叶混交林或云冷杉混交林与高山栎林下发育的土壤类型，主要分布于亚东县南部海拔 3600—3900m 的山地，局部地区可上升到海拔 4050m 处，是土壤垂直带谱中的一个地带性土壤。暗棕壤的成土过程主要表现为腐殖质积累和淋溶棕化作用两大特点，分布区气候温凉湿润，雨季同生长季一致，每年森林有大量的枯枝落叶在地表聚积，又由于土壤中微生物较多，有利于有机物的矿化，使土壤表层形成厚 10—15cm 的腐殖质层（局部地区厚度仅有 5—10cm）。在有机质累积的同时，枯枝落叶分解时形成的有机酸在雨季随水下渗，淋溶掉土壤中的盐基。因此，土壤中没有游离碳酸钙而有一定数量的活性铁铝，在嫌气环境下，铁可以还原为亚铁而向心土层移动，下移的亚铁化合物氧化淀积形成棕色薄膜包被于土粒表面，使土壤呈暗棕色至棕色。暗棕壤的基本特性为：①有铁铝淋溶；②具有腐殖质层，有机质含量高，无或仅有不明显的亚表层和淀积层；③土壤呈酸性至微酸性反应，pH 为 4—6；④剖面发育明显，质地轻粗，为粒状或屑粒状结构。

冷钙土占亚东县地域面积的 6%。冷钙土上接寒钙土和黑毡土，在同海拔内分阴阳坡出现。本县主要分布于堆纳乡、吉汝乡一带的高山中下部阳坡或一些宽谷盆地。冷钙土发育于海拔 4000—4500m 的高原宽谷盆地和高原宽谷周围的山地上，分布区气候温凉半干旱，土壤冻结期仅 3 个月，土壤冻融作用微弱。植被组成较高海拔草原土植被复杂，分别有丝颖针茅、固沙草及西藏嵩草几种群系。植被盖度一般较低，较好者可达 40%—60%，局部地区气候稍显湿润，植被组成草甸成分增多，植物生长较茂密，形成草甸草原类型。成土母质主要为坡洪积物等。在上述综合成土条件的影响下，冷钙土的成土过程具有腐殖质积累作用和钙积作用的特点。由于土壤季节性冻结时间短和土壤季节性淋溶较强，腐殖质积累作用和钙积作用较强，腐殖质层厚 10—20cm，颜色为灰棕色或浅灰棕色，有机质含量一般为 2%—3%。由于季节性的淋溶作用，剖面中钙积层明显，碳酸钙新生体也较发育。

棕壤占亚东县地域面积的 5%。棕壤主要分布于亚东县南部海拔 3600—2700 米的各沟谷、山坡上，分布面积大，为林地土壤的主要代表。成土母质主要为花岗岩、片麻岩、板岩的坡积、坡洪积、洪积物等。天然植被以高山杉林为主（如冷杉、落叶松、马尾松、乔松、铁杉等），林下灌木和草类较多，主要有蔷薇、忍冬、苔草等。在当地气候条件下，棕壤上的枯枝落叶分解比较完全。

小于本县地域面积 5% 的土壤类型还有寒冻土、草甸土、沼泽土、黄棕壤、粗骨土、漂灰土和棕色针叶林土等。

本区域中心区气候特征

本区域中心区气候特征值
Regional climate characteristics in central area of the region

气候带：高原亚温带亚干旱气候 Climate region: Plateau sub temperate sub arid climate	
年平均气温 /℃ Annual average temperature /℃	9.2
年平均最高气温 /℃ Annual average maximum temperature /℃	16.8
年平均最低气温 /℃ Annual average minimum temperature /℃	2.8
年降水量 /mm Annual precipitation /mm	559
≥10℃的积温 /℃ Daily temperature accumulated in a year（≥10℃）/℃	3526
年日照时数 /h Annual sunshine /h	2888
年平均相对湿度 /% Annual average relative humidity /%	48
干燥度 Dryness	3.00

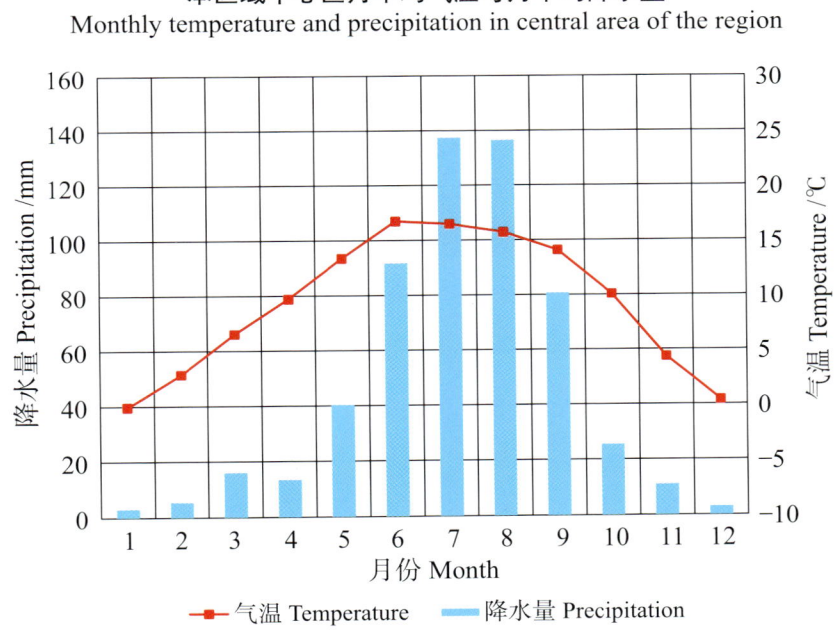

本区域中心区月平均气温与月平均降水量
Monthly temperature and precipitation in central area of the region

亚东县主要土壤类型与土壤剖面点分布图
1∶410 000

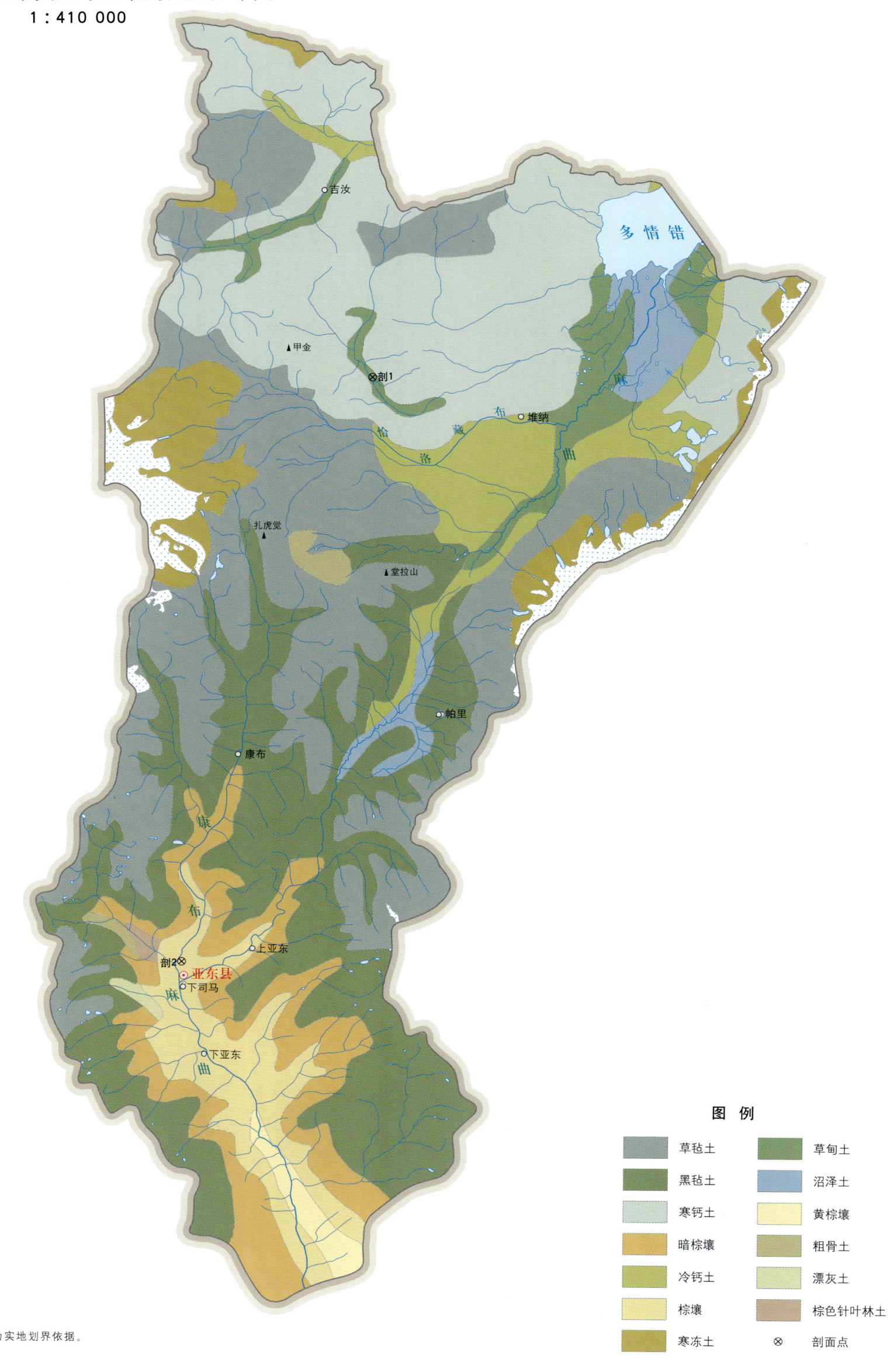

亚东县土壤剖面理化性状表

剖面号 Soil profile	土纲 Soil order	土类 Soil great group	亚类 Soil subgroup	土层码 Layer code	土层厚度 Depth/cm	颜色 Soil color	质地 Soil texture	土壤结构 Soil structure	pH	有机质 OM/(g/kg)	全氮 TN/(g/kg)	全磷 TP/(g/kg)	全钾 TK/(g/kg)	碱解氮 AN/(mg/kg)	有效磷 AP/(mg/kg)	速效钾 AK/(mg/kg)	阳离子交换量 CEC/(cmol/kg)	剖面点坐标 Profile coordinate	匹配指数 Matching index/%
剖1	半水成土	草甸土	草甸土	A_{11}	0—18	灰棕色	壤土	粒状	7.0	40.9	1.98	0.54	21.3	288	9.0	60	14.9	E 89°05′29.4″ N 28°00′51.5″	79
				A_{12}	18—31	灰黄棕色	壤土	粒状	7.0	40.9	2.02	0.53	19.7	271	9.0	41	16.6		
				Cu_1	31—54	淡棕灰色	壤土	粒状	7.3	12.7	0.71	0.38	19.7	125	7.0	20	7.6		
				Cu_2	54—72	淡棕灰色	黏壤土	块状	7.1	25.0	1.41	0.37	22.2	162	7.0	45	12.1		
				Cg	72—116	暗灰色			7.1	25.0	0.74	0.37	20.0	71	5.0	65	7.4		
剖2	淋溶土	棕壤	棕壤	A_{11}	0—20	淡灰棕色	轻砾质壤土	粒状	6.0	47.2	2.20	0.90	32.9	388	21.0	>500	18.2	E 88°54′20.2″ N 27°30′27.0″	95
				Bt	20—43	淡黄色	重砾质黏壤土	块状	5.6	31.7	1.60	0.76	31.1	178	9.0	188	15.5		
				BC	43—70	淡灰黄色	重砾质黏壤土	块状	5.3	5.6		0.32	36.4	60	8.0	75	15.5		

吉 隆 县

主要土类说明

　　草毡土是吉隆县主要土壤类型，占本县地域面积的35%，主要分布于县境南部深切高山中上部海拔4500—5200m处，以及北部海拔5500—5650（5700）m宽谷湖盆山体平缓迎风坡。草毡土每年10月至翌年5月为积雪所覆盖，土壤冻结期长达半年以上，土层厚度为10—30cm，上层冻融交替频繁。成土母质为砂岩、砂板岩、花岗岩及砾岩等各种岩石的残积物、坡积物、冰碛物，部分为冰湖积物。植被为生长良好的高山垫状草甸类型，以矮生嵩草为主，次为苔草、毛茛、报春花等；退化地段或缓阳坡上，尚有较多的火绒草、针茅、苔状蚤缀等混生；局部迎风缓阴坡，矮草草甸与一些簇生矮化灌丛混生，如金露梅、小叶杜鹃、高山柳、爬地柏和刺鼠李等；植被长势较好，盖度在85%以上。草毡土具有明显的腐殖质积累过程和氧化还原交替过程。当然，也和其他高山土壤一样，具有粗骨性强等剖面特征。夏半年尤其是6—9月降水较多，热量也较充足，植被生长迅速；而冬半年植物生长停止，主要以多年生茂密的根系累积于地表。一般草根盘结紧实，土壤通气性能不良，常蓄积大量水分；且植物生量大，进入土壤有机质多，尤其草根系发达而分解微弱，植物残体得以原形或半分解状聚积于土壤中。因此，每年有机质积累量大于分解量，表层根系年复一年交织，形成致密的草毡层。此外，由于氧化还原作用交替进行，一年中土壤处于较长时期的干旱与夏秋短期的湿润交替进行的状态，为成土物质的低温氧化与短暂还原过程的进行创造了条件，使得土壤中的铁、锰化合物发生移动和淀积，而在剖面中出现新生体与相应的发生层段。

　　寒冻土是吉隆县第二大土壤类型，占本县地域面积的21%，主要分布于县境内高山、极高山的中上部，所在地形多为分水岭或山脊、冰碛台地、流石滩等。其分布下界线在北部为海拔5480m（阴坡）—5500m（阳坡）；在南部为海拔5000m（阴坡）—5200m（阳坡），局部可低到海拔4500m左右。寒冻土是脱离冰川影响最晚、成土年龄最短的土壤类型。由于高寒恶劣的气候环境，决定了冻融作用和冰雪剥蚀作用强烈，生物化学作用微弱，以物理风化为主，成土作用较弱。土层浅薄，厚度一般仅10cm以下，极富粗骨性颗粒且无连续土被，仅零星散布于岩屑砾石间隙或背风低洼地。地表砾石裸露，常覆以大片砾幂、岩屑、冰碛砾石、活动的岩屑堆、流石滩等广泛分布。由于植被生长量小，每年进入土体中的有机质少，而且有机质分解缓慢，腐殖化作用极弱，腐殖质含量较低，以富里酸为主，胡敏酸含量小，芳构化程度低，胡富比仅为0.1左右。由于分布于雪缘，气候冷湿，寒冻风化强烈，山地岩屑物质下移活跃，且多大风，生物化学作用微弱，土层浅薄，发育程度较差，呈A-C构型，极富粗骨性，细粒物质极少。由于冻融交替作用和蒸发强烈，土体上层有一薄层蜂窝状结皮层，海绵状孔隙发育，而其下土层则形成鳞片状结构。土壤有机质和氮素含量较低，阳离子交换量也较低，小于10cmol/kg。土壤呈中性至微碱性反应。土体中碳酸钙随着水分蒸发产生一定的向上迁移和聚积。

　　寒钙土是吉隆县第三大土壤类型，占本县地域面积的10%，主要分布于本县中部和北部的深切、中切高山带的中部或中上部海拔4600—5500m处。本县大部分地区位于喜马拉雅山北坡雨影区，在高原较寒冷干旱的气候和高山草原植被条件下发育形成了寒钙土。寒钙土的成土过程主要是腐殖质积累作用和草原化钙积作用，另外还有高寒冻融交替作用。由于严寒、干旱的恶劣气候，限制了土壤发育的生物、化学过程，有机物循环缓慢，草本植物地上部分生物积累量较小，土壤腐殖质层的颜色较淡，高寒气候不利于胡敏酸的形成和芳构化程度的增大，土壤表现为弱腐殖质积累的特点。由于土壤化学风化和成土作用较弱，基质发育程度低，淋溶程度不强。在半干旱气候条件下，土体中易溶盐大部分被淋溶，土壤水和天然水大部分为钙或镁所饱和，碳酸钙向下移动，在一定部位形成碳酸钙积聚，但由于寒钙土的季节性淋溶相对较弱，土体中碳酸钙聚积不明显，石灰新生体发育较弱。值得指出的是，草原化过程易受成土母质特性的影响，在本县境内，就有发育于花岗岩母质上的寒钙土，土体中无碳酸钙新生体，土壤通体也无石灰反应。

　　黑毡土占吉隆县地域面积的8%，主要分布于县境南部深切极高山森林线以上，各类山地之中上部；在县内中部分布于深切高山狭谷缓阴坡的中下部；本县北部分布于宽谷湖盐区四周山地之迎风平缓阴坡的中下部，分布于海拔3800（4000）—4500（4600）m、4000（4200）—4500（4600）m、4200（4300）—4600（4700）m处。黑毡土是在高原较温暖湿润气候和以嵩草为主的中生草甸植被条件下形成的。植被主要为高山矮嵩草草甸，或与灌丛混生，局部地段灌丛比例可大于30%，盖度为50%—85%，植被种类繁多，且出现明显的分层现象。主要灌丛有大叶杜鹃、小叶杜鹃、高山柳、刺鼠李、金露梅等。亚高山草甸植被较高山草甸植被生长茂盛，植被连续，结构上有明显层次分化，呈现茂盛的景观。草本植物的组成复杂，不但有一年生植物加入，而且双子叶植物也显著增多，植被组成种类有30—50种，甚至更多。成土母质为各类岩石之坡积物、残积物、冰碛物、洪积物和古湖积物等。黑毡土的成土条件具有强度的腐殖质积累作用和较弱的冻融氧化还原作用过程。黑毡土水热条件较为优越，土壤冻结期短，草本植物返青较高山草甸提前一个月左右，枯黄期推迟2个月左右。植被生长快、生长量大，故生物积累量大，多形成交错致密的草毡层。同时，土壤中动物和微生物活动明显增强，加之水热对有机质的生物化学作用较为强烈，有机质分解转化速度亦快，其草毡层较草毡土厚，土体腐殖质积累作用强，腐殖质层颜色深暗且较厚，胡富比较小。由于气候条件良好，土壤冻融作用相对较弱，土体发生层次分化明显，生物化学过程强而冻融氧化还原过程弱。土体构型为 $As-A_1-B-C$，暗色层（B层）发育比较良好，有腐殖质胶膜出现。

冷钙土占吉隆县地域面积的8%，主要分布于北部湖积平原、湖岸阶地、阳坡下部及坡积裙、洪积扇，以及中、西部深切高山谷坡中下部、古冰碛湖盆台地等，海拔3800—4600m。冷钙土是在高原较温暖缺水气候及亚高山中旱生禾草蒿属植被下形成的，土壤冻结期短，一般只有3个月左右，冻层厚度为10—40cm，土壤冻融作用微弱。植被比寒钙土复杂，除禾草类的针茅、白茅、三刺草等中旱生草原植被类型外，蒿属植被占有较重比例，如马先蒿和冷蒿等。杂草类型多，如铁线莲、刺头花、蒲公英、飞燕草等。在陡坡、阳向坡及河谷，尚有旱生灌丛植被，如狼牙刺、锦鸡儿、刺鼠李等。植被盖度一般低于50%，植被生物产量低，加之热量条件较好，有机质分解转化快而积累少，一般无明显腐殖质层，而代之以腐质侵染层（Ah层）。土体普遍呈强石灰反应，并有粉点状钙新生体出现，剖面中常见有明显的灰白色钙积层。因此，冷钙土比寒钙土表现出更强的草原化过程和较弱的腐殖质积累过程。

石质土占吉隆县地域面积的3%，分布于县境内各石质山体上部。石质土是各石质山地分布的非地带性土壤，无植被或仅生长稀疏植被，土壤处于幼年期，土体浅薄，母岩风化度极浅，土体一般为A-R构型。

小于本县地域面积3%的土壤类型还有棕壤、草甸土、暗棕壤、黄棕壤和寒原盐土等。

本区域中心区气候特征

本区域中心区气候特征值
Regional climate characteristics in central area of the region

气候带：高原亚温带亚干旱气候 Climate region: Plateau sub temperate sub arid climate	
年平均气温 /℃ Annual average temperature /℃	9.0
年平均最高气温 /℃ Annual average maximum temperature /℃	16.5
年平均最低气温 /℃ Annual average minimum temperature /℃	2.6
年降水量 /mm Annual precipitation /mm	306
≥10℃的积温 /℃ Daily temperature accumulated in a year (≥10℃) /℃	3806
年日照时数 /h Annual sunshine /h	2906
年平均相对湿度 /% Annual average relative humidity /%	44
干燥度 Dryness	8.75

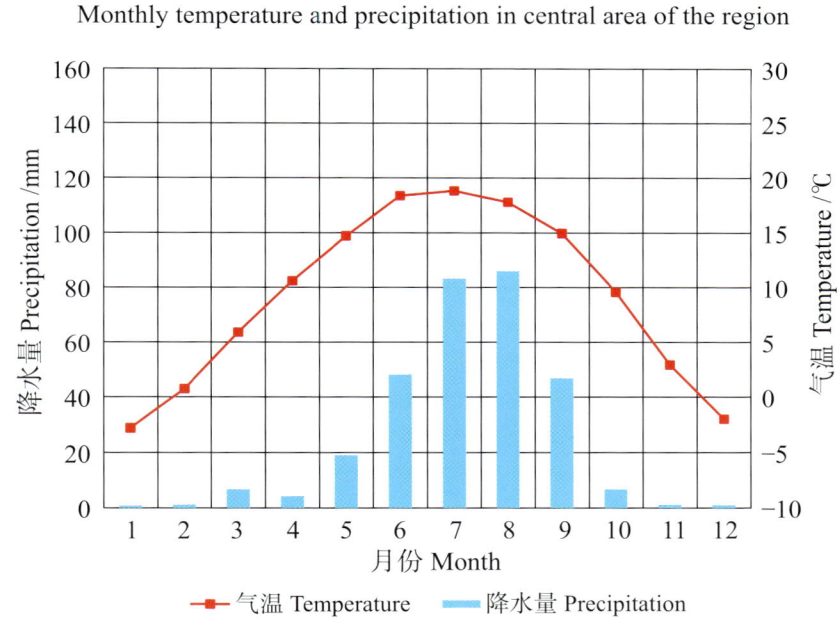

本区域中心区月平均气温与月平均降水量
Monthly temperature and precipitation in central area of the region

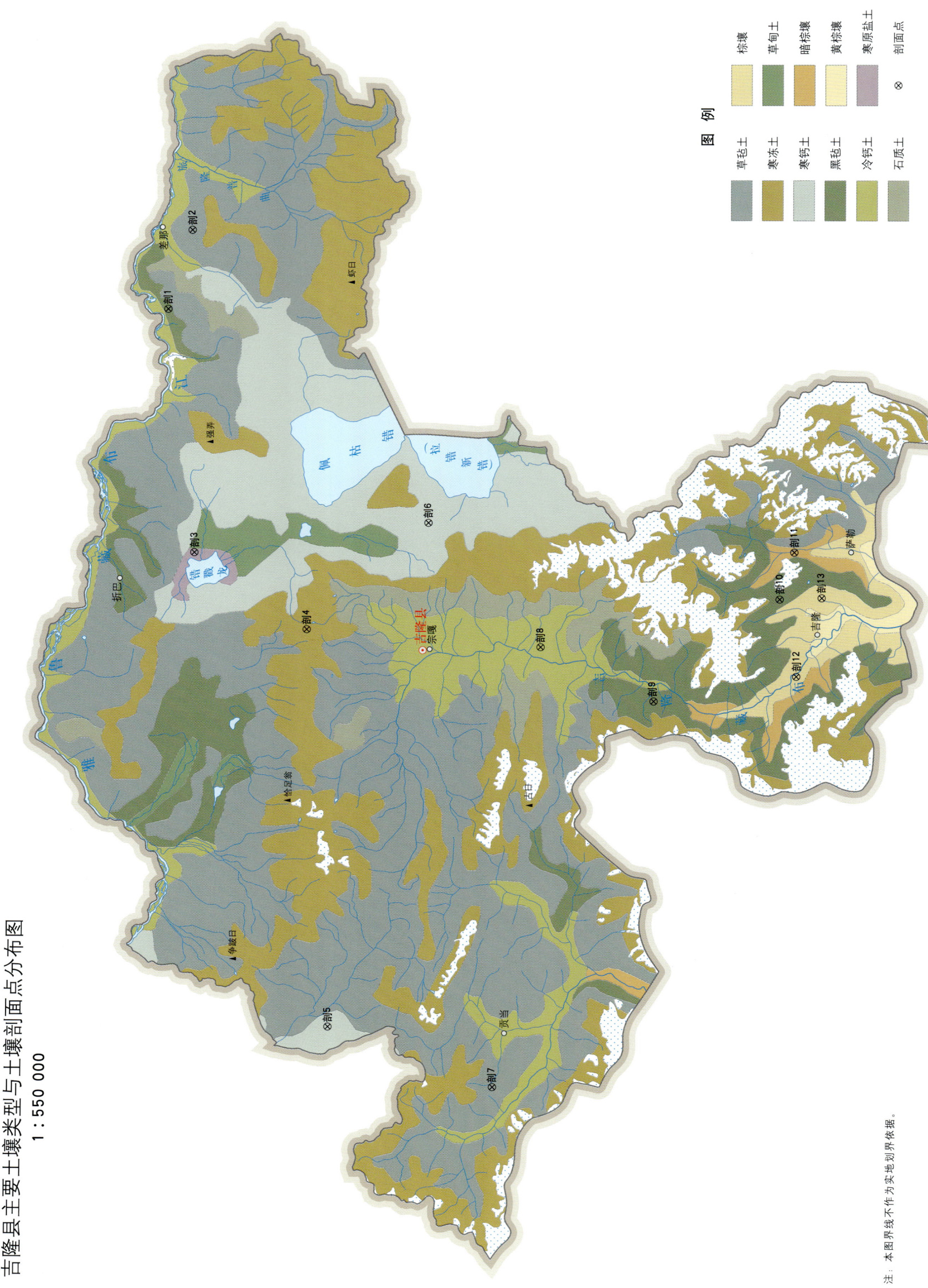

吉隆县土壤剖面理化性状表

剖面号 Soil profile	土纲 Soil order	土类 Soil great group	亚类 Soil subgroup	土层码 Layer code	土层厚度 Depth/cm	颜色 Soil color	质地 Soil texture	土壤结构 Soil structure	pH	有机质 OM/(g/kg)	全氮 TN/(g/kg)	全磷 TP/(g/kg)	全钾 TK/(g/kg)	碱解氮 AN/(mg/kg)	有效磷 AP/(mg/kg)	速效钾 AK/(mg/kg)	土壤母质 Parent material	剖面点坐标 Profile coordinate	匹配指数 Matching index/%
剖1	高山土	黑毡土	薄黑毡土	As	0—4	黄褐色	砂壤土	草毡状	7.9	28.2	1.84	0.46	22.7	94	4.0	168	花岗岩、炭板岩坡积物、残积物	E 85°46′11.6″ N 29°10′19.9″	80
				2	4—25	暗黄棕色	砂壤土	屑粒状	8.0	24.1	1.54	0.47	24.5	76	2.8	88			
				3	25—51	暗灰黄色	砂壤土	粒状	7.8	11.1	0.78	>4.00	26.1	33	2.2	56			
				4	51—100		砂壤土	粒状											
剖2	高山土	草毡土	草毡土	As	0—5	黑棕色	壤土	草毡状	6.8	51.8	2.60	0.62	22.9	139	3.1	101	炭质板岩等坡积物、残积物	E 85°52′52.0″ N 29°08′41.6″	70
				2	5—17	黑棕色	壤土	屑粒状	6.6	58.9	2.82	0.53	22.9	143	3.5	97			
				3	17—36	暗棕色	粉质砂壤土	团块状	6.7	38.8	2.07	0.58	23.6	104	1.7	59			
				4	36—50	暗棕色	壤土	粒状	7.3	11.7	0.84	0.57	24.0	34	1.5	43			
剖3	盐碱土	寒质盐土	寒原盐土	1	0—3	暗棕色	黏壤土	多孔状	8.5	11.6	0.63	0.42	24.2	9	32.9	>500	湖积物	E 85°25′42.6″ N 29°08′10.7″	74
				2	3—45	绿灰色	黏壤土	多孔状	8.5	31.3	1.20	0.25	25.6	8	11.8	>500			
				3	45—67	绿灰色	黏壤土	块状	8.5	41.1	2.32	0.38	17.1	50	8.1	>500			
剖4	高山土	寒冻土	寒冻土	1	1—3	暗灰黄色	砂壤土	蜂窝状	7.9	12.6	0.53	0.43	25.6	26	3.1	98	炭质板岩冰碛物	E 85°19′23.2″ N 29°00′03.6″	87
				2	3—9	暗灰黄色	砂壤土	鳞片状	8.0	14.2	0.70	0.87	19.2	25	4.9	133			
剖5	高山土	寒钙土	暗寒钙土	1	0—20	灰白色	粉质砂壤土	屑粒状	7.8	42.0	2.87	0.69	14.7	99	3.9	>500	古湖沉积物	E 84°45′55.8″ N 28°57′51.8″	71
				2	20—62	灰白色	粉质砂壤土	鳞片状	6.4	10.0	0.94	0.62	16.3	39	2.2	127			
				3	62—88	灰白色	粉质砂壤土	鳞片状	8.2	8.0	0.65	0.48	13.0	27	1.6	113			
				4	88—180	淡棕色	粉质砂壤土	鳞片状											
剖6	高山土	寒钙土	寒钙土	1	0—12	暗棕色	砂壤土	粒状	8.4	44.8	1.53	0.61	22.8	73	3.9	113	千枚岩、板岩等坡积物、残积物	E 85°28′29.6″ N 28°51′33.1″	74
				2	12—29	暗棕色		块状	8.3	25.0	1.45	0.69	24.4	52	2.2	80			
				3	29—70	暗棕色													
剖7	高山土	草毡土	草毡土	1	0—5	黑棕色	壤土	粒状	7.6	76.6	3.86	0.98	27.8	213	6.3	174	炭质板岩、千枚岩坡积物、残积物	E 84°41′15.7″ N 28°46′01.9″	71
				2	5—18	黑棕色	壤土	块状	7.7	74.6	3.83	0.78	28.3	202	3.8	300			
				3	18—45	灰黄棕色	砂壤土	块状	8.0	80.3	3.98	0.88	27.7	225	2.3	291			
				4	45—57	灰黄色	砂壤土	块状											
				5	57—62	灰黄色	砂壤土	块状											
剖8	高山土	冷钙土	冷钙土	1	0—10	暗棕色	壤土	核状	8.3	17.0	1.12	0.52	20.1	42	4.4	310	千枚岩、炭板岩坡积物、残积物	E 85°18′14.4″ N 28°43′23.2″	82
				2	10—35	暗棕色	粉质砂壤土	块状	8.0	5.4	0.73	0.56	19.1	27	8.8	294			
				3	35—70														
剖9	高山土	黑毡土	棕黑毡土	1	0—1.5		壤土	草毡状	5.6	170.9	>6.00	1.30	26.0	>400	8.1	283	花岗岩坡积物、残积物	E 85°13′52.7″ N 28°35′15.7″	71
				As	1.5—10	黄棕色	砂壤土	屑粒状	5.4	73.0	3.39	0.97	28.1	263	4.8	85			
				3	10—28	淡黄色	壤土	块状	6.0	23.6	1.36	0.71	31.3	93	2.3	66			
				4	28—60	黄色	砂壤土	块状											
				5	60—75	暗黄色	砂壤土	块状											
剖10	高山土	黑毡土	黑毡土	As	0—10	暗棕色	壤土	草毡状	5.1	203.9	>6.00	1.24	25.1	>400	10.0	256	花岗岩坡积物、残积物	E 85°22′36.1″ N 28°26′27.2″	90
				2	10—21	暗棕色	壤土	团粒状	4.9	192.9	>6.00	1.18	24.1	>400	9.5	218			
				3	21—43	黄棕色	砂壤土	核状	4.7	68.6	5.07	0.81	25.6	347	6.6	118			
				4	43—62	淡黄棕色	砂壤土	块状	5.2	75.4	3.49	0.72	31.4	220	4.1	96			
剖11	淋溶土	暗棕壤	暗棕壤	1	0—4	棕色	壤土	块状	5.0	125.0	5.13	1.12	22.7	297	4.8	113	花岗岩坡积物、残积物	E 85°26′31.9″ N 28°25′27.8″	97
				2	4—25	黄灰棕色	壤土	块状	5.2	49.3	2.24	0.74	25.9	153	1.6	82			
				3	25—42	淡黄棕色	砂壤土	块状	5.3	18.5	0.95	0.79	34.2	55	<1.0	49			
				4	42—69	淡黄色	砂壤土												
				5	69—75														

续表 Continued

剖面号 Soil profile	土纲 Soil order	土类 Soil great group	亚类 Soil subgroup	土层码 Layer code	土层厚度 Depth/cm	颜色 Soil color	质地 Soil texture	土壤结构 Soil structure	pH	有机质 OM/(g/kg)	全氮 TN/(g/kg)	全磷 TP/(g/kg)	全钾 TK/(g/kg)	碱解氮 AN/(mg/kg)	有效磷 AP/(mg/kg)	速效钾 AK/(mg/kg)	土壤母质 Parent material	剖面点坐标 Profile coordinate	匹配指数 Matching index/%
剖12	淋溶土	棕壤	棕壤	1	2—5	黑棕色	砂壤土	团粒状	6.5	>250.0	>6.00	1.40	10.5	71	35.5	125	花岗岩坡积物、残积物	E 85°16′10.9″ N 28°25′09.1″	97
				2	5—13	黑棕色	砂壤土	块状	6.6	>250.0	>6.00	0.99	19.7	>400	22.9	>500			
				3	13—30	黄棕色	砂壤土	块状	5.4	60.2	1.91	0.49	26.1	140	1.8	153			
				4	30—45	淡黄棕色			5.6	53.4	1.46	0.77	25.7	122	2.3	113			
剖13	淋溶土	棕壤	棕壤性土	1	0—0.5												片麻岩坡积物、残积物	E 85°22′46.6″ N 28°23′27.2″	97
				2	0.5—8	棕色	砂壤土	粒状	5.5	55.8	2.76	0.76	32.2	206	5.5	91			
				3	8—20	黄色	砂壤土	块状	6.0	9.0	0.44	0.33	>40.0	48	<1.0	63			
				4	20—30	淡黄色	砂土	块状											

聂拉木县

主要土类说明

寒钙土是聂拉木县主要土壤类型，占本县地域面积的40%。寒钙土主要分布于县城以北海拔4600—5200m高山的上部或顶部，上接寒冻土，下连冷钙土。寒钙土土壤冻结期在半年以上，有季节性或部分多年冻土现象，土壤夜冻昼融作用强，与此生态环境相适应的植被是高山草原，建群植被主要是以针茅为代表的多年生旱生的草丛禾本科植物，盖度为10%—30%。成土母质主要有砂页岩、板岩、花岗岩、二云母花岗岩、灰岩、泥灰岩等岩石风化的残积物、坡积物等。寒钙土成土过程具有腐殖质积累作用和钙的淋溶淀积作用。①腐殖质积累作用：寒钙土冬季严寒少雨，土壤冻结期长，暖季短促，6月山上的草才返青发芽，盖度低，每年合成干物质的量较少；由于低温干旱，微生物活动时间短，活动力弱，致使草原植物每年提供的有机残体分解不完全，腐殖质积累少。②钙的淋溶淀积作用：土体中易溶盐大部分被淋溶，由于钙淋溶作用较弱，在土体中淀积下来，形成新生体。发育在酸性盐类上的土壤，因本身极少含有碳酸钙，淋溶作用不强，钙积作用微弱，土壤无石灰反应。土壤中的各种养分含量自上而下逐渐减少，土表以下21cm后变化特别明显，主要是有机质与全氮含量下降最为显著，全磷、全钾含量的下降变化不显著，机械组成较粗，砾石含量高，粗骨性强，砂粒占优势，只有上层土壤质地为轻壤，以下都为砂壤，从而反映出物理风化作用在其成土过程中的重要地位。

寒冻土是聂拉木县第二大土壤类型，占本县地域面积的22%，主要分布在雪线以下至海拔5200m这一地带，下接草毡土或寒钙土。寒冻土所在地形多为高山上部或顶部的角峰、分水岭脊、古冰斗和冰碛平台，山坡上岩石裸露或岩屑、冰碛砾石满布，活动的岩屑堆和冻融石流广泛分布，只在山脊或山顶平缓地带局部地点有小片细土堆积，不形成连续的土被，有小面积的较为平坦的冰碛面出现于冰川退缩后的谷地，在接近现代冰川的谷地常有冰舌伸入。寒冻土的成土母质主要是残积物与坡积物。残积物分布面积较小，多处在山顶上或分水岭高地上；坡积物面积较大，堆积于山坡上，成土母岩主要有花岗岩、片麻岩、片岩、砂页岩，小面积的灰岩及板岩。由于成土年龄较短，土壤形成以物理风化为主，具有土层浅薄、砂石多等特点。由于高寒的生态条件，寒冻土分布区只生长少数植物，且主要生长在岩石与石砾的背风面，或在日照时有水渗出的水沟边或岩屑缝中，高等植物种类极少，主要有垫状点地梅、垫状金露梅、苔状蚤缀、红景天、雪莲、垂头菊和风毛菊等，植被盖度不超过2%。由于寒冻土处在寒冷与风大的生态条件下，其成土作用主要是低等植物和微生物参与下的原始成土作用，主要特点如下：以岩石冰冻物理风化作用为主；在冻融作用下，土壤出现轻弱的冻结凸起，有时出现多边形土（石环）和石栅等表层形态特征，在表土层以下的土层中形成鳞片状结构；有机质聚积作用微弱，有些有机残体多年保持原有形态。

冷钙土是聂拉木县第三大土壤类型，占本县地域面积的10%。冷钙土分布在海拔4000—4600m的垂直地带，上部为寒钙土，下部与隐域性土相连，在本县樟木镇、门布乡、琐作乡有大面积分布，剖面一般由A层、B层和C层构成，地表有较多粗砂、砾石。本县的冷钙土处于凉温半干旱环境下，无霜期为104d，降水多集中在6—9月份，土壤冻结期较短，仅有3—5个月，土壤冻融作用较弱。植被以针茅、圆莎草和蒲草为主，杂有早熟禾、委陵菜、棘豆、木根香青和蒲公英等，在地势较低的地段有紫云英、狼毒、铁线莲等，灌木有金露梅、锦鸡儿等，少数地段有零星分布的柳树。成土母质除去各类岩石风化的堆积物外，还有洪积物和冲积物，成土母岩主要是灰岩、砂页岩和花岗岩。冷钙土的成土过程包括：①腐殖质积累作用，由于水热条件比寒钙土要好，土壤的冻结期也较短，因而植物的生长期延长，生长速度和数量也有明显增加，草本植物地上部分每年合成的干物质产量比寒钙土要高，根系大多集中于表层，植物残体的腐殖化较强，有机质含量比寒钙土要多。②钙积作用：冷钙土的土壤水分状况因半干旱气候条件而为非淋溶型，土体中易溶盐大部分被淋溶。土壤水及天然水大部分为钙化饱和，呈中性到碱性反应。土壤表层钙质大部分与植物残体分解过程中产生的碳酸结合为重碳酸盐向下移动，淀积于剖面中下部，形成不同形式的碳酸钙积聚。冷钙土的季节性淋溶作用相对较强，土体中钙积层明显，碳酸盐新生体（菌丝状、脉纹状胶结块）也较发育，特别是发育在石灰岩母质上的冷钙土，在石块或砾石的下面有大量碳酸钙胶结，土少石块多的地方，碳酸钙的淀积能把各种石砾胶结成比较坚硬的石盘层。

草毡土占聂拉木县地域面积的8%。草毡土分布的下界线为海拔4600m左右，但最高上界线却不一样，在喜马拉雅山北侧上界线一般为海拔5200m，而在南侧樟木区上界线一般为海拔4800m左右。草毡土主要分布在高山的中部，在本县城周围及喜马拉雅山山脉的南侧面积较大。成土母质主要是花岗岩、片麻岩、砂岩、板岩等的残积物、坡积物。草毡土分布区的气候都以寒冷半湿润的生物气候条件为特点。土壤的冻结期长，且夏秋季节夜冻昼融，交替频繁。植被类型为高山带嵩草草甸植被，以矮生嵩草和高山嵩草为优势种，伴生有龙胆、雪莲、垫状点地梅和矮火绒草等。在多砾质或高海拔地段有苔状蚤缀、红景天、多刺绿绒蒿等，也有少量灌木生长，主要是金露梅与杜鹃。从上到下植被逐渐增多，金露梅常以条带状生长在水分条件较好的地方。在向阳陡峭的地方由于滑塌或人为的破坏，使原有草甸植被遭受破坏，生长出针茅、野荞麦等草原植被，盖度一般为70%—90%。草毡土在成土条件的综合影响下，其成土过程具有明显的腐殖质积累作用和氧化还原作用，以及淋溶作用和冻融作用。

草甸土占聂拉木县地域面积的6%。草甸土在聂拉木县分布在河流的低阶地和高泛滥地，以及大小湖泊的周围，海拔4300—4800m地带都有分布。草甸植被有嵩草、苔草、早熟禾、马兰、委陵菜、西藏黄芪、龙胆、大绒草、马先蒿等，生长十分茂密，盖度可达90%左右。成土母质主要是河流洪积物和湖积物，有的是洪积扇下缘与冲积物交界的洪积物、冲积物，质地一般较轻粗。草甸土直接受地下水浸润，在草甸植被下发育而成，地下水位一般为1—3m。草甸土的成土过程包括有机质积累作用和氧化还原作用。表层有机质含量可达8%—9%，有些草原化草甸土有机质含量则明显降低；因所处地势低洼，地下水直接参与土壤形成过程，受地下水位夏季和冬季间的升降变化影响，土壤中交替进行着还原和氧化过程，使土壤裂隙或根孔淀积，形成锈色斑纹。

小于本县地域面积3%的土壤类型还有黑毡土、石质土、暗棕壤和棕壤等。

本区域中心区气候特征

本区域中心区气候特征值
Regional climate characteristics in central area of the region

气候带：高原亚温带亚干旱气候 Climate region: Plateau sub temperate sub arid climate	
年平均气温 /℃ Annual average temperature /℃	9.9
年平均最高气温 /℃ Annual average maximum temperature /℃	17.6
年平均最低气温 /℃ Annual average minimum temperature /℃	3.4
年降水量 /mm Annual precipitation /mm	446
≥10℃的积温 /℃ Daily temperature accumulated in a year（≥10℃）/℃	3784
年日照时数 /h Annual sunshine /h	2899
年平均相对湿度 /% Annual average relative humidity /%	46
干燥度 Dryness	7.08

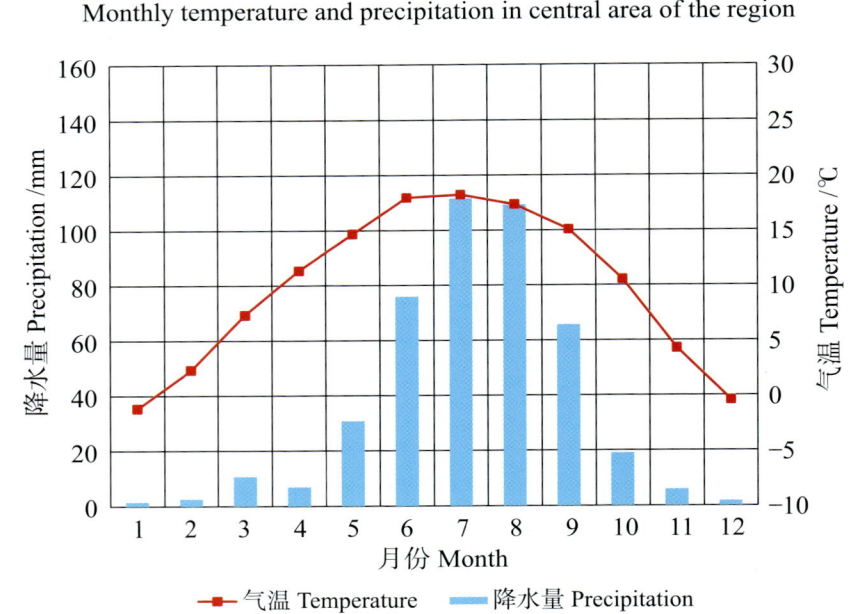

本区域中心区月平均气温与月平均降水量
Monthly temperature and precipitation in central area of the region

聂拉木县主要土壤类型与土壤剖面点分布图
1∶500 000

图 例

- 寒钙土
- 寒冻土
- 冷钙土
- 草毡土
- 草甸土
- 黑毡土
- 石质土
- 暗棕壤
- 棕壤
- ⊗ 剖面点

注：本图界线不作为实地划界依据。

聂拉木县土壤剖面理化性状表

剖面号 Soil profile	土纲 Soil order	土类 Soil great group	亚类 Soil subgroup	土属 Soil genus	土层码 Layer code	土层厚度 Depth/cm	颜色 Soil color	质地 Soil texture	土壤结构 Soil structure	pH	有机质 OM/(g/kg)	全氮 TN/(g/kg)	全磷 TP/(g/kg)	全钾 TK/(g/kg)	阳离子交换量CEC/(cmol/kg)	土壤母质 Parent material	剖面点坐标 Profile coordinate	匹配指数 Matching index/%
剖1	高山土	冷钙土	冷钙土		1	0—20	淡黄棕色	轻壤土	屑粒、团块状	8.6	12.4	0.66	0.30	15.6	11.3	碳酸岩类洪积物	E 86°21′14.8″ N 28°50′39.8″	72
					2	20—50	淡黄棕色	轻壤土	粒状	8.5	12.2	0.93	0.32	14.5	7.2			
					3	50—78	灰黄棕色	轻壤土		8.6	4.1	0.34	0.36	17.1	5.4			
					4	78—100	淡黄棕色	轻壤土	粒状	8.6	2.9	0.24	0.32	16.0	4.4			
剖2	高山土	寒钙土	寒钙土		1	0—9	淡黄棕色	砂壤土	粒状	8.4	20.0	1.36	0.33	11.1	7.6	酸性岩坡积物	E 86°05′52.4″ N 28°37′23.2″	71
					2	9—21	淡黄棕色	砂壤土	屑粒状	7.8	18.8	1.05	0.31	9.3				
					3	21—42	淡黄棕色	砂壤土	块状	7.6	2.6	0.14	0.20	8.9				
					4	42—75	淡红棕色	砂壤土	屑粒状	7.6	2.0	0.13	0.14	8.9				
					5	75—150	淡黄棕色	少砾质砂壤土										
剖3	高山土	草毡土	薄草毡土	冰砾泥质薄草毡土	1	0—11		砂壤土			20.6	1.08	0.45	10.5	6.5		E 85°43′43.0″ N 28°31′09.5″	73
					2	11—24		砂壤土			2.9	0.18	0.41	16.1	5.4			
					3	24—40	暗棕色	中壤土			11.3	0.64	0.42	15.2	5.0			
剖4	高山土	草毡土	薄草毡土	冰砾泥质薄草毡土	1	0—20		砂壤土	粒状		19.4	0.87	0.40	13.3		花岗片麻岩冰碛物	E 85°54′09.7″ N 28°29′02.8″	73
					2	20—35	灰黄棕色	砂壤土	粒状		21.5	0.98	>4.00	16.8				
					3	35—60	黄棕色	砂壤土			3.8	0.21	0.35	16.7				
					C	60—												
剖5	高山土	冷钙土	冷钙土		1	0—15	淡灰棕色	轻壤土	团粒状	7.7	22.6	1.31			6.0	大理岩、硅质灰岩坡积物、残积物	E 86°03′40.3″ N 28°20′57.5″	86
					2	15—25	淡黄带棕色	轻壤土	头状	8.4	8.4	0.64			5.7			
					3	25—40	淡黄色	中壤土	块状	8.5	3.8	0.57			7.5			
剖6	高山土	寒冻土	寒冻土		1	0—3		砂壤土	粒状	8.3	22.6	1.42	0.48	16.5	8.9	石灰岩寒冻残积物	E 85°54′59.4″ N 28°17′49.9″	90
					2	3—8	淡红棕色	砂壤土	片状、鳞片状	8.4	20.6	1.37	0.42	15.2	12.3			
					3	8—38	淡棕色	砂壤土	片状、小块状	8.6	<1.0	0.28	0.29	10.5				
					4	38—58	淡黄棕色	砂壤土										
剖7	高山土	草毡土	棕毡土		1	0—7	黑棕色	砂壤土	粒状	5.6	152.6	>6.00	1.09	17.4		花岗岩残积物、坡积物	E 86°07′23.9″ N 28°10′42.6″	76
					2	7—15	暗棕色	砂壤土	粒状	5.6	95.7	4.67	0.60	12.8				
					3	15—35	淡棕色	砂壤土	粒状	6.0	39.7	1.76	0.82	16.4				
剖8	高山土	黑毡土	棕毡土		As	0—9	暗灰棕色	粘土	粒状	5.2	120.4	3.37			26.5	片麻岩冰水沉积物	E 85°56′19.0″ N 28°09′57.2″	73
					1	9—17	灰棕色	轻壤土	团块状、粒状	5.0	78.3	4.91			24.8			
					2	17—33	淡灰棕色	砂壤土	碎块状、核块状	5.1	49.5	2.97			18.2			
					3	33—42	棕色	紧砂土		5.5	7.5	1.82			8.9			
					C	42—70				5.6		0.33						
剖9	淋溶土	暗棕壤	暗棕壤		1	0—10	黑棕色	轻壤土	粒状							片麻岩冰积物	E 85°58′58.1″ N 28°03′56.5″	98
					2	10—25	暗棕色	轻壤土		6.1	140.3	4.85	0.69	13.9	26.0			
					3	25—50	淡灰棕色	轻壤土	团块状	5.6	34.8	2.05	0.80	16.1				
剖10	高山土	黑毡土	棕黑毡土		1	0—20	棕黄色	轻壤土		5.7	32.5	3.04	0.75	12.9		酸性岩坡积物	E 86°01′08.4″ N 28°02′23.3″	73
					2	20—30	暗黄棕色	砂壤土										
					3	30—47	淡红棕色	砂壤土										
					4	47—70	棕黄色	砂壤土		6.0	33.1	1.78	0.67	13.7	9.5			

续表 Continued

剖面号 Soil profile	土纲 Soil order	土类 Soil great group	亚类 Soil subgroup	土属 Soil genus	土层码 Layer code	土层厚度 Depth/cm	颜色 Soil color	质地 Soil texture	土壤结构 Soil structure	pH	有机质 OM/(g/kg)	全氮 TN/(g/kg)	全磷 TP/(g/kg)	全钾 TK/(g/kg)	阳离子交换量CEC/(cmol/kg)	土壤母质 Parent material	剖面点坐标 Profile coordinate	匹配指数 Matching index/%
剖11	淋溶土	暗棕壤	暗棕壤		A₀	0—3	褐灰色			<4.5	>250.0	>6.00				二云母岩坡积物	E 86°01′14.9″ N 27°57′36.4″	97
					2	3—5	暗棕灰色		团粒状	5.2	104.9	3.02			30.6			
					3	5—15	暗棕色	砂壤土	团块状	5.3	65.6	2.51			27.1			
					4	15—35	淡棕色	砂壤土	团块状	5.1	46.6	1.48			17.3			
					5	33—55	淡棕色	砂壤土	块状	5.4					13.1			
					6	55—80	淡黄棕色	砂壤土							4.7			
					7	80—100												

萨 嘎 县

主要土类说明

寒钙土是萨嘎县主要土壤类型，占本县地域面积的46%。本县寒钙土与草毡土处于同一高程地带，主要分布于海拔4500—5200m处。寒钙土的热量条件虽与草毡土相似，但降水量较少，且主要集中于6—9月。全年蒸发量超过2000mm。土壤冻结期为5个半月左右，有季节性或部分多年冻土现象。土壤夜冻昼融作用虽较寒漠土、草毡土弱，但比冷钙土强一些。与此生态环境相适应的植被是高山草原植被，建群植被主要由紫花针茅、羽柱针茅等为代表的多年生旱生草丛禾本科植物组成。寒钙土的成土过程具有腐殖质积累作用和钙积作用特点，由于土壤季节性冻结时间长，低温干旱，微生物活动并不旺盛，致使草原植物每年提供的有限残体分解不完全，腐殖质积累作用较弱。在土壤季节性淋溶相对较弱的情况下，大部分钙与植物残体分解过程中产生的碳酸结合为重碳酸盐向下移动，形成不同形式的碳酸钙积累。由于寒钙土的风化和成土作用较弱，基质发育程度低，钙积作用总体比较弱，土体中钙积层聚积不甚明显。

寒冻土是萨嘎县第二大土壤类型，占本县地域面积的23%。本县寒冻土见于雪线以下至海拔5200m这一地带，所处位置地势陡峻，山坡上岩石裸露或岩屑、冰碛物、砾石满布，活动岩屑和融冻石流广泛分布，因而不能形成连片的土被。成土母质主要为火成岩、片岩、板岩、砂岩等的残积物或坡积物。成土特点为成土年龄短、成土过程弱、成土过程容易中断且难以继承和发展。其分布区气候寒冷且多大风，由于高寒的生态条件，只有一些冷生壳状地衣等着生于岩石和石砾的背面，高等植物种类极少，仅在低洼的间歇性流水沟或岩屑缝中有零星分布，如垫状点地梅、苔状蚤缀、风毛菊等，植被盖度不足10%。土壤中极少见动物及其活动迹象。冻结和融化作用对成土过程的影响十分深刻，主要表现为以下几个方面：①土壤有机质分解缓慢和腐殖质化弱，低温干旱抑制了局部土壤中微生物的活动，导致有机残体的分解极弱。②高寒恶劣的气候条件下，土壤化学、生物风化和成土作用微弱，物理风化占主导地位。由于寒冻风化作用非常强烈，在稀疏的坐垫植被下，成土作用微弱，土壤的粗骨性强，细土物质少。③土壤冻融的形态特征明显，并引起物质的移动，在冻融作用下，土壤出现轻微的冻结凸起。寒冻土剖面的特征是石多土少，土层浅薄，通体粗骨，质地轻粗，石砾含量很高，大部分土层黏粒含量不超过10%，且以表层含量最低，这除了受风蚀影响外，还与冻融过程引起的细土顺岩屑缝下漏有关。土壤呈中性至弱碱性。剖面分化不明显，属A-C构型。

草毡土是萨嘎县第三大土壤类型，占本县地域面积的16%。草毡土是一种地带性的土壤，主要分布于海拔4500—5200m的阴坡或半阴坡地带。草毡土分布区气候冷湿，土壤冻结期长达半年以上，季节性冻层厚度超过1.5m，在夏半年，土壤夜冻昼融交替频繁。植被组成以矮生嵩草和高山嵩草为主，其次为苔草、圆穗蓼、矮火绒草、报春花等组成的高山矮草草甸群落，盖度为70%—90%。高山矮草草甸群落植株低矮，组成单纯，分层不明显，但根系庞大，纠结成层。草毡土成土母质主要是残积物、冰碛物和坡积物等。其成土过程的特点是具有明显的有机质积累作用和氧化还原作用。在夏半年降水量大，暖湿同季，植物生长茂密，有较多的植物残体进入土壤；而冬半年寒冷漫长，土壤冻结，微生物活动弱，植物残体得不到充分的分解，多半以原始或半分解的状况累积于土壤中；因而，土壤有机物的积累大于分解，形成活根和死根相互交织的连片草毡层。草毡土形成过程中的氧化还原作用是由大气降水和融冻水浸润引起的，同一般受地下水直接影响的草甸土不大相同。在表层有机质逐渐累积和吸水性很强的草毡层形成后，草毡土处于较长期的干旱与夏秋短期湿润交替的状态，为成土母质的低温氧化与短暂的还原过程的进行创造了条件，使土壤中铁、锰等化合物发生移动或局部淀积，从而形成了一定的发生层段和新生体。草毡土水分的分布特点表现在表层水分随季节的不同而出现很大的变化，中部（AB层）含量稍高，湿度较为稳定，下部的变化较少。因此，土壤表层除夏季湿润期间有间歇性的还原淋溶作用外，常处于氧化状态。中部基本上处于还原状态，如遇蒸发、蒸腾作用强烈或秋冬降温时，土壤自上而下冻结，也可使土壤溶液上升而出现氧化状态。

粗骨土占萨嘎县地域面积的3%，广泛分布于本县各地的石质山地，如低高水岭、山脊部或坡度大的低山坡。在无植被保护或仅有稀疏植被处，常有这类土壤出现。成土母质为残积物、坡积物，含砾多，粗骨性强，土层薄。粗骨土成土过程主要为粗骨化过程，灌丛草甸或高寒草甸由于过度砍伐或过度放牧及鼠害严重，植被遭破坏，水土流失严重，土壤侵蚀加剧，使土壤草毡层消失，心土层有机质、细粒物质减少，粗粒物质相对增多，导致整个土体粗骨化。粗骨土由于成土年龄短，再加成土环境及成土条件严酷，土壤发育程度微弱，层次分化不明显，剖面构型仅为A-C型，即在薄薄的、多砾的表土层下即为母质砾石层。

冷钙土占萨嘎县地域面积的3%。冷钙土分布于海拔4000—4500m的高原寒谷、湖盆和高原寒谷周围的缓坡，所处气候环境温凉半干旱，土壤冻结期为3个月，土壤冻融作用微弱。草本植物组成较寒钙土上的植被复杂多样。成土母质主要为坡积物、洪积物、冲积物等。冷钙土的成土过程具有腐殖质积累作用和钙积作用特点：①由于水热条件比寒钙土要好，土壤的冻结期也较短，因而使植物的生长期延长，生长速度和数量也有明显增加，草本植物地上部分每年合成的干物质产量比寒钙土要高，根系多集中于表层，植物残体的腐殖化较强，腐殖质层厚10—20cm，其颜色为灰棕色或浅灰棕色，有机质含量为2%—3%；②钙积作用：由于冷钙土季节性淋溶较强，土壤表层钙质大部分与植物残体分解过程中产生的碳酸结合为重碳酸盐向下移动，淀积于剖面中下部，形成不同形式的碳酸钙积聚，钙积层明显，碳酸盐新生体也较发育。

小于本县地域面积3%的土壤类型还有草甸土、沼泽土和风沙土等。

本区域中心区气候特征

本区域中心区气候特征值
Regional climate characteristics in central area of the region

气候带：高原亚温带亚干旱气候 Climate region: Plateau sub temperate sub arid climate	
年平均气温 /℃ Annual average temperature /℃	9.1
年平均最高气温 /℃ Annual average maximum temperature /℃	16.7
年平均最低气温 /℃ Annual average minimum temperature /℃	2.6
年降水量 /mm Annual precipitation /mm	275
≥10℃的积温 /℃ Daily temperature accumulated in a year (≥10℃) /℃	3662
年日照时数 /h Annual sunshine /h	2887
年平均相对湿度 /% Annual average relative humidity /%	44
干燥度 Dryness	10.14

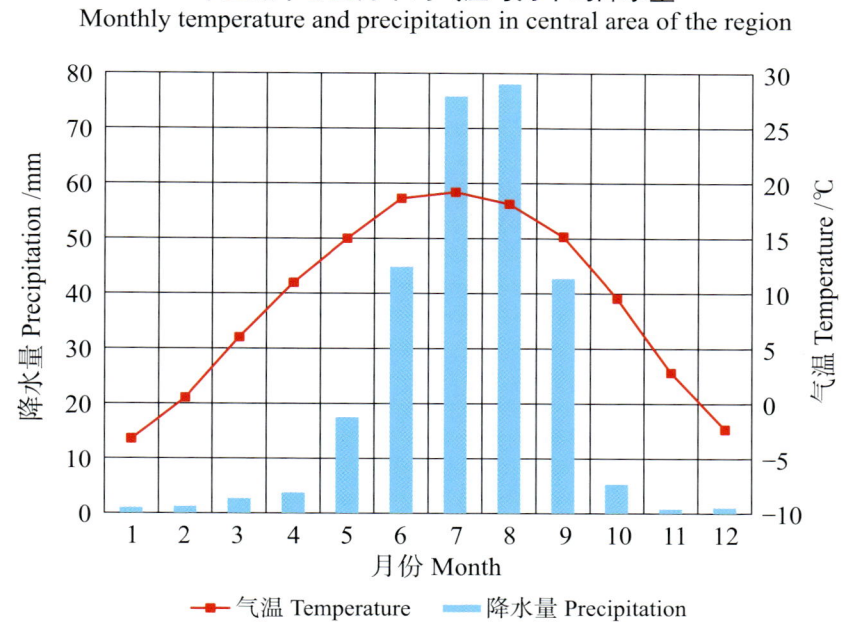

本区域中心区月平均气温与月平均降水量
Monthly temperature and precipitation in central area of the region

萨嘎县主要土壤类型与土壤剖面点分布图

1:720 000

图 例

- 寒钙土
- 寒冻土
- 草毡土
- 粗骨土
- 冷钙土
- 草甸土
- 沼泽土
- 风沙土
- ⊗ 剖面点

注：本图界线不作为实地划界依据。

萨嘎县土壤剖面理化性状表

剖面号 Soil profile	土纲 Soil order	土类 Soil great group	亚类 Soil subgroup	土属 Soil genus	土层码 Layer code	土层厚度 Depth/cm	颜色 Soil color	质地 Soil texture	土壤结构 Soil structure	pH	有机质 OM/(g/kg)	全氮 TN/(g/kg)	全磷 TP/(g/kg)	全钾 TK/(g/kg)	碱解氮 AN/(mg/kg)	有效磷 AP/(mg/kg)	速效钾 AK/(mg/kg)	土壤母质 Parent material	剖面点坐标 Profile coordinate	匹配指数 Matching index/%
剖1	高山土	寒冻土	寒冻土		1	0—16	暗黄棕色	砂壤土	粒状	8.6	10.2	0.83	0.43	14.1	67	1.6	92		E 84°57′18.4″ N 29°47′46.3″	83
					2	16—														
剖2	高山土	寒钙土	暗寒钙土		1	0—18	紫棕色	砂壤土	团粒状	8.5	6.4	0.49	0.46	20.8	75	1.2	26	洪积物	E 84°43′23.9″ N 29°33′32.4″	73
					2	18—30	黄棕色	砂壤土	团粒状	8.5	3.7	0.29	0.44	12.1	45	<1.0	16			
					3	30—34	暗棕色	砂壤土	团块状	8.3	1.2	0.24	0.23	12.1	29	<1.0	26			
					4	34—70	黄棕色	砂壤土												
剖3	高山土	草毡土	薄草毡土		1	0—10	暗棕色	砂壤土	块状	8.0	34.4	1.76	0.61	23.1	164	3.1	106	页岩、灰岩等残积物、坡积物	E 85°37′49.1″ N 29°23′44.5″	73
					2	10—27	黄棕色	砂壤土	粒状	7.7	4.0	2.35	0.28	14.2	16	1.7	35			
剖4	高山土	寒钙土	寒钙土		1	0—8	棕色	砂壤土	粒状	8.5	17.5	1.17	0.51	22.5	95	5.1	69	灰岩残积物、坡积物	E 85°20′49.6″ N 29°22′17.0″	73
					2	8—16	淡棕色	砂壤土	粒状	8.3	4.5	0.34	0.91	13.0	38	1.3	40			
					3	16—33	黄棕色	砂砾质土	团块状	8.3	1.9	0.16	0.14	3.7	24	<1.0	25			
剖5	高山土	冷钙土	冷钙土	洪积泥砾质冷钙土	1	0—14	淡灰黄色	砂壤土	粒状	8.2	16.9	1.05	0.29	20.8	133	2.6	188		E 85°19′21.0″ N 29°19′40.8″	73
					2	14—55	暗灰色	细砂壤土	粒状	8.2	12.7	1.00	0.36	20.1	121	1.4	110			
					3	55—95	淡棕黄色	砂壤土	团块状	8.9	10.4	>6.00	0.29	17.6	43	<1.0	24			
剖6	高山土	冷钙土	冷钙土	洪积泥砾质冷钙土	1	0—15	暗灰黄色	砂壤土	粒状	8.6	35.2	>6.00	0.74	21.4	151	9.2	198	冲积物	E 85°59′16.8″ N 29°17′34.4″	78
					2	15—30	灰黄棕色	砂壤土	粒状	8.5	50.8	1.93	0.73	20.9	199	17.0	207			
					3	30—47	暗黄棕色	砂壤土	团块状											
					4	47—66	灰黄色	轻壤土												
					5	66—100														
剖7	高山土	冷钙土	冷钙土	洪积泥砾质冷钙土	1	0—16	暗灰黄色	砂砾石土	粒状	8.7	12.0	0.57	0.32	12.2	35	6.1	11	石灰性洪积物	E 85°50′37.0″ N 29°16′35.8″	83
					2	16—30	暗黄棕色	砂砾石土	粒状	8.8	10.2	0.50	0.31	14.8	67	2.6	114			
					3	30—85	淡灰黄色	砂壤土	粒状	8.8	2.9	0.24	0.15	8.2	20	<1.0	37			
剖8	高山土	冷钙土	冷钙土	洪积泥砾质冷钙土	1	0—18	灰黄棕色	砂壤土	粒状	8.4	17.8	0.78	0.68	19.5	84	4.5	84	石灰性洪积物、冲积物	E 85°51′01.4″ N 29°13′35.8″	73
					2	18—32	淡黄棕色	砂壤土	核状、块状	8.7	8.6	0.52	0.52	17.1	53	1.8	53			
					3	32—55	黄棕色	砂壤土	核状、块状	8.6	9.0	0.41	0.48	21.3	82	1.6	82			
					4	55—80	暗黄棕色	砂壤土	片状	8.5	6.0	0.38	0.41	19.0	32	2.9	32			
剖9	高山土	冷钙土	冷钙土		1	0—18	棕灰色	砂壤土	团粒状	8.9	15.4	0.70	0.50	17.3	82	6.1	89	洪积物、冲积物	E 86°15′37.1″ N 29°11′59.3″	90
					2	18—32		砂壤土		8.7	5.6	0.30	0.20	6.0	47	3.2	27			
					3	32—100														
剖10	高山土	冷钙土	冷钙土		1	0—19	棕灰色	砂砾石土	粒状	8.6	14.5	1.09	0.51	20.0	94	7.0	103	洪积物、冲积物	E 86°13′33.6″ N 29°11′37.7″	73
					2	19—58	暗黄棕色	砂砾石土	粒状	8.6	7.5	0.51	0.41	14.6	40	2.8	77			
					3	58—75	暗黄棕色	砂壤土	块状	8.6	3.6	0.31	0.32	13.0	31	1.8	57			
					4	75—	暗黄棕色	砂壤土	块状	8.6	4.2	0.34	0.44	14.7	32	3.5	76			
剖11	高山土	冷钙土	冷钙土		1	0—16	棕色	砂壤土	团块状	8.7	13.5	0.46	0.42	11.2	61	3.4	95	坡积物	E 86°08′49.9″ N 29°09′40.7″	73
					2	16—40	暗黄棕色	砂壤土	团块状	8.7	6.3	0.29	0.34	9.6	34	1.4	79			
					3	40—69	暗黄棕色	轻壤土	团块状	8.7	4.6	0.26	0.33	13.2	34	2.2	98			
					4	69—90	灰白色	中壤土	团块状	8.7	3.6	0.26	0.54	20.7	34	3.5	93			

岗 巴 县

主要土类说明

寒钙土是岗巴县主要土壤类型，占本县地域面积的 50%。寒钙土是高山草原植被下发育的土壤类型，发育形成于海拔 4800—5350m 剥蚀高山的中上部及高原缓丘的上部，上接寒冻土，下连冷钙土。该类土在本县主要分布于南部、东部高原缓丘上以及北部高山地区。成土母质主要是页岩、灰岩、砂岩、板岩、千枚岩、砾岩和石英岩等母岩风化形成的残积物、坡积物、洪积物和冲积物。土壤质地一般较粗，砾石含量高。土壤冻结期为 5 个半月左右，有季节性冻土现象，土壤夜冻昼融作用比草毡土弱，但较冷钙土强一些。与此生态环境相适应的植被是高山草原类型，由以针茅、羊茅等为代表的多年生旱生的草丛禾本科植物组成，伴生有棘豆、固沙草、黄芪、火绒草、苔草、麻黄、垫状点地梅、苔状蚤缀和小嵩草等，局部地区混有锦鸡儿等灌丛，盖度为 30%—60%。寒钙土的成土过程具有较弱的腐殖质积累作用和钙积作用。尽管寒钙土腐殖质的积累相当低微，但仍有植物残体的累积。腐殖质层厚度为 5—15cm，呈浅灰棕色或浅灰黄色，具有屑粒状或弱块状结构，有机质含量为 1%—3%。土体中易溶盐大部分被淋溶，土壤水及天然水大部分为钙或镁所饱和，呈中性至碱性反应，土壤表层钙大部分与植物残体分解过程中产生的碳酸结合为重碳酸盐向下移动，淀积于剖面中下部，形成不同形式的碳酸钙积聚。由于土壤的风化和成土作用较弱，基质发育程度低，土壤季节性淋溶程度较弱，剖面内碳酸钙聚积不甚明显，碳酸盐新生体也不发育。本县寒钙土分布区降水量虽不是很高，但剖面中黏粒仍有下移的现象，呈现微弱的黏化作用。

草毡土是岗巴县第二大土壤类型，占本县地域面积的 14%。草毡土是指在高山带嵩草草甸植被下发育的土壤类型，发育一般形成于海拔在 4800—5350m 起伏不平的剥蚀高山上部，上接寒冻土，下连冷钙土。该类土在本县主要分布于东部康岗公路以北高原缓丘上部，在本县北部高山区上部也有分布，在岗巴县南部沿国境线呈条状分布，以孔玛乡分布面积最大。成土母质主要是灰岩、砂岩、板岩等的残积物、坡积物，局部地段也有板岩、花岗岩、页岩的残积物、坡积物。土壤冻结期长达半年以上，季节性冻土厚度超过 1.5m，土壤夜冻昼融交替频繁。植被组成以矮生嵩草和高山嵩草为主，次为几种苔草、矮火绒草、毛茛和龙胆等组成高山矮草草甸群落，盖度为 70%—90%。在多砾质或高海拔的地段，苔状蚤缀、垫状点地梅等占有一定比重，盖度降低到 30%—50%。在向高山草原地区过渡带，或阳坡和局部滑塌地段，则出现草原化现象，有羊茅、紫花针茅和蒿等加入，盖度为 50% 左右。此类植物植株低矮，组成单纯，分层不明显，但根系庞大，纠结成层。草毡土中穴居动物不多，活动频度小。草毡土的成土过程具有明显的有机质积累作用和氧化还原作用。由于土壤季节性冻结时间长，有机物的腐质化弱。在冻层封闭下面产生还原条件和活性较大腐殖酸的影响下，剖面中部出现特有的"暗色层"。

冷钙土是岗巴县第三大土壤类型，占本县地域面积的 14%。冷钙土是高原亚高山蒿属草原植被下发育的土壤类型，形成于海拔 4400—4800m 剥蚀高山的中下部高原缓丘、山麓洪积扇、河阶地及洪冲积倾斜平原等，上接寒钙土，下连沟谷里的草甸土。该类土在本县主要分布在孔玛至门德的"U"形宽谷中以及直克乡周围和昌龙乡的北部。土壤冻结期仅为 3 个月，土壤冻融作用较微弱。草本植物组成较寒钙土的复杂，多以嵩草、固沙草为主，伴生有棘豆、狼毒、蒲公英、紫云英、委陵菜等，盖度一般较高，多在 40%—80%，局部区域气候稍显湿润，植被组成中草甸植物成分增多，植物生长较茂密，形成了草甸草原类型。栖居于冷钙土的老鼠、兔子很多，洞穴密集。成土母质主要是灰岩、砂页岩、板岩和石英岩等组成的残积物、坡积物及洪积物。该土类具有较强的腐殖质积累作用和钙积作用。腐殖质层厚度为 10—20cm，有机质含量为 2.0%—3.0%。由于本县冷钙土区域内土壤季节性淋溶较强，土体中钙积层明显，呈菌丝状、脉纹状。斑状碳酸钙新生体有较好的发育，其数量还随母岩和成土母质的不同而异，如发育在非石灰性洪积物、冲积物上的冷钙土碳酸钙含量极少，无碳酸钙淀积层形成，剖面通体无石灰反应。

草甸土占岗巴县地域面积的 10%。草甸土形成于地势低洼的"U"形地形或浅切窄谷地及一些河流的低阶地和高泛滥地。土壤冻结期仅为 3—4 个月，季节性冻层厚度小于 1m，土壤冻融作用较不显著。由于地下水的浸润，土壤湿度大，草甸植被发育良好，由多种嵩草、苔草和委陵菜、蒲公英、黄芪等组成，长势十分茂密，盖度可达 80%—90%，甚至更大。草甸土中的老鼠很多，洞穴密集。成土母质主要是石灰性和非石灰性洪冲积物，土壤质地一般较粗。草甸土是本县隐域性土壤类型，地下水直接影响着它的形成发育。地下水位一般为 1—3m，夏季可升高至 0.5m，一般情况下土壤并不被水淹没。草甸的成土过程主要有以下两个方面：有机质的积累和毡状草皮层的形成；氧化还原作用与锈斑层、潜育层的形成。

寒冻土占岗巴县地域面积的 9%。寒冻土是脱离冰川影响最晚、成土年龄最短的土壤类型。该类土在本县主要分布于昌龙乡南部克龙浦到拉穷抗日山一带、孔玛乡东北高山上部、直克乡北部与萨迦县交界处、与亚东县交界的夏雅山顶，分布高程在海拔 5350m 以上，属高寒层上层，上接永久雪线，下连高山草原或高毡土，所处地形多为高山的上部和顶部、山地分水岭脊、古冰斗和冰碛堤、冰碛平台。山坡上岩石裸露，岩屑、冰碛砾石满布，活动的岩屑堆和冻融石流广泛分布，仅局部地点有小片细土堆积，因而不能形成连片土被。成土母质主要是片岩、砾岩、页岩、板岩、灰岩、石英岩等为主的冰碛物及寒冻风化的坡积物。由于高寒、大风的生态条件，只有一些冷生壳状地衣等着生于岩石和石砾的背风面。高等植物极少，仅在低坳的间歇性流水沟边或岩屑缝中有零星分布，如垫状点地梅、苔状蚤缀、垫状蚤缀、雪莲等，植被盖度为 2%—5%，土壤中少见动物及其活动迹象。本县寒冻土土壤冻结的时间长，由于土壤表层昼夜正负温度交替出现，冻结与融化交替进行，对寒冻土的成土过程具有深刻的影响，主要表现为以下几个特点：①土壤化学风化和成土作用微弱，物理风化作用占主导地位。②土壤冻融的形态特征明显，并引起物质的移动。③土壤有机质分解缓慢和腐殖化弱，腐殖质组成以富里酸为主。

小于本县地域面积 3% 的土壤类型还有风沙土和粗骨土等。

本区域中心区气候特征

本区域中心区气候特征值
Regional climate characteristics in central area of the region

气候带：高原亚温带亚干旱气候 Climate region: Plateau sub temperate sub arid climate	
年平均气温 /℃ Annual average temperature /℃	9.6
年平均最高气温 /℃ Annual average maximum temperature /℃	17.4
年平均最低气温 /℃ Annual average minimum temperature /℃	2.8
年降水量 /mm Annual precipitation /mm	517
≥ 10℃的积温 /℃ Daily temperature accumulated in a year（≥ 10℃）/℃	3610
年日照时数 /h Annual sunshine /h	2906
年平均相对湿度 /% Annual average relative humidity /%	47
干燥度 Dryness	3.97

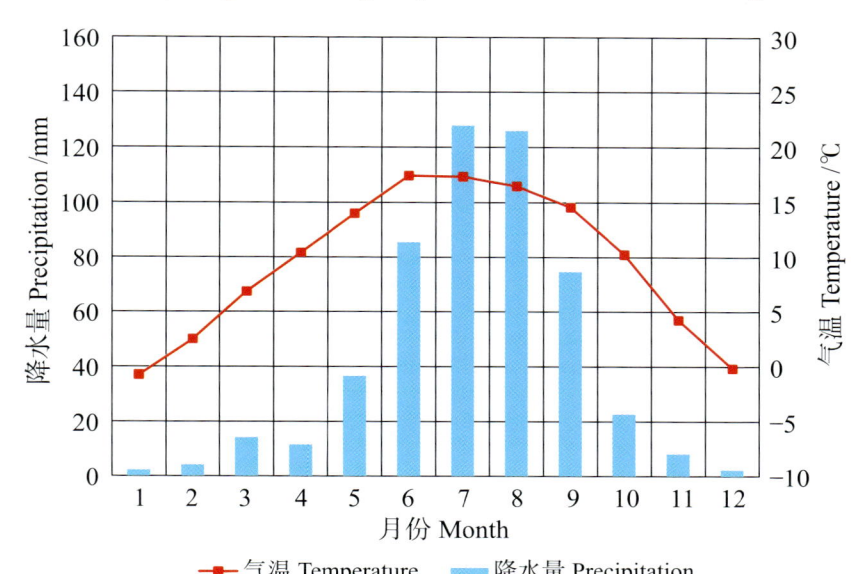

本区域中心区月平均气温与月平均降水量
Monthly temperature and precipitation in central area of the region

岗巴县主要土壤类型与土壤剖面点分布图
1：350 000

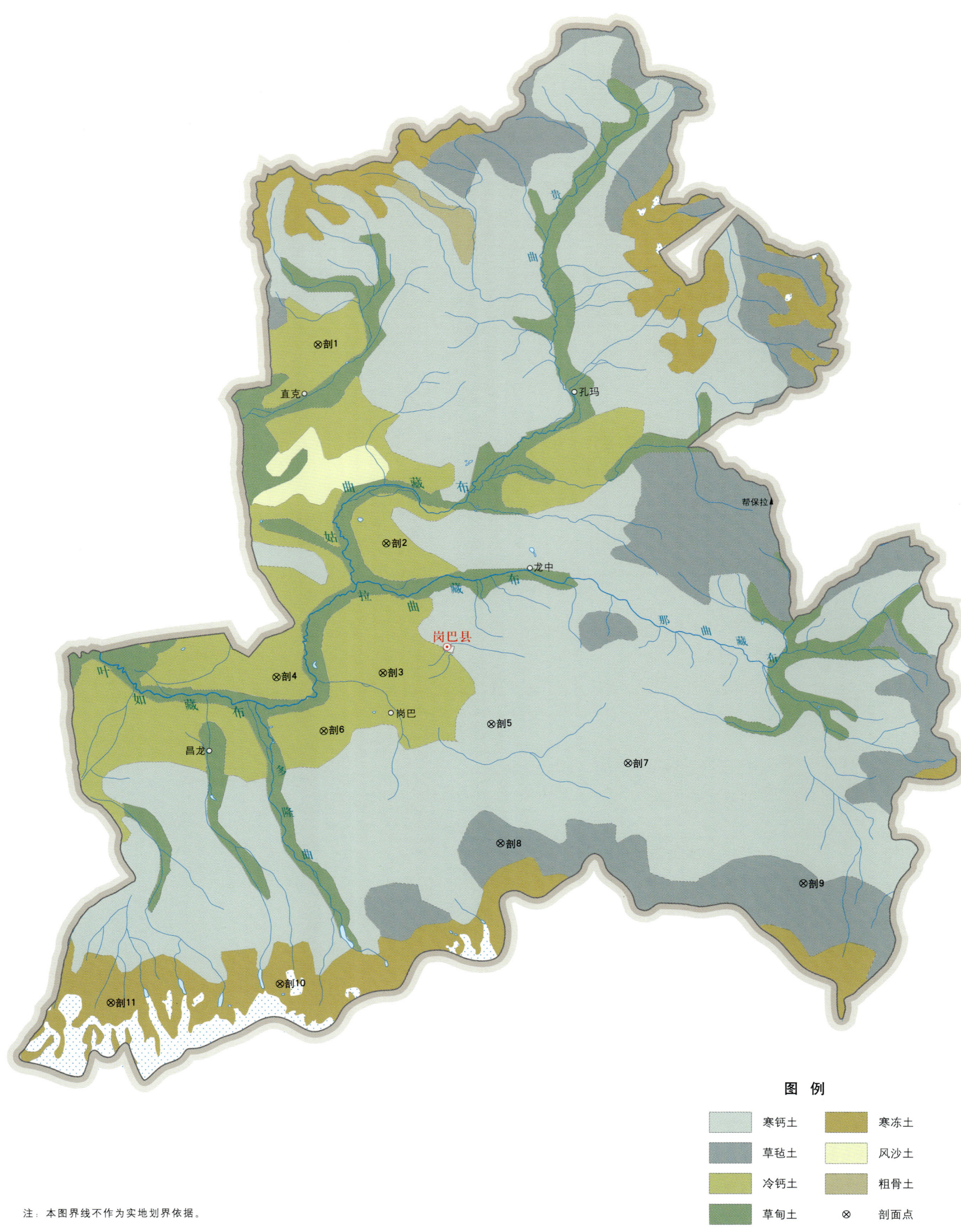

注：本图界线不作为实地划界依据。

图例：寒钙土、草毡土、冷钙土、草甸土、寒冻土、风沙土、粗骨土、⊗ 剖面点

岗巴县土壤剖面理化性状表

剖面号 Soil profile	土纲 Soil order	土类 Soil great group	亚类 Soil subgroup	土属 Soil genus	土层码 Layer code	土层厚度 Depth/cm	颜色 Soil color	质地 Soil texture	土壤结构 Soil structure	pH	有机质 OM/(g/kg)	全氮 TN/(g/kg)	全磷 TP/(g/kg)	全钾 TK/(g/kg)	碱解氮 AN/(mg/kg)	有效磷 AP/(mg/kg)	速效钾 AK/(mg/kg)	阳离子交换量CEC/(cmol/kg)	土壤母质 Parent material	剖面点坐标 Profile coordinate	匹配指数 Matching index/%
剖1	高山土	冷钙土	冷钙土	洪积泥砾质冷钙土	1	0—14	灰棕色	轻壤土	碎块状	7.7	18.7	0.85	0.61	18.1	30	2.0	110	8.3	洪积物、冲积物	E 88°24′37.1″ N 28°30′54.7″	89
					2	14—45	黄棕色	砂壤土	屑粒状	8.0	9.4	0.56	0.53	20.5	26	<1.0	63	5.3			
					3	45—80	黄棕色	砂壤土	屑粒状	7.8	6.9	0.37	0.42	20.4	18	1.0	40	3.2			
剖2	高山土	冷钙土	暗冷钙土		1	0—7	淡灰棕色	轻壤土	屑粒状	8.4	15.4	0.78	0.67	23.3	45	9.0	212	6.1	石灰岩残积物、坡积物	E 88°27′55.4″ N 28°21′35.3″	72
					2	7—20	灰棕色	轻壤土	碎块状	8.5	8.0	0.53	0.52	21.5	26	1.0	75	6.8			
					3	20—31	灰棕色	砂壤土	屑粒状	8.6	6.5	0.52	0.46	19.0	18	1.0	73	7.3			
					4	31—65	黄棕色	砂壤土	屑粒状	8.4	3.6	0.32	0.45	19.3	11	<1.0	41	6.2			
					5	65—100	黄棕色	砂壤土	屑粒状	8.4	3.3	0.16	0.35	19.3		<1.0	43				
剖3	高山土	冷钙土	冷钙土		1	0—12	灰棕色	轻壤土	碎块状	8.7	22.1	0.95	0.76	10.7	39	2.0	120	4.6	石灰性洪积物、冲积物	E 88°27′39.2″ N 28°15′32.0″	74
					2	12—26	黄棕色	砂壤土	碎块状	8.8	20.2	0.70	0.65	5.5	31	<1.0	51	3.6			
					3	26—50	黄棕色	砂壤土	块状	8.5	10.1	0.62	0.40	15.4	21	<1.0	59	5.2			
					4	50—100	黄棕色	砂壤土	块状	8.4	7.6	0.55	0.37	14.8		<1.0	55				
剖4	高山土	冷钙土	冷钙土		A	0—12	灰棕色	重砾质砂壤土	碎块状	8.7	22.1	0.95	0.76	10.7	39	2.0	120	4.6		E 88°22′15.2″ N 28°15′24.8″	95
					ABk	12—26	黄棕色	重砾质砂壤土	碎块状	8.8	20.2	0.70	0.65	15.5	31	1.0	51	3.6			
					Bk	26—50	黄棕色		块状	8.5	10.1	0.67	0.40	15.4	21	1.0	59	5.2			
					BCk	50—100	黄棕色	重砾质砂质黏壤土	块状	8.4	7.6	0.55	0.37	14.8	19	1.0	55	4.1			
剖5	高山土	寒钙土	暗寒钙土		1	0—5	暗棕色	砂壤土	碎块状	8.2	31.4	1.36	0.80	19.5	81	6.0	130	11.1	石灰岩残积物、坡积物	E 88°33′07.2″ N 28°13′04.8″	87
					2	5—12	暗棕色	轻壤土	碎块状	8.3	31.0	1.26	0.55	15.9	74	3.0	124	9.1			
					3	12—24	淡灰棕色	轻壤土	碎块状	8.3	10.2	0.50	0.67	16.8	26	2.0	64	5.6			
					4	24—68	暗棕色	中壤土	碎块状	8.4	7.0	0.34	0.56	17.7	18	2.0	64	4.8			
					5	68—															
剖6	高山土	冷钙土	冷钙土		1	0—13	黄棕色	砂壤土	屑粒状	8.7	15.0	0.65	0.72	25.0	30	2.0	76	8.9	石灰岩残积物、坡积物	E 88°24′37.1″ N 28°12′52.2″	71
					2	13—28	黄棕色	轻壤土	屑粒状	8.7	9.8	0.40	0.67	26.8	26	1.0	49	7.8			
					3	28—47	黄棕色	轻壤土	块状	8.7	6.9	0.37	0.56	26.6	18	2.0	49	6.8			
					4	47—															
剖7	高山土	寒钙土	寒钙土		1	0—13	暗棕色	轻壤土	碎块状	8.3	17.8	0.90	0.83	21.7	42	5.0	164	6.6	石灰性洪积物、冲积物	E 88°40′02.3″ N 28°11′09.2″	77
					2	13—24	暗黄色	轻壤土	粒状	8.4	19.2	0.89	0.82	15.6	53	2.0	80	8.2			
					3	24—37	棕色	轻壤土	粒状	8.5	7.2	0.52	0.70	15.6	21	1.0	52	6.2			
					4	37—52	暗棕色	轻壤土	粒状	8.4	8.0	0.55	0.64	13.3	23	<1.0	54	6.4			
					5	52—75	暗棕色	中壤土	块状	8.0	5.1	0.38	0.58	22.3		2.0	85				
					6	75—															
剖8	高山土	草毡土	薄草毡土	冰碛泥砾薄草毡土	1	0—7	淡灰黄色	紧砂土	屑粒状	8.0	32.6	1.42	1.21	21.8	79	9.0	139	10.5	泥质片岩、板岩残积物、坡积物	E 88°33′30.6″ N 28°07′30.0″	87
					2	7—13	暗黄棕色	轻壤土	碎块状	8.2	29.0	0.99	1.05	22.5	54	5.0	58	9.6			
					3	13—18	暗黄棕色	砂壤土	粒状	8.0	24.2	0.88	0.98	22.9	36	5.0	58	8.6			
					4	18—22	暗黄棕色	轻壤土	块状	8.2	23.4	0.35	0.99	22.9	32	5.0	70	8.4			
					5	22—40															
					6	40—															
剖9	高山土	草毡土	薄草毡土		1	0—8	灰棕色	轻壤土	碎块状	7.2	71.6	2.57	1.49	21.4	100	9.0	220	15.1	泥质片岩、板岩残积物、坡积物	E 88°48′50.8″ N 28°05′23.6″	73
					2	8—15	淡灰棕色	砂壤土	粒状	7.6	48.5	2.05	1.27	20.3	44	6.0	136	9.6			
					3	15—30	暗灰棕色	砂壤土	粒状	7.6	7.3	0.38	0.43	1.4	15	2.0	90	2.8			
					4	30—60	淡灰棕色														

续表 Continued

剖面号 Soil profile	土纲 Soil order	土类 Soil great group	亚类 Soil subgroup	土属 Soil genus	土层码 Layer code	土层厚度 Depth/ cm	颜色 Soil color	质地 Soil texture	土壤结构 Soil structure	pH	有机质 OM/ (g/kg)	全氮 TN/ (g/kg)	全磷 TP/ (g/kg)	全钾 TK/ (g/kg)	碱解氮 AN/ (mg/kg)	有效磷 AP/ (mg/kg)	速效钾 AK/ (mg/kg)	阳离子 交换量CEC/ (cmol/kg)	土壤母质 Parent material	剖面点坐标 Profile coordinate	匹配指数 Matching index/%
剖10	高山土	寒冻土	寒冻土		1	0—5	灰棕色	砂壤土	屑粒状	7.8	7.6	0.49	0.76	21.9	26	5.0	61	3.9	泥质片岩	E 88°22′14.5″ N 28°01′02.6″	74
					2	5—10	暗灰色	轻壤土	片状	7.4	8.6	0.52		21.7	36	5.0	57	5.1			
					3	10—20	暗灰色	轻壤土													
剖11	高山土	寒冻土	寒冻土		1			轻壤土		8.4	7.4	0.37	0.43	10.4	26	6.0	139	8.2	冰碛物	E 88°13′39.7″ N 28°00′14.8″	78
					2			轻壤土		8.2	9.9	0.80	0.23	7.6	13	2.0	155				

昌 都 市

市 辖 区

主要土类说明

黑毡土是昌都市主要土壤类型，占本市地域面积的47%。黑毡土所处地形多为平缓的岭脊和高山中下部，成土母质主要是石灰岩和紫红色、杂色及灰黑色砂页岩、砂板岩的残积物、坡积物。土壤冻结期为3—4个月，季节性冻层厚度小于1m，冻融交替不显著。植被为高山嵩草、苔草为主组成的亚高山杂类草甸，次有圆穗蓼、火绒草、香青、狼毒、龙胆、马先蒿和委陵菜等，长势较好，盖度为60%—90%；在湿润阴坡，有灌丛侵入，主要有紫花杜鹃、黄花杜鹃、高山柳、高山绣线菊等，盖度在30%—90%不等，这对土壤成土过程有较明显的影响。黑毡土与草毡土的区别主要是所处地带气温和降水量略高，植被中建群种类增多，植株较高。黑毡土与草毡土都是在寒冷气候和草甸植被条件下形成的，成土过程极为相似，但由于生物气候条件有着明显的差异，成土作用的强度各不相同。黑毡土形成地区的水热条件比高山草甸好一些，故植被组成的种类较多，生长期长，有机质合成多，草毡层的厚度大，密实程度降低，有机质的分解和腐殖化程度较高，有机质在剖面上的分布仍以表层居多，向下骤然减少；因冻结期短，冻融交替作用不显著，低温氧化还原作用弱，还原特征不明显；土壤发育度较高，细土物质明显较多，剖面上物质的移动性较大，心土层结构面有明显的灰色、具光泽的腐殖质与黏粒组成的胶膜；土壤中矿物质元素聚集，淋溶作用强。

灰褐土是昌都市第二大土壤类型，占本市地域面积的28%。灰褐土是本市森林土壤中面积最大的土类，主要分布于山地垂直结构的中下部，海拔3500—4200m。灰褐土地处山地谷坡中上部，成土母质主要是紫红色、灰黑色或杂色砂页岩的坡积物。所在区域年降水量为400—700mm，集中在7—9月，年蒸发量为年降水量的2—3倍。雨季降水量与蒸发量相当，而雨季后，空气湿度减小，蒸发作用特别强烈，空气干燥。植被类型主要为圆柏疏林或圆柏、鼠李等灌丛混交林，林下禾草和嵩草旺盛，主要有茅草、青蒿、披碱草、画眉草等。在山地阴坡面的上部，则为云杉林或圆柏、云杉混交林，而在山地阳坡面的下部，却为旱生灌丛，植被组成以锦鸡儿、绣线菊、香青、禾本草、嵩草为主，盖度在40%—90%不等，总的来说阳坡植被盖度小，阴坡大。灰褐土的成土过程具有腐殖质积累作用、淋溶与钙积作用、黏化作用的特点。①腐殖质积累作用：森林植被下，土壤表层有较多枯枝落叶聚积，在一年中随着干湿季节的变化，交替地进行着矿化与腐殖化作用。由于气温较低，干旱季节长，有机质矿化作用不太强烈，所以有机质含量较高。②淋溶与钙积作用：灰褐土所处湿润而较温暖的气候条件时间短，但残落物中灰分含量高，以致A层腐殖酸被中和，淋溶作用较弱，B层有明显的碳酸钙聚积，呈微碱性。③黏化作用：灰褐土土体湿润膨胀和干燥收缩的变动轻微，原生矿物破坏和分解程度低，黏化作用很弱，黏化现象不明显。

草毡土是昌都市第三大土壤类型，占本市地域面积的12%。草毡土所处地形为高山上部较为平缓的坡地，成土母质为石灰岩、紫红色和杂色砂页岩的残积物。土壤冻结期达半年以上，季节性冻层厚度超过1.5m，一年中正负温交替日数占65%—75%，土壤夜冻昼融频繁。植被类型为高山草甸，组成中以高山矮生嵩草、苔草为主，次有圆穗蓼、火绒草、点地梅、香青等，植株低矮，盖度为50%—70%。草毡土的形成是在寒冷而较为湿润气候条件下的特殊草甸过程，主要表现为低温生草腐殖质积累作用和低温氧化还原作用。①腐殖质积累作用：草毡土分布地带常年气温低，土壤周期性冻融交替。在夏半年，降水量大，暖湿同季，植物生长茂盛；而在冬半年，寒冷漫长，土壤冻结，较多植株的地上地下部分死亡而进入土壤。此时，微生物活动弱，植物残体得不到充分的分解，多半呈半分解状态累积于表土中，积累远远大于分解，因而地表形成生死根互相交织致密的草毡层。因此，尽管气温低，植物生长周期短，生产量小，土壤表层仍有大量有机质积累。植物残体分解所形成的腐殖质下淋至草毡层之下积聚，形成较厚的有机质层。草毡层和有机质积聚层中的腐殖质因气温低，微生物活动弱，腐化程度较低，多呈粗腐殖质状态，其组成中以富里酸居多，胡富比小于1。有机质在剖面上的分布以表层最多，一般为8%—15%，最高可达20%—30%，向下骤然减少。②氧化还原作用：草毡土成土过程中的氧化还原作用是由大气降水和冻融水浸润所引起的，与一般受地下水直接影响的草甸土有所不同。草毡层的滞水和表土解冻时下部冻层的托水作用，使草毡土处于长期冬春干燥与短期夏秋湿润交替的过程，为低温氧化还原过程的交替创造了条件，使土壤中铁、锰、磷等化合物发生了一定程度的移动和局部淀积，心土层呈现暗色基调。此外，土壤冻结，使草毡层与土体分离，在土体解冻时沿坡面下形成阶梯状褶皱，这一地表景观有别于黑毡土。草毡土土体厚薄因坡度而有较大变化，在30—50cm不等，层次分化较明显，剖面构型一般为As–A–BC–C型。As层毡状致密，含粗有机质，厚6—12cm；A层腐殖质含量较高，多呈暗褐色，厚8cm以上；下为发育较差的BC层，呈粒状或碎屑状结构，为褐色。草毡土通体粗骨性强，砾石含量为中至多量，As层和A层发育稍好，土壤质地为轻壤至中壤，BC层为砂壤。全剖面呈微酸性反应。

暗棕壤占昌都市地域面积的6%。暗棕壤是在温带湿润气候下、针阔叶混交林下发育，具有明显有机质富集和弱酸性淋溶的土壤，具O–A–B–C剖面构型。弱酸性淋溶使铁、铝轻微下移。B层呈棕色，结构面见铁锰胶膜。土壤呈弱酸性反应，盐基饱和度为70%—80%。土壤冻结期长。

寒冻土占昌都市地域面积的3%。在寒冷和植被稀疏的生物气候条件下，土壤有机质积累量小，但分解缓慢，腐殖化程度弱，腐殖质组成以富里酸为主。土壤有机质含量小于1%。土壤化学风化和成土作用微弱，寒冻风化作用占主导地位。土壤几乎全由骨骼部分组成，细土物质很少，常积于岩隙或石缝内，为数有限的粉砂和黏粒部分发生明显的机械下渗移动。土壤中物质的机械淋溶作用较明显。在土体解冻时，冰雪融水下渗，引起土体盐分淋溶，亚表层有较多细土聚积，碳酸钙明显遭受淋失。土壤水的冰冻封闭和融化浸润，使土壤处于还原状态，潜育作用得以进行，但因温度低，潜育作用的强度不大，土壤一般呈深灰或蓝灰色，具轻度潜育现象。

小于本市地域面积3%的土壤类型还有褐土、石质土和草甸土等。

本区域中心区气候特征

本区域中心区气候特征值
Regional climate characteristics in central area of the region

气候带：高原亚温带亚湿润气候 Climate region: Plateau sub temperate sub humid climate	
年平均气温 /℃ Annual average temperature /℃	3.1
年平均最高气温 /℃ Annual average maximum temperature /℃	10.9
年平均最低气温 /℃ Annual average minimum temperature /℃	−2.6
年降水量 /mm Annual precipitation /mm	536
≥10℃的积温 /℃ Daily temperature accumulated in a year（≥10℃）/℃	1402
年日照时数 /h Annual sunshine /h	2478
年平均相对湿度 /% Annual average relative humidity /%	59
干燥度 Dryness	0.42

本区域中心区月平均气温与月平均降水量
Monthly temperature and precipitation in central area of the region

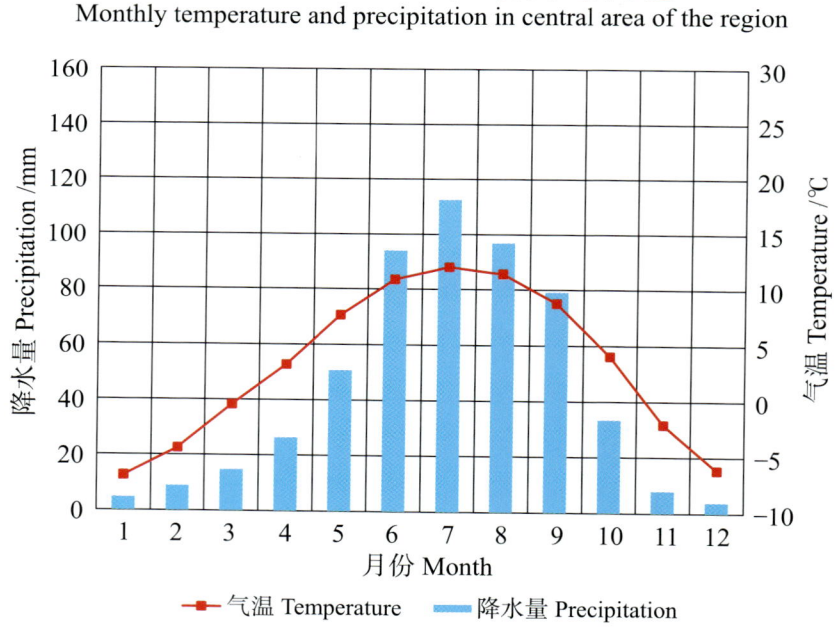

昌都市市辖区主要土壤类型与土壤剖面点分布图
1 : 570 000

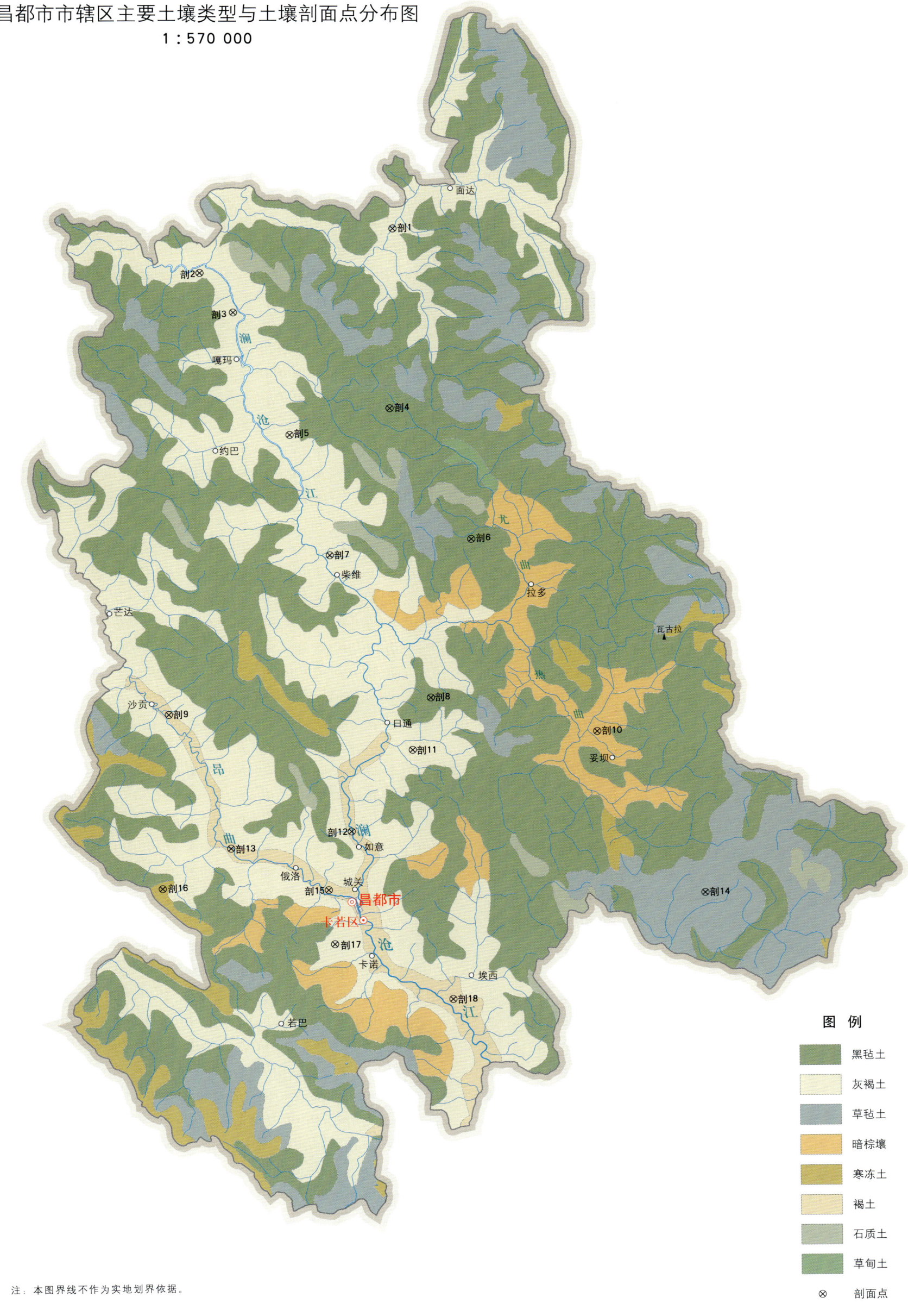

图 例
- 黑毡土
- 灰褐土
- 草毡土
- 暗棕壤
- 寒冻土
- 褐土
- 石质土
- 草甸土
- ⊗ 剖面点

注：本图界线不作为实地划界依据。

第二编　分县土壤图与土壤剖面数据

昌都市土壤剖面理化性状表

剖面号 Soil profile	土纲 Soil order	土类 Soil great group	亚类 Soil subgroup	土层码 Layer code	土层厚度 Depth/cm	颜色 Soil color	质地 Soil texture	土壤结构 Soil structure	pH	有机质 OM/(g/kg)	全氮 TN/(g/kg)	全磷 TP/(g/kg)	全钾 TK/(g/kg)	碱解氮 AN/(mg/kg)	有效磷 AP/(mg/kg)	速效钾 AK/(mg/kg)	阳离子交换量CEC/(cmol/kg)	土壤母质 Parent material	剖面点坐标 Profile coordinate	匹配指数 Matching index/%
剖1	半淋溶土	灰褐土	淋溶灰褐土	1	0—25	黑棕色	砂壤土	团粒状	7.6	28.4	3.82	1.14	25.1	339	37.0	7	16.6	紫坡积物	E 97°12′53.3″ N 32°01′00.1″	75
				2	25—52	暗棕色	砂壤土	团粒状	8.1	39.5	2.31	0.73	26.1				13.0			
				3	52—72	棕色	砂壤土	团粒状	8.4	22.8	0.60	0.76	26.7				12.0			
剖2	半淋溶土	灰褐土	灰褐土	1	0—4	暗棕色	砂壤土	粒状	7.0									石灰岩坡积物	E 96°55′57.0″ N 31°57′20.2″	77
				2	4—25	棕色	砂壤土	粒状	7.0	74.9	4.25	0.66	19.3	363	4.0	125	20.9			
				3	25—46	淡棕色	轻壤土	碎块状	7.8	45.8	2.75	0.60	19.4				18.8			
				4	46—61	黄棕色	中壤土	块状	8.1	25.1	1.55	0.69	19.5				17.2			
				5	61—															
剖3	半淋溶土	灰褐土	灰褐土	1	0—15	暗棕色	轻壤土	团粒状	7.5	52.6	2.99	0.58	20.2	337	16.0	404	15.3	紫坡积物	E 96°58′56.3″ N 31°54′17.6″	70
				2	15—58	棕色	中壤土	块状	7.3	19.1	2.80	0.40	21.9				13.1			
				3	58—90	黑棕色	中壤土	团块状	7.2	12.9	1.42	0.61	21.4				21.8			
剖4	高山土	黑毡土	黑毡土	1	0—18	灰褐色	砂壤土	微团粒状	7.8	66.0	3.12	1.58	21.9	285	16.0	40	13.4	钙质紫坡积物	E 97°12′50.4″ N 31°46′59.9″	74
				2	18—50	红褐色	中壤土	碎块状	8.5	17.5	1.34	>4.00	24.7				8.5			
				3	50—100	紫红色	砂土	碎屑状												
剖5	半淋溶土	灰褐土	淋溶灰褐土	1	0—15	淡灰色	中壤土	团状	7.1	55.9	2.83	0.94	25.6	99	8.0	>500	7.4	紫坡积物	E 97°04′04.4″ N 31°44′49.9″	75
				2	15—40	暗灰色	中壤土	核状	7.7	25.7	1.87	0.67	25.8				15.2			
				3	40—60	棕灰色	中壤土	团状	7.6	22.8	1.70	0.80	26.0				27.7			
剖6	高山土	黑毡土	黑毡土	1	0—10	褐色	轻壤土	粒状	6.0	144.1	5.97	1.02	19.3	>400	10.0	221	30.3	灰黑色砂质页岩残积物、坡积物	E 97°20′07.1″ N 31°36′54.4″	71
				2	10—22	棕色	中壤土	粒状、团块状	5.8	59.5	2.89	0.72	20.4				20.6			
				3	22—30	暗灰棕色	轻壤土	碎块状	6.5	72.8	0.87	0.38	21.7				12.9			
				4	30—45	灰黄色	砂壤土	碎块状	6.7	14.4	1.01	0.31	16.4				16.1			
				5	45—															
剖7	半淋溶土	灰褐土	灰褐土	1	0—20	暗紫色	砂壤土	团块状	7.5	55.4	3.14	1.89	19.1	25	25.0	46	17.5	紫坡积物	E 97°07′44.8″ N 31°35′30.1″	95
				2	20—36	红棕色	轻壤土	块状	7.6	40.9	2.57	1.47	<1.0				9.5			
				3	36—57	暗红棕色	中壤土	块状	7.9	13.9	1.07	1.47	20.0				11.4			
剖8	高山土	黑毡土	棕黑毡土	1	0—8	黑棕色	轻砾质黏壤土	屑粒状	6.4	194.4	>6.00	2.45	20.7	>400	24.0	>500	44.1	杂色砂质页岩残积物、坡积物	E 97°16′45.5″ N 31°24′31.3″	71
				2	8—20	黑棕色	重砾质黏壤土	块状	5.9	107.4	5.01	2.15	22.7				36.9			
				3	20—45	暗黄棕色	中壤土	粒状	5.7	76.6	3.76	1.65	21.2				35.7			
				4	45—50	灰黄棕色	重壤土	粒状	6.1	20.4	1.24	0.73	17.6				12.3			
剖9	半淋溶土	褐土	石灰性褐土	1	0—15	灰黄色	轻壤土	团块状	8.3	23.7	1.45	0.73	18.2	101	5.0	255	8.9	紫坡积物	E 96°53′47.8″ N 31°22′56.3″	75
				2	15—59	紫色	中壤土	粒状、块状	8.9	7.0	0.65	0.62	22.8				9.1			
				3	59—64	紫色	重壤土	粒状、块状	9.1	6.4	0.61	0.79	21.6				8.5			
剖10	淋溶土	暗棕壤	暗棕壤	A	0—9	黑棕色	轻砾质黏壤土	屑粒状	5.2	158.2	4.63	1.20	22.8	>400	14.0	278	32.9	杂色砂质页岩残积物、坡积物	E 97°31′19.9″ N 31°22′02.6″	81
				AB	9—20	油黄橙色	重砾质黏壤土	块状	5.6	45.3	1.57	0.63	24.2		1.0	118	21.1			
				B	20—48	油黄棕色	砾质砂壤土	块状	5.6	27.9	1.06	0.67	24.2		2.0	110	13.7			
				BC	48—83	灰黄棕色	砾质砂壤土	块状	5.9	27.4	1.05	0.69	24.9		3.0	134	12.4			
				C	83—92	灰黄棕色				18.8	0.79	0.96	24.2		1.0	103	9.3			
剖11	半淋溶土	灰褐土	灰褐土	A_{11}	0—15	暗红色	黏壤土	团块状	7.9	53.6	3.12	0.89	22.9	219	9.0	213		紫坡积物	E 97°15′12.2″ N 31°20′24.7″	95
				AB	15—32	暗红棕色	黏壤土	块状	7.9	43.5	2.70	0.91	19.4							
				B	32—100	红棕色	砂质黏壤土	块状	8.1	23.0	1.74	0.59	20.4							

续表 Continued

剖面号 Soil profile	土纲 Soil order	土类 Soil great group	亚类 Soil subgroup	土层码 Layer code	土层厚度 Depth/cm	颜色 Soil color	质地 Soil texture	土壤结构 Soil structure	pH	有机质 OM/(g/kg)	全氮 TN/(g/kg)	全磷 TP/(g/kg)	全钾 TK/(g/kg)	碱解氮 AN/(mg/kg)	有效磷 AP/(mg/kg)	速效钾 AK/(mg/kg)	阳离子交换量CEC/(cmol/kg)	土壤母质 Parent material	剖面点坐标 Profile coordinate	匹配指数 Matching index/%
剖12	半淋溶土	褐土	石灰性褐土	A₁₁	0—14	红棕色	黏壤土	屑粒状	8.1	43.6	2.84	0.81	24.9	178	7.0	297			E 97°09′55.4″ N 31°14′00.6″	95
				ABk	14—30	红棕色	黏壤土	块状	8.3	32.7	2.43	0.76	24.3							
				Bk	30—60	红棕色	黏壤土	块状	8.6	27.5	1.16	0.58	24.3							
				C	60—															
剖13	半淋溶土	褐土	石灰性褐土	1	0—16	紫棕色	重壤土	块状	8.2	38.1	1.74	1.00	23.0	150	6.0	407	16.1	紫积物	E 96°59′23.6″ N 31°12′33.8″	75
				2	16—40	紫棕色	中壤土	棱块状	8.5	20.6	1.12	0.94	22.3				11.3			
				3	40—95	暗紫棕色	轻黏土	棱块状	8.5	17.8	1.02	0.43	24.2				13.4			
剖14	高山土	草毡土	草毡土	1	0—8	褐色	中壤土	粒状	5.7	5.1	4.57	0.91	20.0	>400	13.0	399	19.2		E 97°40′53.0″ N 31°09′28.8″	71
				2	8—18	褐色	中壤土	粒状	5.4	48.8	2.20	0.75	20.4				14.1			
				3	18—48	褐色	砂壤土	屑粒状	5.5	11.8	0.94	0.52	20.0				9.3			
				4	48—															
剖15	半淋溶土	褐土	石灰性褐土	1	0—5	暗棕色	砂壤土	团粒状	8.6	41.2	2.50	0.90	23.2	223	3.0	221	12.6	紫红色砂页岩坡积物	E 97°07′58.4″ N 31°09′24.1″	98
				2	5—14	淡棕红色	轻壤土	团块状	8.1	21.2	1.60	0.80	26.9				8.7			
				3	14—44	棕红色	轻壤土	棱块状	8.4	13.6	1.00	1.00	23.3				8.4			
				4	44—100	灰棕红色	轻壤土	碎粒状	8.6	5.5	0.40	0.50	22.6				7.1			
剖16	高山土	寒冻土	寒冻土	1	0—14	深灰色	松砂土	粒状、片状	8.7	3.7	0.19	0.24	3.5	12	2.0	38	<2.0	石灰岩碎屑物	E 96°53′26.9″ N 31°09′20.9″	77
				2	14—46	深灰色	轻壤土	碎屑、鳞片状	8.6	4.0	0.20	0.11	3.6				<2.0			
				3	46—															
剖17	半淋溶土	灰褐土	淋溶灰褐土	1	0—10	灰棕色	轻壤土	粒状	6.4	>250.0	>6.00	1.10	17.0	>400	29.0	>500	>50.0	紫红色砂页岩坡积物	E 97°08′33.4″ N 31°05′11.0″	76
				2	10—19	淡紫棕色	中壤土	块状	5.6	74.4	0.76	0.59	23.2				28.6			
				3	19—45	淡紫棕色	轻壤土	块状	6.6	37.2	1.39	0.50	22.1				20.1			
				4	45—67				6.6	21.2	0.90	0.49	23.5				16.1			
				5	67—															
剖18	半淋溶土	褐土	石灰性褐土	1	0—18	紫色	轻壤土	团块状	8.3	21.6	1.75	0.61	17.9	100			8.0	冲积物	E 97°18′54.0″ N 31°01′01.2″	75
				2	18—35	紫棕色	中壤土	棱块状	8.6	16.5	1.27	0.61	18.2				6.8			
				3	35—75	紫黄棕色	中壤土	棱块状	8.1	14.6	0.35	0.53	17.7				5.8			

江 达 县

主要土类说明

　　黑毡土是江达县主要土壤类型，占本县地域面积的58%。黑毡土是在较寒温和半湿润气候条件下形成的一类地带性土壤，主要分布在地形比较平缓的分水岭、古冰碛台地或地形较开阔的山原面上。在全县各地均有分布，其分布区海拔在3800—4550m。黑毡土是本县最主要的天然草场基地，也是农耕地分布上界线。黑毡土成土母质主要为千枚岩、片麻岩、紫色砂页岩及花岗岩的残积物、坡积物与洪积物，个别地方也有石灰岩残积物、坡积物及古冰碛物出现。黑毡土分布地带的气候特点是寒冷湿润，日照较强，气温较低。土壤季节性冻层小于1m，土壤冻融作用比草毡土弱。植被组成为以多种嵩草为主的杂类草甸，草本植物的组成相当复杂，植被在结构上有明显的层次分化，呈现茂盛的景观，双子叶植物比重明显增大，植被盖度一般为70%—95%。主要植物有四川嵩草、西藏嵩草、早熟禾、披碱草、委陵菜、木根香青、高山唐松草、马先蒿、银莲花、羽叶风毛菊、禾叶风毛菊、珠芽蓼、矮火绒草、蓝玉簪龙胆、狼毒、毛茛等。在地势较陡的山坡（主要在阴坡），还有成片的灌丛出现，主要为雪层杜鹃、金露梅、小檗、高山柳、锦鸡儿等。在个别受季风影响较弱的阳坡，中旱生和禾本科成分显著增加，植被出现草原化。在黑毡土地带有较多的旱獭、啼兔、草鼠、草狐狸出现，个别地方也可看见蚯蚓及其活动痕迹，证明此土壤环境已能保证多种动物活动和越冬。黑毡土与草毡土具有相同的成土过程，即生草腐殖质积累过程和冻融氧化还原过程，但由于生物气候条件有着明显的差异，其程度不如草毡土强烈。冻融作用仍为土壤水分运动的主要形式，所不同的是因水热条件相对较好，土壤冻结期比高山草甸土短1—2月，草类返青期也相应提前，植物生长的速度和数量均有明显增加，故冻融交替作用不显著，低温氧化还原作用弱。黑毡土年产草量比草毡土高50%—100%，植物根系仍集中于土壤表层并呈毡状，但草毡层密实程度降低，韧性增强，土壤中动物和微生物活动明显增强，加之水热条件对有机质的生物化学作用较为强烈，有机质分解程度比草毡土高，有机质含量多在10%—15%，碳氮比为12—15，并且腐殖质层较深厚，一般为20—30cm，土色较暗。此外，黑毡土地带因降水量较大，特别是夏秋季，草毡层大量吸水，并以其隔绝作用遏制土壤蒸发，而冬季干旱时期又较草毡土短，受冰冻作用较弱，因而成土作用相对较强，土壤层次分化较明显，B层发育较好，土壤中矿质元素聚集，淋溶作用强，间歇性氧化还原过程和作用强度则不如草毡土明显。

　　草毡土是江达县第二大土壤类型，占本县地域面积的21%。草毡土零星分布于全县高山上部和顶部，分布区地处起伏较缓的高原夷平面及古冰碛台地，海拔多在4550—5000m。成土母质主要为花岗岩、长石石英砂岩、紫色砂页岩、千枚岩和灰岩等的物理风化残积物、坡积物和冰碛物。本县草毡土分布区年正负温交替日占全年的70%，年降水量在600mm左右，气候寒冷而偏湿润，全年冻土期在半年以上，季节性冻土深达1.5m左右。植被生长期短，生长也缓慢，地上部植株矮小，但地下部根系发达，强大的根系多互相交织成毡状，具有一定的韧性和弹性。植被类型为以矮生嵩草为主的高山矮草草甸，优势种为矮生嵩草、高山嵩草、黑穗苔草等，伴生有圆穗蓼、矮火绒草、风毛菊、毛茛、矮龙胆、垫状点地梅和红景天等，盖度为70%—90%。在山体阴坡，尚有雪层杜鹃、金露梅和匍匐柳等生长形成高山矮灌丛草甸。植被在外观上具有草丛低矮、组成单纯、成分单一、分层不明显和垫状植物颇为醒目等特征。由于冻融交替频繁，草毡土分布区常见局部滑坡，草毡层呈斑块状脱落。草毡土分布区气候寒冷，土壤周期性冻融交替。夏半年气温较高，降水较多，暖湿同季，植物生长茂密，有较多的植物残体进入土壤，同时这也是成土作用最活跃的时期；冬半年气温低，寒冷漫长，土壤冻结，微生物活动弱，植物残体分解极慢，多以未分解或半分解的状态累积于土壤中，因而土壤中有机物的累积大于分解，形成活根与死根相互交织的连片草皮。土壤表层有机质含量可高达20%，碳氮比为16—20，在腐殖质组成中，胡敏酸的含量和芳构化程度均比寒冻土高。草毡土主要成土特点是：①具有明显的腐殖质积累作用和氧化还原作用，并和其他高山土壤一样具有强粗骨性的剖面特征。②土壤氧化还原作用交替进行。高山草甸地势高亢，层峦叠嶂，降水（包括雨、雪、雹）频繁。雨季期间一日数次雨雪冰雹并不鲜见，更多时间山高云低，即使不降雨雪，土壤仍在云雾水汽中湿润，草被在水汽湿润中滋长，水分条件比低海拔山区优越，故草毡土虽然土层浅薄，质地轻粗，土体本身不易滞水，但由于土壤表层有机质逐渐累积，形成了吸水性很强的草毡层，而土体一定深度内又有季节性冻层，不仅能将水分以固态形式保留土中，而且又能托滞下渗的雨水临时潴积于土壤之中，加之夜冻昼融，土体内水分上下移动频繁。由于长期季节性的干湿交替，为成土物质的低温氧化和短暂还原过程的进行创造了条件，使土壤中铁、锰等发生了轻微的移动和淀积，而在剖面中形成相应的锈纹锈斑与相应的发生层段，因而草毡土的成土过程具有明显的生草腐殖积累作用和冻融氧化还原作用过程。

灰褐土是江达县第三大土壤类型，占本县地域面积的13%。灰褐土主要发生于温带干旱、半干旱山地的云冷杉下，腐殖质积累与钙积作用明显，土壤表层有机质含量可达10%，表层下可见暗色腐殖质层，有弱黏淀特征，pH为7.0—8.0。剖面具Ao-A-B-C构型，B层呈棕褐色，钙积层在40cm以下出现，铁铝氧化物无移动。灰褐土的成土过程具有腐殖质积累作用、淋溶与钙化作用、黏化作用的特点。①腐殖质积累作用：森林植被下，土壤表层有较多枯枝落叶聚积，在一年中随着干湿季节的变化，交替地进行着矿化与腐殖化作用。由于气温较低，干旱季节长，有机质矿化作用不太强烈，所以有机质含量较高。②淋溶与钙积作用：灰褐土湿润而较温暖的时间短，但残落物中灰分含量高，以致A层腐殖酸被中和，淋溶作用较弱，B层有明显的碳酸钙聚积，呈微碱性。③黏化作用：灰褐土土体湿润膨胀和干燥收缩的变动轻微，原生矿物破坏和分解程度低，黏化作用很弱，黏化现象不明显。

小于本县地域面积3%的土壤类型还有寒冻土、褐土、草甸土、石质土、粗骨土等。

本区域中心区气候特征

本区域中心区气候特征值
Regional climate characteristics in central area of the region

气候带：高原亚温带亚湿润气候 Climate region: Plateau sub temperate sub humid climate	
年平均气温 /℃ Annual average temperature /℃	3.6
年平均最高气温 /℃ Annual average maximum temperature /℃	11.5
年平均最低气温 /℃ Annual average minimum temperature /℃	−2.2
年降水量 /mm Annual precipitation /mm	569
≥10℃的积温 /℃ Daily temperature accumulated in a year（≥10℃）/℃	1219
年日照时数 /h Annual sunshine /h	2521
年平均相对湿度 /% Annual average relative humidity /%	59
干燥度 Dryness	0.18

本区域中心区月平均气温与月平均降水量
Monthly temperature and precipitation in central area of the region

江达县主要土壤类型与土壤剖面点分布图
1 : 640 000

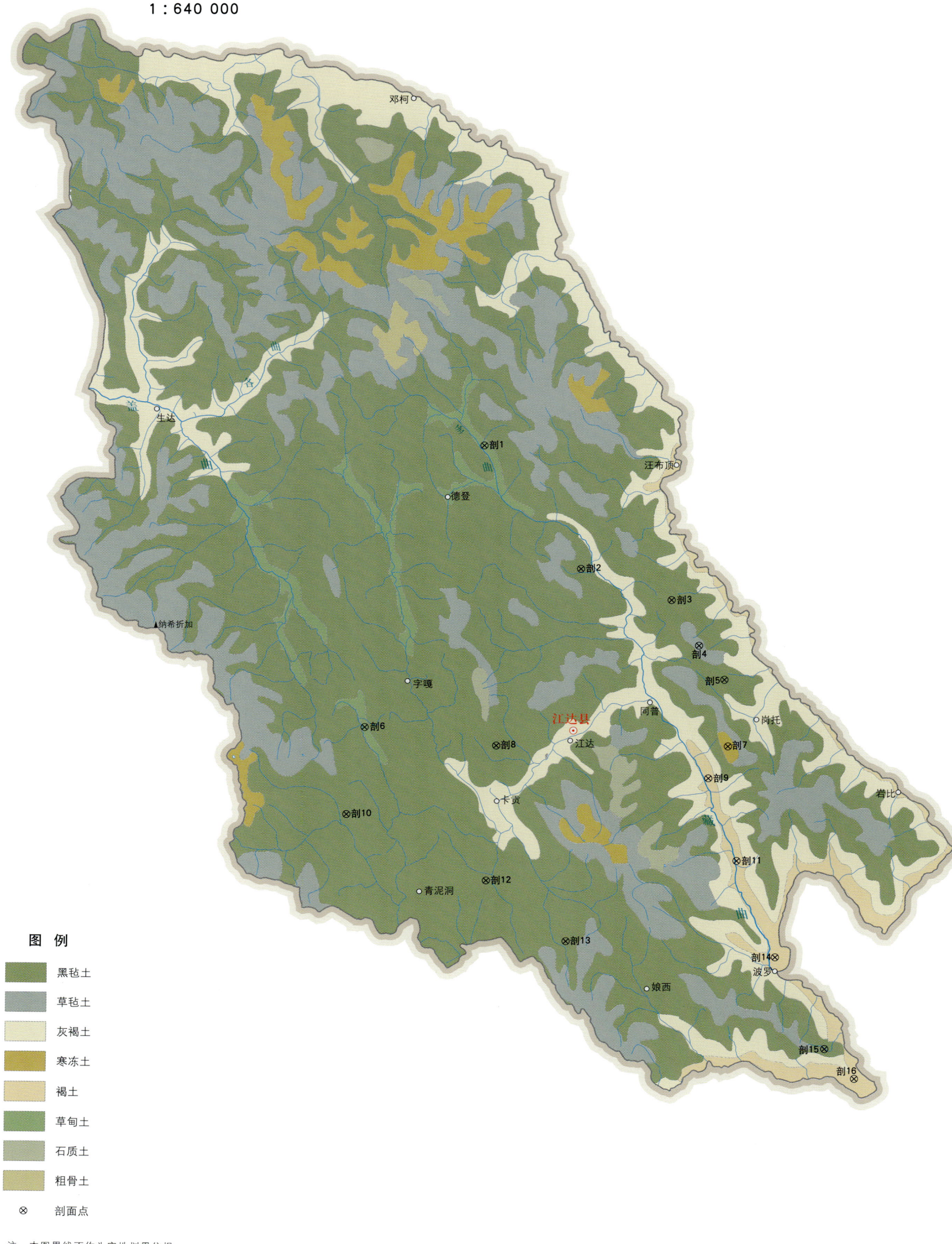

图例
- 黑毡土
- 草毡土
- 灰褐土
- 寒冻土
- 褐土
- 草甸土
- 石质土
- 粗骨土
- ⊗ 剖面点

注：本图界线不作为实地划界依据。

江达县土壤剖面理化性状表

剖面号 Soil profile	土纲 Soil order	土类 Soil great group	亚类 Soil subgroup	土层码 Layer code	土层厚度 Depth/cm	颜色 Soil color	质地 Soil texture	土壤结构 Soil structure	pH	有机质 OM/(g/kg)	全氮 TN/(g/kg)	全磷 TP/(g/kg)	全钾 TK/(g/kg)	碱解氮 AN/(mg/kg)	有效磷 AP/(mg/kg)	速效钾 AK/(mg/kg)	阳离子交换量 CEC/(cmol/kg)	土壤母质 Parent material	剖面点坐标 Profile coordinate	匹配指数 Matching index/%
剖1	半水成土	草甸土	草甸土	A	0—15	灰褐色	壤质砂土	细粉状	8.7	72.7	3.23	1.04	21.8	207	8.1	88		河流冲积物	E 98°06′18.7″ N 31°57′24.8″	75
				BC	15—31	淡褐色	砂壤土	粒状	8.8	35.1	1.68	0.72	17.6							
				C	31—															
剖2	高山土	黑毡土	黑毡土	A	0—15	暗棕灰色	黏壤土	团粒状	7.2	46.2	2.22	0.71	20.9	155	12.0	219		泥岩夹长石石英砂岩坡积物	E 98°16′01.2″ N 31°46′43.7″	89
				B	15—46	棕灰色	黏壤土	棱柱状	7.2	33.3	1.62	0.78	22.1							
				BC	46—90	棕灰色	砂质黏壤土	块状	7.2	25.5	1.43	0.60	22.9							
				C	90—															
剖3	高山土	黑毡土	黑毡土	A	0—17	褐色	砂壤土	团粒状	8.4	63.1	2.14	0.85	23.4	182	12.0	334		灰岩坡积物	E 98°25′02.3″ N 31°44′03.8″	71
				B	17—41	褐色	黏壤土	块状	8.3	12.8	0.86	0.53	23.1							
				BC	41—100		砂壤土		8.5	13.7	0.84	0.74	24.5							
剖4	高山土	草毡土	草毡土	As	0—10	暗棕色	砂壤土	团粒状	6.6	204.4	>6.00	1.36	26.8	267	7.0	350		绢状千枚岩残积物、坡积物	E 98°27′49.3″ N 31°40′06.6″	74
				A₁	10—30	暗棕色	砂壤土	颗粒状	6.5	58.4	2.58	0.81	33.7							
				BC	30—40	灰棕色	砂壤土	团块状	6.0	30.5	1.37	0.67	26.5							
				C	40—	灰棕色														
剖5	高山土	黑毡土	黑毡土	As	0—17	褐色	砂壤土	块状	5.8	110.6	4.00	0.77	20.8	140	2.0	158	18.1		E 98°30′21.6″ N 31°37′07.7″	95
				A	17—34	黄棕色	重砾质砂壤土	块状	5.9	35.5	1.74	0.63	25.9				13.1			
				AC	34—45	亮棕色	重砾质砂壤土	块状	6.4	6.3	0.55	0.20	31.5				5.7			
				C	45—60	亮黄棕色	砾质砂壤土	块状												
剖6	半水成土	草甸土	草甸土	As	0—16	暗棕灰色	砂壤土	粒状	6.1	135.1	4.84	1.17	21.4	249	8.0	250		河流冲积物	E 97°54′55.1″ N 31°32′33.4″	97
				A₁	16—30	暗棕灰色	中砾石中壤土	团粒状	6.2	98.9	3.75	1.28	22.2							
				Bg	30—46	棕灰色	中砾石黏壤土	块状	6.7	29.9	1.55	0.71	24.5							
				BCg	46—60	栗色	多砾石重壤土	块状	7.3	11.6	0.78	0.49	24.7							
				C	60—															
剖7	高山土	寒冻土	寒冻土	A	0—5	褐色	砂壤土		8.4	16.5	0.61	0.41	8.3	45	4.0	61		石灰岩残积物	E 98°30′47.5″ N 31°31′18.8″	88
				C	5—	灰白色														
剖8	高山土	黑毡土	黑毡土	A	0—18	灰黄色	壤质黏土	粒状	8.1	54.4	2.25	0.58	31.6	167	44.0	>500		灰岩、砂泥岩洪积物、冲积物	E 98°07′55.6″ N 31°31′07.0″	71
				B₁	18—23	棕黄色	壤质黏土	片状	8.4	14.1	1.16	0.91	29.8							
				B₂	23—100	淡黄色	砂壤土	棱块状	8.5	12.8	0.90	0.65	29.1							
剖9	半淋溶土	褐土	石灰性褐土	As	0—18	暗棕灰色	砂质黏壤土		8.7	42.9	1.93	1.04	22.5	134	27.0	>500		老冲积物	E 98°28′53.0″ N 31°28′29.3″	86
				B₁	18—82	暗棕灰色	黏壤土	团粒状	8.8	14.1	0.84	0.51	21.7							
				B₂	82—100		黏壤土	块状	8.9	6.2	0.31	0.65	24.8							
剖10	高山土	黑毡土	黑毡土	As		暗棕色	砂壤土	团粒状	6.5	98.8	3.88	0.76	22.9	161	2.0	64		灰黄色砂页岩残积物、坡积物	E 97°53′15.0″ N 31°24′52.9″	74
				A₁	14—30	暗棕灰色	砂质黏壤土	粒状	6.4	53.1	2.42	0.86	23.0							
				B₁	30—60	灰黄色	砂质黏壤土	块状	6.6	5.2	0.47	0.41	23.9							
				B₂	60—82	灰黄色	灰质黏壤土	块状	6.8	5.1	0.44	0.40	25.7							
					82—															
剖11	半淋溶土	褐土	石灰性褐土	A	0—14		砂质黏壤土		8.9	24.3	1.36	0.60	19.4	92	6.0	265		老冲积物	E 98°31′46.2″ N 31°21′16.6″	75
				B₁	14—41		砂质黏壤土		8.9	11.9	0.80	0.54	18.4							
				B₂	41—100		砂质砂壤土		9.0	10.3	0.71	0.61	17.8							
剖12	高山土	黑毡土	黑毡土	A	0—16	褐色	壤质砂土	单粒状	7.9	51.5	2.52	1.30	25.0	146	14.0	119		灰实水泥页岩坡积物	E 98°07′08.4″ N 31°19′14.5″	74
				B	16—65	褐色	壤质砂土	粒状	7.9	17.2	1.05	0.84	25.5							
				BC	65—90	褐色	壤质砂土	粒状、块状	8.0	15.1	0.94	0.86	26.4							

续表 Continued

剖面号 Soil profile	土纲 Soil order	土类 Soil great group	亚类 Soil subgroup	土层码 Layer code	土层厚度 Depth/cm	颜色 Soil color	质地 Soil texture	土壤结构 Soil structure	pH	有机质 OM/(g/kg)	全氮 TN/(g/kg)	全磷 TP/(g/kg)	全钾 TK/(g/kg)	碱解氮 AN/(mg/kg)	有效磷 AP/(mg/kg)	速效钾 AK/(mg/kg)	阳离子交换量CEC/(cmol/kg)	土壤母质 Parent material	剖面点坐标 Profile coordinate	匹配指数 Matching index/%
剖13	高山土	黑毡土	棕黑毡土	As	0—10	黑棕色	砂壤土	团块状	5.9	246.6	>6.00	1.20	20.7					杂色砂岩碎屑物残积物、坡积物	E 98°15′05.0″ N 31°14′00.2″	73
				A₁	10—48	暗棕色	黏壤土	团块状	6.0	55.9	1.80	1.23	26.7	151	4.0	94				
				B	48—95	灰黄色	砂壤土	粒状	6.3	3.3	0.28	0.30	24.3							
				C	95—	灰黄色														
剖14	半淋溶土	褐土	石灰性褐土	A	0—14	棕褐色	砂壤土	粒状	8.4	44.0	2.25	1.28	21.7	126	37.0	344		砂岩及灰岩洪积物	E 98°35′42.4″ N 31°12′50.8″	87
				B	14—48	棕灰色	砂壤土	粒状	8.7	20.1	1.21	1.13	21.3							
				Bca	48—78	棕灰色	砂壤土	块状	8.7	16.4	0.84	1.07	21.2							
				Cca	78—															
剖15	高山土	黑毡土		A	0—14	棕灰色	黏壤土	粒状	7.1	42.3	2.14	0.61	22.7	139	8.0	391		泥页岩坡积物	E 98°40′39.7″ N 31°04′54.8″	74
				B	14—70	棕色	砂质黏壤土	棱块状	8.0	4.5	0.56	0.12	25.3							
				C	70—	灰棕色														
剖16	半淋溶土	褐土	石灰性褐土	A	0—12	暗褐色	砂质黏壤土	块状	8.5	37.5	1.66	0.73	21.1	118	13.0	447		千枚岩坡积物	E 98°43′37.2″ N 31°02′22.2″	76
				B	12—48	褐色	砂质黏壤土	棱块状	8.7	18.8	1.19	0.53	22.2							
				Bca	48—95	褐色	砂质黏壤土	棱块状	8.7	10.9	0.71	0.39	20.5							

贡 觉 县

主要土类说明

  黑毡土是贡觉县主要土壤类型，占本县地域面积的49%。黑毡土是本县分布最广、面积最大的土壤类型，也是本县最重要的草地资源和牧业基地，各乡镇都有分布，主要分布在海拔4300—4600m的广大高原夷平面上；在金沙江西岸狭谷区，黑毡土处于棕壤与草毡土之间，分布高程为海拔4200—4600m；在马曲流域和热曲中上游地段，黑毡土处于褐土与草毡土之间，分布高程为海拔3900—4600m。黑毡土所处的地形部位较草毡土低而平缓，成土母质基本上同草毡土一致，水热条件比草毡土优越，土壤冻结期为4个月左右，季节性冻层厚度在1m以内，年降水量在500mm左右，并集中在6—8月，平均相对湿度约为50%，常有冰雹、霜冻、风雪灾害性天气。植被组成相当复杂，在高山草甸植被基础上有一年生植物加入，双子叶植物显著增多，有明显的层次分化；在草原草甸土区，有旱生禾草和蒿属等植物侵入，盖度在80%左右，植物的生物产量比草毡土高。主要草本植物有蒿草、早熟禾、羊茅、扁芒草、鹅冠草、委陵菜、银连花、风毛菊、蓼、火绒草、龙胆和狼毒等，灌丛有杜鹃、金露梅、高山柳、锦鸡儿、高山柏、滇藏方枝柏等。穴居动物数量多，有高原鼠、大耳啼兔等，偶见有蚯蚓活动痕迹。黑毡土的成土过程与草毡土基本相同，具有明显的腐殖质积累作用和氧化还原作用特点；由于地势相对较低，气候条件较好，季节性冻结时间短成土作用相对较强，进入土壤的植物残体比草毡土数量大，且由于气温较高，有机残体的腐殖化增强，因而草毡层的草根密集程度降低；腐殖质层（A_1层）的有机质含量在6%—9%，碳氮比为10—14，均比草毡土低；有机质向下迅速减少，层间递差比草毡土大。黑毡土草毡层（As层）厚度为10—20cm，比草毡土厚5—8cm以上，因而持水量也大，隔绝和防止蒸发作用强，抗干旱程度高，受冻时间短，故土壤的氧化还原作用比草毡土强。物质迁移和淋溶作用显著，磷在A层富集，钾、钙向下移动明显；B层发育良好，在结构面上一些剖面具有腐殖质胶膜，棕色较突出。

  草毡土是贡觉县第二大土壤类型，占本县地域面积的24%。草毡土在本县分布零星，以本县东部所占比重较大；分布下界线为海拔4500—4600m，上界线为海拔4700—5000m，上接寒冻土，下连黑毡土。成土母质以变质碎屑岩、火山岩、灰岩、砂板岩、千枚岩等的残积物、坡积物为主。其分布区冬季常被冰雪覆盖，土壤冻结期在6个月以上；由于气候寒冷，地势高亢，植物矮小，生长缓慢，莎草科植物株高仅3—5cm，形成高山草甸和灌丛草甸植被，以莎草科、圆穗蓼、小叶杜鹃占绝对优势，根系十分发达，相互交织成毡状草皮层，厚5—14cm，盖度为70%—90%；穴居动物少，活动密度小。草毡土具有明显的腐殖质积累作用和氧化还原作用过程。由于低温和生理干旱，植物低矮，长势差，生物产量很低。常年低温，甚至冻结时间在半年以上，致使土壤微生物数量少，活性弱，植物残体得不到充分的分解，多以原形或半分解形态积累起来，和密丛性草甸植物根系交织，吸水性强，通气不良，碳氮比在10以上，故土壤有机质积累明显，分解缓慢。草毡土剖面分化明显，一般分为四层，即草毡层（As层）、腐殖质层（A_1层）、过渡层（A_1B层）和母质层（C层）。腐殖质层（A_1层）的有机质含量达7%—10%。草毡层（As层）吸水性很强，由于冻结时间长，冻结期在地表起了类似瓶塞的"封闭"作用，使剖面土层基本处于还原状态。尤其在降雨后，As层吸水湿润，发生间歇性的还原淋溶。在长时间的干旱与夏季短期降雨湿润交替的自然条件下，成土物质也随之处于低温氧化和暂时的还原过程中。在嫌气条件下，发生了铁的还原，亚铁与水溶性有机物结合，产生稳定的可溶性铁的有机结合物，在心土层淀积，使土色变深，形成特有的"暗色层"。同时，铁的还原减少了土壤对磷的固定，亚铁离子的增加导致一部分交换性阳离子被置换出来，从而促使钙、钾向下层发生淋失。

  暗棕壤是贡觉县第三大土壤类型，占本县地域面积的10%。暗棕壤是在温带湿润地区针阔叶混交林下发育形成的土壤类型，土壤冻结期长。其成土过程具有明显有机质富集和弱酸性淋溶作用过程，弱酸性淋溶作用使铁、铝轻微下移。剖面具O–A–B–C构型，B层呈棕色，结构面可见铁锰胶膜。土壤呈弱酸性反应，盐基饱和度为70%—80%。

  灰褐土占贡觉县地域面积的9%。灰褐土发生于温带干旱、半干旱山地的云冷杉下，腐殖质积累与钙积作用明显，pH为7.0—8.0，表层有机质含量可达10%，表层下可见暗色腐殖质层，有弱黏淀特征。部面具Ao–A–B–C构型，B层呈棕褐色，钙积层在40cm以下出现，铁铝氧化物无移动。

褐土占贡觉县地域面积的 5%。褐土主要分布于金沙江及其支流的热曲、马曲等河谷地区。在土壤垂直带谱中，褐土自下起于河谷谷底或新积土，向上与棕壤或亚高山草原草甸土相接，地处海拔 2600—3900m，其具体分布高度因地而异，在本县东部为海拔 3700m 以下，在本县西部则为海拔 3900m 以下。本县褐土分布在两种地貌类型之中：在金沙江和热曲河下游，呈高山峡谷地貌，谷坡陡峭，局部有台地，成土母质多为变质碎屑岩和花岗闪长岩残积物、坡积物，粗骨性很强；在莫洛河和热曲河上游，呈中山河谷地貌，切害相对减弱，在仁达、查托、莫洛、爱玉、桑珠荣等地河谷开阔，阶地发育，成土母质除紫红色砂页岩残积物、坡积物外，还有洪积物、冲积物，粗骨性相对减弱。褐土分布区自然植被主要有矮生高山栎、白刺花、锦鸡儿、蔷薇、禾草、棘豆、三颗针、荨麻等；受河谷焚风作用较强，年降水量在 500mm 左右。在这种生物气候条件下，本县褐土成土作用在 6 月下旬至 9 月上旬是活跃期，11 月底至翌年 3 月底是相对停滞期。在自然条件的综合影响下，土壤中黏粒移动和碳酸钙的淋溶淀积过程明显，土壤为中性至微碱性，盐基饱和。其剖面特征为：在灌丛林覆盖下的褐土，具有明显的发生层次，在很薄的枯枝落叶层之下，为厚达 5—19cm 的腐殖质层，呈暗棕色、淋溶态。开垦为农耕地后，腐殖质层有机质含量低，土壤呈紫棕色或暗棕色；心土层有黏化作用，并有黏粒胶膜，偶见有铁锰锈斑纹，有碳酸钙假菌丝体聚积；母质层多呈淡棕色，石块多。心土层黏化作用和假菌丝体聚积是褐土的特有诊断层段。

小于本县地域面积 3% 的土壤类型还有草甸土、棕壤、寒冻土和石质土等。

本区域中心区气候特征

本区域中心区气候特征值
Regional climate characteristics in central area of the region

气候带：高原亚温带亚湿润气候 Climate region: Plateau sub temperate sub humid climate	
年平均气温 /℃ Annual average temperature /℃	3.8
年平均最高气温 /℃ Annual average maximum temperature /℃	11.4
年平均最低气温 /℃ Annual average minimum temperature /℃	−1.7
年降水量 /mm Annual precipitation /mm	592
≥ 10℃ 的积温 /℃ Daily temperature accumulated in a year（≥ 10℃）/℃	1309
年日照时数 /h Annual sunshine /h	2489
年平均相对湿度 /% Annual average relative humidity /%	60
干燥度 Dryness	0.27

本区域中心区月平均气温与月平均降水量
Monthly temperature and precipitation in central area of the region

贡觉县主要土壤类型与土壤剖面点分布图
1∶470 000

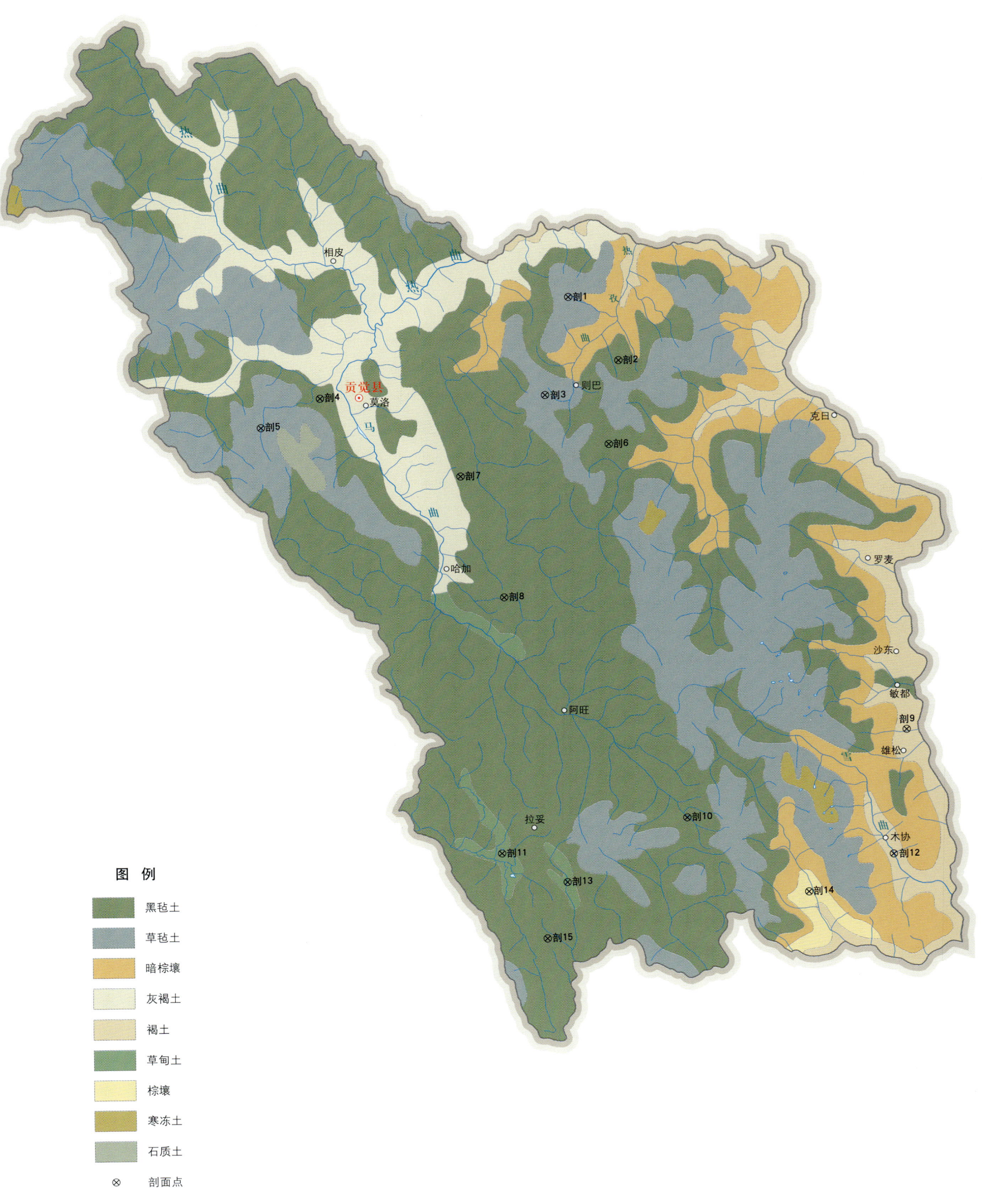

贡觉县土壤剖面理化性状表

剖面号 Soil profile	土纲 Soil order	土类 Soil great group	亚类 Soil subgroup	土层码 Layer code	土层厚度 Depth/cm	颜色 Soil color	质地 Soil texture	土壤结构 Soil structure	pH	有机质 OM/(g/kg)	全氮 TN/(g/kg)	全磷 TP/(g/kg)	全钾 TK/(g/kg)	碱解氮 AN/(mg/kg)	有效磷 AP/(mg/kg)	速效钾 AK/(mg/kg)	阳离子交换量CEC/(cmol/kg)	土壤母质 Parent material	剖面点坐标 Profile coordinate	匹配指数 Matching index/%
剖1	高山土	草毡土	棕草毡土	As	0—5	黑棕色		粒状										石英闪长岩残积物、坡积物	E 98°31′11.6″ N 30°58′53.0″	73
				A₁	5—18	黑棕色	粉砂质黏壤土	团粒状	6.8	126.2	5.80	1.70	22.8	>400	4.0		34.4			
				B	18—35	暗红棕色	多砾质壤质黏土	块状	5.8	77.5	3.50	1.72	22.8				26.5			
				C	35—	暗灰棕色	轻砾质壤土	粒状	6.0	51.1	2.20	1.45								
剖2	高山土	黑毡土	棕黑毡土	As	0—2		中砾质壤土											花岗岩残积物、坡积物	E 98°34′44.4″ N 30°54′53.6″	71
				A₁	2—18		多砾质壤质黏土		6.2	97.9	4.57	1.04	16.3	>400	3.0	148	23.8			
				B	18—30		中砾石土		6.9	15.5	0.65	0.30	10.3				13.7			
				4	30—				7.5	13.3	0.41	0.21								
剖3	高山土	草毡土		As	0—12	黑棕色			6.0									紫色、砖红色砂页岩残积物	E 98°29′33.4″ N 30°52′40.8″	78
				A₁	12—19	黑棕色	轻砾石土	块状	5.5	72.7	3.33	0.39	17.0	208	4.0	183	24.6			
				C	19—42	淡棕色	轻砾石土	粒状	5.6	22.0	0.99	0.74	18.9				19.4			
剖4	高山土	黑毡土	薄黑毡土	As	0—12	黑棕色	少砾质砂黏壤土	团粒状	7.2	32.6	1.53	0.45	16.7	168	2.0	88	11.4	灰岩残积物	E 98°13′40.4″ N 30°52′26.0″	72
				A₁	12—17	暗棕色	少砾质砂黏壤土	核状、块状	7.1	6.0	0.41	0.22	17.8				5.7			
				B₁	17—33	红棕色		粒状、块状	8.0	7.1	0.56	0.26	30.1				8.1			
				B₂	33—48	暗红色	粉砂质黏壤土	块状	8.6	2.7	0.30	0.42	23.0				6.9			
				BC	48—68	暗红色	多砾质黏壤土	块状	8.6	1.3	0.21	0.42					23.0			
				C	68—100	暗红色			6.5											
剖5	高山土	草毡土		As	0—14	黑棕色	中砾石土	块状	8.0	108.1	>6.00	0.99	11.2	>400	8.0	124	35.7		E 98°09′30.2″ N 30°50′34.4″	74
				A₁	14—22	棕色	轻砾石土	块状	<4.5	42.1	2.59	0.68	13.4				19.4			
				B	22—33	紫棕色			5.0											
				C	33—49	暗棕色														
剖6	高山土	黑毡土	薄黑毡土	As	0—12	暗棕色	多砾质黏壤土	团粒状	6.3	65.1	3.15	1.23	15.2	221	12.0	184	28.4	花岗岩残积物	E 98°34′03.0″ N 30°49′35.4″	72
				C	29—	淡棕色	重砾石土	粒状、块状	6.6	15.4	0.63	0.38	>40.0				20.5			
剖7	高山土	黑毡土	薄黑毡土	As	0—3	暗棕色	粉砂质黏壤土	块状	7.9	32.3	2.00	0.37	12.4	128	3.0	95	13.6	砂页岩残积物	E 98°23′35.2″ N 30°47′32.3″	71
				AB	3—17	暗红色	粉砂质黏壤土	块状	8.3	29.4	1.86	0.50	14.6				18.2			
				B	17—34	暗红色	多砾质黏壤土	块状	8.2	8.4	0.57	0.51	20.6				13.9			
剖8	高山土	黑毡土		A	0—9	红棕色	多砾质砂黏壤土	粒状	6.8	18.5	1.04	0.30	11.0	81	6.0	185	11.6	紫砖红色砂页岩残积物	E 98°26′39.5″ N 30°39′53.6″	71
				B	9—38	红棕色	砂壤土	块状	7.6	10.4	0.53	0.27	10.1				<2.0			
				C	38—		砂壤土													
剖9	半淋溶土	褐土	石灰性褐土	As	0—16	暗棕色	重砾质砂黏壤土	团粒状	8.1	40.3	2.27	0.95	19.4	149	14.0	266	12.0	砂页岩	E 98°54′54.7″ N 30°31′28.2″	85
				Bk₁	16—47	灰棕色	重砾质砂黏壤土	块状	8.3	18.0	0.90	0.87	19.0				10.1			
				Bk₂	47—100	灰棕色	重砾质砂黏壤土	块状	8.3	18.7	1.05	0.81	19.0				11.1			
剖10	高山土	黑毡土	棕黑毡土	As	0—9		中砾质砂黏壤土												E 98°39′27.0″ N 30°25′54.1″	87
				A₁	9—16	暗棕色	中壤土	团粒状	5.0	96.3	4.20	1.08	20.2	>400	5.0	185	25.2			
				B	16—35	暗棕色	多砾质砂壤土	块状	5.8	4.5	0.46	0.42	26.7				6.1			
剖11	半水成土	草甸土		As	0—8	紫棕色	砂壤土		5.5									紫色砂泥岩坡积物	E 98°26′26.2″ N 30°23′39.8″	98
				A₁	8—21	暗棕色	中壤土	团粒状	6.3											
				B	21—46		砂壤土	块状	6.3											

续表 Continued

剖面号 Soil profile	土纲 Soil order	土类 Soil great group	亚类 Soil subgroup	土层码 Layer code	土层厚度 Depth/cm	颜色 Soil color	质地 Soil texture	土壤结构 Soil structure	pH	有机质 OM/(g/kg)	全氮 TN/(g/kg)	全磷 TP/(g/kg)	全钾 TK/(g/kg)	碱解氮 AN/(mg/kg)	有效磷 AP/(mg/kg)	速效钾 AK/(mg/kg)	阳离子交换量CEC/(cmol/kg)	土壤母质 Parent material	剖面点坐标 Profile coordinate	匹配指数 Matching index/%
剖12	半淋溶土	褐土	石灰性褐土	A	0—10	暗棕灰色	砂壤土	核粒状	8.3	18.4	0.35	1.24	11.7	88	2.0	162	5.9	变质碎屑岩残积物、坡积物	E 98°53′56.8″ N 30°23′31.6″	96
				AB	10—22	暗棕灰色	轻砾石土	块状	8.3	14.5	0.75	1.23	10.4				5.2			
				B₁	22—66	暗棕灰色	轻砾石土	块状	8.6	6.6	0.51	1.12	12.6				4.9			
				B₂	66—100	暗棕灰色	轻砾石土	块状	8.5	8.0	0.41	1.18	12.3				4.4			
				C	100—															
剖13	半水成土	草甸土		As	0—7	暗棕色			6.3									紫色山泥岩残积物、坡积物	E 98°31′00.8″ N 30°21′50.0″	97
				A₁	7—19	暗棕色	中壤土	粒状	6.5											
				B(g)	19—35	暗棕灰色	重壤土	分散状	6.5											
剖14	淋溶土	棕壤	棕壤	Ao	0—6	暗棕色												灰岩残积物	E 98°47′58.2″ N 30°21′09.0″	97
				A₁	6—16	棕色	轻砾石土	团粒状	6.5	65.8	2.38	0.45	19.1	307	3.0	270	13.7			
				B	16—26	暗棕色	中砾石土	块状	6.5	29.3	0.64	0.43	21.0				10.0			
				C	26—70	暗灰黄色	中砾石土	粒状、块状	6.6	33.2	0.32	0.35	26.5				12.0			
剖15	高山土	黑毡土	黑色	As	0—20	黑棕色	多砾质壤质黏土	团粒状	5.0	82.3	3.46	0.90	17.0	373	6.0	397	18.8	黄色冰积物	E 98°29′35.9″ N 30°18′19.1″	71
				A₁	20—27	黑棕色	多砾质壤质黏土	块状	5.5	35.1	1.40	0.61	17.2				10.5			
				B	27—47	暗棕色	块状	5.4											
				Bc	47—65	紫棕色	中砾石土	块状	6.8	8.6	0.50	0.51	19.7				9.1			

类乌齐县

主要土类说明

黑毡土是类乌齐县主要土壤类型,占本县地域面积的36%,全县均有分布,尤以长毛岭、类乌齐等面积大。成土母质为岩石风化残积物、坡积物,分布地形多为高山中下部,海拔4000—4600m。黑毡土分布区年降水量为400—730mm,土壤冻结期仅4—6个月,季节性冻层小于1m,土壤冻融作用较弱,植被组成为以亚高山草甸为主的杂类草甸,常有灌木混杂,双子叶植物比重较大。草毡层初步分解,形成暗色初步腐殖化的草根茎盘结层,有机质含量较高,可达10%—15%,底土见锈色纹斑。土壤pH为6.5—8.0。

草毡土是类乌齐县第二大土壤类型,占本县地域面积的31%,分布于各处高山上部和顶部,以长毛岭乡和桑多镇等较集中。草毡土分布区地处平缓的高原夷平面,海拔多在4900—5200m,西北地区略高。母质为花岗岩、石英岩和紫色砂岩、板岩、杂色砂岩风化物的残积物、坡积物、冰碛物和冰水沉积物。所处地带气候寒冷,正负温交替日占全年70%,冻土期达半年以上,季节性冻土层厚1.5m。植被组成为以高山矮生嵩草为主的矮草草甸,盖度多在70%以上。根系交织成紧密的草根盘结层,常见有草毡层斑块状脱落,有机残体多以未分解或半分解状累积于土壤中。由于土壤成土物质处于长期低温氧化和短暂还原交替过程中,使土壤中铁、锰等发生了轻微移动和淀积,但新生体淀积不明显,故草毡土的成土过程具有生草腐殖质积累作用和冻融氧化还原作用过程。草毡土表层水分随季节变动,虽土壤本身不易滞水,但季节性冻土层能保留水分,同时还能托滞降雨下渗,加之夜冻昼融,形成了特殊的高山草甸过程。

灰褐土是类乌齐县第三大土壤类型,占本县地域面积的23%,分布于本县东南部多条河流两岸的山坡上,构成了本县基带土壤,上界线因地势地貌不同而有差异。紫曲河、格曲河流域海拔在3000—4400m;昂曲河流域为海拔3500—4200m。成土母质多为杂色砂页岩、石灰岩风化物的残积物、坡积物、洪积物、冲积物。因河谷热效应,气候偏干,雨热同季,土壤具有明显的腐殖质积累过程。成土作用因海拔、植被、母质不同而有差异,如石灰的淋溶、淀积过程、黏化过程等。

寒冻土占类乌齐县地域面积的10%,多分布于马查拉及与邻县交界的岭脊之上,海拔4850—5700m。成土母质主要为花岗岩、片麻岩等的冰碛物和板岩、灰岩等的岩幂,坡度约为35°。所处地带气候高寒、大风,冻土期达半年以上,高等植物难以繁衍生存,盖度不足5%。土壤中有机质含量不足1%,无动物活动痕迹。土壤矿物分解缓慢,发育原始,粗骨性强,成土作用微弱,且土层浅薄,一般为15—40cm,剖面层次分化不明显,砾石含量高。土壤呈中性反应。

小于本县地域面积3%的土壤类型还有草甸土和石质土等。

本区域中心区气候特征

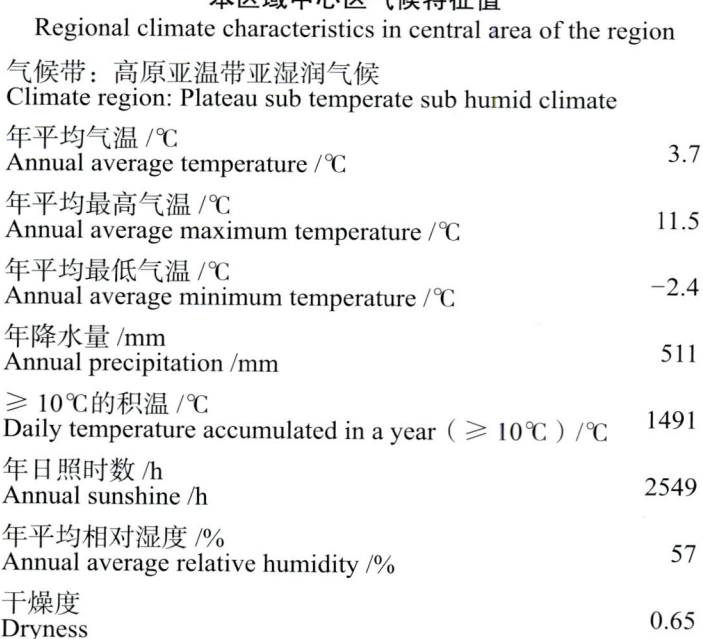

本区域中心区气候特征值
Regional climate characteristics in central area of the region

气候带:高原亚温带亚湿润气候 Climate region: Plateau sub temperate sub humid climate	
年平均气温 /℃ Annual average temperature /℃	3.7
年平均最高气温 /℃ Annual average maximum temperature /℃	11.5
年平均最低气温 /℃ Annual average minimum temperature /℃	-2.4
年降水量 /mm Annual precipitation /mm	511
≥10℃的积温 /℃ Daily temperature accumulated in a year (≥10℃) /℃	1491
年日照时数 /h Annual sunshine /h	2549
年平均相对湿度 /% Annual average relative humidity /%	57
干燥度 Dryness	0.65

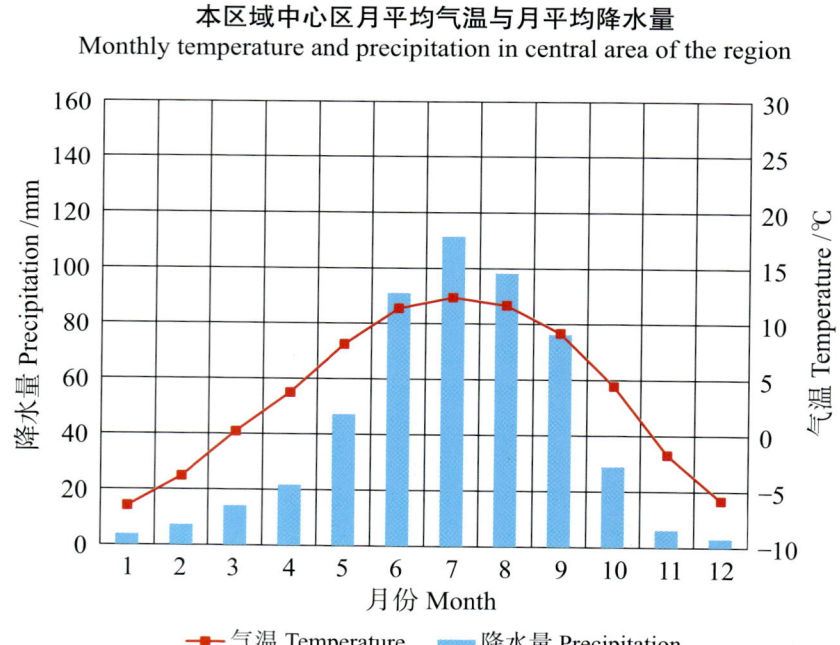

本区域中心区月平均气温与月平均降水量
Monthly temperature and precipitation in central area of the region

类乌齐县主要土壤类型与土壤剖面点分布图
1∶480 000

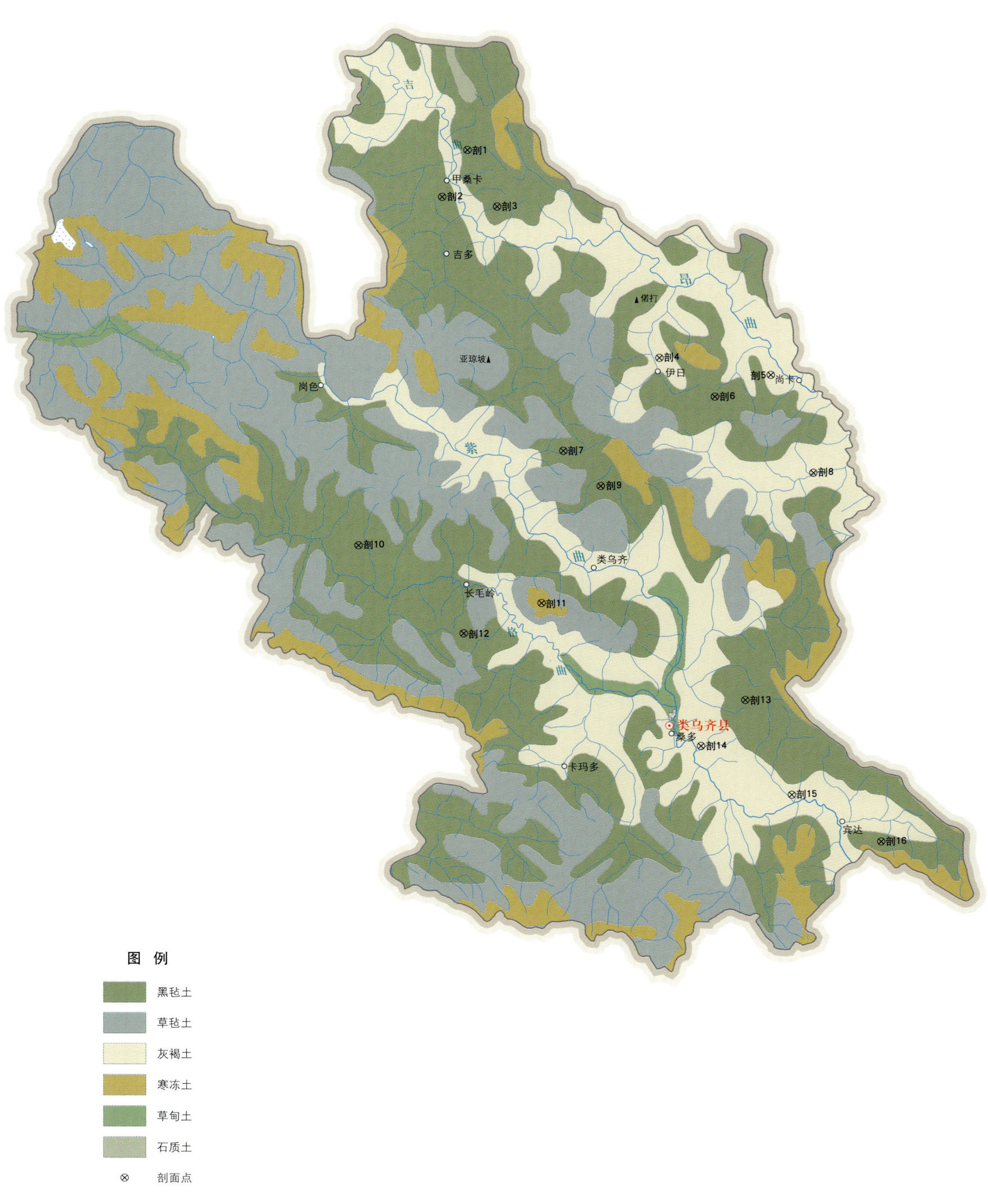

类乌齐县土壤剖面理化性状表

剖面号 Soil profile	土纲 Soil order	土类 Soil great group	亚类 Soil subgroup	土层码 Layer code	土层厚度 Depth/cm	颜色 Soil color	质地 Soil texture	土壤结构 Soil structure	pH	有机质 OM/(g/kg)	全氮 TN/(g/kg)	全磷 TP/(g/kg)	全钾 TK/(g/kg)	碱解氮 AN/(mg/kg)	有效磷 AP/(mg/kg)	速效钾 AK/(mg/kg)	阳离子交换量CEC/(cmol/kg)	土壤母质 Parent material	剖面点坐标 Profile coordinate	匹配指数 Matching index/%
剖1	高山土	黑毡土	薄黑毡土	A	0—20	暗棕色	重壤土	团块状	6.6	54.1	3.15	1.07	20.5	206	15.0	>500	18.0	杂色砂岩残积物、坡积物	E 96° 20′ 14.6″ N 31° 48′ 32.8″	71
				AB	20—31	暗棕色	重壤土	棱块状	6.8	40.5	2.57	0.56	25.2				16.7			
				B	31—47	暗黄棕色	重壤土	棱块状	6.8	19.7	1.56	0.68	22.6				18.3			
				BC	47—107	黄棕色	重壤土	棱块状	7.0	10.2	0.92	0.21	21.7				17.4			
剖2	高山土	黑毡土	薄黑毡土	A_1	0—14	紫棕色	中壤土	团块状	6.9	60.6	3.79	0.52	24.1	243	4.0	176	18.6	紫色砂页岩残积物、坡积物	E 96° 18′ 32.8″ N 31° 45′ 31.3″	71
				Bca	14—44	暗紫棕色	重壤土	棱块状	7.4	29.8	2.27	0.45	25.6				20.7			
				A_2ca	44—71	暗棕色	重壤土	团块状	7.3	23.8	1.73	0.41	20.7				21.2			
				BC	71—92	红棕色	重壤土	棱块状	7.4	6.8	0.92	0.45	22.1				18.9			
剖3	高山土	黑毡土	棕黑毡土	C	92—100	红棕色												紫色砂页岩残积物、坡积物	E 96° 22′ 28.2″ N 31° 45′ 01.4″	71
				Ao	0—13	黑色	砂壤土	团粒状	6.5	>250.0	>6.00	0.23	10.4	>400	3.0	>500	101.7			
				A_1	13—31	黑棕色	轻壤土	团块状	6.7	>250.0	>6.00	1.05	15.9				>50.0			
				B	31—54	红棕色	重壤土	团块状	6.8	9.4	0.93	0.35	25.6				14.9			
				BC	54—64	红棕色														
				C	64—	紫棕色														
剖4	半淋溶土	灰褐土	淋溶灰褐土	Ao	0—4	黑棕色	中壤土	团块状	5.4	182.3	3.50	0.62	14.7	>400	9.0	189	>50.0	石灰岩残积物、坡积物	E 96° 34′ 23.5″ N 31° 35′ 43.1″	79
				A_1	4—11	黑棕色	重壤土	棱块状	5.0	19.9	0.89	0.64	14.5				29.6			
				B	11—41	淡黄棕色	重壤土	棱块状	7.6	34.6	1.97	0.72	18.5				29.0			
				BC	41—56	黄黄棕色														
				C	56—															
剖5	半淋溶土	灰褐土	淋溶灰褐土	A	0—14	棕色	中壤土	团块状	6.0	61.8	3.50	0.49	16.9	304	9.0	>500	31.0	洪积淋溶物	E 96° 42′ 23.0″ N 31° 34′ 50.2″	88
				AB	14—25	黑棕色	中壤土	棱块状	7.0	43.6	2.66	0.87	17.0				31.0			
				Bt	25—72	紫棕色	重壤土	棱块状	7.3	17.3	1.16	0.34	16.8				28.4			
				D	72—															
剖6	高山土	黑毡土		A	0—15	灰棕色	轻壤土	粒状	6.3	47.3	2.89	0.71	25.2	236	14.0	330	24.8	紫红色砂页岩坡积物	E 96° 38′ 26.2″ N 31° 33′ 20.9″	74
				B_1	25—40	淡黄棕色	砂壤土	块状	6.8	4.0	0.52	0.54	26.7				6.7			
				B_2	40—70	黄黄棕色	轻壤土		7.1	1.8	0.40	0.30	28.0				5.8			
				C	70—	紫棕色														
剖7	高山土	黑毡土	棕黑毡土	As	0—10	黑棕色	中壤土	团块状	6.1	235.9	>6.00	1.46	15.9	>400	4.0	294	>50.0	石灰岩夹紫色砂岩残积物、坡积物	E 96° 27′ 42.8″ N 31° 29′ 38.4″	82
				A_1	10—33	黑棕色	中壤土	棱块状	6.6	214.2	>6.00	1.30	16.2				>50.0			
				B	33—52	灰棕色	中壤土	棱块状	6.8	62.5	3.33	1.30	13.3				34.8			
				C	52—															
剖8	半淋溶土	灰褐土		A	0—14	淡灰黄棕色	中壤土	团块状	7.1	70.1	3.76	0.56	16.3	276	4.0	228	28.9	砂岩残积物、坡积物	E 96° 45′ 36.0″ N 31° 28′ 40.8″	98
				AB	14—28	灰黄棕色	中壤土	团状	7.1	41.7	2.36	0.40	18.3				24.0			
				BCa	28—49	暗黄棕色	中壤土	块状	7.4	20.8	1.29	0.47	16.3				16.6			
				C	49—60															
剖9	高山土	黑毡土	黑毡土	A	0—15	暗黄棕色	轻壤土	团块状	6.0	78.8	3.90	0.80	18.1				31.2	杂色砂页岩残积物、坡积物	E 96° 30′ 27.4″ N 31° 27′ 29.2″	71
				AB	15—31	灰黄棕色	轻壤土	团状	7.1	41.6	2.25	0.62	18.5				21.3			
				B	31—44	暗黄棕色	轻壤土	块状	6.8	21.0	1.38	0.61	18.7				16.6			
				C	73—	暗黄棕色	轻壤土	块状												

续表 Continued

剖面号 Soil profile	土纲 Soil order	土类 Soil great group	亚类 Soil subgroup	土层码 Layer code	土层厚度 Depth/cm	颜色 Soil color	质地 Soil texture	土壤结构 Soil structure	pH	有机质 OM/(g/kg)	全氮 TN/(g/kg)	全磷 TP/(g/kg)	全钾 TK/(g/kg)	碱解氮 AN/(mg/kg)	有效磷 AP/(mg/kg)	速效钾 AK/(mg/kg)	阳离子交换量CEC/(cmol/kg)	土壤母质 Parent material	剖面点坐标 Profile coordinate	匹配指数 Matching index/%
剖10	高山土	黑毡土	黑毡土	A	0—16	紫棕色	中壤土	团块状	6.8	66.9	3.18	0.84	19.5	277	14.0	>500	18.1	紫杂色砂页岩残积物、坡积物	E 96°13′18.5″ N 31°23′15.7″	70
				AB	16—29	红棕色	中壤土	棱块状	6.7	59.6	3.49	0.89	18.4				15.9			
				Bt	29—55	暗红棕色	中壤土	棱块状	7.3	18.9	1.40	0.54	20.8				11.7			
				B	55—100	暗红棕色	重壤土	棱块状												
剖11	高山土	寒冻土	寒冻土	A	0—16	灰黑色	砂壤土											角辉石残积物	E 96°26′27.6″ N 31°19′56.6″	79
				AC	16—41	暗黄棕色		角状	7.3	<1.0	0.30	0.10	5.4	39	1.0	26	15.8			
				C	41—	灰黑色											23.0			
剖12	高山土	黑毡土	黑毡土	As	0—9				5.6	106.2	4.79	1.27	17.4	391	3.7	186	17.1		E 96°20′58.2″ N 31°17′52.4″	95
				A	9—18	棕黑色	黏壤土	粒状	5.9	51.0	2.60	1.25	19.3	222	<1.0	120	12.0			
				AC	18—46	棕黑色	重砾质砂质黏壤土	粒状	6.1	34.7	1.77	1.06	18.9	129	<1.0	104	5.2			
				C₁	46—69	油黄橙色	重砾质砂质黏壤土	块状	6.4	3.7	0.52	0.20	18.9	17	<1.0	53	6.8			
				C₂	69—93	棕色	重砾质砂质壤土	块状	6.6	2.8	0.51	0.23	19.8	12	1.0	74	23.1			
剖13	高山土	黑毡土	黑毡土	A	0—17	暗灰棕色	轻壤土	团粒状	6.3	54.1	3.05	0.52	20.0	247	11.0	179	21.6	杂色砂岩残积物、坡积物	E 96°41′09.2″ N 31°14′06.7″	74
				AB	17—24	紫灰棕色	轻壤土	团粒状	6.5	47.6	2.79	0.65	20.5				14.5			
				B	24—80	淡棕色	轻壤土	团块状	7.2	13.4	1.09	0.31	22.1				17.5			
				BC	80—120	淡棕色	中壤土	团块状	6.9	11.1	1.03	0.79	21.0							
				C	120—															
剖14	半淋溶土	灰褐土	淋溶灰褐土	A₁₁	0—17	灰棕色	砾质、砂质黏壤土	屑粒状	6.3	54.1	3.05	0.52	20.0	247	11.0	179	23.1		E 96°38′04.2″ N 31°11′07.1″	81
				AB	17—24	淡棕色	砾质、砂质黏壤土	粒状	6.5	21.6	2.79	0.65	20.5				21.6			
				B	24—80	淡棕色	砾质、砂质黏壤土	块状	7.2	14.5		0.31	22.1				14.5			
				C	80—100	淡棕色	砾质、砂质黏壤土	块状	6.9	17.3			22.1				17.3			
剖15	半淋溶土	灰褐土	灰褐土	A	0—18	黑棕色	轻壤土	团块状	7.2	78.4	5.00	0.96	19.1	322	29.0	>500	16.6	钙质洪积物	E 96°44′36.2″ N 31°08′07.1″	95
				AB	18—24	暗黄棕色	轻壤土	团块状	7.3	48.9	2.60	0.60	20.7				<2.0			
				B	24—74	棕黄色	轻壤土	块状	8.0	5.5	0.76	0.24	22.0				13.2			
				C	74—	灰棕黄色														
剖16	高山土	黑毡土	黑毡土	A	0—12	淡棕色	中壤土	团粒状	7.2	153.5	>6.00	0.87	24.6	212	27.0	116	18.1	紫红色砂页岩坡积物	E 96°51′01.4″ N 31°05′16.1″	78
				B	12—47	淡棕色	中壤土	团粒状	7.5	89.6	4.82	0.71	24.6				14.2			
				BC	47—100	淡棕色	中壤土	团粒状	7.4	51.7	2.07	0.89	25.2				17.6			

丁 青 县

主要土类说明

草毡土是丁青县主要土壤类型，占本县地域面积的46%，主要分布于县境内高原面上的丘顶或缓坡的坡折线以下及鞍部，尤以北部和西北部地区分布最多。分布上下界线因地区不同而异，西北部地区分布海拔多在4650—5050m，北部地区分布于海拔4600—4900m，南部地区分布于海拔4700—4900m。成土母质为紫红色砂岩、粉砂岩、灰绿色碎屑岩或基性、超基性岩风化物的残积物、坡积物或冰碛物。冻土期达半年以上，季节性冻土层厚1.5m左右。植被生长缓慢，有效生长期短，其类型为以高山矮生嵩草为主的矮草草甸，优势种有嵩草、苔草等；伴生有圆穗蓼、委陵菜、棘豆、画眉草、蒲公英等，种类单调，草层低矮密集，盖度多在50%—70%，根系发达并交织成紧密的草毡层。在沟谷阴坡、水系源头或陡坡处，也有灌丛混生，主要为绣线菊、金露梅等，但植株低矮，一般仅30cm左右，郁闭度小（仅0.3—0.4），长势差。在频繁的冻融交替作用下，局部陡坡常见有草皮滑塌，形成斑状脱落。夏半年，气温较高，降水较多，植物生长量大，进入土壤的植物残体多，微生物活动较旺盛，有机质分解较强，土壤具有明显的弱酸性淋溶过程；冬半年，寒冷漫长，土壤冻结，微生物活动弱，有机残体分解极慢，积累明显，多以未分解或半分解状累积于土壤中，因而形成根网状交织，状如毛毡的草毡层。土壤长期的干旱与夏秋季节性的干湿交替，为成土物质低温氧化和短暂还原过程的进行创造了条件，使土壤中的铁、锰等发生了轻微的移动和淀积，从而使草毡土的成土作用具有明显的生草腐殖质积累和冻融氧化还原过程，但成土作用较弱，剖面中新生体淀积不明显。因地势高亢，雹雪频降，土壤表层水分随季节不同而有很大的变化。尽管土层浅薄，本身不易滞水，但季节性冻层能将水分以固态形式保留于土体中，同时还起到了托滞降水下渗的作用，使水分在土体中短期潴留。夜冻昼融使水分上下移动，形成了特殊的高山草甸过程。

黑毡土是丁青县第二大土壤类型，占本县地域面积的25%。黑毡土广泛分布于山原面、山体或沟谷谷坡的中下部，海拔一般为4000—4650m。在中部干旱河谷，分布下界线可至河谷基带（海拔3800m左右），南部、西北部和东部地区上界线可至海拔4700m。在西北部山原地区，黑毡土与非地带性的草甸土相接的现象也较为常见。黑毡土所处地带较草毡土分布区低，地势起伏较小，气温和降水量均较草毡土高，土壤冻结期4—6个月，季节性冻层小于1m。成土母质为各类母岩风化物的残积物、坡积物。植被类型为以小嵩草为主的杂类草甸，其组成较草毡土复杂得多，不但有一年生草本植物加入，而且双子叶植物也明显增多。草层较高，有明显的层次变化。主要植物有高山嵩草、苔草、早熟禾、委陵菜、香青、唐松草、马先蒿、金莲花、银莲花、披碱草、圆穗蓼、火绒草和各类龙胆等，盖度为50%—90%，在阴坡或半阳坡禾草一类旱生植被明显增多；阴坡和半阴坡则生长高山柳、绣线菊、金露梅等灌木，盖度为30%—90%；在干旱河谷肩坡，常有针茅、蒿属、锦鸡儿等植物生长，呈现出山地干草原的植被特征。分布区内有草鼠、旱獭、獐、鹿等动物定居。黑毡土与草毡土有相似的成土过程，即腐殖质积累和冻融氧化还原过程，但其程度不如草毡土强烈。冻融作用仍为土壤水分运动的主要形式，所不同的是水热条件较好，季节性冻结期短，土体发生的间歇性氧化还原作用，强度不及草毡土，但淋溶作用大于草毡土，因而成土作用较强，土壤发育较好，成土物质下移淀积作用较草毡土明显，结构面胶膜较多，植物残体腐化增强，草根的密集程度降低，草皮滑塌情况较草毡土少见。

寒冻土是丁青县第三大土壤类型，占本县地域面积的20%。寒冻土广泛分布于海拔4900—5400m的高山分水岭脊、高山顶部缓坡或鞍部，尤以本县北部、西北部和南部分布最多。分布上下界线随地区不同有一定的差异，南部地区多为海拔4900—5400m，北部地区为海拔4800—5350m，西北部地区为海拔4950—5350m。寒冻土是成土年龄最短的一类幼年土壤。成土母质主要为紫红色或灰绿色砂岩夹玄武岩、流纹岩、灰岩、白云岩等为主的冰碛物、残积物、坡积物以及蛇绿岩、辉橄岩、花岗闪长岩等的寒冻崩裂岩幂。所处地段坡度较陡，一般在35°左右。由于海拔高，气候寒冷，风大，土壤所处环境条件恶劣，物理风化和冰雪剥蚀作用强烈，生物化学作用微弱，土表常被岩石碎屑覆盖。冻土期长达半年以上，气候条件较寒冷、半湿润。一般高等植物难以在这里繁衍生存，仅着生一些稀疏垫状植被，主要为点地梅、雪莲等耐寒、耐旱、耐瘠薄的植物，盖度不足5%。稀疏矮小的植物，使土壤有机质积累甚微，其含量一般在0.40%—1.00%。由于寒冻土脱离冰川影响最晚，成土年龄短，加上高寒恶劣的气候条件，土壤氧化还原作用明显，矿物分解、转化过程缓慢，在冰、水、风、重力等多种因素的侵蚀影响下，使土壤剖面发育原始、微弱，表现为土层浅薄，一般仅为20cm左右，石多土少，砂性重，粗骨性强，成土作用弱，土壤发育呈现幼年性和原始性的特点。土壤剖面层次分化不明显，腐殖质层发育极差，受母质颜色影响大，下土层潮湿，细土粒部分为砂质壤土。土壤多呈中性反应。

灰褐土占丁青县地域面积的3%。灰褐土是干旱地区山地垂直带中的一种森林土壤，在本县主要分布于南部怒江一、二级支流水系嘎曲、色曲、打曲等河谷内。西北部甘岩乡嘎曲上游河谷也有少量分布。灰褐土分布地区为山地与山原面的过渡地带，气候温凉干燥，季节性冻层在1m左右。在河谷阴坡，植被类型主要为以云杉、桦、杨为主的针阔叶混交林、云杉疏林灌丛；而阳坡则为以圆柏、三颗针、绣线菊为主的圆柏疏林灌丛。林下禾本科草、嵩草等杂草生长旺盛。在上述自然条件的综合影响下，灰褐土具有与其他森林土壤相似的成土过程，即森林腐殖质积累、生草腐殖质积累和弱酸性淋溶过程。土壤表面聚积的枯枝落叶，一年中随干湿季节的变化，交替地进行着矿化与腐殖化作用，有机质积累和淋溶作用较明显。水热条件相对较差，枯枝落叶层较薄，一般仅2—4cm。腐殖质层厚度10—15cm，植物残体的矿化作用不如褐土强烈。灰褐土在理化性质上类似褐土，而土壤有机质含量高于褐土，但低于暗棕壤。淋溶作用较褐土弱，黏化作用不够明显，土壤多呈中性或偏微碱性反应。在剖面中下部出现石灰淀积，有的剖面通体具有石灰反应，表现为是从上自下逐渐增强。黏粒含量一般在剖面中部略高，表层与底层略低。

小于本县地域面积3%的土壤类型还有草甸土、暗棕壤、褐土等。

本区域中心区气候特征

本区域中心区气候特征值
Regional climate characteristics in central area of the region

气候带：高原亚温带亚湿润气候 Climate region: Plateau sub temperate sub humid climate	
年平均气温 /℃ Annual average temperature /℃	3.3
年平均最高气温 /℃ Annual average maximum temperature /℃	11.3
年平均最低气温 /℃ Annual average minimum temperature /℃	-3.0
年降水量 /mm Annual precipitation /mm	499
≥10℃的积温 /℃ Daily temperature accumulated in a year（≥10℃）/℃	1681
年日照时数 /h Annual sunshine /h	2570
年平均相对湿度 /% Annual average relative humidity /%	56
干燥度 Dryness	1.11

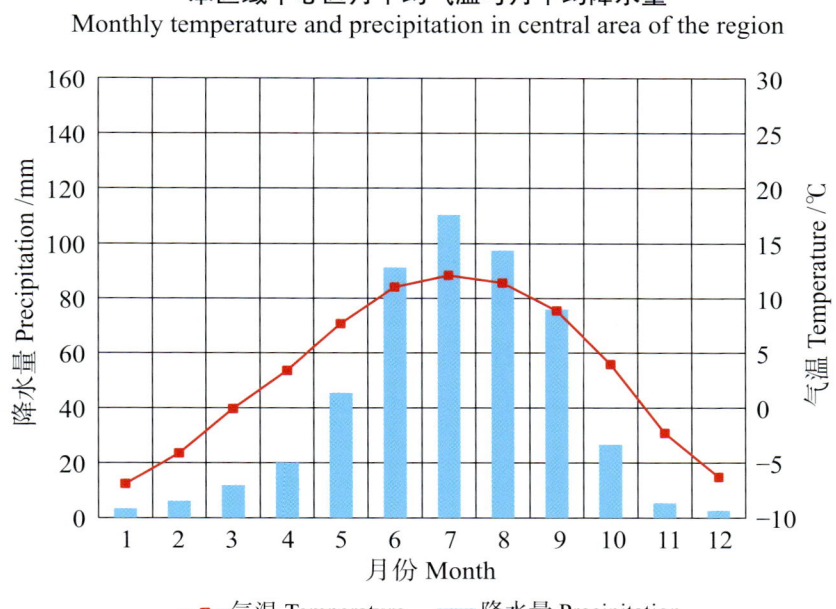

本区域中心区月平均气温与月平均降水量
Monthly temperature and precipitation in central area of the region

丁青县主要土壤类型与土壤剖面点分布图

1∶875 000

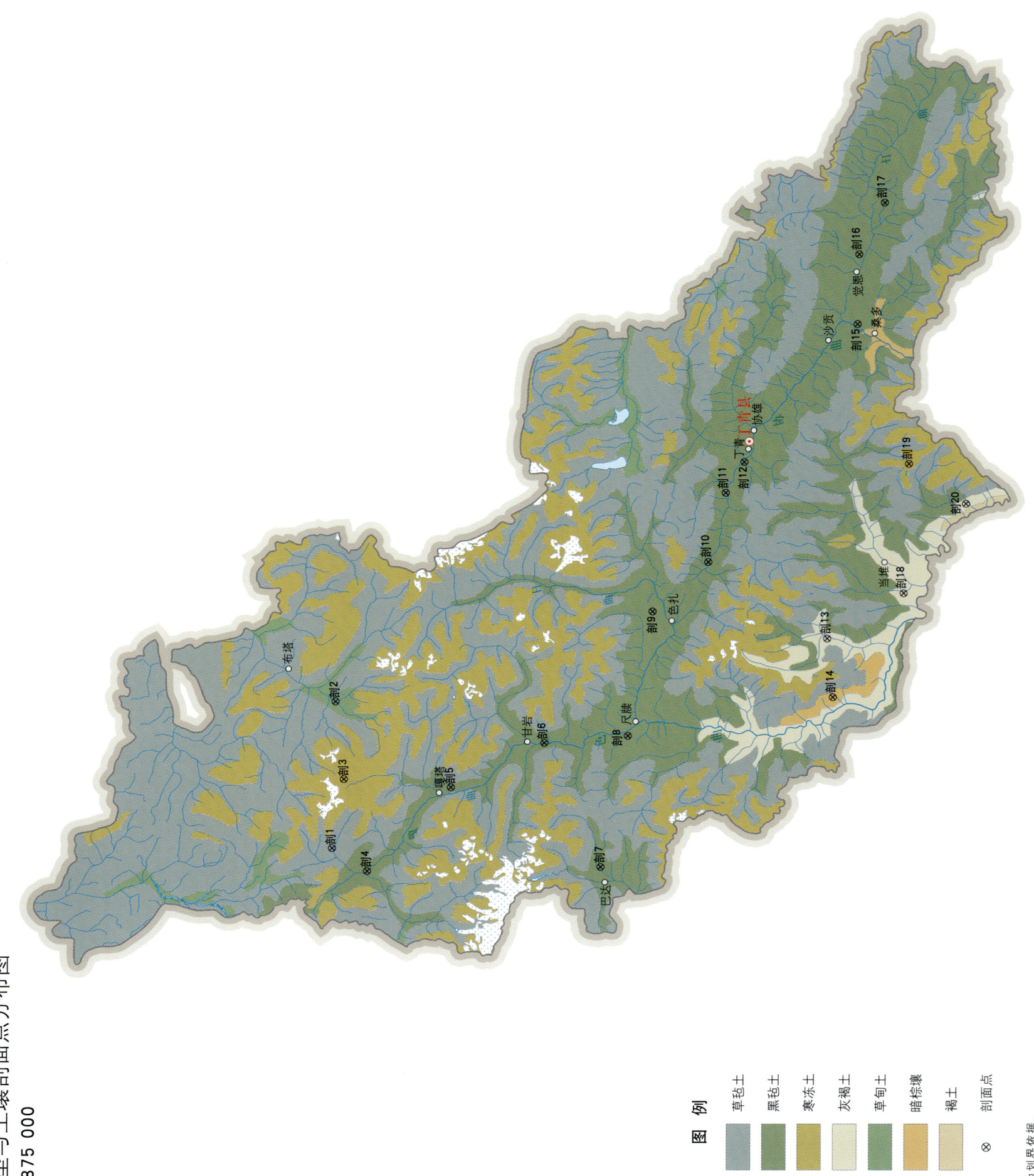

图例：草毡土、黑毡土、寒冻土、灰褐土、草甸土、暗棕壤、褐土、⊗ 剖面点

注：本图界线不作为实地划界依据。

丁青县土壤剖面理化性状表

剖面号 Soil profile	土纲 Soil order	土类 Soil great group	亚类 Soil subgroup	土属 Soil genus	土层码 Layer code	土层厚度 Depth/cm	颜色 Soil color	质地 Soil texture	土壤结构 Soil structure	pH	有机质 OM/(g/kg)	全氮 TN/(g/kg)	全磷 TP/(g/kg)	全钾 TK/(g/kg)	碱解氮 AN/(mg/kg)	有效磷 AP/(mg/kg)	速效钾 AK/(mg/kg)	阳离子交换量 CEC/(cmol/kg)	土壤母质 Parent material	剖面点坐标 Profile coordinate	匹配指数 Matching index/%
剖1	高山土	草毡土	草毡土	冰碛泥质草毡土	As	0–7	暗红棕色	黏壤土	团块状	6.3	139.5	>6.00	1.37	24.0	310	4.0	56	6.7	紫红色砂岩、残积物、坡积物	E 94°50′53.5″ N 32°04′57.7″	74
					B	7–17	浓棕色	壤质黏土	块状	6.4	23.7	1.26	0.54	21.6				17.3			
					C	17–50															
						50—															
剖2	半水成土	草甸土	草甸土		As	0–8	黑棕色				7.5	71.9	3.90	0.76	23.4	335	18.0	90	20.9		E 95°07′44.4″ N 32°04′23.2″	97
					A_1	8–11	暗棕色	砂壤土		7.5	14.1	0.99	0.31	25.5				5.4			
					B	11–30	黄棕色	砂质黏土													
					C	30—															
剖3	高山土	寒冻土			Am_1	0–7	紫红棕色	多砾质砂壤土	团块状	7.2	4.3	0.90	0.45	30.0	29	1.0	34	22.7	紫红色砂岩、残积物、坡积物	E 94°58′46.9″ N 32°03′44.6″	86
					A,C	7–18															
					C	18—															
剖4	高山土	黑毡土	棕黑毡土		A	0–14	暗红棕色	壤质黏土	团块状	7.8	44.2	3.04	0.82	20.8	171	4.0	282	17.2	钙质洪积物	E 94°48′12.2″ N 32°01′40.8″	77
					B	14–37	红棕色	壤质黏土	团块状	7.9	25.4	1.89	0.71	22.4				15.2			
					C	37—	暗红棕色														
剖5	高山土	黑毡土	棕黑毡土		As	0–6	黑棕色	砂壤土	团粒状	6.4	151.4	>6.00	0.90	24.1	>400	4.0	84	42.0		E 94°57′37.1″ N 31°53′41.3″	90
					A_1	6–14	暗棕色	壤土	团块状	6.8	120.8	>6.00	1.19	22.6				39.8			
					B	14–23	暗棕色														
					C	23—															
剖6	高山土	黑毡土			Ao	0–5	黑棕色	砂壤土	团粒状	5.4	>250.0	>6.00	1.32	16.3	>400	5.0	314	36.5	灰绿色碎屑岩、残积物	E 95°02′29.8″ N 31°44′49.2″	73
					A_1	5–11	灰黄色	砂壤土	团块状	6.2	13.0	0.78	0.35	31.8				8.7			
					B	11–32															
					C	32—															
剖7	高山土	黑毡土			A	0–14	暗红棕色	壤质黏土	团粒状	7.8	27.9	2.63	0.74	20.9	161	4.0	150	22.7	紫色砂岩、残积物、坡积物	E 94°48′12.6″ N 31°39′44.6″	74
					B_1	14–48	暗棕色	壤质黏土	团块状	7.7	28.7	2.29	0.96	23.2				17.6			
					B_2	48—	棕色	砂质黏壤土	棱块状	7.9	21.9	1.90	0.86	22.4				13.7			
剖8	高山土	黑毡土	黑毡土		A	0–16	棕红色	砂质黏壤土	团粒状	7.4	42.4	2.72	0.88	26.3	170	7.0	165	15.1	灰砾岩残积物、坡积物	E 95°03′07.9″ N 31°36′57.2″	71
					AC	16–29	灰棕色	砂质黏壤土	屑粒状	7.5	32.5	2.33	0.74	26.6				13.6			
剖9	高山土	黑毡土	黑毡土		1	0–20	暗红棕色	壤质黏土		7.4	45.1	3.07	0.78	21.7	208	5.0	248	22.2	紫色砂岩残积物、坡积物	E 95°17′13.2″ N 31°34′24.6″	74
剖10	高山土	黑毡土	黑毡土		1	0–19	黑棕色	黏壤土		8.2	35.4	2.12	1.03	27.5	119	4.0	205	16.4	石灰性洪积物	E 95°22′41.9″ N 31°29′02.8″	82
剖11	高山土	黑毡土	薄黑毡土		A	0–20	暗灰棕色	砂质黏壤土	团粒状	7.0	57.1	3.23	1.72	12.8	288	15.0	200	22.0	冲积物	E 95°30′31.7″ N 31°27′16.6″	71
					B	20–32	暗灰棕色	砂质黏壤土	团块状	7.1	35.4	2.11	1.44	14.5				20.1			
					BC	32–60	暗棕色	砂质黏壤土	团块状	7.0	29.4	0.92	1.28	13.9				19.0			
剖12	高山土	黑毡土	薄黑毡土		A	0–15	暗红棕色	黏壤土	团块状	7.6	27.4	1.66	0.69	18.6	142	1.0	157	17.9	紫色砂岩残积物、坡积物	E 95°34′00.1″ N 31°25′27.5″	71
					B	15–60	暗红色	砂质黏壤土	团块状	8.0	18.0	1.14	0.69	19.2				14.9			
					C	60—															
剖13	半淋溶土	灰褐土	淋溶灰褐土		A	0–20	灰黄棕色	砂壤土	团块状	7.0	36.5	2.13	0.99	22.9	159	4.0	88	11.7	灰砾岩残积物、坡积物	E 95°13′42.6″ N 31°18′02.5″	95
					B	20–60	棕色	黏壤土	团块状	7.0	33.3	2.00	1.00	22.7				15.7			
					C	60—															

续表 Continued

剖面号 Soil profile	土纲 Soil order	土类 Soil great group	亚类 Soil subgroup	土属 Soil genus	土层码 Layer code	土层厚度 Depth/cm	颜色 Soil color	质地 Soil texture	土壤结构 Soil structure	pH	有机质 OM/(g/kg)	全氮 TN/(g/kg)	全磷 TP/(g/kg)	全钾 TK/(g/kg)	碱解氮 AN/(mg/kg)	有效磷 AP/(mg/kg)	速效钾 AK/(mg/kg)	阳离子交换量CEC/(cmol/kg)	土壤母质 Parent material	剖面点坐标 Profile coordinate	匹配指数 Matching index/%
剖14	淋溶土	暗棕壤	暗棕壤		Ao	0—4	黑褐色			<4.5	>250.0	>6.00	0.97	12.6	>400	8.0	161	40.3	灰绿色碎屑岩残积物、坡积物	E 95°07′04.4″ N 31°17′37.0″	97
					A₁	4—19	暗灰棕色	砂壤土	团粒状	4.3	58.8	3.25	0.62	17.0				26.1			
					AB	19—24	淡棕色	壤质黏土	团块状	4.5	19.3	1.26	0.50	20.0				16.6			
					B	24—60	黄棕色	壤质黏土	团块状												
					C	60—															
剖15	高山土	黑毡土	薄黑毡土		1	0—20		黏土		7.5	42.6	2.79	0.97	18.3	167	7.8	178	15.6	灰砾岩残积物、坡积物	E 95°49′17.0″ N 31°14′29.0″	71
剖16	高山土	黑毡土	薄黑毡土		1	0—19		壤质黏土		8.0	24.5	1.57	0.72	19.8	117	6.0	>500	14.7	紫色砂岩残积物、坡积物	E 95°57′10.8″ N 31°14′08.9″	84
剖17	高山土	黑毡土	黑毡土		A	0—13	紫灰色	黏壤土	团粒状	7.9	34.8	1.92	1.47	16.4	136	25.0	135	19.7	紫色砂岩残积物、坡积物	E 96°02′58.2″ N 31°11′36.2″	83
					AB	13—24	暗灰棕色	黏壤土	团块状	8.0	34.9	1.96	1.69	16.8				18.7			
					B	24—65	紫棕色	壤质黏土	团块状	7.8	15.7	1.14	0.50	18.4				17.2			
剖18	半淋溶土	灰褐土	灰褐土		A₁	0—12	暗黄棕色	黏质黏土	团粒状	7.3	35.3	2.65	0.71	30.2	160	3.0	107	11.7	灰绿色碎屑岩残积物、坡积物	E 95°18′38.5″ N 31°10′45.5″	72
					AB	12—40	棕色	黏质黏土	团块状	7.5	25.9	2.18	0.67	30.6				16.1			
					Bca	40—75	棕色	黏质黏土	团块状	8.3	17.5	1.41	0.53	27.1				11.2			
					C	75—															
剖19	高山土	寒冻土	寒冻土		Am₁	0—3	棕灰色	多砾质砂壤土	团粒状	6.4	10.0	0.96	0.89	28.8	48	3.0	29	5.7	灰绿色碎屑岩残积物、坡积物	E 95°33′17.3″ N 31°09′58.3″	86
					A₁C	3—8	灰黄棕色														
					C	8—	黄棕色														
剖20	半淋溶土	灰褐土	灰褐土		A	0—16	棕色	砂壤土	团块状	7.6	32.8	1.74	0.85	25.3	159	7.0	75	11.2	灰砾岩残积物、坡积物	E 95°28′35.0″ N 31°04′41.9″	96
					AB	16—47	棕色	砂壤土	块状	7.8	15.6	0.92	0.63	25.5				12.2			
					B	47—99	暗棕色	砂质黏壤土	块状									10.8			

察 雅 县

主要土类说明

黑毡土是察雅县主要土壤类型，占本县地域面积的44%。黑毡土在全县分布十分广泛，各乡镇均有分布，尤以宁静山的宗沙乡、阿孜乡等分布更为集中。其地理分布是在海拔4000—4600m的高山地带和高原下切谷地的谷坡地带，一般地形开阔、平缓，在海拔4000—4500m范围内可与森林土壤构成复区分布。黑毡土分布区气候较草毡土相对暖湿，年降水量为400—700mm，土壤冻结期为3—4个月，季节性冻层厚度不及1m，土壤冻融作用较不显著。在森林线附近，其热量条件更优，相较于草毡土，与暗棕壤等森林土壤的气候相近。黑毡土的植被为亚高山灌丛草甸，主要为大面积的嵩草、苔草及杂类草草甸，同草毡土植被相比，其植物种类增多，草层高度增大，产草量或载畜量也增大；次为灌丛，植株高约50cm，多由雪层杜鹃、金露梅、窄叶鲜卑花等组成。黑毡土与草毡土都存在明显的有机质积累作用和一定程度的酸化特征，但又有所差别。黑毡土分布区温度增高，土壤冻结期缩短，冻融交替减弱，因而植物的返青提前，生长速度和数量增加，同时土壤微生物的活动也加强。其结果是黑毡土的毡状草皮层（As层）和腐殖质层（A_1层）增厚，并多有过渡的AB层的分化发育。据3个剖面统计，As层和A_1层的厚度分别为9—13cm和9—11cm，而草毡土的厚度仅分别为4—7cm（平均为6.2 ± 1.3cm，n=5）和4—11cm（平均为8.8 ± 3.1cm，n=5）。但黑毡土草毡层的紧实程度降低，腐殖化程度较强，颜色变暗。黑毡土A_1和AB层的总有机质含量一般为6%—13%，平均为9.55%（n=9，CV=82.1%），个别剖面可高达23%左右，相应的碳氮比为13—16（平均为14.0 ± 1.6）。黑毡土具有一定酸化特征，但酸化程度不及草毡土，土壤pH（H_2O）为5.1—6.4，pH（KCl）为3.9—5.6，盐基饱和度为50%—75%。这可能与母质较复杂及土壤侵蚀加强有一定的联系。

草毡土是察雅县第二大土壤类型，占本县地域面积的28%，分布于海拔4600—5000（5200）m的高山地带或高原上隆起的山丘地带。植被组成比较复杂，包括以嵩草为主的高山草甸植被和以杜鹃和嵩草为主组成的高山灌丛草甸植被，以及海拔4900m以上的原始高山草甸植被。草毡土的形成特点和基本形态特征包括：①土壤有机质的积累过程。土表形成了一个活根和死根交织的毡状草皮层（As层）和其下紧接的腐殖质层（A_1层）。草毡层的存在，是草毡土的基本形态特征之一。但因具体植被的差异，又有所变化。在以嵩草和垫状植物组成的原始高山草甸植被下，草毡层较薄，厚度一般仅有2—4cm，连片性也较差。在以莎草科草本植物为主的高山草甸植被下，草毡层发育好，组织致密，一般厚度为4—7cm。在高山灌丛草甸植被下，草毡层变薄，致密程度减弱。②土壤的寒冻风化和酸化过程。在寒冷半湿润的气候条件下，土壤不仅发生季节性的冻融交替，而且在解冻季节频繁出现夜冻昼融交替，促进母质发生以物理崩解为主的风化过程。花岗岩类的结晶岩石，往往形成砾、砂状的风化物，因此土壤的石砾和砂粒量高，黏粒量低，但这与河谷地带强烈水土流失造成的土壤粗骨性是很不相同的。正因为如此，在一些岩性松软的岩石，如紫色岩上形成的高山草甸土，其砾、砂量便低得多，而黏粒量相应增高。由于低温化学风化弱，风化物中的大多数矿物保持原状，只有很少部分进一步风化形成细粒和释放盐基养分。因此，土壤剖面发育差，土层浅薄，在As和A_1层之下迅速过渡为C层，一般剖面构型为As-A-(AB)-BC型。与此同时，在相对温暖的雨季，土壤保持湿润状态，多余的重力水顺利通过粗质薄层风化物，携带其中的释放盐基向下淋洗，使土壤趋于酸化。

灰褐土是察雅县第三大土壤类型，占本县地域面积的10%。本县灰褐土是指在褐土带（上界线海拔3700m）以上分布的钙质森林土，其分布上界线海拔可达4500m左右。灰褐土分布带的温度低于褐土分布带，而且由于其垂直分布的跨度大（海拔3700—4500m），因而温度的变幅也大。由于温度降低，蒸发量减少，不论降水量是否增加，其大气湿润度也都较褐土分布带有所增加。灰褐土的代表植被是耐寒性的亚高山针叶林，主要是圆柏林、圆柏-云杉混交林或云杉林，部分为次生灌木草类植被。灰褐土的分布地形主要是高山峡谷和山原河谷的谷坡，部分为河谷冲积阶地、洪积扇台地和谷肩。灰褐土的成土母质以残积物和坡积物为主，但耕种灰褐土的成土母质以洪积物和冲积物为主。成土母质的来源大体上可分为两类：一类是紫色砂岩、页岩和碳酸盐岩的风化物；另一类是花岗岩、花岗闪长岩、片岩、板岩和非紫色岩性的砂岩、页岩等的风化物。成土母质和阴、阳坡地形对灰褐土的类型分化有着深刻的影响。

褐土占察雅县地域面积的 8%。褐土分布地带属于河谷气候，相对温暖而干燥。与华北褐土地带相比，其所处气候更为干燥。植被为灌丛草原型，代表性植物有白刺花、枸子木、小蒜、冬麻豆、野丁香以及白草、青茅、蒿、短芒草、针茅、狼毒、醉马草、劲直黄芪、垫状卷柏等。褐土分布的地形主要是河谷谷坡，部分是洪积台地和冲积阶地。成土母质有各种砂岩、页岩（包括紫色岩）、石灰岩、砂板岩、千枚岩等的残积物、坡积物，以及洪积物、冲积物。本县褐土是藏东高原深切割地区旱生河谷灌丛草原植被下形成的一种特殊土壤类型，既不同于当地其他土壤类型，也不同于我国华北地区的褐土。

寒冻土占察雅县地域面积的 5%，主要分布在澜沧江以西的几个乡，但澜沧江以东的一些乡镇也有少量分布。分布下界线在海拔 5000—5200m，占据高山土壤的最高位置，多处在高山和高原山丘顶部。成土母质以花岗岩和紫色岩等的寒冻风化物为主。植被为高山稀疏垫状，往往成斑块状出现于裸岩或流石滩中；主要植物为短瓣蚤缀、垫状点地梅、红景天、绢毛菊、风毛菊及苔藓、地衣等，种类少，盖度为 10% 以下。寒冻土土被不连续，发育原始，剖面构型为 AC-C 型。现以香堆镇昂拉山顶的剖面加以说明。该剖面地处海拔 5150m，坡度为 36°；植被有单花风毛菊和高山嵩草等，盖度不及 10%。成土母质为紫色岩残积物。剖面 AC 层厚 0—18cm，土体呈紫色，石砾量为 78%，无石灰反应，土壤 pH 为 7.56，碳酸钙含量为 0.51%；有机质含量为 0.50%，全氮含量为 0.039%，全磷含量为 0.063%，全钾含量为 2.15%。大于 2mm 石砾量为 83%，细土中砂粒和黏粒含量分别为 80% 和 5%，砂黏比为 16。由此可见，土壤的生物积累和风化淋溶都较微弱。这不仅与高山寒漠气候条件有关，也与陡坡强烈冲刷有关。

暗棕壤占察雅县地域面积的 4%。暗棕壤是本县林地的一类重要土壤，其地域分布与棕壤一致。暗棕壤和部分灰褐土一起占据着山地森林土壤的最高位置，并互相构成"坡向组合"，上接黑毡土，或与其构成"镶嵌组合"。所不同的是暗棕壤下连棕壤，而灰褐土下连褐土。暗棕壤的成土母质、地形条件（包括坡向）与棕壤相近，但暗棕壤分布在海拔更高（4000—4500m）的阴坡，故气候更为冷湿，植被组成均为云杉林。暗棕壤的成土特点是土壤的弱酸性淋溶过程和强有机质积累过程。

小于本县地域面积 3% 的土壤类型还有草甸土和石质土等。

本区域中心区气候特征

本区域中心区气候特征值
Regional climate characteristics in central area of the region

气候带：高原温带亚湿润气候 Climate region: Plateau temperate sub humid climate	
年平均气温 /℃ Annual average temperature /℃	3.6
年平均最高气温 /℃ Annual average maximum temperature /℃	11.1
年平均最低气温 /℃ Annual average minimum temperature /℃	-1.8
年降水量 /mm Annual precipitation /mm	575
≥10℃的积温 /℃ Daily temperature accumulated in a year（≥10℃）/℃	1387
年日照时数 /h Annual sunshine /h	2456
年平均相对湿度 /% Annual average relative humidity /%	60
干燥度 Dryness	0.32

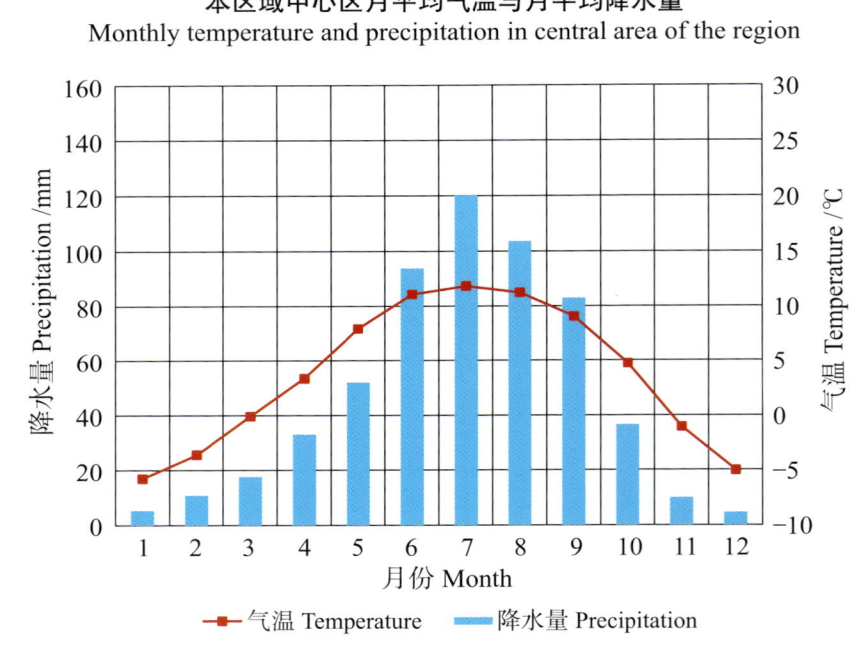

本区域中心区月平均气温与月平均降水量
Monthly temperature and precipitation in central area of the region

察雅县主要土壤类型与土壤剖面点分布图

1 : 540 000

图例

颜色	类型	颜色	类型
	黑毡土		暗棕壤
	草毡土		草甸土
	灰褐土		石质土
	褐土	⊗	剖面点
	寒冻土		

注：本图界线不作为实地划界依据。

第二编 分县土壤图与土壤剖面数据 | 169

察雅县土壤剖面理化性状表

剖面号 Soil profile	土纲 Soil order	土类 Soil great group	亚类 Soil subgroup	土层码 Layer code	土层厚度 Depth/cm	颜色 Soil color	质地 Soil texture	土壤结构 Soil structure	pH	有机质 OM/(g/kg)	全氮 TN/(g/kg)	全磷 TP/(g/kg)	全钾 TK/(g/kg)	碱解氮 AN/(mg/kg)	有效磷 AP/(mg/kg)	速效钾 AK/(mg/kg)	阳离子交换量CEC/(cmol/kg)	土壤母质 Parent material	剖面点坐标 Profile coordinate	匹配指数 Matching index/%
剖1	半淋溶土	褐土	石灰性褐土	1	0—14		砂壤土		8.3	42.2	2.31	1.07	10.2	176	12.0	186		紫色岩为主的坡积物、洪积物	E 97°21′25.6″ N 30°51′35.6″	73
				2	14—35		砂壤土		8.5	16.3	1.01	0.89	23.7		2.0	166				
				3	35—60		砂壤土		8.4	11.2	0.88	0.91	28.7		4.0	140				
剖2	半淋溶土	灰褐土	灰褐土性	A	0—12	灰黄色	壤质黏土	块状、单粒状	8.1	50.0	2.74	1.04	34.4	193	9.0	303		河流冲积物	E 97°38′03.5″ N 30°51′05.0″	75
				BC	12—20	淡灰黄色	壤质黏土	块状、棱柱状	8.2	33.7	2.24	0.79	36.7		4.0	228				
				C	20—85	暗灰黄色		毡状												
剖3	高山土	草毡土		As	0—7	黑棕色		粒状	5.3	153.6	>6.00	1.75	26.3	>400	10.0	145		坡积物	E 97°57′46.4″ N 30°46′24.2″	71
				A₁	7—16	暗棕色		块状	5.3	20.2	0.93	1.31	35.1		1.5	78				
				BC	16—30	淡黄棕色														
剖4	半淋溶土	褐土	褐土性	1	0—16		砂壤土	粒状	8.2	61.1	3.25	1.36	22.7	199	13.2	383		坡积物	E 97°40′25.0″ N 30°46′14.9″	73
				2	30—90		砂质壤土	块状	9.3	12.8	0.69	0.66	20.3		9.7	283				
				3	90—110			毡状	8.8	30.4	1.82	0.95	22.2		3.5	101				
剖5	半淋溶土	灰褐土	灰褐土性	A	0—16	棕紫色	砂壤土	粒状	8.7	32.9	1.63	0.81	27.5	116	16.8	>500		紫色岩坡积物、洪积物	E 97°29′05.3″ N 30°46′11.6″	95
				BC	16—95	棕紫色	砂质壤土	块状	9.0	20.0	1.10	0.79	28.8		4.3	278				
剖6	高山土	草毡土		As	0—4	暗棕色		毡状										花岗岩坡积物	E 97°15′20.5″ N 30°45′29.5″	73
				A₁	4—15	淡黄棕色		团粒状	5.1	119.3	5.00	1.40	27.5	>400	8.0	96				
				BC	15—30			散粒状												
剖7	半淋溶土	褐土	褐土性	1	0—15		砂壤土		7.9	34.9	2.05	1.32	30.1	161	6.0	178		灰棕色冲积物	E 97°21′04.0″ N 30°45′29.2″	75
剖8	半淋溶土	灰褐土	灰褐土性	A₁	0—9	灰黄色	砂壤土	团块状	8.5	39.2	2.85	0.85	27.8	119	<1.0	231		炭岩页岩、黄色砂岩残积物	E 97°46′09.8″ N 30°43′37.6″	98
				BC	9—35	淡黄灰色	砂质壤土	块状	8.7	24.5	1.44	0.66	28.5		<1.0	120				
				C	35—100	淡黄灰色	砂质黏壤土		8.9	8.7	0.98	0.60	30.5		<1.0	65				
剖9	半淋溶土	褐土	褐土性	A	0—16		砂壤土	粒状	8.4	20.1	1.26	0.63	29.1	66	3.5	114		片岩、片麻岩等残积物、冲积物	E 97°30′24.5″ N 30°43′32.5″	73
				2	16—100	暗棕色	砂壤土	块状	8.6	9.3	0.51	0.66	23.7		<1.0	52				
剖10	高山土	黑毡土		As	0—5	棕色	砂质黏壤土	粒状	6.4	60.5	2.34	0.58	20.9	243	2.0	112		千枚岩、板岩残积物、坡积物	E 97°15′13.3″ N 30°41′54.6″	73
				A₁	5—20	黄棕色	砂壤土	块状	6.1	13.3	0.60	0.44	24.1		2.0	99				
				AB	20—40	淡黄色	砂质黏壤土	块状	6.3	6.4	0.33	0.48	25.2		2.0	61				
				BC	40—60															
剖11	淋溶土	暗棕壤		A	0—7	黑棕色	砂质壤土	粒状、块状	6.4	244.1	>6.00	0.66	14.2	>400	13.5	195		片岩、片麻岩等残积物、坡积物	E 97°19′14.5″ N 30°41′20.8″	97
				B	7—35	淡黄棕色	砂壤土	块状	5.9	26.5	0.83	0.22	21.8		<1.0	128				
				BC	35—52	淡黄棕色	砂壤土	块状	5.9	11.6	0.43	0.20	22.8		3.0	108				
剖12	半淋溶土	褐土	褐土性	1	0—18	暗棕棕色	砂质黏壤土		8.4	24.8	1.54	1.55	26.4	122	19.0	225		紫色岩坡积物、洪积物	E 97°29′38.8″ N 30°40′30.7″	95
				2	18—100		砂质黏壤土		8.4	21.8	1.46	1.55	28.9		7.0	173				
剖13	半淋溶土	褐土	褐土性	1	0—16		砂质黏壤土		8.9	36.9	2.37	1.79	33.6	170	54.5	377		紫色冲积物	E 97°35′24.4″ N 30°40′20.6″	73
剖14	高山土	黑毡土		As	0—10	黑色		毡状										千枚岩、板岩残积物、坡积物	E 97°16′25.7″ N 30°40′04.4″	74
				A₁	10—21	暗黄棕色	砂壤土	粒状	5.7	131.5	5.49	1.20	14.9	357	4.5	114				
				AB	21—34	棕色	砂壤土	块状	6.4	51.6	2.34	0.92	18.4		1.0	69				
				BC	34—50	黄棕色	砂壤土	块状	6.4	11.3	0.53	0.52	20.4		<1.0	54				
				C	50—100															
剖15	半淋溶土	褐土	褐土性	1	0—17		砂壤土		8.7	34.9	1.74	1.27	21.3	130	18.0	333		灰棕色冲积物	E 97°27′01.8″ N 30°37′23.5″	74
				2	17—44		砂壤土		9.0	14.1	0.74	1.16	30.1		6.0	168				
				3	44—80		砂壤土		8.9	13.0	0.66	1.18	26.7		9.3	81				

续表 Continued

剖面号 Soil profile	土纲 Soil order	土类 Soil great group	亚类 Soil subgroup	土层码 Layer code	土层厚度 Depth/cm	颜色 Soil color	质地 Soil texture	土壤结构 Soil structure	pH	有机质 OM/(g/kg)	全氮 TN/(g/kg)	全磷 TP/(g/kg)	全钾 TK/(g/kg)	碱解氮 AN/(mg/kg)	有效磷 AP/(mg/kg)	速效钾 AK/(mg/kg)	阴离子交换量 CEC/(cmol/kg)	土壤母质 Parent material	剖面点坐标 Profile coordinate	匹配指数 Matching index/%
剖16	半淋溶土	褐土	石灰性褐土	A₁	0—20	淡棕色	砂壤土	块状、粒状	8.7	18.1	1.09	0.51	19.5	69	<1.0	121		花岗岩、千枚岩等坡积物、洪积物	E 97°30′11.5″ N 30°37′14.5″	100
				BCa	20—50	淡棕色	砂壤土	块状	8.9	8.2	0.74	0.36	19.0		3.0	69				
				C	50—80															
剖17	半淋溶土	褐土	褐土性土	1	0—15		砂壤土		8.0	38.0	2.01	1.39	18.9	180	47.0	193		灰棕色冲积物	E 97°32′08.5″ N 30°37′05.9″	74
				2	15—50		砂壤土		8.3	11.5	0.65	1.08	18.7		16.0	108				
				3	50—80		砂壤土		8.5	7.2	0.44	0.79	18.7		11.0	82				
剖18	半淋溶土	灰褐土	灰褐土性土	A₁₁	0—16	灰黄棕色	砂质黏壤土	粒状	7.8	44.7	1.96	0.65	24.1	164	13.0	301			E 97°35′22.9″ N 30°36′15.5″	75
				(B)	16—40	灰黄棕色	砂质黏壤土	块状	7.8	37.0	1.85	0.75	25.5		6.0	298				
				C	40—50		砂土		7.8											
剖19	高山土	草毡土		As	0—6	暗棕色		散粒状	5.2	68.5	3.39	0.65	24.0	338	4.5	126		火山角砾岩残积物、坡积物	E 98°14′59.3″ N 30°35′29.0″	71
				BC	6—12	暗棕色		粒状	5.3	11.5	0.67	0.22	17.5		2.0	67				
				C	12—30	棕色		块状												
					30—60															
剖20	半淋溶土	褐土	褐土性土	1	0—15		砂壤土	粒状	8.4	27.6	1.65	0.72	21.1	90	6.3	203		紫色坡积物、洪积物	E 97°49′28.2″ N 30°34′01.2″	75
				2	15—50		砂质黏壤土		8.7	15.5	1.04	0.71	21.8		1.3	123				
剖21	高山土	黑毡土	棕黑毡土	As	0—8														紫色岩残积物、坡积物	E 97°42′32.8″ N 30°31′33.6″	71
				A₁	8—18	紫棕色	砂壤土	核状	6.2	30.4	1.24	0.61	18.1	144	1.0	162				
				AB	18—29	紫灰色		块状	6.1	19.9	0.97	0.49	20.5		1.0	141				
				BC	29—39	紫色			6.2	10.5	0.56	0.36	21.6		<1.0	137				
剖22	高山土	黑毡土		As	0—9														紫色岩残积物、坡积物	E 97°46′18.8″ N 30°31′06.6″	74
				A₁	9—20	暗棕色	砂壤土	核状	6.2	55.2	2.57	0.64	20.9	224	1.0	99				
				BC	20—39	红棕色		块状												
				C	39—70															
剖23	半淋溶土	灰褐土	灰褐土性土	A	0—18	暗棕棕色	砂壤土	粒状	8.2	32.5	2.04	1.07	20.4	141	12.5	331		紫色岩残积物、坡积物	E 97°50′17.9″ N 30°30′48.2″	75
				BC	18—100	暗棕棕色	砂壤土	核状	8.4	16.0	1.18	0.78	19.8		2.7	116				
剖24	半淋溶土	褐土	褐土性土	1	0—17	暗棕色	黏壤土	块状	8.4	33.2	1.95	2.37	20.2	122	41.0	416		紫色岩冲积物	E 97°58′17.0″ N 30°30′08.6″	75
				2	22—100	暗棕色	黏壤土	块状	8.7	11.0	0.80	0.92	22.3		6.0	227				
剖25	半淋溶土	灰褐土	灰褐土性土	A₁	0—11	暗红棕色	砂壤土	团块状	8.3	25.2	1.40	0.65	16.0	74	3.1	161		紫色岩冲积物、坡积物	E 97°42′01.7″ N 30°29′38.8″	99
				AB	11—27	暗红棕色	砂壤土	块状	8.6	20.2	1.44	0.60	18.6	>400	2.6	83				
				BC	27—43	暗红棕色	砂壤土	块状	8.7	13.7	1.00	0.52	18.7		<1.0	63				
				C	43—100															
剖26	高山土	黑毡土		Ao	0—2														紫岩坡积物	E 98°15′29.9″ N 30°26′50.3″	71
				A₁	2—14	暗棕色	砂壤土	粒状	6.2	39.2	1.93	0.77	10.2	158	18.0	219				
				AB	14—44	棕色	砂壤土	核状	5.1	16.0	1.07	0.64	12.2		<1.0	103				
				BC	44—60															
剖27	半淋溶土	褐土	褐土性土	1	0—16	淡棕色	砂壤土	块状	8.2	32.5	2.04	0.87	25.0	296	26.0	172		板岩、千枚岩等坡积物	E 97°38′24.4″ N 30°26′31.9″	95
				2	16—60		砂壤土	核状	8.4	18.5	1.18	0.73	26.1		4.0	160				
剖28	淋溶土	暗棕壤		A₁	0—17	暗棕色	砂质黏壤土	粒状、团块状	6.4	114.9	3.80	0.49	26.4	304	4.0	165		花岗岩、千枚岩、片岩等坡积物	E 97°35′16.1″ N 30°26′20.4″	98
				AB	17—37	灰棕色	砂质黏壤土	核状	6.1	48.3	1.72	0.39	27.2		1.0	63				
				C	37—56	黄棕色			6.5											
剖29	高山土	草毡土		As	0—7	暗棕色		粒状	5.5	72.9	2.82	0.56	10.9		4.5	77		紫色砂岩残积物、坡积物	E 97°50′28.3″ N 30°21′42.8″	86
				A₁	7—11	红棕色		粒状	5.3	45.3	2.18	0.49	10.9		6.5	57				
				BC	11—30	红棕色		粒状	5.2	26.0	1.41	0.39	10.8		1.0	48				
剖30	高山土	草毡土		As	0—7	暗棕棕色		粒状	5.2	87.3	3.06	0.88	12.2	296	2.5	102		紫岩残积物、坡积物	E 98°17′57.8″ N 30°15′54.7″	79
				A₁	7—11			块状												
				BC	11—25	淡棕褐色														

续表 Continued

剖面号 Soil profile	土纲 Soil order	土类 Soil great group	亚类 Soil subgroup	土层码 Layer code	土层厚度 Depth/cm	颜色 Soil color	质地 Soil texture	土壤结构 Soil structure	pH	有机质 OM/(g/kg)	全氮 TN/(g/kg)	全磷 TP/(g/kg)	全钾 TK/(g/kg)	碱解氮 AN/(mg/kg)	有效磷 AP/(mg/kg)	速效钾 AK/(mg/kg)	阳离子交换量CEC/(cmol/kg)	土壤母质 Parent material	剖面点坐标 Profile coordinate	匹配指数 Matching index/%
剖31	半淋溶土	褐土	褐土性土	1	0—15		黏壤土		8.9	31.1	1.64	1.69	24.3	118	53.4	>500		紫色岩坡积物	E 97°57′51.5″ N 30°15′30.2″	74
剖32	高山土	黑毡土	黑毡土	As	0—13	棕黑色	黏壤土	屑粒状	5.1	111.6	4.11	0.99	15.0	>400	5.0	222	23.9			96
				A	13—22	亮棕色	壤土	块状	5.3	81.8	3.20	1.20	15.0		1.0	157	22.6			
				AC	22—36	暗红色	壤质黏土	块状	5.9	7.7	0.52	0.28	14.4		1.5	72	5.1			
				C	36—80	暗棕色		钴状	6.3	4.4	0.50	0.57	21.8		<1.0	88	8.1			
剖33	高山土	黑毡土	黑毡土	As	0—13	黑棕色		粒状	5.1	111.6	4.11	0.99	15.0	>400	5.0	222		紫色岩坡积物	E 98°18′49.3″ N 30°09′29.9″	74
				A₁	13—22	黄棕色		核状	5.3	81.8	3.20	1.20	15.0		1.0	157				
				B	22—38	暗红色		棱柱状	5.9	7.7	0.52	0.28	14.4		1.5	72				
				BC	38—80				6.3	4.4	0.50	0.57	21.8		<1.0	83				

八　宿　县

主要土类说明

黑毡土是八宿县主要土壤类型，占本县地域面积的 26%。黑毡土分布范围极广，多处于高山中部海拔 4100—4650m 地带。所处气候具有日照强、寒冷湿润、气温低等特点，土壤冻结期为 3—4 个月，季节性冻土厚度小于 100cm。成土母质为石英砂岩、砂岩、板岩、花岗岩、片岩、千枚岩、紫色砂泥岩、页岩等残积物、坡积物、洪积物和冲积物等，其中以残积物、坡积物分布最多、最广。植被类型以亚高山草甸、亚高山灌丛草甸、亚高山草原草甸为主。在一些坡度较陡，侵蚀较重的地段，则以疏灌林和疏灌草地为主。建群植物一般为蒿草，盖度为 65%—95%。黑毡土与草毡土有相同的成土过程，即生草腐殖质积累过程和冻融氧化还原过程，但其程度不同于草毡土。黑毡土的热量条件比草毡土好，土壤季节性冻结期较短，成土作用较强，淀积层发育良好，土体发生间歇性氧化还原过程和作用强度不如草毡土明显。由于黑毡土分布位置已接近人为活动频繁的山地河谷农区，不当的放牧活动对草甸植被的生长发育产生了明显的影响，部分地区草皮脱落，形成草坡滑块或斑状脱落状况，局部草场退化明显，直接影响到成土过程的进程。

草毡土是八宿县第二大土壤类型，占本县地域面积的 25%。土壤冻结期长达半年左右，季节性冻土可深达 1.5m。在这种生境下，植物生长缓慢，自然植被为以矮生蒿草为主的高山草甸，植物组成较单调，优势种为矮生蒿草、高山蒿草、珠峰苔草、锦鸡儿、金露梅、蚤缀、珠芽蓼和委陵菜等；垫状植物较多，灌丛植物呈明显矮化趋势。盖度为 70%—95%，且随着海拔升高而下降，植物种类也相对减少。地表形态特征表现为融冻滑塌频繁，常导致草皮斑状脱落。植物根系较发达，交织成紧密草根盘结层，厚度一般可达 7—10cm，成土母质多为花岗岩、石英砂岩、板岩、紫色砂泥岩等的残积物、坡积物。草毡土在发育过程中，由于所处地带气候寒冷，土壤周期性冻融交替。夏季降水量大，暖湿同季，植物生长茂盛，进入土壤的植物残体多；而冬季寒冷漫长，土壤冻结，微生物活动微弱，有机质分解缓慢，多以未分解或半分解状态累积于土壤中。由于土壤长期处于干湿季交替的环境中，成土物质的低温氧化和短暂还原过程交替进行，使土壤中铁、锰等发生了轻微的移动和淀积，从而使草毡土的成土过程具有明显的生草腐殖质积累和冻融氧化还原过程。

寒冻土是八宿县第三大土壤类型，占本县地域面积的 24%。寒冻土分布于高山顶部，海拔一般在 5100m 以上。本县高山均有分布，其中尤以南部伯舒拉岭和岗日嘎布山上部分布广、面积大，所处地形多为分水岭脊，山坡上岩石裸露或岩屑、冰碛物满布，活动的岩屑堆和融冻石流广泛分布，仅局部地点有小片细土堆积，因而不能形成连片土被，往往与裸岩呈复区分布。寒冻土是脱离冰川影响最晚、成土年龄最短的土壤类型。成土母岩主要为石英砂岩、片麻岩、板岩、紫色页岩、石灰岩等为主的冰碛物和寒冻风化的崩积物及堆积物。所处地带气候寒冷，风大，降水以降雪形式为主，土壤冻结期长达半年以上。由于高寒的生态环境，只有一些冷生壳状地衣生长于岩石和石砾的背风面上，高等植物种类极少，仅生长一些耐寒、耐瘠薄、株形矮小的雪莲、垫状点地梅、苔状蚤缀等，盖度低于 2%。在这种高原寒冷且半湿润气候条件下，土壤冻结时间长，土壤表层昼夜正负温度交替出现，冻结与融化交替进行，对成土过程的影响极其深刻。植被稀疏，使土壤中有机质积累微弱，表层有机质含量一般小于 1%，土壤中无动物活动痕迹。成土时间短，气候寒冷、恶劣，土壤矿物质分解缓慢，加之其所处地形多为山顶峰脊，易受冰、水、风、重力等多种因素的侵蚀，因而土壤发育原始，土层浅薄，粗骨性强，成土作用微弱，土壤发育呈现幼年性和原始性的特点。寒冻土的剖面特征是土层浅薄，厚度为 10—25cm，剖面层次分化不明显，砾石含量高，质地轻粗，土壤性质受母岩影响极大，多呈中性至微碱性反应，pH 为 7.3—8.6。根据对三个剖面化验结果统计，表层各种理化性状为：pH 为 7.9 ± 0.65，有机质含量为 (0.79 ± 0.31)%，全氮含量为 (0.044 ± 0.013)%，全磷含量为 (0.042 ± 0.029)%，全钾含量为 (2.61 ± 1.55)%，碳酸钙含量为 (3.91 ± 6.05)%，阳离子交换量为 (5.2 ± 2.5) cmol/kg，质地均为砂质壤土。

褐土占八宿县地域面积的 7%，主要分布于怒江干流和冷曲河谷地带。褐土广泛分布于各条河流中、下游，海拔 3900m 以下地段（部分地段可上升至 4100m），其中在有森林土壤分布地带，则分布于海拔 3800m 以下，是在土壤垂直带谱中分布最低的土壤类型。褐土上的自然植被以高原温带河谷灌丛为主。成土母质混杂多样，几乎各种岩石的残积物、坡积物、洪积物、冲积物、堆积物等均有。在成土过程中，各种归还到土壤中的有机残体，在春夏时期强烈地进行好气分解，大部分有机质被矿化，因而土壤有机质含量较低。本县褐土黏化作用较弱，由于河谷地形陡峭，土壤侵蚀和堆积作用活跃，以及成土作用活跃时期湿润系数较低，所以黏粒含量一般都不高，土壤质地较轻粗，土壤中阳离子交换量亦普遍较低。大部分褐土保蓄水能力差，植被稀疏，蒸发作用强，碳酸钙的淋洗作用微弱，因而，碳酸钙含量较高，且海拔愈低，碳酸钙含量愈高。

暗棕壤占八宿县地域面积的5%。暗棕壤是在温带湿润地区针阔叶混交林下发育形成的土壤类型，土壤冻结期长。其成土过程具有明显有机质富集和弱酸性淋溶的特点，弱酸性淋溶使铁、铝轻微下移。剖面具 O-A-B-C 构型，B 层呈棕色，结构面可见铁锰胶膜。土壤呈弱酸性反应，盐基饱和度为 70%—80%。

草甸土占八宿县地域面积的3%，主要分布于郭庆、益庆、邦达、然乌、吉达等乡镇的河谷底部及低洼地带，具有地势平坦、坡度小、开阔，光照充足，土层深厚，水源充足等特点，分布区海拔 3900—4500m，其中在邦达草原分布于海拔 4000—4500m，在然乌湖附近分布于海拔 3900—4100m，个别地区如吉达乡分布于海拔 3650m 以上。草甸土所处地带属山地，气候类型较寒温半湿润，土壤冻结期为 4—6 个月，季节性冻土厚达 1m 以上。自然植被主要为湿生草甸，主要植物有高山嵩草、大花嵩草、木里苔草、垂穗披碱草、火绒草、珠芽蓼、香青、亚菊、风毛菊等，盖度一般达 90% 以上，地表呈"草墩""草被成毯"等状况。成土母质多为河流冲积物或湖积物、冰碛物等。成土过程主要包括两个方面：一是氧化还原作用过程。由于地下水位浅，土层下部直接受到地下水的浸润，有季节性氧化还原交替进行的过程，土壤中铁、锰化合物发生移动或局部淀积，在剖面中可见锈色胶膜和铁锰结核等潜育化特征。低洼地的地下水中还承受了附近高地携带来的易溶性物质，因而土壤中含有较多的植物营养元素。二是有机质积累过程。草甸植物根系发达致密，而且分布较深，地上部分也很繁茂。植物死亡之后在嫌气条件下分解，使土壤中的腐殖质得以积累，表层土壤腐殖质含量较高，表层以下也较高。草甸土在干湿（或冻融）交替作用下，同时受到植物根系的穿插作用，新鲜腐殖质和土壤黏粒互相胶结而形成水稳性团粒结构。由于草甸植被无长久的淹水期，故草甸土无泥炭状腐殖质层。

小于本县地域面积 3% 的土壤类型还有灰褐土、石质土、棕壤和粗骨土等。

本区域中心区气候特征

本区域中心区气候特征值
Regional climate characteristics in central area of the region

气候带：高原温带亚湿润气候 Climate region: Plateau temperate sub humid climate	
年平均气温 /℃ Annual average temperature /℃	4.8
年平均最高气温 /℃ Annual average maximum temperature /℃	11.9
年平均最低气温 /℃ Annual average minimum temperature /℃	−0.5
年降水量 /mm Annual precipitation /mm	543
≥10℃的积温 /℃ Daily temperature accumulated in a year（≥10℃）/℃	1664
年日照时数 /h Annual sunshine /h	2443
年平均相对湿度 /% Annual average relative humidity /%	60
干燥度 Dryness	0.47

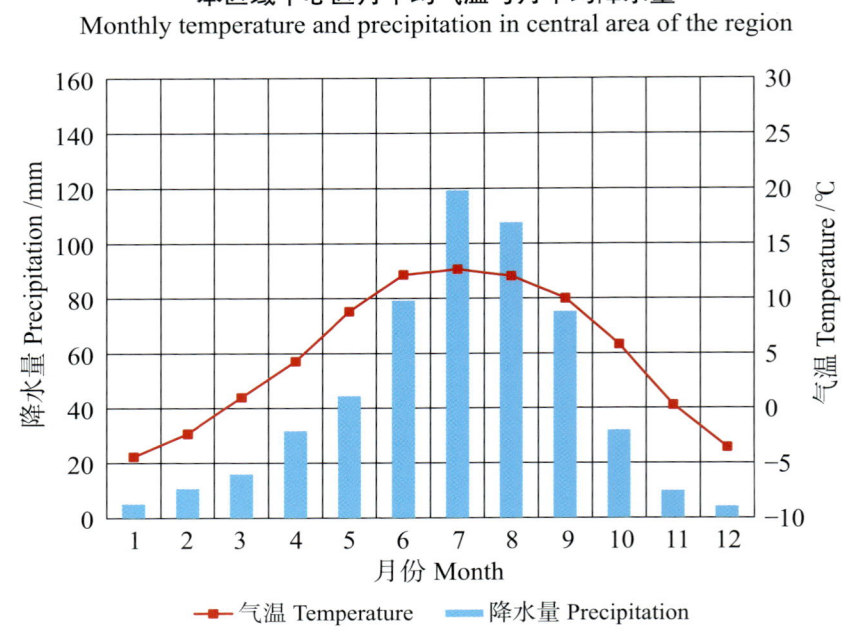

本区域中心区月平均气温与月平均降水量
Monthly temperature and precipitation in central area of the region

八宿县主要土壤类型与土壤剖面点分布图
1∶690 000

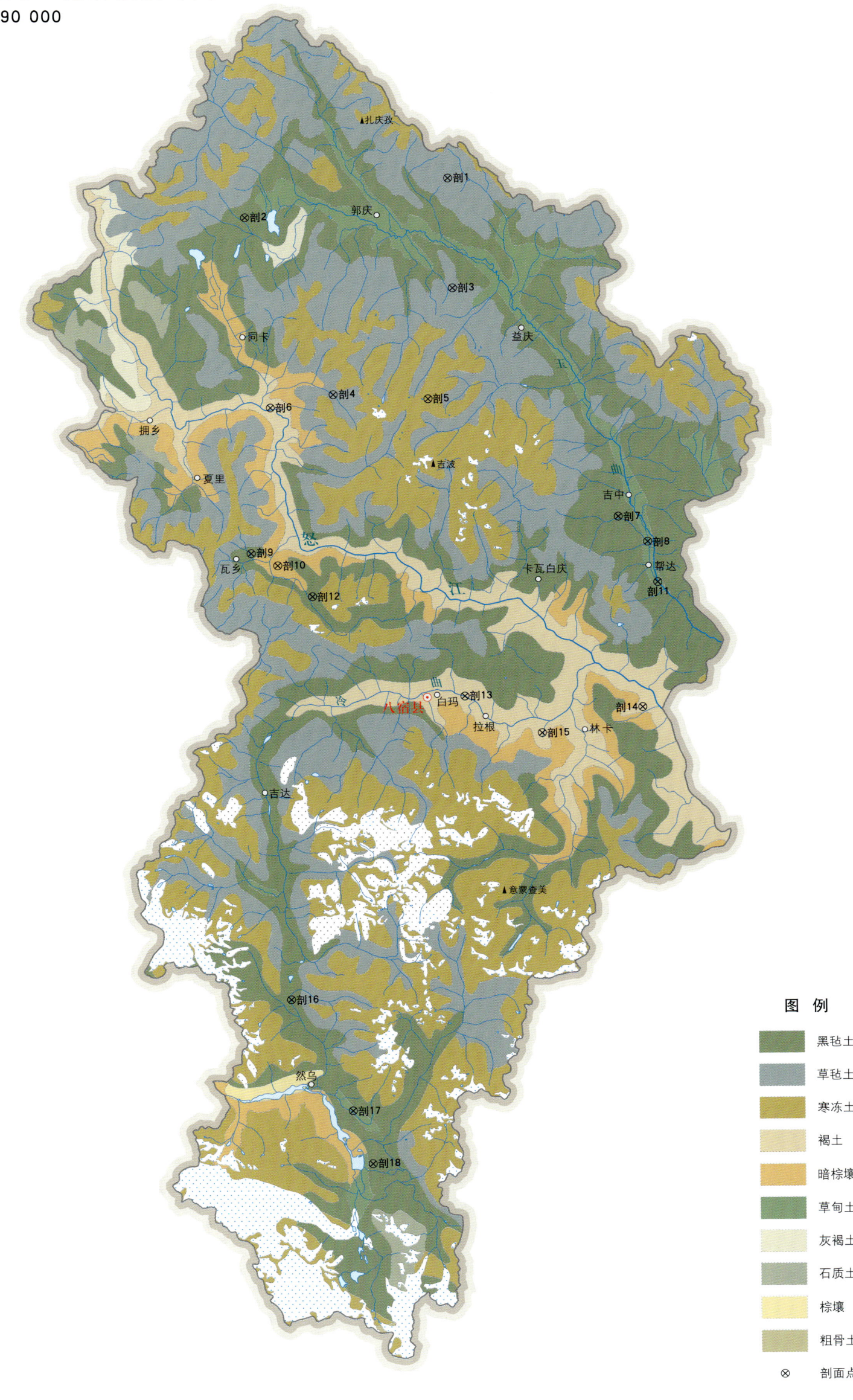

八宿县土壤剖面理化性状表

剖面号 Soil profile	土纲 Soil order	土类 Soil great group	亚类 Soil subgroup	土层码 Layer code	土层厚度 Depth/cm	颜色 Soil color	质地 Soil texture	土壤结构 Soil structure	pH	有机质 OM/(g/kg)	全氮 TN/(g/kg)	全磷 TP/(g/kg)	全钾 TK/(g/kg)	碱解氮 AN/(mg/kg)	有效磷 AP/(mg/kg)	速效钾 AK/(mg/kg)	阴离子交换量 CEC/(cmol/kg)	土壤母质 Parent material	剖面点坐标 Profile coordinate	匹配指数 Matching index/%
剖1	高山土	草毡土	草毡土	As	0—7	暗棕色	砂壤土	团块状	7.5	51.7	2.70	1.13	17.8	252	1.0	156	19.3		E 96°56′56.0″ N 30°47′18.6″	95
				A	7—21	棕色	砾质砂壤土	块状	7.4	45.1	2.36	1.13	17.2	149	1.0	146	18.2			
				AC	21—34	黄棕色	砾质砂土	单粒状	7.2	18.0	0.93	0.78	15.1	58	4.0	90	10.2			
				C	34—60															
剖2	高山土	黑毡土	黑毡土	A	0—18	黑棕色	轻砾石洪质壤土	粒状	6.0	162.7	>6.00	2.59	24.3	>400	78.0	391		石英砂岩洪积物	E 96°37′45.1″ N 30°43′38.3″	87
				B	18—70	灰黄棕色	块状		6.0	42.8	1.80	2.16	>40.0	120	71.0	292				
				C	70—	灰棕色			6.5											
剖3	高山土	草毡土	棕草毡土	As	0—10	黑棕色	中砾质中质黏壤土	团粒状	5.4	102.8	5.16	0.96	19.9	>400	9.0	99		千枚岩残积物、坡积物	E 96°57′31.3″ N 30°38′02.0″	73
				A_1	10—18	黄棕色	中质砂质壤土	粒状	5.2	52.1	2.99	0.93	21.0	266	7.0	54				
				B	18—70	棕色	中砾石砂壤土	粒状	7.5	9.6	0.49	0.18	20.8	81	2.0	26				
				C	70—															
剖4	高山土	草毡土	草毡土	As	0—10	棕色	轻砾石壤土	粒状	5.8	82.5	3.53	0.76	29.4	323	7.0	156		石英砂岩夹紫色泥岩残积物、坡积物	E 96°46′21.7″ N 30°28′47.6″	74
				A_1	10—22	棕色	中壤土	粒状	5.8	37.2	2.12	0.54	29.2	170	7.0	154				
				B	22—28	棕色	中壤土	粒状	6.2	34.2	1.81	0.35	31.3	145	7.0	96				
				BC	28—60	红棕色	中壤土	粒状	5.7	20.1	1.19	0.30	30.1	102	2.0	91				
				C	60—	棕色			6.0											
剖5	高山土	寒冻土	寒冻土	1	0—2	淡黄棕色	轻砾质壤土		8.5									石灰岩残积物	E 96°55′20.3″ N 30°28′34.7″	87
				A	2—23	淡黄棕色	砂壤土		8.5	8.9	0.53	0.25	14.1	72	2.0	37				
				C	23—															
剖6	半淋溶土	褐土	石灰性褐土	A	0—18	灰黄棕色	重砾质砂壤土	团粒状	7.9	48.1	2.89	0.52	23.1	199	9.0	209		河流老冲积物	E 96°40′27.8″ N 30°27′35.3″	75
				B	18—42	棕色	重砾石壤土	块状	8.0	32.0	1.97	0.50	25.0	140	9.0	133				
				BC	42—100	棕色	中砾质砂壤土	块状	8.1	17.0	1.28	0.47	23.9	87	6.0	144				
				C	100—	淡黄棕色														
剖7	高山土	黑毡土	薄黑毡土	A_1	0—16	暗黄棕色	重砾石砂壤土	粒状	7.0	86.0	4.67	0.75	36.1	245	19.0	135		千枚岩、石英砂岩残积物、坡积物	E 97°13′26.0″ N 30°18′51.5″	73
				B_1	16—37	棕色	重砾石壤土	块状	7.0	66.4	3.87	0.72	30.0	191	18.0	64				
				B_2	37—100	暗棕色	重砾质砂壤土	块状	7.5	65.4	3.66	0.68	35.3	147	12.0	59				
				C																
剖8	半水成土	草甸土	草甸土	As	0—13	暗黄棕色	轻砾石砂壤土	团粒状	6.8	157.1	>6.00	0.55	21.0	>400	18.0	114		河流冲积物	E 97°16′13.1″ N 30°16′45.5″	98
				A_1	13—19	暗棕色	轻砾石砂壤土	团粒状	6.5	110.8	5.41	0.48	21.5	>400	11.0	72				
				Bg	19—40	暗红棕色	重砾质砂壤土	块状	6.5	29.3	1.32	0.39	20.6	159	20.0	37				
				G	40—100	暗棕灰色	轻砾质砂壤土	粒状	6.0	15.4	0.81	0.35	20.8	96	2.0	32				
剖9	高山土	黑毡土	黑毡土	A	0—22		轻砾石砂质黏壤土	粒状	7.5	82.5	3.96	1.69	23.7	251	38.0	471		紫色砂泥岩残积物、坡积物	E 96°38′51.7″ N 30°15′13.7″	82
				B	22—70	暗黄紫色	轻砾石砂质黏壤土	核状	7.8	50.6	2.52	1.50	24.2	156	26.0	456				
				C	70—				7.5											
剖10	淋溶土	暗棕壤	暗棕壤	Ao	0—6	暗红棕色	中砾石砂土	粒状	5.5	202.4	>6.00	0.64	18.5	>400	10.0	313		紫色砂岩残积物、坡积物	E 96°41′24.4″ N 30°14′14.6″	98
				A_1	6—21	暗红棕色	中砾石壤土	核状	5.0	56.0	2.66	0.60	29.5	230	4.0	81				
				B	21—50	暗红紫色	中砾石砂土	块状	5.5											
				C	50—															
剖11	半水成土	草甸土	草甸土	A	0—16	灰黄棕色	轻砾石黏壤土	块状	7.5	77.9	4.41	1.18	17.7	249	33.0	290		河流冲积物	E 97°17′12.1″ N 30°13′20.3″	95
				B	16—28	暗黄棕色	轻砾石砂壤土	粒状	7.8	41.8	2.70	0.82	14.2	131	10.0	154				
				C	28—				8.0											

续表 Continued

剖面号 Soil profile	土纲 Soil order	土类 Soil great group	亚类 Soil subgroup	土层码 Layer code	土层厚度 Depth/cm	颜色 Soil color	质地 Soil texture	土壤结构 Soil structure	pH	有机质 OM/(g/kg)	全氮 TN/(g/kg)	全磷 TP/(g/kg)	全钾 TK/(g/kg)	碱解氮 AN/(mg/kg)	有效磷 AP/(mg/kg)	速效钾 AK/(mg/kg)	阳离子交换量CEC/(cmol/kg)	土壤母质 Parent material	剖面点坐标 Profile coordinate	匹配指数 Matching index/%
剖12	高山土	黑毡土		A	0—11	暗红棕色	轻砾石砂质黏壤土		7.0	51.1	2.74	1.89	20.4	160	37.0	192		紫色砂岩洪积物	E 96°44′41.6″ N 30°11′39.5″	74
				B	11—23	暗红棕色	中砾石砂质黏壤土		7.2	46.0	2.38	2.03	18.3	146	28.0	128				
				BC	23—55	暗棕红色	轻砾石砂质黏壤土		7.2	3.0	0.35	0.24	16.8	33	26.0	53				
				C	65—	暗红紫色			7.5											
剖13	半淋溶土	褐土	石灰性褐土	A	0—15	灰黄棕色	中砾石砂壤土	团粒状	8.0	50.6	3.22	0.71	21.0	218	11.0	112		板岩、石英砂岩等混合洪积物	E 96°59′10.3″ N 30°03′25.6″	75
				B	15—33	暗黄灰色	重砾石砂质黏壤土	粒状	7.3	30.8	2.03	0.41	20.3	125	10.0	90				
				C	33—	暗灰棕色														
剖14	半淋溶土	褐土	石灰性褐土	Aca	0—17	灰黄棕色	中砾质砂壤土	团粒状	8.0	86.6	3.86	1.04	18.7	254	33.0	230		板岩、花岗岩、石英砂岩洪积物	E 97°15′54.0″ N 30°02′42.0″	75
				Bca₁	17—37	淡棕黄色	中砾石砂壤土	粒状	8.0	80.6	3.42	0.72	23.1	222	28.0	251				
				Bca₂	37—85	淡棕黄色	轻砾质砂黏壤土	粒状	8.0	37.4	1.99	1.03	22.1	165	28.0	112				
				C	85—	淡黄棕色			8.0											
剖15	半淋溶土	褐土	石灰性褐土	A	0—7	淡黄棕色	中砾石砂壤土	粒状	7.4	16.0	1.03	0.49	28.1	81	7.0	79		板岩坡积物	E 97°06′28.4″ N 30°00′23.8″	100
				Bca₁	7—33	淡黄棕色	中砾石砂质黏壤土	块状	7.6	12.6	>6.00	0.40	28.1	77	2.0	68				
				Bca₂	33—80	淡黄棕色	中砾石砂壤土	块状	7.6	12.7	0.91	0.39	26.8	91	3.0	68				
				Cca	80—															
剖16	高山土	黑毡土	棕黑毡土	Ao	0—3	黑色												片岩、花岗岩坡积物、残积物	E 96°43′12.7″ N 29°37′23.5″	76
				A₁	3—11	暗棕色	中砾质砂壤土	团粒状	6.0	246.0	>6.00	1.53	21.9	>400	6.0	179				
				B	11—36	暗黄棕色	轻砾石砂壤土	粒状	5.0	53.4	2.51	1.11	27.0	226	4.0	60				
				BC	36—100	暗黄棕色	重砾石砂质黏壤土	粒状	5.5	26.0	1.15	0.71	28.3	117	3.0	64				
剖17	半水成土	草甸土		A	0—18	棕色	中砾质砂壤土	块状	7.6	64.9	3.47	0.61	29.4	328	16.0	108		河流冲积物	E 96°49′05.2″ N 29°28′04.8″	75
				B	18—40	黄棕色	轻砾石砂质黏壤土	团粒状	7.1	54.8	2.96	0.61	28.5	258	21.0	70				
				C	40—	灰棕色														
剖18	高山土	黑毡土	薄黑毡土	A	0—17	暗黄灰色	中砾质砂黏壤土	团粒状	7.8	47.5	3.42	1.58	28.6	205	64.0	161		石英砂岩洪积物、冲积物	E 96°50′59.3″ N 29°23′39.8″	73
				B₁	17—24	暗棕灰色	中砾质黏质壤土	核状	7.8	20.8	1.68	1.03	30.1	110	25.0	117				
				B₂	24—70	暗黄棕色	中砾石砂壤土	块状	7.8	13.7	1.66	0.89	31.1	54	5.0	68				
				C	70—	灰黄棕色			7.5											

左 贡 县

主要土类说明

草毡土是左贡县主要土壤类型，占本县地域面积的 30%。草毡土是高山层中上半湿润地区的地带性土壤，主要分布于高山带上部平缓山坡、古冰碛平台，海拔 4600—5000m。草毡土的地形部位主要为高山带上部平缓的剥蚀面上，在山原和高山峡谷区山体的上部平缓处也有分布。其所处气候条件寒冷而湿润，环境比黑毡土更加严寒，土壤冻结时间长，土壤夜冻昼融交替频繁，全年有正负温交替的日数占总日数的 70%，冻层厚 1m 左右；日照充足，太阳辐射强烈，冬季积雪，风大，长冬无夏，春秋极短。成土母质主要是花岗岩、变质岩、千枚岩、灰岩、砂板岩和砂页岩的残积物、坡积物、冰碛物和冰水沉积物。植被为高寒草甸类，以高山嵩草草甸为主，与低矮杜鹃灌丛（占比不超过 10%）混生。其次是苔草、蓼类、龙胆、马先蒿和风毛菊等组成的高山矮草草甸群落，在较湿润的地段还有苔草和地衣等。植株一般高 3—5cm，盖度为 70%—90%。草毡土主要有以下特点：①由于地处高海拔，气候寒冷而又湿润，土壤形成以物理风化占优势，化学风化弱，土层薄，土体中富含小碎石，物理性黏粒少，土层粗骨性明显，剖面总厚度一般不超过 40cm，剖面中一般无 B 层发育。②草毡层和腐殖质层发育良好。表层形成 0—15cm 厚的草毡层，根系发达交织密集成垫状，并且软韧而具有弹性，其下有厚度为 10—15cm 的腐殖质层，有机质含量在 90% 左右，颜色为暗灰棕色或棕色，向下过渡迅速而明显，土壤中养分含量一般较丰富，土体无石灰反应，pH 为 5.5—6.8。③土壤冻融交替，冻结时土壤中可溶物质上升，融冻时，可溶物质下降，因此土壤中可溶物质很少淋失，铁、锰移动差，剖面中一般不见锈纹锈斑和铁锰结核。

黑毡土是左贡县第二大土壤类型，占本县地域面积的 23%。黑毡土分布于平缓的分水岭、古冰碛台或开阔的山原面，成土母质为各类岩石的残积物、坡积物或冰碛物。残积物、坡积物多以变质板岩、千枚岩和砂岩等的风化物组成。所处地带为亚寒半湿润的环境，使气候条件较草毡土好，气温、降水量、蒸发量略高于草毡土；冬季漫长，春秋极短，气候冷凉湿润；土壤冰冻期 3—4 个月，冻土最大深度为 80—100cm，无霜期为 90d，年降水量为 350—790mm，雨量充沛，多集中于 6—9 月；雨热同期，干冷湿热季分明，冬春少雨，空气干燥；风力低于草毡土。植被组成为以嵩草为主的杂类草，主要有嵩草、苔草、圆穗蓼、垂穗披碱草、垂穗鹅冠草、针茅、早熟禾，灌丛主要有小叶杜鹃、西藏忍冬等，双子叶植物明显增多。黑毡土和草毡土形成过程基本相同，主要是腐殖质的积累较明显，成土作用增强，剖面中一般有淀积层（B 层）的发育，有机质矿化作用增强，有明显而紧密的草毡层，但不如草毡土紧密，土壤颜色多为暗棕色，风化过程和成土过程中的产物向下移动比较明显，粗骨性越往下越显著；植被较草毡土返青早，枯黄迟，且生长繁茂，牧草高一般在 12cm 左右，有机质含量为 7% 左右。

暗棕壤是左贡县第三大土壤类型，占本县地域面积的 17%，是本县主要森林土壤之一，分布在海拔 4000—4300m 的范围内，以阴坡分布最多。植被组成以针阔混交林为主，针叶林以冷杉、云杉、松为主，阔叶林有桦树、槭树和榆树等，还有很多的灌丛和草本植物，森林组成较复杂，生长也很繁茂。成土母质是以灰岩、千枚岩和板岩为主的残积物、坡积物。暗棕壤的成土过程主要有 3 个特点：一是有明显的淋溶过程，而且比棕壤强，游离的钙、镁被淋溶，全剖面无碳酸盐反应，pH 为 5—6。二是黏化和淋溶黏化过程，由于暗棕壤有较长时间处于湿润状态，微生物活动产生较多的有机酸，在水与酸的作用下，决定了以化学风化为主，促成了原生或次生细小黏粒的产生，并随水下移积累，故土体内物理性黏粒的保存量一般较高，小于 0.002mm 的胶粒占总量 24% 左右，在发育较好的剖面，黏粒下移，淀积的现象非常明显。三是有机质的积累和腐殖化过程，该土壤发生在森林植被条件下，森林的枯枝落叶层在冷凉湿润条件下有利于腐殖化过程，以腐殖态溶入土壤，表层有机质含量达 12% 以上。

寒冻土占左贡县地域面积的 13%。主要分布在海拔 5000—5600m 的范围内，所处地形多为分水岭和陡坡流石滩。本县以中林卡、乌雅、绕金和下林卡等地分布面积较大。寒冻土所处的地形部位为分水岭脊或古冰川、冰碛台地，气候严寒，年降水量为 400—700mm，昼夜温差大。在高寒的气候条件下，只生长一些冷生壳状地衣、垫状点地梅、雪莲等耐寒、耐瘠薄的植物，植被盖度仅为 1%—2%。寒冻土形成的基本过程为有机质的积累和频繁的冻融风化。成土作用以物理风化为主，生物和化学风化微弱。土壤具有一般寒漠地带土壤的原始特征，岩石裸露，冰碛石满布，不能形成连片的土被，土层浅薄，厚度约20cm，质地轻，石砾多，物理黏粒含量很少，通体粗骨，有机质含量低于1%，碳酸钙基本被淋洗，土体构型为A-C型。

褐土占左贡县地域面积的12%。褐土是西藏藏东三江流域干暖河谷灌丛植被下形成的土壤类型，是高山峡谷区地带性垂直分布的基带土壤，主要分布在怒江、澜沧江干流和一级支流的谷底、谷坡中下部，海拔高程因地而异，在金沙江流域为海拔2600—3600m，在澜沧江流域为海拔2300—3700m，在怒江和一级支流玉曲河流域为海拔2200—3800m，最高处可达海拔3900m，其分布上界线有由东向西和支流向干流逐渐升高的趋势。这种土壤分布规律性，一方面与河谷本身切割强度的增大有关，另一方面与河谷气候干旱程度增强，导致河谷作用范围向上扩展也有密切的联系。褐土在垂直带谱中的位置，一般是起于河底部，向上与棕壤相接。本县耕种褐土面积较大。本县褐土分布区地貌特点是山高谷深，谷坡陡峭，谷底狭窄，有零星的洪积锥、洪积台地和狭窄的堆积阶地，与河谷地貌形态相适应，在一定的地形部位上分布有一定的成土母质类型。在洪积锥、洪积台地和阶地上，其母质为洪积物、冲洪积物；在陡峭的谷坡上，尽管其组成的母岩与谷地有所不同，如澜沧江河段以侏罗系紫红色砂页岩为主，而怒江以古生界的片岩、千枚岩和砂板岩为主，但它们都是粗骨性坡积物。自然植被一般以旱生落叶阔叶林、灌丛和灌丛草原为主，常见的阔叶林有高山栎和榆树等；灌丛和灌丛草原植被主要为白刺花、小叶羊蹄甲、锦鸡儿、蔷薇和禾本科、豆科等植物。农作物一年一熟至二熟，主产青稞、小麦、玉米、黄豆、苹果和梨等。所处地带降水集中在7—9月，气候特点是夏季温暖湿润，冬季温凉干燥。其与棕壤形成的气候不同点是：温度较高，降水较少，夏季较为炎热，一年中有明显的干季。成土过程包括黏化作用、脱钙和钙积作用。本县褐土的特点主要表现为：①淋溶势一般较弱，淋溶势有随海拔与相对高度增高而增强的特点，黏粒下移不明显。一般在30—80cm处的结构面或石砾面上，有黏粒积聚痕迹，其淋溶作用未达到形成黏化层的程度。②本县褐土均分布于山地河谷，具有山地土壤的一般属性（粗骨性强，土体浅薄）。③土壤有机质含量较低，黏化作用弱，阳离子交换量低。

小于本县地域面积3%的土壤类型还有棕壤、石质土、草甸土和棕色针叶林土等。

本区域中心区气候特征

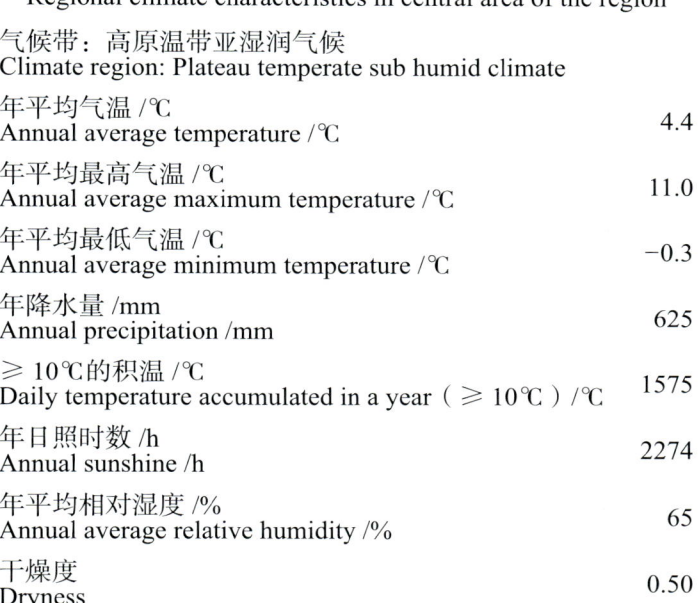

本区域中心区气候特征值
Regional climate characteristics in central area of the region

气候带：高原温带亚湿润气候 Climate region: Plateau temperate sub humid climate	
年平均气温 /℃ Annual average temperature /℃	4.4
年平均最高气温 /℃ Annual average maximum temperature /℃	11.0
年平均最低气温 /℃ Annual average minimum temperature /℃	-0.3
年降水量 /mm Annual precipitation /mm	625
≥10℃的积温 /℃ Daily temperature accumulated in a year（≥10℃）/℃	1575
年日照时数 /h Annual sunshine /h	2274
年平均相对湿度 /% Annual average relative humidity /%	65
干燥度 Dryness	0.50

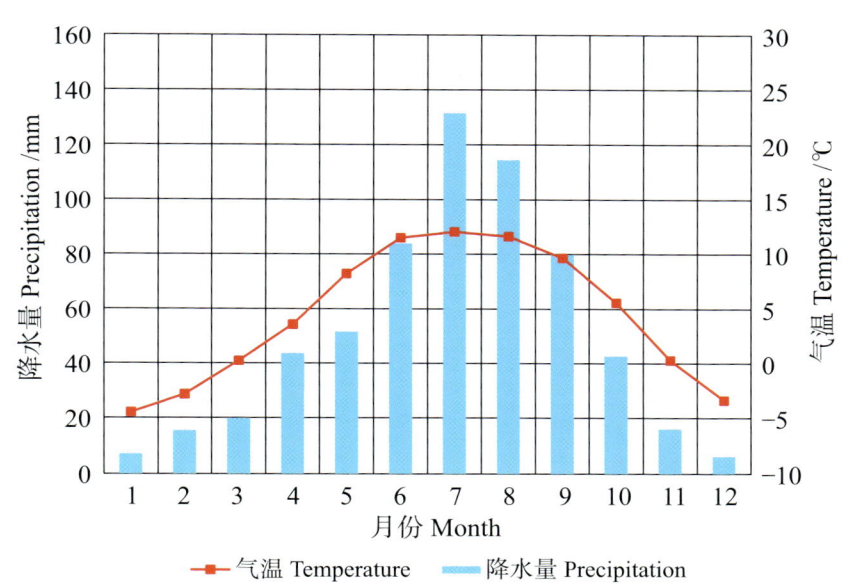

本区域中心区月平均气温与月平均降水量
Monthly temperature and precipitation in central area of the region

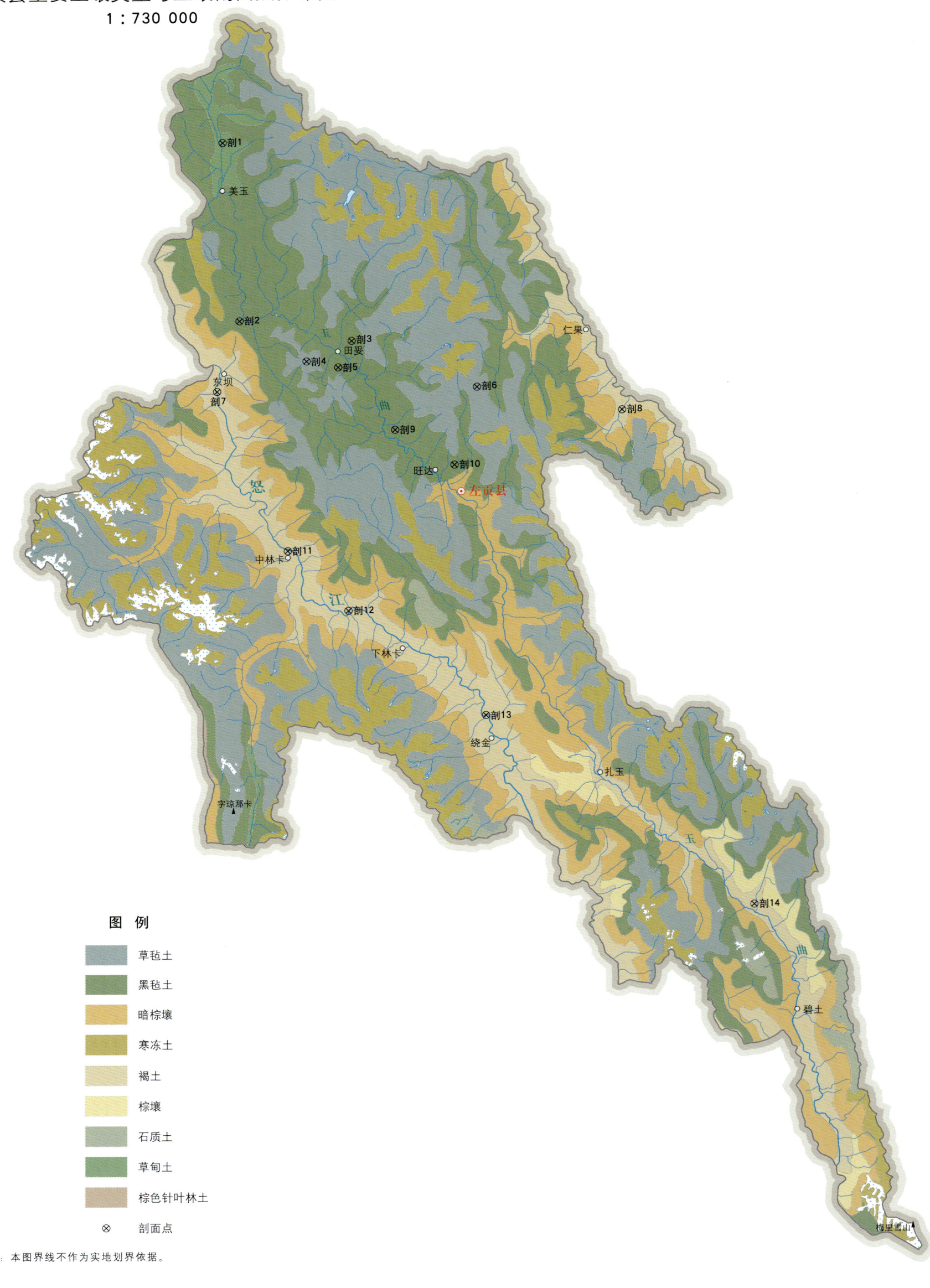

左贡县土壤剖面理化性状表

剖面号 Soil profile	土纲 Soil order	土类 Soil great group	亚类 Soil subgroup	土层码 Layer code	土层厚度 Depth/cm	颜色 Soil color	质地 Soil texture	土壤结构 Soil structure	pH	有机质 OM/(g/kg)	全氮 TN/(g/kg)	全磷 TP/(g/kg)	全钾 TK/(g/kg)	碱解氮 AN/(mg/kg)	有效磷 AP/(mg/kg)	速效钾 AK/(mg/kg)	阳离子交换量 CEC/(cmol/kg)	土壤母质 Parent material	剖面点坐标 Profile coordinate	匹配指数 Matching index/%
剖1	半水成土	草甸土	草甸土	1	0—8	黑棕色	砂壤土	团粒状	8.1	42.3	2.92	1.02	26.1	156	8.0	>500	19.1		E 97°25′01.6″ N 30°14′07.8″	98
				2	8—28	棕色	砂壤土	粒状	8.3	24.1	1.69	0.82	25.4				17.2			
				3	28—70	淡灰棕色	砂壤土	核块状	8.3	25.9	2.01	0.85	26.1				16.2			
剖2	高山土	黑毡土	黑毡土	1	0—13	棕灰色	砂壤土	核状	7.7	62.1		3.25	1.4	225	37.0	>500	20.3	残积物、坡积物	E 97°27′03.2″ N 29°56′42.4″	71
				2	13—30	灰棕色	砂壤土	核状	7.8	60.9		3.52	1.4				16.0			
				3	30—70	棕灰色	砂壤土	核状	8.4	52.6		3.24	1.2				18.7			
剖3	高山土	黑毡土	黑毡土	1	0—13	暗棕色	砂质黏土	团粒状	5.9	71.1		0.84	27.1	272	5.0	102	23.6		E 97°39′14.0″ N 29°54′50.8″	71
				2	13—32	淡灰棕色	砂质黏壤土	粒状	5.6	9.8		0.54	25.1				9.5			
				3	32—74	淡紫棕色	砂质黏壤土	粒状	6.0	3.8		0.35	<1.0				7.7			
剖4	高山土	草毡土	草毡土	1	0—14	暗棕色	砂壤土	团粒状	6.5	87.5	4.51	1.20	21.1	368	11.0	283	26.6		E 97°34′22.4″ N 29°52′48.4″	74
				2	14—30	黄棕色	砂壤土	粒状	6.7	72.9	3.60	1.12	21.3				22.2			
				3	30—58	黄棕色	砂壤土	粒状	6.8	38.6	2.54	0.99	20.6				17.6			
剖5	高山土	黑毡土	黑毡土	1	0—17	棕灰色	砂土	团粒状	8.0	45.2	2.39	1.19	27.6	225	3.0	314	15.4	残积物、坡积物	E 97°37′47.3″ N 29°52′16.0″	83
				2	17—62	灰棕色	砂壤土	粒状	8.2	32.7	2.61	0.82	28.1				15.6			
				3	62—76	灰灰棕色	砂壤土	粒状	7.6	16.6	1.61	0.72	25.2				13.9			
剖6	高山土	草毡土	草毡土	1	0—10	暗棕色	砂质黏壤土	团粒状	5.7	84.8	3.05	1.57	<1.0	349	6.0	172	23.8		E 97°52′50.2″ N 29°50′25.4″	73
				2	10—21	紫棕色	砂壤土	粒状	5.8	34.3	2.07		<1.0				16.4			
				3	21—50		砂壤土	粒状	6.0	25.3			<1.0				14.2			
剖7	半淋溶土	褐土	棕褐土性	1	0—13	灰棕色	砂壤土	粒状	8.4	5.7	0.52	0.38	21.7	37	21.0	55	5.2		E 97°24′43.9″ N 29°49′46.9″	84
				2	13—28	褐色	砂壤土	粒状	8.3	5.8	0.61	0.48	25.9				4.8			
				3	28—45	褐色	砂壤土	粒状	8.5	4.3	0.41	0.52	24.5				3.6			
剖8	半淋溶土	褐土	石灰性褐土	1	0—15	暗灰棕色	砂质黏壤土	团粒状	7.7	57.5	3.40	2.26	15.9	228	15.0	>500	20.6	残积物、坡积物	E 98°08′36.6″ N 29°48′14.8″	71
				2	15—63	灰棕色	砂质黏壤土	团粒状	7.8	34.3	2.25	1.53	16.7				19.2			
				3	63—78	褐色	黏壤土	粒状	8.0	22.5	1.07	1.17	19.1				20.3			
剖9	高山土	黑毡土	棕黑毡土	1	0—15	褐色	砂壤土	团粒状	8.2	42.7	2.63	1.00	27.1	180	6.0	129	16.3		E 97°44′02.0″ N 29°46′11.3″	82
				2	15—40	褐色	砂土	粒状	8.4	19.6	1.12	0.68	24.1				12.8			
				3	40—70	褐色	砂壤土	粒状	8.4	20.2	1.06	0.88	25.6				10.5			
剖10	高山土	黑毡土	棕黑毡土	1	0—17	暗棕色	砂壤土	团粒状	5.6	87.6	4.02	1.23	31.9	351	10.0	226	23.7	残积物、坡积物	E 97°50′29.8″ N 29°42′47.9″	73
				2	17—29	暗棕色	砂壤土	团粒状	5.1	48.7	2.74	1.06	33.2				20.4			
				3	29—72	白黄色	黏壤土		5.3	18.4	0.88	0.75	33.8				11.2			
剖11	半淋溶土	褐土	褐土性	1	0—18	淡灰褐色	砂质黏壤土	团粒状	8.2	33.8	2.09	0.92	27.3	158	8.0	374	14.3	残积物、坡积物	E 97°32′32.3″ N 29°34′13.8″	95
				2	18—63	褐色	砂壤土	粒状	8.2	22.9	1.07	0.88	27.1				12.4			
				3	63—90	褐色	砂壤土		8.3	18.1	1.55	0.55	27.1				13.6			
剖12	半淋溶土	褐土	褐土性	1	0—16	暗黄色	砂壤土	团粒状	8.0	29.6	1.93	0.88	23.6	78	17.0	150	8.6	残积物、坡积物	E 97°39′09.0″ N 29°28′25.7″	88
				2	16—45	暗黄色	砂壤土	粒状	8.0	20.3	1.48	0.78	22.6				7.2			
剖13	高山土	褐土	褐土性	1	0—18	暗褐色	砂壤土	块状	7.9	77.7	4.40	1.40	29.7	130	34.0	>500	23.1	残积物、坡积物	E 97°54′04.3″ N 29°18′19.1″	95
				2	18—41	淡黄色	砂壤土	块状	7.9	67.9	3.65	1.26	28.8				26.9			
				3	41—77	淡黄色	砂壤土	粒状	7.8	35.9	3.43	1.20	30.0				20.0			
剖14	半淋溶土	褐土	石灰性褐土	1	0—14	灰灰色	砂壤土	粒状	8.2	50.4	3.19	0.88	24.2	185	12.0	240	16.3	残积物、坡积物	E 98°23′06.7″ N 28°59′50.6″	79
				2	14—26	灰黄色	砂壤土	粒状	8.2	51.9	3.10	0.74	22.7				9.1			
				3	26—53	褐色	砂壤土	块状	8.4	18.6	1.30	0.83	24.2				16.4			

芒 康 县

主要土类说明

暗棕壤是芒康县主要土壤类型，占本县地域面积的28%。暗棕壤成土气候特点是夏季温暖多雨、冬季凉冷干旱。成土母质以紫色砂岩、页岩、灰岩的残积物、坡积物、洪积物为主。植被组成以针叶林、针阔叶混交林和次生落叶阔叶林为主，大部分原生植被已经破坏，为次生植被所取代，并以针阔混交林为主，多为云杉、云南松、高山栎、桦等，林下灌木和草类较多，主要有蔷薇、杜鹃、锦鸡儿、禾草、苔藓和地衣等。暗棕壤分布区，由于夏秋季温暖多雨，淋溶作用比高山带土壤强烈，土壤呈微酸性至酸性，剖面发生层色调比较一致，除表土外，均以棕色或浅褐色为主，土壤黏粒有向心土聚积的趋势，但表土、心土层的黏粒含量的差值不大，质地差异也较小，质地较轻，常含有砾石。在阔叶林植被下的暗棕壤有机质来源较为丰富，含量较高。

黑毡土是芒康县第二大土壤类型，占本县地域面积的26%。其主要分布在海拔3900—4600m，地形为平缓的分水岭、古冰碛平台或开阔的山原面，本县分布较为广泛，各乡镇都有分布。黑毡土分布地带的气候条件比草毡土好，无霜期小于90d，年降水量低于790mm，年蒸发量为1600mm，冻结期为3—4个月，冻融交替不显著，土壤所受融冻作用比草毡土小。成土母质为冰碛物、灰岩、砂板岩等的残积物、坡积物。植被类型为亚高山植被，由以嵩草为主的多种草类组成，主要有矮生嵩草、垂穗披碱草、早熟禾、乳白香青等，植被生长较好，盖度大于70%，土壤中有少量蚯蚓活动。黑毡土成土过程和草毡土形成过程基本相似，区别主要是气温和降水量比草毡土略高，成土作用明显增强，剖面一般有淀积层（B层）发育，但没有发现锈纹、锈斑；植被比草毡土返青早、枯黄较迟，生长繁茂，盖度高；建群种类增多，植株较高；有机质合成多，草毡层的厚度大，密实程度降低；有机质矿化作用增强，腐殖质层厚度在15cm左右，向下逐渐减少，但草毡层不如草毡土紧密。

草毡土是芒康县第三大土壤类型，占本县地域面积的18%。其主要分布在本县曲登、戈波等乡海拔4600—5000m的高山带上部的平缓山坡，是高山中上层半湿润地区的地带土壤。草毡土的成土气候条件是寒冷半湿润，正负温交替的日数占全年总日数的70%，日温差大，风力强，日照充足，太阳辐射强烈，土壤夜冻昼融现象明显。成土母质为砂板岩、千枚岩、灰岩、花岗闪长岩等的风化物，植被为高山草甸，以嵩草为主，其次为苔草、蓼类、龙胆、马先蒿等组成的高山矮草群落，生长较好，盖度可达80%—90%。草毡土的成土过程主要是草甸化和腐殖质的积累，由于气候寒冷而湿润，草甸植物生长较好，根系致密，形成毡状，一般有厚10—15cm的草毡层，软韧而有弹性，由于根系交织紧密，抗侵蚀能力强，但通透性差，微生物不活跃，有机质分解以腐殖化为主，腐殖质层厚15—17cm，呈深暗色，剖面分化一般明显，土层厚为30—40cm，土壤以物理风化为主，土壤多砾石，一般含石砾碎片20%—30%，质地偏轻，无石灰反应。

褐土占芒康县地域面积的15%。广泛分布于金沙江、澜沧江干流各地及一级支沟口，海拔在2600—3700m。褐土区的成土气候特点为半干旱半湿润，由于地处高山深谷，地形封闭，冷空气流在翻越山脊之后，谷底上空下沉压缩山谷空气而产生绝热增温，产生所谓焚风效应，温度一减一增，就形成了独特的冬长夏短或长冬无夏的现象。褐土分布区具有春秋相连，且冬无严寒、夏无酷暑的气候特点。这不仅反映在气候土，地形对降水量同样有制约作用。在翻越重重高山时，迎风坡面将所含水分大量丢失，到褐土分布区使降水量较同纬度的平缓地带大幅度减少，降水迟来早去，形成明显的干季和雨季，年蒸发量远远超过年降水量，雨热同季，有利于作物生长。成土母质一般为石灰质母岩、碎屑岩、灰岩和砂页岩的风化物，植被以旱生落叶阔叶林和灌丛草原为主，常见的阔叶林主要有高山栎、榆树、侧柏等，灌丛主要有小马鞍叶羊蹄甲、白刺花、小叶锦鸡儿等，草本主要是禾本科、豆科等，盖度沿谷坡由低到高增加，一般为50%—60%。农耕地一年一熟至二熟，主产青稞、小麦、玉米、黄豆等。褐土是在温暖半湿润半干旱的气候条件下形成的，土壤矿物质的分解和有机质的转化均较强，有利于黏化作用的进行，但是由于存在着明显的干季（11月至翌年1至4月），黏化作用不能持续进行，不过在土体中某一深度有一水热状况适宜且较稳定的层次，这一土层的黏化作用可以不断进行，因而土壤剖面中有一个明显的黏状层次，称为黏化层。黏化层的黏粒是由原生矿物在原处风化形成的，而不是由淋溶淀积作用所产生，这种黏化称为残积黏化。其淋淀黏化作用十分微弱，主要原因是降水量少，强度弱，蒸发量大。褐土典型剖面由腐殖质层（A层）、残积淀积黏化层（B层）和钙积层（Bca层）三个基本层段组成，底部母质层（C层）随母质的岩性而异，剖面中心土层有不明显的胶膜淀积，碳酸钙有一定的淋溶与淀积，土壤呈中性至微碱性，褐土腐殖质层较薄，农耕地有机质含量低。

棕壤占芒康县地域面积的9%，主要分布于棕色针叶林土下部海拔3600—4000m的开阔谷坡地中部，呈条带分布，或与棕色针叶林土、褐土交错分布，是森林植被下发育的地带性土壤，下连褐土，本县各地都有分布。棕壤成土气候特点是夏季温暖多雨、冬季凉冷干旱。成土母质以紫色砂岩、页岩、灰岩的残积物、坡积物和洪积物为主。大部分原生植被已经破坏，为次生植被所取代，并以针叶林、针阔混交林和次生落叶阔叶林为主，多为云杉、云南松、高山栎、桦等，林下灌木和草类较多，主要有蔷薇、杜鹃、锦鸡儿、禾草、苔藓和地衣等。植被遭受破坏后，一般恢复较好，只是在高山峡谷区和高原面阳坡破坏后难以恢复，由灌丛代替，部分较为平坦的地方，已辟为耕地或果林地。棕壤分布区由于夏秋季温暖多雨，淋溶作用比高山带土壤强烈，土壤呈微酸性至酸性，剖面发生层色调比较一致，除表土外，均以棕色或浅褐色为主，土壤黏粒有向心土聚积的趋势，但表土、心土层的黏粒含量的差值不大，质地差异也较小，质地较轻，常含有砾石。在阔叶林被下的棕壤有机质来源较为丰富，含量较高。

小于本县地域面积3%的土壤类型还有寒冻土、灰褐土、石质土、草甸土等。

本区域中心区气候特征

本区域中心区气候特征值
Regional climate characteristics in central area of the region

气候带：高原温带亚湿润气候 Climate region: Plateau temperate sub humid climate	
年平均气温 /℃ Annual average temperature /℃	4.1
年平均最高气温 /℃ Annual average maximum temperature /℃	10.9
年平均最低气温 /℃ Annual average minimum temperature /℃	-0.7
年降水量 /mm Annual precipitation /mm	624
≥10℃的积温 /℃ Daily temperature accumulated in a year (≥10℃) /℃	1550
年日照时数 /h Annual sunshine /h	2326
年平均相对湿度 /% Annual average relative humidity /%	64
干燥度 Dryness	0.54

本区域中心区月平均气温与月平均降水量
Monthly temperature and precipitation in central area of the region

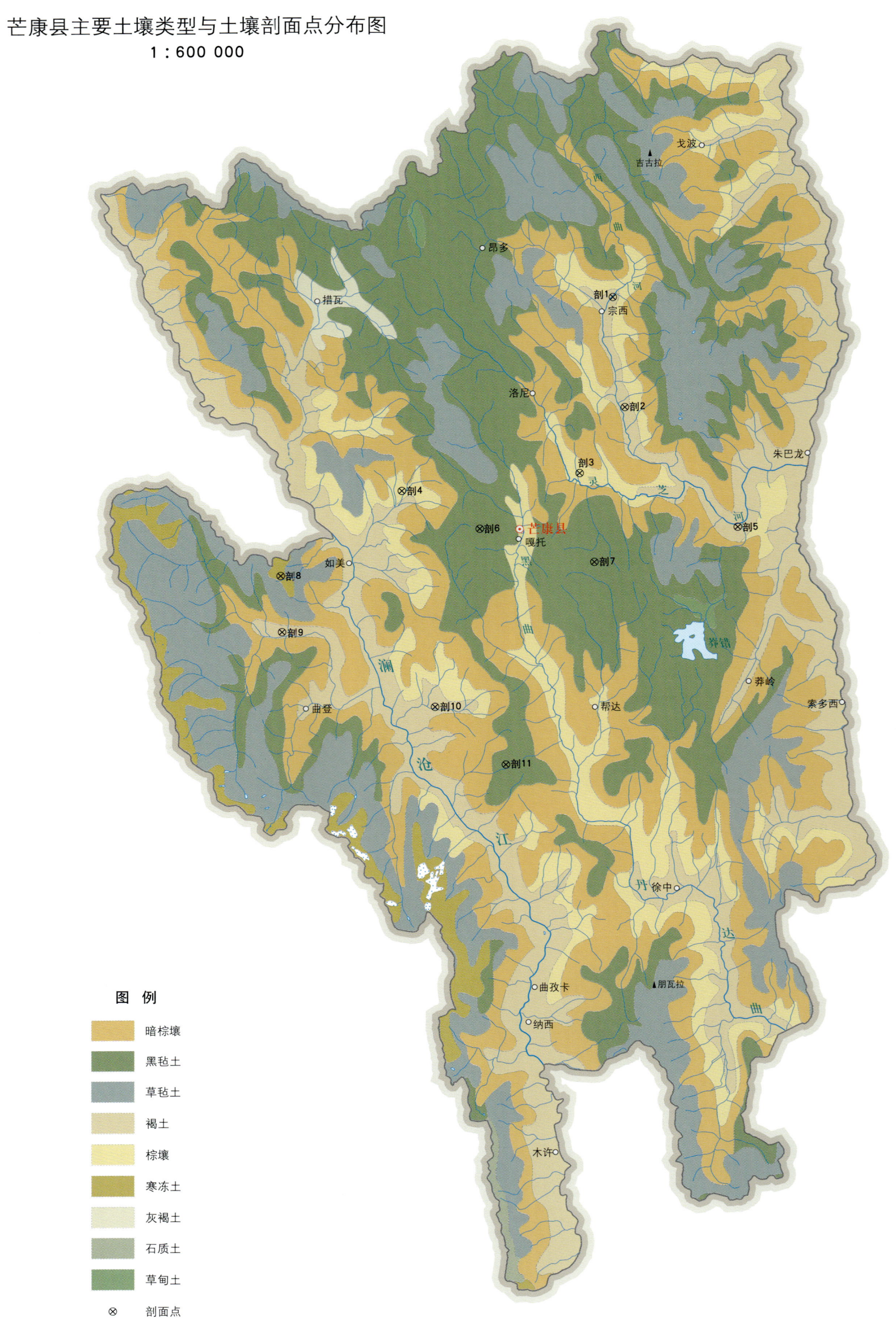

芒康县土壤剖面理化性状表

剖面号 Soil profile	土纲 Soil order	土类 Soil great group	亚类 Soil subgroup	土层码 Layer code	土层厚度 Depth/cm	颜色 Soil color	质地 Soil texture	土壤结构 Soil structure	pH	有机质 OM/(g/kg)	全氮 TN/(g/kg)	全磷 TP/(g/kg)	全钾 TK/(g/kg)	碱解氮 AN/(mg/kg)	有效磷 AP/(mg/kg)	速效钾 AK/(mg/kg)	阳离子交换量 CEC/(cmol/kg)	土壤母质 Parent material	剖面点坐标 Profile coordinate	匹配指数 Matching index/%
剖1	半淋溶土	褐土	褐土	A	0—20	暗黄棕色	黏壤土	块状	7.0	26.2	1.17	1.01	16.6	157	18.0	247		残积物、坡积物	E 98°43′30.0″ N 29°59′00.2″	89
				B	20—37	暗黄棕色	壤质黏土	棱块状	7.0	13.6	0.83	0.74	17.8							
				C	37—60	棕色	壤质黏土	棱状	7.4	5.1	0.33	0.62	19.3							
剖2	半淋溶土	褐土	褐土	AB	0—15	暗褐色	砂壤土	粒状	6.3	103.3	5.25	0.79	22.5	155	2.0	147		残积物、坡积物	E 98°44′33.4″ N 29°50′21.8″	98
				AB	15—43	褐色	砂壤土	粒状	6.7	61.3	2.58	0.87	24.9							
				C	43—66	褐色	砂壤土	块状	6.7	31.9	1.76	0.64	26.0							
剖3	淋溶土	棕壤	棕壤	A	0—23				7.4	38.7	2.03	0.42	13.8	53	41.0	122		洪积物、冲积物	E 98°40′36.5″ N 29°45′11.9″	74
				B	23—35	棕色	砂壤土		7.3	16.4	0.75	0.42	18.8							
				C	35—70		砂质黏壤土		7.4	5.9	0.33	0.42	12.9							
剖4	淋溶土	棕壤	棕壤	A	0—13	暗棕色	砂壤土	单粒状	6.6	32.9	1.43	0.28	11.5	162	6.0	92		砂岩残积物、坡积物	E 98°25′10.6″ N 29°43′49.1″	98
				AC	13—27	红棕色	砂壤土	单粒状	5.9	12.1	0.60	0.29	13.7							
				C	27—45	红棕色	砂壤土	单粒状	5.8	14.3	0.56	0.27	12.0							
剖5	半淋溶土	褐土	石灰性褐土	A	0—9	黑灰色	砂壤土	粒状	7.9	62.0	3.83	1.04	18.9	35	2.0	228		灰岩残积物、坡积物	E 98°54′20.5″ N 29°40′55.2″	75
				AB	9—35	灰色	砂壤土	粒状	7.7	115.2	5.12	1.06	22.3							
				C	35—70	灰色	砂壤土	粒状	8.3	19.7	1.42	0.72	24.0							
剖6	高山土	黑毡土	黑毡土	As	0—16	暗红棕色	壤质黏土	团粒状	5.9	121.4	5.78	0.94	16.4	349	11.0	227		紫红色砂页岩残积物、坡积物	E 98°31′56.3″ N 29°40′50.5″	76
				A	16—28	棕紫色	壤质黏土	粒状	5.4	28.2	1.71	0.53	15.3							
				AB	28—60	棕色	壤质黏土	块状	5.6	20.0	0.72	0.63	17.1							
剖7	高山土	黑毡土	棕黑毡土	As	0—16	暗棕色	黏壤土	粒状	5.9	88.0	3.93	0.74	21.1	397	10.0	213			E 98°41′53.5″ N 29°38′12.1″	71
				A	16—28	红棕色	黏壤土	块状	5.7	23.5	1.55	0.94	23.9							
				AB	28—60	棕紫色	砂壤土	块状	5.9	13.6	0.70	0.45	24.0							
剖8	高山土	寒冻土	寒冻土	A	0—7	灰黄色	砂质黏壤土	粒状	5.2	25.4	1.02	0.55	13.8	110	2.0	89		冰碛物、片岩	E 98°14′41.3″ N 29°37′06.6″	71
				Ac	7—46	淡黄褐	砂土	单粒状	5.4	9.8	0.38	0.36	13.4							
				C	46—80	淡黄褐	砂壤土	单粒状	5.2	3.1	0.15	0.21	12.1							
剖9	半淋溶土	褐土	石灰性褐土	A	0—20	暗棕色	壤土	块状	7.3	51.6	2.31	1.10	27.9	225	15.0	423		紫色砂岩残积物、坡积物	E 98°14′49.2″ N 29°32′42.7″	89
				C	20—40	棕色	砂壤土	粒状	7.6	12.7	1.31	>4.00	30.7							
剖10	半淋溶土	褐土	石灰性褐土	A	0—16	褐色	砂壤土	粒状	7.7	67.7	3.25	0.92	13.5	89	17.0	236		冲积物	E 98°28′06.2″ N 29°26′51.4″	90
				B	16—35	棕褐色	砂壤土	块状	7.6	65.7	3.07	1.33	14.8							
剖11	高山土	棕黑毡土	棕黑毡土	As	0—12	暗红棕色	重砾质砂质黏壤土	屑粒状	4.5	45.9	1.85	0.93	14.5	207	2.0	73	17.1		E 98°34′14.5″ N 29°22′19.2″	75
				A	12—25	暗红棕色	重砾质黏壤土	块状	4.6	17.1	0.95	0.36	17.1	81	1.0	70	11.5			
				AC	25—41	油红棕色	重砾质黏壤土	块状	4.3	3.1	0.35	0.24	20.7	20	2.0	68	8.5			
				C_1	41—61	油红棕色	重砾质黏壤土	块状	4.3	2.3	0.25	0.41	23.1	10	8.0	75	9.2			
				C_2	61—80															

洛 隆 县

主要土类说明

　　黑毡土是洛隆县主要土壤类型，占本县地域面积的42%。其分布范围极广，多处于高山中部，海拔在3900—4700m范围内。黑毡土分布区气候具有日照强、寒冷湿润、气温低等特点，土壤冻结期为3—4个月，季节性冻土厚度小于100cm。成土母质为各种岩石的风化残积物、坡积物，在沟谷地带亦有许多洪积物和冲积物。植被类型以亚高山草甸和亚高山灌丛草甸为主，在一些坡度较陡，侵蚀较重的地段则主要为疏灌草地。主要草本植物为各种嵩草、苔草等，主要灌木植物有滇藏方枝柏、三颗针、黄花垫柳、茶藨子等，盖度为60%—90%，其长势较高山草甸好，生长期亦较长，是本县天然草场基地。黑毡土与草毡土有相同的成土过程，即生草腐殖质积累过程和冻融氧化还原过程，但其程度不如草毡土强烈，冻融作用仍是土壤水分运动的主要形式，所不同的是热量条件较好，土壤季节性冻结期较短，成土作用较强，B层发育良好，土体发生的间歇性氧化还原过程和作用强度不及草毡土明显。

　　草毡土是洛隆县第二大土壤类型，占本县地域面积的22%。草毡土分布于高山上部或顶部，其所处地形多为高山原、高山夷平面或上部平缓坡地，上界线一般达海拔5050m，下界线为4690—4750m。草毡土土壤冻结期达半年左右，季节性冻土深可达1.5m。植被类型为矮草草甸，植物生长缓慢，植物组成单调，优势种为高山嵩草、矮生嵩草、木里苔草等，常伴生有金露梅、蚤缀、珠芽蓼、委陵菜等垫状植物，灌丛植物呈明显矮化趋势。盖度为60%—95%，且随海拔增高而下降，近上界线处可降至25%左右，植物种类也相应减少。地表形态特征表现为融冻滑塌频繁，常导致草毡层斑状脱落，形成秃斑化和大面积砂砾化。植物根系发达，交织成紧密的草根盘结层，厚度一般可达10cm左右。成土母质多为石英砂岩、砂岩、页岩、紫色泥岩等的残积物、坡积物。草毡土在发育过程中，由于气候寒冷，土壤周期性冻融交替。夏半年降水量大，暖湿同季，植物生长茂盛，进入土壤的植物残体多；而冬半年寒冷漫长，土壤冻结，微生物活动弱，有机质残体分解缓慢，多以未分解或半分解状态累积于土壤中。土壤长期处于干湿季交替的环境，成土物质的低温氧化和短暂还原过程交替进行，使土壤中铁、锰等发生轻微移动淀积，从而使草毡土的成土过程具有明显的生草腐殖质积累和冻融氧化还原过程。

　　寒冻土是洛隆县第三大土壤类型，占本县地域面积的13%。寒冻土分布于海拔5050m以上高山上部、顶部，尤以南部念青唐古拉山山脉和北部他念他翁山脉上部分布最广，面积最大。寒冻土是脱离冰川影响最晚，成土年龄最短的土壤类型。其所处地形多为分水岭脊，岩石裸露或岩屑、冰碛物满布，活动的岩屑堆和融冻石流广泛分布，仅局部地点有小片细土堆积，因而不能形成连片土被，与裸岩呈复区分布。成土母质是以花岗岩、片麻岩、片岩、含钙砂岩、页岩等为主的冰碛物和板岩、灰岩、石英砂岩为主的寒冻风化崩积物和堆积物。寒冻土分布区降水以降雪为主，冻土期达半年以上。在高寒的生态环境条件下，只有一些冷生壳状地衣生长于岩石和石砾的背风面上，高等植物种类极少，仅生长一些耐寒、耐瘠薄、株形矮小的雪莲、垫状点地梅、苔状蚤缀等，盖度低于2%。在此气候和植被条件下，土壤冻结时间长，土壤表层昼夜正负温度交替出现，冻结与融化也交替进行，对成土过程的影响极深刻。植被稀疏，使土壤中有机质积累弱，表层有机质含量一般仅1.6%左右，土壤中无动物活动痕迹。由于成土时间短、气候寒冷恶劣，土壤矿物质分解缓慢，加之寒冻土所处地形多为山顶峰脊，易受冰、水、风、重力等多种因素的侵蚀，因而土壤发育原始，粗骨性强，成土作用微弱，土壤发育呈幼年性和原始性的特点。寒冻土的剖面特征是：土层浅薄，厚10—20cm，层次分化不明显，砾石含量高，质地轻粗，土壤性质受母岩影响极大，发育于砂岩、花岗岩等母岩的土壤呈微酸性反应，发育于含钙母岩上的土壤呈微碱性反应。

　　暗棕壤占洛隆县地域面积的8%，主要分布于怒江、卓玛朗错曲、马曲等河流两岸的山体中上部海拔4000—4300m区域。暗棕壤所处地带的气候特点是：冷凉湿润，空气湿度较大，干湿季节明显，雨热同季，无霜期短，土壤具有季节性冻层。自然植被以亚高山暗针叶林为主，盖度为80%—90%，主要为川西云杉、大果园柏纯林；其下为灌丛层，主要为黄杨叶栒子、金露梅、重齿蔷薇、冰川茶藨子、鬼箭锦鸡儿等；灌木下为草本层，主要有剪股颖、大锥早熟禾、光盘早熟禾、火绒草、野青茅等；另外，树干上还附生一些地衣、苔藓等低等植物。从地貌上看，暗棕壤分布地形多为高山深切割峡谷或窄谷山体中上部陡坡，一般坡度为10°—35°。成土母质为砂岩、紫色砂岩、页岩、千枚岩、板岩等的残积物、坡积物。暗棕壤的形成特点主要表现为腐殖质积累和弱酸性淋溶、黏化过程。由于夏季温暖多雨、降水集中，因此在土壤中产生了淋溶过程，这一过程表现在游离的钙、镁和部分铁、铝的移动上，且很微弱。同时，在温暖多雨的夏季里，土壤中生物和化学作用均十分强烈，加之水分较稳定，经常保持湿润，矿物质易于分解，有较明显的残积黏化作用。因雨季同生长季节一致，生物累积过程也十分活跃，由于每年落叶多，归还土壤的灰分量多，且林下多草本，因此，土壤表层进行着较强烈的腐殖质积累过程。暗棕壤剖面构造的基本特点是剖面层次过渡多为逐渐过渡状态，无明显的灰化层和铁铝淀积层。地表一般可见枯枝落叶层，有较多的白色菌丝体；腐殖质层（A_1层）一般为暗棕至黑棕色，砾石含量不超过5%；心土层为棕色，质地黏重，结构表面常有不明显的铁锰胶膜淀积；再下为母质层（C层），颜色多接近母岩，有较多砾石，土层厚度一般在50cm以上。

褐土占洛隆县地域面积的6%，广泛分布于海拔3900m以下的各河流中、下游河谷地带，人们生产、生活多集中于此，故对本县农业生产的发展有着较为重要的影响。褐土所处气候特点是较温暖半湿润，自然植被以山地温带河谷灌丛为主，盖度为40%—75%，低者仅为20%左右，高的亦可达80%或以上。主要灌木有白刺花、小角柱花、锦鸡儿、木本香薷、小檗、水枸子、鼠李、蔷薇等；主要草本植物有早熟禾、垂穗披碱草、针茅、黄芪和多种青蒿等。成土母质混杂多样，几乎各种岩石残积物、坡积物、洪积物、冲积物均有堆积。在成土过程中，各种归还到土壤中的有机残体，在长期的春季气候中尤其是春夏时期强烈地好气分解，大部分有机质被矿化，因而表层有机质含量较低。由于河谷地形陡峭，土壤侵蚀和堆积作用活跃，以及成土作用活跃时期内湿润系数较低，所以黏化作用较弱，黏粒含量一般都不高，质地较轻粗，土壤中阳离子交换量亦普遍较低。大部分土壤保蓄水能力差，植被稀疏，蒸发作用强，碳酸钙的淋洗作用微弱，因而，碳酸钙含量较高，且海拔愈低，碳酸钙含量愈高。

灰褐土占洛隆县地域面积的5%。灰褐土发生于温带干旱、半干旱山地云杉、冷杉下，腐殖质积累与钙积作用明显，pH为7.0—8.0，土壤表层有机质含量可达10%，表层下可见暗色腐殖质层，有弱黏淀特征。剖面具Ao-A-B-C构型，B层呈棕褐色，钙积层在40cm以下出现，铁铝氧化物无移动。

小于本县地域面积3%的土壤类型还有石质土、粗骨土和草甸土等。

本区域中心区气候特征

本区域中心区气候特征值
Regional climate characteristics in central area of the region

气候带：高原亚温带亚湿润气候 Climate region: Plateau sub temperate sub humid climate	
年平均气温 /℃ Annual average temperature /℃	4.6
年平均最高气温 /℃ Annual average maximum temperature /℃	12.1
年平均最低气温 /℃ Annual average minimum temperature /℃	-1.2
年降水量 /mm Annual precipitation /mm	500
≥10℃的积温 /℃ Daily temperature accumulated in a year (≥10℃) /℃	1746
年日照时数 /h Annual sunshine /h	2565
年平均相对湿度 /% Annual average relative humidity /%	56
干燥度 Dryness	0.76

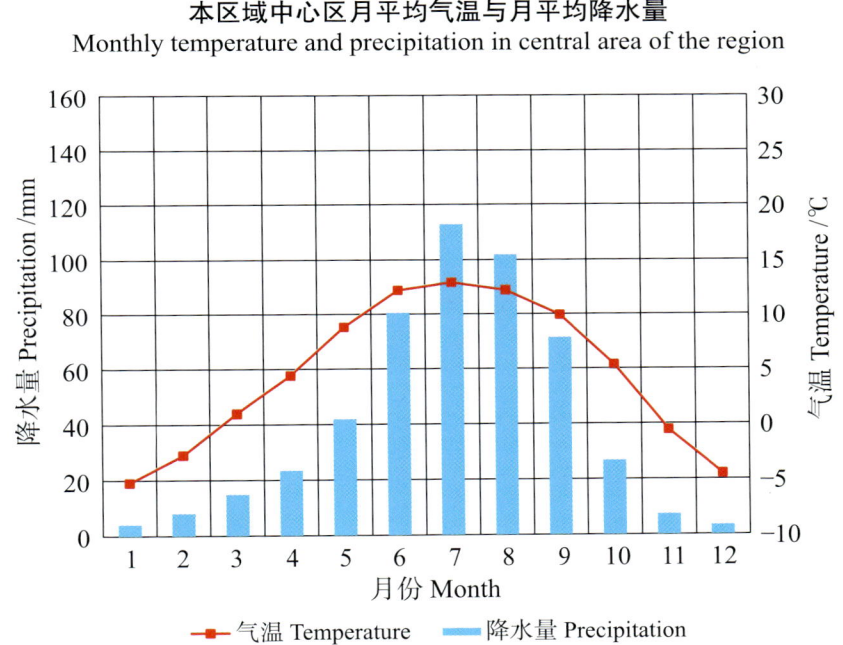

本区域中心区月平均气温与月平均降水量
Monthly temperature and precipitation in central area of the region

洛隆县主要土壤类型与土壤剖面点分布图
1:490 000

图 例

黑毡土	草毡土	寒冻土	暗棕壤	褐土
灰褐土	石质土	粗骨土	草甸土	⊗ 剖面点

注：本图界线不作为实地划界依据。

洛隆县土壤剖面理化性状表

剖面号 Soil profile	土纲 Soil order	土类 Soil great group	亚类 Soil subgroup	土层码 Layer code	土层厚度 Depth/cm	颜色 Soil color	质地 Soil texture	土壤结构 Soil structure	pH	有机质 OM/(g/kg)	全氮 TN/(g/kg)	全磷 TP/(g/kg)	全钾 TK/(g/kg)	碱解氮 AN/(mg/kg)	有效磷 AP/(mg/kg)	速效钾 AK/(mg/kg)	阳离子交换量CEC/(cmol/kg)	土壤母质 Parent material	剖面点坐标 Profile coordinate	匹配指数 Matching index/%
剖1	半淋溶土	褐土	石灰性褐土	A	0—21		多砾质砂壤土	团粒状	8.4	53.0	3.12	0.70	23.7	153	12.0	95	31.2	砂岩残积物、坡积物	E 95°50′15.4″ N 31°00′17.6″	75
				B	21—65	轻棕色	轻砾质石土	块状	8.0	16.4	1.34	0.81	22.2	48	5.0	46	6.4			
				C	65—100		轻砾质石土		8.3	11.0	1.00	0.80	23.7	74	10.0	49	12.2			
剖2	半淋溶土	褐土	石灰性褐土	A	0—17	暗棕色	多砾质砂质黏壤土	粒状	6.3	36.8	2.65	0.88	18.8	188	17.0	311	16.0	河流冲积物	E 95°31′12.7″ N 30°58′07.3″	75
				B	17—37	灰黄棕色	多砾质砂质黏壤土	块状	6.1	13.5	1.02	0.59	23.5	41	3.0	161	15.9			
				BC	37—60	棕色	轻砾质石土	块状	7.7	14.3	1.34	0.76	31.3	74	4.0	244	15.5			
				C	60—															
剖3	半淋溶土	褐土	石灰性褐土	A	0—23	暗灰色	中砾石土	核状	7.9	83.9	3.80	1.68	21.6	283	42.0	293	19.1	千枚岩残积物	E 95°45′26.6″ N 30°56′10.0″	75
				B	23—71	黑	轻砾质石土	块状	8.2	33.2	0.73	1.35	24.3	56	10.0	155	16.0			
				C	71—															
剖4		暗棕壤		Ao	0—6	暗棕色												板岩、砂岩残积物、坡积物	E 95°33′36.4″ N 30°54′29.9″	89
				A₁	6—20	暗棕色	少砾质黏壤土	粒状	6.9	>250.0	>6.00	1.13	17.2	>400	32.0	>500	>50.0			
				A,B	20—36	棕色	多砾质石土	粒状	6.2	39.3	1.84	0.53	24.1	116	10.0	>500	17.1			
				B	36—50	棕色	轻砾石土	块状	5.5	15.4	5.50	0.30	19.5	51	2.0	>500	8.9			
				BC	50—68	灰棕色	轻砾石土	粒状	4.5	12.1	0.62	0.44	24.1	44	4.0	327	14.5			
				C	68—															
剖5	半淋溶土	灰褐土		A	0—15	棕灰色	黏壤土	粒状	7.5	83.1	3.82	0.92	24.5	184	20.0		21.6		E 95°37′27.1″ N 30°53′22.2″	87
				ABk	15—38	灰棕色	黏1壤土	块状	8.4	54.4	3.31	1.55	22.9	136	15.0	298	19.5			
				Bk	38—60		黏1壤土	块状	8.3	34.5	2.28	1.25	21.3	70	13.0	261				
				C	60—															
剖6	半淋溶土	褐土	石灰性褐土	A	0—16	暗棕黄色	多砾质黏壤土	块状	8.0	57.1	2.93	1.91	22.4	175	9.0	>500	19.0	板岩、页岩洪积物	E 96°19′20.6″ N 30°52′20.6″	81
				B	16—65	暗棕色	多砾质砂质黏壤土	块状	8.3	25.9	1.72	0.62	22.5	78	2.0	397	19.5			
				C	65—															
剖7	半淋溶土	褐土	石灰性褐土	A	0—15	暗棕色	中砾质黏壤土	团粒状	6.8	34.7	1.82	0.50	22.7	108	3.0	246	19.0	河流冲积物	E 95°39′36.4″ N 30°47′45.6″	95
				B₁	15—30	棕色	中砾质石土	粒状	8.5	17.7	>6.00	0.42	19.7	58	3.0	204	28.4			
				B₂	30—70	灰棕色	多砾质黏壤土	块状	7.1	19.5	1.18	0.45	20.6	42	1.0	180	26.0			
				C	70—															
剖8	半淋溶土	褐土	石灰性褐土	A	0—20	暗棕色	轻砾石土	团粒状	8.4	29.6	1.75	0.71	21.5	107	5.0	218	16.1	花岗岩残积物、坡积物	E 95°47′45.2″ N 30°45′38.2″	74
				B₁	20—63	黄棕色	多砾石黏壤土	粒状	8.4	18.2	1.46	0.63	21.3	63	3.0	174	17.7			
				B₂	63—78	黄棕色	多砾质砂质黏壤土	块状	8.3	20.1	1.00	0.66	21.8	45	2.0	202	16.7			
剖9	高山土	黑毡土	棕黑毡土	Ao	0—4														紫色泥岩残积物、坡积物	E 95°27′21.6″ N 30°45′29.2″	72
				A₁	4—19	暗红棕色	轻砾石土	团粒状	6.3	182.0	>6.00	0.81	19.4	>400	8.0	352	>50.0			
				B₁	19—36	暗红棕色	多砾质壤黏土	粒状	7.1	40.9	1.54	0.54	19.6	161	3.0	119	19.0			
				B₂	36—59	暗棕色	少砾质壤黏土	粒状	5.9	67.0	1.97	0.58	20.4	135	2.0	83	>50.0			
				C	59—															
剖10	半淋溶土	褐土	石灰性褐土	A	0—15	暗棕色	轻砾石土	粒状	7.5	41.9	2.34	0.77	17.8	205	8.0	340	17.6	板岩、砂岩洪积物	E 95°40′52.0″ N 30°45′10.8″	76
				B₁	15—46	棕色	多砾质壤黏土	核状	7.9	22.1	1.47	0.58	20.3	81	3.0	247	13.4			
				B₂	46—100	黑棕色	少砾质壤黏土	块状	7.6	12.2	1.32	0.52	17.7	66	<1.0	114	15.6			
剖11	高山土	黑毡土		A	0—15	灰棕色	少砾质壤黏土	粒状	8.3	50.2	3.02	1.12	24.2	201	30.0	316	10.8	钙质冲积物	E 96°06′18.0″ N 30°45′04.0″	73
				B	15—40	灰棕色	多砾质壤黏土	块状	8.4	33.7	2.30	1.23	22.9	89	27.0	284	17.4			
				C	40—78	灰棕色	多砾质壤黏土	棱块状	8.6	25.6	1.90	1.08	24.5	54	24.0	388	22.6			

续表 Continued

剖面号 Soil profile	土纲 Soil order	土类 Soil great group	亚类 Soil subgroup	土层码 Layer code	土层厚度 Depth/cm	颜色 Soil color	质地 Soil texture	土壤结构 Soil structure	pH	有机质 OM/(g/kg)	全氮 TN/(g/kg)	全磷 TP/(g/kg)	全钾 TK/(g/kg)	碱解氮 AN/(mg/kg)	有效磷 AP/(mg/kg)	速效钾 AK/(mg/kg)	阳离子交换量CEC/(cmol/kg)	土壤母质 Parent material	剖面点坐标 Profile coordinate	匹配指数 Matching index/%
剖12	高山土	黑毡土	黑毡土	A	0—17	暗棕色	轻砾石土	粒状	8.1	62.3	3.60	1.31	23.0	242	10.0	279	26.9	花岗岩、板岩残积物	E 95°55′38.6″ N 30°44′37.3″	86
				B₁	17—28	棕色	多砾质壤质黏土	块状	7.1	55.2	3.30	0.90	24.5	177	3.0	186	26.2			
				B₂	28—45	灰棕色	轻砾石土	块状	8.4	22.6	1.84	0.74	21.6	75	2.0	184	19.7			
				C	45—															
剖13	高山土	黑毡土	黑毡土	A	0—19	灰棕色		团粒状	7.2	69.8	3.59	0.95	21.1	288	6.0	199	27.0	冲积物	E 96°00′20.9″ N 30°43′27.8″	90
				B₁	19—35	灰棕色	中砾质壤质黏土	核块状	7.1	25.6	1.85	0.58	23.2	92	1.0	103	17.6			
				B₂	35—46	灰棕色	壤质黏土	块状	8.3	14.7	0.88	0.53	16.8	27	3.0	61	15.9			
				C	46—73	黑棕色			6.5											
剖14	高山土	黑毡土	棕黑毡土	As	0—9	黑棕色	中砾质黏壤土	粒状	6.3	201.0	5.58	0.12	20.1	>400	18.0	>500	40.7	石英砂岩残积物、坡积物	E 95°45′43.2″ N 30°43′08.8″	81
				A₁	9—22	暗棕色	多砾质壤质黏土		5.0	53.7	2.69	0.63	20.7	214	3.0	220	17.1			
				B	22—28	黑色	多砾质壤质黏土	核状	6.4	65.4	3.18	0.73	20.5	322	3.0	179	24.4			
				C	28—															
剖15	高山土	黑毡土	黑毡土	A	0—20	灰黄棕色	多砾质壤质黏土	粒状	7.6	55.5	2.78	0.72	22.6	147	4.0	290	22.9	洪积物	E 95°56′37.0″ N 30°41′12.1″	79
				B	20—50	暗黄棕色	中砾质壤质黏土	核状	8.2	15.5	1.32	0.10	21.5	69	2.0	221	19.0			
				C	50—															
剖16	高山土	黑毡土	黑毡土	As	0—14		壤质黏土	团粒状	7.5	153.6	>6.00	1.42	22.3	>400	7.1	498	38.4		E 96°00′07.2″ N 30°40′08.0″	74
				A	14—26	棕黑色	重砾质黏壤土	块状	7.0	85.8	3.85	1.06	27.0	229	1.4	309	35.4			
				ACu	26—80	灰黄棕色	重砾质壤质黏土		7.3	20.8	1.34	0.42	24.1	70	<1.0	165	16.7			
				C	80—100				7.3											
剖17	高山土	黑毡土	薄黑毡土	A	0—20	暗棕色	多砾质砂质黏壤土	粒状	8.2	54.1	3.09	1.23	22.1	151	15.0	202	19.3	冲积物	E 96°12′12.2″ N 30°33′33.8″	83
				B	20—52	棕色	多砾质砂质黏壤土	核状	8.4	20.6	1.20	0.77	24.1	38	3.0	130	13.2			
				Bca	52—80	棕色	多砾质黏土	粒状	8.6	16.5	1.10	0.73	24.6	204	8.0	134	17.5			
				C	80—															
剖18	高山土	黑毡土	薄黑毡土	A	0—20	暗棕色	轻砾石土	粒状	7.8	75.8	4.05	1.28	27.8	221	21.0	402	28.1	洪积物	E 96°15′51.8″ N 30°27′38.9″	79
				B	20—66	暗棕色	轻砾石土	核状	8.3	30.8	2.11	0.99	25.4	152	4.0	343	13.0			
				C	66—74	棕色	轻砾石土	块状												
剖19	高山土	寒冻土	寒冻土	Ao	0—2	棕色												石英砂岩残积物	E 96°11′42.4″ N 30°25′21.4″	72
				A	2—10	棕色	中砾石土		6.3	16.8	0.71	0.50	10.3	55	4.1	61	5.0			
				C	10—18	棕色														

边坝县

主要土类说明

草毡土是边坝县主要土壤类型，占本县地域面积的31%。草毡土主要分布于本县的中部及南部，海拔为4650—5200m，其中以拉孜乡、金岭乡和加贡乡分布面积较大，草毡土所处的地形部位主要为高原夷平面之上的平缓坡地及冰碛台地。土壤冻结期在半年以上，季节性冻土厚度可达1—1.5m。相应的植被为高山草甸或高山灌丛草甸，组成特点是莎草科占绝对优势，一般丛状禾草及其他杂草均很少，植被种类较单调，灌丛比重很小，且已明显矮化，植被分层不明显，但根系庞大，纠结成层；草本植物品质好，适口性强，有毒有害杂草很少。成土母质为花岗岩、砂岩、千枚岩及紫色砂页岩的残积物、坡积物、冰碛物及洪积物等。草毡土所处地带气候寒冷，土壤周期性冻融交替。夏半年气温升高，降水量大，暖湿同季，植物生长茂密，有较多的植物残体进入土壤，而冬半年气温低，土壤冻结，微生物活动弱，有机质分解缓慢，植物残体多以原形或半分解形态累积于土壤中，因而具有较强的腐殖质积累作用。草毡土所处地带虽然降水量稍低，但因地势高亢，空气湿度大，水分条件较低海拔地区优越。在土壤表层有机质逐渐积累和吸水性很强的草毡层形成后，增强了土壤的保水性，加之土体内一定深度又具有季节性冻土层，不仅能将水分以固态形式保留于土壤中，而且又能托滞下渗的雨水临时淤积于土体中，而土壤的夜冻昼融可使土体内水分上下频繁运动。由于以上原因，草毡土处于较长时期的干旱与夏秋短期湿润的交替状态，为成土物质的低温氧化和短暂还原过程创造了条件，土壤中铁、锰等发生了轻微的移动和淀积，因而成土过程具有明显的冻融氧化还原过程。

黑毡土是边坝县第二大土壤类型，占本县地域面积的29%，在全县各地均有分布，其中以马武、拉孜和金岭等乡分布最集中。黑毡土在本县主要分布于海拔4000—4650m的高山夷平面，以及高山中下部林线以上地段。在林线上界线附近，森林往往呈块状分布，并与亚高山草甸或次生灌丛草甸犬牙交错，因而黑毡土往往与暗棕壤或棕壤等森林土壤呈镶嵌分布，而在本县中部无森林地带，则与褐土直接相接。黑毡土是在高原寒温半湿润条件下形成的一种地带性土壤，气候寒冷湿润，土壤冻结期在4—5个月，季节性冻土层小于1m，土壤有明显的冻融交替，但作用强度比草毡土弱。其植被特点是灌木比重较大且植被较高，植被成分复杂并在结构上有明显的层次分化，呈现出茂盛的景观，双子叶及其他杂草成分明显增大，地表盖度高，草地产草量及载畜量均较高，但部分草地退化严重，草质变差。部分土壤因局部地段小气候条件的改变，形成以针茅、披碱草和白草等禾本科为主的亚高山草原草甸。黑毡土所处的高寒气候一般不能满足作物生长的要求，仅在海拔4200m以下局部背风向阳的沟谷地段才可种植青稞、芫根等耐寒作物，出现成片的耕作土壤。黑毡土的成土母质较为复杂，有花岗岩、板岩、千枚岩、紫色或杂色砂页岩的残积物、坡积物，以及部分洪积物、冲积物和冰碛物等。黑毡土与草毡土具有相同的成土过程，即生草腐殖质积累过程和冻融氧化还原过程，但其程度不如草毡土强烈。黑毡土因水热条件相对较好，土壤冻结期一般比草毡土短2—3个月，草类萌发返青也相应提前，植物生长的速度和生长量均有明显增加，进入土壤的植物残体数量加大，同时土壤中凋落物的分解速度也明显加快，所以虽然植物根系仅集中于土壤表层并呈毡状，但草毡层密实程度有所降低，分解程度比草毡土高。由于土壤冻融作用不如草毡土强烈，土壤中水分运动以向下为主，故表土层所分解的腐殖质随水分运动而向下移动明显，形成了一层明显的腐殖质层（A_1层），A_1层一般较深厚，可达20cm左右，但腐殖质含量不如草毡土高。另外，黑毡土带因降水量较大，特别是夏秋季，草毡层大量吸水，并以其隔绝作用而遏制土壤蒸发，而冬季干旱时期又较草毡土短，受冰冻作用较弱，因而成土作用相对较强，表现出土体厚度有所加深，层次间分异较明显，B层发育较好。

寒冻土是边坝县第三大土壤类型，占本县地域面积的21%。寒冻土零星分布于本县中、南部的高山上部，其中以金岭乡、边坝乡和加贡乡较为集中，分布海拔在5000—5400m。寒冻土是脱离冰川最晚、成土年龄最短的一个土类，所处地形多为高山中上部及部分分水岭脊、古冰斗及冰碛台地。地势陡峭，坡度一般为20°—50°。山坡上岩石裸露或岩屑、冰碛砾石满布，活动的岩屑堆与融冻石流广泛分布，仅局部地点有小片细土堆积，因此土壤原始，土被不连续，细土主要集中于岩石缝隙中。成土母质主要为以花岗岩、板岩、石英砾岩为主的冰碛物及残积物、坡积物。寒冻土主要形成于高原寒带半湿润半干旱条件下，气候极为严寒，土壤冻结时间达10个月以上，仅在短期内夜冻昼融。这段时期由于土壤表面昼夜正负温度交替出现，冻结与融化也交替进行，决定了寒冻土的成土过程以物理风化为主的特点。由于高寒的生态环境，一般高等植物难以繁衍生存，仅在低坳的间歇性流水沟边或岩石缝中零星分布着一些垫状点地梅、雪莲、苔状蚤缀等耐寒、耐旱的植物及贴伏于岩块、砾石表面的壳状地衣，植被盖度一般为2%—3%，地表景观乱石嶙峋，显得极为荒凉。在上述高寒气候条件下，有机物来源很少，土壤中有机质积累甚弱，土壤矿物分解缓慢，导致土壤化学风化作用和成土作用均十分微弱，而以物理风化占主要地位。加之分布位置高，所处地势陡峻，易受冰、水、风、重力等多种因素的侵蚀，因而土壤发育原始，粗骨性极强。寒冻土土层浅薄，一般仅10—20cm，土壤剖面无明显的层次分化，表层（A_1层）发育极差，土表有微向上突起的融冻结壳，土壤中砾石含量特高，土壤质地轻粗，其理化性多随母质特性而定，发育于花岗岩、板岩、石英砂岩的土壤一般呈中性或微酸性，全剖面均无石灰反应，而发育于紫色砂页岩等含钙母质上的土壤则有石灰反应，呈中性或微碱性。

暗棕壤占边坝县地域面积的9%，是本县的主要森林土壤，主要分布于县的中北部怒江一级支流中下游的狭谷谷坡上，分布高程为海拔4000—4300m。暗棕壤所处的地形部位多为高山峡谷区的中部，成土母质主要为花岗岩、板岩及部分砂页岩的残积物、坡积物。分布区气候特点是冷凉湿润，空气湿度较大，干湿季节较明显，雨季同生长季节一致，土壤仅有短期的冻结。自然植被以亚高山暗针叶林为主。暗棕壤的成土过程主要包括腐殖质积累与淋溶棕化两个过程。由于夏季温暖多雨，降水集中，植被生长繁茂，每年均有大量枯枝落叶在地表聚积。地表因水分含量高，有利真菌活动，使部分有机质被分解，在地表形成10—15cm厚的腐殖质层，而产生的有机酸则随下渗水下移而产生一定的酸性淋溶，致使土体中钙、镁及部分盐基离子被淋失，并产生一定量的活性铁铝。在嫌气条件下，铁被还原为亚铁向心土层移动，并在心土层形成棕色的亚铁化合物淀积。在冬季，因气候变干，土壤湿度降低，而使酸性淋溶不能继续，因此不可能产生强酸性淋溶及灰化过程。本县暗棕壤具有典型的森林土壤剖面：在地表有一枯枝落叶及地衣苔藓层，腐殖质层（A_1层）较厚，一般在15cm左右，呈暗棕色至黑棕色，心土层为30cm左右，呈棕色至黄棕色，结构面上可见黏粒胶膜，部分剖面有棕色铁锰胶膜，呈微酸或酸性。全剖面均含砾石，且量较多。

小于本县地域面积3%的土壤类型还有棕壤、灰褐土和草甸土等。

本区域中心区气候特征

本区域中心区气候特征值
Regional climate characteristics in central area of the region

气候带：高原亚温带亚湿润气候 Climate region: Plateau sub temperate sub humid climate	
年平均气温 /℃ Annual average temperature /℃	3.7
年平均最高气温 /℃ Annual average maximum temperature /℃	11.5
年平均最低气温 /℃ Annual average minimum temperature /℃	-2.4
年降水量 /mm Annual precipitation /mm	480
≥10℃的积温 /℃ Daily temperature accumulated in a year (≥10℃) /℃	1960
年日照时数 /h Annual sunshine /h	2648
年平均相对湿度 /% Annual average relative humidity /%	55
干燥度 Dryness	1.17

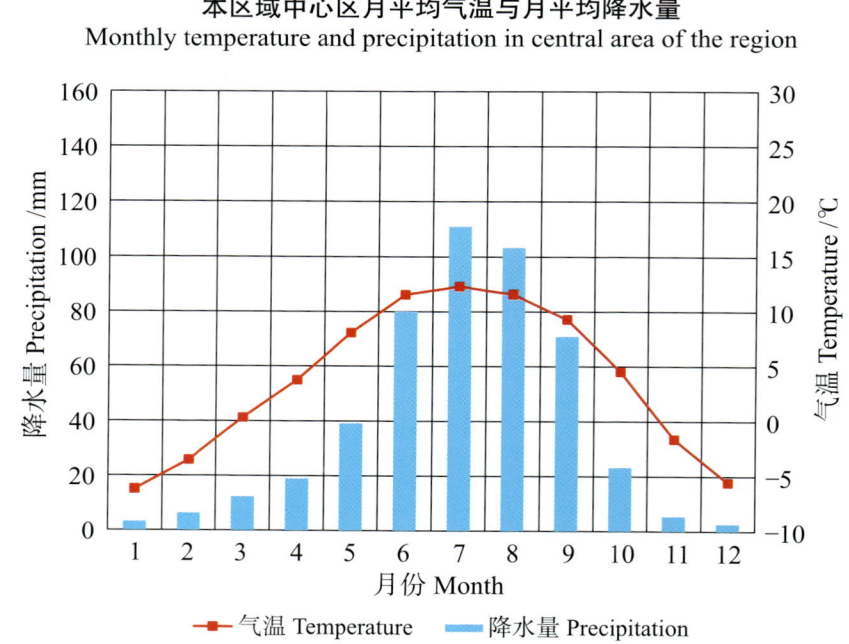

本区域中心区月平均气温与月平均降水量
Monthly temperature and precipitation in central area of the region

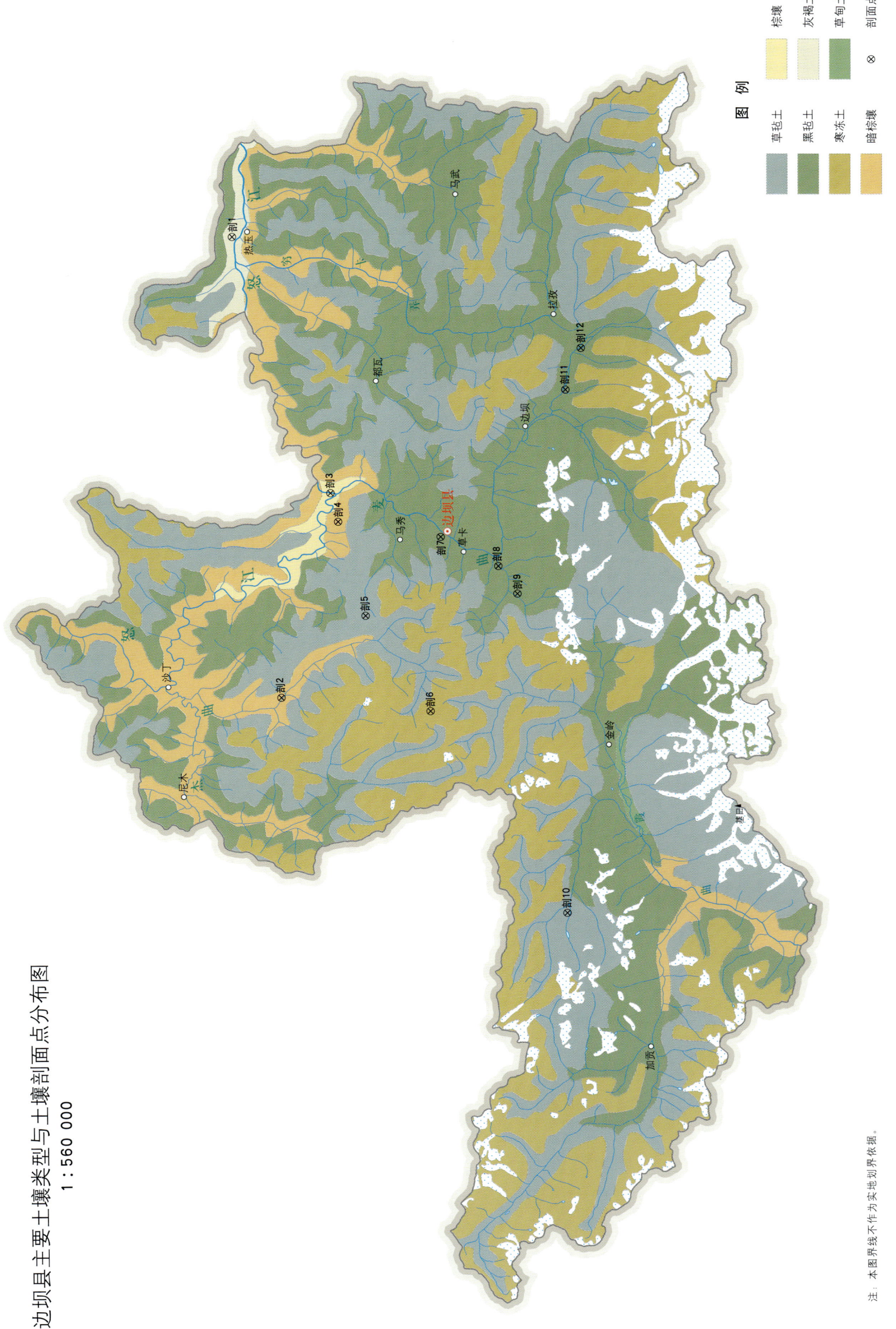

边坝县主要土壤类型与土壤剖面点分布图
1∶560 000

边坝县土壤剖面理化性状表

剖面号 Soil profile	土纲 Soil order	土类 Soil great group	亚类 Soil subgroup	土层码 Layer code	土层厚度 Depth/cm	颜色 Soil color	质地 Soil texture	土壤结构 Soil structure	pH	有机质 OM (g/kg)	全氮 TN (g/kg)	全磷 TP (g/kg)	全钾 TK (g/kg)	碱解氮 AN (mg/kg)	有效磷 AP (mg/kg)	速效钾 AK (mg/kg)	阳离子交换量 CEC (cmol/kg)	土壤母质 Parent material	剖面点坐标 Profile coordinate	匹配指数 Matching index/%
剖1	半淋溶土	灰褐土	灰褐土	A	0—16	灰黄棕色	重砾质砂质黏壤土	粒状	7.7	62.3	3.32	1.24	12.5	231	6.0	>500	20.8		E 95° 07′ 41.5″ N 31° 10′ 27.8″	77
				ABk	16—36	灰黄棕色	重砾质砂质黏壤土	块状	8.2	42.1	2.52	1.13	18.4	146	4.0	>500	13.3			
				Bk	36—100	浊黄橙色	重砾质砂质黏壤土	块状	8.5	19.2	1.26	1.14	19.3	65	6.0	417	9.9			
剖2	淋溶土	暗棕壤	暗棕壤	A_{11}	0—17	棕色	砂壤土	粒状	6.7	55.4	3.63	0.67	23.2	276	4.0	146			E 94° 27′ 50.0″ N 31° 07′ 35.8″	73
				B	17—55	棕色	砂壤土	块状	6.3	39.0	2.31	0.68	26.7	162	4.0	161				
				C	55—															
剖3	淋溶土	棕壤	棕壤	A	0—17	暗棕色	轻砾石砂质壤土	团粒状	6.9	68.9	4.01	0.42	22.9	307	13.0	414		石英砂岩、夹页岩坡积物	E 94° 45′ 24.8″ N 31° 03′ 46.8″	95
				B	17—33	棕色	中砾石砂质壤土	核状	7.0	41.9	2.60	0.64	24.3	185	9.0	308				
				BC	33—65	棕色	中砾石砂质壤土	块状	7.2	23.2	1.72	0.60	23.5	115	5.0	259				
				C	65—															
剖4	淋溶土	暗棕壤	暗棕壤	O	0—2																83
				A	2—20	暗棕色	砂壤土	粒状	5.8	185.3	>6.00	1.06	20.2	>400	6.0	101	23.0			
				B	20—44	灰棕色	砂壤土	块状	5.8	49.1	3.11	1.09	22.6	222	4.0	85	16.3			
				BC	44—56	灰棕色	砂壤土	块状	6.0	43.2	2.64	1.19	24.0	182	6.0	96	15.3			
				C	56—	浅黄棕色														
剖5	高山土	草毡土	草毡土	As	0—12	暗棕色	砂壤土	粒状	5.4	176.0		0.64	20.4	>400	4.0	254			E 94° 34′ 45.8″ N 31° 01′ 26.4″	75
				A_1	12—20	棕色	中砾石砂质壤土	团粒状	5.7	101.5	3.57	0.46	23.0	>400	4.0	175				
				Bc	20—35	棕黄色	重砾石砂质壤土	块状	5.9	23.0		0.39	21.6	115	5.0	98				
				C	35—															
剖6	高山土	寒冻土	寒冻土	O	0—9	灰棕色	重砾石砂质壤土		6.4	11.9	0.85	0.44	30.1	54	8.0	59		花岗岩寒冻残积物、坡积物	E 94° 26′ 28.3″ N 30° 56′ 54.2″	71
				C	9—															
剖7	高山土	黑毡土	薄黑毡土	A	0—16	灰棕色	轻砾石砂质壤土	粒状	7.8	66.5	3.57	0.71	25.6	250	11.0	388		石英砂岩、夹板岩坡积物	E 94° 41′ 28.3″ N 30° 55′ 56.3″	71
				B	16—33	黄棕色	轻砾石砂质壤土	块状	8.4	45.4	2.94	0.66	24.7	193	6.0	274				
				Bca	33—50	灰棕色	中砾石砂质黏壤土	块状	8.5	17.2	1.25	0.49	25.2	86	5.0	273				
				C	50—															
剖8	高山土	黑毡土	薄黑毡土	A_1	0—16	暗棕色	中砾石砂质壤土	核状	8.0	39.3	2.53	0.43	26.9	151	4.0	131		砂岩、夹泥岩坡积物	E 94° 38′ 52.4″ N 30° 51′ 50.8″	71
				B	16—24	暗棕色	中砾石砂质壤土	块状	8.4	32.3	2.08	0.43	29.2	104	4.0	87				
				Bca	24—75	棕色	重砾石砂质黏壤土	块状	8.8	10.6	1.04	0.37	27.5	63	3.0	56				
				Cca	75—105															
剖9	高山土	黑毡土	棕黑毡土	As	0—6	暗棕色	轻砾石砂质壤土	团粒状	6.3	124.0	5.26	0.61	22.0	385	9.0	263		花岗岩、板岩残积物、坡积物	E 94° 36′ 28.1″ N 30° 50′ 30.8″	86
				A_1	6—32	黑棕色	轻砾石砂质壤土	块状	6.2	53.5	3.09	0.49	22.9	233	3.0	109				
				B_1	32—78	棕色	中砾石砂质壤土	核状	6.0	20.5	1.05	0.36	22.8	67	2.0	81				
				C	78—105	灰棕色	重砾石砂质壤土	块状	6.1	7.2	0.63	0.28	23.4	43	2.0	63				
剖10	高山土	草毡土	棕草毡土	As	0—9	黑棕色	多砾石砂质壤土	粒状	5.3	>250.0	>6.00	1.38	15.5	>400	21.0	240		花岗岩、坡积物	E 94° 08′ 50.3″ N 30° 47′ 20.8″	84
				A_1	9—19	暗棕色	轻砾石砂质壤土	块状	5.3	93.9	4.74	0.79	22.1	363	8.0	132				
				B	19—36	灰黄棕色	中砾石砂质壤土	块状	5.5	18.1	1.09	0.43	24.5	86	5.0	100				
				Bc	36—50	灰黄棕色	重砾石砂质壤土	粒状	5.3	10.7	0.80	0.28	24.2	52	4.0	63				
				C	50—70	黄棕色														
剖11	高山土	黑毡土	薄黑毡土	A	0—14	暗棕色	轻砾石砂质砂土	粒状	7.5	62.8	2.83	1.78	22.6	185	54.0	105		花岗岩洪积物	E 94° 54′ 00.0″ N 30° 46′ 46.2″	84
				B_1	14—30	暗棕色	轻砾石砂质砂土	粒状	8.1	49.5	2.59	1.84	22.9	159	40.0	92				
				B_2	30—53	暗棕灰色	多砾质砂土	单粒状	8.0	31.0	1.76	1.24	24.3	123	36.0	71				
				C	53—															

续表 Continued

剖面号 Soil profile	土纲 Soil order	土类 Soil great group	亚类 Soil subgroup	土层码 Layer code	土层厚度 Depth/cm	颜色 Soil color	质地 Soil texture	土壤结构 Soil structure	pH	有机质 OM/(g/kg)	全氮 TN/(g/kg)	全磷 TP/(g/kg)	全钾 TK/(g/kg)	碱解氮 AN/(mg/kg)	有效磷 AP/(mg/kg)	速效钾 AK/(mg/kg)	阳离子交换量CEC/(cmol/kg)	土壤母质 Parent material	剖面点坐标 Profile coordinate	匹配指数 Matching index/%
剖12	高山土	黑毡土	薄黑毡土	A	0—20	棕色	重砾质壤质砂土	屑粒状	8.3	20.9	1.31	0.40	24.2	103	4.0	62	4.2		E 94°57′34.6″ N 30°45′36.7″	95
				AC	20—60	灰黄棕色	重砾质壤质砂壤土	块状	8.9	13.4	0.85	0.35	21.5	60	3.0	39	3.7			
				Ck	60—100	亮棕色	重砾质砂壤土	块状	8.4	11.6	0.51	0.31	21.9	36	4.0	42	5.1			

林芝市

市辖区

主要土类说明

草毡土是林芝市主要土壤类型，占本市地域面积的 25%。草毡土是发育于高寒区（青藏高原）平缓高原面上，具强度生草腐殖质积累与弱度氧化还原特征的高山土壤。土壤冻结期长，嵩草等根系发达，因弱度分解而积累，呈草毡状；土体滞水，冻融交替，弱度氧化还原交互进行，造成氧化铁微弱游离。

暗棕壤是林芝市第二大土壤类型，占本市地域面积的 25%。暗棕壤是在温带湿润地区针阔叶混交林下发育形成的具有明显有机质富集和弱酸性淋溶特征的土壤，剖面具 O-A-B-C 构型。土壤冻结期长，弱酸性淋溶使铁、铝轻微下移，B 层呈棕色，结构面见铁锰胶膜。土壤呈弱酸性反应，盐基饱和度为 70%—80%。

黑毡土是林芝市第三大土壤类型，占本市地域面积的 17%。黑毡土发生于青藏高原高寒较温湿的原面上，嵩草与杂生草类的草毡层初步分解，形成暗色初步腐殖化的草根茎盘结层。土壤色泽较暗，有机质含量较高，可达 10.0%—15.0%，底土见锈色纹斑，土壤 pH 为 6.5—8.0。

棕壤占林芝市地域面积的 11%。棕壤发生于湿润暖温带落叶阔叶林下，但大部分已被垦殖，以旱作为主。土壤处于硅铝风化阶段，具有黏化特征，呈棕色。土体有黏粒淀积，盐基充分淋失，pH 为 6.0—7.0，可见少量游离铁。

寒冻土占林芝市地域面积的 7%。寒冻土发生于高山冰雪带下缘，该土壤的形成以寒冻物理风化为主，弱生物累积，土层薄，含石砾多，仅在岩屑中见少量细土物质堆积。土壤 pH 为 7.0—8.5。

小于本市地域面积 3% 的土壤类型还有黄棕壤、草甸土、粗骨土、褐土、新积土、风沙土和黄壤等。

本区域中心区气候特征

本区域中心区气候特征值
Regional climate characteristics in central area of the region

气候带：高原温带亚湿润气候 Climate region: Plateau temperate sub humid climate	
年平均气温 /℃ Annual average temperature /℃	6.5
年平均最高气温 /℃ Annual average maximum temperature /℃	13.9
年平均最低气温 /℃ Annual average minimum temperature /℃	0.7
年降水量 /mm Annual precipitation /mm	555
≥10℃的积温 /℃ Daily temperature accumulated in a year（≥10℃）/℃	2305
年日照时数 /h Annual sunshine /h	2608
年平均相对湿度 /% Annual average relative humidity /%	55
干燥度 Dryness	0.87

本区域中心区月平均气温与月平均降水量
Monthly temperature and precipitation in central area of the region

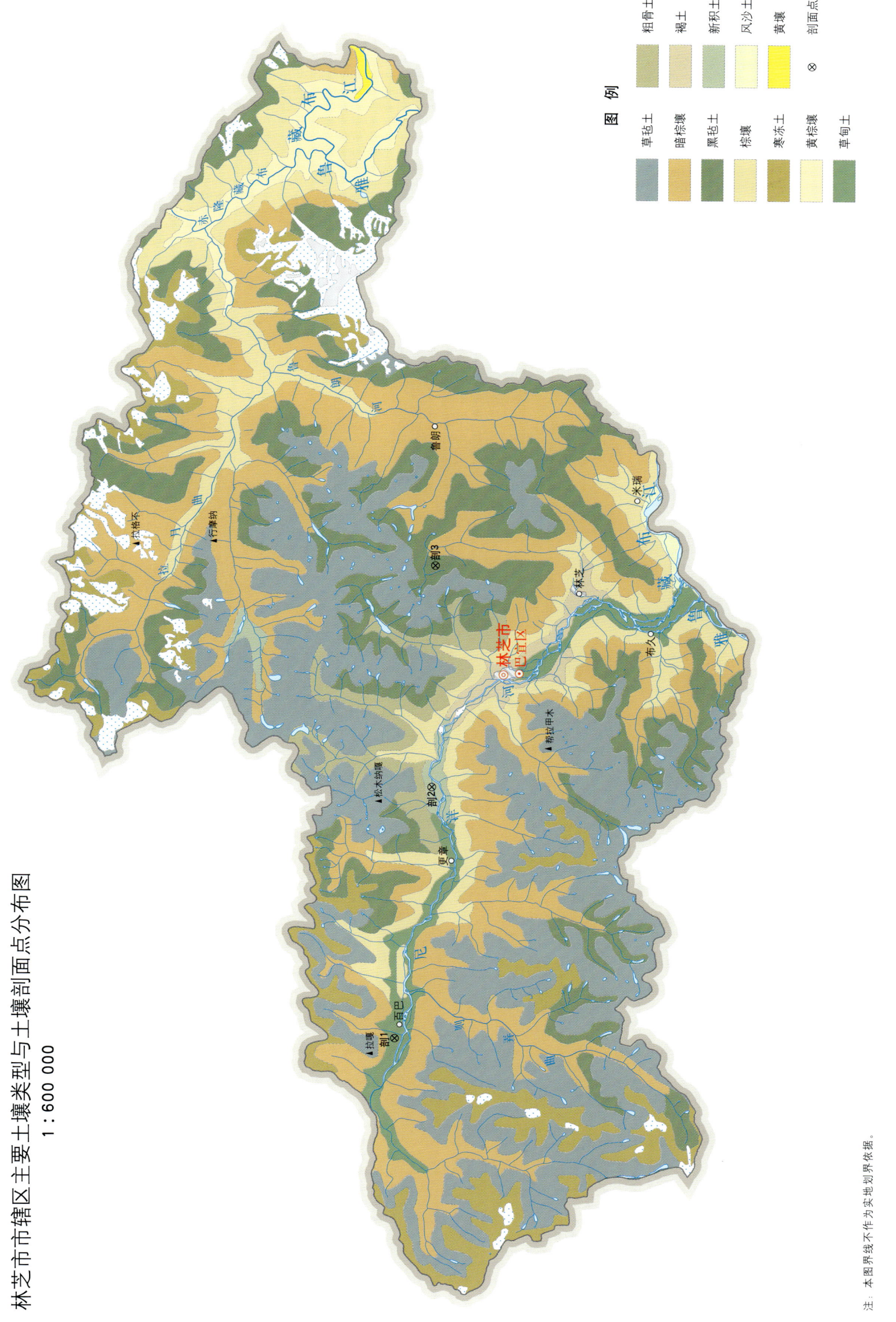

林芝市市辖区主要土壤类型与土壤剖面点分布图
1∶600 000

林芝市土壤剖面理化性状表

剖面号 Soil profile	土纲 Soil order	土类 Soil great group	亚类 Soil subgroup	土层码 Layer code	土层厚度 Depth/cm	颜色 Soil color	质地 Soil texture	土壤结构 Soil structure	pH	有机质 OM/(g/kg)	全氮 TN/(g/kg)	全磷 TP/(g/kg)	全钾 TK/(g/kg)	碱解氮 AN/(mg/kg)	有效磷 AP/(mg/kg)	速效钾 AK/(mg/kg)	阳离子交换量 CEC/(cmol/kg)	剖面点坐标 Profile coordinate	匹配指数 Matching index/%
剖1	半水成土	草甸土	草甸土	A₁₁	0—18	暗棕色	砂壤土	团块状	7.3	26.2	1.33	1.00	19.1	86	6.2	143		E 93°49′29.6″ N 29°48′10.4″	95
				A₁₂	18—34	灰棕色	砂壤土	块状	7.2	19.8	1.06	0.95	19.6	62	2.8	119			
				Cu₁	34—75	棕色	砂壤土	块状	7.5	7.9	0.49	0.92	19.9	18	4.5	102			
				Cu₂	75—100	棕灰色	砂壤土	块状	7.6	14.6	0.58	1.02	20.9	24	4.7	68			
剖2	初育土	新积土	冲积土	A	0—8	淡灰色	砂土	粒状	6.6	14.4	0.65	1.54	24.1	70	2.0	54	3.8	E 94°11′37.0″ N 29°45′15.1″	83
				Cu₁	8—35	淡灰色	砂土	单粒状	6.8	5.9	0.24	1.19	27.1	20		25	2.1		
				Cu₂	35—	淡绿灰色	砂土	单粒状	7.0	5.0	0.11	1.07	25.6	7		17	<2.0		
剖3	高山土	黑毡土	棕黑毡土	Ao	0—9	暗棕色			6.2	205.9	>6.00	1.44	15.6	>400	11.3	257		E 94°31′05.2″ N 29°44′47.8″	78
				A	9—24	灰棕色	黏壤土	粒状	5.6	66.1	2.78	0.85	18.9	324	4.5	108			
				B	24—38	浊黄棕色	黏壤土	块状	5.3	39.1	1.63	0.80	20.2	187	2.3	80			
				Bc	38—62	浊黄橙色	砂质黏壤土		5.3	22.9	1.21	0.70	21.0	121	2.5	62			

工布江达县

主要土类说明

草毡土是工布江达县主要土壤类型，占本县地域面积的37%。草毡土是发育于高寒区（青藏高原）平缓高原面上，具强度生草腐殖质积累与弱度氧化还原特征的高山土壤。土壤寒冻，嵩草等植物根系发达，因弱度分解而积累，呈草毡状；土体滞水，冻融交替，弱度氧化还原交互进行，造成氧化铁微弱游离。

寒冻土是工布江达县第二大土壤类型，占本县地域面积的27%。寒冻土是位于雪线以下、草毡土之上的土壤，所处地形多为分水岭脊线或古冰川的冰碛台地，海拔5300m左右分布区环境昼夜温差大，气候恶劣，一天之内常出现冰雪、冰雹、降雨、大风、天晴等多种天气。本县内寒冻土呈零星分布，但以西北部的面积较多。成土母质主要是高山冰碛物、残积物、坡积物，因冰碛作用，土层浅薄，土体内多角状碎石，属A–C型粗骨土，仅局部低地粉细砂土粒。土壤成土过程处于原始阶段，一方面由于所属地形部位是从冰川退缩后最晚解脱出来的地方，成土绝对年龄最轻；另一方面，高寒的气候条件下，生物作用十分微弱，土壤矿物分解转化过程极为缓慢，加之易遭到冻、水、风、重力等多种因素的侵蚀和影响，不断中断它的成土过程，导致土壤具有年轻性和原始性。土壤的冻融交替使土内具有层片状结构，又因土壤温度大，含水量较多，表层土壤的结构面上有锈色胶膜，呈褐红色。植被组成主要是冷生壳状地衣和一些莲座状及肉质类植物，如雪莲、蚤缀、风毛菊等，盖度约为5%，植物长势差，土壤有机质含量大多在2%左右，速效养分较少。

暗棕壤是工布江达县第三大土壤类型，占本县地域面积的14%。暗棕壤是在温带湿润地区针阔叶混交林下发育形成的，具有明显有机质富集和弱酸性淋溶特征的土壤，剖面构型为O–A–B–C。土壤冻结期长，弱酸性淋溶使铁、铝轻微下移，B层呈棕色，结构面可见铁锰胶膜。土壤呈弱酸性反应，盐基饱和度为70%—80%。

黑毡土占工布江达县地域面积的13%。黑毡土发育于青藏高原较温湿的原面上，嵩草与杂生草类的草毡层初步分解，形成暗色初步腐殖化的草根茎盘结层。土壤色泽较暗，有机质含量较高，可达10.0%—15.0%，底土可见锈色纹斑，土壤pH为6.5—8.0。

小于本县地域面积3%的土壤类型还有褐土、棕壤、草甸土和粗骨土等。

本区域中心区气候特征

本区域中心区气候特征值
Regional climate characteristics in central area of the region

气候带：高原亚温带亚湿润气候 Climate region: Plateau sub temperate sub humid climate	
年平均气温 /℃ Annual average temperature /℃	6.0
年平均最高气温 /℃ Annual average maximum temperature /℃	13.7
年平均最低气温 /℃ Annual average minimum temperature /℃	−0.3
年降水量 /mm Annual precipitation /mm	504
≥10℃的积温 /℃ Daily temperature accumulated in a year (≥10℃) /℃	2455
年日照时数 /h Annual sunshine /h	2727
年平均相对湿度 /% Annual average relative humidity /%	52
干燥度 Dryness	1.14

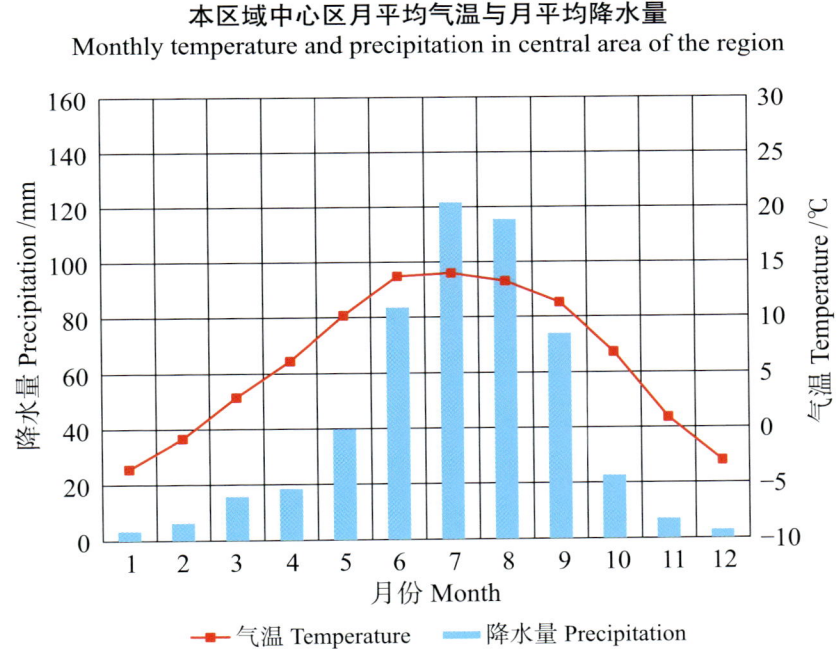

本区域中心区月平均气温与月平均降水量
Monthly temperature and precipitation in central area of the region

工布江达县主要土壤类型与土壤剖面点分布图
1∶700 000

图 例

草毡土　寒冻土　暗棕壤　黑毡土　褐土
棕壤　草甸土　粗骨土　⊗ 剖面点

注：本图界线不作为实地划界依据。

工布江达县土壤剖面理化性状表

剖面号 Soil profile	土纲 Soil order	土类 Soil great group	亚类 Soil subgroup	土层码 Layer code	土层厚度 Depth/cm	颜色 Soil color	质地 Soil texture	土壤结构 Soil structure	pH	有机质 OM/(g/kg)	全氮 TN/(g/kg)	全磷 TP/(g/kg)	全钾 TK/(g/kg)	碱解氮 AN/(mg/kg)	有效磷 AP/(mg/kg)	速效钾 AK/(mg/kg)	阳离子交换量CEC/(cmol/kg)	土壤母质 Parent material	剖面点坐标 Profile coordinate	匹配指数 Matching index/%
剖1	高山土	黑毡土	棕黑毡土	1	0—10	黑色	轻壤土	无明显结构										砂岩残积物、坡积物	E 93°54′49.0″ N 30°11′04.2″	80
				2	10—15	黑褐色	轻壤土	无明显结构	<4.5											
				3	15—24	暗褐色	砂砾土	片状	<4.5											
				4	24—51	暗灰色	砂砾石土	粒状	<4.5											
				5	51—95	暗棕色	砂砾石土		5.6											
剖2	高山土	黑毡土	棕黑毡土	1	16—23		砂质黏壤土			>250.0	>6.00	2.74	12.0	>400	18.3	172	31.5		E 92°52′40.4″ N 30°08′30.8″	75
				2	23—50		砂壤土			36.6	1.35	0.75	26.1	146	2.1	29	9.1			
				3	50—80		砂壤土			182.0	3.30	1.84	23.6	248	5.7	35	31.3			
剖3	高山土	草毡土		1	0—25	棕褐色	砂壤土	粒状、片状	6.0	77.8	2.86	2.20	26.7	382	3.2	116	14.8	坡积物	E 92°28′15.6″ N 30°02′23.6″	84
				2	25—50	黄褐色	砂壤土	块状	6.0	15.2	0.76	1.70	29.5	42	6.1	46	5.9			
				3	50—80	棕色	砂砾石土	粒状	5.6											
剖4	高山土	黑毡土		As	0—8	暗棕色	砂壤土	无明显结构	5.2	116.7	4.52	1.00	22.0	331	4.9	229	20.7		E 92°53′38.8″ N 30°00′12.2″	74
				A	8—28	暗红棕色	砂壤土	块状	4.7	54.1	2.66	1.10	22.8	197	2.3	60	16.8			
				AC	28—43	暗红棕色	壤土	块状	4.8	37.1	1.68	1.37	23.8	91	8.0	33	15.8			
				C	43—68	黄棕色	重砾质砂壤土	块状	4.9	27.6	1.15	1.46	23.8	57	4.6	37	11.9			
剖5	淋溶土	暗棕壤	灰化暗棕壤	O	0—9														E 94°02′14.6″ N 30°00′11.5″	95
				A	9—23	棕灰色	重砾质砂质黏壤土	块状	4.7	193.2	4.04	0.49	13.9	334	2.0	136	33.6			
				Az	23—32	淡灰色	重砾质壤土	块状	4.7	36.5	0.70	0.12	15.7	68	2.0	52	12.0			
				B	32—64	亮黄棕色	砾质砂壤土	块状	5.2	77.8	1.65	0.70	15.0	148	1.0	19	20.1			
				BC	64—89	亮黄棕色	重砾质砂壤土	块状	5.5	11.7	0.47	0.36	25.4	31	2.0	64	6.4			
				C	89—105	橙色	砾质砂壤土		5.5	7.6	0.34	0.52	25.4	15	7.0	50	4.7			
剖6	淋溶土	棕壤		1	0—13	褐棕色	砂质壤土	团块状	6.4	28.0	1.52	1.56	28.1	109	9.6	96	7.5		E 93°40′55.6″ N 29°58′40.4″	95
				2	13—30	灰褐棕色	砂壤土	块状	6.2	28.6	1.62	1.56	27.7	124	4.5	126	9.9			
				3	30—54	棕灰色	砂壤土	块状	6.3	12.2	0.60	0.78	31.0	31	1.5	42	9.1			
				4	54—90	灰棕色	砂壤土	块状	6.5	9.2	1.28	0.81	30.9	13	1.4	32	4.5			
剖7	高山土	草毡土		1	0—18	棕褐色	砂壤土	团块状、片状	6.0	103.5	4.79	2.41	24.8	>400	4.2	247	19.0	洪积物、冲积物	E 92°27′02.5″ N 29°57′46.8″	73
				2	18—30	黄棕色	砂壤土	无明显结构	6.2	87.5	3.89	2.01	25.6	358	4.2	253	17.5			
				3	30—60	棕色	砂土	团粒状		52.3	1.80	2.27	26.6	165	3.3	106	10.2			
剖8	半淋溶土	褐土		1	0—11	暗棕色	砂质黏壤土	团粒状	6.7	92.9	4.21	1.92	23.6	347	9.0	141		砂岩残积物、坡积物	E 93°10′08.8″ N 29°56′01.7″	95
				B	11—60	棕色	砂壤土	块状	6.7	11.2	0.60	0.92	23.1	48	3.0	54				
				BkC	60—90	棕色	砂壤土	块状	7.3	10.3	0.75	0.81	23.5	36	3.0	52				
				Ck	90—100	棕色	砂壤土	块状	8.7	8.9	0.58	0.79	23.6	30	2.0	37				
剖9	半淋溶土	褐土	淋溶褐土	1	0—5	暗棕色	砂壤土	团粒状	6.5	45.4	2.47	2.21	33.7	146	10.2	96	11.7	洪积物	E 93°16′13.4″ N 29°53′43.4″	95
				2	5—16	深棕色	砂壤土	团粒状	6.7	13.6	0.89	1.64	35.3	47	7.3	52	9.6			
				3	16—57	棕色	砂壤土	团粒状	6.7	6.8	0.43	1.25	35.6	22	5.4	50	6.3			
				4	57—100	灰棕色	砂壤土	块状	6.8	5.1	0.33	1.15	3.6	13	3.0	46	5.8			
剖10	高山土	黑毡土	棕黑毡土	As	0—8	棕黑色	重砾质砂质黏壤土	碎块状	5.5	61.8	2.88	0.94	21.7	283	4.0	242	17.8		E 92°40′58.1″ N 29°51′30.6″	95
				A	8—20	棕色	重砾质砂壤土	块状	5.8	31.0	1.44	0.66	23.0	111	3.0	150	10.7			
				AC	20—65	棕色	砂壤土	块状	5.9	23.2	1.10	0.65	23.5	79	7.0	103	9.7			
				C	65—81															

米 林 县

主要土类说明

暗棕壤是米林县主要土壤类型，占本县地域面积的30%。暗棕壤是在温带湿润地区针阔叶混交林下发育形成的具有明显有机质富集和弱酸性淋溶特征的土壤，剖面具 O–A–B–C 构型。土壤冻结期长，弱酸性淋溶使铁、铝轻微下移，B 层呈棕色，结构面可见铁锰胶膜。土壤呈弱酸性反应，盐基饱和度为 70%—80%。

黑毡土是米林县第二大土壤类型，占本县地域面积的 28%。黑毡土发育于青藏高原高寒较温湿的原面上，嵩草与杂生草类的草毡层初步分解，形成暗色初步腐殖化的草根茎盘结层。土壤色泽较暗，有机质含量较高，可达 10.0%—15.0%，底土可见锈色纹斑，土壤 pH 为 6.5—8.0。

草毡土是米林县第三大土壤类型，占本县地域面积的 22%。草毡土是发育于高寒区（青藏高原）平缓高原面上，具强度生草腐殖质积累与弱度氧化还原特征的高山土壤。土壤冻结期长，嵩草等植物根系发达，因弱度分解，呈草毡状；土体滞水，冻融交替，弱度氧化还原交互进行，造成氧化铁微弱游离。

棕壤占米林县地域面积的 8%。棕壤发育于湿润暖温带落叶阔叶林下，大部分已被垦殖，以旱作为主。土壤处于硅铝风化阶段，具有黏化特征，呈棕色土。土体有黏粒淀积，盐基充分淋失，pH 为 6.0—7.0，可见少量游离铁。

寒冻土占米林县地域面积的 4%。寒冻土发生于高山冰雪带下缘，土壤物理风化和冰雪剥蚀作用强烈，生物化学作用微弱，弱生物累积，土层浅薄，含石砾多，仅在岩屑中见少量细土物质堆积，不能形成连片土被。土壤 pH 为 7.0—8.5。

褐土占米林县地域面积的 3%。褐土是在暖温带半湿润区发育形成的具有黏化作用与钙质淋移淀积特征的土壤。土壤处于硅铝风化阶段，有明显黏淀层。剖面具 A–B–C 构型，B 层呈棕褐色。土壤 pH 为 7.0—7.5，盐基饱和度在 80% 以上；B 层下部有假菌丝状钙积层。

小于本县地域面积 3% 的土壤类型还有风沙土、新积土、潮土和黄棕壤等。

本区域中心区气候特征

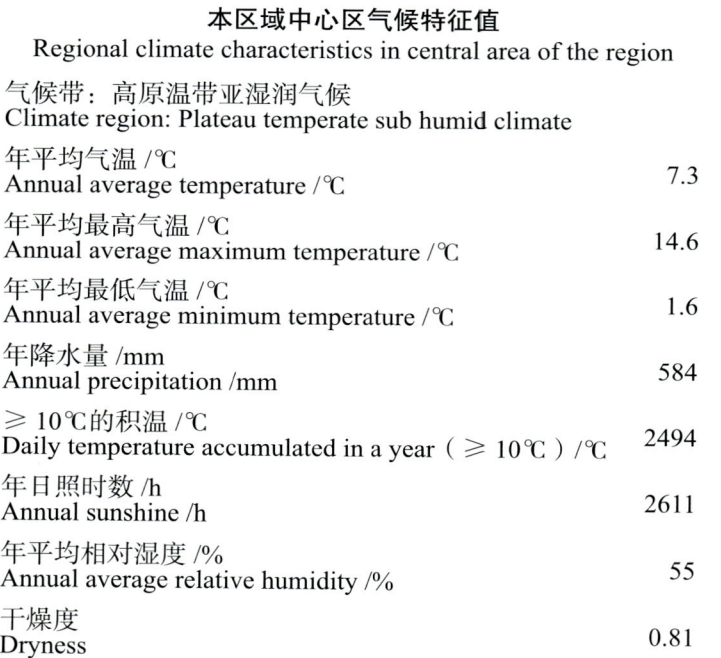

本区域中心区气候特征值
Regional climate characteristics in central area of the region

气候带：高原温带亚湿润气候 Climate region: Plateau temperate sub humid climate	
年平均气温 /℃ Annual average temperature /℃	7.3
年平均最高气温 /℃ Annual average maximum temperature /℃	14.6
年平均最低气温 /℃ Annual average minimum temperature /℃	1.6
年降水量 /mm Annual precipitation /mm	584
≥10℃的积温 /℃ Daily temperature accumulated in a year (≥10℃) /℃	2494
年日照时数 /h Annual sunshine /h	2611
年平均相对湿度 /% Annual average relative humidity /%	55
干燥度 Dryness	0.81

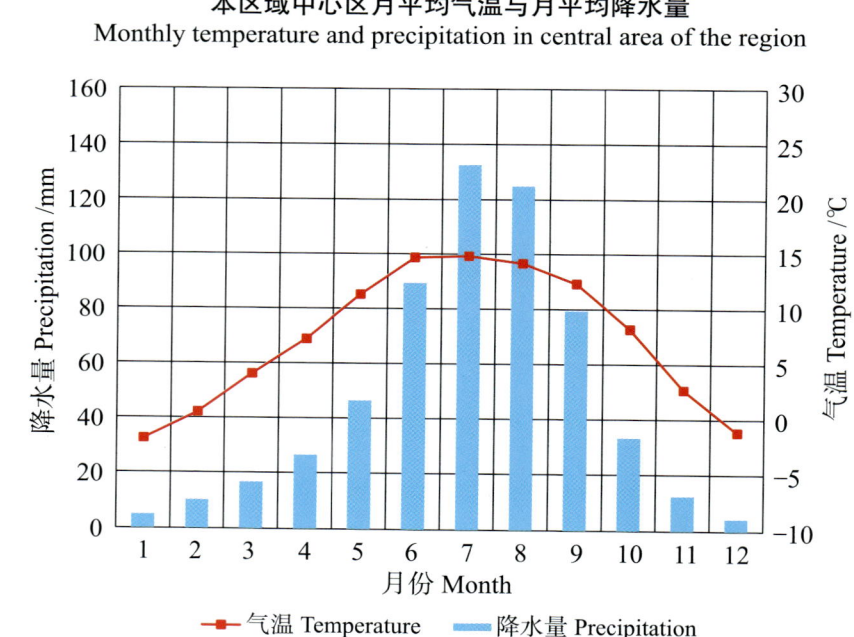

本区域中心区月平均气温与月平均降水量
Monthly temperature and precipitation in central area of the region

米林县主要土壤类型与土壤剖面点分布图
1:670 000

图 例

风沙土　新积土　潮土　黄棕壤　⊗ 剖面点
暗棕壤　黑毡土　草毡土　棕壤　寒冻土　褐土

注：本图界线不作为实地划界依据。

第二编　分县土壤图与土壤剖面数据 | 203

米林县土壤剖面理化性状表

剖面号 Soil profile	土纲 Soil order	土类 Soil great group	亚类 Soil subgroup	土层码 Layer code	土层厚度 Depth/cm	颜色 Soil color	质地 Soil texture	土壤结构 Soil structure	pH	有机质 OM/(g/kg)	全氮 TN/(g/kg)	全磷 TP/(g/kg)	全钾 TK/(g/kg)	碱解氮 AN/(mg/kg)	有效磷 AP/(mg/kg)	速效钾 AK/(mg/kg)	阳离子交换量CEC/(cmol/kg)	剖面点坐标 Profile coordinate	匹配指数 Matching index/%
剖1	淋溶土	暗棕壤	暗棕壤	O	0—3													E 93°30′35.3″ N 29°19′44.8″	78
				A	3—7	黑棕色	轻砾质砂壤土	粒状	6.2	108.5	3.49	1.23	16.6	293	26.0	362	20.4		
				B₁	7—25	棕色	重砾质砂壤土	块状	6.0	31.2	1.23	0.96	16.6	101	5.0	216	7.1		
				B₂	25—38	棕色	重砾质砂壤土	块状	6.0	31.0	1.41	1.75	17.7	103	8.0	121	5.5		
				BC	38—59	暗灰黄色	重砾质砂壤土	块状	6.2	24.6	1.09	1.87	16.1	59	5.0	83	7.8		
				C	59—100	暗灰黄色	重砾质砂土	粒状	6.3	12.9	0.61	2.84	10.9	19	8.0	55	5.2		
剖2	淋溶土	暗棕壤	暗棕壤	O	0—2													E 93°39′50.8″ N 29°06′34.6″	75
				A	2—9	暗棕色	砂质黏壤土	粒状	5.4	108.2	3.74	1.60	24.4	394	7.0	305	25.8		
				AB	9—34	棕色	黏壤土	块状	5.0	42.6	1.52	1.25	26.1	184	4.0	129	14.2		
				B₁	34—45	黄棕色	黏壤土	块状	5.1	20.3	1.10	0.96	25.5	107	2.0	125	7.8		
				B₂	45—78	棕色	黏壤土	块状	5.2	25.6	1.29	1.28	24.5	119	3.0	104	9.8		
				C	78—100	淡灰黄色	黏壤土	块状	5.5	11.4	0.88	0.90	26.8	103	1.0	91	5.5		

墨 脱 县

主要土类说明

黄壤是墨脱县主要土壤类型，占本县地域面积的20%。黄壤主要分布在受印度洋暖湿气流强烈影响的亚热带山地，分布范围在海拔1100—2200m。黄壤所处的地形部位是高山峡谷区谷坡中下部的"V"形谷坡上，坡度较陡峻。成土母质为花岗岩、片麻岩、混合岩和石英砂岩的坡积物以及花岗岩和片麻岩的洪积物。所处地带气候特点是降水高，云雾多，日照少，湿度大，冬无严寒，夏无酷暑，干湿季不明显，并且有太阳辐射，气温高，日较差大，年较差小等。这种气候条件对林木生长极为有利。主要植被类型为以壳斗科、樟科、兰科、山茶科、五加科等组成的常绿落叶林、云南松林等。在温湿气候条件下，这些植被的枯枝落叶常积累于地表，有机质累积量大于分解量，在枯枝落叶分解过程中，释放大量的盐基，在淋溶作用下这些盐基向下移动，在剖面中淀积。黄壤的成土过程主要表现有淀积黏化作用、弱的脱硅和富铝化作用以及腐殖质的积累作用。剖面中部的黏粒含量明显增强，由于土壤中的原生矿物受到较强的风化作用，形成的黏粒随土壤水分淋溶面淀积于剖面中部，从而形成黄壤的淀积黏化层。在暖湿气候条件下，淋溶作用强，土壤中的二氧化硅遭受淋溶，铁、铝残留在剖面中，具有弱的富铝化过程。

暗棕壤是墨脱县第二大土壤类型，占本县地域面积的20%。暗棕壤主要分布于受季风强烈影响的山地，位于酸性棕壤之上，海拔3100—3500m，是垂直带谱中的一种地带性土壤。其所处的地形部位是高山峡谷区谷坡的中部。成土母质为花岗岩、片麻岩的残积物、坡积物。分布地带的气候较酸性棕壤冷凉，湿润性较酸性棕壤低，夏秋多雨，冬春干旱但常多雾。这样的气候有利于森林的生长。主要植被类型是针阔叶混交林，林下灌木有大萼杜鹃、箭竹等，苔藓发育较好。成土过程具有腐殖质积累和淋溶棕化作用两个特点。由于气候较酸性棕壤冷凉，雨季同生长季一致，每年森林有大量的枯枝落叶在地表聚积，地表枯枝落叶层增厚，又由于土壤中微生物较多，有利于有机物的矿化，使土壤表层形成较厚的腐殖质层。在有机质累积的同时，枯枝落叶分解时形成的有机酸在雨季随水下渗，淋溶掉土壤中的盐基。在嫌气环境下，铁可以还原为亚铁而向心土层移动淋溶，其淋溶过程比棕壤强。土体中有明显的浅色亚表层和淀积层，土壤呈酸性反应。

黄棕壤是墨脱县第三大土壤类型，占本县地域面积的16%。黄棕壤主要分布在受印度洋暖湿气流强烈影响的亚热带山地，所处的山地海拔为2100—2500m，下连黄壤。黄棕壤可以发育于不同的岩性母质上，在本县常见的有花岗岩、混合岩、片麻岩的坡积物。其分布区的气候特点是降水高，云雾多，日照少，湿度大，冬无严寒，夏无酷暑。还具有干湿季不明显，太阳辐射强，气温日较差大、年较差小等高原气候特点。这种气候条件对林木的生长极为有利。黄棕壤的植被类型主要为混生落叶阔叶树的常绿阔叶林和常绿落叶阔叶混交林，也有常绿阔叶、针叶混交林。主要树种有尼泊尔桤木、核桃、漆树、西藏桢楠、樟树、曼青冈、枫、香椿、水青树、云杉和槭等。在暖湿环境下，地面累积一层凋落物，在阴湿地段，有机质的累积大于分解，仍能形成较厚的枯枝落叶层。这些凋落物在分解的过程中释放的盐基较多，由于淋溶作用在土体中淀积，土壤的黏粒向心土层移动，心土层有黏化现象。在暖湿的气候条件下，土壤又具有弱富铝化过程。

赤红壤占墨脱县地域面积的15%。赤红壤的脱硅富铝化程度仅次于砖红壤，比红壤强，铁的游离度介于二者之间，淀积层（B层）富含铁铝氧化物，呈赤红色，黏粒硅铝率为1.7—2.0，风化淋溶系数为0.05—0.15，盐基饱和度为15%—25%，pH为4.5—5.5。

黑毡土占墨脱县地域面积的14%。黑毡土的成土母质多为花岗片麻岩残积物、坡积物。黑毡土所处的气候条件比草毡土相对暖湿，土壤冻结期在4个月左右，冻融交替不显著，土壤的冻融作用也不及草毡土明显。其分布区的天然植被组成复杂，木本植物的灌丛种类也不少。草本植物以中生草甸群落为主，由扁芒草和矮生嵩草等组成。灌丛植物有散生的雪层杜鹃、金露梅和高山柳等，植被盖度为70%—90%。黑毡土的成土过程具有明显的腐殖质积累作用和氧化还原作用过程。黑毡土水热条件较为优越，植被生长快、生长量大，故生物积累量大，多形成交错致密的草毡层。同时，土壤中动物和微生物活动明显增强，加之水热条件对有机质的生物化学作用较为强烈，有机质分解转化速度亦快，故累积的草毡层较厚。由于黑毡土的水分较丰富，特别是夏秋季草毡层吸持大量水分，并以其隔绝作用限制了土壤蒸发；而冬季干寒时间又较短，受冰冻影响较轻，因而其还原状况和成土母质的转化、移动与草毡土有所不同。但由于土壤季节性冻结时间短，虽成土作用相对较强，土壤B层发育仍较差。

砖红壤占墨脱县地域面积的6%，主要分布于从丹希利河上游的阿马达拉向东延伸至丹龙曲的尼杂木哈特，沿雅鲁藏布江下游峡谷向上可达金布附近，主要在本县南部海拔1100—1500m范围，这里具有高温多雨、冬季少雨多雾、夏季多雨的气候特点。冬季虽少雨，但常有浓雾和露水，干旱期短而不太明显，年平均相对湿度在80%以上，在这种高温高湿的条件下，原生植被主要是由娑罗双、龙脑香、第伦桃、榕树等组成热带雨林，在上述气候和植被共同作用下，土壤成土过程的特点是以富铝化作用和生物积累作用为主。由于土壤中含水量高，土壤呈黄棕色或黄色。因处于深切河谷底部，坡度陡峻，侵蚀和堆积作用十分活跃，土壤剖面发育较差，质地粗，黏粒含量低。

棕壤占墨脱县地域面积的3%。棕壤发育于湿润暖温带落叶阔叶林下，但大部分已被垦殖，以旱作为主。土壤处于硅铝风化阶段，具有黏化特征，总体呈棕色。土体可见黏粒淀积，盐基充分淋失，pH为6.0—7.0，可见少量游离铁。

小于本县地域面积3%的土壤类型还有寒冻土、棕色针叶林土、红壤、粗骨土、漂灰土和草毡土等。

本区域中心区气候特征

本区域中心区气候特征值
Regional climate characteristics in central area of the region

气候带：北亚热带湿润气候 Climate region: North subtropical humid climate	
年平均气温 /℃ Annual average temperature /℃	7.2
年平均最高气温 /℃ Annual average maximum temperature /℃	14.2
年平均最低气温 /℃ Annual average minimum temperature /℃	1.9
年降水量 /mm Annual precipitation /mm	651
≥10℃的积温 /℃ Daily temperature accumulated in a year (≥10℃) /℃	2532
年日照时数 /h Annual sunshine /h	2458
年平均相对湿度 /% Annual average relative humidity /%	60
干燥度 Dryness	0.54

本区域中心区月平均气温与月平均降水量
Monthly temperature and precipitation in central area of the region

墨脱县主要土壤类型与土壤剖面点分布图
1∶1 000 000

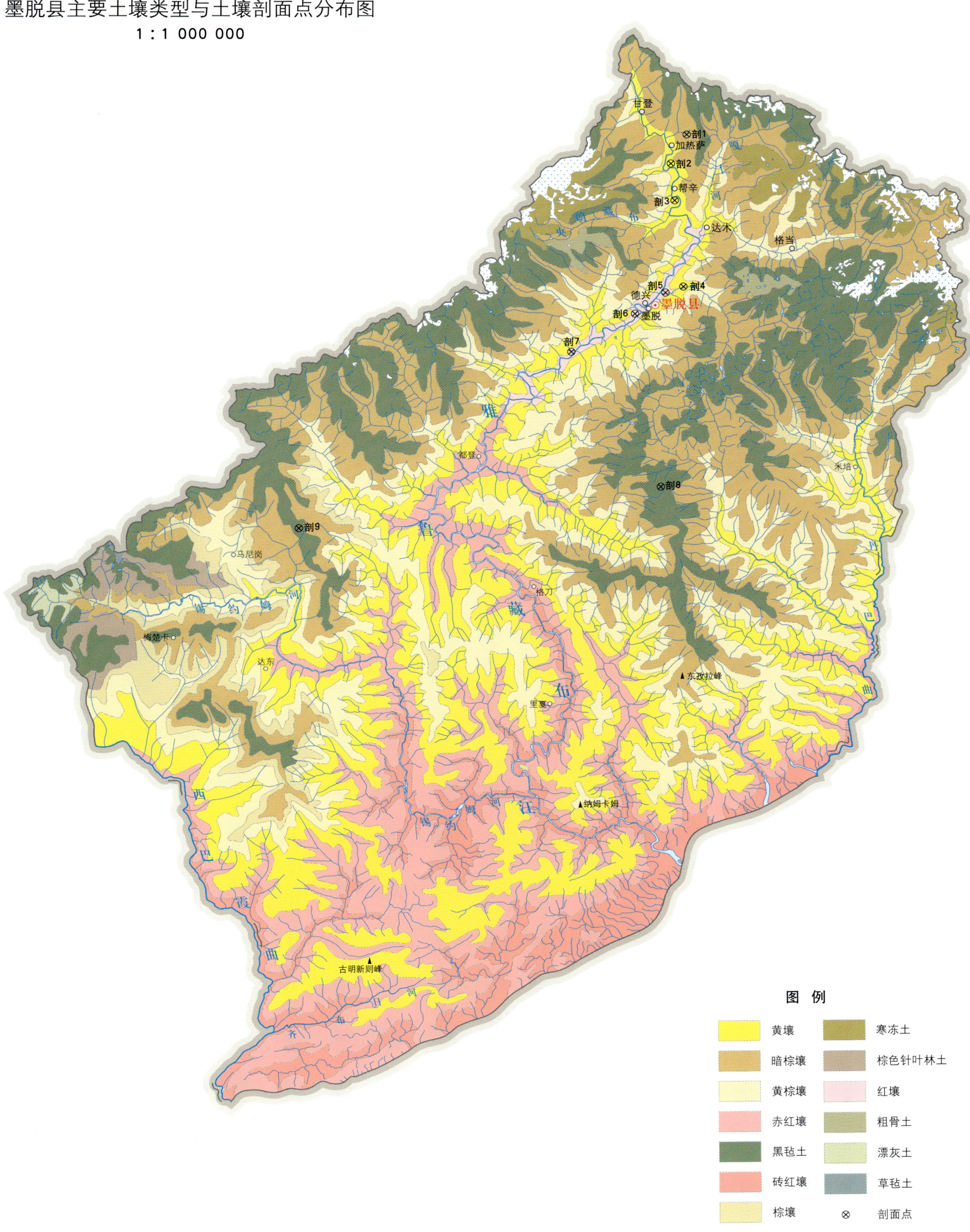

墨脱县土壤剖面理化性状表

剖面号 Soil profile	土纲 Soil order	土类 Soil great group	亚类 Soil subgroup	土层码 Layer code	土层厚度 Depth/cm	颜色 Soil color	质地 Soil texture	土壤结构 Soil structure	pH	有机质 OM/(g/kg)	全氮 TN/(g/kg)	全磷 TP/(g/kg)	全钾 TK/(g/kg)	碱解氮 AN/(mg/kg)	有效磷 AP/(mg/kg)	速效钾 AK/(mg/kg)	阳离子交换量CEC/(cmol/kg)	土壤母质 Parent material	剖面点坐标 Profile coordinate	匹配指数 Matching index/%
剖1	淋溶土	暗棕壤	暗棕壤	Ao	0~7	黑棕色	多砾质砂土	团块状	<4.5	217.8	5.42	1.98	8.9	>400	5.0	>500	39.8	花岗岩残积物、坡积物	E 95°24′50.0″ N 29°42′19.1″	87
				2	7~32	暗棕色	多砾质砾质砂土	块状	4.8	204.5	4.46	1.97	9.4	326	2.8	>500	37.2			
				3	32~64	暗棕色	多砾质砂土	粒状	5.0	127.4	3.27	2.41	10.7	215	1.5	390	28.5			
				4	64~100															
剖2	铁铝土	黄壤	黄壤	Ao	0~3	黑棕色	多砾质砂壤土	团块状	6.7	73.0	3.85	2.04	38.4	297	10.0	85	20.0	混合岩残积物、坡积物	E 95°22′23.9″ N 29°38′27.6″	95
				2	3~14	暗灰棕色	多砾质砂土	块状	6.1	13.0	0.67	2.41	32.3	47	1.7	68	9.6			
				3	14~24	灰黄棕色	砾石土	粒状、块状	6.4	7.5	0.43	2.46	39.3	25	1.1	47	8.6			
				4	24~50															
剖3	铁铝土	黄壤	黄壤	1	0~17	黑棕色	多砾质砂壤土	团块状	5.5	60.8	3.05	2.49	24.0	246	9.7	418	13.2	坡积物	E 95°22′50.5″ N 29°33′31.7″	95
				2	17~35	灰黄棕色	多砾质砂壤土	块状	5.9	63.5	2.88	>4.00	15.8	192	20.4	332	19.2			
				3	35~70	黄棕色	多砾质砂壤土	块状	5.8	15.4	0.89	1.19	27.6	56	1.6	99	8.6			
剖4	铁铝土	黄壤	黄壤	A₁₁	0~14	暗棕色	砂壤土	团块状	6.0	139.9	4.90	2.96	20.0	284	48.0	404		坡积物	E 95°23′48.1″ N 29°21′52.6″	83
				A(B)	14~25	棕灰色	砂壤土	块状	5.9	138.8	4.72	2.73	20.0	299	34.0	290				
				(B)	25~75	棕色	砂壤土	块状	5.9	114.9	2.93	1.60	21.0	171	3.0	260				
				C	75~100	黄棕色	砂壤土	块状	5.9	42.0	1.97	1.11	24.0	124	3.0	220				
剖5	铁铝土	红壤	黄红壤	A₁₁	0~16	暗棕色	砂壤土	碎块状	4.7	111.1	4.32	1.93	17.9	266	12.0	169	14.1		E 95°21′08.6″ N 29°21′07.2″	75
				B	16~38	油黄棕色	砂壤土	块状	4.6	81.5	4.11	1.73	18.8	192	5.0	144	11.5			
				BC	38~58	黄棕色	轻砾质砂壤土	块状	5.0	52.1	2.26	1.71	18.7	120	5.0	115	9.1			
				C	58~90	黄棕色	重砾质砂壤土	粒状	5.2	30.8	1.45	1.24	20.3	93	4.0	101	6.2			
剖6	铁铝土	红壤	黄红壤	1	0~13	黑棕色	少砾质黏质砂壤土	粒状、块状	4.7	95.6	3.68	3.76	17.0	275	9.0	286	22.0	坡积物	E 95°16′32.5″ N 29°18′23.0″	79
				2	13~49	棕黄色	少砾质黏质砂壤土	块状	4.8	24.8	1.28	1.53	12.9	99	1.7	157	12.9			
				3	49~80	暗黄橙色	砾石土	粒状、块状	5.0	17.0	0.90	1.36	21.0	62	1.8	163	10.7			
剖7	铁铝土	红壤	黄红壤	1	0~2													花岗岩坡积物	E 95°07′01.2″ N 29°13′25.3″	98
				2	2~22	黑棕色	多砾质砂土	团块状	5.5	97.5	4.01	2.71	20.2	225	14.7	335	16.0			
				3	22~48	暗棕色	多砾质砂壤土	块状	5.2	93.6	2.16	2.08	17.6	176	11.6	153	11.3			
				4	48~100	棕黄色	多砾质砂土	粒状、块状	5.2	34.6	1.77	2.04	18.0	143	1.6	123	8.6			
剖8	高山土	黑毡土	棕黑毡土	1	0~8	暗棕色	多砾质砂壤土	团块状	4.8	97.0	3.18	1.90	17.8	>400	15.8	252	13.3	残积物	E 95°19′44.4″ N 28°55′02.3″	81
				2	8~15	暗棕色	多砾质砂土	块状	4.9	65.8	2.77	1.86	14.8	250	14.1	239	10.9			
				3	15~40	暗棕色	少砾质砂土	团块状	4.9	25.6	1.13	2.52	20.6	66	4.5	108	5.8			
剖9	高山土	黑毡土	黑毡土	1	0~6	黑棕色	少砾质砂土	块状	4.9	64.6	2.55	2.69	28.9	165	10.6	112	4.6	花岗岩残积物、坡积物	E 94°26′24.7″ N 28°50′22.6″	71
				2	6~12	暗棕色	少砾质砂土	片状	5.4	29.4	1.44	2.34	33.4	142	11.4	144	3.4			
				3	12~25	黄灰棕色	多砾质砂土	粒状、块状	5.2	11.8	1.02	1.95	24.5	79	14.7	75	2.0			

波 密 县

主要土类说明

暗棕壤是波密县主要土壤类型，占本县地域面积的 21%。暗棕壤是一种森林植被覆盖下的地带性土壤。本县分布范围：西部为易贡藏布流域，海拔 3200—4200m；南部为喜马拉雅山东段，海拔 3400—4200m；北部为玉许乡、多吉乡，海拔 3500—4300m。暗棕壤在山地土壤垂直带谱中位于棕壤和黑毡土之间。因气候的影响，西部、南部湿度较大，故土壤基本呈带状分布；而北部、东部因气候较干燥，只呈斑块状出现。根据土壤发生特点和剖面形态特征的差异，暗棕壤可划分为漂灰化暗棕壤和暗棕壤两个亚类。其中暗棕壤亚类占该土类的 72%，其地形部位是处于高山峡谷区的谷坡中部，气候条件较温暖湿润，其特点是冷凉湿润，夏季多雨，冬春干旱，植被以茂密的云杉、冷杉混交林为主。成土母质为各种母岩风化的残积物、坡积物。暗棕壤亚类的成土过程主要是腐殖质积累和酸性淋溶黏化作用：由于茂盛的森林，每年有大量的枯枝落叶在地面积聚，在土壤微生物作用下，有机质矿化程度较高，在表层形成了比较深厚的腐殖质层，在腐殖质积累的同时，有机质分解产生有机酸，使表层土壤酸化；土壤中的盐基在雨季可随水下渗淋溶，因林下表土水分稳定，土壤长期在嫌气状况下，铁、锰等元素易还原为亚铁、亚锰形态，并随下渗水向心土移动，在心土层氧化淀积，形成棕色薄膜包被于土粒表面，使土体呈棕色。

寒冻土是波密县第二大土壤类型，占本县地域面积的 19%。寒冻土是脱离冰川最晚、成土时间最短的幼年土壤，分布于高山冰雪活动带以下，草毡土或黑毡土带之上，即分布在海拔 4700—5400m 范围内（本县东部地区在海拔 5200—5400m，西部地区在海拔 4700—5000m），全县各乡镇均有分布。寒冻土的成土母质多为冰碛物或因寒冻风化的岩屑崩积物，其成土特点为成土年龄短、成土过程弱、成土过程容易中断。由于干旱，昼夜温差大，土壤以物理风化为主，冰雪剥蚀作用强烈，而生物化学作用微弱，土被上岩石裸露，冰碛石满布，不能形成连片土被。分布区的气候特点是寒冷、风大。在高寒的生态条件下，只有一些冷生壳状地衣之类植物生长于岩石和石砾背风面，在低坳的间歇性流水沟边也零星分布着雪莲等植物。植被盖度不足 1%，土壤未见任何动物。土壤冻融作用明显，土壤腐殖化弱，有机质分解慢。寒冻土的形态特征是土层浅薄，通体为粗骨砾质层，剖面分化不明显，土表有微度向上突起的融冰结壳，淡灰色，微呈片状结构。土壤反应接近中性，有机质和氮、磷、钾含量较低。腐殖质组成以富里酸为主，胡敏酸含量少，芳构化程度低。

黑毡土是波密县第三大土壤类型，占本县地域面积的 18%。黑毡土分布于全县各乡镇，在土壤垂直带谱中的位置是位于草毡土之下，暗棕壤之上。黑毡土分布区的气候条件较寒冷湿润，土壤冻结期一般在 11 月至翌年 2 月，比草毡土少 2—3 个月，季节性冻层厚度小于 1m。黑毡土所处的地形部位主要在起伏比较平缓的高原剥蚀面，在本县分布海拔变幅较大，东部康玉乡黑毡土分布于海拔 4500—4700m，西部易贡乡在海拔 4000—4500m，中部是在海拔 4200—4600m，因本县境内现代冰川属海洋性冰川，经常出现融化下滑，导致常年冰雪线下移，使现代冰川的冰舌有时伸入森林线内，故黑毡土常出现断带现象。成土母质多为花岗岩、片麻岩、板岩、千枚岩、砂岩的残积物、坡积物，也有少部分是冰碛物。黑毡土的植被组成在不同亚类间差异较大。黑毡土成土过程与草毡土的成土基本相似，它们的共同特点是都有明显的腐殖质积累和冻融氧化还原作用。不同之处是由于黑毡土分布的地形部位相对要低，故其气温稍高，湿度较大，植被条件更好，导致成土作用更强。表土因有较强的腐殖化作用而呈暗色。草毡层密度降低，韧性增强。亚表层出现粒状结构。因干旱时间较短，冰冻影响减弱，剖面上下各层元素淋失的组分量较大，盐基流失多。

棕壤占波密县地域面积的 10%，主要分布于海拔 2700—4000m 范围内，在易贡乡为海拔 2700—3200m，多吉乡为海拔 3000—3500m，康玉乡、松宗镇为海拔 3600—4000m。棕壤一般位于高山山坡的下段，坡度一般为 20°—30°，最陡处达 50°—60°，但也有部分发育于地势比较平缓的洪积锥、洪积扇和洪积台地上。成土母质以花岗岩、片麻岩、砂岩、页岩、千枚岩、板岩等的坡积物和洪积物为主。天然植被有高山松、云杉、高山栎、杨、桦等林木，林下灌木有忍冬、蔷薇、杜鹃等，还有蒿草、禾草、苔草、锈线菊和苔藓等植物，但苔藓生长较不发达。分布区气候特点是夏季温暖多雨，冬季凉冷干燥，干湿季节分明。棕壤的成土过程主要是有机质积累与土壤弱酸性淋溶黏化作用。其成土过程与暗棕壤基本相似，但又有明显的区别。首先从腐殖质的积累作用来看，由于棕壤是处在温暖湿润的季节性气候条件下，有机质的分解比暗棕壤更充分、更彻底；从淋溶黏化作用来看，暗棕壤是酸性淋溶作用，而棕壤是弱酸性淋溶黏化作用。土壤中的可溶性盐类和碳酸钙被淋失，黏粒矿物已处于脱钾阶段，故上层土壤呈微酸性反应，下层土壤呈微酸性至中性反应。

草毡土占波密县地域面积的6%。在土壤垂直分布带谱中，草毡土位于黑毡土之上，寒冻土之下，本县以康玉乡面积最多。草毡土所处的地形部位主要是起伏平缓的高原剥蚀面或古冰碛台地，海拔上下界线为4600—5200m。成土母质以花岗岩残积物、坡积物和冰碛物，以及冰水沉积物为主。所处位置气候条件较寒冷半湿润。草毡土地势高亢，层峦叠嶂，地形雨（雪、雹）频降，雨季期间，一日数次雨、雪，由于山高云低，空气湿度大，水分条件比较优越。但同样由于高寒，土壤冰期长达半年以上，土壤夜冻昼融交替。植被组成以高山嵩草为主，次为苔草、圆穗蓼、点地梅、龙胆、报春花等高山矮生草甸群落，盖度一般为70%—80%，植被外观上具有草丛低矮、组成单一、分层不明显和垫状植物颇为醒目等特征。在陡坡地段，土体较薄，受频繁冻融影响，草被多呈滑塌与斑驳状态。成土过程是以腐殖质积累过程和强烈的冻融交替的氧化还原过程为主。在雨季，气候温暖湿润，植物生长旺盛，有较多的植物残体进入土壤；而旱季时间长，气候寒冷干燥，土壤冻结，微生物活动弱，有机物质分解慢，植物残体常以原形或半分解形态累积于土壤中，多以根系原形或半分解的形态累积起来，形成毡状草皮层。氧化还原作用是由大气降水和冻融冰水浸润所引起的，土体内具有季节性冻土层，在夜冻昼融的情况下导致土壤水分上下移动，氧化还原进行频繁。草毡土剖面的土壤水分变化形成两个方面的影响，一是剖面中出现冻层结构，中部形成暗色层；二是造成铁、磷等元素的活化和迁移，土壤表层铁、磷、钙、钾淋失，钠、镁、锰、硅发生富集。

小于本县地域面积3%的土壤类型还有棕色针叶林土、粗骨土、褐土、黄棕壤、灰褐土和草甸土等。

本区域中心区气候特征

本区域中心区气候特征值
Regional climate characteristics in central area of the region

气候带：高原温带亚湿润气候 Climate region: Plateau temperate sub humid climate	
年平均气温 /℃ Annual average temperature /℃	5.6
年平均最高气温 /℃ Annual average maximum temperature /℃	13.0
年平均最低气温 /℃ Annual average minimum temperature /℃	0.1
年降水量 /mm Annual precipitation /mm	560
≥10℃的积温 /℃ Daily temperature accumulated in a year（≥10℃）/℃	1919
年日照时数 /h Annual sunshine /h	2501
年平均相对湿度 /% Annual average relative humidity /%	58
干燥度 Dryness	0.69

本区域中心区月平均气温与月平均降水量
Monthly temperature and precipitation in central area of the region

波密县主要土壤类型与土壤剖面点分布图

1∶850 000

图 例

暗棕壤	寒冻土	黑毡土	棕壤	草毡土	棕色针叶林土
粗骨土	褐土	黄棕壤	灰褐土	草甸土	⊗ 剖面点

注：本图界线不作为实地划界依据。

第二编　分县土壤图与土壤剖面数据 | 211

波密县土壤剖面理化性状表

剖面号 Soil profile	土纲 Soil order	土类 Soil great group	亚类 Soil subgroup	土层码 Layer code	土层厚度 Depth/cm	颜色 Soil color	质地 Soil texture	土壤结构 Soil structure	pH	有机质 OM/(g/kg)	全氮 TN/(g/kg)	全磷 TP/(g/kg)	全钾 TK/(g/kg)	碱解氮 AN/(mg/kg)	有效磷 AP/(mg/kg)	速效钾 AK/(mg/kg)	阳离子交换量CEC/(cmol/kg)	土壤母质 Parent material	剖面点坐标 Profile coordinate	匹配指数 Matching index/%
剖1	高山土	黑毡土	棕黑毡土	1	0—3	暗棕色	粉质砂土	屑粒状	4.6	111.0	4.21	2.62	27.4	>400	11.8	276	18.4	砂岩坡积物	E 95°17′46.7″ N 30°28′59.5″	71
				2	3—12	暗棕色	粉质砂壤土	屑粒状	5.2	76.6	2.21	1.94	26.3	186	8.7	142	18.3			
				3	12—27	棕黄色	粉质砂土	块状	5.0	30.1	0.94	1.50	27.3	92	2.6	117	6.4			
				4	27—70	棕黄色	粉质砂土	块状	5.5	19.6	0.66	1.37	28.7	56	3.2	125	14.4			
剖2	高山土	寒冻土		1	0—4	淡灰色	多砾质砂土	片状										冰碛物	E 94°19′45.8″ N 30°19′08.0″	71
				2	4—12															
				3	12—															
剖3	淋溶土	棕壤		1	0—3	暗灰棕色	中壤土	屑粒状										花岗岩坡积物	E 95°21′24.1″ N 30°18′26.6″	98
				2	3—4	淡灰棕色	中壤土	块状												
				3	4—7	棕色	轻壤土		5.0											
				4	7—16		砂壤土		5.1											
				5	16—38	棕灰黄色														
				6	38—70															
剖4	淋溶土	暗棕壤	暗棕壤	1	0—5	黑色	壤土	团粒状	4.6	>250.0	>6.00	2.49	25.7	332	13.7	218	22.3	花岗岩残积物、坡积物	E 94°56′24.4″ N 30°16′46.9″	97
				2	5—17	暗棕色	壤土	块状	4.8	182.2	2.45	2.49	29.0	153	4.2	55	12.7			
				3	17—31	深棕色	砂壤土	块状	5.0	26.2	1.04	2.34	34.6	60	4.6	55	<2.0			
				4	31—61	黄棕色	砂壤土		5.1	10.5	0.40	3.27	>40.0	23	2.3	42	13.7			
				5	61—110															
剖5	淋溶土	棕壤	棕壤	1	0—17	暗棕色	粉质砂壤土	团粒状	5.8	64.8	3.04	2.71	29.0	258	11.7	78	13.0	花岗岩残积物、坡积物	E 95°23′17.9″ N 30°15′34.2″	74
				2	17—24	暗棕色	粉质砂壤土	块状	6.2	61.5	2.92	2.66	28.6	232	6.4	301	13.0			
				3	24—49	棕色	粉质砂壤土	块状	6.5	40.8	2.21	2.46	29.7	185	7.9	252	11.2			
				4	49—80	棕色	粉质砂壤土	块状	6.5	12.6	0.58	2.18	33.8	41	1.5	104	3.2			
剖6	半水成土	草甸土	草甸土	1	0—17	暗棕色	粉质砂壤土	块状	6.9	17.8	1.03	2.50	32.7	68	2.8	98	<2.0	洪积物、冲积物	E 94°48′27.0″ N 30°15′10.1″	79
				2	17—32	灰黄棕色	粉质砂壤土	块状	6.5	13.8	0.80	2.38	32.3	54	8.0	53	<2.0			
				3	32—83	黄棕色	粉质砂壤土	块状	6.5	9.9	0.55	2.49	31.1	33	2.3	45	<2.0			
				4	83—110	灰白色	细砂土	无明显结构	6.5											
剖7	淋溶土	棕壤	棕壤	1	0—3	黑色	壤土	粒状	6.3	49.2	2.44	3.00	22.3	196	4.4	206	12.4	洪积物	E 94°54′56.5″ N 30°14′57.5″	75
				2	3—14	黑棕色	壤土	粒状	6.2	38.2	1.27	3.01	21.9	67	10.8	38	12.4			
				3	14—42	黑棕色	粉质砂壤土	块状	6.1	22.6	0.79	2.83	18.5	43	12.2	51	6.2			
				4	42—86	灰棕色	细砂土		5.0											
剖8	高山土	草毡土	草毡土	1	0—8	黑色	少砾石轻壤土	块状	6.5	148.2	>6.00	2.95	35.0	>400	15.0	242	34.7	花岗岩残积物、坡积物	E 96°09′14.4″ N 30°09′42.1″	82
				2	8—18	黑棕色	砂壤土	片状	6.7	67.9	3.33	2.66	>40.0	263	3.7	121	19.1			
				3	18—32	棕色	砂壤土	块状												
				4	32—															
剖9	半水成土	草甸土		A_{11}	0—13	棕色	砂壤土	粒状	7.9	30.7	1.83	1.03	23.2	141	10.6	95	10.5	洪积物	E 95°32′50.6″ N 30°05′18.6″	75
				A_{12}	13—18	棕色	砂壤土	块状	7.9	30.6	1.78	1.02	22.9	135	8.4	93				
				Cu	18—86	淡灰棕色	砂壤土	块状	8.1	4.6	0.13	0.76	23.0	6	2.1	64				
剖10	半水成土	草甸土	草甸土	1	0—9	暗棕色	壤土	粒状	5.4	127.2	>6.00	3.21	24.5	>400	7.0	184		洪积物	E 95°37′45.1″ N 30°03′53.3″	95
				2	9—30	暗棕色	壤土	块状	5.9	58.4	3.03	2.93	26.5	194	1.7	62	9.3			
				3	30—51	黑棕色	壤土	块状	6.2	51.2	2.62	2.35	27.4	132	1.5	68	9.1			
				4	51—70	淡棕色	细砂土	散粒状	6.8											
				5	70—															

续表 Continued

剖面号 Soil profile	土纲 Soil order	土类 Soil great group	亚类 Soil subgroup	土层码 Layer code	土层厚度 Depth/cm	颜色 Soil color	质地 Soil texture	土壤结构 Soil structure	pH	有机质 OM/(g/kg)	全氮 TN/(g/kg)	全磷 TP/(g/kg)	全钾 TK/(g/kg)	碱解氮 AN/(mg/kg)	有效磷 AP/(mg/kg)	速效钾 AK/(mg/kg)	阳离子交换量CEC/(cmol/kg)	土壤母质 Parent material	剖面点坐标 Profile coordinate	匹配指数 Matching index/%
剖11	高山土	黑毡土	黑毡土	1	0–3	黑棕色	粉质砂土	团块状	6.8	>250.0	1.70	>4.00	12.5	>400	14.0	282	49.2	花岗岩残积物、坡积物	E 95°48′29.9″ N 30°00′55.8″	84
				2	3–28	暗棕色	粉质砂土	块状	6.8	73.4	3.70	2.80	13.3	316	1.4	318	19.7			
				3	28–39	深棕色	粉质砂壤土	块状	6.3	53.8	2.70	2.10	13.1	196	<1.0	30	13.8			
				4	39–62	棕色	粉质砂壤土	块状	6.7	28.8	1.40	1.80	16.2	130	<1.0	30	8.7			
				5	62–80	棕色	砂砾石土	块状	6.7											
				6	80–100															
剖12	淋溶土	棕壤	棕壤	1	0–18	暗棕色	壤土	团粒状	6.0	51.4	2.08	2.00	20.5	158	10.1	187	8.7	洪积物	E 95°40′17.8″ N 29°53′20.4″	95
				2	20–30	深棕色	壤土	块状	6.1	40.6	1.67	1.80	20.0	121	4.0	123	8.0			
				3	30–71	黄棕色	壤土	块状	6.3	4.5	0.25	1.22	21.7	19	8.4	129	4.5			
				4	71–100	黄棕色	粉质砂壤土	块状	6.6	2.1	0.17	1.01	24.0	6	8.0	68	16.9			
剖13	淋溶土	棕壤	棕壤	1	0–2													砂岩坡积物	E 96°05′13.6″ N 29°52′25.7″	74
				2	2–5															
				3	5–27	灰棕色	粉质砂壤土	粒状、块状	6.4	34.2	1.33	0.71	24.6	88	2.4	278	9.5			
				4	27–60	棕色	粉质砂壤土	粒状、块状	6.3	30.0	1.17	0.65	25.1	67	1.8	290	9.3			
				5	60–79	淡棕色	粉质砂壤土	粒状、块状	6.5	24.5	0.80	0.59	24.6	38	<1.0	180	7.9			
				6	79–110	淡棕色	粉质砂壤土	粒状、块状	6.5	7.0	0.33	0.55	26.8	12	<1.0	110	3.4			
剖14	淋溶土	棕壤	棕壤	1	0–6	黑色	粉质砂壤土	粒状、块状	5.2	145.2	4.51	1.39	16.5	>400	10.3	227	27.0	花岗岩残积物、坡积物	E 95°46′54.1″ N 29°50′35.9″	95
				2	6–11	暗棕色	粉质砂壤土	粒状、块状	5.8	177.8	>6.00	1.79	16.0	>400	14.0	216	35.0			
				3	11–29	暗棕色	粉质砂壤土	粒状、块状	5.7	22.1	0.82	0.89	19.3	55	<1.0	30	10.1			
				4	29–74	棕色	粉质砂壤土		6.2	7.3	0.28	0.60	16.7	28	<1.0	17	5.4			
				5	74–120	淡棕色	砂砾石土													
剖15	高山土	黑毡土	棕黑毡土	1	0–2	黑棕色	粉质砂壤土	团粒状	4.5	129.4	4.86	2.10	15.5	>400	14.9	254	22.7	花岗岩残积物、坡积物	E 95°38′25.8″ N 29°50′15.7″	72
				2	2–5	灰白色	粉质砂壤土	散灰状	4.5	97.3	3.79	1.63	16.2	>400	17.6	189	15.2			
				3	5–8	暗褐色	粉质砂壤土	块状	4.5	194.7	5.45	2.79	12.2	>400	3.8	189	39.9			
				4	8–18	暗褐色	壤土	块状	5.4	97.0	2.44	2.78	16.7	363	1.2	45				
				5	18–38		粉质砂壤土	块状		33.5	0.83	>4.00	16.2	19	1.2	19				
				6	38–															
剖16	半淋溶土	褐土	淋溶褐土	1	0–15	黑棕色	砂质壤土	团粒状	6.7	138.1	>6.00	3.52	27.4	>400	34.8	189	23.1	洪积物	E 96°06′01.8″ N 29°49′32.5″	73
				2	15–26	暗棕色	粉质砂壤土	块状	6.8	98.4	5.03	>4.00	28.8	325	8.4	134	19.9			
				3	26–50	棕色	粉质砂壤土	屑粒状	7.1	47.6	2.78	2.65	28.9	170	3.7	136	17.3			
				4	50–	黄棕色	砂壤土	粒状、块状	7.2	24.6	1.44	1.78	24.6	63	1.9	98	11.9			
剖17	半淋溶土	褐土	淋溶褐土	1	0–8													花岗岩、灰岩、洪积物	E 95°58′36.1″ N 29°45′00.4″	75
				2	8–10	灰褐色	粉质砂壤土	团粒状	6.0	93.0	1.68	0.66	23.0	174	3.9	163	13.3			
				3	10–18	褐棕色	粉质砂壤土	屑粒状	6.6	38.7	1.32	0.69	24.9	70	1.7	155	11.3			
				4	18–43	棕色	砂壤土	粒状、块状	7.2	34.0	1.47	1.13	25.2	65	20.0	93	16.4			
				5	43–89	灰褐色	砂壤土	块状	7.6	25.8	1.25	1.33	16.4	49	1.5	64	10.7			
				6	89–110	灰白色	砂壤土		8.0											
剖18	半淋溶土	褐土	淋溶褐土	1	0–7													灰岩坡积物	E 96°06′51.5″ N 29°44′29.4″	95
				2	7–12	灰黑色	粉质砂壤土	团粒状	6.2	199.2	3.83	0.94	18.3	291	7.6	418	33.7			
				3	12–25	灰白色	粉质砂壤土	屑粒状	5.5	83.3	1.72	0.50	18.9	165	3.0	356	22.8			
				4	25–38	暗棕色	砂壤土	块状	7.1	36.1	1.09	0.43	20.4	73	2.1	265	42.2			
				5	38–79	棕色	砂壤土	块状	7.1	24.2	0.84	0.38	20.4	48	1.6	180	17.3			
				6	79–120	褐棕色	粉质砂壤土	块状	7.7	15.9	0.74	0.69	21.2	39	1.1	110	6.3			

察 隅 县

主要土类说明

黑毡土是察隅县主要土壤类型，占本县地域面积的 26%。黑毡土全县均有分布，分布地带在海拔 4200—4600m，最低可达海拔 4000m，在土壤垂直分布带谱中上接草毡土或寒冻土，下与暗棕壤或漂灰土相连。黑毡土所处地形部位较草毡土低，气候条件相对较好，土壤封冻时间为 11 月到翌年 3 月。植被组成以矮生嵩草、西藏嵩草、圆穗蓼和雪层杜鹃为主，次为鹅绒委陵菜、青海苔草、华扁穗草、垂穗披碱草等，还有一年生植物加入，双子叶植物比重增大，并且在植被结构上有明显的层次变化，呈现繁茂的景观，植被盖度为 70%—90%。成土母质为花岗岩、花岗片麻岩、砂岩、板岩等的残积物、坡积物、冰碛物和冰水沉积物。黑毡土的成土过程主要是腐殖质积累和冻融过程。黑毡土分布区水热条件较为优越，土壤冻结期短，植被生长快、生长量大，故生物积累量大，多形成交错致密的草毡层。同时，土壤中动物和微生物活动明显增强，加之水热条件对有机质的生物化学作用较为强烈，有机质分解转化速度亦快，故草毡层较厚，土体腐殖质积累作用强。由于气候条件良好，土壤冻融作用相对较弱，土体发生层次分化明显，生物化学过程强，而冻融氧化还原过程弱。

暗棕壤是察隅县第二大土壤类型，占本县地域面积的 19%，全县均有分布。暗棕壤是山地温带针阔叶混交林，或云、冷杉混交林与高山栎下发育的土壤类型，所处地形部位多为高山深谷区谷坡的中部。成土母质除花岗岩、混合岩的坡积物、冰碛物和洪积物外，尚有部分板岩、页岩、砂岩和千枚岩的残积物、坡积物。暗棕壤分布区气候冷凉湿润，夏秋多雨，冬春较干旱，基本上无季节性冻土层，年降水量多，但只有 4—9 月降雨多，湿度大，其余月份降水量和湿度均较小。其成土过程主要表现为腐殖质积累和淋溶棕化作用两个方面，暗棕壤上每年森林有大量枯枝落叶在地表聚积，又由于土壤中微生物较多，有利于有机物的矿化，使土壤表层形成厚腐殖质层。在腐殖质积累的同时，枯枝落叶分解时形成的有机酸，在雨季随水下渗，淋溶掉土壤中的钙、镁等盐基，铁、锰等元素在嫌气状态下易被还原为亚铁、亚锰形态，并随下渗水向心土移动，在心土层氧化淀积，形成棕色薄膜状包被于土粒表面，使土体呈棕色。暗棕壤土层厚 60—80cm，层次分化较明显，全剖面由黑棕或暗棕色过渡到棕色至浅棕色。枯枝落叶层厚约 5cm，疏松多孔，有弹性，主要由凋落物草本残体及斑块状苔藓活体组成，可见白色菌丝体；腐殖质层厚 10—20cm，黑棕色或暗棕色，为团块-团粒状结构，根系密集，多虫穴，疏松；淀积层呈棕色，为核状或块状结构，木根很多，可见到铁锰胶膜；母质层为母岩风化碎屑状。土壤质地以多砾质至轻砾石砂质壤土为主，部分为多砾质砂质黏壤土，砾石含量达 10%—70%，部分剖面 B 层黏粒比 A 层多 3%—5%，表明有黏粒移动；表层有机质含量高，可达 20%—40%，但自表层向下锐减；土壤具有较高的自然肥力；全剖面呈酸性至弱酸性反应。

棕色针叶林土是察隅县第三大土壤类型，占本县地域面积的 14%。棕色针叶林土是发育于针叶纯林下，具有酸性淋溶、弱度发育等特征的土壤，剖面具 O–A–AB–B–C 构型。凋落物腐解，富里酸下渗，部分络合铁、铝下移，使表层盐基饱和度降低。由于冻结期更长，冻层阻隔，可溶性物质还可随水上移。B 层呈棕色，全剖面呈酸性反应，盐基饱和度为 50%—70%。

寒冻土占察隅县地域面积的 10%。寒冻土是垂直带谱中分布位置最高的土壤，所处环境条件是海拔高，气候寒冷，坡面上岩石裸露，冰石满布，不能形成连片土被，土壤冻结期长，高等植物难以繁衍生存，仅一些耐寒、耐旱、耐瘠薄的低等植物仍能顽强生长，优势植物有胎生早熟禾、垫状蚤缀、苔状蚤缀、垫状点地梅、木根香青、红景天，此外还有贴伏于岩块、砾石表面的冷生壳状地衣和苔藓，植被盖度一般仅为 1%—2%，最多不超过 5%。稀疏矮小的植被使土壤有机质积累和腐殖化作用微弱。寒冻土石多土少，土层浅薄，通体粗骨，剖面分化不明显，略可分出 A–C 或 AB–BC 发生层，腐殖质层（A 层）发育较差，土表有微向上突起的融冻结壳，呈暗棕色，以下土层为棕色或淡棕色，微显片状结构，通体大部分为粗骨质，砾石含量高，剖面总厚度为 10—30cm，部分可大于 30cm。寒冻土在理化性质上具有高寒土壤的特点，土壤质地轻粗，石砾含量很高，大部分土层黏粒含量不超过 10%，且以中层含量最低，这除受风蚀影响外，还与冻融过程引起的细土顺岩滑缝下漏有关，土壤只含少量有机质和氮素，速效氮、磷、钾含量也相对较低，土壤阳离子交换量不高，土壤呈中性至弱酸性反应。

黄棕壤占察隅县地域面积的8%，主要分布在本县西南部和中部受印度洋暖湿气流强烈影响的亚热带山地，在西南部西支贡日嘎布曲下段两岸山地分布海拔为2600—3100m，其中段两岸山地分布海拔为2000—2500m；中部东交桑昂曲两岸山地分布海拔为2200—2700m。在土壤垂直分布带谱中，黄棕壤下与黄壤相连，上与暗棕壤（贡日嘎布曲）和棕壤相接，是棕壤过渡的土壤类型。黄棕壤所在地形是高山深谷区谷坡的中下部，即"V"形谷的谷坡上，坡度陡峻，多在20°—35°。成土母质为花岗岩、混合岩、片麻岩、片岩、石英岩等的坡积物以及花岗岩或混合岩为主的洪积物。所处地带气候特点是降水高，云雾多，日照少，湿度大，冬无严寒，夏无酷暑，还有干湿季不明显，太阳辐射强，气温日较差大、年较差小等高原气候特点，但黄棕壤的年接受热量较黄壤略低一些。植被类型主要为常绿与落叶阔叶混交林以及针阔叶混交林，在暖湿的环境下，地上积累较薄层的植被凋落物，在局部阴湿地段，有机质的累积大于分解，形成较厚的凋落物和残落物层。凋落物的产量随树种而异，常绿阔叶树较多，针叶树较少。就灰分组成而言，阔叶树下的凋落物，其盐基含量较高，含硅量较低。黄棕壤成土过程的主要特点是淀积黏化作用较弱，土壤只是初步富铝化。黄棕壤由于所处地形部位比黄壤高而陡峭，坡面侵蚀严重，气候又较黄壤冷湿，化学风化和成土作用相对较弱，故土体中黏粒形成作用不及黄壤强，但黏粒在部分剖面中的移动与淀积尚明显。黄棕壤土层厚40—80cm，剖面分化明显，一般可分为枯枝落叶层、腐殖质层、腐殖质过渡淀积层和母质层等发生层。枯枝落叶层厚2—10cm，疏松，有弹性；腐殖质层厚10—20cm，呈黑棕色，轻壤质，夹石砾，为粒状结构；淀积层厚30—50cm，呈黄棕至鲜棕色，中壤质，夹石砾，呈团块或头状结构，稍紧；母质层为不同母岩风化碎屑物。土壤质地较粗，多属多砾质砂壤土或轻壤土，A层黏粒含量一般不超过15%，表层有机质含量为10%—35%，下延较深。土壤微量元素仅钼和锌含量偏低，阳离子交换量为30—60cmol/kg。

棕壤占察隅县地域面积的4%。棕壤主要分布在本县的中部和东北部，在垂直带谱中一般位于暗棕壤之下。棕壤所处地形部位为高山深谷的中下部，大多数谷坡较陡峻。成土母质为花岗岩、混合岩、砂岩、板岩、千枚岩和石灰岩的残积物、坡积物和洪积物。天然植被以高山松林为主，其次为高山栎林和云杉林，林下灌木和草类较多，主要有蔷薇、金露梅、杜鹃、锦鸡儿等。棕壤土层厚度为40—80厘米，层次分化较明显，枯枝落叶层厚度为1—5厘米；腐殖层10—15厘米，暗黄棕色至黑棕色，不显泥炭化和漂灰化，粒状结构，有大量动物穴及根穴；淀积层厚度20—50厘米，棕色色调较一致，无明显淀积黏化现象，块状结构，植物根系较发达；母质层为不同母岩风化碎屑物。棕壤质地轻粗，多属多砾质至中砾石砂壤土，仅部分为黏壤土，腐殖质的分布特点是集中在表层，其含量在8%—30%，往下剧减。全剖面土壤反应呈中性至微酸性，而发育在石灰岩母质上的土壤pH可在7以上，因此具有较高的自然肥力。

小于本县地域面积3%的土壤类型还有黄壤、草毡土、褐土、粗骨土、红壤、赤红壤、石质土、漂灰土、砖红壤和水稻土等。

本区域中心区气候特征

本区域中心区气候特征值
Regional climate characteristics in central area of the region

气候带：北亚热带湿润气候 Climate region: North subtropical humid climate	
年平均气温 /℃ Annual average temperature /℃	6.1
年平均最高气温 /℃ Annual average maximum temperature /℃	12.5
年平均最低气温 /℃ Annual average minimum temperature /℃	1.5
年降水量 /mm Annual precipitation /mm	656
≥10℃的积温 /℃ Daily temperature accumulated in a year (≥10℃) /℃	2188
年日照时数 /h Annual sunshine /h	2265
年平均相对湿度 /% Annual average relative humidity /%	65
干燥度 Dryness	0.60

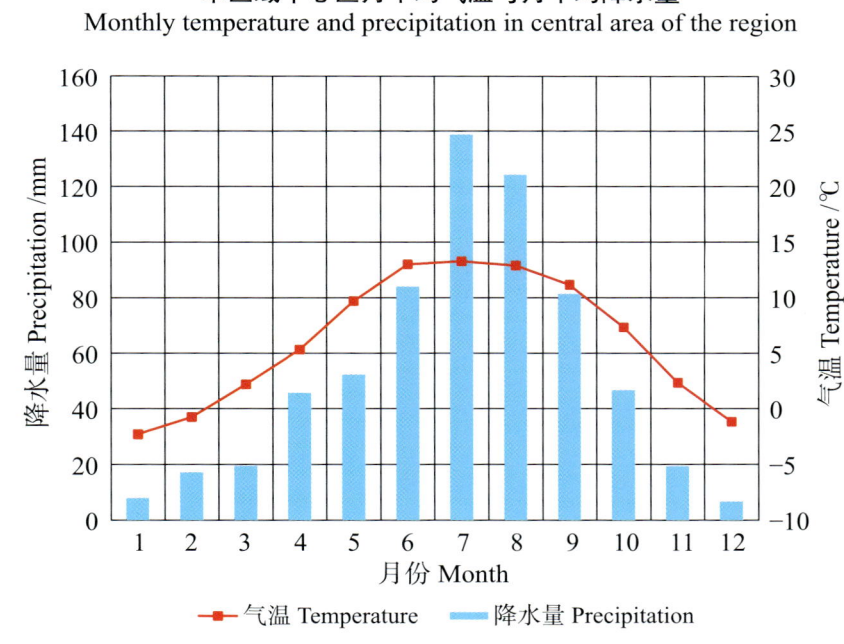

本区域中心区月平均气温与月平均降水量
Monthly temperature and precipitation in central area of the region

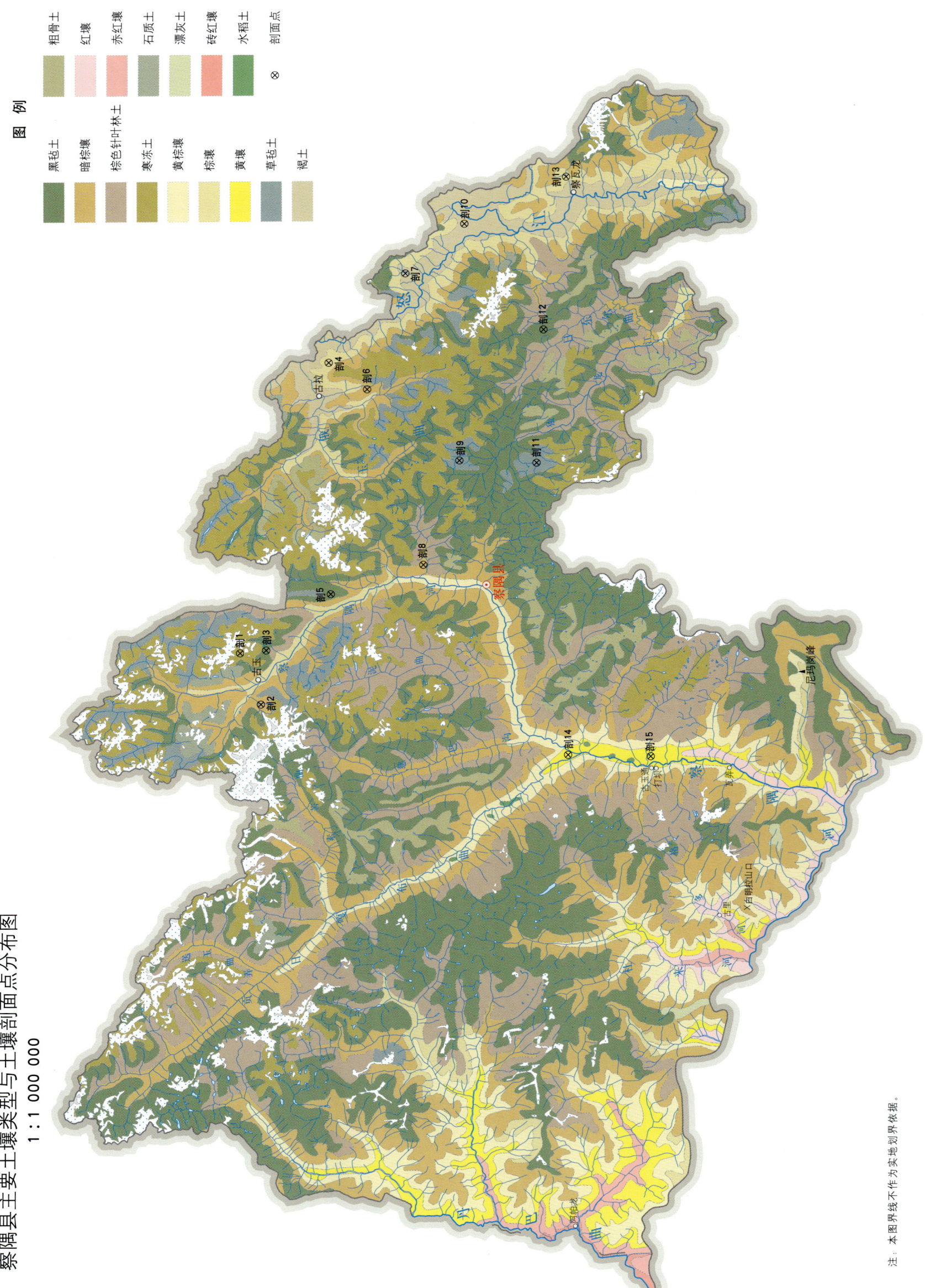

察隅县土壤剖面理化性状表

剖面号 Soil profile	土纲 Soil order	土类 Soil great group	亚类 Soil subgroup	土层码 Layer code	土层厚度 Depth/ cm	颜色 Soil color	质地 Soil texture	土壤结构 Soil structure	pH	有机质 OM/ (g/kg)	全氮 TN/ (g/kg)	全磷 TP/ (g/kg)	全钾 TK/ (g/kg)	碱解氮 AN/ (mg/kg)	有效磷 AP/ (mg/kg)	速效钾 AK/ (mg/kg)	阳离子 交换量CEC/ (cmol/kg)	土壤母质 Parent material	剖面点坐标 Profile coordinate	匹配指数 Matching index/%
剖1	高山土	寒冻土	寒冻土	1	0—4	暗棕色	砂壤土	块状	7.3	35.4	1.64	1.49	35.8	92	2.7	37	8.5	花岗岩 残积物、坡积物	E 97°17′18.6″ N 29°11′22.6″	71
				2	4—10	棕色	轻壤土	片状	6.1	25.6	1.30	1.58	36.8	88	3.0	32	7.4			
				3	10—40	淡棕黄色	粗砂砾石土	粒状	5.5	9.1	0.42	1.29	37.1	30	2.1	23	4.9			
剖2	淋溶土	暗棕壤	暗棕壤	3	40—													残积物、坡积物	E 97°09′28.8″ N 29°08′33.0″	74
剖3	高山土	黑毡土	棕黑毡土	1	0—19	暗棕色	壤质黏土	粒状	6.2	78.3	3.84	>4.00	30.4	289	13.8	352	17.6	残积物、坡积物	E 97°17′47.8″ N 29°07′59.2″	72
				2	19—36	棕黄色	壤质黏土	核状	6.1	13.4	1.20	1.70	>40.0	61	3.5	216	8.5			
				3	36—55	黄棕色	壤质黏土	核状	6.1	4.3	0.70	2.21	>40.0	27	22.8	106	5.2			
				4	55—100	暗黄棕色	中砾石砂质盐壤土	块状	5.8	6.9	0.73	2.19	38.8	30	10.0	66	6.1			
剖4	淋溶土	棕壤	棕壤	1	0—10	黑棕色	轻壤土	粒状	4.9	244.1	>6.00	3.19	24.8	>400	13.6	398	13.2	花岗岩 残积物、坡积物	E 98°01′53.8″ N 29°00′15.1″	87
				2	10—20	暗棕色	轻壤土	块状	5.8	82.7	3.02	2.46	31.4	270	1.7	30	19.1			
				3	20—36	灰黄棕色	轻壤土	块状	5.8	41.3	1.29	1.53	33.8	107	1.6	30	11.8			
				4	36—80	灰黄棕色	轻壤土	块状	6.4	32.5	1.16	1.90	33.1	93	1.4	27	12.3			
				5	80—100	黄棕黄色	砂壤土	块状	6.4	31.2	1.12	2.18	32.6	85	2.4	46	12.7			
剖5	高山土	黑毡土	棕黑毡土	1	0—11	黑棕色	砂壤土	团粒状	6.1	>250.0	11.29	3.28	19.1	>400	11.8	186	>50.0	花岗岩 残积物、坡积物	E 97°17′47.8″ N 29°07′59.2″	71
				2	11—20	棕色	轻壤土	块状	5.7	49.0	2.78	2.27	24.8	149	3.8	42	16.3			
				3	20—51	棕色	轻壤土	块状	5.2	41.8	2.36	2.06	18.1	114	3.6	30	14.5			
				4	51—100	灰黄色	砂土	块状	5.7	15.9	1.27	1.17	30.1	46	1.6	20	9.5			
剖6	淋溶土	暗棕壤	暗棕壤	1	0—7	暗棕色	轻壤土	粒状	5.2	77.5	3.54	1.80	29.1	212	6.8	186	14.3	砂岩 残积物、坡积物	E 97°26′31.2″ N 28°59′42.0″	98
				2	7—25	黄棕色	轻壤土	块状	5.0	24.9	1.46	1.22	30.4	80	3.3	98	8.1			
				3	25—52	棕黄色	轻壤土	块状	5.3	32.0	1.54	1.99	31.0	73	2.5	103	10.0			
				4	52—	棕灰色	砂砾石砂壤土	粒状	6.2	9.7	0.38	1.67	35.9	18	6.6	73	7.0			
剖7	半淋溶土	褐土	石灰性褐土	1	0—5	黑棕色	重砾石砂壤土	块状	5.3	>250.0	>6.00	3.37	17.9	>400	7.9	131	>50.0	板岩、页岩 残积物、坡积物	E 98°01′53.8″ N 28°55′16.0″	75
				2	5—17	暗棕灰色	轻壤土	块状	5.2	104.3	3.97	2.70	22.6	285	3.2	148	25.8			
				3	17—40	棕色	轻壤土	块状	4.5	80.8	2.59	1.82	23.6	209	3.1	51	20.1			
				4	40—54	红棕色	轻壤土	块状	4.6	58.2	2.30	1.59	22.0	131	1.8	38	19.7			
				5	54—	灰棕色	砂壤土	块状	5.4	17.3	1.03	1.20	23.8	63	1.2	17	9.8			
剖8	淋溶土	暗棕壤	暗棕壤	1	0—17	棕灰黄色	重砾石砂壤土	粒状	7.9	104.5	5.35	3.09	29.1	265	28.1	226	28.2	板岩、页岩 残积物、坡积物	E 97°57′50.8″ N 28°55′20.8″	97
				2	17—32	黄棕色	砾石砂壤土	块状	7.8	43.9	3.06	2.50	31.8	140	3.7	149	18.0			
				3	32—47	棕黄色	砾石砂壤土	块状	7.3	21.6	1.68	1.80	33.8	82	2.7	146	13.5			
				4	47—82	灰黄色	砾石砂壤土	块状	7.5	19.3	1.82	1.82	32.8	60	1.8	164	13.9			
				5	82—100	黄棕色	砾石砂壤土	块状	7.5	14.5	1.34	1.34	34.1	47	2.5	193	13.0			
剖9	高山土	草毡土	棕草毡土	1	0—5	黑棕色	砂壤土	粒状	5.7	246.1	>6.00	2.40	31.9	>400	5.9	123	42.7	花岗岩 残积物、坡积物	E 97°31′11.3″ N 28°47′45.2″	71
				2	4—17	暗棕色	砂壤土	块状	4.9	26.8	1.06	1.03	>40.0	51	3.3	128	11.8			
				3	17—35	灰棕色	砂壤土	块状	4.8	38.9	1.64	0.99	38.6	85	1.8	50	15.4			
				4	35—54	灰黄色	砂壤土	块状	5.0	24.5	1.14	0.86	>40.0	54	2.5	117	12.3			
				5	54—	淡黄色	砂土	块状	4.8	20.0	0.93	1.34	>40.0	59	4.5	45	7.2			
剖10	半淋溶土	褐土	石灰性褐土	1	0—17	暗棕灰色	中砾石砂壤土	团块状	7.7	142.5	>6.00	3.20	26.8	253	22.5	100	36.7	洪积物、冲积物	E 98°23′05.3″ N 28°42′44.6″	75
				2	17—36	暗棕色	中砾石砂壤土	块状	7.6	159.7	>6.00	3.38	27.4	378	17.3	88	45.6			
				3	36—73	暗棕色	中砾石砂壤土	块状	7.5	32.4	2.14	1.46	30.8	81	5.2	58	14.7			
				4	73—100	暗黄棕色	砂砾石土	块状	7.0	29.9	1.95	1.42	30.7	54	5.3	35	13.9			

续表 Continued

剖面号 Soil profile	土纲 Soil order	土类 Soil great group	亚类 Soil subgroup	土层码 Layer code	土层厚度 Depth/cm	颜色 Soil color	质地 Soil texture	土壤结构 Soil structure	pH	有机质 OM/(g/kg)	全氮 TN/(g/kg)	全磷 TP/(g/kg)	全钾 TK/(g/kg)	碱解氮 AN/(mg/kg)	有效磷 AP/(mg/kg)	速效钾 AK/(mg/kg)	阳离子交换量CEC/(cmol/kg)	土壤母质 Parent material	剖面点坐标 Profile coordinate	匹配指数 Matching index/%
剖11	高山土	草毡土	草毡土	1	0—9	黑棕色	轻壤土	粒状	4.9	117.9	3.97	1.98	33.4	341	9.6	152	19.8	花岗岩残积物、坡积物	E 97°46′46.6″ N 28°33′13.3″	71
				2	9—25	暗棕色	轻壤土	团块状	4.8	39.8	1.59	2.52	36.8	98	7.2	101	9.5			
				3	25—40	棕色	砂壤土	块状	5.1	16.7	0.76	1.48	39.6	65	6.1	78	7.4			
				4	40—	黄棕色	砂壤土	块状	5.3	10.1	0.64	1.39	>40.0	43	4.7	47	4.2			
剖12	高山土	黑毡土	棕黑毡土	1	5—11	黑棕色	轻壤土	粒状	4.5	217.6	>6.00	2.06	26.2	>400	6.1	266	31.2	花岗岩残积物、坡积物	E 98°07′05.2″ N 28°32′26.2″	71
				2	11—19	灰棕色	砂壤土	块状	4.9	96.9	2.91	1.55	33.2	189	2.7	141	19.6			
				3	19—28	白色	砂壤土	块状	4.9	43.8	1.17	0.96	33.7	75	4.0	103	14.7			
				4	28—65	暗棕色	砂土	块状	5.2	85.7	2.19	2.30	31.7	105	11.5	93	26.5			
				5	65—100	黄棕色	砂土	块状	5.7	24.3	0.72	1.06	37.0	50	3.6	91	11.2			
剖13	淋溶土	棕壤	棕壤	1	0—15	暗黄棕色	砂壤土	粒状	7.0	80.9	2.92	1.11	30.8	159	3.5	238	15.4	千枚岩坡积物	E 98°30′14.8″ N 28°29′33.0″	97
				2	15—34	绿灰色	砂壤土	块状	6.3	23.0	0.98	0.74	26.3	81	1.6	76	7.4			
				3	34—42	暗绿灰色	轻壤土	块状	6.4	12.5	0.56	0.40	>40.0	24	<1.0	32	5.0			
				4	42—86	暗绿灰色	轻壤土	块状	7.0	8.3	0.66	0.38	>40.0	20	<1.0	68	5.3			
				5	86—100	淡黄灰色	砂土	块状	7.1	5.8	0.30	0.68	12.3	8	1.6	39	4.5			
剖14	铁铝土	黄壤	黄壤	1	4—15	黑棕色	轻壤土	粒状	5.5	>250.0	>6.00	3.20	8.8	>400	5.6	289	>50.0	花岗岩坡积物	E 97°02′25.1″ N 28°28′37.2″	98
				2	15—29	暗棕色	中壤土	块状	4.9	196.6	>6.00	2.81	18.2	>400	1.8	80	36.8			
				3	29—74	黄棕色	中壤土	块状	5.0	85.2	2.77	1.65	21.7	209	1.8	80	22.4			
				4	74—100	棕色	轻壤土	块状	5.5	42.0	1.80	1.65	23.1	183	18.9	103	11.9			
剖15	铁铝土	黄壤	黄壤	1	3—18	黑色	中壤土	粒状	5.7	172.4	4.80	2.95	22.6	378	13.6	305	39.0	花岗岩坡积物	E 97°02′22.9″ N 28°17′53.2″	99
				2	18—46	棕黄色	中壤土	块状	5.1	22.0	1.00	0.97	29.3	82	3.0	70	11.9			
				3	46—73	灰黑色	中壤土	块状	5.0	30.1	1.06	0.98	24.6	80	3.5	71	10.3			
				4	73—100	黄色	中壤土	块状	5.2	10.8	0.68	0.70	25.9	54	1.5	56	10.2			

朗　县

主要土类说明

草毡土是朗县主要土壤类型，占本县地域面积的37%，主要分布于海拔4600—5000m的高山上部和冰碛台地。土壤冻结期长达6—7个月，夏秋高温季节夜冻昼融交替进行。植被生长缓慢，优势种以高山嵩草为主，地表盖度在90%以上。草毡土分布区植被根系十分发达，有大量残根，但不易分解，而以半分解状态堆垫在表层，形成草毡层。夏秋多雨，土壤湿度增加，草毡层通气不良，呈还原状态；冬春干旱，地表冻结，土壤水分运动，脱水呈氧化状态。土体出现铁、锰淀积斑或淀积纹等新生体，土壤颗粒发育成鳞片状或层状结构。

黑毡土是朗县第二大土壤类型，占本县地域面积的18%，主要分布于海拔为4000—4600m的山坡中上部，在本县东南部常与棕壤形成不连续的复区分布。黑毡土分布地带气温和降水量均高于草毡土，冻土期为3—4个月。植被类型繁多，生长良好，盖度达90%以上，当地群众称为"五花"草地。此外，还可见有多种野生动物活动。黑毡土的生物活动多，生物成土作用明显，化学风化作用较强，形成了不同于草毡土的剖面特征。

暗棕壤是朗县第三大土壤类型，占本县地域面积的15%。暗棕壤的成土过程具有明显有机质富集和弱酸性淋溶作用特点，剖面具O-A-B-C构型。土壤冻结期长，弱酸性淋溶使铁、铝轻微下移，B层呈棕色，结构面可见铁锰胶膜。土壤呈弱酸性反应，盐基饱和度为70%—80%。

寒冻土占朗县地域面积的12%，所处部位最高，集中于海拔5000m的高山顶部。寒冻土发育于千枚岩和花岗岩残积、坡积母质。分布区气候特点为寒冻多风，冻融交替，一年中冻结期长达8个月，且降水少；植被生长困难，盖度不足5%。成土时间短，生物化学作用微弱，物理风化强烈，在地表形成大量砾石碎屑，细粒侵蚀；土壤发育程度低，剖面原始，粗骨性强，土层浅，砾石含量高，大小混杂，呈灰棕色或灰黄色，基本无层次分化，结构松散；局部地势稍平缓，土层较深厚的地段有不明显的铁锰胶膜淀积斑。

褐土占朗县地域面积的10%。褐土是本县分布海拔最低的一类土壤，其上与棕壤或黑毡土相接，分布上界线为海拔4000m，集中分布于雅鲁藏布江及支流沟谷山坡或洪冲积台地上。褐土分布区夏秋温和多雨，冬春寒冷干燥，干湿季分明，土壤较缺水，地表侵蚀较严重；优势植被均耐旱、耐瘠薄，盖度为40%—80%；海拔3400m以下的沟谷植被盖度仅10%—40%，植被稀疏，蒸发强烈，土壤淋溶作用较弱，易溶性盐和碳酸钙在中下部富集，碳酸钙以粉末状、假菌丝状淀积于土体中，使之发育成富钙土壤。褐土次生矿物不易形成，土体中黏粒含量少，黏化成土过程不明显。

小于本县地域面积3%的土壤类型还有灰褐土和棕壤等。

本区域中心区气候特征

本区域中心区气候特征值
Regional climate characteristics in central area of the region

气候带：高原温带亚干旱气候 Climate region: Plateau temperate sub arid climate	
年平均气温 /℃ Annual average temperature /℃	8.2
年平均最高气温 /℃ Annual average maximum temperature /℃	15.5
年平均最低气温 /℃ Annual average minimum temperature /℃	2.3
年降水量 /mm Annual precipitation /mm	584
≥10℃的积温 /℃ Daily temperature accumulated in a year（≥10℃）/℃	2822
年日照时数 /h Annual sunshine /h	2698
年平均相对湿度 /% Annual average relative humidity /%	53
干燥度 Dryness	0.83

本区域中心区月平均气温与月平均降水量
Monthly temperature and precipitation in central area of the region

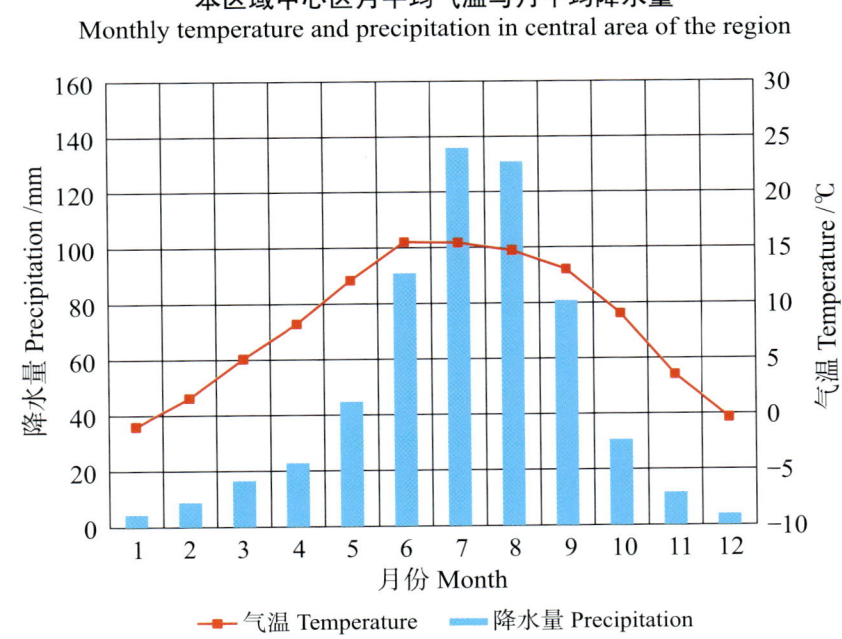

朗县主要土壤类型与土壤剖面点分布图

1∶410 000

图例

- 草毡土
- 黑毡土
- 暗棕壤
- 寒冻土
- 褐土
- 灰褐土
- 棕壤
- ⊗ 剖面点

注：本图界线不作为实地划界依据。

朗县土壤剖面理化性状表

剖面号 Soil profile	土纲 Soil order	土类 Soil great group	亚类 Soil subgroup	土层码 Layer code	土层厚度 Depth/cm	颜色 Soil color	质地 Soil texture	土壤结构 Soil structure	pH	有机质 OM (g/kg)	全氮 TN (g/kg)	全磷 TP (g/kg)	全钾 TK (g/kg)	碱解氮 AN (mg/kg)	有效磷 AP (mg/kg)	速效钾 AK (mg/kg)	阴离子交换量CEC (cmol/kg)	土壤母质 Parent material	剖面点坐标 Profile coordinate	匹配指数 Matching index/%
剖1	半淋溶土	褐土	淋溶褐土	1	0—20	暗棕色	砂壤土	粒状	7.8	84.0	2.04	2.08	27.6	120	11.1	110		洪积物、冲积物	E 92°53′22.2″ N 29°04′38.6″	73
				2	20—34	暗棕色	砂壤土	块状	8.2	13.5	0.89	1.87	26.7	41	2.6	28				
				3	34—52	黄棕色	砂土	单粒状	7.5	5.2	0.39	1.65	24.2	13	4.8	21				
				4	52—100	黄棕色	砾石土	单粒状	7.8	6.2	0.48	2.06	23.4	12	3.4	19				
剖2	半淋溶土	褐土	淋溶褐土	1	0—17	暗棕色	砂壤土	粒状	6.6	22.6	1.24	1.05	23.2	95	2.0	76		千枚岩坡积物	E 93°12′45.7″ N 29°00′45.7″	98
				2	17—58	黄棕色	砂土	块状	6.6	5.4	0.35	0.54	22.0	17	<1.0	28				
				3	58—80	黄棕色	砂壤土	块状	6.4	3.3	0.29	0.58	22.4	10	1.4	21				
				4	80—100	棕色	轻砾石土	块状	7.1	2.2	0.21	0.57	20.3	10	1.8	30				
剖3	半淋溶土	褐土	淋溶褐土	1	0—15	暗棕色	砂土	粒状	6.0	22.6	1.28	1.83	23.5	63	7.1	191		河流冲积物	E 93°15′47.2″ N 29°00′25.6″	73
				2	15—25	暗棕色	多砾石砂土	块状	6.3	10.1	0.65	1.79	23.4	34	3.2	72				
				3	25—82	棕黄色	多砾石砂土	块状	6.2	4.2	0.32	1.48	24.6	8	6.2	64				
				4	82—100	棕色	多砾石砂土	块状	7.0	3.8	0.27	1.15	26.2	7	7.6	42				
剖4	高山土	黑色土	棕毡土	1	0—22	黑棕色	黏壤土	屑粒状	5.8	95.3	5.12	3.01	27.1	>400	5.4	197		千枚岩坡积物	E 93°05′06.7″ N 28°58′16.7″	71
				2	22—36	暗棕色	多砾石黏壤土	块状	5.9	51.8	2.88	2.28	21.1	225	1.7	142				
				3	36—74	淡黄棕色	多砾石黏壤土	块状	6.2	42.1	2.09	3.04	29.5	114	<1.0	91				
				4	74—100	黄棕色	轻砾石土	块状	6.1	9.5	1.08	1.50	31.5	28	1.4	85				
剖5	半淋溶土	褐土	淋溶褐土	1	0—16		砂土		7.4	59.7	2.61	2.97	19.2	148	13.2	125		洪积物、冲积物	E 93°23′27.6″ N 28°56′19.7″	96
				2	16—24		砂壤土		7.2	34.7	1.61	2.79	21.9	103	6.1	70				
				3	24—33		砾石土		7.2	22.0	0.79	2.78	19.8	50	6.7	74				
				4	33—42		砾石土		7.1	14.7	0.55	3.24	18.2	25	10.3	59				
				5	42—100		砾石土		7.1	5.4	0.31	2.54	21.8	12	9.3	81				
剖6	高山土	寒冻土	寒冻土	AC	0—9	黑色	砾质壤砂土	块状	7.7	12.2	0.92	1.70	33.1	18	5.0	64	5.9		E 93°12′59.4″ N 28°52′42.6″	75
				C	9—25		砾石土	块状	7.2	7.2	0.41	1.83	32.0	25	5.0	89	5.8			
剖7	半淋溶土	褐土	淋溶褐土	1	0—15	暗棕色	砾石土	块状	7.2	63.3	3.32	3.30	26.3	210	59.6	29		千枚岩坡积物	E 93°22′59.2″ N 28°52′13.4″	75
				2	15—23	暗棕色	砾石土	块状	7.4	56.4	3.10	3.29	25.4	194	40.9	148				
				3	23—47	黄棕色	砾石土	块状	7.6	14.5	0.77	2.72	22.1	34	40.6	106				
				4	47—100	淡暗棕色	砾石土	块状	8.1	14.1	1.10	2.14	24.8	41	10.0	53				
剖8	淋溶土	棕壤	棕壤	1	3—17		砂土		6.8	>250.0	>6.00	3.50	22.3	>400	19.8	362		千枚岩坡积物	E 93°04′16.7″ N 28°50′27.2″	97
				2	17—25		黏壤土	屑粒状	6.4	174.9	>6.00	3.99	24.1	>400	5.8	102				
				3	25—64		黏砾石土	粒状、鳞片状	4.9	18.7	1.49	1.70	33.5	>400	8.5	84				
				4	64—100		轻砾石土	鳞片状	5.5	8.3	1.20	1.06	30.1	280	2.7	42				
剖9	高山土	草毡土	草毡土	As	0—12	褐棕色	壤土	屑粒、鳞片状	5.1	138.8	5.04	1.89	20.9	378	8.0	189		冰碛物	E 92°46′50.9″ N 28°49′12.0″	82
				A_1	12—19	棕色	砂壤土	块状	4.6	88.2	3.51	1.69	22.5	290	4.4	140				
				B	19—31	黄棕色	砂壤土	块状	4.5	50.9	2.21	1.53	22.9	150	1.2	53				
				C	31—70	灰黑色	砾石土	单粒状												
				C	70—			胶结状												
剖10	高山土	寒冻土	寒冻土	A	0—9	灰黑色	砾石土	单粒状	7.7	12.2	0.92	1.70	31.3	19	4.5	64		砂岩残积物、坡积物	E 92°40′54.5″ N 28°48′55.8″	72
				AB	9—16	灰黑色	砾石土	无规显结构	7.4	16.6	1.18	2.06	32.4	22	5.3	81				
				B	16—25	灰黄色	砾石土	微粒状	7.4	13.8	0.99	1.83	32.0	28	4.5	89				
				C	25—47	灰黄色	砾石土		7.3	9.1	0.92	1.95	30.9	26	6.0	53				
				R	47—															

山 南 市

市 辖 区

主要土类说明

草毡土是山南市主要土壤类型，占本市地域面积的36%。其分布高度为：南部4500（4600）—5300m；北部4450（4550）—5300m，所处环境每年10月末至翌年5月中旬为积雪覆盖，土壤冻结期长达半年以上，冻土层厚度为10—30cm，上层冻融交替频繁。植被以垫状植被、矮生嵩草为主，次为苔草、毛茛、龙胆、报春花；植被退化地段有较多的火绒草和针茅侵入，组成高山矮草草甸群落，有的矮草草甸尚与一些灌丛，如金露梅、刺鼠李、小叶杜鹃、高山柳等混生，植被长势较好，盖度在85%以上。草毡土的主要成土特点是具有明显的腐殖质积累过程和氧化还原过程，和其他高山土壤一样，也具有粗骨性强等剖面特征。草毡土分布区常年气温低，土壤冻融交替频繁，夏半年，尤其6—9月降水较多，热量也较充足，两者同步，植物生长迅速，根系茂密，由于土壤蓄积了大量的水分，通气性能不良。一方面，植物生长量大，进入土体中的有机质多；另一方面，微生物分解微弱，植物残体得以原形或半分解状累积于土壤中。至冬半年，土壤又为积雪覆盖，气候严寒，植物枯死或停止生长，微生物活动更弱，有机质更难分解。因此每年有机质积累量大于分解量，在表层根系交织，形成细密的草毡层；草毡土另一大特征是土壤氧化还原作用交替进行，一年中土壤处于较长时期的干旱与夏秋短期湿润交替进行的状态，为成土物质的低温氧化与短暂的还原过程的进行创造了条件，使得土壤中的铁锰化合物发生移动和淀积，而在剖面中出现新生体与相应的发生层段。

黑毡土是山南市第二大土壤类型，占本市地域面积的24%。主要分布于市内中切、深切高山中下部，于雅鲁藏布江以北分布在4000（4100）—4450（4550）m范围内，以南则分布在3900（4100）—4500（4600）m范围内。黑毡土的主要成土条件和草毡土有着相似之处，都处于寒冷半湿润气候条件，因此它们有着共同的成土过程，即腐殖质积累和氧化还原作用两个过程；但两者在成土条件上也有其差异，即黑毡土分布带的气温、降水量、蒸发量均略大于草毡土带，土壤冻结期更短，一般为3—4个月，季节性冻土层厚度不超过10cm，土壤的冻融作用较不显著。植被为高山矮草草甸，或与灌丛混生，局部地段灌丛比例可大于30%，盖度50%—85%，植被种类繁多，且出现明显的分层现象。主要植被有大叶杜鹃、小叶杜鹃、高山柳、刺鼠李、小嵩草、苔草等。成土母质主要为花岗岩、砂板岩、片麻岩、灰质板岩、二云母片岩等岩石的残积物、坡积物。一般黑毡土较草毡土发育得更深刻，其A_s层及A_1层均厚于后者，剖面中已具有一定的淋溶淀积特征，B层已有所发育。

冷棕钙土是山南市第三大土壤类型，占本市地域面积的23%。冷钙土是半干旱温暖河谷地带性土壤，也是本市的基带土壤类型。主要分布于雅鲁藏布江及其交流河谷两侧的高台地、洪积扇及坡麓地带。冷棕钙土的分布高程，在南部为海拔3520—3800（3900）m，在北部为海拔3520—3750（3850）m。成土母质为各类母岩风化物形成的坡积物、残积物、洪积物或古湖洪积物。植被以旱生的针茅、白茅、蒿属，以及锦鸡儿、狼牙刺、棘豆等灌丛为主。由于所处环境温度高，蒸发量大，干燥少雨，植物生长量少，有机质分解量大，因此，土壤有机质含量低，一般剖面表层只能形成腐殖质侵染层；土壤冻结期短，但季节性淋溶作用相对较强，故在剖面心土层内常有聚钙作用发生，形成各种形态的石灰新生体，构成了 Bca 层，其聚钙作用与地形、母质等关系密切。冷钙土分布区北部通常为印度洋暖湿气流的迎风坡，淋溶作用比较强，含钙物质可淋至母质层淀积，但由于北部成土母质多为酸性花岗岩残积物、坡积物，通体剖面内可能无石灰反应，pH 多呈微碱或中性反应。冷钙土有机质含量为 2.601%，全氮含量为 0.130%，全磷含量为 0.076%，全钾含量为 1.724%，交换性盐基含量为 9.521cmol/kg。质地大多偏轻，主要为砂壤，或壤土、砂土质地，pH 为 7.85，石灰含量为 0.780%。

寒冻土占山南市地域面积的 11%。多分布在海拔 5300m 至雪线之间的分水峰、古冰斗、冰碛堤、冰碛台地，以及平缓山顶。寒冻土是脱离常年冰川、积雪影响最晚，成土年龄最短的土壤类型，所处环境气候寒冷而湿润，多大风。其成土母岩受寒冻风化最为深刻，在频繁的冻融交替下，产生剧烈的热胀冷缩，以致剥落成一些大小不等而又具棱角的砾石，并在地表形成流石滩或活动岩屑堆。受严酷气候的制约，土壤生物活动极弱，只生长一些耐寒、耐生理干旱的植物，盖度仅有 0.5% 左右，通常无动物活动，生物对土壤的形成影响微弱，主要以物理风化为主，成土作用甚弱。土层浅薄，极富粗骨性且无连续土被，仅在岩屑砾石间隙中有零散土壤出露，地表常覆以大片的砾幂。成土母质主要为花岗岩、炭质板岩、砂板岩等岩石的冰碛物或残积物、坡积物。尽管植物生长量小，每年进入土体中的有机质少，但由于气候严寒湿润，有机质分解缓慢，腐殖化作用弱，有机残体得以积聚。寒冻土生物化学成土作用轻微，以寒冻风化作用占主导地位，且风蚀严重，故土体内岩石骨骼颗粒比重大，细粒物质少，多积聚于岩隙或石缝内，具有明显的下移特征。由于气候冷湿，寒冻风化强烈，山地岩屑物质下移活跃，土壤发育程度差，剖面呈 A-C 构型，极富粗骨性，细粒物质少，多形成鳞片状结构，有效养分贫乏。

潮土占山南市地域面积的 3%，主要集中成片分布于雅砻河谷一级阶地和高河漫滩上，也见于雅鲁藏布江、温曲和多雄河两岸一级阶地与高河漫滩上，但分布较零散。潮土是一种半水成的非地带性土壤，是在草甸土的基础上，经长期人为耕种熟化形成的旱地土壤，因此，原来草甸土的草毡层和腐殖质层相应消逝，现在的潮土剖面已见不到多量的植物残体，其有机质和各种养分含量也明显低于草甸土，同时受地下水位的频繁升降影响，心土层以下的铁、锰物质，不断交替进行着氧化与还原作用过程，并与有机质结合形成络合态的锈纹锈斑新生体，淀聚于结构面上，构成了标志潮土的诊断层。

小于本市地域面积 3% 的土壤类型还有风沙土等。

本区域中心区气候特征

本区域中心区气候特征值
Regional climate characteristics in central area of the region

气候带：高原温带亚干旱气候 Climate region: Plateau temperate sub arid climate	
年平均气温 /℃ Annual average temperature /℃	8.1
年平均最高气温 /℃ Annual average maximum temperature /℃	15.7
年平均最低气温 /℃ Annual average minimum temperature /℃	1.8
年降水量 /mm Annual precipitation /mm	511
≥10℃的积温 /℃ Daily temperature accumulated in a year（≥10℃）/℃	2898
年日照时数 /h Annual sunshine /h	2843
年平均相对湿度 /% Annual average relative humidity /%	48
干燥度 Dryness	0.93

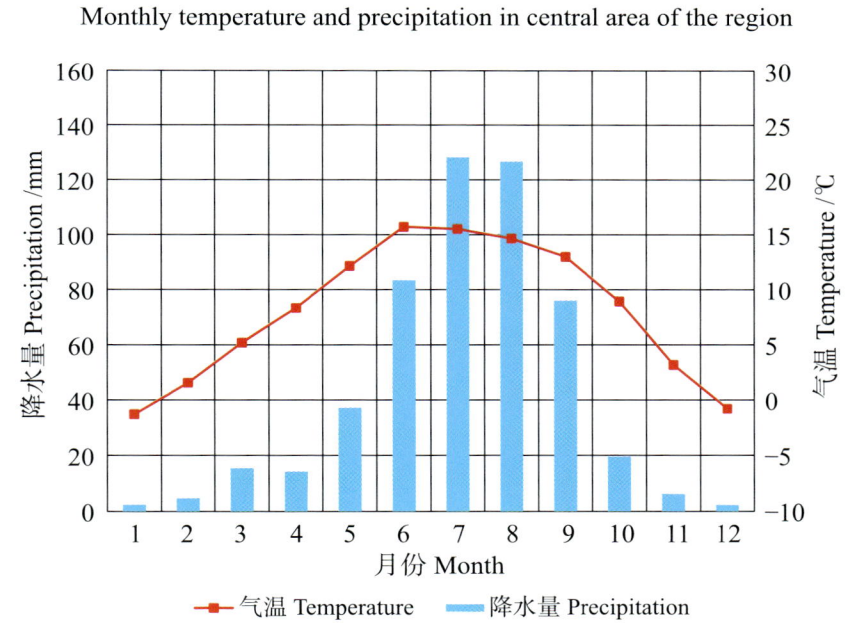

本区域中心区月平均气温与月平均降水量
Monthly temperature and precipitation in central area of the region

山南市市辖区主要土壤类型与土壤剖面点分布图
1:310 000

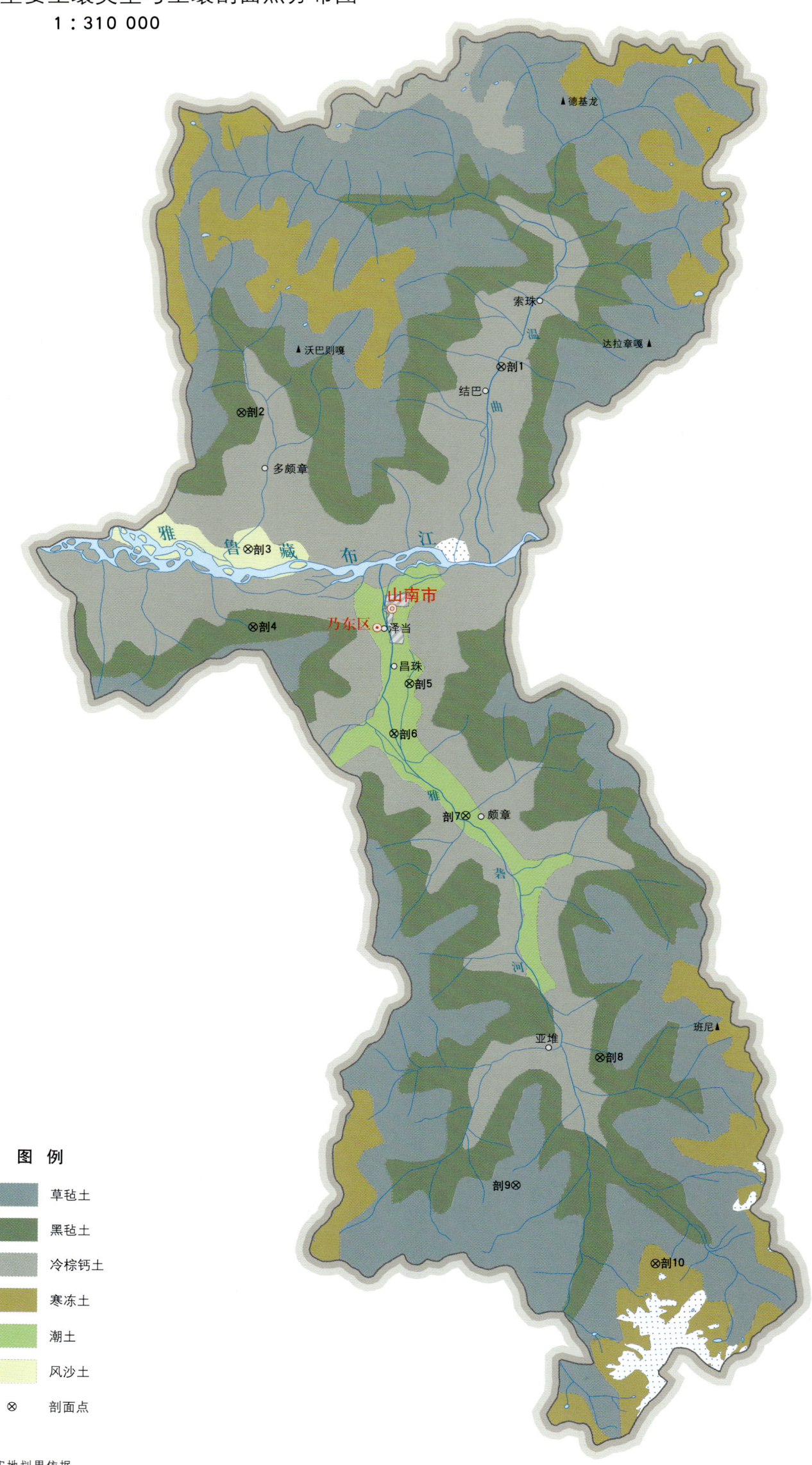

图 例
- 草毡土
- 黑毡土
- 冷棕钙土
- 寒冻土
- 潮土
- 风沙土
- ⊗ 剖面点

注：本图界线不作为实地划界依据。

山南市土壤剖面理化性状表

剖面号 Soil profile	土纲 Soil order	土类 Soil great group	亚类 Soil subgroup	土属 Soil genus	土层码 Layer code	土层厚度 Depth/cm	颜色 Soil color	质地 Soil texture	土壤结构 Soil structure	pH	有机质 OM/(g/kg)	全氮 TN/(g/kg)	全磷 TP/(g/kg)	全钾 TK/(g/kg)	碱解氮 AN/(mg/kg)	有效磷 AP/(mg/kg)	速效钾 AK/(mg/kg)	阳离子交换量 CEC/(cmol/kg)	土壤母质 Parent material	剖面点坐标 Profile coordinate	匹配指数 Matching index/%
剖1	高山土	冷棕钙土	冷棕钙土	灌耕冷棕钙土	A₁₁	0—18	灰黄色	砂土	块状	7.6	35.6	1.50	0.54	16.0	84	8.0	52	7.0		E 91°50′22.2″ N 29°23′07.8″	95
					AB	18—38	灰黄色	砂土	块状	7.6	24.0	1.11	0.52	16.8	45	3.0	55	7.9			
					BC	38—69	灰黄色	砂土	块状	7.6	20.4	0.83	0.62	16.0	32	5.0	74	7.8			
					C	69—85	淡灰黄色	砂土	单粒状	7.6											
剖2	高山土	黑毡土	棕黑毡土		Aoo	0—2	暗棕色			6.5									砂岩残积物、坡积物	E 91°40′08.0″ N 29°21′22.3″	81
					As	2—9	暗黄棕色	砂壤土	草毡状	6.5	66.6	3.31	0.74	16.6	257	7.0	111				
					A₁	9—40	灰黄色	少砾质壤土	团粒状	6.2	37.2	1.95	0.63	16.4	120	3.0	14				
					A₁	40—68	黑棕色	砂壤土	团粒状	6.1	53.0	2.76	0.71	16.9	162	1.0	14				
					C	68—75	淡灰黄色	砾石砂壤土	块状	5.7											
剖3	初育土	风沙土	草原风沙土	流动草原风沙土	A	0—19	灰黄色	壤质砂土	单粒状	8.4	5.9	0.36	0.28	18.9	21	3.0	34	2.2	风积物	E 91°40′28.9″ N 29°16′27.5″	83
					C	19—100	灰黄色	壤质砂土	单粒状	8.4	2.3	0.19	0.21	18.7	12	2.0	24	<2.0			
剖4	高山土	黑毡土	薄黑毡土		As	0—2	灰黄色	砂壤土	草毡状	6.3	17.9	0.67	0.77	17.2	73	6.0	51		残质板岩残积物	E 91°40′43.7″ N 29°13′40.1″	87
					A₁	2—9	淡黄色	砂壤土	屑粒状	6.0	31.9	1.74	0.85	17.8	70	4.0	73				
					B	9—22	棕色	少砾质壤土	块状	6.3	23.3	1.38	0.59	20.8	57	3.0	22				
					BC	22—32				7.0											
剖5	半水成土	潮土	脱潮土		A	0—16	暗灰黄色	砂质黏土	粒状	8.0	19.4	1.33	1.99	20.9	61	9.0	46		洪积物、冲积物	E 91°46′55.9″ N 29°11′43.1″	84
					AB	16—29	暗灰黄色	砂质黏土	块状	8.0	14.8	1.28	0.95	23.5	49	11.0	44				
					B	29—64	灰黄色	黏壤土	块状	8.1	15.8	1.26	1.04	22.8	32	7.0	36				
					BC	64—92	灰黄色	黏壤土	块状	8.0	10.8	0.86	0.81	23.4	9	7.0	34				
					C	92—100	灰灰黄色	砂壤土	块状	6.2											
剖6	半水成土	潮土	脱潮土		A	0—20	淡灰黄色	砂壤土	块状	6.7	13.4	0.78	0.39	16.8	41	6.0	13		洪积物、冲积物	E 91°46′21.0″ N 29°09′54.4″	78
					BC	20—50	淡灰黄色	砂壤土	块状	6.7	11.2	0.66	0.25	15.4	35	3.0	10				
					C	50—65	淡灰黄色	壤土	块状	6.7											
剖7	半水成土	潮土	脱潮土		A	0—24	淡灰黄色	中砾石黏壤土	块状	7.9	14.7	0.92	0.78	23.5	44	4.0	19		冲积物	E 91°49′13.4″ N 29°06′59.8″	80
					B	24—69	淡灰黄色	少砾石砂壤土	块状	8.1	20.5	1.39	1.20	22.6	26	8.0	43				
					C	69—100	淡灰黄色	少砾质砂壤土	块状	8.0	11.7	0.58	0.83	18.7	20	4.0	15				
剖8	高山土	黑毡土	棕黑毡土		Am	0—0.2													砂板岩坡积物、残积物	E 91°54′40.7″ N 28°58′22.4″	75
					As	0.2—8	暗棕色	砂壤土	草毡状	6.4	40.6	2.30	0.81	15.1	180	10.0	58				
					A₁	8—20	灰黄棕色	砂壤土	团粒状	7.2	26.2	1.46	0.66	16.0	95	6.0	16				
					A₁	20—40	暗棕色	砂壤土	块状	6.7	33.7	1.33	0.74	16.2	96	7.0	20				
					BC	40—50	淡灰黄色	砾石砂土	单粒状	5.4											
剖9	高山土	草毡土	草毡土		A	0—6	棕色	砂壤土	块状	6.4	101.2	5.26	1.07	20.4	273	7.0	88		二云母片岩残积物、坡积物	E 91°51′27.7″ N 28°53′43.8″	75
					A₁,B	6—25	棕色	砂壤土	团粒状	6.4	77.4	4.51	1.14	23.1	231	6.0	70				
					C	25—31	灰白色	砂土	鳞片状	5.5	54.0	3.19	1.25	1.3	93	12.0	63				
					1	31—54	白色		孔状	6.2											
剖10	高山土	寒冻土	寒冻土		1	0—1	棕色	砂壤土	鳞片状	6.7	43.2	1.89	0.98	25.2	118	4.0	51		花岗岩冰碛物	E 91°57′00.0″ N 28°51′01.8″	71
					A₁	1—4	棕色	砂壤土	鳞片状	6.7											
					C	4—15	淡灰黄色	多砾质砂壤土	层状	6.5											

扎 囊 县

主要土类说明

草毡土是扎囊县主要土壤类型，占本县地域面积的32%。草毡土是高山带中上层半湿润地区的地带性土壤。主要分布在海拔4500—5300m的高山地带，本县各地均有分布。草毡土所处区域气候寒冷而较湿润，植被以嵩草属植物为主，盖度为50%—70%；草高只有2—5cm，但根系发达，交结成垫状，草毡层厚为5—12cm，呈暗灰棕或棕色；剖面自上而下可分出草根层、腐殖质层、腐殖质过渡层、淀积层和母质层等发生层。整个土体中富含小碎石块，无石灰反应，pH为6.3—6.5。由于土壤冻融交替，冻结时土壤中可溶物质上升，融冻时可溶物质下移，因此土体内可溶物很少淋失，铁、锰等盐基移动不明显，剖面一般不见锈斑、铁子等新生体。

黑毡土是扎囊县第二大土壤类型，占本县地域面积的29%，是高山带下层半湿润的土壤。黑毡土所处地形和成土母质基本上与草毡土相同，气温、降水量和蒸发量均略大于草毡土，植被由以嵩草为主的多种草类组成，并可见一定数量的小叶杜鹃、西藏忍冬、小叶枸子等灌丛。黑毡土有明显而紧密的草毡层，土壤颜色比草毡土稍暗，为暗棕色或黑棕色，腐殖质层较厚，风化过程和成土过程产物向下移动比较明显，所以剖面皆有胶膜出现。

冷棕钙土是扎囊县第三大土壤类型，占本县地域面积的25%。冷棕钙土是在河谷温暖干旱气候条件下发育形成的土壤，是本县的基带土壤类型。主要分布在高山带下部海拔3540—4200m处，由于受水热条件的影响，通常阴坡处的上界线在海拔4000m左右，而阳坡上界线可达海拔4200m。自然植被由忍冬、西藏狼牙刺、三颗针、蔷薇、锦鸡儿等矮灌木和旱生草本植物，如紫花针茅、固沙草、白草、西藏紫云英和蒿属植物组成，盖度为30%—60%。冷棕钙土成土过程主要是弱的腐殖质积累和碳酸钙聚积较弱的黏化淋溶过程，一般碳酸钙在表层较少，而剖面的中下层有明显的钙积层，并呈粉霜状或菌丝状淀积。土壤有机质积累弱，且其含量自上而下剧减。

寒冻土占扎囊县地域面积的7%，主要分布于海拔5200m以上高山顶部雪线下缘，是土壤垂直带谱中分布最高的土壤。所处环境恶劣，气温低，土壤冻融强烈，以物理风化为主，而形成流石滩等荒凉景观。植被以耐寒的垫状植被为主，生长稀疏，盖度在8%以下，土层浅薄，粗骨性极强。

风沙土占扎囊县地域面积的4%，主要分布在雅鲁藏布江沿岸滩涂、阶地和山麓坡脚上。风沙土是在干旱多大风的条件下，将物理风化的砂粒再次经风力作用而搬运沉积形成的土壤，成土母质为风积物。其特点是土壤为壤质砂土，无剖面发育或发育微弱。

本区域中心区气候特征

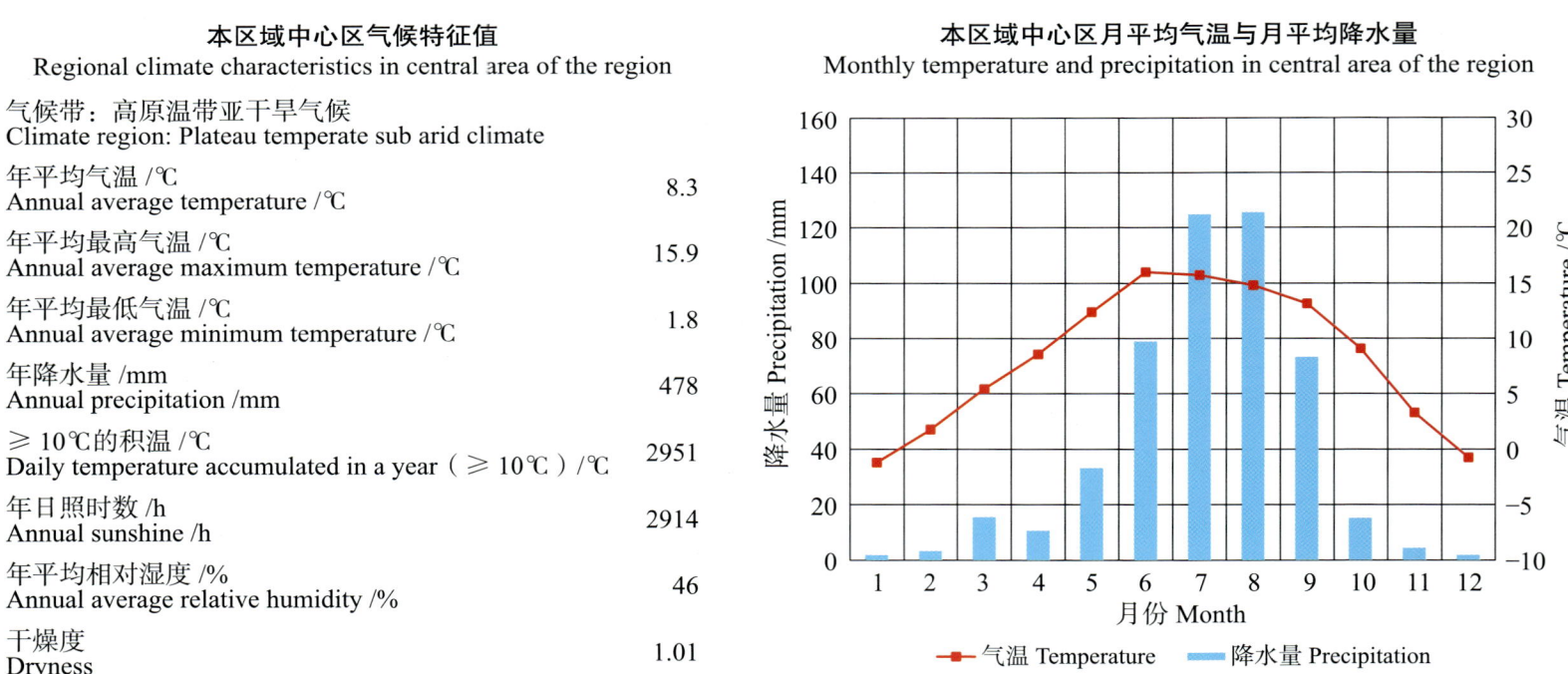

本区域中心区气候特征值
Regional climate characteristics in central area of the region

气候带：高原温带亚干旱气候 Climate region: Plateau temperate sub arid climate	
年平均气温 /℃ Annual average temperature /℃	8.3
年平均最高气温 /℃ Annual average maximum temperature /℃	15.9
年平均最低气温 /℃ Annual average minimum temperature /℃	1.8
年降水量 /mm Annual precipitation /mm	478
≥10℃的积温 /℃ Daily temperature accumulated in a year (≥10℃) /℃	2951
年日照时数 /h Annual sunshine /h	2914
年平均相对湿度 /% Annual average relative humidity /%	46
干燥度 Dryness	1.01

本区域中心区月平均气温与月平均降水量
Monthly temperature and precipitation in central area of the region

扎囊县土壤剖面理化性状表

剖面号 Soil profile	土纲 Soil order	土类 Soil great group	亚类 Soil subgroup	土属 Soil genus	土层码 Layer code	土层厚度 Depth/cm	颜色 Soil color	质地 Soil texture	土壤结构 Soil structure	pH	有机质 OM/(g/kg)	全氮 TN/(g/kg)	全磷 TP/(g/kg)	全钾 TK/(g/kg)	碱解氮 AN/(mg/kg)	有效磷 AP/(mg/kg)	速效钾 AK/(mg/kg)	阳离子交换量 CEC/(cmol/kg)	土壤母质 Parent material	剖面点坐标 Profile coordinate	匹配指数 Matching index/%
剖1	高山土	冷棕钙土	冷棕钙土		1	0—4	灰黄色	轻壤土	块状	8.6	7.6	0.48	0.76	18.2	33	1.5	64		中酸性岩残积物、坡积物	E 91°30′41.4″ N 29°21′27.4″	79
					2	4—52	淡黄色	中壤土	块状	9.0	2.1	0.33	0.60	15.4	12	2.5	52				
					3	52—100	灰黄色	轻壤土	单粒状	9.0	1.1	0.23	0.70	18.3	9	1.0	31				
剖2	初育土	风沙土	草原风沙土	流动草原风沙土	C₁	0—5	灰色	砂土	单粒状	8.1	<1.0	0.20	0.51	26.6	4	2.0	43	2.6	风积物	E 91°32′22.6″ N 29°18′30.2″	75
					C₂	5—18	灰色	砂土	单粒状	8.2	2.6	0.28	0.71	26.4	10	4.0	40	3.4			
					C₃	18—98	淡黄色	砂土	单粒状	8.3	1.1	0.20	0.50	25.6	4	2.0	38	2.9			
					C₄	98—150	灰黄色	砂土	单粒状	8.2	1.4	0.27	0.49	24.0	4	2.0	42	2.8			
剖3	高山土	冷棕钙土	冷棕钙土		A	0—14	黄棕色	轻砾质砂壤土	块状	7.5	11.9	1.03	1.89	27.2	59	1.0	43	7.3		E 91°29′06.7″ N 29°14′51.7″	95
					ABk	14—35	棕色	重砾质砂壤土	块状	7.9	12.9	0.96	1.67	26.2	46	1.0	33	6.9			
					Bk	35—80	灰白色	重砾质砂壤土	块状	8.6	7.6	0.77	1.20	20.6	50	3.0	28	7.7			
					BkC	80—120	灰黄色	重砾质砂壤土	单粒状	8.3	4.1	1.02	2.71	20.1	30	3.0	33	10.6			
剖4	高山土	黑毡土	薄黑毡土		1	0—6	暗棕色	中壤土	团粒状	6.7	70.8	3.06	0.93	18.4	212	2.1	142		片岩残积物、坡积物	E 91°28′18.5″ N 29°05′57.1″	71
					2	6—14	黑棕色	砂壤土	团块状	6.5	46.3	2.13	0.88	17.9	162	1.0	59				
					C	14—100	棕色	中壤土		6.3	6.0	0.88	0.42	18.5	42	<1.0	31				

贡 嘎 县

主要土类说明

冷棕钙土是贡嘎县主要土壤类型，占本县地域面积的32%，多见于雅鲁藏布江及支流河谷两侧谷坡、洪积扇及高台地上，分布高程为海拔3550—4000（4100）m，是本县的基带土壤类型。植被以矮灌木和旱生草本植物为主，盖度为40%—60%，局部可达80%。冷棕钙土成土过程主要是弱腐殖质积累和碳酸钙的弱淋溶聚积过程。碳酸钙在表层聚积较少，向下剧增，在一定深度形成钙积层，新生体多呈粉霜状或假菌丝状。在平缓低洼地段，钙积层常有黏粒聚积。土壤有机质积累微弱，表层以下含量锐减，剖面通体呈强石灰反应。

草毡土是贡嘎县第二大土壤类型，占本县地域面积的26%。草毡土在阳坡分布海拔为4600—5300m，阴坡分布海拔为4500—5400m，本县主要分布在昌果、江塘、东拉和郎杰学等乡镇。其所处地形为深中切高山中上部及平缓的山脊；成土母质为灰岩、砂页岩、板岩及中酸性侵入岩的坡积物、残积物。该土形成于寒冷半湿润的生物气候条件下，降水集中于7—8月，10月初至翌年6月初冻结，因而植被生长期短，植株矮小，但根系发达，互相交织成毡状，具有韧性和弹性。优势植物以矮生嵩草和高山嵩草为主，其次为高山草甸植被群落；地表有苔藓与地衣附生，盖度在80%以上。在陡坡地段，草被易滑塌斑驳，呈侵蚀景观。草毡土的成土特点主要为强烈的冻融过程和较强的腐殖质积累过程。

黑毡土是贡嘎县第三大土壤类型，占本县地域面积的17%，分布于海拔4000（4150）—4500（4660）m范围内。黑毡土分布区水热条件优越，地形较低，成土母质同草毡土；在温和半湿润气候条件下，黑毡土土壤冻结期仅3—4个月，季节性冻层厚度小于0.1m，冻融作用较不显著。植被组成主要以多种嵩草、苔草、草甸群落为优势种，盖度大于80%。在黑毡土上定居的动物除鼠类和大耳兔外，还可见到蚂蚁和蚯蚓活动。黑毡土有明显的腐殖质积累作用和寒冻草甸化过程，但没有草毡土强烈。黑毡土所处环境的气温、降水量、蒸发量均略高于草毡土，植被生长较好，故黑毡土的草毡层和腐殖质层更厚而偏松，有机残体分解程度和有机质含量较草毡土强而多，但胡富比小于草毡土；淋溶淀积作用及其强度比草毡土更为明显。

风沙土占贡嘎县地域面积的7%，主要分布于县境内雅鲁藏布江河谷两岸滩地、阶地、洪积扇上及山地凹形坡上，多见于昌果、岗堆、甲竹林和杰德秀等乡镇，最高分布处可达海拔4900m。风沙土成土年龄短，发育微弱，不稳定，常受风蚀干扰，难以形成成熟的剖面。通常是表面有结皮，土层稍厚，往下是砂质层，松散，无结构。

小于本县地域面积6%的土壤类型还有冷钙土、潮土、新积土、石质土、寒冻土和粗骨土等。

本区域中心区气候特征

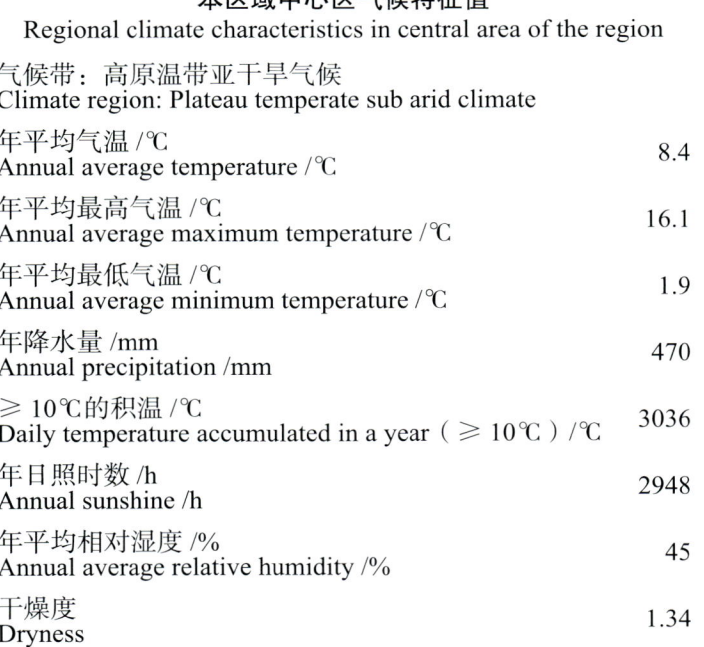

本区域中心区气候特征值
Regional climate characteristics in central area of the region

气候带：高原温带亚干旱气候 Climate region: Plateau temperate sub arid climate	
年平均气温 /℃ Annual average temperature /℃	8.4
年平均最高气温 /℃ Annual average maximum temperature /℃	16.1
年平均最低气温 /℃ Annual average minimum temperature /℃	1.9
年降水量 /mm Annual precipitation /mm	470
≥10℃的积温 /℃ Daily temperature accumulated in a year (≥10℃) /℃	3036
年日照时数 /h Annual sunshine /h	2948
年平均相对湿度 /% Annual average relative humidity /%	45
干燥度 Dryness	1.34

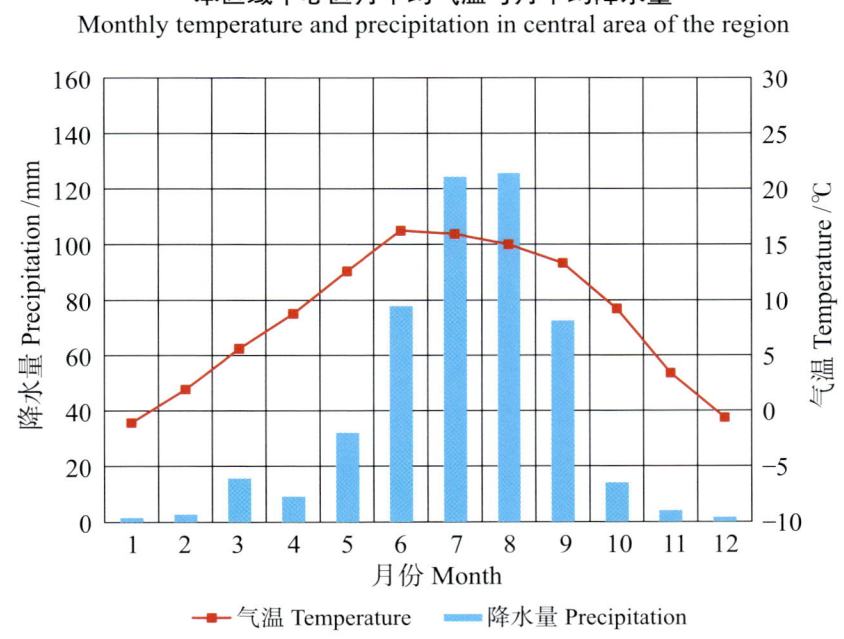

本区域中心区月平均气温与月平均降水量
Monthly temperature and precipitation in central area of the region

贡嘎县主要土壤类型与土壤剖面点分布图

1∶290 000

图例

- 冷钙土
- 草毡土
- 黑毡土
- 风沙土
- 冷钙土
- 潮土
- 新积土
- 石质土
- 寒冻土
- 粗骨土
- ⊗ 剖面点

注：本图界线不作为实地划界依据。

贡嘎县土壤剖面理化性状表

剖面号 Soil profile	土纲 Soil order	土类 Soil great group	亚类 Soil subgroup	土属 Soil genus	土层码 Layer code	土层厚度 Depth/cm	颜色 Soil color	质地 Soil texture	土壤结构 Soil structure	pH	有机质 OM/(g/kg)	全氮 TN/(g/kg)	全磷 TP/(g/kg)	全钾 TK/(g/kg)	碱解氮 AN/(mg/kg)	有效磷 AP/(mg/kg)	速效钾 AK/(mg/kg)	阳离子交换量CEC/(cmol/kg)	土壤母质 Parent material	剖面点坐标 Profile coordinate	匹配指数 Matching index/%
剖1	高山土	黑毡土	棕黑毡土		Aoo	0—1				7.3	110.2	4.56	0.72	24.6	305	11.4	>500	27.4	砂板岩、绢云母千枚岩残积物、坡积物	E 91° 11′ 56.8″ N 29° 27′ 02.5″	71
					Ao	1—4	暗灰色	砂壤土	团粒状	7.2	64.1	2.71	0.73	22.0	172	5.2	360	18.7			
					A_1	4—17	暗灰色	砂壤土	片状	6.6	22.6	1.02	0.47	22.1	73	3.8	210	8.9			
					B	17—32	暗灰黄色	砂壤土	片状	6.3	8.5	0.53	0.49	23.2	36	3.4	45	5.8			
					BC	32—54	淡灰色	砂质黏壤土	块状	8.2	23.1	1.66	0.79	23.6	72	7.0	213	13.0			
剖2	初育土	冲积土			A_{11}	0—18	淡灰色	黏壤土	片状	8.2	19.8	1.38	0.78	24.0	62	3.0	194	12.3		E 90° 52′ 07.0″ N 29° 18′ 38.9″	75
					A_{12}	18—27	灰灰黄色	黏壤土	块状	8.3	8.5	0.82	0.58	24.5	25	2.0	120	9.3			
					Cu_1	27—66	灰黄色	砂质黏壤土	块状	8.3	6.2	0.64	0.52	26.0	18	2.0	55	9.9			
					Cu_2	66—85	灰黄色	砂质黏壤土	块状	7.8	15.9	1.07	0.72	23.8	48	4.4	100	7.5			
剖3	半水成土	潮土	潮土	灰夹黏砂质潮土	A_1	0—15	灰黄色	砂质黏壤土	块状	8.3	11.6	0.74	0.74	22.2	30	2.6	83	7.2	河流新冲积物	E 90° 40′ 21.4″ N 29° 17′ 38.0″	83
					A_1B_1	15—24	灰黄色	砂质黏壤土	块状	8.3	12.6	0.89	0.73	24.2	40	2.4	81	7.4			
					$B_{1(w)}$	24—35	灰黄色	砂质黏壤土	块状	8.3	8.5	0.62	0.65	22.2	24	3.0	64	6.9			
					B_1C_1	35—47	灰黄色	砂壤土	粒状												
					$C_{1(w)}$	47—															
剖4	半水成土	潮土		灰壤质潮土	A					8.2	16.2	1.19	0.79	24.3	53	6.1	165	10.5	河流新冲积物	E 90° 56′ 57.1″ N 29° 16′ 51.6″	82
					AB					8.2	14.3	1.07	0.72	23.7	44	3.3	150	10.1			
					B					8.2	9.4	0.84	0.68	24.4	29	2.7	115	9.8			
					C					8.3	7.5	0.72	0.65	24.5	23	2.4	88	8.8			
剖5	高山土	冷棕钙土			A_1	0—20	灰黄色	轻砾质壤土	块状	8.2	23.9	1.94	0.74	25.6	65	7.0	142	15.0	砂板岩等残积物、坡积物	E 90° 43′ 54.1″ N 29° 16′ 48.0″	95
					AB	20—36	灰黄色	轻砾质壤土	块状	8.3	23.7	1.87	0.81	25.8	60	5.0	146	14.3			
					B	36—70	灰黄色	轻砾质壤土	块状	8.3	25.5	1.55	0.73	26.3	51	4.0	133	15.9			
					C	70—100	灰黄色	砂质黏壤土	块状	8.2	13.8		0.76	25.2	30	3.0	144	15.4			
剖6	高山土	冷棕钙土	冷棕钙土		Ah	0—11	淡红灰色	砂质黏壤土	团粒状	7.8	13.8	1.02	0.47	24.6	38	3.8	95	7.7	砂板岩等残积物、坡积物	E 91° 04′ 33.6″ N 29° 15′ 47.9″	71
					Bca	11—23	白色	黏壤土	块状	8.1	13.2	0.93	0.89	21.8	27	3.0	102	10.9			
					C	23—			粒状												
剖7	高山土	冷棕钙土	冷棕钙土		Ah	0—25	淡灰黄色	砂质黏土	块状	8.0	8.2	0.65	0.67	25.9	14	10.5	113	10.1	黄土状湖积物	E 91° 07′ 41.2″ N 29° 15′ 32.0″	73
					Bca	25—75	白色	黏壤土	块状	8.5	11.0	1.02	0.65	25.6	19	5.4	99	12.7			
					BC	75—95	淡灰黄色	黏壤土	块状	8.0	4.0	0.48	0.64	26.8	16	3.4	46	5.7			
					C	95—115	淡灰黄色	黏壤土	块状	8.0	2.9	0.40	0.51	25.7	17	3.6	45	4.3			
剖8	黑毡土	黑毡土			As	0—20	棕色	粉质砂壤土	鳞片、屑粒状	6.1	112.5	4.90	1.52	27.7	327	8.5	171	24.2	砂板岩等残积物、坡积物	E 90° 39′ 49.7″ N 29° 13′ 48.4″	71
					A_1	20—31	灰黄棕色	粉质砂壤土	鳞片、屑粒状	6.0	52.4	2.40	1.24	23.6	130	4.0	4	18.8			
					B	31—38	棕色	砂壤土	块状	6.1	57.9	2.06	1.54	22.6	89	6.2	6	19.5			
					A_1	38—45	黑棕色	砂质砂壤土	鳞片状	6.0	46.9	1.88	1.24	19.4	81	4.7	5	16.9			
					C	45—				6.0	18.5	0.95	0.88	24.4	33	4.6	5	8.0			
剖9	高山土	草毡土	草毡土		As	0—13	暗黄棕色			5.9	114.3	4.60	0.85	19.2	265	7.2	173	25.1	砂板岩等残积物、坡积物	E 90° 43′ 55.6″ N 29° 10′ 07.7″	71
					A_1	13—20	暗黄棕色	粉质砂壤土	鳞片、屑粒状	5.9	56.8	2.42	0.89	17.7	147	3.5	112	21.0			
					B	20—27	灰黄棕色	粉质砂壤土	鳞片状	6.1	45.6	1.99	0.86	22.8	144	3.3	123	18.7			
					BC	27—35	灰黄色	砂壤土	块状	6.1	11.0	0.67	0.66	20.4	34	4.2	52	8.1			

桑 日 县

主要土类说明

草毡土是桑日县主要土壤类型，占本县地域面积的46%，主要分布于雅鲁藏布江北岸的增期、桑日和白堆等乡镇，在雅鲁藏布江以南的绒乡也有少量分布。其分布高度主要为海拔4500（4600）—5300m，上接寒冻土，下连黑毡土。草毡土每年10月末至翌年5月中旬为积雪所覆盖，土壤冻结期长达半年以上，冻土层厚度为10—30cm，但上层冻融交替频繁。植被以垫状植被和矮生嵩草为主，次为苔草、毛茛、龙胆、报春花等；土壤退化地段有较多的火绒草和针茅侵入，组成高山矮草草甸群落，有的矮草草甸尚与一些灌丛，如金露梅、刺鼠李、小叶杜鹃和高山柳等混生，植被长势较好，盖度在85%以上。草毡土的成土过程特点是具有明显的草甸化过程，包括腐殖质积累过程和弱氧化还原作用，和其他高山土壤一样，也具有粗骨性强等剖面特征。草毡土分布区气候寒冷，土壤冻融交替频繁，在夏半年，土壤解冻，加之常有地形雨和云雾水汽的湿润，草甸植物生长旺盛，植物残体进入土壤；在干旱的冬半年，土壤冻结期长，微生物活动微弱，有机物质分解更差。因此，剖面上部多以根系原形或半分解的形态累积起来，累积形成毡状草皮层。土壤处于冬春长期的冻结干旱与夏秋短期湿润交替进行的状态，为成土物质的氧化还原创造了条件，使土壤中的铁锰化合物发生淋溶移动和淀积，而在剖面中形成相应的锈纹锈斑与相应的发生层段。

黑毡土是桑日县第二大土壤类型，占本县地域面积的27%，主要分布于本县深切、中切高山海拔4200—4500（4600）m的各型山坡中下部。黑毡土的主要成土条件和草毡土有着相似之处，都处于寒冷半湿润气候条件下，因此有着共同的成土过程，即腐殖质积累和氧化还原作用两个过程。黑毡土水热条件较为优越，土壤冻结期短，植被生长快，故生物积累量大，多形成交错致密的草毡层。同时，动物和微生物活动明显增强，加之水热条件对有机质的生物化学作用较为强烈，有机质分解转化速度亦快，故草毡层较厚，土体腐殖质积累作用强。由于气候条件良好，土壤冻融作用相对较弱，土体发生层次分化明显，生物化学过程强而冻融氧化还原过程弱。两者在成土条件上也有其差异，即黑毡土带的气温、降水量、蒸发量均略大于草毡土带，土壤冻结期更短，一般为3—4个月，季节性冻土层厚度不超过10cm，土壤的冻融作用较不显著。植被为高山矮草草甸，或与灌丛混生，局部地段灌丛比例可大于30%，盖度为50%—85%，植被种类繁多，且出现明显的分层现象。主要植被有大叶杜鹃、小叶杜鹃、高山柳、刺鼠李、小嵩草、苔草等。草本植物的组成复杂，不但有一年生植物加入，双子叶植物也显著增多。成土母质主要为花岗岩、砂板岩、片麻岩、灰质板岩、二云母片岩等岩石的残积物、坡积物。黑毡土一般较草毡土发育得更深刻，其As层及A_1层均厚于后者，剖面中已具有一定的淋溶淀积特征，B层已有所发育。

冷棕钙土是桑日县第三大土壤类型，占本县地域面积的13%，主要分布于本县绒乡和白堆乡等。冷棕钙土是温暖半干旱河谷区的地带性土壤，土壤冻结期较短，寒冻作用较弱。植被类型为温性草原植物群落，属温性干草原、类山地干草原亚类。植物群落组成有两个特点：一个特点是旱生性，具有以西藏狼牙刺、白刺花、变色锦鸡儿、江孜蒿和毛莲蒿等为主的旱生小灌木或小半灌木，以白草、固沙草等为主的喜温性的禾草，以及小草沙蚕、三刺草、香茶菜、紫花针茅和长芒针茅等组成的草本群落；另一个特点是层次性，可分为上下二层，上层为灌木或小半灌木，盖度为10%—40%，多呈均匀分布或呈片块状分布，高约50cm；下层为草本层，盖度为30%—50%，产草量较低，因区域和植物组成不同，产草量差异也较大。成土母质极为复杂，有由各类岩石风化物形成的残积物、坡积物、洪积物和冲积物。该土类所处环境温度较高，蒸发量大，干旱少雨，生物生长量少，有机质分解量大，因此，土壤的腐殖质层（A_1层）很薄，甚至无腐殖质层，而仅在土壤表面形成腐殖质侵染层（Ah层），有机质含量低；由于土壤冻结期短，季节性淋溶作用相对较强，聚钙作用得以进行，常在土壤心土层内形成多种形态的碳酸钙新生体，如假菌丝体、粉霜状和斑块状等，并构成钙积层（Bca层）。在本县，聚钙作用常与地形、成土母质及区域水文有密切关系。在雅鲁藏布江以南，成土母岩通常为千枚岩和蛇绿岩等变质岩系，相对较干旱，因而剖面中常有钙质新生体发育；在雅鲁藏布江以北，特别是沃卡河谷，尽管为典型的冷棕钙土，但由于成土母岩为花岗岩、伟晶花岗岩和片麻岩等酸性岩类，气候相对湿润，常常是剖面通体无石灰反应，pH甚至低于7.0，更难形成钙质新生体。

寒冻土占桑日县地域面积的12%，位于山地土壤垂直分布带谱的最上部，上接终年积雪带和现代冰川带，故为脱离常年积雪和冰川影响最晚、成土年龄最短的一个土壤类型。其所处环境气候严寒湿润，多大风冰雹，紫外线强烈，日照长。由于脱离冰川影响晚，又距常年积雪近，母岩受寒冻风化最为深刻，在频繁冻融交替下，母岩产生剧烈的热胀冷缩，以致剥落成一些大小不等而又具棱角的砾石，并在地表形成流石滩或活动岩屑堆。受严酷气候的制约，土壤生物活动极弱，只生长一些耐寒、耐生理干旱、耐瘠薄的植物。如菊科的雪兔子，罂粟科的绿绒蒿，报春花科的高山垫状点地梅，景天科的高山红景天，石竹科的高山石竹，以及雪莲、壳状地衣和黄绿地衣等，植被盖度只有0.5%—2%。通常无动物活动。成土过程以物理风化为主，冰雪剥蚀作用强烈，而生物化学作用微弱。土层浅薄，剖面分化不明显，极富粗骨性且无连续土被，砾石含量高，质地轻粗，仅在岩屑砾石间隙中有零星土壤出露，地表常覆以大片的砾幂，成土母质为花岗岩、炭质板岩、砂板岩等的冰碛物或残积物、坡积物。主要成土过程及成土特征表现为：植被生长量小，每年进入土体中的有机质少，由于气候严寒湿润，土壤有机质分解缓慢，腐殖化作用弱。生物化学成土作用轻微，以寒冻物理风化为主的成土作用占主导地位，且易遭到冰雪融水、风、重力等多种因素的侵蚀而经常中断成土过程，致使该过程难于继承和发展。土壤内岩石骨骼颗粒比重大，细粒物质较少，多积聚于岩隙或石缝内，具有明显的下移特征。

小于本县地域面积3%的土壤类型还有沼泽土、潮土、水稻土和灰褐土等。

本区域中心区气候特征

本区域中心区气候特征值
Regional climate characteristics in central area of the region

气候带：高原温带亚干旱气候 Climate region: Plateau temperate sub arid climate	
年平均气温 /℃ Annual average temperature /℃	7.8
年平均最高气温 /℃ Annual average maximum temperature /℃	15.4
年平均最低气温 /℃ Annual average minimum temperature /℃	1.5
年降水量 /mm Annual precipitation /mm	504
≥10℃的积温 /℃ Daily temperature accumulated in a year（≥10℃）/℃	2837
年日照时数 /h Annual sunshine /h	2836
年平均相对湿度 /% Annual average relative humidity /%	49
干燥度 Dryness	0.95

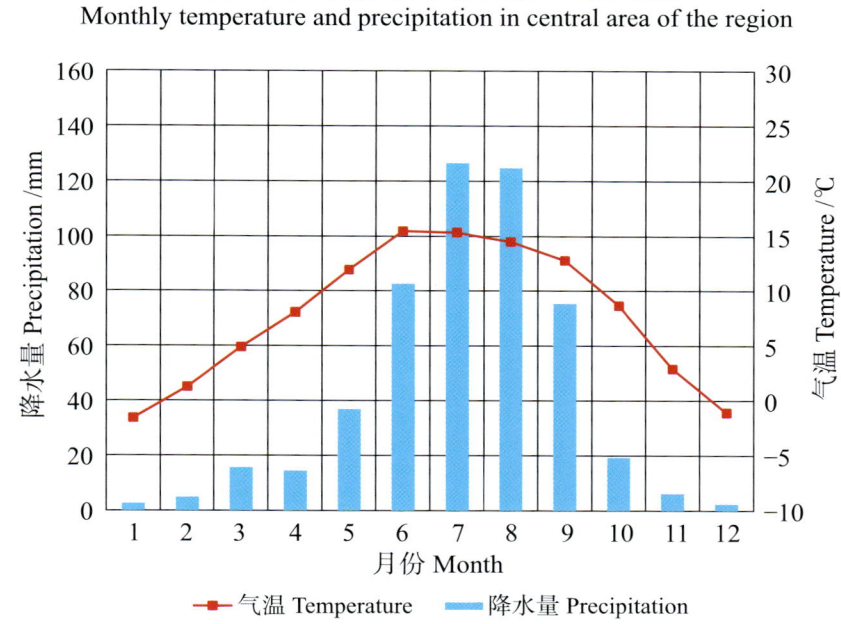

本区域中心区月平均气温与月平均降水量
Monthly temperature and precipitation in central area of the region

桑日县主要土壤类型与土壤剖面点分布图
1:330 000

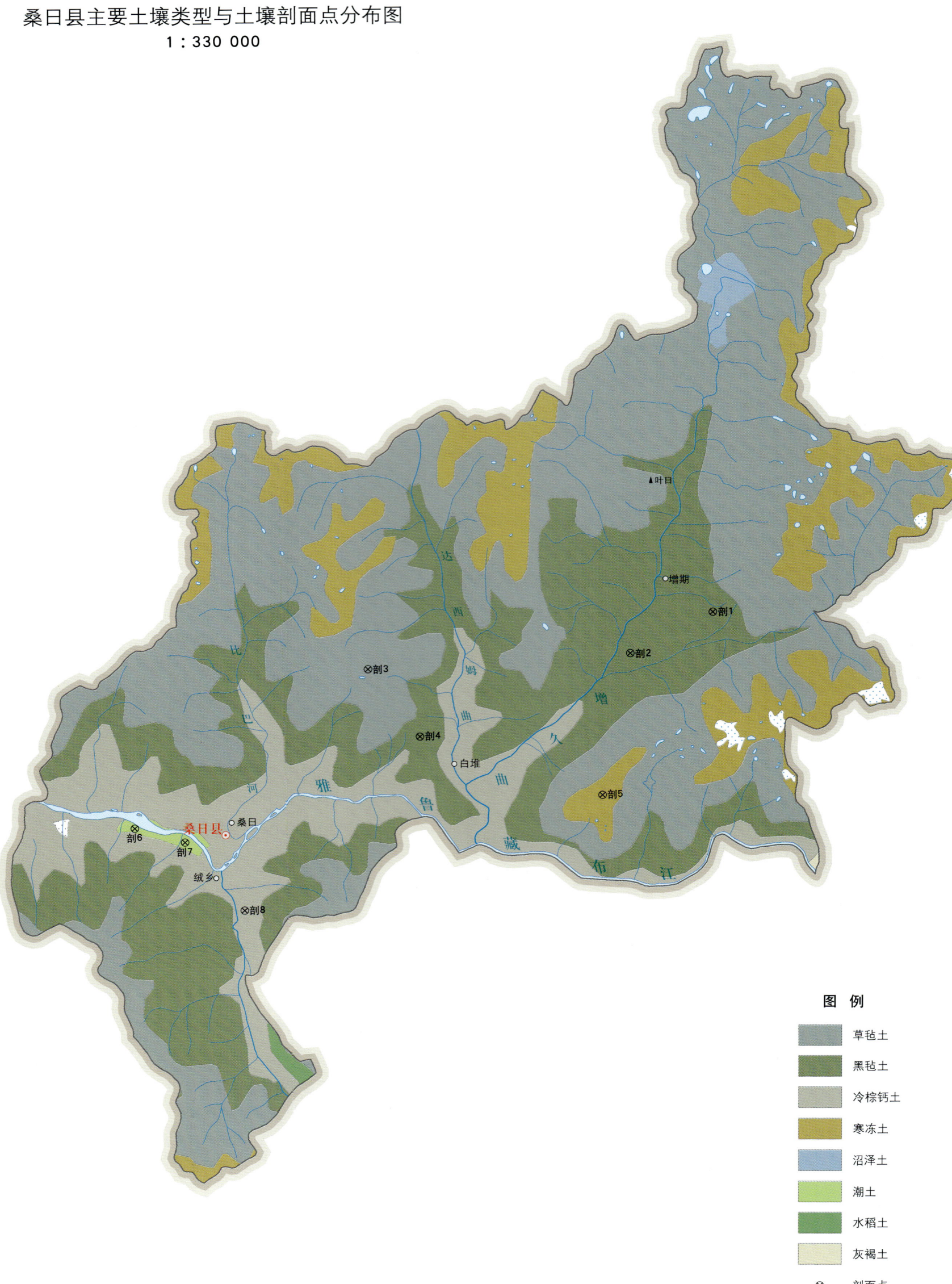

图 例

- 草毡土
- 黑毡土
- 冷棕钙土
- 寒冻土
- 沼泽土
- 潮土
- 水稻土
- 灰褐土
- ⊗ 剖面点

注：本图界线不作为实地划界依据。

桑日县土壤剖面理化性状表

剖面号 Soil profile	土纲 Soil order	土类 Soil great group	亚类 Soil subgroup	土层码 Layer code	土层厚度 Depth/cm	颜色 Soil color	质地 Soil texture	土壤结构 Soil structure	pH	有机质 OM/(g/kg)	全氮 TN/(g/kg)	全磷 TP/(g/kg)	全钾 TK/(g/kg)	碱解氮 AN/(mg/kg)	有效磷 AP/(mg/kg)	速效钾 AK/(mg/kg)	土壤母质 Parent material	剖面点坐标 Profile coordinate	匹配指数 Matching index/%
剖1	高山土	黑毡土	黑毡土	As	0—8	棕黄色	砂壤土	草毡状	6.5	30.9	1.71	0.72	19.8	72	3.0	85	花岗岩等坡积物	E 92°23′52.4″ N 29°25′13.8″	87
				A_1	8—12	暗灰黄色	壤土	团粒状	7.1	15.0	0.73	0.56	13.8	30	<1.0	41			
				A_1B	12—36	淡灰黄色	砂壤土	块状	7.1										
				Bc	36—70	淡灰黄色	砂壤土	块状	7.8	5.6	0.34	0.52	11.2	14	2.0	49			
				C	70—80	淡灰黄色	壤土												
剖2	高山土	黑毡土	薄黑毡土	As	0—4	棕毡色	砂壤土	草毡状	6.9	50.4	2.93	0.80	25.5	196	3.0	101	花岗岩等坡积物、残积物	E 92°19′57.4″ N 29°23′26.5″	72
				A_1	4—15	棕灰色	砂壤土	粒状	6.7	29.7	1.65	0.58	20.3	111	<1.0	92			
				Bc	15—65	棕灰色	砂壤土	块状	7.2	7.9	0.47	0.38	23.2	31	<1.0	28			
				C	65—71	棕灰色	壤土	单粒状											
剖3	高山土	草毡土	草毡土	As	0—7	暗毡色	砂壤土	草毡状	6.5	69.1	3.12	0.65	29.4	229	1.0	104	花岗岩等冰碛物	E 92°07′28.9″ N 29°22′42.2″	71
				A_1	7—25	暗灰色	砂壤土	屑粒状	6.5	38.8	1.81	0.57	25.4	139	<1.0	74			
				B	25—40	灰白黄色	砂壤土	块状	6.6	22.2	1.21	0.40	26.7	98	<1.0	104			
				C	40—45	灰白色	壤土	块状											
剖4	高山土	黑毡土	棕黑毡土	As	0—10	黑棕色	砂壤土	草毡状	6.9	41.3	2.06	0.60	21.3	172	8.0	125	砂板岩坡积物、残积物	E 92°09′58.3″ N 29°19′47.6″	75
				A_1	10—26	棕灰色	砂壤土	团粒、块状	6.9	26.5	1.46	0.51	15.5	117	5.0	44			
				Bc	26—60	淡黄色	砂壤土	块状	7.4	14.0	0.82	0.46	21.5	63	<1.0	41			
				C	60—80	淡黄色	砂土	草粒状	7.0										
剖5	高山土	寒冻土	寒冻土	Ao	0—0.5	灰白色		多孔状									花岗岩、云母片岩等坡积物	E 92°18′40.3″ N 29°17′19.0″	79
				A_1	0.5—3	暗棕灰色	砂壤土	鳞片状	6.8	19.2	1.19	0.67	14.6	70	5.0	35			
				C	3—14		砂土	鳞片状											
剖6	半水成土	潮土	脱潮土	A_1	0—21		砂壤土	团块状	8.0	29.6	1.88	0.92	24.3	115	24.0	204	河流冲积物	E 91°56′27.6″ N 29°15′45.4″	72
				A_1B_1	21—33		砂土	块状	8.2	23.5	1.72	0.91	25.1	98	10.0	119			
				B_1	33—105		砂壤土	块状	8.5	13.2	1.20	0.86	25.1	48	6.0	52			
剖7	半水成土	潮土	脱潮土	A_1	0—22	灰黄色	砂壤土	块状	8.2	21.2	1.29	0.68	26.8	79	3.0	60	洪积物、冲积物	E 91°58′51.2″ N 29°15′10.1″	84
				B_1	22—65	淡灰黄色	砂质黏壤土	块状	8.4	15.2	1.08	0.63	18.3	56	<1.0	35			
				B_1C	65—100	淡灰黄色	砂壤土	块状	8.6	15.3	0.95	0.59	24.7	41	<1.0	29			
剖8	高山土	冷棕钙土	冷棕钙土	Aoo	0—0.5	白色											炭质板岩坡积物、残积物	E 92°01′43.3″ N 29°12′14.8″	82
				Ah	0.5—21	白色	砂壤土	团块状	8.2	31.5	1.67	0.59	23.4	107	3.0	44			
				AhB	21—42	白色	砂质黏土	块状	8.4	15.1	0.90	0.55	21.4	40	1.0	36			
				Bca	42—90	白色	砂质黏壤土	块状	8.4	15.1	0.89	0.49	23.9	34	2.0	16			
				C	90—120		壤土	块状	8.5										

琼结县

主要土类说明

黑毡土是琼结县主要土壤类型，占本县地域面积的39%。黑毡土区气温较草毡土温和而湿润。植被以嵩草、白草、喇嘛草等小灌木为主，盖度为30%—50%。全年无霜期在90d以下，表层仍似草毡状，但薄而碎。剖面构型为A_1-B_1-BC-C型，土壤表层枯枝落叶较少，腐殖质层较厚，颜色较浅，呈淡黄色，质地为砂壤，呈块状结构。碳酸盐淀积层（B_1层）和石灰结构厚达15cm以上，呈灰白色，质地为壤砂，石灰反应强烈。碳酸钙含量为12.76%—48.95%，整个土壤剖面均有相当明显的假菌丝体；土体中砾石含量较高，可达30%—35%；土体中有机质含量为0.76%—1.04%，全氮含量为0.097%—0.100%，全磷含量为0.064%—0.118%，土体呈碱性反应，pH为8.0—8.1。土壤粗骨性强，作物腐化程度比较低，土体坚硬，淋溶作用比较强，养分含量较低，质地结构较差。

草毡土是琼结县第二大土壤类型，占本县地域面积的36%，分布在海拔4400—5000m及以上的高山和半高山湿润地区。其分布区年平均气温较低，气候寒冷，土壤冻霜现象显著；年降水量略高于灰褐土、冷钙土，年蒸发量低于灰褐土、冷钙土，植被以嵩草、白草、苔草等组成高山矮草草甸群落。草毡层厚而富有轻微弹性，阳坡盖度为50%—60%，阴坡在85%以上。土层厚度因地区不同而有差异，平缓地带的草毡土略厚于陡峭山坡。剖面特征多为A_s-A_1-A_3-C构型。阴坡有机质分解微弱，草毡层厚度在5—10cm或以上，多呈棕黄色，腐殖质层（A_1层）较厚，为15—30cm，呈黄棕色或暗灰色；过渡层母质层厚薄不一，养分含量较低。表层有机质含量为2.65%—6.19%，全氮含量为0.26%—0.46%，全磷含量为0.12%—0.17%。全剖面无石灰反应。土体呈酸性至中性反应，pH为6.2—7.2。

冷棕钙土是琼结县第三大土壤类型，占本县地域面积的18%。冷棕钙土主要发生于青藏高原高寒温凉的半干旱河谷，成土过程具有弱腐殖质积累、弱淋溶与钙积作用特点。植被主要为灌丛草原。有机质含量为1.0%—3.0%，钙积层位于中下部，厚度为30—50cm，碳酸钙含量为20—60g/kg，土壤pH为7.5—8.5。多耕种，一年一熟。

寒冻土占琼结县地域面积的5%。寒冻土发生于高山冰雪带下缘，成土过程以寒冻物理风化为主，弱生物累积，土层浅薄，含石砾多，仅在岩屑中见少量细土物质堆积。土壤pH为7.0—8.5。

小于本县地域面积3%的土壤类型还有潮土等。

本区域中心区气候特征

本区域中心区气候特征值
Regional climate characteristics in central area of the region

气候带：高原温带亚干旱气候 Climate region: Plateau temperate sub arid climate	
年平均气温 /℃ Annual average temperature /℃	8.3
年平均最高气温 /℃ Annual average maximum temperature /℃	16.0
年平均最低气温 /℃ Annual average minimum temperature /℃	1.9
年降水量 /mm Annual precipitation /mm	499
≥10℃的积温 /℃ Daily temperature accumulated in a year（≥10℃）/℃	2953
年日照时数 /h Annual sunshine /h	2880
年平均相对湿度 /% Annual average relative humidity /%	47
干燥度 Dryness	0.96

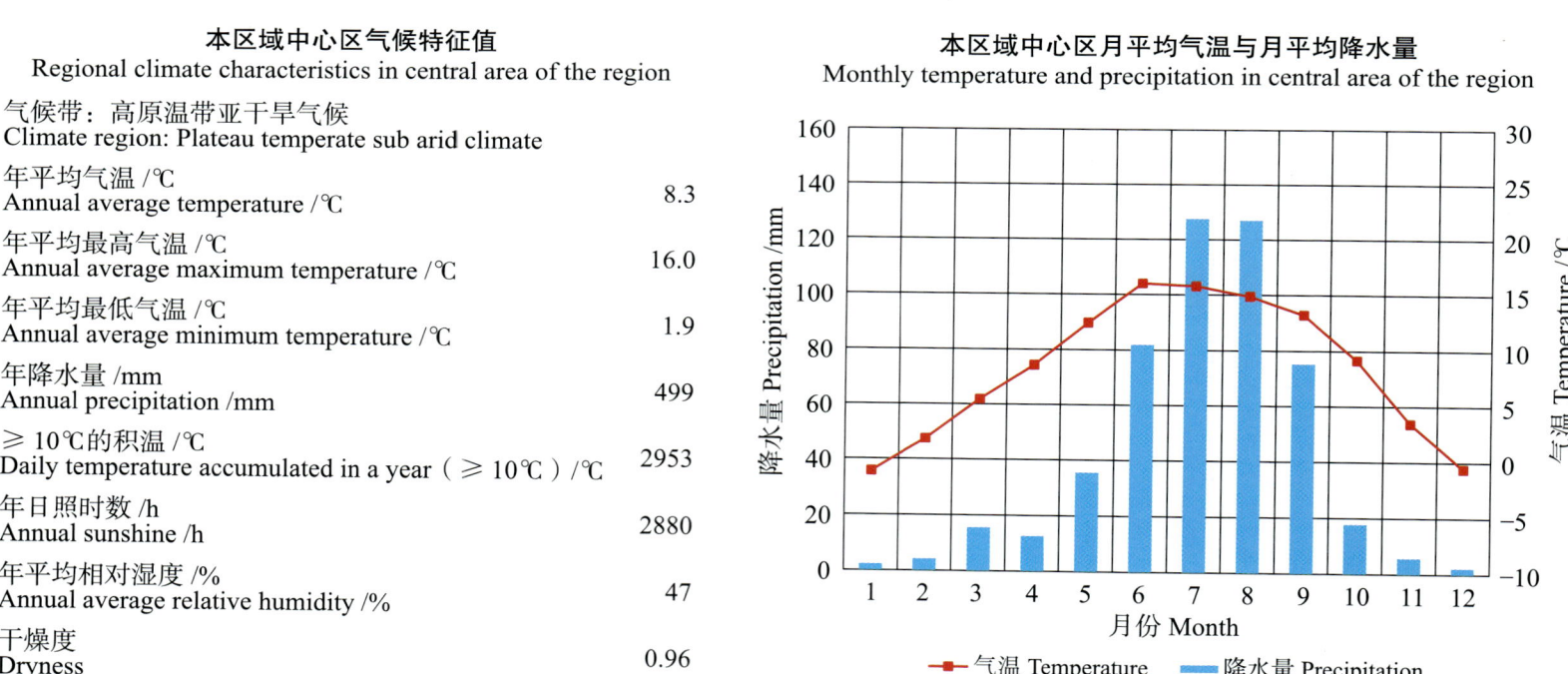

本区域中心区月平均气温与月平均降水量
Monthly temperature and precipitation in central area of the region

琼结县主要土壤类型与土壤剖面点分布图
1∶190 000

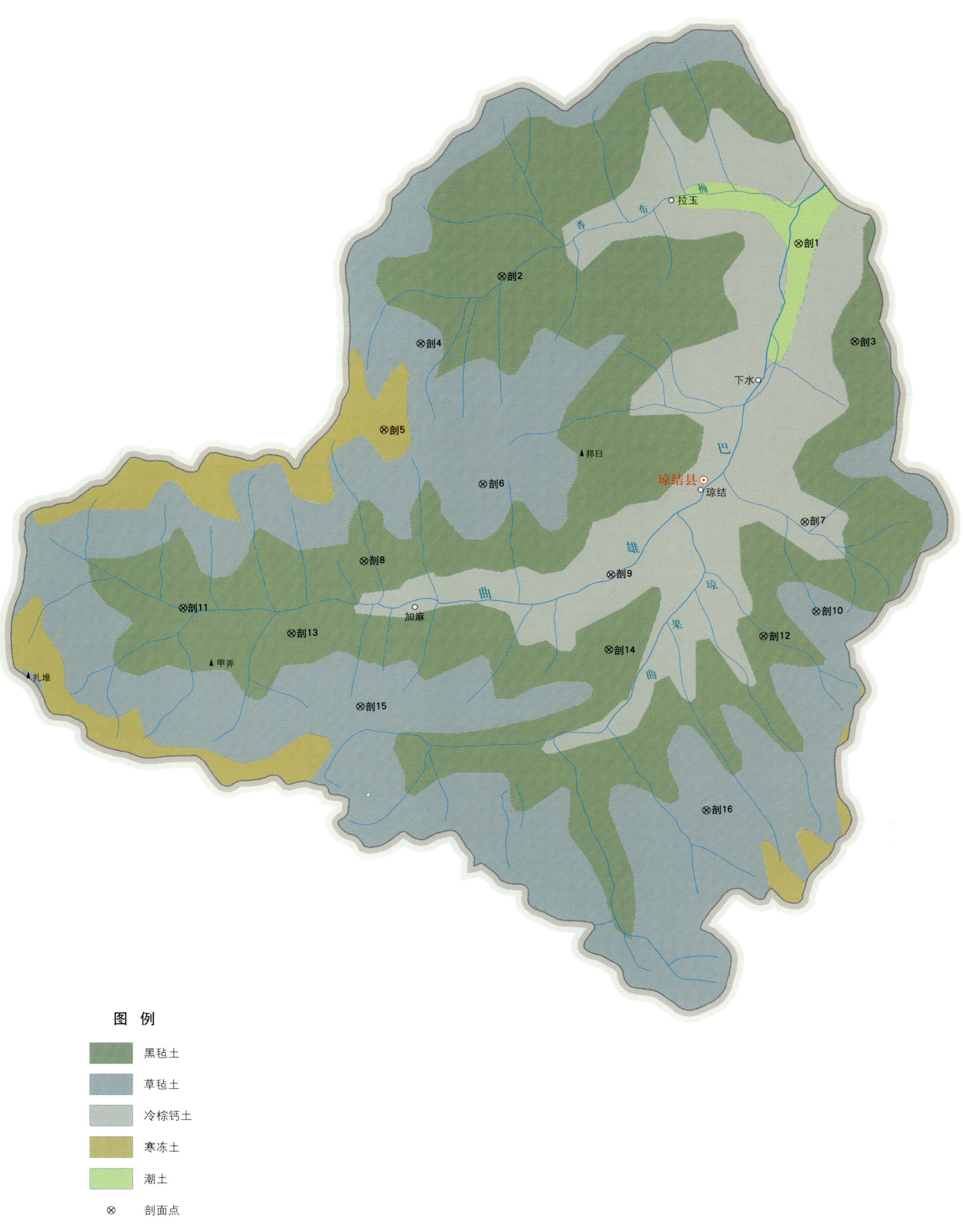

图 例

- 黑毡土
- 草毡土
- 冷棕钙土
- 寒冻土
- 潮土
- ⊗ 剖面点

注：本图界线不作为实地划界依据。

琼结县土壤剖面理化性状表

剖面号 Soil profile	土纲 Soil order	土类 Soil great group	亚类 Soil subgroup	土属 Soil genus	土层码 Layer code	土层厚度 Depth/cm	颜色 Soil color	质地 Soil texture	土壤结构 Soil structure	pH	有机质 OM/(g/kg)	全氮 TN/(g/kg)	全磷 TP/(g/kg)	全钾 TK/(g/kg)	碱解氮 AN/(mg/kg)	有效磷 AP/(mg/kg)	速效钾 AK/(mg/kg)	阳离子交换量CEC/(cmol/kg)	剖面点坐标 Profile coordinate	匹配指数 Matching index/%
剖1	半水成土	潮土	脱潮土		A_{11}	0~21	棕灰色	壤土	块状	8.0	29.5	2.01	0.93	23.7	124	21.0	149		E 91°43′03.7″ N 29°07′36.1″	75
					A_{12}	21~36	棕灰色	壤土	块状	8.0	20.5	1.51	0.96	23.2	72	4.0	67			
					C_1	36~63	灰黄棕色	壤土	块状	8.2	15.0	1.14	0.87	24.2	44	3.0	32			
					C_2	63~115	灰黄棕色	黏壤土	块状	8.1	12.2	1.02	0.71	24.4						
剖2	高山土	黑毡土	黑毡土		1	0~21	棕色	砂壤土	粒状	7.1	30.3	2.84	1.15		194	5.0	123		E 91°34′59.9″ N 29°06′39.2″	97
					2	21~40	淡棕色	砂壤土	块状	7.1	28.4	1.68	1.38		116	3.0	26			
					3	40~62	灰黄色	砂壤土	块状	7.0	14.0	1.02	1.12		63	3.0	18			
剖3	高山土	黑毡土	黑毡土		1	0~13	灰灰色	壤土	粒状	7.5	24.1	1.64	1.25		95	7.0	51		E 91°44′38.0″ N 29°05′11.4″	78
					2	13~33	灰白色	砂壤土	块状	7.5	14.0	0.79	1.25		54	5.0	43			
					3	33~51	灰棕色	砂壤土	粒状	7.3	3.5	0.67	1.13		17	5.0	23			
剖4	高山土	草毡土	草毡土		1	0~12	灰色	砂壤土	粒状	7.5	26.5	2.63	1.22		209	5.0	27		E 91°32′49.2″ N 29°04′57.0″	75
					2	12~31	棕色	砂壤土	粒状	7.4	17.7	2.30	1.60		146	4.0	29			
					3	31~51	淡黄色	砂壤土	粒状	7.1	8.9	1.02	1.86		52	5.0	30			
剖5	高山土	寒冻土	寒冻土		AC	0~8	灰灰色	砾质砂壤土	片状、块状	7.3	15.0	1.18	0.82	30.9	40	8.0	68	10.8	E 91°31′52.0″ N 29°02′48.5″	72
					C	8~16	灰灰色	砾质砂壤土	片状、屑粒状	8.2	10.5	1.10	0.82	30.0	42	9.0	75	4.2		
剖6	高山土	草毡土	草毡土		1	0~15	暗棕色	壤土	粒状	6.2	34.0	2.99	1.60		192	6.0	73		E 91°34′34.0″ N 29°01′30.0″	75
					2	15~37	褐色	砂壤土	块状	6.0	17.8	3.20	1.79		139	8.0	35			
					3	37~55	棕色	砂壤土	粒状	6.3	5.7	0.60	1.33		41	12.0	29			
剖7	高山土	冷棕钙土	冷棕钙土		A_1	0~18	棕色	砂壤土	粒状	7.7	45.5	2.80	0.76	23.4	206	7.2	57		E 91°43′20.6″ N 29°00′41.0″	86
					AB	18~34	淡黄色	砂壤土	块状	8.0	20.5	1.37	0.76	24.9	74	2.7	29			
					B	34~62	黄棕色	砂壤土	块状	8.1	14.0	0.90	0.72	24.6	45	2.6	22			
					C	62~98	淡灰色	砂壤土	块状	8.2	10.8	0.80	0.70	22.9						
剖8	高山土	黑毡土	黑毡土		1	0~16	灰色	砂壤土	块状	6.4	36.6	4.05	1.69		262	18.0	161		E 91°31′22.4″ N 28°59′32.3″	71
					2	16~35	棕色	砂壤土	块状	6.7	21.0	2.65	1.90		158	9.0	46			
					3	35~60	褐色	壤土	块状	6.3	50.1	3.05	>4.00		187	6.0	51			
					4	60—	淡灰色	壤质砂土	块状	6.5	9.5		1.27							
剖9	高山土	冷棕钙土	冷棕钙土	灌耕冷棕钙土	A_{11}	0~18	灰白色	砂壤土	团粒状、块状	7.9	20.8	1.55	0.74	23.6	110	7.3	36		E 91°38′05.6″ N 28°59′18.2″	73
					AB	18~32	淡灰色	黏壤土	块状	7.8	14.3	1.18	0.71	24.2	60	3.1	28			
					Bk	32~61	暗灰黄色	黏壤土	块状	7.7	15.3	0.98	0.68	22.2	44	2.8	31			
					BkC	61~97	灰黄色	黏壤土	块状	7.7	9.9	1.03	0.69	23.2						
剖10	高山土	黑毡土	黑毡土		1	0~8	棕色	壤土	块状	7.2	58.1	3.21	1.56		225	7.0	106		E 91°43′41.2″ N 28°58′27.8″	72
					2	8~36	暗棕色	砂土	粒状	7.0	37.5	2.17	0.15		134	5.0	36			
					3	36~55	棕色	壤土	粒状	6.8	13.5	0.85	1.45		82	5.0	30			
剖11	高山土	草毡土	草毡土		A_{11}	0~17	灰灰色	重砾质砂黏壤土	块状	7.2	45.9	2.80	0.84	22.9	226	12.0	116	14.1	E 91°26′28.7″ N 28°58′18.5″	76
					AC	17~29	灰灰色	重砾质砂黏壤土	块状	7.4	26.9	2.00	0.76	23.2	138	4.0	94	11.7		
					C_1	29~55	灰灰色	重砾质砂黏壤土	块状	8.0	9.7	0.92	0.59	22.4	41	5.0	60	10.0		
					C_2	55~87	灰灰色	砂壤土	块状	7.7	6.7	0.15	0.65	23.2				11.0		
剖12	高山土	黑毡土	黑毡土		1	0~10	黄棕色	砂壤土	粒状	7.2	40.4	2.47	1.57		152	15.0	176		E 91°42′15.8″ N 28°57′50.0″	81
					2	10~55	棕色	砂壤土	粒状	7.1	24.8	1.72	1.49		89	10.0	45			
					3	55~100	棕色	壤土	块状	7.5	25.9	1.89	2.18		109					
剖13	高山土	黑毡土	黑毡土		1	0~17	棕色	壤土	粒状	7.1	19.9	2.25	1.69		127	5.0	61		E 91°29′26.2″ N 28°57′43.6″	97
					2	17~28	棕黄色	壤土	粒状	7.1	19.4	1.31	1.34		74	8.0	26			
					3	28~70	淡黄色	壤土	块状	6.6	3.9	0.57	0.95		27	6.0	25			

续表 Continued

剖面号 Soil profile	土纲 Soil order	土类 Soil great group	亚类 Soil subgroup	土属 Soil genus	土层码 Layer code	土层厚度 Depth/cm	颜色 Soil color	质地 Soil texture	土壤结构 Soil structure	pH	有机质 OM/(g/kg)	全氮 TN/(g/kg)	全磷 TP/(g/kg)	全钾 TK/(g/kg)	碱解氮 AN/(mg/kg)	有效磷 AP/(mg/kg)	速效钾 AK/(mg/kg)	阳离子交换量CEC/(cmol/kg)	剖面点坐标 Profile coordinate	匹配指数 Matching index/%
剖14	高山土	黑毡土	黑毡土		1	0—10	灰褐色	壤质砂土	粒状	7.4	27.8	1.60	1.22		103	5.0	36		E 91°38′03.8″ N 28°57′26.6″	97
					2	10—35	棕黄色	黏壤土	块状	7.4	6.4	1.30	0.97		35	4.0	20			
					3	35—90	棕黄色	砂土	粒状	7.2	3.2	0.86	>4.00		23	5.0	86			
剖15	高山土	草毡土	草毡土		1	0—5	棕灰色	砂壤土	块状	6.6	40.5	4.65	1.73		218	6.0	386		E 91°31′19.9″ N 28°55′56.3″	79
					2	5—26	棕色	砂壤土	粒状	6.5	45.9	3.83	1.69		237	6.0	91			
					3	26—45	褐色	砂壤土	块状	6.7	55.9	3.02	2.61		149	6.0	50			
					4	45—50	淡灰色	砂壤土	块状	6.4	8.0	0.82	1.34		39	8.0	41			
剖16	高山土	草毡土	草毡土		1	0—10	棕黄色	壤土	粒状	6.6	61.9	3.43	1.38		254	5.0	169		E 91°40′46.2″ N 28°53′28.7″	75
					2	10—26	黄棕色	壤土	块状	6.6	55.2	2.88	1.72		51	9.0	36			
					3	26—55	暗灰色	壤土	块状	6.6	19.3	1.09	1.28		50	3.0	36			
					4	55—90	淡黄色	砾石土	粒状	6.4	14.9	0.91	1.20							

曲 松 县

主要土类说明

草毡土是曲松县主要土壤类型，占本县地域面积的54%。其分布高度在本县南部为海拔4500（4600）—5300m；在本县北部为海拔4450（4550）—5300m，上接寒冻土，下连黑毡土。草毡土每年10月下旬至翌年5月中旬为积雪覆盖，土壤冻结期长达半年以上，冻土层厚度为10—30cm，但上层冻融交替频繁。植被以垫状植被和矮生嵩草为主，次为苔草、毛茛、龙胆、报春花；退化地段有较多的火绒草和针茅侵入，组成高山矮草草甸群落，有的矮草草甸尚与一些灌丛，如金露梅、刺鼠李、小叶杜鹃、高山柳等混生，植被长势较好，盖度在85%以上。草毡土的成土过程特点是具有明显的腐殖质积累过程和氧化还原作用，和其他高山土壤一样，也具有粗骨性强等剖面特征。草毡土分布区常年气温低，昼夜温差大，土壤冻融交替频繁，在夏半年，尤其6—9月降水较多，常有地形雨（雪、雹）和云雾水汽的湿润，热量也较充足，两者同步，植物生长迅速，根系茂密，土壤密丛性草甸植物的根系盘结交织，蓄积了大量的水分，通气性能不良。一方面，生长量大，进入土体中的有机质多；另一方面，有机质分解微弱，植物残体以原形或半分解状累积于土壤中。在冬半年，又为积雪覆盖，气候严寒，植物枯死或停止生长，微生物活动微弱，有机质更难分解。因此每年有机质积累量大于分解量，在表层根系交织，形成细密的草毡层。草毡土另一大特征是土壤氧化还原作用交替进行，这是由大气降水和融冻水浸润引起的，与一般受地下水直接影响的草甸土不太相同。草毡土在表层有机质逐渐积累和吸水性很强的草毡层形成后，一年中土壤处于较长时期的干旱与夏秋短期湿润交替进行的状态，夜冻昼融而水分上下移动频繁，为成土物质的低温氧化与短暂的还原过程的进行创造了条件，使得土壤中的铁锰化合物发生移动和淀积，而在剖面中出现新生体与相应的发生层段（暗色层）。

冷钙土是曲松县第二大土壤类型，占本县地域面积的23%。冷钙土主要分布于本县中、深切割高山的中、下部的措堆、堆随、下江东部等窄谷地带，海拔多在4000—4200（4300）m，可低至海拔3800m左右，并常与亚高山草原草甸土形成复区或锯齿状镶嵌分布。土壤冻结期短，仅3个月左右，寒冻作用相对较弱。植被以紫花针茅、长芒针茅、三刺草、白草、固沙草等草原植被为主，伴生有西藏狼牙刺、变色锦鸡儿、西藏嵩草、毛莲蒿、劲直黄芪、砂生槐等旱生灌木或半灌木，此外，还有野丁香、草沙蚕等植物。因土壤冻结期较短，土壤季节性淋溶较强，冷钙土的成土过程中有较弱的腐殖质积累作用和明显的钙积作用。冷钙土分布区降水稀少，蒸发强烈，土体干燥，植被盖度小，有机质分解快，因此不能形成草毡层，有机质含量远较草甸土低，腐殖质积累作用十分微弱，只能在剖面内形成腐殖质侵染层（Ah层）。土壤水及天然水大部分为钙化饱和，呈中性到碱性反应。土壤表层钙质大部分与植物残体分解过程中产生的碳酸结合形成重碳酸盐向下移动，淀积于剖面中下部，形成不同形式的碳酸钙积聚，也就是钙积作用，但视其所处地形部位、成土母质等的不同，会表现出较大的差异。

寒冻土是曲松县第三大土壤类型，占本县地域面积的11%。寒冻土是全区土壤垂直分布位置最高的土壤，也是脱离常年冰川积雪影响最晚、成土年龄最短的土壤类型。该土所处环境气候寒冷而湿润，多大风。母岩受寒冻风化深刻，在频繁的冻融交替下，产生剧烈的热胀冷缩，以致剥落成一些大小不等而又具棱角的砾石，并在地表形成流石滩或活动岩屑堆。受严酷气候的制约，生物活动极弱，只生长一些耐寒、耐生理干旱、耐瘠薄的植物，如菊科的雪兔子、罂粟科的绿绒蒿、报春花科的高山点地梅、景天科的高山红景天、石竹科的高山石竹，以及雪莲、壳状地衣、黄绿地衣等，植被盖度仅有0.5%左右。通常无动物活动。生物对土壤的形成影响微弱，主要以物理风化为主，成土作用微弱，土层浅薄，极富粗骨性且无连续土被，仅在岩屑砾石间隙中有零散土壤出露，地表常覆以大片的砾幕。成土母质主要为花岗岩、炭质板岩和砂板岩等岩石的冰碛物或残积物、坡积物。成土特点为成土年龄短、成土过程弱，成土过程容易因冰雪融水、风、重力等多种因素的侵蚀而中断。主要成土过程表现为：植被生长量小，每年进入土体中的有机质少，由于气候严寒湿润，有机质分解缓慢，腐殖化作用弱，腐殖质组成以富里酸为主，胡敏酸含量少，芳构化程度低。生物化学成土作用轻微，以寒冻风化作用占主导地位，且风蚀严重，故土体内岩石骨骼颗粒比重大，细粒物质甚少，多积聚于岩隙或石缝内，具有明显的下移特征。

冷棕钙土占曲松县地域面积的 5%。冷棕钙土是半干旱温暖河谷地带性土壤，也是本县的基带土壤，主要分布于本县北部雅鲁藏布江河谷，中西部曲松河、堆随河的河谷及其次一级支流谷地，即海拔 4000m 以下的坡麓带或洪积扇、高阶地和高台地等部位。冷棕钙土成土母质复杂，为各类母岩风化物形成的坡积物、残积物、洪积物、冲积物和湖积物等。所在分布区的生物气候条件为高原温暖半干旱，土壤冻结期较短，寒冻作用微弱。植被为温性干草原类山地干草原，植被组成具有两个明显的特点，一是层次性，即可分为上下两层，上层为旱生小灌木或小半灌木，下层为草本层；二是旱生性，草场植物稀疏，盖度一般低于 60%，产草量低，低于高寒草甸类和高寒草原类。由于所处环境温度高，蒸发量大，干燥少雨，生物生长量少，有机质分解量大。因此，土壤的腐殖质层薄，有机质含量低，一般剖面表层只能形成腐殖质侵染层。由于土壤冻结期短，而季节性淋溶作用相对较强，故在剖面心土层内常有钙积作用发生，形成各种形态的石灰新生体，构成了钙积层。钙积作用与地形、母质等关系密切，有的地方尽管为典型的冷棕钙土，但剖面通体无石灰反应，pH 甚至低于 7.0。

小于本县地域面积 3% 的土壤类型还有黑毡土、草甸土、水稻土和灰褐土等。

本区域中心区气候特征

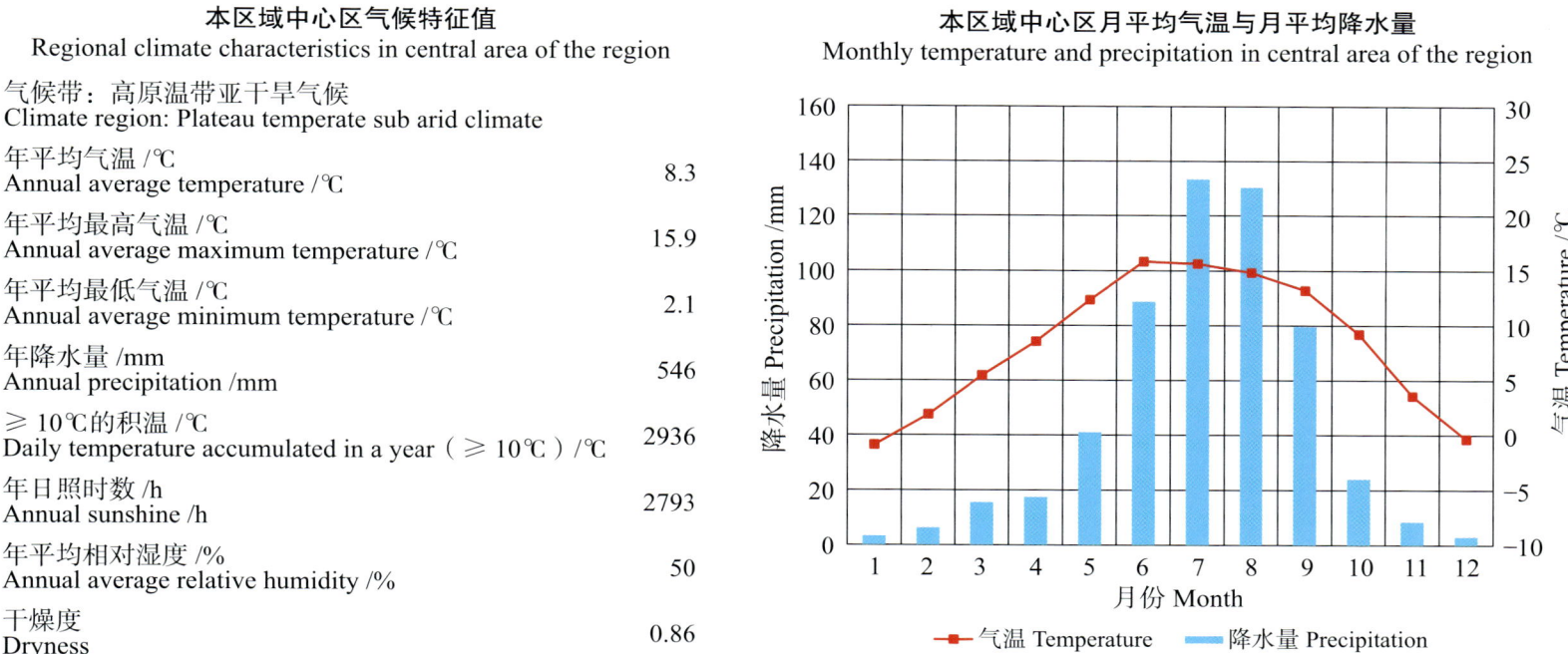

曲松县主要土壤类型与土壤剖面点分布图
1 : 240 000

图 例

- 草毡土
- 冷钙土
- 寒冻土
- 冷棕钙土
- 黑毡土
- 草甸土
- 水稻土
- 灰褐土
- ⊗ 剖面点

注：本图界线不作为实地划界依据。

曲松县土壤剖面理化性状表

剖面号 Soil profile	土纲 Soil order	土类 Soil great group	亚类 Soil subgroup	土层码 Layer code	土层厚度 Depth/cm	颜色 Soil color	质地 Soil texture	土壤结构 Soil structure	pH	有机质 OM/(g/kg)	全氮 TN/(g/kg)	全磷 TP/(g/kg)	全钾 TK/(g/kg)	碱解氮 AN/(mg/kg)	有效磷 AP/(mg/kg)	速效钾 AK/(mg/kg)	阳离子交换量CEC/(cmol/kg)	土壤母质 Parent material	剖面点坐标 Profile coordinate	匹配指数 Matching index/%
剖1	高山土	冷棕钙土	冷棕钙土	1	0—1													蛇绿岩等坡积物	E 92° 10′ 59.9″ N 29° 14′ 38.4″	83
				2	1—21	淡棕黄色	砂壤土	粒状	7.9	27.1	1.28	0.51	17.7	74	1.0	37				
				3	21—100	淡棕黄色	砂壤土	块状	8.4	7.0	0.38	0.26	14.0	18	<1.0	25				
				4	100—120	淡棕黄色	砂壤土	块状	8.4	4.0	0.29	0.21	14.2	18	<1.0	32				
剖2	高山土	草毡土	棕草毡	1	0—1													砂板岩、千枚板岩坡积物、残积物	E 92° 14′ 56.8″ N 29° 13′ 03.4″	72
				As	1—8		砂壤土	草毡状	8.3	180.0	>6.00	0.96	21.7	318	8.0	203				
				3	8—24		壤土	屑粒状	5.8	126.5	4.78	0.92	20.2	223	6.0	125				
				4	24—37		壤土	块状	6.3	62.5	3.16	0.85	18.9	176	1.0	71				
				5	37—45		砂壤土	块状												
剖3	高山土	黑毡土	棕黑毡	1	0—0.5													千枚岩、花岗岩等坡积物	E 92° 05′ 06.4″ N 29° 09′ 28.4″	78
				As	0.5—8	暗棕色	砂壤土	草毡状	7.4	62.6	3.16	1.15	21.7	169	<1.0	72				
				3	8—19	暗棕色	壤土	粒状	7.2	50.6	2.65	1.06	22.3	133	10.0	46				
				4	19—32	淡黄棕色	壤土	块状	6.6	16.0	0.85	0.78	21.4	51	<1.0	39				
				5	32—50	淡黄棕色	砂壤土	块状												
剖4	高山土	冷钙土	暗冷钙土	1	0—12	暗棕色	壤土	粒状	7.8	64.0	3.26	0.69	22.5	199	3.0	36			E 92° 13′ 06.2″ N 29° 08′ 30.5″	71
				2	12—42	暗棕色	砂壤土	块状	7.5	35.5	1.93	0.57	15.2	75	1.0	18				
				3	42—86	暗棕色	砂壤土	块状	7.5	31.1	1.85	0.56	21.8	70	1.0	16				
				4	86—105	暗棕色	砂壤土	单粒状	7.5											
剖5	高山土	冷钙土	冷钙土	A_{11}	0—22	棕色	砂质黏壤土	粒状、块状	8.4	41.0	2.72	1.16	25.5	149	17.0	57	16.3		E 92° 12′ 34.2″ N 29° 04′ 53.4″	95
				AB	22—38	棕色	壤土	块状	8.2	27.9	1.93	0.84	24.1	104	4.0	35	12.3			
				Bk_1	38—75	灰黄棕色	壤土	块状	8.4	19.5	1.29	0.80	23.2	64	7.0	34	18.1			
				Bk_2	75—100	灰黄棕色	砂壤土	单粒状	8.5	17.8	1.21	0.72	24.1	61	6.0	36	7.2			
剖6	高山土	冷钙土	冷钙土	1	0—0.5														E 92° 16′ 05.9″ N 29° 03′ 46.1″	83
				2	0.5—9	灰黄棕色	砂壤土	粒状	5.8	47.2	2.24	0.91	25.6	155	1.0	39				
				3	9—22	棕色	砂壤土	块状	6.1	33.7	2.11	0.88	23.1	109	<1.0	19				
				4	22—60	棕色	壤土	块状	6.4	24.7	1.51	0.86	24.1	64	<1.0	21				
				5	60—90	灰黄色	壤土	块状	6.0	22.8	1.46	0.82	24.1	58	<1.0	20				
				6	90—		多孔质砂土	多孔状	6.8											
剖7	高山土	冷钙土	冷钙土	1	0—21	灰黄色	壤土	粒状	7.7	28.0	1.79	0.73	23.7	96	6.0	57			E 92° 12′ 56.5″ N 29° 00′ 32.8″	80
				2	21—75	灰黄棕色	壤土	块状	8.6	14.3	0.95	0.63	20.7	46	5.0	30				
				3	75—100	灰黄色	壤土	块状	8.2	9.1	0.64	0.51	20.9	32	8.0	37				
剖8	高山土	寒冻土	寒冻土	1	0.5—5	灰黄色	多砾石砂壤土	鳞片状	6.9	16.6	1.09	0.75	20.3	49	5.0	67		炭质板岩冰碛物	E 92° 17′ 35.9″ N 28° 54′ 10.4″	85
				2	5—10	棕灰色	多砾质砂壤土	层状												
				As	0—14	棕色	壤土	草毡状	6.6	140.3	>6.00	1.20	26.0	>400	2.0	81				
剖9	高山土	草毡土	草毡土	2	14—28	青灰色	壤土	屑粒、团粒状	6.6	41.3	1.92	1.12	23.3	141	<1.0	58		千枚岩、千枚板岩坡积物	E 92° 07′ 48.0″ N 28° 43′ 24.6″	71
				3	28—38	青灰色	黏质壤土	块状	7.6	88.2	4.38	1.04	23.6	381	4.0	58				
				4	38—53	淡灰色	壤土	块状	6.2	61.8	2.81	0.99	22.3	212	8.0	42				
				5	53—70															

措 美 县

主要土类说明

草毡土是措美县主要土壤类型，占本县地域面积的58%。草毡土遍布全县各山地上部，南部分布海拔在4650—5300m，北部分布海拔在4620—5300m。成土母质主要是板岩、千枚岩、砂岩、页岩的坡积物、残积物，局部地段有灰岩残积物、坡积物。草毡土分布区植被生长缓慢，草高2—5cm，生长期仅3个月（7—9月），但根系庞大，活根和死根相互交织连片呈毡状，具有韧性和弹性，优势植物以矮生嵩草、高山嵩草和苔草为主，次为圆穗蓼、矮火绒草、各种龙胆和绒毛蚤缀等，盖度为70%—90%，部分地段高达95%以上，但在局部地段因坡度较大，草被滑塌侵蚀，植被分布呈斑状。草毡土分布区气候寒冷，土壤冻融交替频繁，夏半年气温较高，降水较多，暖湿同季，植物生长茂密，有较多的植物残体进入土壤，同时也是成土作用最活跃的时期；冬半年气温低，寒冷漫长，土壤冻结，微生物活动弱，植物残体分解极慢，多以未分解或半分解的状态累积于土壤中，因而土壤中有机物的累积大于分解，形成活根与死根相互交织的连片草皮。草毡土所处地势高亢，层峦叠嶂，云雾缭绕，雨季期间日内有数次降水，更多时日即使不降雨雪，土壤也多为云雾中水汽所湿润，空气湿度相对高，草被生长茂密，水分条件较低海拔山区优越。草毡土虽土层较薄，质地轻粗，土体本身不易滞水，但在一定深度内具有季节性冻层，不仅能将水分以固态形式保留土中，而且又能托住下渗的雨水使之暂时潴育在土中。由于夜冻昼融使水分上下移动，引起土体频繁"封闭""开启"，导致氧化还原作用加剧，因而具有特殊的寒冻草甸化过程。

寒钙土是措美县第二大土壤类型，占本县地域面积的13%。寒钙土主要分布于本县北部的高原夷平面海拔4800—5000m的平坦处，最低可达海拔4620m，上接草毡土，下连冷钙土。寒钙土发育于高原较寒冷和干旱气候的草原植被下，土壤冻结期较长，暖季短促，无霜期仅有23—39d，多大风。寒钙土的热量条件虽与草毡土相似，但降水量较少，草被盖度低，有机质的矿化作用较强烈。植被组成主要是紫花针茅、苔状蚤缀、早熟禾、团垫黄芪、镰形棘豆、嵩草等，盖度为15%—50%。寒钙土具有一般草原土壤形成过程中的腐殖质积累和钙积作用，但其生物物质循环缓慢，微生物活动也并不旺盛，一般草本植物地上部分生物累积量较少。土壤腐殖质层的颜色较淡，厚度较薄，石砾含量高，生物化学风化作用和成土作用较弱，淋洗程度微弱，钙积作用较明显，碳酸钙在岩石背面或土体中呈粉霜状聚集。由于从冻到融、由湿到干的过程反复进行，土壤中普遍有孔隙和片状结构。

寒冻土是措美县第三大土壤类型，占本县地域面积的7%。寒冻土分布在海拔5250m以上高山顶部，是土壤垂直分布带谱中位置最高的土壤，也是脱离冰川和永久积雪影响最晚、成土年龄最短的土壤。寒冻土形成的主要环境条件是气候严寒而湿润，昼夜温差大，年降水量少且蒸发强烈，太阳辐射强，风大。成土过程受物理风化和冰雪剥蚀作用强烈，生物化学作用较微弱，土被上岩石裸露，冰碛石满布，不能形成连片土被。由于土壤冻结期长，高等植物难以繁衍生存，仅有部分耐寒、耐旱、矮生和肉质的植物及低等植物生长，优势植物有垫状点地梅、苔状蚤缀、垫状金露梅和红景天等，其次为团垫黄芪、毛茛、雪莲、垂头菊、风毛菊等。此外，在岩块、砾石的背风面着生有壶状地衣和苔藓等低等植物，植被盖度一般仅1%—2%，最高不超过8%，稀疏矮小的植被使土壤有机质积累微弱。寒冻土土层浅薄，砾石含量高，质地轻粗，大部分土层黏粒含量不超过10%，且以表层含量最低，这除受风蚀影响外，还与冻融过程引起的细土顺岩屑缝下漏有关。剖面分化不明显，有机质含量低，碳氮比高，土壤反应因岩性而定。

冷钙土占措美县地域面积的6%。冷钙土是温暖半干旱气候条件下形成的地带性土壤，本县主要分布于当许河河流两侧的山坡坡麓和洪积扇上，海拔在4200—4650m。成土母质多为板岩、页岩、砂岩、花岗片麻岩等风化的坡积物、洪积物和冲积物。由于所处地形部位主要是山坡或洪积扇，冲刷严重，到处可见沟壑，除坡下部土层较厚外，上部很薄。植被组成以旱生草本为主，有针茅、早熟禾、千里光、紫菀和马先蒿等，还有苔草等草甸植被，盖度为30%—60%。冷钙土的成土过程有弱的腐殖质积累、冻融过程和钙积作用。由于水热条件比寒钙土要好，因而植物生长状况明显要好，每年合成的干物质产量相对较高，植物残体的腐殖化较强，有机质含量更多。由于土壤在干燥条件下形成，钙的淋溶和淀积作用不明显，表层具有10—20cm厚的灰棕色腐殖质层，有机质含量只有2%左右，向下显著减少。

黑毡土占措美县地域面积的5%，主要分布于本县北部和西南部，所处地形部位为古湖盆起伏山地及高山峡谷坡上，海拔在4100—4650m。成土母质为板岩、砂岩、碎屑岩、页岩等的坡积物。植被组成以多种蒿草、苔草为主，次为紫花针茅、早熟禾、委陵菜、马先蒿、风毛菊、千里光和紫菀等，灌木有密枝杜鹃、金露梅、高山柳、锦鸡儿和西藏忍冬等，还有一年生植物加入，双子叶植物比重增大，盖度约为70%。在黑毡土上定居的动物，除数量较多的鼠兔和大耳兔外，还可见到蚯蚓。黑毡土所处地形部位较低，气候条件较好，土壤封冻时间为11月到翌年5月。黑毡土和草毡土具有相似的成土过程，主要是腐殖质积累和冰冻草甸化过程，但其程度不及草毡土强烈。黑毡土植被生长较密，具有毡状草皮层，草根较松散，腐殖质积累较草毡土弱，而分解作用增强，土色较暗。

草甸土占措美县地域面积的4%。草甸土是半水成土壤，主要分布在本县北部哲古错周围沟谷的河床两侧，分布零散，与地带性土壤形成组合。草甸土的形成过程主要是腐殖质积累过程和在地下水影响下的氧化还原作用过程。由于土壤水分条件好，草甸植被生长茂密，草毡层根系密集，中、下土层中根系较多，土壤养分较丰富，是一种较肥沃的理想土壤。在降雨季节地下水位增高，在嫌气状况下活动于土层中的低价铁、锰处于还原状态；干旱季节地下水位降低，土壤中处于还原状态的铁锰化合物又再次被氧化。在这种干湿交替的情况下土壤中的铁、锰沿着结构表面在土壤裂隙或根孔内淀积，形成锈色斑纹或铁锰结核。

小于本县地域面积3%的土壤类型还有冷棕钙土等。

本区域中心区气候特征

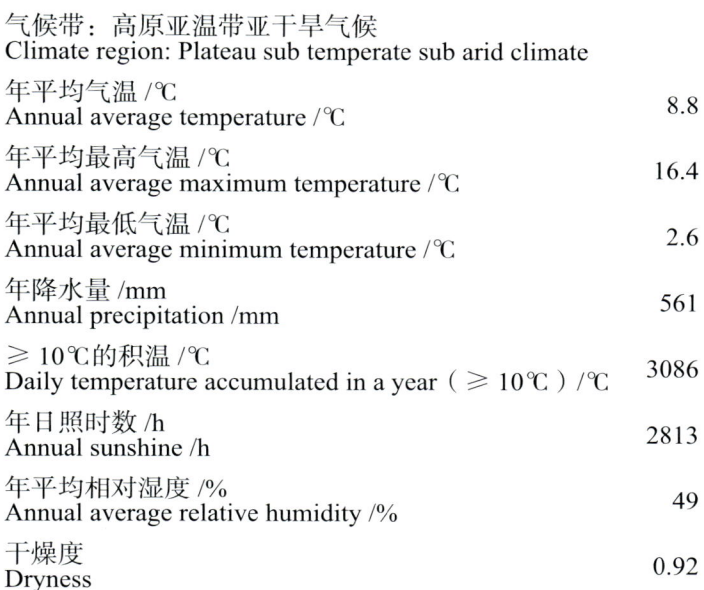

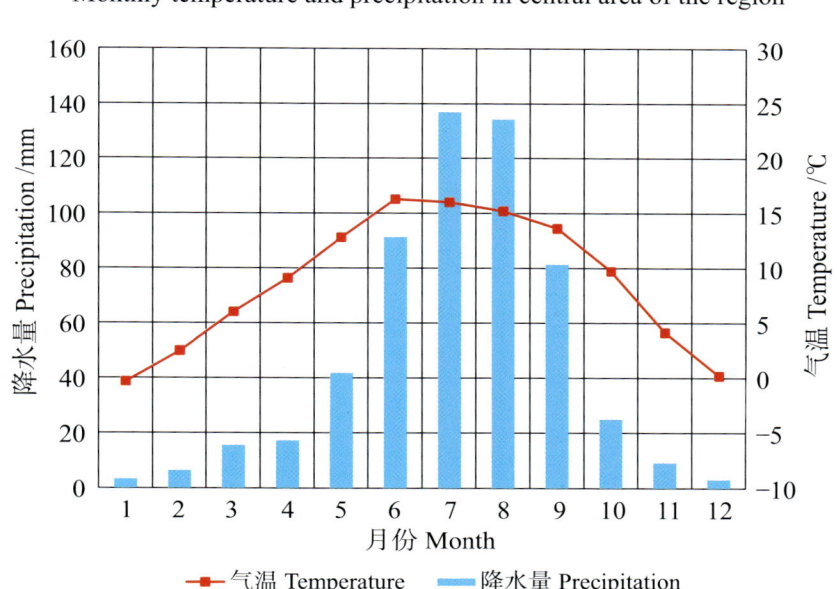

措美县主要土壤类型与土壤剖面点分布图
1:380 000

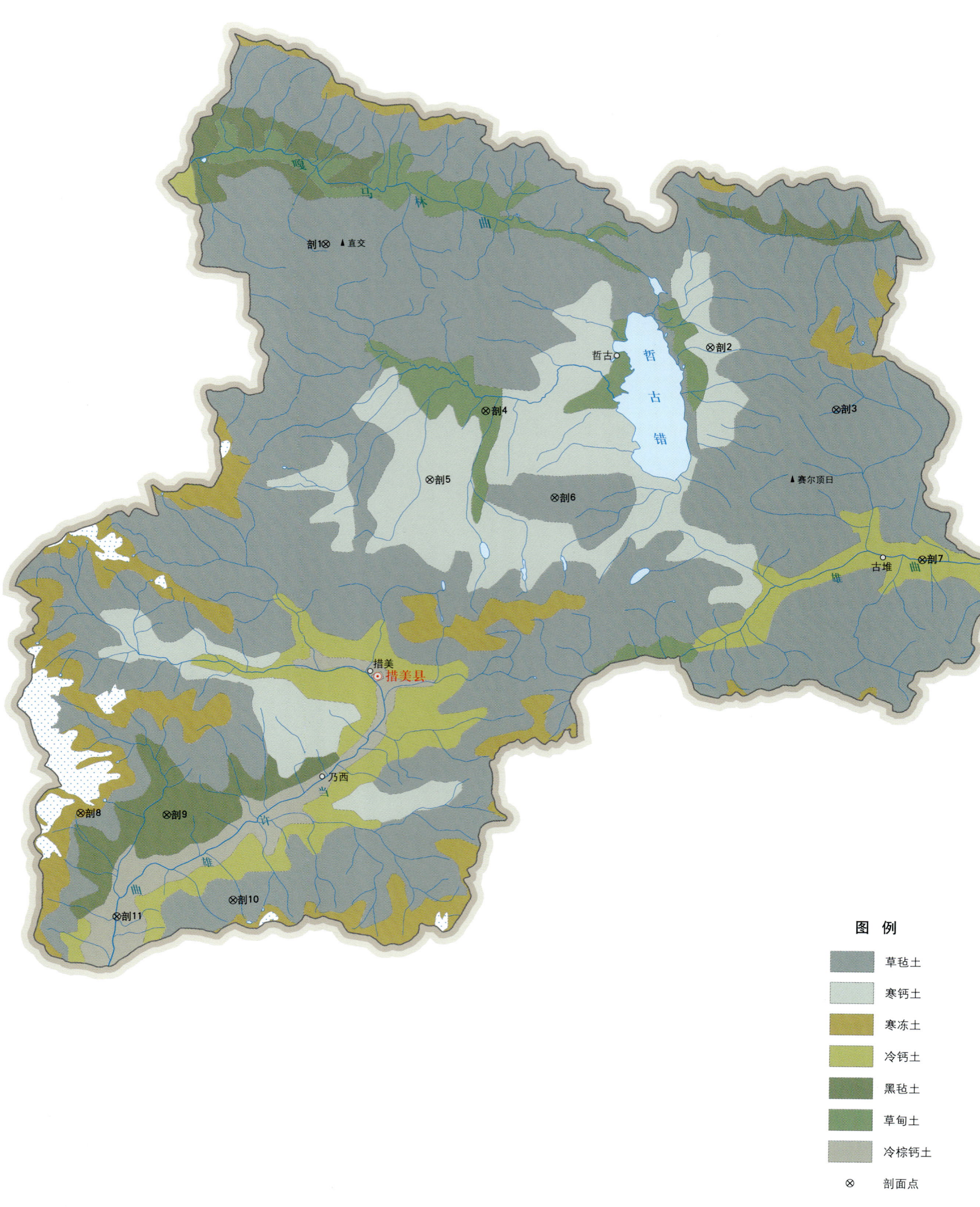

措美县土壤剖面理化性状表

剖面号 Soil profile	土纲 Soil order	土类 Soil great group	亚类 Soil subgroup	土层码 Layer code	土层厚度 Depth/cm	颜色 Soil color	质地 Soil texture	土壤结构 Soil structure	pH	有机质 OM/(g/kg)	全氮 TN/(g/kg)	全磷 TP/(g/kg)	全钾 TK/(g/kg)	碱解氮 AN/(mg/kg)	有效磷 AP/(mg/kg)	速效钾 AK/(mg/kg)	阳离子交换量 CEC/(cmol/kg)	土壤母质 Parent material	剖面点坐标 Profile coordinate	匹配指数 Matching index/%
剖1	高山土	草毡土	草毡土	1	0~10	暗棕色	中壤土	团粒、粒状	5.8	123.9	5.10	1.10	11.5	364	5.3	444	31.1	石英砂岩、片麻岩坡积物、残积物	E 91°22′31.4″ N 28°47′44.5″	74
				2	10~28	棕色	中壤土	粒状	5.7	52.0	2.24	1.10	15.4				21.9			
				3	28~37	灰黄棕色	中壤土	粒状、块状	5.5	49.6	2.08	1.21	15.6				29.8			
				4	37~55	淡黄棕色	多砾质砂壤土	块状	5.7	6.0	0.35	0.41	8.5				5.1			
剖2	高山土	寒钙土	暗寒钙土	1	0~13	暗棕色	轻壤土	块状	8.4	66.1	3.36	1.00	18.4	201	7.4	127	15.9	湖积物	E 91°43′21.0″ N 28°42′56.9″	82
				2	13~46	棕灰色	中砾石砂壤土	无明显结构	8.7	8.8	1.08	0.76	14.9				6.0			
				3	46—															
剖3	高山土	草毡土	草毡土	As	0~9														E 91°50′11.4″ N 28°39′57.2″	75
				A	9~32	黄棕色	轻砾质黏壤土	屑粒状	6.8	51.0	2.29	0.93	18.4	205	3.0	68	19.0			
				AC	32~50	黄棕色	轻砾质砂质黏壤土	块状	6.6	11.3	0.54	2.30	18.7				10.3			
剖4	半水成土	草甸土	草甸土	1	0~8	暗灰黄色	重壤土	粒状、块状	8.6	36.1	1.98	0.94	12.9	93	8.4	226	14.8	湖积物	E 91°31′19.9″ N 28°39′38.9″	97
				2	8~32	黄黄色	轻壤土	块状、粒状	8.9	19.0	1.14	0.85	13.7	63	4.4	77	13.0			
				3	32~66	棕灰色	中壤土	块状、片状	8.3	16.0	1.02	0.77	12.5				13.0			
				4	66~89	淡灰黄色	中壤土	片状	8.6	13.9	0.81	0.84	13.0				12.4			
				5	89~120	淡灰黄色	中壤土	屑粒状	8.3	8.8	0.75	0.89	11.1				11.6			
剖5	高山土	寒钙土	寒钙土	1	0~15	黄棕色	中壤土	块状、粒状	8.3	40.1	2.44	0.76	15.6	143	4.5	118	18.7	花岗岩片麻岩残积物	E 91°28′23.2″ N 28°36′12.2″	71
				2	15~30	黄棕色	中壤土	块状、粒状	8.7	13.3	0.88	0.78	16.3				14.3			
				3	30~73		中壤土	块状、粒状	8.9	4.3	0.39	0.90	8.5				7.9			
				4	73—		多砾质重壤土	块状	8.9	4.4	0.51	0.84	15.5				23.3			
剖6	高山土	草毡土	薄草毡土	1	0~10	暗棕色	轻壤土	粒状、块状	7.6	52.7	2.58	0.82	16.2	364	7.7	140	19.0	片麻岩残积物	E 91°35′07.4″ N 28°35′25.4″	76
				2	10~40	黄棕色	多砾质轻黏土	核状	8.2	12.2	0.91	0.71	17.0	>400	4.5	89	17.5			
				3	40~53	黄棕色	多砾质重壤土	核状	8.4	5.1	0.52	0.88	15.3				12.6			
剖7	高山土	冷钙土	暗冷钙土	1	0~18	红棕色	中砾石轻黏土	块状	8.7	14.1	1.49	0.52	20.7	32	31.1	67	18.0	板岩、页岩坡积物	E 91°54′57.2″ N 28°32′39.1″	75
				2	18~44	暗棕色	中砾石轻黏土	块状	9.1	6.8	1.15	0.52	21.6	20	2.8	55	14.7			
				3	44~72	暗棕色	中砾石重壤土	块状	8.9	5.7	1.12	0.66	23.4				14.4			
剖8	高山土	寒冻土	寒冻土	1	0~4	棕灰色	轻壤土	块状、片状	8.0	31.9	1.59	0.66	18.2	97	5.1	50	9.3	板岩、页岩坡积物	E 91°10′02.3″ N 28°19′27.8″	71
				2	4~25	棕灰色	轻壤土	粒状、片状	8.1	31.5	1.59	0.53	17.8				10.1			
				3	25—															
剖9	高山土	黑毡土	棕黑毡土	1	0~14	暗棕色	轻壤土	屑粒状	6.9	84.8	3.83	0.70	17.2	>400	4.0	152	26.5	板岩、页岩坡积物	E 91°14′39.8″ N 28°19′27.5″	73
				2	14~40	暗棕色	轻壤土	团块状	6.9	28.5	1.90	0.68	18.2				16.4			
				3	40~73	黄棕色	轻壤土	团块状	7.8	39.8	2.03	0.81	19.5				16.3			
				4	73~98	灰黄色	轻壤土	团块状	6.9	16.9	0.79	0.49	29.0				11.8			
				5	98~102	淡黄黄色	轻壤土	块状	6.9	9.2	0.51	0.40	20.3				10.2			
				6	102~135															
剖10	高山土	草毡土	棕草毡土	1	0~10	暗棕色	轻壤土	片状、块状	6.5	136.4	5.02	0.89	16.5	>400	4.8	93	32.0	泥质板岩、页岩坡积物	E 91°18′19.1″ N 28°15′17.3″	73
				2	10~22	暗棕色	轻壤土	片状、块状	6.5	50.3	2.87	0.80	18.2	263	3.0	67	20.0			
				3	22~54	暗棕色	轻壤土	片状、块状	6.3	24.9	1.32	0.67	19.0				13.3			
				4	54~72	棕灰色	轻砾石粉砂质壤土	片状、块状	6.3	16.4	0.82	0.55	18.3				9.4			
				5	72—															
剖11	高山土	冷棕钙土	冷棕钙土	1	0~12	暗黄棕色	轻壤土	粒状、块状	8.6	14.7	0.86	0.47	13.6				8.7	泥质板岩、页岩坡积物	E 91°12′07.6″ N 28°14′21.5″	71
				2	12~53	黄黄棕色	中壤土	块状	8.7	7.7	0.58	0.43	16.4				8.0			
				3	53~101	灰灰棕色	中壤土	块状	9.4	4.3	0.47	0.36	18.7				5.8			
				4	101—															

洛 扎 县

主要土类说明

草毡土是洛扎县主要土壤类型，占本县地域面积的26%，主要分布于海拔4730—5200m的台地、谷地及坡麓。草毡土分布区气候寒冷，冰雪冻融，土壤湿度大。植被组成主要有华扁穗草、矮生嵩草和高山嵩草及苔草等，植物低矮、密集，盖度一般为60%—90%。土壤表层根系交织，盘根错节，形成毡状草甸层，厚达3—6cm，平均为4.7cm。在草甸化成土过程的作用下，有机质丰富，土壤呈中性，表层土壤有少量黑色锈纹。

寒冻土是洛扎县第二大土壤类型，占本县地域面积的22%。寒冻土分布于海拔5100—5600m的高山上部或分水岭脊。植被稀疏，盖度仅1%—2%，远观为荒漠裸岩。分布区气候严寒，昼夜温差大，年平均气温较低，为高山寒冷半湿润气候条件。土壤冰冻时间长，冰川雪水强度侵蚀，寒冻风化强烈，成土作用微弱。成土母质为花岗岩、砂页岩残积物或坡积物。土层浅，土少石多，剖面构型为A-C型。土壤pH为6.5—7.0；养分含量低，有机质含量只有1%左右。

冷钙土是洛扎县第三大土壤类型，占本县地域面积的7%，分布于海拔3500—4500m地带。冷钙土多处于高山中下部位的冲积扇、台地和坡地，土壤垂直分布广，相对高差大，南坡界高于北坡。植被盖度为30%—60%。土体中有明显的钙积层，强石灰性反应，土壤pH在8.5以上，最高达9.2。土壤有机质含量很低，速效养分很少。土壤遭强度侵蚀，表层砾石较重。

黑毡土占洛扎县地域面积的6%，主要分布于海拔3800—4600m坡地。植被盖度为80%—90%，以草本种类较多，双子叶植物显著增加，出现高矮层次分化。草毡层厚7—10cm，并且疏松，矿化程度高。土壤呈酸性，有机质丰富。

冷棕钙土占洛扎县地域面积的5%，分布于海拔2900—4200m的河谷两侧坡地，在北坡上界线稍低，为海拔3600m。分布区气候条件较好，属河谷温暖半干旱型及山地温和半干旱型气候。自然植被主要有白草、固沙草、莲花针茅、灰枝紫菀等，盖度为35—45%。成土过程中腐殖质的积累明显，表层有机质也较多。由于所处地形陡峻，侵蚀严重，土壤粗骨性强，含半风化角石多，形成灰白色的碳酸钙粉末或假菌丝。

石质土占洛扎县地域面积的5%，主要分布于海拔4000m左右的洪积扇中上部，南坡多。上到冰川，下至谷底，远望地表为一片裸岩，靠山坡、近水沟处，岩石又大又多，几乎连片；而在坡下部，岩石少些、小些。岩石缝中生长着禾草，主要植被有白茅、固沙草、华蒲公英和藏布红景天等，盖度低，产草量少。成土作用弱，受成土母岩影响大，土层浅，质地粗，养分少。

小于本县地域面积5%的土壤类型还有灰褐土、寒钙土、褐土、新积土和水稻土等。

本区域中心区气候特征

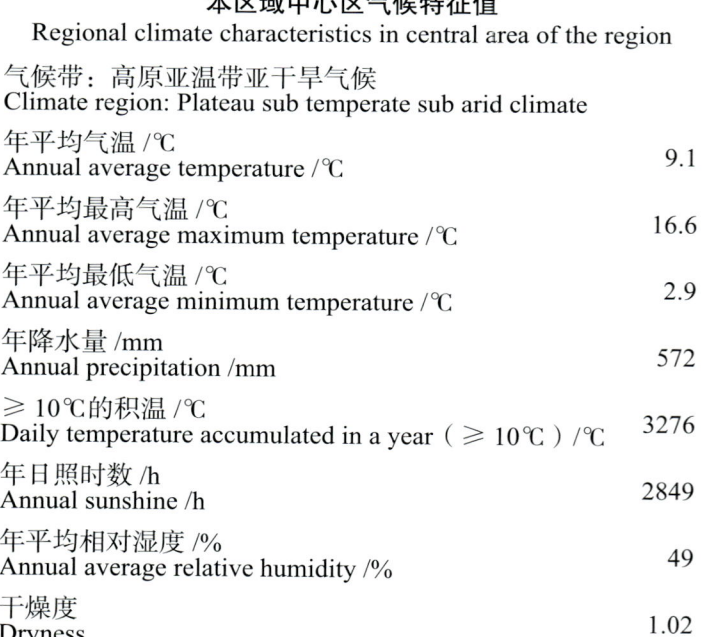

本区域中心区气候特征值
Regional climate characteristics in central area of the region

气候带：高原亚温带亚干旱气候 Climate region: Plateau sub temperate sub arid climate	
年平均气温 /℃ Annual average temperature /℃	9.1
年平均最高气温 /℃ Annual average maximum temperature /℃	16.6
年平均最低气温 /℃ Annual average minimum temperature /℃	2.9
年降水量 /mm Annual precipitation /mm	572
≥10℃的积温 /℃ Daily temperature accumulated in a year (≥10℃) /℃	3276
年日照时数 /h Annual sunshine /h	2849
年平均相对湿度 /% Annual average relative humidity /%	49
干燥度 Dryness	1.02

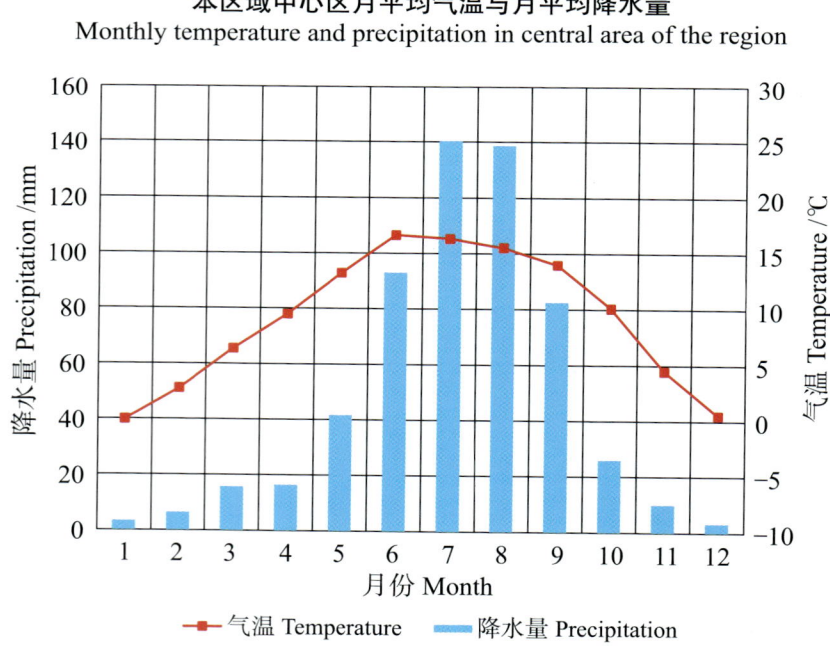

本区域中心区月平均气温与月平均降水量
Monthly temperature and precipitation in central area of the region

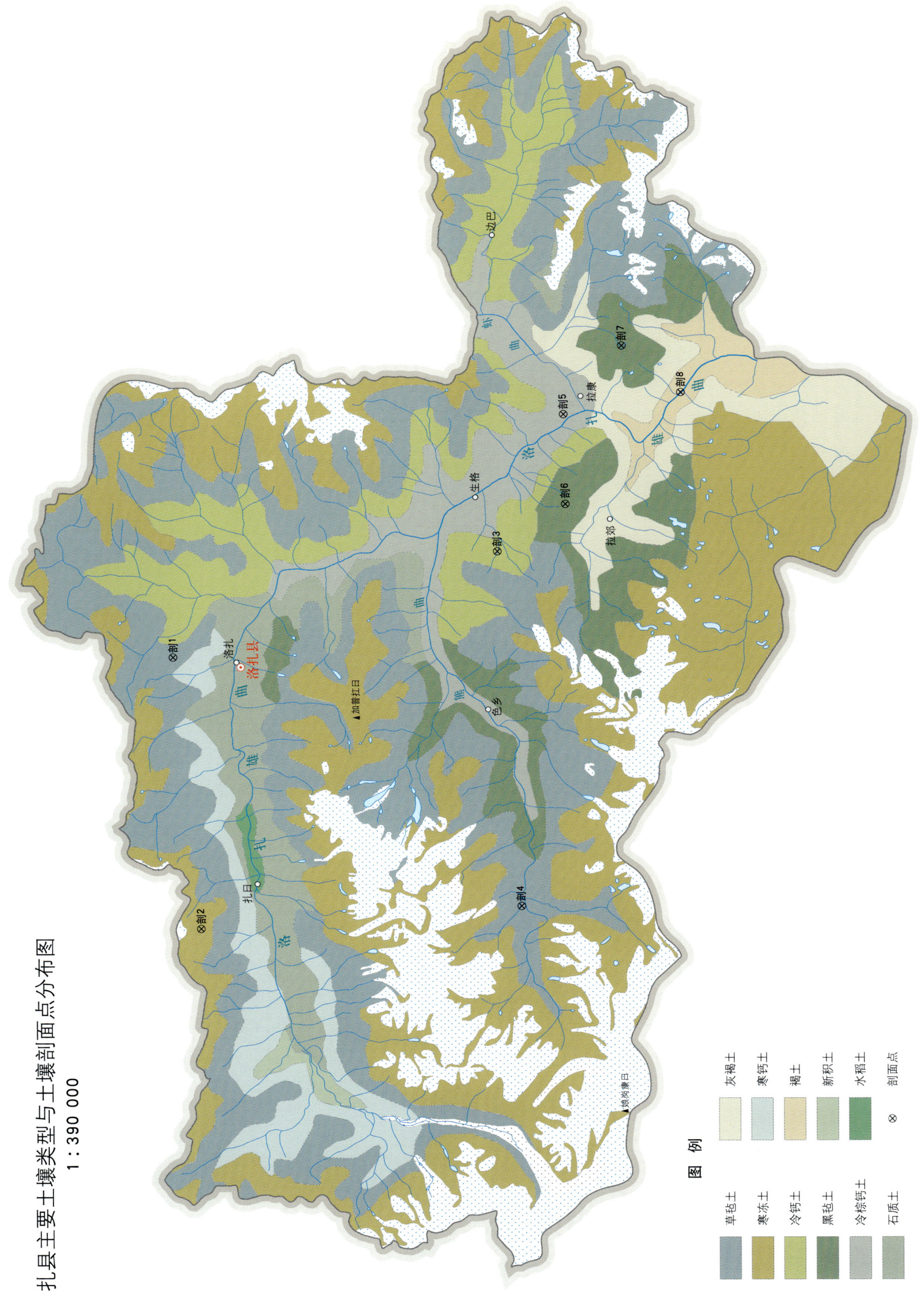

洛扎县土壤剖面理化性状表

剖面号 Soil profile	土纲 Soil order	土类 Soil great group	亚类 Soil subgroup	土属 Soil genus	土层码 Layer code	土层厚度 Depth/cm	颜色 Soil color	质地 Soil texture	土壤结构 Soil structure	pH	有机质 OM/(g/kg)	全氮 TN/(g/kg)	全磷 TP/(g/kg)	全钾 TK/(g/kg)	碱解氮 AN/(mg/kg)	有效磷 AP/(mg/kg)	速效钾 AK/(mg/kg)	阳离子交换量CEC/(cmol/kg)	土壤母质 Parent material	剖面点坐标 Profile coordinate	匹配指数 Matching index/%
剖1	高山土	草毡土	薄草毡土		Ao	0—10	暗黄棕色	轻壤土	团粒状	7.8	48.2	2.83	0.66	17.2	131	2.6	68	23.1		E 90°51′54.4″ N 28°26′25.4″	71
					A	10—19	灰黄棕色	轻壤土	粒状	8.9	48.6	3.32	0.73	20.9	148	1.9	43	16.4			
					B	19—38	暗黄棕色	中壤土	核状	8.9	18.8	1.51	0.53	19.2	50	1.2	28	8.8			
					C	38—104	棕灰色	中壤土	团块状	8.8	13.4	1.21	0.50	23.1	29	<1.0	49	11.4			
剖2	高山土	寒冻土	寒冻土		A	0—3	棕灰色	多砾质砂壤土	屑粒状	8.1	12.0	1.08	0.52	23.4	31	5.9	48	8.3		E 90°36′27.7″ N 28°24′49.0″	75
					B	3—33	棕灰色	砂壤土	屑粒状	7.0	8.9	1.03	<0.10	23.7	20	6.2	38	5.2			
剖3	高山土	冷钙土	冷钙土		A	0—14	棕色	砂壤土	粒状	8.6	24.9	1.60	0.49	19.2	64	3.1	44	7.7	泥灰岩夹基岩坡积物	E 90°58′18.1″ N 28°10′43.3″	85
					B₁	14—31	棕红色	砂壤土	鳞片状	8.1	15.8	1.15	0.42	17.9	39	1.0	15	6.0			
					B₂	31—66	暗红棕色	中砾质砂壤土	粒状	8.8	19.3	1.21	0.33	21.1	34	<1.0	17	14.5			
					C	66—110		轻壤土		9.2	6.7	0.67	0.32	16.6	11	1.5	5	3.9			
剖4	高山土	草毡土		冰碛泥质草毡土	As	0—6	黑棕色	砂壤土	粒状	6.6	65.4	3.01	0.55	25.1	205	3.7	200	14.5	砂页岩坡积物	E 90°38′06.0″ N 28°09′13.7″	84
					A₁	6—29	暗黄棕色	轻壤土	鳞片状	6.0	40.4	1.50	0.53	26.8	128	1.6	85	11.5			
					B	29—51	暗棕色	砂壤土	屑粒状	7.0	60.3	2.71	0.54	24.8	174	3.9	105	9.7			
					C	51—100	暗黄棕色	多砾质砂壤土	屑粒状	6.8	15.2	0.93	0.64	22.2	33	2.0	47	5.9			
剖5	高山土	冷棕钙土	冷棕钙土		Ao	0—4	黑棕色	砂壤土	粒状	8.4	86.2	3.74	0.88	18.7	190	7.8	105	18.8	砂页岩坡积物	E 91°06′09.7″ N 28°07′36.8″	82
					A	4—21	暗棕色	砂壤土	鳞片状	8.4	42.3	2.00	0.77	17.8	101	4.3	55	15.5			
					B	21—63	暗棕色	中壤土	粒状	8.5	31.6	1.61	0.77	17.3	71	2.2	40	10.1			
					C	63—100	淡棕色	轻壤土	粒状	8.6	30.5	1.32	0.86	18.2	66	4.1	44	10.0			
剖6	高山土	黑毡土	棕黑毡土		Ao	0—9	灰白色	中壤土	粒状	6.4	77.9	3.77	0.88	19.6	235	3.7	160	22.5	砂页岩坡积物	E 91°01′03.7″ N 28°07′26.8″	81
					A	9—19	暗棕色	轻壤土	团块状	5.9	34.9	2.00	0.72	20.9	113	1.5	55	17.8			
					B	19—63	暗黄棕色	砂壤土	团块状	6.2	10.3	1.20	0.48	22.6	29	1.2	33	9.5			
					C	63—100	黑棕色	砂壤土	团块状	6.3	6.2	2.04	0.51	21.8	16	2.0	26	8.6			
剖7	高山土	黑毡土	黑毡土		A₁	0—7	黑棕色	砂壤土	粒状	6.9	71.3	3.20	0.45	19.6	254	2.2	279	22.0	砂页岩坡积物	E 91°10′09.7″ N 28°04′50.2″	71
					A₂	0—19	黄棕色	轻壤土	块状	6.6	30.7	1.35	0.38	18.7	97	1.1	118	11.3			
					B₁	19—41	棕黄色	砂壤土	块状	6.4	10.9	1.03	0.45	21.6	35	1.5	48	9.1			
					B₂	41—73	灰黄色	砂壤土	块状	6.2	6.8	0.46	0.29	22.4	11	1.2	30	6.8			
					B₃	73—100	暗棕色	轻砾石砂壤土	屑粒状	6.7	7.2	0.49	0.44	26.0	12	8.7	34	11.5			
剖8	半淋溶土	褐土	淋溶褐土		Ao	0—7	黑棕色	中壤土	屑粒状	5.1	>250.0	>6.00	0.92	10.2	>400	24.0	453	6.3	花岗岩坡积物	E 91°07′33.2″ N 28°01′55.6″	97
					A₁	7—16	暗棕色	中壤土	屑粒状	4.5	>250.0	>6.00	0.68	17.6	>400	17.0	246	4.8			
					B₁	16—37	棕棕色	轻壤土	块状	5.7	133.8	5.15	0.48	20.8	264	9.5	113	4.2			
					B₂	37—73	灰黄色	轻壤土	块状	6.5	103.2	4.26	0.72	23.5	231	4.5	105	8.2			
					B₃	73—86	暗黄棕色	砂壤土	粒状	8.4	19.6	0.48	0.64	24.4	32	2.5	61	8.9			
					C	86—100	棕灰色	砂壤土	粒状	8.4	20.2	0.44	0.66	24.4	36	2.7	68	7.2			

加 查 县

主要土类说明

草毡土是加查县主要土壤类型，占本县地域面积的36%，主要分布在海拔4600（4800）—5000（5200）m的高山上中部。草毡土分布区气候寒冷，土壤冻结期长达6个月以上，夜冻昼融交替进行。植被组成以矮生嵩草为主，盖度在80%左右；在阳坡或局部地段还生长着小叶杜鹃灌丛，但植株低矮，盖度为20%—30%。穴居动物少见。草毡土所处地带山高气寒，土壤呈周期性冻融交替，微生物活动受到抑制，生物累积作用明显。每年进入土壤的大量植物残体，因得不到充分的分解而以原形或半分解的形态累积于土壤上层，因而土壤有机质含量高，一般在6%—8%，少数高达18%。在腐殖质组成中，由于受寒冷气候的影响，不利于胡敏酸的形成及芳构化，以富里酸占优势，胡富比为0.25左右。在成土过程中，由于气候寒冷，夏季湿润，冬季干旱，土壤水分随季节的不同而有所变动。土壤表层除夏季较湿润期间有还原淋溶作用外，大多数时间处于氧化状态。土壤中部湿度较稳定，多处于还原状态。在冻融作用强烈进行过程中，土壤冻层结构多呈鳞片状。由于气候寒冷，生物化学风化作用相对减弱，以物理风化为主，土壤具有粗骨性强的特点，土体中砾石含量较高，黏粒较少。草毡土剖面构型为$As-A_1-B-C$型，草毡层和腐殖质淀积层明显发育。草毡层厚度在10cm左右，草根纵横交错成层，且具有弹性；腐殖质层厚度为8—10cm，颜色较暗，向下明显过渡；土壤母质层多为半风化母岩碎屑，这种岩石碎屑在土壤冻融过程中易产生滑坡现象。

寒冻土是加查县第二大土壤类型，占本县地域面积的25%。寒冻土处于土壤垂直分布带谱的最高层，海拔在5000m或5200—5400m，所处地形多为分水岭，它是脱离冰川最晚、成土年龄最短的一类土壤。成土母质在本县为页岩、片岩、板岩、千枚岩及花岗岩的坡积物、残积物及冰积物。寒冻土地处气候严寒而较湿润的高山上部，年降水量较少，多以固态降落。在这种气候条件下，生理干旱明显。植被十分单调、稀疏，高等植物极少，只有在低洼处和有水源的沟边石缝中着生少量的垫状点地梅、垫状金露梅、高山雪莲等耐寒、耐旱植物，盖度只有1%—2%。寒冻土是在严寒湿润生物作用微弱的条件下形成的，其成土过程有如下特点：严寒干旱（指生理干旱）抑制着植物的生长和土壤微生物的分解作用，故腐殖质含量较高。

黑毡土是加查县第三大土壤类型，占本县地域面积的20%。黑毡土分布区域地形部位多为坡地、较低平的分水岭、古冰碛平台和地形开阔的山原面。成土母质为页岩、片岩、千枚岩、花岗岩的坡积、残积物，冰积物及冰水沉积物。黑植被以嵩草草甸为主，植被盖度为70%—90%。黑毡土冻结期相对缩短，植物生长的时间增长，生物累积作用明显。由于进入土壤中的有机质增多，并在土壤微生物的作用下，分解速度高于草毡土，因此有机质含量较高。表层有机质含量在10%左右，最高达24.55%，腐殖质层平均含量约为5%，向下急剧减少。在腐殖质组成中，以富里酸占优势，胡富比为0.30—0.40，平均为0.36，说明黑毡土受气候环境的影响，不利于胡敏酸的形成及芳构化度的增大。黑毡土在成土过程中，生物化学风化较弱，物理风化占优势，因而土壤质地轻粗，物理性砂粒含量一般在60%—70%，少数高达70%以上，而小于0.001mm的黏粒均小于10%。黑毡土分布区水热条件比寒冻土、草毡土稍好，氧化铁铝在剖面中略有移动，而上下层中的氧化硅的含量基本变化不大，说明土壤处在风化的初级阶段。黑毡土的剖面构型为$As-A_1-AB-C$型或$As-A_1-B-C$型。草毡层明显，但没有草毡土的紧密。腐殖质层颜色较暗，一般厚10—15cm，多呈屑粒状或粒状结构。向下为淀积层或母质层，砾石增多，细土物质减少，多为半风化的母岩碎屑。由于黑毡土地形较为平缓，且植物根系韧性强，冻融交替作用相应减弱，因而很少有滑坡现象。

灰褐土占加查县地域面积的10%。灰褐土是较温暖半湿润气候下发育形成的森林土壤类型，大多分布在海拔3500m至森林线以下的中山下部或中下部地段。由于本县东西水热资源和地形的差异，灰褐土多分布于本县西部，发育于多种母岩的坡积物上。灰褐土所处地段，气候温凉湿润，年降水量大于500mm，多集中于6—9月，蒸发量约为降水量的4倍。植被主要有清溪杨、白桦等乔木，在蔷薇、忍冬、狼牙刺等林灌下伴生有禾本科草类和少量苔藓植物。在上述生物气候条件下，其成土过程表现在淋溶作用明显，黏化作用较弱。由于降水量偏少，且蒸发量大，在地形稍平阳坡，植被稀疏；在土体干燥的地段，淋溶作用不太明显；而在地势较高、坡度较大及林木郁闭条件下，有一定的淋溶作用，土壤中的钙、镁元素也有向下移动的趋势。本县灰褐土同样具有高原土壤特征，质地较粗，细土物质较少，多含砾石，物理性黏粒一般在 15%—30%。灰褐土的剖面构型为 Ao–A_1–B–C 型或 A–A_1–B–C 型。

暗棕壤占加查县地域面积的 5%。暗棕壤是山地温带针阔叶混交林下发育形成的土壤类型，主要分布于海拔 3300（3500）—4100（3900）m 地带，所处地形部位多为高山峡谷区谷坡中下部。暗棕壤分布区气候温凉而较湿润，降水量受季风影响，主要集中在 6—9 月，雨热同季，干湿季节分明，生物累积和成土过程相对高山上部较为活跃。植被主要有松、桦、杨及高山栎等，林下生长着多种灌木和繁茂的草本植物及苔藓、地衣低等植物，林木种类多而繁茂，盖度高。大量的枯枝落叶在土壤表层聚积，地表形成厚薄不一的枯枝落叶层。土壤腐殖质化作用强，在 Ao 层以下形成 10—20cm 厚的腐殖质聚积层，颜色偏暗黑色，有机质含量平均高达 8.93%。但林木种类不同，土壤有机质含量差异很大，针叶林下发育的暗棕壤，由于进入土壤的有机物少，有机质含量在 2% 以下；阔叶落叶林下发育的暗棕壤，进入土壤的有机残体较多，有机质含量为 0.32%—12.71%。暗棕壤腐殖质组成以富里酸占优势，胡富比为 0.23—0.59。由于土壤所处的气候温凉而较湿润，降水集中，成土过程具有弱黏化作用。在森林植被下，由于地表被凋落物覆盖，土壤水分状况是表层湿而中部润，土壤表层的铁、锰被还原下移，至剖面中下部氧化而淀积，以棕色胶膜包被于土粒表面，使土体呈现棕色。剖面中各层活性铁含量是淀积层稍高于母质层和表层，各层铁的活化度（活性铁／游离铁）均在 0.21 以下，但以淀积层略高。

小于本县地域面积 3% 的土壤类型还有褐土和冷棕钙土等。

本区域中心区气候特征

本区域中心区气候特征值
Regional climate characteristics in central area of the region

气候带：高原温带亚干旱气候 Climate region: Plateau temperate sub arid climate	
年平均气温 /℃ Annual average temperature /℃	7.6
年平均最高气温 /℃ Annual average maximum temperature /℃	15.2
年平均最低气温 /℃ Annual average minimum temperature /℃	1.5
年降水量 /mm Annual precipitation /mm	537
≥10℃的积温 /℃ Daily temperature accumulated in a year (≥10℃) /℃	2780
年日照时数 /h Annual sunshine /h	2759
年平均相对湿度 /% Annual average relative humidity /%	51
干燥度 Dryness	0.89

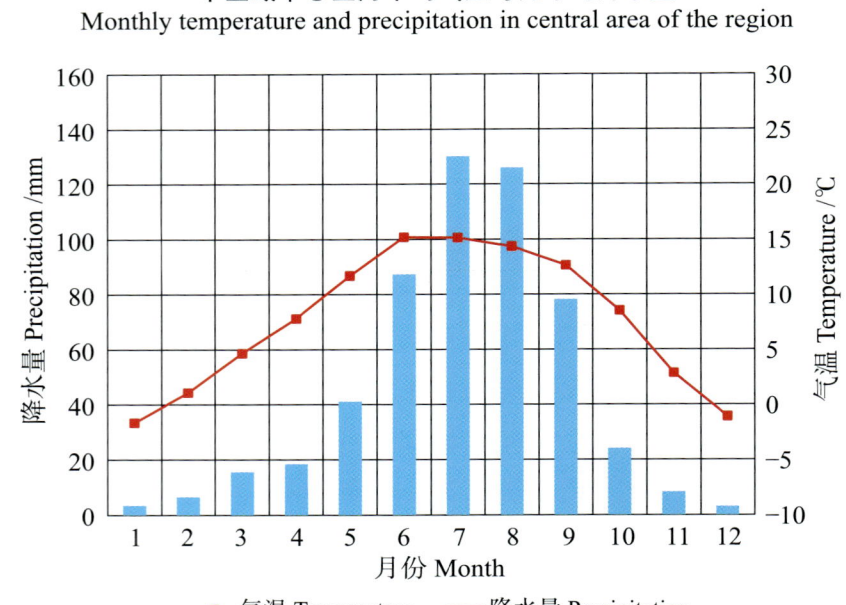

本区域中心区月平均气温与月平均降水量
Monthly temperature and precipitation in central area of the region

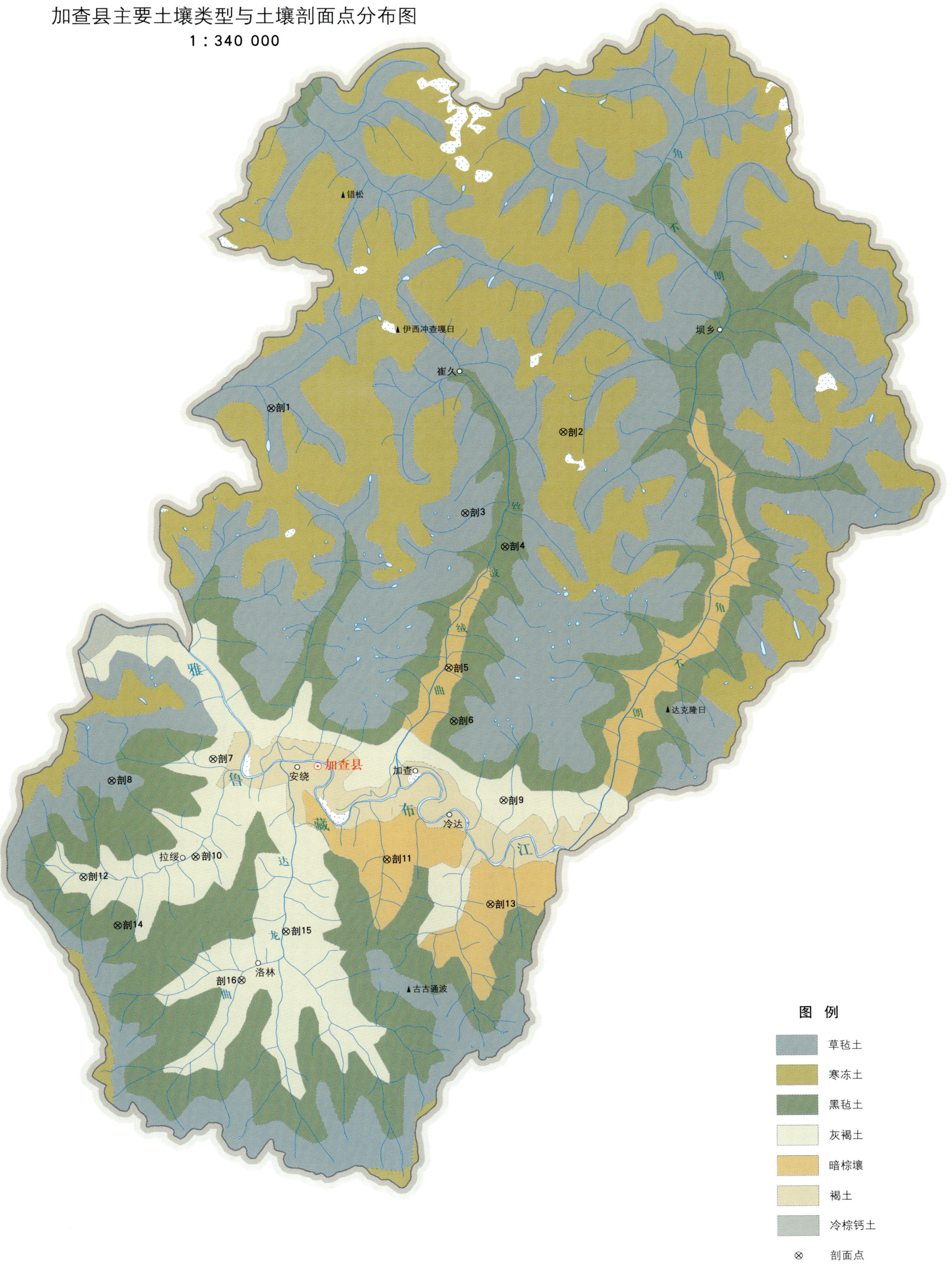

加查县土壤剖面理化性状表

剖面号 Soil profile	土纲 Soil order	土类 Soil great group	亚类 Soil subgroup	土层码 Layer code	土层厚度 Depth/cm	颜色 Soil color	质地 Soil texture	土壤结构 Soil structure	pH	有机质 OM/(g/kg)	全氮 TN/(g/kg)	全磷 TP/(g/kg)	全钾 TK/(g/kg)	碱解氮 AN/(mg/kg)	有效磷 AP/(mg/kg)	速效钾 AK/(mg/kg)	土壤母质 Parent material	剖面点坐标 Profile coordinate	匹配指数 Matching index/%
剖1	高山土	草毡土	棕草毡土	As	0—10	暗棕色	轻壤土	鳞片状	5.5	81.6	3.32	2.30	19.4	277	6.9	340	酸性岩类	E 92°33′00.4″ N 29°25′09.1″	77
				A₁	10—18	暗黄棕色	轻壤土	鳞片状	5.1	36.6	1.91	2.18	20.7	168	2.5	183			
				AB	18—36	灰棕色	轻壤土	块状	5.6	32.9	1.82	2.16	19.6	153	2.4	166			
				B₁	36—53	灰棕色	轻壤土	块状	5.4	33.0	1.66	2.09	20.4	144	2.2	104			
				B₂	53—103	淡棕黄色	轻壤土	块状	5.7	20.1	0.99	2.25	19.5	102	<1.0	86			
剖2	高山土	寒冻土		H	0—17												花岗岩坡积物	E 92°47′53.2″ N 29°24′04.0″	71
				A	17—20	棕色	轻壤土	粒状	6.8	18.4	1.72	1.68	16.1	136	11.3	148			
				B	20—29	黄棕色	轻壤土	鳞片状	6.6	7.7	1.13	1.62	18.2	99	11.2	92			
				Bc	29—68	淡棕黄色	紧砂土	块状	6.8	7.7	0.43	1.43	15.6	37	5.9	84			
剖3	高山土	草毡土		As	0—7	暗棕色	轻壤土	团粒状	6.0	179.1	>6.00	3.05	16.3	>400	33.1	337	酸性岩类	E 92°42′52.2″ N 29°20′19.0″	84
				A	7—16	黄棕色	轻壤土	鳞片状	5.9	58.2	2.93	2.11	18.8	251	14.5	188			
				B	16—35	黄棕色	轻壤土	鳞片状	<4.5	22.0	1.08	1.62	24.2	134	4.4	195			
				Bc	35—	淡黄棕色	轻壤土	块状											
剖4	高山土	黑毡土	棕黑毡土	A	0—13	灰黄棕色	紧砂土	团粒状	7.3	44.8	2.47	2.72	17.2	162	46.8	189		E 92°44′54.6″ N 29°18′46.1″	71
				B₁	13—18	灰黄棕色	紧砂土	块状	7.3	42.0	2.05	2.68	17.5	170	45.7	152			
				B₂	18—62	淡棕黄色	紧砂土	块状	7.0	4.4	0.43	1.63	20.5	19	7.5	91			
				C	62—	灰黄色	轻壤土	块状	7.0	1.3	0.32	1.63	11.1	13	1.2	64			
剖5	淋溶土	暗棕壤		A₁	0—7	暗棕色	轻壤土	团粒状	6.8	127.1	5.76	2.11	16.9	>400	16.0	>500	酸性岩类	E 92°42′00.7″ N 29°13′09.8″	75
				AB	7—28	黑棕色	轻壤土	团粒状	6.9	130.0	2.00	2.06	16.6	>400	10.1	427			
				B₁	28—44	棕色	轻壤土	块状	6.6	35.6	2.02	1.51	15.7	178	2.3	148			
				B₂	44—68	灰黄棕色	轻壤土	块状	6.5	15.4	0.90	0.79	20.7	82	1.6	125			
				C	68—91	灰黄棕色	轻壤土	块状	6.6	3.8	0.43	0.32	18.7	24	<1.0	87			
					91—100	灰黄夹黑色		无明显结构											
剖6	高山土	黑毡土		As	0—15	暗棕色	轻壤土	团粒状	6.8	65.2	3.22	1.79	20.0	263	2.2	254	酸性岩类	E 92°42′15.5″ N 29°10′41.2″	76
				A₁	15—33	淡灰黄色	砂壤土	团块状	6.4	46.2	2.07	1.32	11.8	158	1.3	134			
				Bc	33—47	淡灰黄色	砂壤土	块状	6.5	8.8	0.60	0.81	10.7	47	<1.0	56			
				C	47—80	淡黄色	紧砂土	块状	6.5	3.2	0.32	0.82	10.5	16	<1.0	58			
				D	80—			无明显结构											
剖7	半淋溶土	灰褐土	淋溶灰褐土	1	0—23	暗棕灰色	轻壤土	团粒状	7.0	30.1	1.81	1.54	22.9	154	7.7	120	酸性岩类	E 92°30′01.1″ N 29°08′57.8″	75
				2	23—44	淡灰黄色	中壤土	块状	7.0	5.9	0.71	1.01	23.8	44	6.6	122			
				3	44—100	淡灰黄色	中壤土	块状	7.0	4.2	0.59	1.09	26.0	24	4.4	105			
剖8	高山土	草毡土		As	0—8	暗棕色	轻壤土	粒状	7.4	64.0	2.54	1.55	21.0	214	2.2	100	酸性岩类	E 92°24′51.5″ N 29°07′57.7″	75
				A	8—18	棕色	轻壤土	团粒状	6.8	46.5	1.91	1.39	21.3	152	1.5	85			
				BC	18—30	灰黄棕色	砂壤土	无明显结构	6.5	10.1	0.62	1.51	16.8	41	2.3	32			
				C	30—50	灰黄棕色	砂壤土	无明显结构	7.3	15.8	0.49	1.59	17.3	23	2.6	27			
剖9	半淋溶土	灰褐土	淋溶灰褐土	A	0—17	棕灰色	中壤土	粒状	7.5	19.6	1.37	1.24	16.6	65	10.8	47		E 92°44′46.7″ N 29°07′01.2″	85
				B₁	17—25	棕灰色	砂壤土	团块状	7.6	16.2	1.20	1.19	16.5	50	11.6	36			
				B₂	25—52	淡灰色	砂壤土	块状	7.5	6.0	0.66	1.08	16.9	6	12.0	36			
				C	52—100	淡灰色	轻壤土	块状	7.5	7.1	0.70	1.19	16.7	9	13.9	19			
剖10	半淋溶土	灰褐土	淋溶灰褐土	A	0—16	棕灰色	砂壤土	团块状	6.8	32.2	1.76	1.30	14.2	120	16.1	167	泥质岩类	E 92°29′06.7″ N 29°04′25.7″	87
				B₁	16—31	淡灰色	砂壤土	块状	6.8	19.5	1.26	1.39	15.4	81	4.7	75			
				B₂	31—62	灰黄棕色	砂壤土	块状	6.6	8.8	0.71	1.20	15.8	29	5.4	78			
				C	62—100	淡灰色	砂壤土	无明显结构	6.7	8.9	0.83	1.41	8.2	30	6.2	62			

续表 Continued

剖面号 Soil profile	土纲 Soil order	土类 Soil great group	亚类 Soil subgroup	土层码 Layer code	土层厚度 Depth/cm	颜色 Soil color	质地 Soil texture	土壤结构 Soil structure	pH	有机质 OM/(g/kg)	全氮 TN/(g/kg)	全磷 TP/(g/kg)	全钾 TK/(g/kg)	碱解氮 AN/(mg/kg)	有效磷 AP/(mg/kg)	速效钾 AK/(mg/kg)	土壤母质 Parent material	剖面点坐标 Profile coordinate	匹配指数 Matching index/%
剖11	淋溶土	暗棕壤	暗棕壤	A	0—12	暗灰黄色	中壤土	团粒状	7.4	30.9	1.81	1.99	16.2	148	19.4	150		E 92°38′49.2″ N 29°04′16.3″	75
				AB	12—23	淡灰色	中壤土	块状	7.2	16.9	1.20	1.59	18.5	76	8.7	95			
				B	23—30	灰黄色	轻壤土	块状	7.2	7.7	0.67	1.32	19.3	41	8.9	83			
				C	39—100	淡黄色	轻壤土	块状	7.2	4.8	0.51	1.11	18.2	27	9.2	93			
剖12	半淋溶土	灰褐土	淋溶灰褐土	Ao	0—20	暗灰黄色	轻壤土	粒状	6.5	9.8		1.84	19.6	143	36.4	351		E 92°23′24.4″ N 29°03′29.5″	95
				Bo	20—47	淡灰色	轻壤土	团块状	6.8	7.5	0.77	1.24	15.9	34	8.6	32			
				C	47—100	淡灰色	砂壤土	块状	6.8	5.9	0.73	1.25	15.2	27	10.7	26			
剖13	淋溶土	暗棕壤	暗棕壤	Aoo	0—3	暗棕色											泥质岩类	E 92°44′03.8″ N 29°02′11.4″	75
				A₁	3—11	黑棕色	轻壤土	团粒状	5.8	183.3	>6.00	2.22	14.9	>400	18.6	222			
				B₁	11—18	灰黄棕色	轻壤土	团块状	5.8	42.6	2.49	2.18	21.0	187	18.9	78			
				B₂	18—31	淡灰色	块状	块状	5.6	11.4	1.02	1.42	16.7	53	1.9	35			
				C	31—82	淡灰色	轻壤土	块状											
剖14	高山土	黑毡土	棕黑毡土	As	0—13	暗棕色	轻壤土	团粒状	5.7	138.5	>6.00	2.27	21.4	>400	5.4	236	泥质岩类	E 92°25′08.8″ N 29°01′15.6″	71
				BC	13—32	黄棕色	轻壤土	团粒状	5.8	26.9	1.33	1.25	17.2	102	1.5	69			
					32—60	棕灰色	砂壤土	团块状	5.9	12.8	1.16	0.93	17.1	49	<1.0	41			
				C	60—	淡灰白色		无明显结构											
剖15	半淋溶土	灰褐土	淋溶灰褐土	A	0—10	棕色	轻壤土	团粒状	6.8	60.7	3.14	1.77	22.1	238	2.3	75	泥质岩类	E 92°33′40.7″ N 29°00′57.2″	95
				A₁	10—22	淡棕色	中壤土	块状	6.7	29.5	1.58		18.1	125	<1.0	41			
				B	22—38	黄棕色	中壤土	块状	6.5	10.9	0.84	1.35	20.7	49	<1.0	50			
				BC	38—48	黄灰色	中壤土	块状	6.2	5.7	0.57	0.97	15.9	39	<1.0	29			
				C	48—	灰白色		单粒状											
剖16	半淋溶土	灰褐土	淋溶灰褐土	A	0—18	灰黄棕色	轻壤土	块状	7.5	30.0	1.96	1.63	17.5	126	8.6	118		E 92°31′24.6″ N 28°58′44.0″	76
				AB	18—30	暗灰棕色	轻壤土	块状	7.5	11.9	1.00	1.35	15.5	57	3.9	65			
				B	30—45	灰黄棕色	轻壤土	块状	7.2	6.0	0.60	1.26	16.0	23	5.4	50			
				BC	45—58	棕灰色	砂壤土	块状	6.7	7.1	0.55	1.47	14.1	22	6.3	45			
				C	58—	棕灰色	砂砾石土	单粒状											

隆 子 县

主要土类说明

　　黑毡土是隆子县主要土壤类型，占本县地域面积的29%。黑毡土主要分布在本县比较平缓的分水岭或地形较开阔的山原面，仅在高原向坡谷过渡的地段有可能较陡，海拔多在4300—4700m，阴坡下界线可至海拔4100m左右，阳坡下界线可在海拔4500m左右。黑毡土生物气候条件比草毡土好，温度比草毡土高，年降水量比冷棕钙土高，而蒸发量比冷棕钙土低。植被有以嵩草为主的多类垫状植被组成。穴居动物活动频繁，鼠害严重，并多见旱獭和兔子，有蚯蚓活动痕迹。黑毡土的成土过程主要有腐殖质积累作用和氧化还原作用，比草毡土相对强。剖面上部草毡层和剖面中部"暗色层"发育良好，黑毡土的剖面构型为$As-A_1-A_1B-C$型。土壤表层有明显草毡层，不似草毡土紧密，但厚度比草毡土厚，一般在10cm以上，颜色为棕带灰色，比草毡土暗。

　　草毡土是隆子县第二大土壤类型，占本县地域面积的23%，主要分布在山体中上部，海拔4700—5300m范围内。分布区气候寒冷偏湿，正负温交替日占全年70%。植被组成以嵩草为主，其次为苔草、蓼类、龙胆等组成的高山矮草甸群落，盖度为50%—80%；地表常有地衣、苔藓附生，垫状植物分布仍较普遍，灌木已矮化成垫状，有些阳牧坡和过牧地段等出现了草原化现象。草毡土上定居的动物明显比黑毡土少，活动密度也小，只有少数啮齿动物，未见蚯蚓活动。草毡土的成土过程有明显的腐殖质积累作用和氧化还原作用。土壤剖面构型为$As-A_1-A_1B-C$型，草毡层和腐殖质层发育良好，表土层有5—10cm的草毡层，软韧而具有弹性，腐殖质层厚度为10—20cm，颜色为灰棕色或棕褐色，向下过渡突然而明显，在颜色上与母质层形成鲜明的对比；在A_1B层中常因层状冻结层影响，剖面中出现一个较暗色泽的土层；剖面总厚度多为30—45cm，分布在过渡地带的阳牧和过牧地段的土壤剖面，As层草根积累较少，草皮薄而破碎，砾石含量较多，黏粒含量减少。

　　暗棕壤占本县地域面积的10%，主要分布于受季风影响强烈的喜马拉雅山西侧的扎日山地，处于棕壤和亚高山林灌草甸土之间。暗棕壤所处的地形部位是高山峡谷坡的中部，在干支流交汇处常有地形比较平缓的谷肩台地，气候冷凉湿润，夏季多雨，春干旱，冬季积雪厚达30—100cm，但融化较快。这样的气候对于森林生长十分有利，自然植被主要是针阔叶混交林，但由于阴阳坡水热条件的不同，植被有一些改变。上述不同的林分中，林下灌木种类均较多，草本植物也繁茂，此种植被组成决定了暗棕壤上物质循环的强度较大。暗棕壤的成土过程主要表现为腐殖质积累和淋溶棕化作用两个方面，由于所处地带气候冷凉湿润，每年森林有大量枯枝落叶在地表聚积，又由于土壤中微生物数量较多，有利于有机质的矿化，在腐殖质积累的同时，枯枝落叶分解时形成的有机酸，在雨季随水下渗，淋溶土壤中的盐基。因此，土壤中没有碳酸钙，而有一定的活性铁、铝，在嫌气环境下，铁可以还原为亚铁而向心土移动，下移的亚铁化合物氧化淀积，形成棕色薄膜包被于土粒表面，使土体呈棕色。

　　冷棕钙土占本县地域面积的8%，主要分布在隆子河水系的谷地，分布高度一般在海拔3400—4300m，最高达海拔4500m（阳坡）。植被为灌丛草原植被，主要由西藏狼牙刺、多刺锦鸡儿、嵩类、白草和固沙草等灌木、草本植物组成，灌丛草原植被盖度一般为20%—30%。土壤剖面下部经常可见大量碳酸钙聚集的白色层，其埋藏深度可在1—2m至4—5m，甚至更低，与上覆地层有明显的沉积界面，是在比现代气候条件更为干热的环境下形成的古土壤。随着古土壤侵蚀程度的不同，这种石灰层出现深度的差异很大。冷棕钙土主要成土过程包括腐殖质积累过程、碳酸钙的聚积过程、弱度的黏化过程。冷棕钙土剖面多受不同程度的侵蚀作用，土层浅薄，砾石含量较高，一般都大于30%，土壤颜色浅，有机质含量低，有机质含量在1.554%—3.384%。土壤剖面有明显碳酸钙淀积，甚至形成钙淀积层次，有石灰反应，土壤多呈微碱性。

　　黄棕壤占本县地域面积的8%，主要分布在扎热东部河谷坡地，海拔为2000—3000m。自然植被为落叶常绿阔叶林或落叶阔叶、针阔叶混交林，丘岗为次生草灌。黄棕壤通体呈黄棕色、灰棕色或表层暗棕色，黏粒部分的硅、铝、铁成分破坏分离不明显，但有黏化特征，黏化值为1.2。同时又具有弱富铝化过程，土体含有1—10cmol/kg的活性铝，盐基已饱和。黏土矿物中既有高岭石、伊利石，又有少量蒙脱石。

　　棕壤占本县地域面积的5%，主要分布于扎热山地，海拔在3000—3400m。棕壤所处地形为高山峡谷，大多数谷坡较陡峻，气候特点是夏季温暖多雨，冬季凉冷干旱，干季与雨季分明。天然植被以高山松林为主，林下灌木和草类较多。棕壤通体淋溶强烈，全剖面无石灰反应，pH 为 5—7，盐基饱和度为 20%—90%，变幅大，但无活性铝，无富铝化特征，通体呈棕色，黏粒部分为硅、铁、铝，未受到明显破坏和分离，黏土矿物组成以伊利石和蒙脱石占优势，高岭石次之，剖面中有黏化特征。黏化层质地较上下层黏重。

黄壤占本县地域面积的 5%，主要分布在丘陵岗地，海拔在 1000—2000m。自然植被为常绿阔叶林和常绿落叶阔叶林。黄壤分布区云雾多，日照少，温度大，冬天严寒又无酷暑。在干湿季明显的气候作用下，以及繁茂湿性的植被条件下，黄壤在形成过程中富铝化作用中等。黏粒部分的硅铝率较赤红壤、砖红壤为高，仅较黄棕壤低，黄壤中游离氧化铁遭受水化，主要以针铁矿、褐铁矿和多水氧化铁的形态存在，因此其剖面呈黄色至蜡黄色，尤其是淀积层更为明显。

灰褐土占本县地域面积的 3%，主要分布于为河谷上游谷地，以阴坡居多。除局部宽谷地形较平缓外，大部分坡地陡直，土层较薄。灰褐土处于山坡温带半湿润地区的北缘，气候凉冷而干旱，降水集中于 7—9 月。植被类型以旱生性的大果园柏疏林或滇藏方枝柏灌丛、疏林为主。在沿沟谷较湿润阴坡，为云杉、圆柏混交林，林下禾草和嵩草旺盛。在自然条件的综合影响下，灰褐土的成土过程具有腐殖质积累和分解，黏粒的形成与移动特点。土壤表层聚积的枯枝落叶，在一年中随着干湿季节的变化，交替进行矿化与腐殖化作用，其作用不如褐土强烈，累积量比褐土少，所以有机质含量并不比褐土高，但有机质含量还是较丰富的，大多在 5% 以上。而速效养分含量偏低，说明了灰褐土矿化作用比褐土减弱的特点。灰褐土处于湿润而较温暖的时间短促，且残落物灰分含量高，以致 A 层腐殖酸的形成和淋溶作用较弱，土壤呈碱性，有石灰反应，土体中有碳酸钙聚积。其成土过程具有某些褐土相似的特征。灰褐土剖面的一般特征是，在极薄的枯枝落叶层下，有 20—30cm 厚的腐殖质状层，呈棕色或灰褐色。剖面中部出现碳酸钙淀积，有石灰反应。土壤机械组成以砾石为主，小于 0.01mm 的物理性黏粒含量在 2.5% 左右。

小于本县地域面积 3% 的土壤类型还有寒冻土、褐土、冷钙土、棕色针叶林土、赤红壤、草甸土等。

本区域中心区气候特征

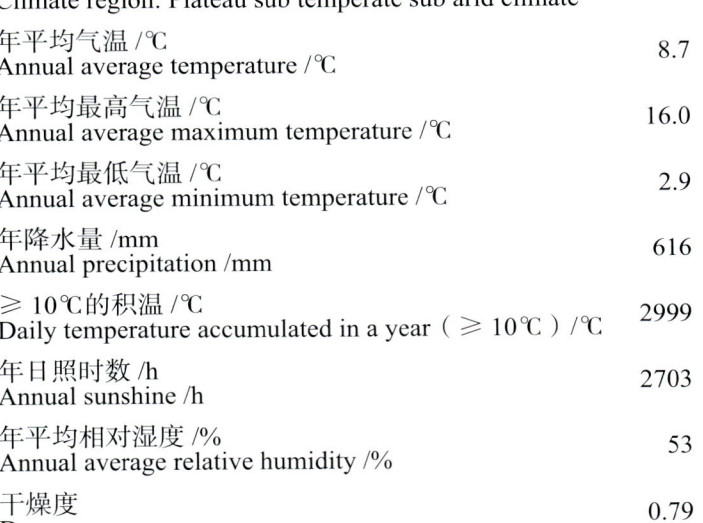

本区域中心区气候特征值
Regional climate characteristics in central area of the region

气候带：高原亚温带亚干旱气候 Climate region: Plateau sub temperate sub arid climate	
年平均气温 /℃ Annual average temperature /℃	8.7
年平均最高气温 /℃ Annual average maximum temperature /℃	16.0
年平均最低气温 /℃ Annual average minimum temperature /℃	2.9
年降水量 /mm Annual precipitation /mm	616
≥ 10℃的积温 /℃ Daily temperature accumulated in a year（≥ 10℃）/℃	2999
年日照时数 /h Annual sunshine /h	2703
年平均相对湿度 /% Annual average relative humidity /%	53
干燥度 Dryness	0.79

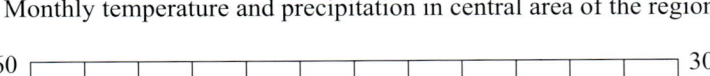

本区域中心区月平均气温与月平均降水量
Monthly temperature and precipitation in central area of the region

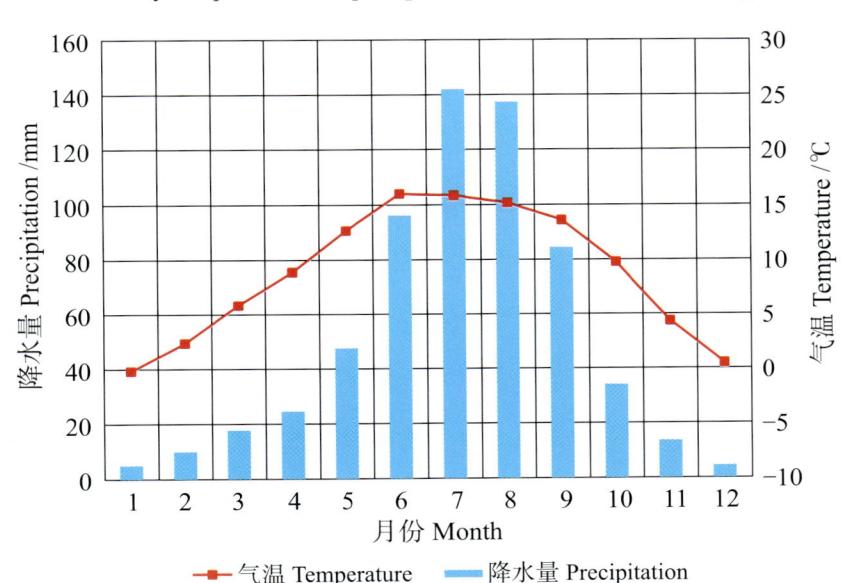

隆子县主要土壤类型与土壤剖面点分布图
1∶740 000

图 例

寒冻土 褐土 冷钙土 棕色针叶林土 赤红壤 草甸土 ⊗ 剖面点
黑毡土 草毡土 暗棕壤 冷棕钙土 黄棕壤 棕壤 黄壤 灰褐土

注：本图界线不作为实地划界依据。

隆子县土壤剖面理化性状表

剖面号 Soil profile	土纲 Soil order	土类 Soil great group	亚类 Soil subgroup	土属 Soil genus	土层码 Layer code	土层厚度 Depth/cm	颜色 Soil color	质地 Soil texture	土壤结构 Soil structure	pH	有机质 OM/(g/kg)	全氮 TN/(g/kg)	全磷 TP/(g/kg)	全钾 TK/(g/kg)	碱解氮 AN/(mg/kg)	有效磷 AP/(mg/kg)	速效钾 AK/(mg/kg)	阳离子交换量 CEC/(cmol/kg)	土壤母质 Parent material	剖面点坐标 Profile coordinate	匹配指数 Matching index/%
剖1	高山土	黑毡土	棕黑毡土		1	0—8	暗棕色	粉质壤土	鳞片状	5.6	147.9	>6.00	1.03	25.4	>400	7.1	468	32.4	泥质岩类坡积物	E 93°07′49.1″ N 28°40′07.0″	71
					2	8—17	栗色	粉质壤土	鳞片状	5.4	111.4	>6.00	0.91	25.7	>400	6.8	243	28.3			
					3	17—36	淡黄色	壤土	片状	5.9	52.9	0.89	0.87	26.4	169	2.1	151	28.7			
					4	36—100	淡黄色		鳞片状												
剖2	半淋溶土	灰褐土	灰褐土		1	0—18	黑色	壤土	团粒状	8.8	68.1	3.25	0.77	26.9	191	4.7	133	18.6	泥质岩类洪积物	E 92°34′46.2″ N 28°36′33.1″	97
					2	18—45	黑色	壤土	鳞片状	8.4	23.9	1.85	0.73	27.4	89	2.7	58	10.2			
					3			砾石壤土	核状												
剖3	高山土	草毡土	草毡土		1	0—7	灰棕色	粉质壤土	团粒状	6.5	105.0	4.70	1.00	29.9	273	5.4	195	28.0	泥质岩类残积物	E 93°20′54.2″ N 28°34′43.0″	73
					2	7—19	暗灰棕色	粉质壤土	块状	6.4	77.2	3.90	0.99	32.0	273	5.3	135	37.6			
					3	19—28	暗棕灰色	粉质壤土	块状	6.6	65.5	3.60	1.04	37.8	182	3.7	120	36.6			
					4	28—	暗黄棕色	黏壤土	片状												
剖4	淋溶土	暗棕壤	暗棕壤		1	0—19	黑色	壤土	鳞片状	7.9	56.6	3.32	1.42	25.5	176	25.5	213	19.5	片岩类残积物	E 92°45′19.1″ N 28°34′18.1″	97
					2	19—32	暗红棕色	砂壤土	屑粒状	8.5	42.4	2.81	1.38	24.6	151	13.0	131	17.9			
					3	32—100	暗黄棕色	砂壤土	屑粒状	8.8	18.5	1.63	1.25	24.6	65	9.8	80	10.0			
剖5	半淋溶土	灰褐土	灰褐土		1	0—16		砂质壤黏土		5.5	>250.0	>6.00	>4.00	23.1	>400	24.0	>500		洪积灰褐土	E 93°32′22.6″ N 28°34′04.1″	74
					2	16—30															
					3	30—100															
剖6	高山土	黑毡土	棕黑毡土		As	0—5	暗棕色	壤黏土	团块状	5.2	83.4	3.98	3.52	26.9	373	4.0	428	15.8			75
					A	5—14	棕色	黏土	碎块状	5.2	57.4	2.96			215	1.0	188	18.1			
					ACu	14—80	灰黄色	砂壤土													
剖7	高山土	草毡土	薄草毡土		1	0—12	暗灰棕色	轻壤土	屑粒状	7.2	54.2	3.53	0.73	20.0	155	5.8	18	15.8	片岩类残积物	E 93°52′02.6″ N 28°30′46.8″	81
					2	12—24	暗棕灰色	砂壤土	屑粒状	8.5	37.0	2.83	0.69	21.6	89	3.4	16	18.1			
					3	24—35	暗黄棕色		粒状	8.1	6.2	3.14	0.72	20.7	110	3.6	20	22.8			
					4	35—100	淡黄棕色														
剖8	高山土	黑毡土	黑毡土		1	0—12	暗棕色	壤土	屑粒状	7.0	152.0	>6.00	1.80	23.5	>400	6.7	263	28.9	中性酸岩残积物	E 92°15′25.2″ N 28°30′01.8″	77
					2	12—20	暗棕色	砂壤土	屑粒状	7.1	127.9	>6.00	1.65	21.4	291	4.8	156	23.1			
					3	20—36	灰棕色	砂土													
					4	36—100	灰黄色														
剖9	高山土	草毡土	冷棕钙土		1	0—20	暗棕色	砂壤土	块状	8.5	39.5	2.47	1.65	17.1	119	14.4	313	18.1	片岩类残积物	E 92°06′07.9″ N 28°28′31.1″	83
					2	20—48	灰黄色	砂壤土	块状	9.0	10.4	0.62	1.17	16.7	23	8.7	351	10.5			
					3	48—100	淡黄色	砂壤土	块状	9.0	5.4	3.20	0.98	13.2	13	4.3	>500	9.2			
剖10	高山土	冷棕钙土	冷棕钙土	灌耕冷棕钙土	A_{11}	0—16	暗黄棕色	黏壤土	块状	8.7	23.5	1.63	0.81	21.3	56	6.0	283	19.5		E 92°12′52.6″ N 28°25′34.7″	95
					AB	16—37	黄棕色	轻砾质黏壤土	块状	8.6	17.0	1.55	0.73	20.6	44	3.0	78	21.2			
					BC	37—70	暗棕色	轻砾质黏壤土	块状	8.8	14.4	1.15	0.75	21.2	29	2.0	69	13.5			
					C	70—100	黄棕色	轻砾质黏壤土	片状	8.6	10.1	1.03	0.77	20.2	24	3.5	78	16.6			
剖11	高山土	冷棕钙土	冷棕钙土		1	0—22	暗棕色	粉质壤土	块状	8.3	15.5	1.18	0.52	24.4	25	3.5	45	14.5	页岩洪积坡积物	E 92°29′29.0″ N 28°25′31.4″	85
					2	22—35	暗棕色	粉质壤土	核状	8.6	12.2	0.88	0.76	21.1	31	10.9	41	13.9			
					3	35—48	灰黄棕色	粉质壤土	块状	8.5	9.5	1.08	0.81	24.2	19	5.7	49	20.8			
					4	48—83	暗黄棕色	粉质壤土	核状	8.7	9.5	1.10	0.62	26.1	25	5.8	71	23.0			
					5	83—100	暗黄棕色	壤土	块状	8.6	8.5	0.77	0.66	22.5	15	5.7	45	12.3			
剖12	半淋溶土	灰褐土	灰褐土		1	0—8	黑色	壤土	鳞片状	7.9	106.6	4.48	0.95	20.7	237	12.0	175	18.0	片岩类坡积物	E 92°54′56.9″ N 28°24′54.4″	97
					2	8—22	暗棕色	壤土	鳞片状	8.5	91.5	3.63	1.30	21.1	229	8.4	108	28.4			
					3	22—100	暗灰色	砂壤土	块状	8.8	20.5	0.53	1.01	23.0	15	2.6	45	31.1			

续表 Continued

剖面号 Soil profile	土纲 Soil order	土类 Soil great group	亚类 Soil subgroup	土属 Soil genus	土层码 Layer code	土层厚度 Depth/cm	颜色 Soil color	质地 Soil texture	土壤结构 Soil structure	pH	有机质 OM/(g/kg)	全氮 TN/(g/kg)	全磷 TP/(g/kg)	全钾 TK/(g/kg)	碱解氮 AN/(mg/kg)	有效磷 AP/(mg/kg)	速效钾 AK/(mg/kg)	阳离子交换量CEC/(cmol/kg)	土壤母质 Parent material	剖面点坐标 Profile coordinate	匹配指数 Matching index/%
剖13	淋溶土	棕壤	棕壤		A	0—16	黑棕色	重砾质砂壤土	屑粒状	6.2	217.7	>6.00	2.89	9.3	>400	17.0	330	39.5		E 93°37′29.3″ N 28°24′29.5″	74
					B	16—38	棕色	重砾质砂壤土	屑粒状	6.0	98.0	3.85	2.80	12.0	393	3.0	103	25.0			
					Bt	38—70	浊黄棕色	重砾质砂质黏壤土	块状	5.9	63.9	2.47	2.40	14.5	203	1.0	103	19.2			
					BC	70—90	棕色	重砾质砂壤土	块状	6.0	46.7	1.72	1.76	14.5	107	2.0	103	14.9			
剖14	高山土	草毡土	棕草毡土		1	0—18	黑棕色	壤质砂土	团块状	7.5	26.1	1.56	0.85	1.0	97	13.9	158	15.1	片岩风化物	E 92°37′13.8″ N 28°21′33.5″	84
					2	18—34	棕色	砂土	团块状	7.2	12.2	0.81	0.81	22.2	48	6.5	90	10.8			
					3	34—100															

错 那 县

主要土类说明

黄壤是错那县主要土壤类型，占本县地域面积的21%。黄壤发生于亚热带湿润条件下，多见于海拔700—1200m的山区。土壤有机质累积较高，剖面具 O-A-AB-B-C 构型，淀积层（B层）富含水合氧化物（针铁矿），呈黄色，中度富铝化，有时多含三水铝石。土壤pH为4.5—5.5。

黄棕壤是错那县第二大土壤类型，占本县地域面积的18%。黄棕壤在本县主要分布在南部受印度洋暖湿气流影响的亚热带山地。黄棕壤所处地形是高山深谷区，为海拔2400—2700m或以下的谷坡中下部，在地势稍开阔的谷地可达海拔2900—3000m，坡度陡峻，多在25°—35°。成土母质主要为花岗岩、花岗片麻岩的残积物、坡积物和以花岗岩、混合岩为主的洪积物。分布区气候温暖，降水量高，云雾多，日照少，湿度大，冬无严寒，夏无酷日，干湿季节分明，并具有太阳辐射强、气温年较差小而日较差大等高原性气候的特点。自然植被茂密，生长旺盛，植被类型主要为落叶常绿阔叶林或针叶阔叶混交林。在自然成土因素的综合作用下，黄棕壤的成土过程淋溶作用强烈，盐基的淋溶作用比较活跃，土壤呈微酸至中性反应。黏粒的形成与淋溶聚积作用也比较明显，剖面中有较明显的黏化层次，土壤质地较黏重，但黏粒部分的硅、铝、铁成分的破坏分离不甚明显。黏土矿物的形成已处在脱钾与脱硅阶段，黏土矿物组成既有高岭石、伊利石，也有少量蒙脱石。铁、铝在剖面中也有一定的移动。

赤红壤占错那县地域面积的12%。赤红壤脱硅富铝化程度仅次于砖红壤，比红壤强，铁的游离度介于二者之间，淀积层（B层）富含铁铝氧化物，呈赤红色，黏粒硅铝率为1.7—2.0，风化淋溶系数为0.05—0.15，盐基饱和度为15%—25%，pH为4.5—5.5。

草毡土占错那县地域面积的11%，是本县主要高山土壤类型，遍布于各山地上部，分布海拔在4600—5100（5300）m。分布区生物气候条件较寒冷半湿润，自然植被为高山蒿草和矮生蒿草为主，夹有苔草、矮火绒草、毛茛、龙胆、圆穗蓼等组成的高山矮草草甸植物群落，盖度为60%—80%，部分地段可达95%以上，但也常见有局部滑坡侵蚀而植被斑驳。在向寒冻土过渡的高海拔地段，植被组成中垫状点地梅、苔状蚤缀占有一定的比重。而在向冷钙土过渡的向阳山坡，则出现草原化现象，羊茅、针茅等禾本科草类增多，植被盖度下降，为30%—50%。草毡土所处地势高亢，层峦叠嶂，地形比较破碎，气候变化多样。雨季期间，一日之内常见数次雨、雪、冰雹等天气；有时云雾终日弥漫，草被则在水汽湿润中生长，水湿条件较低海拔地带优越。虽然草毡土土层比较浅薄，质地轻粗，土体本身不易滞水，但由于山高气寒，土壤有季节性冻土层，因此，土体在一定时间内有较多的水分停滞，做升降运动，有比较频繁的氧化还原作用过程，所以在草毡土的剖面形态中，一是在剖面上都有一醒目的暗色层次，二是表层有明显的草毡层（草根盘结层），有机质含量丰富，一般为3%—5%。草毡土的腐殖质组成以富里酸为主，胡富比均在1.0以下。

砖红壤占错那县地域面积的9%，是遭强烈脱硅富铝化的土壤。土体中氧化硅大量迁出，游离铁占全铁的80%，黏粒硅铝率小于1.6，风化淋溶系数小于0.05，盐基饱和度低于15%，黏粒矿物以高岭石、赤铁矿与三水铝矿为主，pH为4.5—5.5。剖面构型为A-B-C，淀积层（B层）因富含铁铝氧化物呈砖红色，下部常出现红白（或黄白）交织的网纹层。

寒冻土占本县地域面积的6%，在本县主要分布于海拔5300m以上的高山地。寒冻土分布海拔高，气候严寒，风大，土壤形成过程中物理风化和冰雪剥蚀作用强烈，生物化学风化作用微弱。因此，地面岩石裸露，活动的岩屑堆和融冻石流广布，仅局部地段有零星小片细土堆积，而无连片土被。由于高寒严酷的生态条件，高等植物种类极少，仅在岩屑缝中或季节性流水沟边有少量耐寒植物分布，还可见有壳状地衣和苔藓着生于岩石的背风面，植被盖度为1%—2%，植被稀疏，景象荒凉。土壤矿物的分解、转化过程极其缓慢，土壤剖面发育原始，土层浅薄，石多土少，粗骨性强，并且极易遭到冰、水、风、重力等多种因素的侵蚀而经常中断其成土过程，使土壤发育呈现出原始性特征。土壤有机质累积作用弱，分解缓慢，有机质含量低，表土腐殖质组成以富里酸为主。寒冻土土体浅薄，剖面层次分化不明显，略可分出A-C层段，通体大部分为粗骨质，砾石含量达75%以上，质地较粗，土体总厚度10—30cm，部分地形稍平坦处可大于30cm。寒冻土各土层黏粒含量均在 10% 以下，而且表层低于下层，这可能是由于受风蚀影响，或是冰冻过程中引起细土物质顺岩缝下漏所引起的。寒冻土的有机质含量极低，土壤养分贫乏，土壤阳离子交换量均在 5.0cmol/kg，碳酸钙含量在 1.0% 以下，土壤呈中性至碱性反应。

棕壤占错那县地域面积的 5%，主要分布在本县南部山地部分地势稍开阔的谷地中，多见于高山深谷中"谷中谷"下段的地势相对开阔的谷地，分布海拔在 3000—3400（3600）m，因受印度洋暖湿气流的影响，气候温和，降水量较多，夏季温暖多雨，冬季冷凉干旱，干季与雨季分明。天然植被以高山松林和高山栎林为主，在被砍伐后现大多为次生阔叶林，主要有青冈栎和五角枫等，林下灌木主要有杜鹃、忍冬和蔷薇等，草本植物主要有禾草和苔草。成土母质主要为花岗岩坡积物，局部地段有砂页岩、板岩等坡积物。在地形较平缓的地段和居民点附近，土层比较深厚，水分条件尚好，已被垦为农地。在温和湿润的生物气候条件下，棕壤的成土过程主要表现为腐殖质积累和淋溶棕化作用。棕壤上植被生长快，盖度也较大，每年有大量枯枝落叶在地表聚积，在温和季节性湿润的气候条件下，枯枝落叶的分解较暗棕壤完全。因此，棕壤剖面中腐殖质层深厚，有机质含量丰富，但就其腐殖质成分而言，仍以富里酸为主。由于受季节性的淋溶作用，土壤中可溶盐类和碳酸钙已被淋失，土壤呈微酸性反应，盐基不饱和，黏粒和铁、铝在剖面中有一定的移动，黏粒中的矿物质处于脱钾阶段，但无富铝化特征，黏粒硅铝率为 2.42—2.56。

暗棕壤占错那县地域面积的 5%。暗棕壤是在山地温带寒温带森林条件下发育而形成的土壤类型，在本县主要分布在受季风影响的南部山地海拔 3300（3400）—3900（4100）m 的垂直地带。暗棕壤分布的地形多为高山深谷的中部，成土母质主要为花岗岩、花岗片麻岩的残积物、坡积物。所处气候冷凉湿润，因季风的影响，干旱季节比较明显，夏季多雨，冬春干旱，土壤有季节性冻层。雨季与生长季节一致，自然植被生长繁茂，森林盖度大，植被的组成以高山松、云杉和高山栎为主，林下灌木丛生，以蔷薇、忍冬和杜鹃等为主，地面苔藓比较发达。暗棕壤的成土过程主要表现为腐殖质的积累和一定的淋溶棕化作用。暗棕壤的有机质累积与过程十分活跃，每年森林有大量的枯枝落叶在地表聚积，土壤腐殖化作用强，有机质含量丰富，一般在 3%—5% 乃至以上，有的可高达 15.0%；表层土壤的腐殖质组成仍以富里酸为主，胡富比均在 1.0 以下。在腐殖质积累的同时，枯枝落叶分解时形成的有机酸在雨季随水下渗，土壤中的盐基有一定程度的淋溶。因表层湿度大，土壤在嫌气条件下铁可被还原成亚铁向下移动，在剖面中下部下移的亚铁化合物因氧化而淀积，形成棕色薄膜包被于土粒表面，使土体呈棕色；在地形稍平缓和土壤质地稍黏重的地段，土壤中还原作用较强，铁易遭还原淋溶，在表层之下形成淡色层；黏粒与铁、锰有轻度淋溶，在剖面中变化明显，这些特点与棕壤相类似，只是黏粒与铁、锰的淋溶较棕壤稍弱。

小于本县地域面积 5% 的土壤类型还有黑毡土、棕色针叶林土、冷钙土、冷棕钙土、草甸土和红壤等。

本区域中心区气候特征

本区域中心区气候特征值
Regional climate characteristics in central area of the region

气候带：北亚热带湿润气候 Climate region: North subtropical humid climate	
年平均气温 /℃ Annual average temperature /℃	9.6
年平均最高气温 /℃ Annual average maximum temperature /℃	16.7
年平均最低气温 /℃ Annual average minimum temperature /℃	3.8
年降水量 /mm Annual precipitation /mm	710
≥10℃的积温 /℃ Daily temperature accumulated in a year（≥10℃）/℃	3259
年日照时数 /h Annual sunshine /h	2647
年平均相对湿度 /% Annual average relative humidity /%	56
干燥度 Dryness	0.69

本区域中心区月平均气温与月平均降水量
Monthly temperature and precipitation in central area of the region

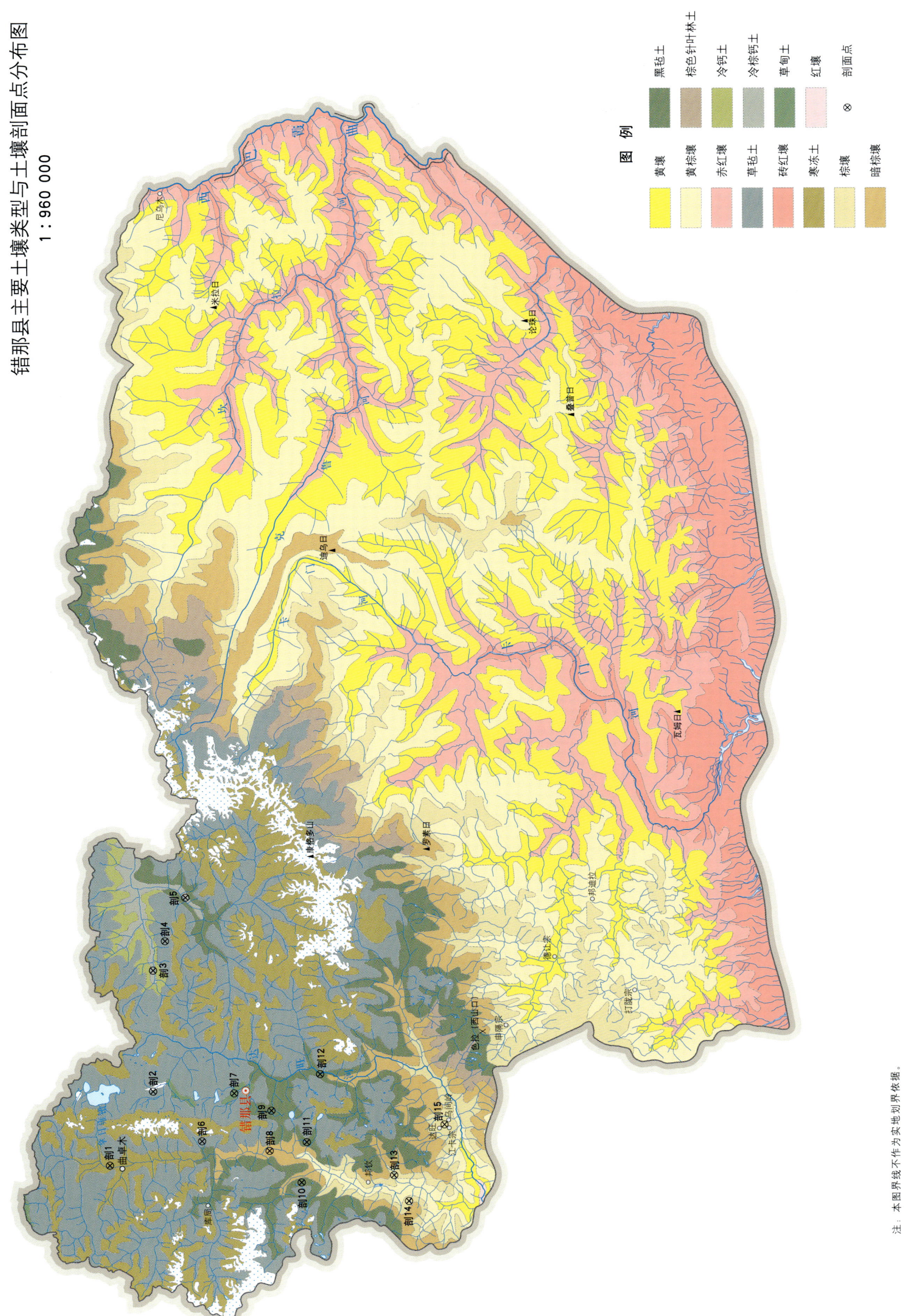

错那县土壤剖面理化性状表

剖面号 Soil profile	土纲 Soil order	土类 Soil great group	亚类 Soil subgroup	土层码 Layer code	土层厚度 Depth/cm	颜色 Soil color	质地 Soil texture	土壤结构 Soil structure	pH	有机质 OM/(g/kg)	全氮 TN/(g/kg)	全磷 TP/(g/kg)	全钾 TK/(g/kg)	碱解氮 AN/(mg/kg)	有效磷 AP/(mg/kg)	速效钾 AK/(mg/kg)	阳离子交换量CEC/(cmol/kg)	土壤母质 Parent material	剖面点坐标 Profile coordinate	匹配指数 Matching index/%
剖1	高山土	寒冻土		1	0—10	灰黄色	砾石土	片状	7.3	7.7	0.22	0.37	19.6	18	2.3	53	2.9	花岗岩残积物、坡积物	E 91°46′16.0″ N 28°16′52.7″	71
				2	10—19	灰黄色	多砾石壤质砂土	屑粒状	7.3	7.7	0.22	0.37	19.6	18	2.3	53	2.9			
				3	19—45	暗黄黄色	多砾石壤质砂土	块状	8.2	5.8	0.28	0.39	21.0	15	2.4	54	3.2			
剖2	高山土	草毡土	薄草毡土	A	0—8	灰棕色	多砾石砂质壤土	团块状	7.4	35.0	1.75	0.44	13.2	109	2.6	70	6.7	花岗岩冰积物	E 91°57′03.6″ N 28°11′26.9″	82
				B	8—31	暗灰棕色	多砾石砂质壤土	块状	7.6	31.7	1.70	0.63	15.6	94	2.4	37	3.1			
				C	31—69	棕灰色	砂质壤土	块状	8.5	9.8	0.38	0.21	1.0	89	1.0	10	12.5			
剖3	高山土	冷棕钙土		1	0—15	灰褐色	砾石壤土	团块状	7.9	29.6	2.42	0.86	21.0	74	3.6	28	13.4	泥质岩岩类坡积物	E 92°14′42.4″ N 28°11′25.8″	90
				2	15—36	淡褐色	砾石黏壤土	块状	8.3	24.1	2.76	0.75	23.0	78	2.7	27	13.4			
				3	36—75	棕黄色	砾质黏壤土	块状	8.5	10.5	2.02	0.79	22.0	41	1.8	26	10.0			
				4	75—80	黄褐色	砾质黏壤土		8.4	8.5	1.69	0.85	21.0	23	1.7	23	5.4			
剖4	高山土	草毡土		A	0—9	灰棕色	少石质砂状	团粒状	6.1	23.7	1.78	0.35	18.0	49	1.4	35	>50.0	千板岩坡积物、残积物	E 92°18′59.8″ N 28°09′54.0″	74
				A	9—17	暗棕色	少砾石砂质壤土	鳞片状	6.2	16.5	0.98	0.43	10.0	55	1.7	45	7.0			
				B	17—32	暗棕色	多砾石砂质壤土	块状	6.3	9.7	0.94	0.53	11.3	36	1.4	39	7.0			
				C	32—57	棕色	重砾石砂质壤土	块状	6.5	6.2	0.79	1.04	15.6	16	3.6	30	5.6			
剖5	高山土	冷棕钙土		A	0—9	灰棕色	砾石砂质壤土	屑粒状	8.5	21.1	1.17	0.73	22.0	42	3.0	29	4.2	砂质岩坡积物	E 92°25′25.3″ N 28°07′19.2″	75
				AB	9—21	棕灰色	砾石砂质壤土	单粒状	8.5	17.8	0.97	0.78	20.0	29	2.0	25	4.6			
				Bk	21—42	灰棕色	砾石砂质壤土	单粒状	8.7	18.6		0.81	21.0	31	3.0	63	7.7			
				BkC	42—58															
剖6	高山土	草毡土	棕草毡土	Ao	0—10	暗棕棕色	少砾石砂质壤土	团粒状	5.2	57.8	4.20	0.61	11.8	65	2.4	11	23.7	花岗岩洪积物、冲积物	E 91°49′49.8″ N 28°05′16.8″	83
				A	10—20	暗棕棕色	中砾质粉砂质壤土	屑粒状	5.5	40.5	1.38	0.51	10.0	101	4.8	26	15.9			
				B	20—30	棕色	多砾石粉质壤土	团块状	5.5	47.9	1.33	0.48	9.5	94	3.2	30	9.4			
				C	30—50	青棕色	多砾石砂质壤土	块状	5.5	16.3	0.48	0.24	4.2	36	1.7	23	4.0			
剖7	半水成土	草甸土		1	0—9	褐色	砂质壤土	层状										花岗岩坡积物	E 91°56′49.2″ N 28°01′13.1″	97
				Ao	0—3															
				2	3—5	棕色	砂土													
				3	5—9	暗棕灰色	少砾石砂质壤土	黏块状												
				4	9—16	淡棕灰色	少砾石砂质壤土	粒状												
				5	16—44	棕色	少砾石砂质壤土													
				6	44—62	黄棕色	少砾石砂质壤土													
				7	62—100	淡黄棕色	少砾石砂质壤土													
剖8	淋溶土	暗棕壤		1	0—15	暗棕灰色	少砾石砂质壤土	粒状	6.5	205.7	>6.00	1.36	23.0	>400	7.8	245	>50.0	泥质岩坡积物	E 91°48′26.3″ N 27°56′46.0″	97
				2	15—32	棕灰色	壤质砂土	团粒状	7.5	44.7	1.69	1.03	31.0	140	6.6	119	35.8			
				3	32—54	黄棕色	中砾质砂土	块状	8.0	23.2	0.76	0.94	33.0	67	8.5	125	28.1			
				4	54—87	淡黄色	多砾石砂土	块状	7.6	18.3	0.56	1.00	31.0	56	11.3	133	18.8			
剖9	高山土	黑毡土		1	0—11	棕灰色	少砾石砂砾壤土	团块状	5.4	67.1	4.74	0.81	27.0	>400	8.6	221	24.4	花岗岩坡积物	E 91°54′19.4″ N 27°56′33.0″	83
				2	11—23	暗黄棕色	少砾石粉质壤土	块状	5.2	63.2	3.31	0.75	30.0	340	3.1	151	25.6			
				3	23—44	灰黄棕色	砂质壤土	块状	5.3	49.1	2.52	0.54	26.0	271	1.2	159	28.8			
剖10	高山土	黑毡土	棕黑毡土	4	44—63	灰黄棕色	多砾石砂质壤土	团块状	5.4	31.9	2.29	0.78	27.0	197	<1.0	144	26.6	花岗岩坡积物	E 91°43′51.6″ N 27°52′44.0″	71

续表 Continued

剖面号 Soil profile	土纲 Soil order	土类 Soil great group	亚类 Soil subgroup	土层码 Layer code	土层厚度 Depth/cm	颜色 Soil color	质地 Soil texture	土壤结构 Soil structure	pH	有机质 OM/(g/kg)	全氮 TN/(g/kg)	全磷 TP/(g/kg)	全钾 TK/(g/kg)	碱解氮 AN/(mg/kg)	有效磷 AP/(mg/kg)	速效钾 AK/(mg/kg)	阳离子交换量CEC/(cmol/kg)	土壤母质 Parent material	剖面点坐标 Profile coordinate	匹配指数 Matching index/%
剖11	高山土	黑毡土		1	0—11	黄棕色	少砾质砂壤土	团粒状											E 91°49′42.2″ N 27°52′05.5″	83
				2	11—38	深栗色	少砾质砂壤土	块状												
				3	38—58	深黄色	中砾石砂壤土	块状												
				4	58—100	深黄色	中砾石砂壤土	块状												
剖12	高山土	黑毡土	棕黑毡土	1	0—5				4.8	245.6	>6.00	1.83	16.0	>400	7.2	290	>50.0	花岗岩坡积物	E 91°59′35.9″ N 27°50′25.4″	85
				2	5—11	暗灰棕色	壤土	屑粒状	4.9	233.9	>6.00	1.93	19.0	201	6.3	228	>50.0			
				3	11—20	暗棕灰色	壤土	团块状	5.4	91.0	2.95	0.95	21.0	184	3.7	115	27.9			
				4	20—35	黄棕色	砂壤土	团块状	5.4	59.4	2.26	1.11	24.0	57	4.9	90	15.4			
				5	35—52	棕黄色	砂壤土	块状	5.6	20.9	0.46	0.84	26.0	55	8.9	90	4.3			
				6	52—84	淡棕色		碎屑状												
剖13	淋溶土	棕壤		1	0—5	暗灰棕色	多砾质壤土	屑粒状	6.2	62.2	3.42	0.83	13.5	256	6.7	254	16.3	花岗岩坡积物	E 91°44′56.4″ N 27°41′05.3″	97
				2	5—24	棕色	多砾质壤质砂土	团块状	5.7	41.8	2.17	0.77	11.4	174	1.8	133	10.1			
				3	24—42	暗黄棕色	多砾质壤质砂土	团块状	6.2	16.9	0.54	0.31	9.4	53	<1.0	62	5.4			
				4	42—80	黄棕色	多砾质壤质砂土	块状	6.3	13.6	0.43	0.29	10.3	42	<1.0	84	6.6			
剖14	淋溶土	棕壤		1	0—15	暗灰棕色	多砾质砂壤土	团粒状	6.2	68.2	2.93	1.25	14.3	202	9.9	130	16.6	花岗岩坡积物	E 91°41′13.2″ N 27°39′13.3″	74
				2	15—26	灰棕色	重砾石壤土	团块状	6.0	61.0	2.84	1.07	16.6	230	9.9	152	11.4			
				3	26—61	灰棕色	重砾石壤土	团块状	6.0	45.7	1.03	0.44	14.4	190	5.3	119	9.9			
				4	61—100	棕灰色		团块状	6.0	40.6	1.76	0.56	19.5	141	5.5	83	6.8			
剖15	淋溶土	棕壤		1	0—24	灰棕色	壤质砂土	团粒状	6.1	95.8	4.15	2.34	21.5	282	22.8	452	28.8	花岗岩麻岩坡积物	E 91°52′12.7″ N 27°34′56.3″	75
				2	24—48	棕灰色	壤质砂土	团块状	5.8	89.0	3.39	2.34	21.8	271	24.3	357	27.5			
				3	48—81	棕黄色	粉质壤土	块状	6.3	45.6	2.62	1.08	21.3	156	22.4	248	22.8			
				4	81—105	黄棕色	粉质壤土	块状	6.2	32.9	1.94	0.93	23.2	113	17.8	66	23.1			

浪卡子县

主要土类说明

草毡土是浪卡子县主要土壤类型，占本县地域面积的46%。草毡土在本县主要分布于县境西、南部高山中上部和极高山中部，海拔4400（4700）—5400（5500）m范围内的阴坡和缓阳坡上，在东北部阴坡也有小面积分布，唯西部湿度较好，其分布上界线可低于南部300—400m，这不仅是本县，即使在西藏全区来看，也是很特殊的。草毡土是高原寒带温凉半湿润环境和嵩草草甸植被条件下形成的，土壤有季节性冻层存在，一般从11月到翌年4月土壤冻结，夜冻昼融频繁交替。植被以矮生嵩草为主，伴生有苔草、马先蒿、毛茛、龙胆、报春花、圆穗蓼和矮火绒草等组成的高山矮草草甸群落；在草毡土分布区上段，亦伴生有垫状点地梅和苔状蚤缀、红景天等；植被外观上具有草丛低矮、组成单纯、分层不明显和垫状植物颇为醒目等特征，盖度为60%—75%。成土母质为钙质页岩、灰岩、砂板岩、花岗岩的残积物、坡积物和冰碛物。草毡土成土过程包括强烈的冻融过程和较强的腐殖质积累过程。①冻融引起的氧化还原过程：本县高山带土壤冻结期为11月至翌年4月上旬，可长达半年之久。土壤冻融除对腐殖质积累有影响外，还产生冻结力，将土壤颗粒牢固地黏结在一起，进一步又形成冻胀力使表土出现多角裂缝，破坏草毡层的紧实致密性，使草毡层变得松脆，易于脱离；同时，土壤冻结导致土壤内部处于氧化还原频繁的交替变化状态，于是在土壤内出现冻层结构与"暗色层"。这是较长期的低温氧化和短期还原淋溶相互交替的过程，最终引起铁、锰的还原淋溶，并与腐殖物质结合形成有机络合淀积的结果。②腐殖质积累过程：本县6—9月为雨季，温湿同期，是植物旺盛生长和成土作用最活跃时期，故夏半年有较多的植物残体进入土壤，但因同期内草毡层具有较强的吸水性能，造成通气不良，腐殖化过程微弱，限制了有机质的分解；而冬半年寒冷漫长，从11月至翌年4月为土壤结冻期，微生物活动停止，因此，植物残体多以原形或半分解状累积于土壤中。4—6月气温回升，水分蒸发和蒸腾加快，然而降水稀少，植物和微生物同样受到生理干旱限制，活动较弱，有机质分解依然缓慢，从而在土壤剖面中积累了大量的腐殖质，并且活根与死根相互交织，形成了致密紧实富弹性的毡状草皮，这是有机质的增长与矿化长期不平衡的结果。由于温湿同期时间短，草毡土的生物量较黑毡土偏低，相应的，其草毡层与腐殖质层亦薄些。

冷钙土是浪卡子县第二大土壤类型，占本县地域面积的19%，它广泛分布于本县东北部海拔4650（4700）m以下的山坡及湖滨平原上。冷钙土是在高原温带半干旱环境以及亚高山蒿属草原植被条件下形成的，土壤冻结期较短，一般只有3个月左右，冻层厚度为30—50cm。植被以蒿类为主，伴有草丛禾草和杂草类，如丝颖针茅、羊茅、固沙草和黄芪等，有时可见西藏锦鸡儿、狼牙刺和高山柏等灌丛，盖度一般低于60%。鼠、兔等动物活动多，洞穴密集。成土母质为含硅质结核的灰黑色钙质页岩和页岩、砂岩、灰岩形成的坡积物、洪积物、冲积物和湖积物。冷钙土成土过程包括强的草原化过程和弱的腐殖质积累过程。①强草原化过程：冷钙土分布区温度稍高于寒钙土，降水也偏多一些，土壤冻结期较短，故成土过程全年都能以相应的速度进行，并高于寒钙土。②较弱的腐殖质积累过程：冷钙土和寒钙土相似，在半干旱的气候条件下，植被生物量低，有机质矿化速度大于寒钙土，故腐殖质积累过程更弱。冷钙土通体至微碱性至碱性，具强石灰反应，碳酸盐含量为5%—25%，82个土样平均结果为8.75%，以钙积层含量最高。有机质含量为0—4.51%，平均约为2.01%，高于寒钙土而低于黑毡土。其矿质养分特别是速效养分含量大于寒钙土。阳离子交换量平均为13.27cmol/kg，电导率是高山土壤中最高的，并以钙积层最为显著。机械颗粒组成中，砾石含量高，质地明显重于寒钙土，一般为砂壤至黏壤土，当土壤母质为湖积物时，其质地可达壤质黏土。黏土矿物除伊利石外，还有滑石、高岭石和石英，黏粒硅铝率为1.96—2.65。在季节性淋溶的条件下，碳酸钙在剖面中能以多种形式的新生体聚积。黏粒也有一定的移动趋势，但远不如碳酸钙聚积明显。

寒冻土是浪卡子县第三大土壤类型，占本县地域面积的10%，主要分布于本县西、南部高山、极高山中上部海拔5400m以上雪缘地带，如分水岭脊、冰碛台地、流石滩或者活动岩屑堆等，仅局部地段有零散细土堆积，一般都不形成连片土被。分布区气候条件严寒湿润，昼夜温差大，年降水量在400mm以上，以固体形式降落，夏季有冰川和雪峰融水浸润土壤，太阳辐射强烈，风大，蒸发强烈。由于气候高寒，高等植物种类极少，仅在石缝中生长着一些耐寒和耐生理干旱的垫状植物和黄绿地衣，如垫状蚤缀、雪莲、雪灵芝等，株体矮小，呈垫状或流线型，被覆白色绒毛，盖度为2%—5%，生物量很低。地表形成深厚的砾幂层，细土物质仅在石缝或岩屑中有少量聚积。土壤有机质平均含量为2.120%，全氮含量为0.101%，全磷含量为0.080%，全钾含量为1.830%，碳酸钙含量为7.770%。高寒恶劣的气候条件，决定了其成土过程中冻融作用和冰雪剥蚀作用强烈，生物化学作用微弱，导致了土壤矿物以物理风化为主，土壤有机质分解缓慢，腐殖化微弱。土壤剖面发育原始，土层浅薄，分化不明显，粗骨性极强。由于容易遭到冰雪融水、风、重力等多种因素的侵蚀而经常中断其成土过程，致使其成土过程难以定向继承和发展，因此，土壤剖面发育呈现原始性和年轻性的特征。寒冻土剖面具有A-C构型，一般土体总厚度为15—30cm；地表常有3—15cm厚的砾幂层，下接腐殖质层（A层）厚度一般小于10cm，通常本层次之上段有一薄层蜂窝状结皮层，厚约1cm，海绵孔隙状发育，这是因频繁的冻融交替和强烈的蒸发而形成的；再下为5—8cm厚的土石混杂层，角石缝中聚积着细土物质，呈鳞片状或屑粒状结构，常见冰晶，砾石含量为30%—50%，偶见植物根系，底层为半风化的母质层（C层），略具片状结构，碳酸盐含量随母质而定。

草甸土占本县地域面积的5%。草甸土是非地带性的半水成土壤，本县主要分布于羊湖湖滨平原和入湖河流两侧。所处地形低平，地下水位高，水分条件好，植被组成主要为草甸草本植物和湿生杂草类，如粗壮蒿草、小蒿草和莎草等。盖度通常大于90%，植物茂盛，根系多而密集。在低温高湿的还原条件下，有机质嫌气分解缓慢，有的呈半分解状态，有机质累积量高，由于地下水位升降，往往产生季节性渍水，土体内潴育化特征明显，有的甚至出现潜育化现象。草甸土剖面大多呈As-A$_1$-B(w)-(G)-C构型。土壤养分含量高，有机质尤为突出，平均含量为4.541%，而速效养分含量较低，因其地势低平，水分充足，蒸发强烈，土体中碳酸钙含量往往比较高，一般在4%以上，pH也相应提高，多在8.3—8.5，土壤质地以壤土为主。

小于本县地域面积3%的土壤类型还有寒钙土、粗骨土、黑毡土、冷棕钙土和石质土等。

本区域中心区气候特征

本区域中心区气候特征值
Regional climate characteristics in central area of the region

气候带：高原温带亚干旱气候 Climate region: Plateau temperate sub arid climate	
年平均气温 /℃ Annual average temperature /℃	8.7
年平均最高气温 /℃ Annual average maximum temperature /℃	16.4
年平均最低气温 /℃ Annual average minimum temperature /℃	2.3
年降水量 /mm Annual precipitation /mm	513
≥10℃的积温 /℃ Daily temperature accumulated in a year (≥10℃) /℃	3140
年日照时数 /h Annual sunshine /h	2911
年平均相对湿度 /% Annual average relative humidity /%	47
干燥度 Dryness	1.19

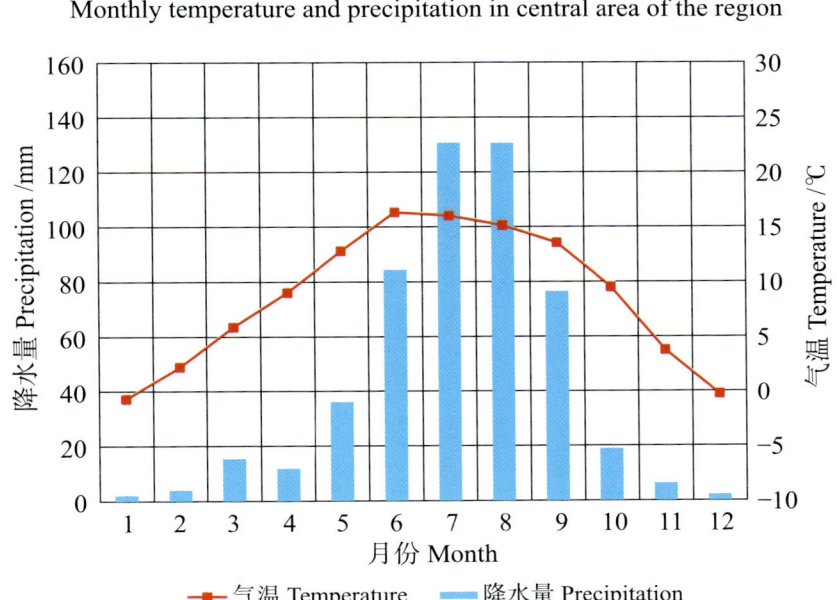

本区域中心区月平均气温与月平均降水量
Monthly temperature and precipitation in central area of the region

浪卡子县主要土壤类型与土壤剖面点分布图
1:550 000

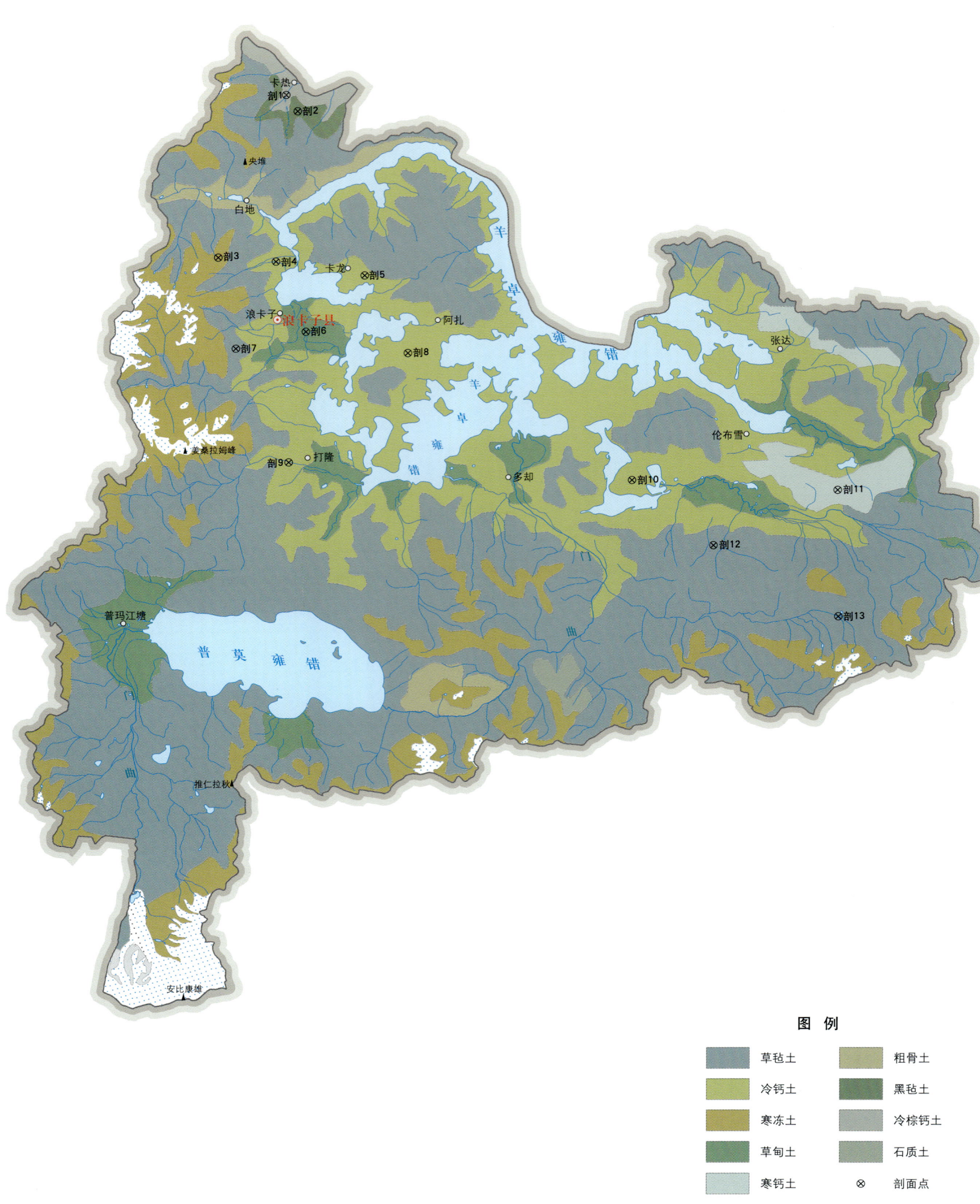

注：本图界线不作为实地划界依据。

浪卡子县土壤剖面理化性状表

剖面号 Soil profile	土纲 Soil order	土类 Soil great group	亚类 Soil subgroup	土层码 Layer code	土层厚度 Depth/cm	颜色 Soil color	质地 Soil texture	土壤结构 Soil structure	pH	有机质 OM/(g/kg)	全氮 TN/(g/kg)	全磷 TP/(g/kg)	全钾 TK/(g/kg)	碱解氮 AN/(mg/kg)	有效磷 AP/(mg/kg)	速效钾 AK/(mg/kg)	阳离子交换量CEC/(cmol/kg)	土壤母质 Parent material	剖面点坐标 Profile coordinate	匹配指数 Matching index/%
剖1	高山土	冷棕钙土	冷棕钙土	Aoo	0—0.7	灰黄棕色	壤土	团粒、块状	7.8	44.8	2.77	0.73	27.8	133	4.1	93		砂板岩、绢云母、千枚岩洪积物、坡积物	E 90°23′56.4″ N 29°14′29.4″	79
				Ah	0.7—8	棕灰色	壤土	块状	7.9	18.2	1.62	0.63	27.4	51	3.3	70				
				B	8—15	棕灰色	壤土	块状	7.0											
				C	15—30															
剖2	高山土	黑毡土	黑毡土	As	0—16	棕色	壤土	草毡状	7.3	61.0	3.02	0.59	24.1	147	3.6	151		砂岩坡残积物	E 90°24′52.6″ N 29°13′20.3″	74
				A₁	16—27	棕色	壤土	团粒状	7.2	52.0	2.62	0.60	23.6	141	4.1	138				
				B	27—34	棕色	壤土	粒状、块状	7.0	37.5	2.14	0.66	22.2	101	2.7	104				
				C	34—53	棕色	壤土	块状	7.2											
剖3	高山土	寒冻土	寒冻土	Am	0—3	暗灰色	砾石	蜂窝状										砂板岩残积物	E 90°18′51.1″ N 29°02′46.3″	82
				As	3—3	暗灰色	砾石砂砾质土	鳞片、屑粒状	8.4	17.8	0.77	0.78	16.7	25	3.9	78				
				A₁	4—10															
				C	10—17															
剖4	高山土	冷钙土	冷钙土	A	0—25	暗粒色	轻砾质砂壤土	屑粒状	8.1	39.0	2.58	0.56	17.2	73	2.0	88	13.6	砂板岩残积物	E 90°23′23.6″ N 29°02′32.6″	75
				AB	25—42	黄色	轻砾质砂壤土	块状	7.9	23.6	1.58	0.42	16.4	54	2.0	94	14.7			
				Bk	42—67	黄色	重砾质砂壤土	块状	8.4	11.0	0.78	0.34	15.6	19	2.0	88	13.0			
				BkC	67—70	黄色	砾石壤土													
剖5	高山土	冷钙土	冷钙土	A₁₁	0—16	泥黄色	黏土	块状	7.9	38.4	2.38	1.59	25.6	101	24.0	225	19.4		E 90°30′24.5″ N 29°01′39.0″	95
				AB	16—25	泥黄色	黏土	块状	7.9	41.0	2.62	1.50	24.2	116	28.0	229	19.6			
				B	25—56	泥黄色	轻砾质黏壤土	块状	7.9	18.0	1.28	1.26	21.1	44	20.0	129	14.2			
				BC	56—84	褐色	砂质壤土	草毡状	7.5	20.3	1.30	1.02	21.5	50	19.0	146	14.5			
剖6	半水成土	草甸土	草甸土	As	0—13	褐色	砂质黏壤土	粒状	7.0	40.4	1.48	0.87	20.9	65	3.2	78		湖积物	E 90°25′52.3″ N 28°57′32.0″	97
				A₁	13—24	深灰色	砂质黏壤土	块状	7.0	41.4	1.60	0.92	22.2	66	3.4	86				
				B(W)	24—51	深灰色	壤土	块状	7.0	25.0	1.90	0.78	26.6	54	3.1	86				
				C	51—65	暗灰棕色	壤土	草毡状	7.0											
剖7	高山土	草毡土	草毡土	As	0—6	暗灰棕色	壤土	鳞片状	7.0	94.1	4.10	0.77	15.1	225	5.5	88		砂板岩残积物	E 90°20′24.4″ N 28°56′13.9″	80
				A₁	6—14	暗灰棕色	壤土	块状	7.0	69.0	>6.00	0.82	15.8	175	4.2	71				
				B	14—25	暗灰棕色	壤土	块状	7.0	39.5	1.72	0.76	14.9	89	2.8	65				
				C	25—37		砂土		7.0											
剖8	高山土	冷钙土	冷钙土	A	0—17	棕色	砂壤土	粒状	7.6	21.7	1.48	1.58	15.1	78	3.0	53		变质石英砂岩、板岩、花岗岩等坡积物	E 90°33′55.8″ N 28°56′06.7″	72
				AB	17—48	暗棕色	砂壤土	块状	7.7	23.0	1.48	1.38	18.4	74	5.0	65				
				Bk	48—66	暗棕色	砂壤土	块状	8.2	11.2	0.85	1.23	18.1	33	4.0	46				
				BCk	66—115	暗棕色	砂壤土	块状	8.2	14.3	0.99	1.20	19.9	43	4.0	51				
剖9	高山土	冷钙土	冷钙土	Ah	0—11	淡棕色	砂壤土	粒状、块状	8.5	38.8	2.80	0.51	16.9	106	4.2	89		变质石英砂岩、板岩、花岗岩等坡积物	E 90°24′44.3″ N 28°48′09.7″	71
				B	11—40	棕色	砂壤土	块状	8.4	29.1	1.98	0.50	15.1	68	3.1	99				
				C	40—62	褐色	砂土	块状	8.3											
剖10	高山土	冷钙土	暗冷钙土	Aoo	0—0.5	褐灰棕色	砂壤土	块状	7.2	48.5	2.50	0.66	21.2	122	4.4	153		钙质页岩、砂岩、坡积物、残积物	E 90°51′43.2″ N 28°47′16.4″	77
				Ah	0.5—14	暗棕色	砂壤土	块状	7.5	39.5	1.78	0.68	19.1	79	3.7	123				
				B	14—35	灰黄色	砂壤土	块状	7.5	11.1	0.57	0.57	20.2	34	2.8	48				
				C	35—45															
剖11	高山土	寒钙土	寒钙土	Ah	0—11	淡棕黄色	砂壤土	核状	8.1	19.8	1.06	0.59	19.4	54	3.5	67			E 91°07′52.3″ N 28°46′43.3″	81
				Ba	11—27	淡棕黄色	砂壤土	块状	8.3	15.3	0.74	0.58	17.7	44	3.0	55				
				C	27—43	灰黄色	砂壤土	单粒状	8.2	9.7	0.62	0.61	20.6	23	3.0	70				

续表 Continued

剖面号 Soil profile	土纲 Soil order	土类 Soil great group	亚类 Soil subgroup	土层码 Layer code	土层厚度 Depth/cm	颜色 Soil color	质地 Soil texture	土壤结构 Soil structure	pH	有机质 OM/(g/kg)	全氮 TN/(g/kg)	全磷 TP/(g/kg)	全钾 TK/(g/kg)	碱解氮 AN/(mg/kg)	有效磷 AP/(mg/kg)	速效钾 AK/(mg/kg)	阳离子交换量CEC/(cmol/kg)	土壤母质 Parent material	剖面点坐标 Profile coordinate	匹配指数 Matching index/%
剖12	高山土	草毡土	棕草毡土	Aoo	0~0.5	暗灰棕色			6.7									斑晶花岗岩坡积物、残积物	E 90°58′12.0″ N 28°42′39.6″	73
				A₁	0.5~9	暗灰棕色	中砾质砂壤土	单粒状	7.7	52.4	2.28	0.77	16.4	105	3.3	82				
				B	9~25	灰黄色	中砾质砂壤土	块状	7.8	12.4	0.76	0.66	15.4	29	2.4	65				
				C	25~39	灰黄色	砂土		6.0											
剖13	高山土	草毡土	湿草毡土	As	0~10	暗灰黄色	壤土	草毡状	8.1	95.2	4.02	0.80	14.5	233	3.8	195		炭质页岩、砂板岩残积物、坡积物	E 91°08′04.9″ N 28°37′40.4″	74
				H(w)	10~21	暗灰黄色	壤土	块状	8.1	65.4	3.10	0.78	13.1	215	3.0	116				
				B(g)	21~35	深灰色	壤土	块状	8.2	44.2	1.98	0.79	14.8	122	3.4	101				
				C(g)	35~40	深灰色		碎石状	7.0											

那 曲 市

市 辖 区

主要土类说明

草毡土是那曲市主要土壤类型，占本市地域面积的73%。草毡土是在寒冷半湿润气候和高寒草甸植被下形成的，所处地形主要为浅切高山，多分布在高山中下部海拔4300—5200m地带，广泛见于那曲镇以东的高原面上。其分布区气候寒冷，土壤冻结期长，夜冻昼融频繁交替。植被类型为以小嵩草为主的矮草草甸，组成单调，垫状植物较多。植被生长期短，生长也缓慢，地上部植株矮小，但地下部根系发达，强大的根系多互相交织成毡状，具有一定的韧性和弹性。成土过程主要有两个特点：一是草毡腐殖质积累作用，在寒冻环境下，长期较多的有机质积累及较弱的微生物分解作用，使草毡土形成毡状的表土草毡层和较深厚的浅灰棕色腐殖质层；二是氧化还原作用，土壤处于冬春长期的冻结干旱与夏秋短期湿润交替进行的状态，大气降水和融冻水浸润作用，为成土物质的氧化还原创造了条件，使土壤中的铁、锰化合物发生淋溶移动和淀积，生成具有锈纹斑的表土层。典型剖面为As-Aa-AB-C构型，Aa层较为发育，AB层出现暗色泽（含水量较高的缘故），腐殖质层的厚度为15—35cm，有机质含量为4%—15%。土壤阳离子交换量为7—19cmol/kg，土壤pH为7左右，土壤呈中性反应。

寒冻土是那曲市第二大土壤类型，占本市地域面积的9%，主要分布于冰雪线以下或冰缘外围的高海拔地段，多见于该市南部念青唐古拉山北麓（青藏公路140道）西侧，以及那曲市与嘉黎县东南分水岭等处。寒冻土是土壤垂直分布位置最高的土壤，也是脱离冰川影响最晚、成土年龄最短的一类土壤。海拔高、气温低、风大、植被生长差、盖度低，是寒冻土的主要成土条件。其分布区岩石裸露，冰碛石满布，不能形成连片土被，植被主要为高山稀疏垫状植被，盖度仅为1%—2%。在较湿冷地段岩石面生长有壳状地衣，在碎石隙间生长有一些多年生中生和中旱生的草本植物，主要有雪莲、垫状点地梅、红景天和蚤缀等。由于气候干旱，昼夜温差大，土壤以物理风化为主，冰雪剥蚀作用强烈，而生物化学作用微弱。同时，由于容易遭到冰雪融水、风、重力等多种因素的侵蚀而经常中断成土过程，致使其成土过程难于继承和发展。在土层30—50cm或者以下，即出现永冻层，土体湿润。由于植被稀疏，植物有机残体少，土壤有机质分解缓慢和腐殖化弱，土壤有机质含量仅在1%左右。剖面可分出(A)-(AC)-C发生层，发育原始，层次间分化不明显，粗骨性强，土壤大部分由岩石骨骼颗粒组成，细土物质少，地表多覆碎石、岩屑，土层浅薄。土表常可见到融冻壳，而冻层之上常常是潮湿的，可见有潜育现象出现。

草甸土是那曲市第三大土壤类型，占本市地域面积的6%，主要分布于河流的低阶地和高河漫滩泛滥地，以及湖滩地外缘，多见于那曲河两岸。草甸土是半水成土壤，地下水直接影响着土壤的形成发育，地下水位一般为1—3m，夏季有时升高到0.5m，但一般情况下土壤并不被水淹没。草甸土的成土母质主要是河流冲积物和湖积物。由于地下水的浸润，土壤湿度大，主要草甸植被发育，由嵩草、苔草、早熟禾、委陵菜、西藏黄芪、龙胆、火绒草和马先蒿等组成，生长十分茂密，盖度可达80%—90%。草甸土成土过程主要有以下两个方面：

①草毡腐殖质的积累和毡状草皮层的形成。富弹性的毡状草皮层是区别于其他草甸土的一大特点。②季节性的氧化还原作用与锈斑层的形成。锈斑层出现的层位因地下水位高低而有所不同，一般在40—50cm深处大量形成，当夏季地下水位在1m以内时，在表层以下便可见到锈斑。在剖面下部经常受到地下水影响的土层形成青灰色的潜育层。

沼泽土占那曲市地域面积的5%，主要分布在排水不畅的河漫滩低地、扇缘洼地和湖盆洼地，在本市东南河谷、中部的宽谷以及西部的湖区均有零星分布。沼泽土是隐域性水成土壤，其形成与发育跟土壤长期处在饱和或过饱和状况密切相关。排水不畅的河湖滩地，汇集、滞留季节性降水和暂时性地表径流，或地下水位高以至溢出地表并较长期积潴于地面的水文地质条件和高寒地区普遍存在的冻土层对土壤上层水分下渗的阻隔等，是本地区大部分沼泽土形成的原因。在这种潮湿的生态环境中，大多生长着大嵩草、苔草、眼子菜和毛茛等中生湿生和沼生植物，盖度为80%—90%。其主要成土过程包括：有机质草毡腐殖质、泥炭腐殖质的积累和潜育化过程。由于嫌气环境不利于土壤微生物活动，大量死亡残体只有小部分分解，大多以未分解或部分腐殖质化的植物残体累积于土体上部，形成暗灰色或褐灰色的泥炭层，厚度不超过50cm，上为20cm左右厚的、由致密的植物活体与残体组成的丘状草墩，下为20cm左右厚、分解较弱的植物残体部分。整个泥炭层具有弹性。沼泽化强度弱的，则形成腐殖质沼泽土，剖面可分出草根层、泥炭化腐殖质层和潜育层，草根层厚5—10cm，泥炭化腐殖质层厚约20cm。沼泽化过强的，则形成泥炭沼泽土，泥炭层厚度可接近50cm。沼泽土在发生泥炭累积的同时，土壤下部亦因长期处在饱和水的浸渍环境中而发生潜育过程，土壤中嫌气微生物的活动使铁、锰等的氧化物处于还原状态，从而形成具有青灰或蓝灰色的潜育层。

小于本市地域面积3%的土壤类型还有粗骨土、寒钙土和新积土等。

本区域中心区气候特征

本区域中心区气候特征值
Regional climate characteristics in central area of the region

气候带：高原亚寒带亚湿润气候 Climate region: Plateau sub frigid sub humid climate	
年平均气温 /℃ Annual average temperature /℃	3.7
年平均最高气温 /℃ Annual average maximum temperature /℃	11.8
年平均最低气温 /℃ Annual average minimum temperature /℃	-3.0
年降水量 /mm Annual precipitation /mm	409
≥10℃的积温 /℃ Daily temperature accumulated in a year (≥10℃) /℃	2392
年日照时数 /h Annual sunshine /h	2874
年平均相对湿度 /% Annual average relative humidity /%	50
干燥度 Dryness	2.80

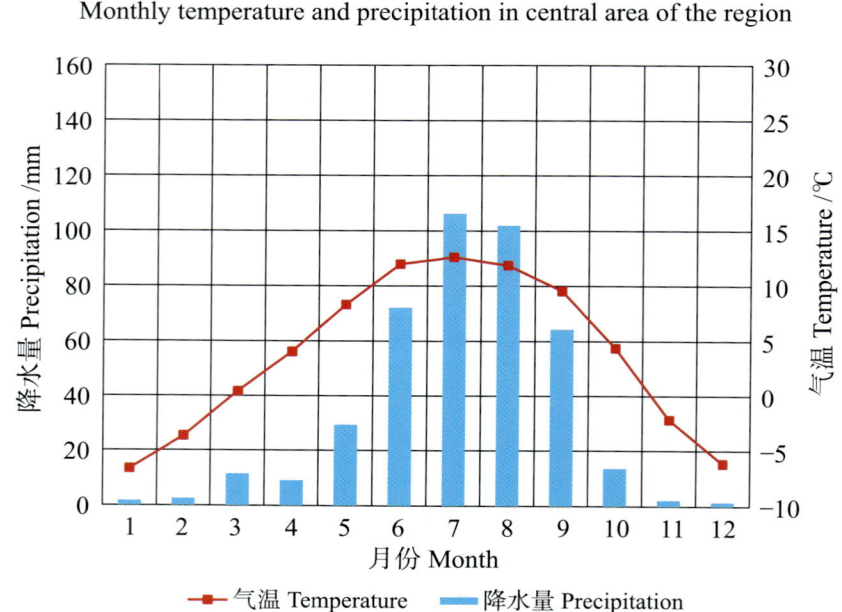

本区域中心区月平均气温与月平均降水量
Monthly temperature and precipitation in central area of the region

那曲市市辖区主要土壤类型与土壤剖面点分布图

1 : 670 000

图例

- 草毡土
- 寒冻土
- 草甸土
- 沼泽土
- 粗骨土
- 寒钙土
- 新积土
- ⊗ 剖面点

注：本图界线不作为实地划界依据。

第二编　分县土壤图与土壤剖面数据 | 273

那曲市土壤剖面理化性状表

剖面号 Soil profile	土纲 Soil order	土类 Soil great group	亚类 Soil subgroup	土属 Soil genus	土层码 Layer code	土层厚度 Depth/cm	颜色 Soil color	质地 Soil texture	土壤结构 Soil structure	pH	有机质 OM/(g/kg)	全氮 TN/(g/kg)	全磷 TP/(g/kg)	全钾 TK/(g/kg)	碱解氮 AN/(mg/kg)	有效磷 AP/(mg/kg)	速效钾 AK/(mg/kg)	阳离子交换量CEC/(cmol/kg)	土壤母质 Parent material	剖面点坐标 Profile coordinate	匹配指数 Matching index/%
剖1	水成土	沼泽土	泥炭沼泽土		1	0—7	暗棕色	中壤土	团粒状	8.0	215.2	>6.00	2.27	18.6	>400	24.0	164	39.7	洪积物、冲积物	E 92°32′31.6″ N 31°39′41.8″	95
					2	7—20	棕色	轻壤土	屑粒状	8.2	171.7	>6.00	2.36	19.2	>400	26.0	208	37.5			
					3	20—25	暗棕色	轻壤土	屑粒状	8.1	>250.0	>6.00	2.75	16.2							
					4	25—50	灰棕色	砂壤土	无明显结构	8.5	40.7	2.13	1.47	21.6							
					5	50—78	黄棕色	砂壤土	无明显结构	8.5	9.2	0.62	1.17	21.6							
剖2	高山土	草毡土	薄草毡土	洪冲积砾质薄草毡土	1	0—8	暗棕色	轻壤土	屑粒状	8.0	53.0	2.50	>4.00	20.4	190	8.0	260	10.8	洪积物、冲积物	E 91°30′25.2″ N 31°35′41.6″	73
					2	8—20	棕色	轻壤土	屑粒状	8.2	29.1	1.47	0.80	21.0	118	4.0	146	7.9			
					3	20—35	淡黄棕色	轻壤土	核状	8.4	21.7	1.46	0.93	19.9							
					4	35—100	淡黄棕色	轻壤土	块状	8.7	11.6	0.83	0.72	19.8							
剖3	高山土	草毡土	薄草毡土	洪冲积泥砾质薄草毡土	As	0—8	棕色	重砾质砂壤土	屑粒状	7.7	29.1	1.49	0.80	21.0	118	4.0	146	7.9		E 91°35′01.7″ N 31°33′24.1″	83
					A	8—20	黄黄棕色	重砾质砂质黏壤土	块状	7.9	21.7	1.41	0.93	19.9							
					AC	20—35	亮黄棕色	重砾质砂质黏壤土	块状	8.2	11.6	0.70	0.72	19.8							
					Ck	35—100															
剖4	高山土	草毡土			1	0—10	暗棕色	轻壤土	屑粒状	7.0	68.7	3.68	1.15	22.2	270	6.0	91	19.4	残积物、坡积物	E 92°20′06.4″ N 31°31′17.0″	74
					2	10—22	棕色	中壤土	屑粒状	7.4	39.0	1.86	1.08	21.5	156	3.0		17.1			
					3	22—44	棕色	砂壤土	片状	8.0	34.3	1.62	1.07	21.6							
					4	44—76	黄棕色	砂土	无明显结构	8.4	4.7	0.46	0.49	21.6							
剖5	高山土	草毡土	湿草毡土		As	0—22	灰棕色	重砾质砂壤土	块状	7.5	203.7	>6.00	1.06	13.1	>400	5.0	148	49.8		E 91°57′15.1″ N 31°29′34.4″	76
					Au	22—38	棕灰色	重砾质黏壤土	块状	7.0	105.3	4.10	0.79	14.7	381	4.0	100	34.4			
					ACu	38—61	灰灰棕色	重砾质砂质黏壤土	块状	7.0	52.7	2.25	0.89	15.6	246	3.0	76	25.0			
					Cu	61—80															
剖6	高山土	寒钙土	寒钙土		1	0—8	灰棕褐色	多砾石沙土	屑粒状	8.7	11.9	0.72	0.79	14.4	52	4.0	90	10.8	洪积物、冲积物	E 91°34′55.2″ N 31°27′00.4″	76
					2	8—32	灰棕色	多砾石沙土	无明显结构	8.9	4.4	0.24	0.64	13.4	17	1.0	52	7.8			
					3	32—45	淡棕褐色	砂砾石土	无明显结构	8.9	4.8	0.23	0.72	13.4							
					4	45—60	淡棕褐色		无明显结构	8.9	5.9	0.35	0.68	17.6							
剖7	高山土	草毡土	薄草毡土		1	0—5	棕褐色	轻壤土	屑粒状	8.1	41.9	1.98	0.92	17.6	340	9.0	235	14.3	洪积物、冲积物	E 91°55′01.2″ N 31°25′50.5″	76
					2	5—17	淡棕褐色	砂壤土	碎块状	8.2	39.6	2.39	0.94	21.0	199	6.0	105	18.8			
					3	17—35	棕褐色	轻壤土	碎块状	8.5	18.3	1.26	0.96	19.4							
剖8	高山土	草毡土	薄草毡土		1	0—10	淡棕褐色	重壤土	屑粒状	8.0	26.7	2.51	0.67	14.6	106	5.0	121	10.5	残积物、坡积物	E 91°29′20.4″ N 31°23′09.6″	74
					2	10—25	淡棕褐色	砂壤土	屑粒状	8.2	16.9	0.86	0.77	17.2	75	2.0	67	10.7			
					3	25—42	棕褐色	砂壤土	碎块状	8.4	12.5	0.80	0.72	18.2							
					4	42—56	棕褐色	砂壤土	碎块状	8.5	8.6	0.64	0.81	20.0							
					5	56—67	褐色	轻壤土	细粒状	8.5	6.5	0.63	0.79	23.4							
剖9	高山土	草毡土	草毡土		1	0—6	淡褐色	砂壤土	细粒状	7.0	55.3	2.38	0.74	21.2	207	6.0	190	7.4	洪积物、冲积物	E 92°11′49.9″ N 31°22′07.7″	74
					2	6—21	淡棕褐色	轻壤土	棱块状	7.2	26.8	1.33	0.71	20.8	117	2.0	84	5.9			
					3	21—32	淡棕褐色	轻壤土	棱块状	8.1	14.6	1.05	0.59	22.0							
					4	32—74	淡棕褐色	重壤土	块块状	8.6	6.1	0.80	1.87	26.4							
剖10	高山土	草毡土	湿草毡土		1	0—5	褐灰色	轻壤土	粒状	5.9	162.3	>6.00	1.46	31.2	>400	11.0	305	22.7	坡积物	E 92°34′03.4″ N 31°22′06.6″	74
					2	5—36	赤褐色	重壤土	碎块状	5.7	86.7	3.98	1.01	27.4	389	2.0	87	17.4			
					3	36—44	灰灰褐色	重壤土	碎块状	6.3	31.0	1.85	1.02	21.6							
					4	44—76	灰白色	重壤土	碎块状	7.0	10.9	1.05		24.0							

续表 Continued

剖面号 Soil profile	土纲 Soil order	土类 Soil great group	亚类 Soil subgroup	土属 Soil genus	土层码 Layer code	土层厚度 Depth/cm	颜色 Soil color	质地 Soil texture	土壤结构 Soil structure	pH	有机质 OM/(g/kg)	全氮 TN/(g/kg)	全磷 TP/(g/kg)	全钾 TK/(g/kg)	碱解氮 AN/(mg/kg)	有效磷 AP/(mg/kg)	速效钾 AK/(mg/kg)	阳离子交换量CEC/(cmol/kg)	土壤母质 Parent material	剖面点坐标 Profile coordinate	匹配指数 Matching index/%
剖11	高山土	寒钙土	暗寒钙土		1	0—8	灰褐色	砂壤土	屑粒状										残积物、坡积物	E 91°33′21.6″ N 31°18′33.8″	71
					2	8—20	灰褐色	砂壤土	碎粒状												
					3	20—41	淡灰褐色	砂壤土	碎块状												
					4	41—55	淡灰褐色	砂壤土	碎块状												
剖12	高山土	草毡土			1	0—6	褐色	砂壤土	屑粒状	6.4	110.6	4.58	1.61	17.0	387	5.0	145	17.2	洪积物、冲积物	E 92°41′51.4″ N 31°18′15.8″	87
					2	6—22	褐色	砂壤土	屑粒状	6.4	64.0	3.30	1.62	16.8	305	5.0	113	13.4			
					3	22—36	褐色	砂壤土	屑粒状	6.8	41.8	2.06	1.59	16.8							
					4	36—60	灰褐色	砾石土		7.2	8.1	0.68	1.20	18.4							
剖13	高山土	寒钙土	暗寒钙土	洪冲积壤质暗寒钙土	1	0—7	淡棕褐色	砂壤土	屑粒状										砾质洪积物、冲积物	E 91°15′20.9″ N 31°17′04.9″	73
					2	7—20	淡棕褐色	砂壤土	碎块状												
					3	20—50	淡棕褐色	砂壤土	碎块状												
剖14	高山土	草毡土			As	0—6	油棕色	砾质砂壤土	屑粒状	6.4	64.0	3.33	0.70	13.9	305	5.0	112	13.4		E 92°35′27.6″ N 31°16′49.4″	95
					A	6—22	亮棕色	砾质黏壤土	碎块状	6.8	41.9	2.06	0.69	13.9							
					AC	22—36	灰棕色	块土	块状	7.2	8.1	0.68	0.52	15.3							
					C	36—60		砾质砂壤土													
剖15	半水成土	草甸土	盐化草甸土		1	0—7	棕灰色	砂土	无明显结构										湖积物	E 91°31′29.3″ N 31°16′18.1″	75
					2	7—15	灰色	砂土	无明显结构												
					3	15—30	棕灰色	砂土	无明显结构												
					4	30—45	棕灰色	砂土													
剖16	水成土	沼泽土	泥炭沼泽土		1	0—18	暗棕色	中壤土	屑粒状	7.5	>250.0	>6.00	2.09	18.0	>400	59.0	428	44.0	湖积物	E 91°32′47.0″ N 31°14′15.0″	74
					2	18—38	暗棕色	中壤土	屑粒状	6.9	>250.0	>6.00	1.49	20.2	>400	25.0	202	44.3			
					3	38—60	暗棕色	砂壤土	屑粒状	6.7	183.9	>6.00	1.36	21.8							
					4	60—90	蓝黑色	重壤土	无明显结构	6.4	180.3	5.80	0.96	23.8							
剖17	高山土	草毡土			1	0—15	淡棕色	砂壤土	粒状	7.1	73.9	3.32	1.49	17.2	346	9.0	235	14.9	残积物、坡积物	E 92°27′51.8″ N 31°12′23.4″	87
					2	15—35	褐棕色	砂壤土	粒状	7.1	47.1	2.16	1.42	18.0	209	5.0	79	15.5			
					3	35—57	淡黄棕色	砾石土	块状	7.9	7.6	0.91	1.20	18.0							
					4	57—75	淡黄棕色	重壤土	粒状	7.9	9.9	0.94	1.36	23.8							
剖18	高山土	草甸土	湿草甸土		1	0—8	棕黑色	轻壤土	无明显结构										洪积物、冲积物	E 92°23′09.6″ N 31°11′45.2″	76
					2	8—34	棕黑色	轻壤土	块状												
					3	34—50	灰色	中壤土	屑粒状												
					4	50—74	灰色	砂壤土	屑粒状												
剖19	水成土	沼泽土	草甸沼泽土		1	0—14	暗棕色	砂壤土	片状										洪积物、冲积物	E 91°56′32.6″ N 31°11′25.1″	89
					2	14—30	暗棕色	砂壤土	片状												
					3	30—50	灰黑色	砂壤土	无明显结构												
					4	50—	蓝灰色	砂土													
剖20	高山土	草毡土			1	0—12	暗棕色	砂壤土	屑粒状	7.3	75.6	3.30	0.98	24.2	>400	10.0	146	18.8	残积物、坡积物	E 91°49′30.0″ N 31°06′30.2″	74
					2	12—25	暗棕色	砂壤土	碎粒状	7.5	53.0	2.49	1.06	36.2	176	4.0	100	16.6			
					3	25—35	淡黄棕色	砂壤土	碎块状	7.6	28.8	1.48	0.90	26.6							
					4	35—50	棕黄色	砂土	片状	7.9	7.0	0.34	0.45	26.2							
剖21	高山土	草毡土			1	0—14	黄褐色	砂壤土	屑粒状	7.5	45.4	2.38	1.17	29.2	207	9.0	188	13.2	冰碛物	E 91°34′38.6″ N 30°55′59.2″	87
					2	14—28	黄橙色	轻壤土	碎块状	8.0	18.6	1.10	1.03	31.6	113	3.0	81	11.9			
					3	28—50	黄橙色	轻壤土	碎块状	8.5	10.1	0.51	0.98	34.4							
					4	50—65	黄橙色	砂壤土	碎块状	8.5	7.0	0.37	1.02	33.8							
					5	65—80	黄橙色	砂土		8.7	4.7	0.21	1.90	32.8							

续表 Continued

剖面号 Soil profile	土纲 Soil order	土类 Soil great group	亚类 Soil subgroup	土属 Soil genus	土层码 Layer code	土层厚度 Depth/cm	颜色 Soil color	质地 Soil texture	土壤结构 Soil structure	pH	有机质 OM/(g/kg)	全氮 TN/(g/kg)	全磷 TP/(g/kg)	全钾 TK/(g/kg)	碱解氮 AN/(mg/kg)	有效磷 AP/(mg/kg)	速效钾 AK/(mg/kg)	阳离子交换量CEC/(cmol/kg)	土壤母质 Parent material	剖面点坐标 Profile coordinate	匹配指数 Matching index/%
剖22	高山土	寒冻土	寒冻土		1	0—3	淡棕色	多砾石砂土	无明显结构	7.4	2.9	0.13	0.36	9.1	15	3.0	12	<2.0	残积物、坡积物	E 91°52′56.3″ N 30°48′00.0″	71
					2	3—38	褐色	轻壤土	微片状	7.0	9.4	0.51	1.10	17.1	63	14.0	26	3.3			
					3	38—59	淡黄色	砾石土	无明显结构	7.0	2.3	0.14	0.41	8.5							
					4	59—		砾石土	无明显结构												

嘉 黎 县

主要土类说明

草毡土是嘉黎县主要土壤类型，占本县地域面积的48%。草毡土广泛分布于本县西部、北部各区的高原面上和山地中，分布上界线是海拔5200m，上接寒冻土，而其下界线为河谷中近河洼地等隐域性的草甸土、沼泽土等土壤类型。草毡土通常发育在藏北高原东部高原亚寒半湿润的环境条件下，气候寒冷而较湿润，土壤夜冻昼融现象显著，土壤冻结期长，因而植被生长期短，生长也缓慢，地上部植株矮小，株高2—5cm，但地下部根系发达，强大的根系多互相交织成毡状，具有一定的韧性和弹性。草毡土的成土母质为酸性岩类、页岩类残积物和坡积物及砂岩等，此外还有洪积物、冲积物、冰碛物，主要分布于河流两岸阶地上。草毡土成土过程的主要特点是有明显的腐殖质积累作用和氧化还原作用过程。由于地处高山，土壤冻结时间长达半年（11月至翌年4月），加之冻层中的腐殖酸活性大，二者共同作用，在草毡层之下形成暗色土层。草毡土的剖面中都发育有草毡层、腐殖质暗色层和母质层，各层分化明显。草毡层一般厚度范围为7—15cm，个别高山湿草甸土草毡层可厚达20cm，呈暗棕色，多植物根系交织缠绕。其下部的腐殖质暗色层，一般厚度为10—20cm，呈暗棕色，植物根系较少，此土层砾石含量一般高于草毡层，有机质含量则低于草毡层。向下为过渡层和母质层，质地粗，砾石含量大，颜色较上两层都浅淡，呈淡棕色或黄棕色，植物根系更少。

寒冻土是嘉黎县第二大土壤类型，占本县地域面积的30%。在本县作为垂直地带性土壤而出现在草毡土以上、雪线以下部位。寒冻土是脱离冰川和永久积雪影响最晚、成土年龄最短的一种土壤，所分布处地形是海拔高的山顶部位，多在海拔5200m以上，其上部接永久性积雪，稍下部位岩屑堆积和冻融石流广泛分布，地势高亢，气候严寒，风大。植物种类稀少，只有一些耐寒的地衣类、垫状蚤缀、红景天、雪莲和绿绒蒿等生长在岩块缝隙中，盖度仅为1%—2%甚至更低。极少见动物及其活动。寒冻土成土母质为各类岩性的残积物、坡积物，如花岗岩、砂岩、页岩等的残积物、坡积物。土壤中有机质的累积和分解都极其缓慢微弱，对寒冻土的成土所起作用微小。同时，由于容易遭到冰雪融水、风、重力等多种因素的侵蚀而经常中断成土过程，致使其成土过程难以继承和发展。由于受低温影响，土壤底层常年冻结，仅夏季土表层夜冻昼融交替进行，这对寒冻土影响较深。土壤以物理风化占主导地位，因土壤温度低，土壤微生物数量少，活动弱，生物化学风化作用微弱。土层浅薄，地表多角状碎石，土壤粗骨性强，少量细土粒随融水聚积在岩石缝隙中，地表常因频繁交替的冻融形成砾幂，土层内具不明显的层片状结构；夏日表土层的夜冻昼融使氧化还原频繁交替，低价铁、锰被氧化成高价氧化物，沉积于土壤结构面上，表土层常见锈纹锈斑；底土层因水分状况好，且长年处于冰冻还原状态，低价铁、锰氧化物将底土层染成灰棕色，表现为潜育化特征。土壤剖面发育不明显，为A–C构型，腐殖质层（A层）发育差，植物根系极少，颜色为浅灰色，有潜育现象出现，呈半冻结状态，为层片状结构。土壤通体质地粗，且上层粗于下层，剖面总厚度10—30cm或更厚些。

黑毡土是嘉黎县第三大土壤类型，占本县地域面积的10%。黑毡土分布于本县东南部和西南部，位于林线之上，草毡土之下海拔4200—4800m地带，主要分布于阿扎镇、绒多乡等地。分布区气候较温暖湿润，温度条件也好于草毡土，土壤的冻融作用不明显。成土母质主要为各类岩性的残积物、坡积物、冲积物和洪积物等。地表植被种类较多，主要有小嵩草、苔草、委陵菜和其他杂草，不同高度层次还出现大叶杜鹃、高山柳、三棵针、金露梅和锦鸡儿等灌丛。黑毡土成土过程具有明显的腐殖质积累作用和氧化还原作用。黑毡土剖面表层为草毡层，厚度为10cm左右，颜色暗棕，多根系，剖面第二层为腐殖质层，厚15cm左右，棕黑色，根系较少，屑粒状结构，稍紧。向下为过渡层和母质层，为淡棕色或黄棕色，较紧，根系极少。全剖面无石灰反应，各层土壤中均含少量砾石，土体较湿润，通体潮或上润下潮。一般残积物、坡积土壤土层厚40—70cm，洪冲积土壤土层深厚。

沼泽土占嘉黎县地域面积的5%，主要分布于本县北部高原宽谷区的各乡镇，所处位置为高原宽谷的底部，汇集了周围山上的降水和融化的冰雪水，造成局部水分条件过湿而发育的隐域土壤。沼泽土的发育形成与土壤水分长期处于饱和或过饱和状态密切相关。沼泽土一般多发育在冲积、洪冲积母质上，分布于河流两岸近水洼地、洪冲积扇扇缘部位，有地下水出露；地表植被以大嵩草、苔草为主，间有毛茛、眼子草和蓼等杂草，盖度在 98% 以上。沼泽土的成土过程主要表现在有机质积累和铁、锰氧化还原两个方面。沼泽土植被生长繁茂，根系发达，所以每年都有大量的植物残体进入土壤中，尤其是以死亡根系的形态进入土壤中的数量占很大比例，因常年过湿的嫌气条件，加上藏北高原热量条件不足，土壤微生物数量少、活动微弱，植物残体分解缓慢而不彻底，以原形或半分解状态积累于土壤中，腐殖化程度低，有机质的积累主要集中于土体上部。根据水分条件等成土条件的差异，土壤有机质积累形式主要有泥炭层、腐殖质土层或腐殖质草根层，发育形成了不同亚类沼泽土。土壤全剖面长期处于饱和的水分状况下，发生潜育过程，在嫌气环境中，土壤中的铁、锰高价氧化物还原为低价氧化物，将土层染为蓝灰色，形成潜育灰蓝层。有时因为季节性的水位升降，上层土壤有时会交替出现氧化还原环境，而使部分低价铁、锰氧化物重新被氧化，潜育层内有时也会出现锈纹锈斑。地表常有沼泽坑分布，依亚类不同，沼泽土的剖面形态各不相同，本县的沼泽土有两种剖面形态，一是表层为厚度小于 50cm 泥炭层，在此以下为潜育层；二是表层水分条件较差，形成腐殖质土层，下为潜育层。

小于本县地域面积 3% 的土壤类型还有暗棕壤和草甸土等。

本区域中心区气候特征

本区域中心区气候特征值
Regional climate characteristics in central area of the region

气候带：高原亚寒带亚湿润气候 Climate region: Plateau sub frigid sub humid climate	
年平均气温 /℃ Annual average temperature /℃	4.3
年平均最高气温 /℃ Annual average maximum temperature /℃	12.3
年平均最低气温 /℃ Annual average minimum temperature /℃	−2.2
年降水量 /mm Annual precipitation /mm	440
≥10℃的积温 /℃ Daily temperature accumulated in a year（≥10℃）/℃	2371
年日照时数 /h Annual sunshine /h	2796
年平均相对湿度 /% Annual average relative humidity /%	51
干燥度 Dryness	1.97

本区域中心区月平均气温与月平均降水量
Monthly temperature and precipitation in central area of the region

嘉黎县主要土壤类型与土壤剖面点分布图

1∶760 000

图 例

草毡土	暗棕壤	⊗ 剖面点
寒冻土	草甸土	
黑毡土		
沼泽土		

注：本图界线不作为实地划界依据。

第二编 分县土壤图与土壤剖面数据 | 279

嘉黎县土壤剖面理化性状表

剖面号 Soil profile	土纲 Soil order	土类 Soil great group	亚类 Soil subgroup	土属 Soil genus	土层码 Layer code	土层厚度/ Depth/cm	颜色 Soil color	质地 Soil texture	土壤结构 Soil structure	pH	有机质 OM/ (g/kg)	全氮 TN/ (g/kg)	全磷 TP/ (g/kg)	全钾 TK/ (g/kg)	碱解氮 AN/ (mg/kg)	有效磷 AP/ (mg/kg)	速效钾 AK/ (mg/kg)	阳离子交换量CEC/ (cmol/kg)	土壤母质 Parent material	剖面点坐标 Profile coordinate	匹配指数 Matching index/%
剖1	高山土	草毡土	草毡土	冰砾泥质草毡土	1	0–10	棕色	轻壤土		6.8	129.2	5.07	2.05	24.4				21.9	残积物、坡积物	E 92°55′54.5″ N 31°10′10.6″	74
					2	10–20	黄棕色	中壤土	粒状	6.4	77.2	3.22	1.75	25.0				17.5			
					3	20–30	黄棕色	轻壤土	粒状	6.6	22.0	1.04	1.03	27.4							
					4	30–45	棕黄色	砂土		6.8	8.8	0.46	0.64	28.0							
					5	45–70	棕黄色	砾石土		6.9	4.7	0.34	0.65	27.8							
剖2	水成土	沼泽土	泥炭沼泽土		1	0–10	棕色			5.7	>250.0	>6.00	2.66	16.1				32.4	洪积物、冲积物	E 92°53′24.4″ N 31°04′29.3″	95
					2	10–25	淡棕色			5.7	233.5	>6.00	1.83	20.6				21.0			
					3	25–40	灰棕色	中壤土		5.6	182.9	5.61	1.42	23.6							
					4	40–85	灰蓝色	重壤土		4.9	105.9	3.52	1.06	24.7							
剖3	高山土	寒冻土	寒冻土		1	0–5	棕灰色	砾石土		7.2	5.9	0.59	1.36	33.9				7.8	残积物、坡积物	E 92°44′06.0″ N 31°03′08.3″	71
					2	5–40	棕灰色	砂质砂壤土		7.3	5.5	0.51	0.17	29.0				8.2			
					3	40–55	棕灰色	砂壤土		7.2	6.3	>6.00	0.14	34.2							
					4	55–75	棕灰色	砾石土													
剖4	高山土	草毡土	草毡土		As	0–10	棕灰色	重砾质砂壤土	屑粒状	6.4	77.2	3.22	0.76	25.0	284	4.0		17.5	残积物、坡积物	E 92°46′13.4″ N 31°00′29.2″	78
					A	10–20	黄棕色	重砾质砂质斜壤土	块状	6.6	22.0	1.04	0.45	27.4							
					AC	20–30	黄棕色	砾质砂壤土	块状	6.8	8.8	0.46	0.28	28.0							
					C_1	30–45	亮黄棕色	砾质砂壤土		7.0	8.0	0.61	0.28	24.6							
					C_2	45–70	亮黄棕色			6.9	4.7	0.34									
剖5	高山土	草毡土	草毡土	冰砾泥质草毡土	As	0–7	灰黄棕色	砂壤土	无明显结构	7.0	59.6	2.42	1.56	37.8				22.3	洪积物、冲积物	E 92°58′58.1″ N 30°56′50.6″	95
					A	7–18	灰黄棕色	砂壤土	无明显结构	5.2	34.3	1.50	1.21	39.9				6.8			
					AC	18–32	亮黄棕色	砂壤土	无明显结构	5.6	16.1	0.78	1.07	39.5							
					C	32–50	暗棕色	砂壤土	屑粒状	6.4	219.5	>6.00	2.59	23.6	143	11.0	173	33.6			
剖6	水成土	沼泽土	草甸沼泽土		2	0–14	灰棕色	砂壤土	屑粒状	6.2	51.6	1.90	1.63	30.6			117	14.2	坡积物	E 92°42′47.5″ N 30°55′31.8″	74
					3	14–41	蓝灰色	砂壤土	屑粒状	6.3	51.6	1.69	1.48	33.2							
剖7	高山土	草毡土	湿草毡土		1	0–14	暗棕色	轻壤土	屑粒状	6.0	121.1	4.57	1.97	26.8				21.0	冲积物	E 93°23′54.2″ N 30°51′33.5″	73
					2	14–26	黑棕色	砂壤土	屑粒状	6.2	83.2	3.26	2.05	28.5				18.5			
					3	26–41	灰棕色	砂壤土	粒状	6.0	45.2	1.41	1.98	31.5							
剖8	高山土	黑毡土	黑毡土		4	41–90	灰棕色	轻壤土	碎块状	6.2	14.0	0.65	1.12	34.0							
					1	0–14	暗棕色	轻壤土	屑粒状	6.1	128.4	5.64	1.98	27.0				23.3	残积物、坡积物	E 93°24′23.8″ N 30°46′46.9″	73
					2	14–24	暗棕色	砂壤土	屑粒状	5.8	51.4	2.52	1.49	28.9				10.9			
					3	24–43	淡棕色	砂壤土	无明显结构	5.9	27.8	0.94	0.89	35.3							
					4	43–76	灰黄棕色	砾石土	屑粒状	6.5	28.5	1.51	0.90	37.1							
剖9	高山土	黑毡土	黑毡土		1	0–6	棕色	轻壤土	屑粒状	5.8	138.4	4.73	1.78	30.5				16.3	残积物、坡积物	E 93°06′56.2″ N 30°38′39.1″	72
					2	6–25	灰棕色	砂壤土	粒状	5.9	42.6	1.44	1.12	38.4				5.0			
					3	25–34	棕黄色	砾石土	粒状	6.0	14.0	0.60	0.78	>40.0							
剖10	高山土	草毡土	棕草毡土		1	0–7	棕色	中壤土	粒状	5.5	130.8	4.52	2.04	30.1				16.4	残积物、坡积物	E 93°27′38.9″ N 30°35′56.4″	72
剖11	高山土	黑毡土	棕黑毡土		2	7–24	暗棕色	中壤土	粒状	5.8	31.4	1.11	1.20	38.0							
					3	24–42	暗黄棕色	砂土		5.9	26.5	0.97	1.12	34.2							
					4	42–65	黄棕色	砂土		5.4	7.8	0.28	0.73	38.0							

续表 Continued

剖面号 Soil profile	土纲 Soil order	土类 Soil great group	亚类 Soil subgroup	土属 Soil genus	土层码 Layer code	土层厚度 Depth/cm	颜色 Soil color	质地 Soil texture	土壤结构 Soil structure	pH	有机质 OM/(g/kg)	全氮 TN/(g/kg)	全磷 TP/(g/kg)	全钾 TK/(g/kg)	碱解氮 AN/(mg/kg)	有效磷 AP/(mg/kg)	速效钾 AK/(mg/kg)	阳离子交换量 CEC/(cmol/kg)	土壤母质 Parent material	剖面点坐标 Profile coordinate	匹配指数 Matching index/%
剖12	高山土	黑毡土	棕黑毡土		1	0—8	暗棕色	轻壤土	屑粒状	6.0	179.4	>6.00	1.90	28.8				33.3	残积物、坡积物	E 93°35′37.7″ N 30°34′39.0″	71
					2	8—27	灰棕色	轻壤土	屑粒状	5.9	34.9	1.43	1.36	34.0				8.9			
					3	27—43	黄棕色	砂壤土	屑粒状	5.7	6.1	0.36	1.11	35.3							
剖13	高山土	草毡土	草毡土		1	0—16	棕色	轻壤土	屑粒状	6.2	89.4	3.32	1.88	25.3				18.3	洪积物、冲积物	E 92°30′41.4″ N 30°25′58.4″	74
					2	16—34	暗棕色	轻壤土	屑粒状	6.2	61.4	2.54	2.23	26.6				14.8			
					3	34—98	灰黄色	砂壤土	屑粒状	6.4	21.0	0.91	1.34	29.7							

比 如 县

主要土类说明

草毡土是比如县主要土壤类型，占本县地域面积的56%，以县内西北部较为集中。草毡土分布区较寒冷半湿润，土壤冻结期长。生长的植被为高寒草甸植被，主要有莎草科的苔草和小嵩草等。植被低矮，一般仅3—5cm，盖度为30%—90%。鲜草产量低，但可利用率高，可利用率达70%以上。在山地阴坡出现小叶杜鹃、鬼箭愁等灌丛植被，向高山灌丛草甸植被演化，其鲜草产量增加，但可利用率降低。土壤草毡层发育良好，根系发达，多紧实富弹性。草毡土的母质，在本县东南地区为砂板岩、砂砾岩、砂页岩、石灰岩、花岗岩和闪长岩等的残积物、坡积物；在本县西北部除有红色岩系的残积物、坡积物外，尚有河谷、盆地和台地上的冲积物、洪积物和冰碛物。残积物、坡积物母质上层多为30—40cm的少砾质壤土，下部多为含砾或砾石土多的风化层、半风化层。洪冲积、冲积母质二元结构明显，上部一般为含砾壤土，下部为有高磨圆度卵石层。洪积物母质的洪积扇上部粗、多砾石土，下部细、多含砾壤土。冰碛母质表土较薄，地表大小砾石散布，尚有直径大于1cm的漂砾，而底土泥沙、砾石混杂。在高原寒冷较湿、高寒草甸草毡层十分发育的条件下，土壤周期性冻融交替，草毡土的成土过程表现为草毡腐殖质积累和表土冻融氧化还原作用过程。在温暖湿润的夏半年，草甸植物生长旺盛，植物残体进入土壤，但由于草毡层根系盘结交织，吸水性强，通气不良，限制了有机物质的分解；在干旱的冬半年，土壤冻结期长，微生物活动微弱，有机物质分解更差。因此，剖面上部多以根系原形或半分解的形态累积起来，形成毡状草皮层。同时，由于土壤处于较长时期的干旱与夏秋短期湿润交替的状态，夜冻昼融而水分上下移动频繁，为成土物质的低温氧化与短暂还原过程的进行创造了条件。草毡土的草毡层、腐殖质层和母质层分化明显。草毡层厚为7—18cm，呈暗灰棕色至棕黑色，根系交织盘结、紧实、富有弹性和韧性，有机质含量为5.8%—20.9%。草毡层之下为暗棕色的腐殖质层，根系显著减少，有机质含量降低，为3%—10%，粒状结构发育，比较疏松。向下过渡到母岩层，呈黄棕色或灰黄棕色，有机质含量更低，颗粒粗，多为含碎石的砾石土，无结构。随着草毡土分布海拔的升高，在向寒冻土过渡地段，植被变稀，草毡层变薄，腐殖质变浅变淡，土壤逐步向原始草毡土过渡；当草毡土向山地阴坡过渡时，植被灌丛增多，草毡层变薄，有机质层变深，土壤向高山灌丛草甸土演化。草毡土的有机质含量、氮素含量、阳离子交换量均偏高，磷、钾含量亦较高。微量元素铁、锰含量偏高，铜、锌含量则偏低，pH为中性，碳酸钙含量较低。草毡土颗粒偏粗，砾、砂含量高，黏粒含量低，反映其发育程度较低。

寒冻土是比如县第二大土壤类型，占本县地域面积的20%，主要分布于高山雪线以下或冰缘外围的高海拔段，分布海拔多为5100—5300m，以本县南部、中部杰曲河流地区和怒江两岸的高海拔地区分布最为集中。寒冻土是土壤垂直分布位置最高的土壤，也是脱离冰川和永久积雪影响最晚、成土年龄最短的土类。气候高寒、植被极稀是寒冻土的主要生态条件。在此严寒条件下，冻融作用、物理风化作用强烈，岩石风化以物理崩解为主，次生黏土矿物的生成和移动极弱，流石坡、倒石堆十分发育，而生物化学风化作用微弱。在低温条件控制下，一般高等植被难于生长，仅生长一些耐寒、耐瘠薄的低等植被，如红景天、风毛菊、雪莲和一些贴伏于岩块、砾石生长的地衣等，植被盖度不足5%，鲜草产量极低。土壤有机质的积累极受限制。土壤母质为砂板岩、砂页岩、灰岩和花岗岩为主的残积物和坡积物。在强烈物理崩解的条件下，土壤母质颗粒粗、石块多，细黏颗粒少，并多以岩屑坡、石海形式出现。在高寒、稀植被、粗母质的成土条件下，寒冻土进行着弱生草粗腐殖质积累和冻融碎屑氧化还原成土过程。受弱生草粗腐殖质积累作用，土壤有机质积累量很少，寒冻土土色呈浅灰棕色。在冻融碎屑氧化还原作用下，土壤表层砾石含量在70%以上，砾石以3—5cm粒径为多，而物理性黏粒含量不足3%。土壤质地多为重砾石土。有些剖面在表层或亚表层出现融冻，形成结皮和氧化还原形成的锈纹斑。寒冻土有机质含量低，多不足1%，其他养分含量亦不高。土壤颗粒的粗骨性十分明显。

黑毡土是比如县第三大土壤类型，占本县地域面积的16%，广泛分布于本县南部的谷缘山地和河谷。分布区气候比东南部冷干，比西北部要温湿，属较温凉半湿润气候。植被类型为亚高山草甸植被，植物组成较丰富，双子叶杂草增多，季节变化分明，层次比较明显，盖度为65%—95%，其草根层发育，交织成富弹性、较紧实的草毡层。黑毡土分布区所处位置为高山峡谷区的河谷和山地的中下部，包括河谷的冲积阶地、洪冲积扇、洪冲积台地和谷缘山坡地。成土母质包括冲积物、洪积物和砂板岩、砂页岩、石灰岩的残积物、坡积物。洪积物、冲积物均具二元结构，上层为壤质土，下层为磨圆度较高的卵石层。残积物、坡积物上层亦多为壤质土，下层则为棱角明显的半风化碎石层。在上述成土条件下，黑毡土的成土过程主要表现为草毡腐殖质积累和表土氧化还原作用过程。黑毡土具有明显的草毡层、腐殖质层和母质层，只是草毡层稍薄，紧实度、弹性有所降低，土色稍浅。腐殖质层较厚，呈灰棕色至暗灰棕色。黑毡土的草毡层厚7—12cm，有机质含量为2.9%—19.1%；腐殖质层厚15—32cm，有机质含量为3%—9%。一些剖面发育有褐色、灰褐色的淀积层，有明显胶膜，结构亦发育。母质层多为半风化的碎石层或卵石层。与草毡土理化性质相比，其有机质、氮素含量较低，全磷含量较低，速效磷含量较高，全钾含量稍高，而速效钾稍低，离子交换量偏低，pH偏高，碳酸钙含量稍高，有效铁、锌、铜含量亦稍高，有效锰含量稍低。总体上，黑毡土养分比较丰富。黑毡土普遍含砾，一般含砾量为20%—30%，高的达60%，低的亦在5%—6%，但黏粒含量亦偏高，一般为12%—15%，高的可达20%—30%，反映其发育程度较草毡土高。

粗骨土占比如县地域面积的5%，主要分布于本县的夏曲乡，恰则乡也有小面积分布。粗骨土分布区主要在怒江的谷缘山地或西北部高原浅切山地，一般坡度较大。母质为残积物、坡积物，含砾多，粗骨性强，土层薄。植被以针茅、独一味为主，局部残留小嵩草、苔草，盖度很低，仅10%—15%。粗骨土成土过程主要为粗骨化过程。灌丛草甸或高寒草甸由于过度砍伐或过度放牧及鼠害严重，植被遭受破坏，水土流失严重，土壤侵蚀加剧，使土壤草毡层消失，心土有机质、细粒物质减少，粗粒物质相对增多，导致整个土体粗骨化。粗骨土表层为浅淡、多砾的有机质层，整个土体砾多、层薄。

小于本县地域面积3%的土壤类型还有沼泽土、暗棕壤和新积土等。

本区域中心区气候特征

本区域中心区气候特征值
Regional climate characteristics in central area of the region

气候带：高原亚寒带亚湿润气候 Climate region: Plateau sub frigid sub humid climate	
年平均气温 /℃ Annual average temperature /℃	3.2
年平均最高气温 /℃ Annual average maximum temperature /℃	11.2
年平均最低气温 /℃ Annual average minimum temperature /℃	-3.4
年降水量 /mm Annual precipitation /mm	439
≥10℃的积温 /℃ Daily temperature accumulated in a year (≥10℃) /℃	2189
年日照时数 /h Annual sunshine /h	2760
年平均相对湿度 /% Annual average relative humidity /%	53
干燥度 Dryness	1.89

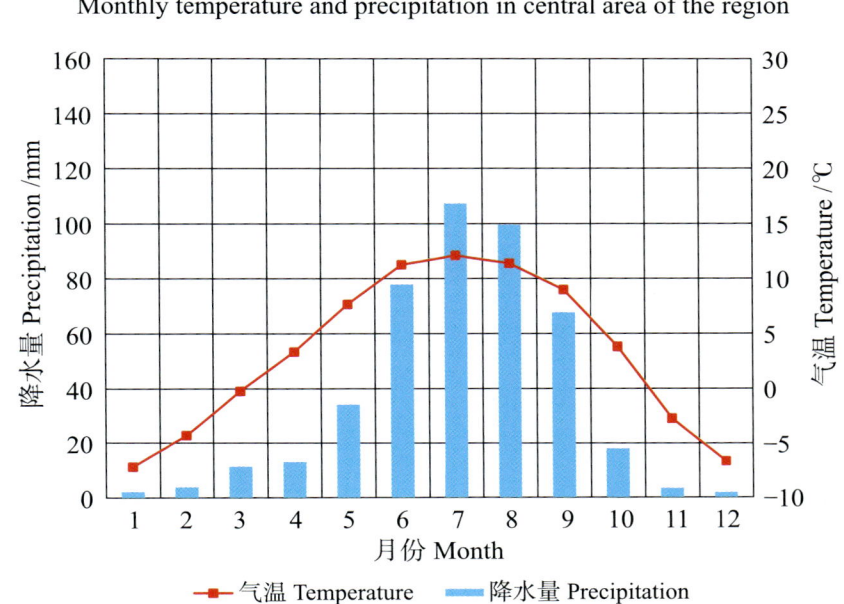

本区域中心区月平均气温与月平均降水量
Monthly temperature and precipitation in central area of the region

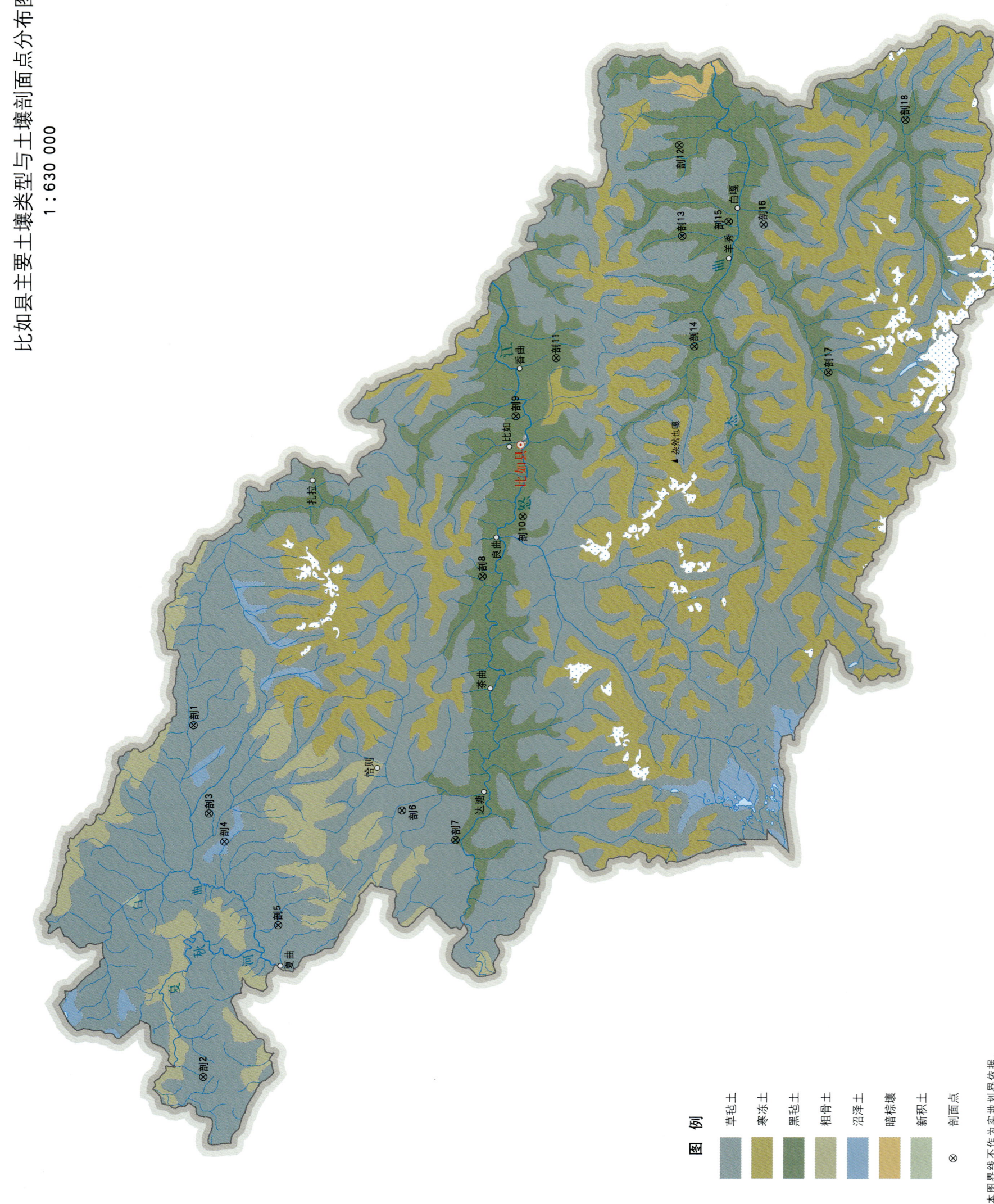

比如县主要土壤类型与土壤剖面点分布图
1:630 000

比如县土壤剖面理化性状表

剖面号 Soil profile	土纲 Soil order	土类 Soil great group	亚类 Soil subgroup	土属 Soil genus	土层码 Layer code	土层厚度 Depth/cm	颜色 Soil color	质地 Soil texture	土壤结构 Soil structure	pH	有机质 OM/(g/kg)	全氮 TN/(g/kg)	全磷 TP/(g/kg)	全钾 TK/(g/kg)	碱解氮 AN/(mg/kg)	有效磷 AP/(mg/kg)	速效钾 AK/(mg/kg)	阳离子交换量CEC/(cmol/kg)	土壤母质 Parent material	剖面点坐标 Profile coordinate	匹配指数 Matching index/%
剖1	高山土	草毡土	草毡土	洪冲积壤质草毡土	1	0—16	灰棕褐色	轻砾石土	屑粒状	7.2	58.3	2.83	1.48	13.8	262	6.0	78	14.1	残积物、坡积物	E 93°13′08.0″ N 31°55′28.2″	73
					2	16—34	暗灰棕色	中砾石土	碎块状	8.1	10.2	0.95	0.92	8.4	83	2.0	25	4.2			
					3	34—60	棕红色	中砾石土	碎块状	8.4	4.6	0.66	0.99	7.7							
剖2	高山土	草毡土	湿草毡土		1	0—23	暗灰棕色	砂壤土	屑粒状										坡积物	E 92°38′42.0″ N 31°54′34.6″	73
					2	23—48	暗灰棕色	少砾石黏质壤土	块状												
					3	48—70	暗棕色	砾石黏壤土	屑粒状												
剖3	高山土	草毡土	草毡土		1	0—14	暗棕色	壤土	屑粒状										洪积物、冲积物	E 93°04′30.4″ N 31°54′13.7″	76
					2	14—38	暗棕褐色	壤土	块状												
					3	38—50	灰灰棕色	壤土													
					4	50—61	灰棕色	砾石土													
剖4	水成土	沼泽土	草甸沼泽土		1	0—18	暗棕色	黏壤土	无明显结构	7.7	>250.0	>6.00	1.88	7.6	>400	28.0	67	43.6	冲积物	E 93°01′46.6″ N 31°52′59.5″	81
					2	18—43	暗灰棕色	壤土	无明显结构	8.1	>250.0		6.8		>400	27.0	158	43.6			
					3	43—56	灰棕色	壤土	无明显结构	7.3	190.3	>6.00		14.0	>400	10.0	107	13.6			
					4	56—70	灰棕色	壤土		8.1	36.3	1.67	0.79	14.8							
剖5	高山土	草毡土	草毡土		1	0—13	暗灰棕色	多砾石砂壤土	屑粒状										冰碛物	E 92°53′31.2″ N 31°48′38.5″	73
					2	13—29	暗灰棕色	多砾石黏壤土	碎块状												
					3	29—50	黄棕色	砂砾石黏壤土	无明显结构												
剖6	高山土	草毡土	草毡土		1	0—7	灰棕色	黏壤土	屑粒状	8.0	87.7	4.57	3.22	20.6	319	20.0	192	23.3	洪积物、冲积物	E 93°04′45.1″ N 31°38′44.5″	73
					2	7—18	暗棕色	少砾石黏壤土	块状	8.3	59.9	3.54	1.33	20.0	284	14.0	138	19.9			
					3	18—36	灰棕褐色	少砾石黏壤土	片状	8.3	17.7	1.53	1.26	18.4	88	1.0	65	15.2			
					4	36—49	灰棕色	少砾石粉质黏壤土	块状	8.4	16.9	1.17	1.12	21.6	97	3.0	67	16.1			
					5	49—78	淡棕色	少砾石黏壤土	块状		15.4	1.54	1.28	21.0	81		54	13.6			
					6	78—100	棕褐色	多砾石黏壤土	块状		13.9	1.39	1.20	20.9							
剖7	高山土	黑毡土	黑毡土		1	0—15	淡棕褐色	轻砾石黏壤土	碎石状	7.9	44.2	2.54	2.20	25.5	143	16.0	365	15.2	洪积物	E 93°01′53.0″ N 31°34′26.4″	83
					2	15—66	淡棕褐色	轻砾石黏壤土	块状	8.3	17.3	1.54	1.60	25.2	80	3.0	108	9.3			
					3	66—83	淡棕褐色	中砾石黏壤土	块状	8.6	11.9	1.50	1.21	29.4							
					4	83—100	灰色		无明显结构	8.1	14.2	1.54	1.19	30.0				12.4			
剖8	高山土	黑毡土	黑毡土		1	0—14	灰黄棕色	中砾石壤质黏土	块状	8.1	48.4	2.71	3.29	28.2	144	31.0	>500	11.8	洪积物、冲积物	E 93°27′29.5″ N 31°32′16.1″	71
					2	14—32	灰黄棕色	中砾石黏土	块状	8.3	36.2	2.09	2.74	29.2	134	13.0	365				
					3	32—47	灰黄棕色	少砾石黏土	核状	8.7	14.2	0.67	1.12	26.4							
					4	47—64	灰黄棕色	少砾石黏土	块状	8.5	10.7	0.57	1.32	25.0							
					5	64—79	灰色		无明显结构	8.8	7.1	0.19	0.99	21.0							
剖9	高山土	黑毡土	薄黑毡土		1	0—11	灰棕褐色	轻砾石黏壤土	屑粒状	8.2	29.7	1.86	0.95	26.4	111	4.0	69	14.3	残积物、坡积物	E 93°43′04.1″ N 31°29′31.2″	70
					2	11—33	灰棕褐色	轻砾石黏壤土	屑粒状	8.3	25.7	1.98	0.86	25.8	114	2.0	44	16.1			
					3	33—61	红棕色	中砾石黏壤土	块状	8.6	8.4	1.01	0.80	24.4							
剖10	高山土	黑毡土	黑毡土		1	0—16	灰棕褐色	少砾石黏壤土	碎块状	8.1	40.3	2.21	2.40	25.4	141	24.0	475	12.7	冲积物	E 93°33′17.6″ N 31°29′01.0″	71
					2	16—48	淡棕褐色	少砾石黏壤土	块状	8.6	11.2	0.88	1.08	24.2	41	11.0	264	8.7			
					3	48—100	淡棕褐色	少砾石黏壤土	块状	8.7	11.9	0.52	1.10	23.0							
剖11	高山土	黑毡土	黑毡土		1	0—19	灰棕褐色	多砾石壤土	碎粒状	8.1	41.3	2.00	1.62	27.6	142	13.0	234	11.9	残积物、坡积物	E 93°48′38.2″ N 31°26′15.4″	82
					2	19—36	淡灰棕色	少砾石黏壤土	块状	8.5	17.6	1.04	1.40	26.4	63	5.0	227	10.3			
					3	36—80	淡灰棕色	轻砾石土	块状	8.4	18.4		1.10								
					4	80—100	淡棕褐色	砾石土	无明显结构												

续表 Continued

剖面号 Soil profile	土纲 Soil order	土类 Soil great group	亚类 Soil subgroup	土属 Soil genus	土层码 Layer code	土层厚度 Depth/cm	颜色 Soil color	质地 Soil texture	土壤结构 Soil structure	pH	有机质 OM/(g/kg)	全氮 TN/(g/kg)	全磷 TP/(g/kg)	全钾 TK/(g/kg)	碱解氮 AN/(mg/kg)	有效磷 AP/(mg/kg)	速效钾 AK/(mg/kg)	阳离子交换量 CEC/(cmol/kg)	土壤母质 Parent material	剖面点坐标 Profile coordinate	匹配指数 Matching index/%
剖12	高山土	黑毡土	黑毡土		1	0—5	灰棕色	砂壤土	屑粒状	5.8	195.0	>6.00	1.99	17.6	>400	39.5	221	27.9		E 94°09′09.4″ N 31°16′13.8″	73
					2	5—20	灰棕色	黏壤土	块状	6.0	64.9	>6.00	1.77	20.9	260	66.0	146	16.5			
					3	20—26	灰褐色	中砾质壤土	片状	6.5	12.4	1.24	0.99	21.4	76	2.7	68	5.6			
					4	26—50	淡棕色	砾石土	无明显结构	6.7	8.7	1.17	0.96	20.4							
剖13	高山土	黑毡土	黑毡土		1	0—17	灰棕色	多砾石黏壤土	块状	7.0	44.4	2.65	2.03	29.2	174	39.0	298	10.8	洪积物、冲积物	E 94°00′19.4″ N 31°16′04.1″	71
					2	17—44	淡黄棕色	多砾石黏壤土	块状	8.2	9.7	0.75	0.64	29.8	26	5.0	394	9.8			
					3	44—68	黄棕色	多砾质砂壤土	块状	8.3	10.5	1.00	0.79	30.7							
剖14	高山土	黑毡土	黑毡土		1	0—5	暗棕色	中砾石砂壤土											洪积物、冲积物	E 93°49′38.6″ N 31°15′10.1″	73
					2	5—20	灰棕色	中砾石壤土													
					3	20—26	淡灰棕色	多砾质砂壤土													
					4	26—50	灰棕色														
剖15	高山土	黑毡土	黑毡土		1	0—23	灰褐色	多砾石黏壤土	碎块状	7.1	59.6	2.82	1.66	28.2	211	14.0	75	14.6	残积物、坡积物	E 94°01′40.1″ N 31°12′19.4″	73
					2	23—73	淡灰棕色	中砾石壤土	无明显结构	7.4	8.8	0.77	0.59	29.9	40	6.0	26	3.6			
					3	73—80	淡灰棕色	重砾石壤土	无明显结构	7.5	15.1	0.71	0.64	30.1							
剖16	高山土	草毡土	草毡土		1	0—8	暗灰棕色	黏壤土	屑粒状	6.3	208.0	>6.00	2.21	17.6	>400	31.1	263	34.6		E 94°01′19.9″ N 31°09′31.7″	73
					2	8—21	灰棕色	中砾石壤土	片状	6.6	20.0	1.37	0.91	23.6	118	4.6	64	6.0			
					3	21—26	灰棕色	多砾石黏壤土	屑粒状	6.4	71.0	3.41	2.21	21.6	305	7.6	184	18.8			
					4	26—55	灰色		无明显结构	6.2	24.0	1.59	1.11	24.6							
剖17	高山土	黑毡土	棕黑毡土		1	0—9	灰棕色		多屑状	6.2	137.3	4.60	1.87	11.4	>400	11.0	117	16.5	残积物、坡积物	E 93°46′57.7″ N 31°04′25.7″	89
					2	9—31	淡棕色	多砾石壤土	屑粒状	6.0	53.3	2.92	1.74	23.7	264	6.0	47	12.6			
					3	31—53	灰白色		无明显结构		40.0	2.00	1.66	23.6							
剖18	高山土	黑毡土	棕黑毡土		1	0—2	棕色		泥炭	6.1	>250.0	>6.00	1.95	15.7	>400	13.0	360	46.1	残积物、坡积物	E 94°11′15.7″ N 30°58′03.0″	78
					2	2—12	棕黑色	砂质黏壤土	屑粒状		119.9	5.54	2.26	20.4	>400	9.0	173	28.5			
					3	12—32	淡棕黑色	多砾石黏壤土	屑粒状	6.8	17.8	1.14	0.91	24.4							
					4	32—51	黄棕色	轻砾石土	团粒状												
					5	51—61	黄棕色		无明显结构												

聂荣县

主要土类说明

草毡土是聂荣县主要土壤类型，占本县地域面积的70%，主要分布在海拔5200m以下的藏北高原东部。成土母质为各种残积物、坡积物、洪积物、冲积物和冰碛物等，土壤质地粗。植被组成以矮生嵩草为主，形成矮草草甸群落，盖度为70%—90%，植被根系发达，盘根错节，形成特有的草毡层。草毡土成土过程的主要特点是有明显的腐殖质积累作用和氧化还原作用，剖面中部还会出现暗色层。草毡土腐殖质积累作用指植被死亡根系以原形或半分解状态积累于土壤中，与活根系交织形成草皮。一般草毡层厚约10cm，腐殖质层厚度为10—20cm，有机质含量在表层为5%—15%（甚至达30%），向下骤然减少。草毡土的氧化还原作用则是由大气降水和融冻水浸润引起的。土壤表层在夏季有间歇性的还原淋溶作用，而中部土壤则基本上处于还原状态；秋冬季节下部土壤出现氧化状态。

沼泽土是聂荣县第二大土壤类型，占本县地域面积的17%，分布面积大，发育于高原宽谷盐湖、河流两岸淤塞洼地的洪冲积母质上，常与草甸土复区分布。沼泽土是典型的水成土壤，与土壤水长期饱和状态密切相关。植被组成为中湿生植物类型。其成土过程主要表现在有机质积累和氧化还原作用两个方面：沼泽土的草根层在嫌气条件下，微生物活动弱，分解量少，大多数残体根系以未分解或部分腐殖化的状态积累形成暗灰褐色的泥炭层。土壤下层长期处在饱和的水分状况下，发生潜育过程，嫌气微生物也使铁、锰氧化物处在还原状态，在下层形成灰蓝色潜育层。有时因水分升降，部分还原性铁、锰出现被氧化现象，潜育层内可出现黄色锈斑或锈纹。

寒冻土是聂荣县第三大土壤类型，占本县地域面积的8%。寒冻土多分布在海拔较高的山顶部位，下部岩屑堆积，冻融石流广泛分布。由于地形高亢，气候寒冷，风大，植物种类少，只有一些耐低温植物生长在岩隙中，盖度为1%—2%，甚至更低。有机质积累和分解都极为缓慢微弱，土壤化学风化作用微弱，以物理风化占主导地位，土层浅薄，多角状碎石，粗骨性强，细土物质聚集在岩隙中，地表常形成砾屑，土体具层片状结构。由于夏日的夜冻昼融，氧化还原作用交替，表土常见铁质聚集。剖面形态特征是土层浅薄，剖面发育不明显，通常为A-C构型，腐殖质层发育差。表层浅灰色，较湿润，下层灰棕色，为层片状结构，呈半冻结状态。通体质地粗，为粗骨结构，剖面总厚度为10—30cm，下层土壤有潜育现象。寒冻土黏粒含量少，不超过10%。有机质、氮素含量低，阳离子交换量低，pH为7—8.5。

小于本县地域面积3%的土壤类型还有粗骨土和草甸土等。

本区域中心区气候特征

本区域中心区气候特征值
Regional climate characteristics in central area of the region

气候带：高原亚寒带亚湿润气候 Climate region: Plateau sub frigid sub humid climate	
年平均气温 /℃ Annual average temperature /℃	0.4
年平均最高气温 /℃ Annual average maximum temperature /℃	8.7
年平均最低气温 /℃ Annual average minimum temperature /℃	-6.4
年降水量 /mm Annual precipitation /mm	380
≥10℃的积温 /℃ Daily temperature accumulated in a year (≥10℃) /℃	2378
年日照时数 /h Annual sunshine /h	2850
年平均相对湿度 /% Annual average relative humidity /%	53
干燥度 Dryness	4.10

本区域中心区月平均气温与月平均降水量
Monthly temperature and precipitation in central area of the region

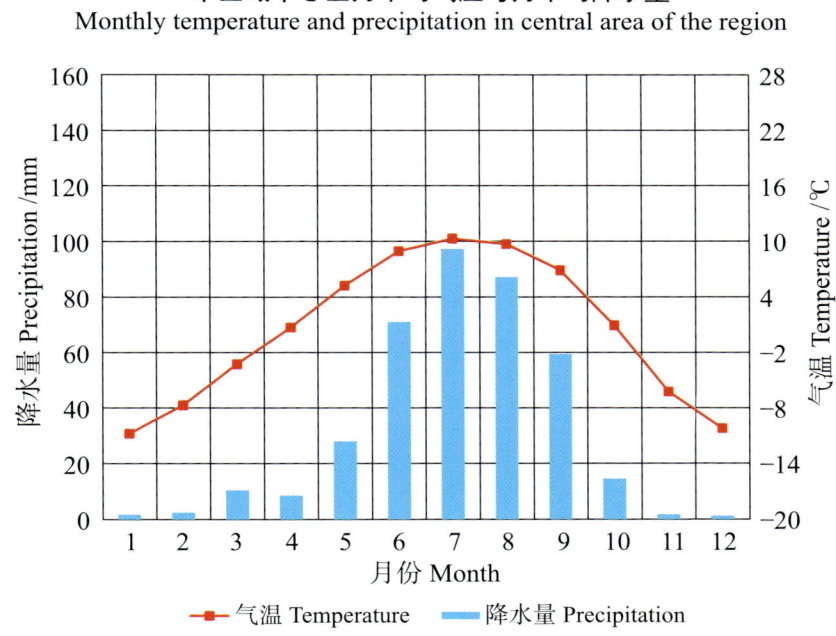

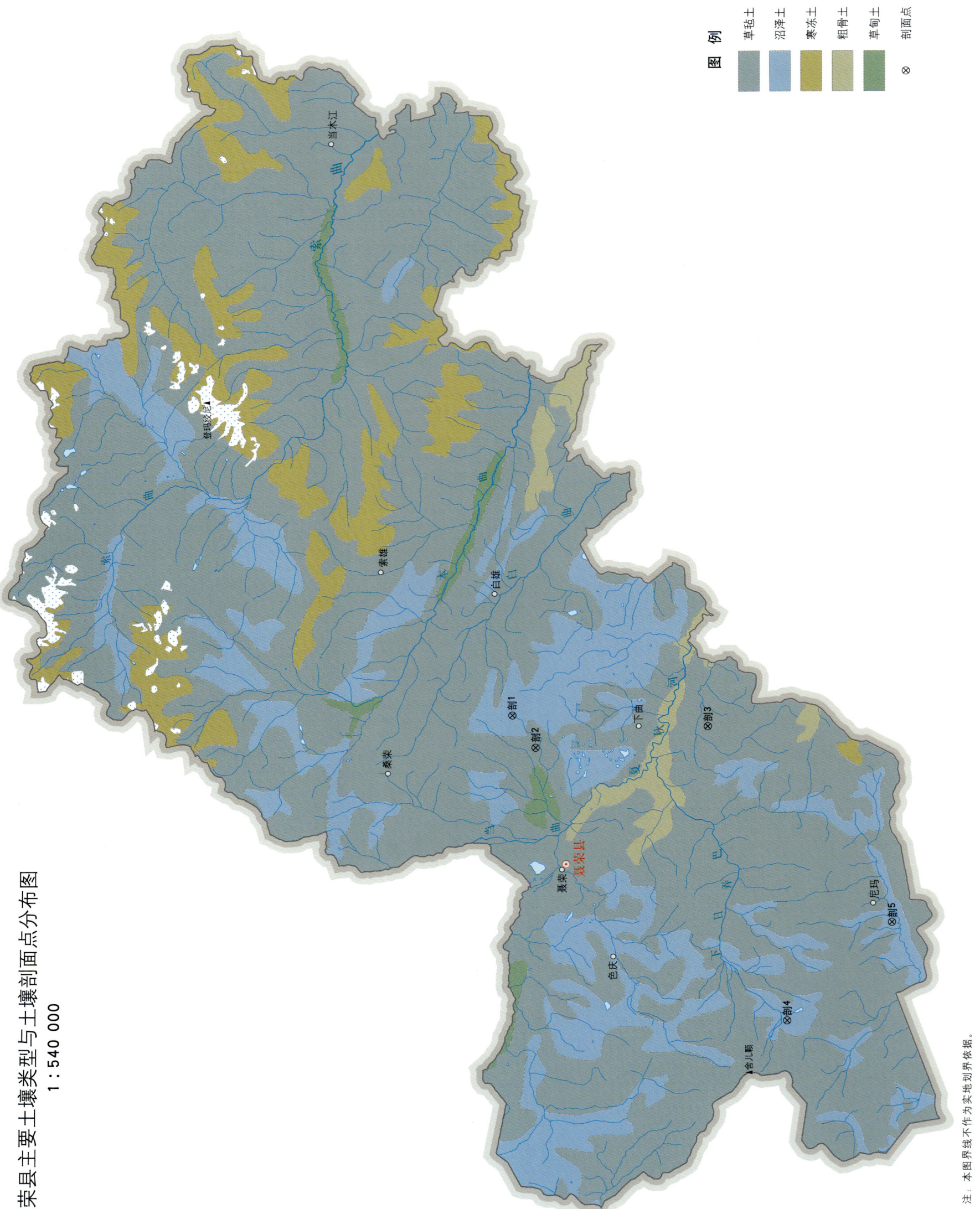

聂荣县主要土壤类型与土壤剖面点分布图
1:540 000

聂荣县土壤剖面理化性状表

剖面号 Soil profile	土纲 Soil order	土类 Soil great group	亚类 Soil subgroup	土层码 Layer code	土层厚度 Depth/cm	颜色 Soil color	质地 Soil texture	土壤结构 Soil structure	pH	有机质 OM/(g/kg)	全氮 TN/(g/kg)	全磷 TP/(g/kg)	全钾 TK/(g/kg)	碱解氮 AN/(mg/kg)	有效磷 AP/(mg/kg)	速效钾 AK/(mg/kg)	阳离子交换量CEC/(cmol/kg)	土壤母质 Parent material	剖面点坐标 Profile coordinate	匹配指数 Matching index/%
剖1	水成土	沼泽土	泥炭沼泽土	As	0—15	暗灰色	砂质黏壤土		6.8	194.0	>6.00	1.49	16.6	>400	14.0	85	28.3		E 92°31′08.4″ N 32°10′49.4″	84
				H	15—36	棕灰色	砂质黏壤土		7.1	79.3	3.02	0.53	14.3	280	5.0	44	28.3			
				G	36—57	灰色	砂质黏壤土		7.2											
				Gf	57—100															
剖2	高山土	草毡土	草毡土	1	0—15	棕灰色	轻壤土	碎粒状	8.4	77.5	4.16						<2.0	洪积物、冲积物	E 92°28′23.2″ N 32°09′11.9″	74
				2	15—28	暗棕灰色	轻壤土	碎粒状	8.3	28.0	1.49						<2.0			
				3	28—62	红黄色	砂土	碎粒状	8.6	3.9	0.41						36.0			
剖3	高山土	草毡土	湿草毡土	1	0—13	黑棕色	轻壤土	粒状	6.8	180.7	>6.00						34.4		E 92°30′15.5″ N 31°57′10.4″	74
				2	13—34	黑棕色	砂壤土	碎粒状	7.4	86.1	3.83						23.2			
				3	34—70	黑棕色	砂壤土		7.5	47.2	2.14						16.1			
剖4	水成土	沼泽土	草甸沼泽土	1	0—15	暗棕灰色	轻壤土	碎粒状	7.3	>250.0	>6.00						44.8	洪积物、冲积物	E 92°05′19.7″ N 31°51′25.2″	75
				2	15—35	棕黑色	轻壤土	碎粒状	7.1	>250.0	>6.00						39.1			
				3	35—60	灰褐色	砂土	屑粒状	8.0	5.5	0.26						5.4			
剖5	水成土	沼泽土	泥炭沼泽土	1	0—13	暗棕色	轻壤土	屑粒状	7.2	234.1	>6.00						36.6	洪积物、冲积物	E 92°13′43.7″ N 31°44′10.7″	74
				2	13—35	暗棕色	轻壤土	屑粒状	7.3	177.0	>6.00						34.1			
				3	35—50	棕黑色	轻壤土	碎粒状	7.5	79.3	2.72						21.0			
				4	50—80	灰蓝黄褐色	砂土		8.3	6.6	2.30									

安多县

主要土类说明

寒钙土是安多县主要土壤类型,占本县地域面积的58%。本县的寒钙土在水平地带上东南部连草毡土,在垂直带上作为基带土壤向上接寒冻土(部分上接草毡土),分布海拔为4600—5300m。土壤冻结期长达半年之久,土壤夜冻昼融作用比草毡土弱,但强于高山荒漠土。与此生态环境相适应的植被是高山草原植被,优势种是紫花针茅、羽柱针茅等多年生旱生草丛禾本科植物,伴生植物有火绒草、棘豆、黄芪、青藏苔草、固沙草、垫状点地梅、苔状蚤缀等,盖度为20%—60%。在上述成土条件的综合影响下,寒钙土成土过程主要是生草弱腐殖质积累作用和钙积作用。

草毡土是安多县第二大土壤类型,占本县地域面积的18%。主要分布于海拔4600—5300m的浅切高山、高山中下部和宽谷盆地洪冲积扇上,广泛见于安多县城以东的宽谷、盆地、山地以及唐古拉山上。草毡土是在寒冷半湿润气候和高寒草甸植被下形成的,植被为以小嵩草为主的矮草草甸,植被组成单调,垫状植被较多。成土过程主要表现为两个方面:一为草毡腐殖质积累作用,土壤表层根系盘结成连片草皮,呈浅灰棕色,状如毡垫;二具有氧化还原作用特点,表土在较长(半年左右)时期的低温冻结条件下,氧化还原过程交替,可出现锈纹斑。融冻滑塌普遍,常导致草毡层斑块状脱落,形成秃斑。腐殖质层厚度为15—35cm,有机质含量为5%—15%,土壤表层阳离子交换量约为15cmol/kg。pH约为7,呈中性反应。

新积土是安多县第三大土壤类型,占本县地域面积的4%,主要分布于洪积扇中下部位和宽谷中河漫滩,多见于本县北部唐古拉山脚下。成土母质多为新近的流水、冰水沉积物,植被稀少或没有植被。地表时常遭到短期化冻雪水或河水淹没。土壤发育微弱,剖面中不显发生层,只显沉积层次。土壤没有腐殖质层,地表由砾石和裸土覆盖。

草甸土占安多县地域面积的3%,主要分布于河流的低阶地和高河漫滩,以及湖滩地外缘,零星分布在各类地带性土壤范围内。草甸土是半水成土壤,地下水直接影响着土壤的形成发育;地下水位一般为地下1—3m,夏季有时升高到底下0.5m,但一般情况下土壤并不被水淹没。草甸土的成土母质主要是河流冲积物和湖积物。由于地下水的浸润,土壤湿度大,草甸植被发育,主要由嵩草、苔草、早熟禾、委陵菜、西藏黄芪、龙胆和火绒草等组成,生长十分茂密,盖度可达80%—90%。成土过程主要表现为两个方面:有机质的积累和毡状草皮层的形成,季节性的氧化还原作用与锈斑层的形成。

小于本县地域面积3%的土壤类型还有寒冻土、粗骨土、沼泽土、风沙土、寒原盐土和石质土等。

本区域中心区气候特征

本区域中心区气候特征值
Regional climate characteristics in central area of the region

气候带:高原亚寒带亚干旱气候 Climate region: Plateau sub frigid sub arid climate	
年平均气温 /℃ Annual average temperature /℃	1.1
年平均最高气温 /℃ Annual average maximum temperature /℃	9.4
年平均最低气温 /℃ Annual average minimum temperature /℃	-5.9
年降水量 /mm Annual precipitation /mm	349
≥10℃的积温 /℃ Daily temperature accumulated in a year (≥10℃) /℃	2596
年日照时数 /h Annual sunshine /h	2920
年平均相对湿度 /% Annual average relative humidity /%	51
干燥度 Dryness	5.50

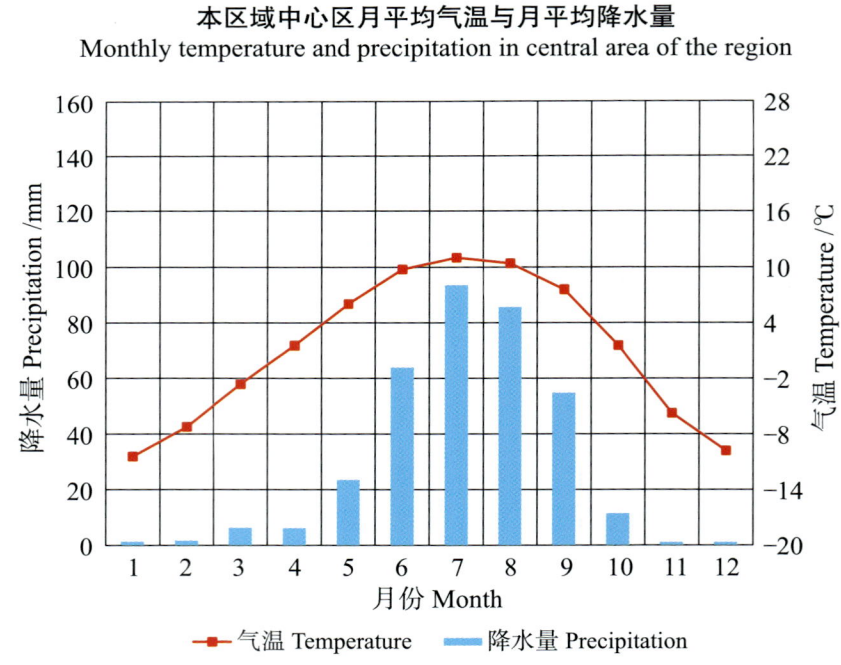

本区域中心区月平均气温与月平均降水量
Monthly temperature and precipitation in central area of the region

安多县主要土壤类型与土壤剖面点分布图
1∶1 760 000

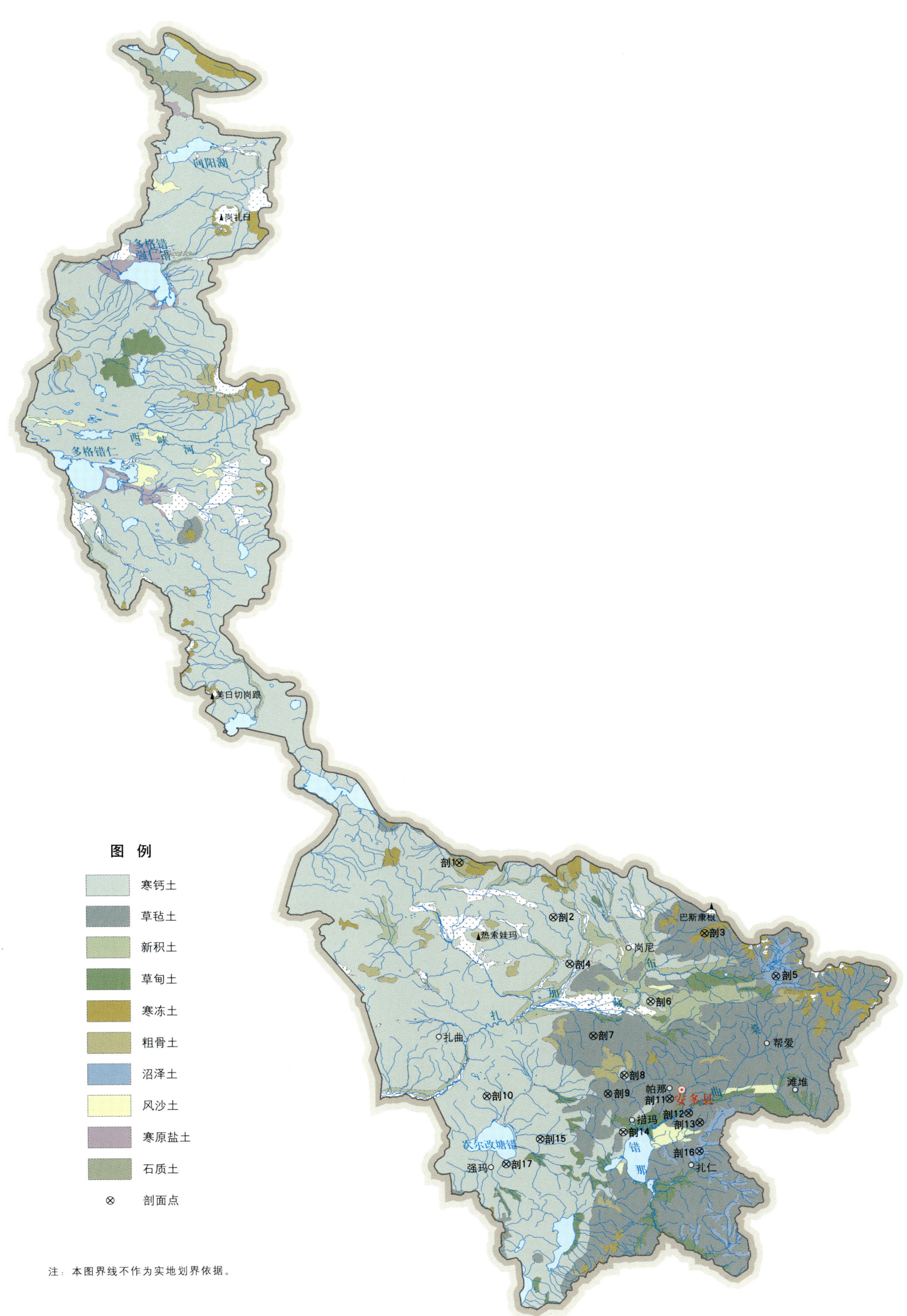

第二编 分县土壤图与土壤剖面数据

安多县土壤剖面理化性状表

剖面号 Soil profile	土纲 Soil order	土类 Soil great group	亚类 Soil subgroup	土属 Soil genus	土层码 Layer code	土层厚度 Depth/cm	颜色 Soil color	质地 Soil texture	土壤结构 Soil structure	pH	有机质 OM/(g/kg)	全氮 TN/(g/kg)	全磷 TP/(g/kg)	全钾 TK/(g/kg)	碱解氮 AN/(mg/kg)	有效磷 AP/(mg/kg)	速效钾 AK/(mg/kg)	阳离子交换量CEC/(cmol/kg)	土壤母质 Parent material	剖面点坐标 Profile coordinate	匹配指数 Matching index/%
剖1	初育土	粗骨土	钙质粗骨土		1	0—9	黄棕色	多砾石砂壤土	碎块状	8.8	6.6	0.51	0.92	18.0	31	5.0	116	5.6	残积物、坡积物	E 90°41′13.9″ N 33°07′30.7″	75
					2	9—20	暗紫色	多砾石砂中壤土	块状	8.5	6.8	0.52	1.02	19.0	31	3.0	145	11.4			
					3	20—40	紫红色	重壤土	块状	8.7	2.4	0.30	0.89	21.3	14	3.0	112	9.5			
剖2	高山土	寒钙土	暗寒钙土		1	0—13	棕色	多砾石中壤土	粒状	8.4	27.7	1.71	1.70	26.2	147	7.0		12.5	残积物、坡积物	E 91°06′01.4″ N 32°55′22.1″	71
					2	13—44	淡棕色	多砾石中壤土	块状	8.5	5.5	0.77	1.30	31.2	52	3.0		11.4			
					3	44—65	暗紫色	多砾石中壤土	块状	8.8	1.9	0.44	1.51	27.4							
剖3	高山土	寒冻土	寒冻土		1	0—2	暗紫色	多砾石壤土	无明显结构	9.4	2.2	0.31	0.94	18.3	10	3.0	168	5.5	残积物、坡积物	E 91°45′27.4″ N 32°52′04.4″	71
					2	2—6	褐色	砂砾质土	无明显结构	8.2	9.4	0.67	1.17	25.3	62	10.0	92	5.4			
					3	6—40	淡黄色	少砾石砂壤土	无明显结构	<4.5	6.6	0.61	>4.00	25.0	37	10.0		5.2			
剖4	高山土	寒钙土	寒钙土		1	0—15	淡黄色	少砾石砂壤土	无明显结构	8.8	4.7	0.23	0.42	12.8	21	3.0		4.0	残积物、坡积物	E 91°10′23.9″ N 32°44′40.9″	73
					2	15—32	栗褐色	多砾石砂壤土	无明显结构	8.7	9.7	0.55	0.66	16.4	49	2.0		6.7			
					3	32—55	淡黄色	多砾石砂壤土	无明显结构	8.8	3.8	0.23	0.68	17.9	18	2.0		4.9			
					4	55—75	灰黄色	多砾石砂壤土	无明显结构	8.6	1.9	0.12	0.69	16.6							
剖5	水成土	沼泽土	泥炭沼泽土		1	0—10	棕色	中壤土	团块状	8.1	199.1	>6.00	1.80	20.0	>400	30.0	276	33.4	洪积物、冲积物	E 92°04′08.0″ N 32°42′17.6″	75
					2	10—25	暗棕色	轻壤土	团块状	7.6	>250.0	>6.00	1.90	17.6	>400	16.0	79	40.7			
					3	25—45	暗棕色	轻壤土	团块状	7.3	>250.0	>6.00	1.60	18.9	>400	9.0	121	42.6			
					4	45—62	棕色	轻壤土	团块状	7.3	>250.0	>6.00	1.70	19.4	>400	8.0	121	41.2			
					5	62—															
剖6	高山土	寒钙土	寒钙土		1	0—10	棕色	多砾石轻壤土	碎块状	8.5	21.3	1.25	1.25	19.2	96	8.0		9.9	湖积物	E 91°31′30.7″ N 32°36′27.7″	73
					2	10—20	棕色	碎石壤土	碎块状	8.4	13.7	0.81	1.00	20.0	69	4.0		12.2			
					3	20—30	棕黄色	少砾石轻壤土	核状	8.3	11.1	0.63	1.22	19.8	58	4.0		14.5			
					4	30—45	灰色	少砾石重壤土	核状		10.6	0.58	1.00	27.0	40	5.0		20.3			
					5	45—60	灰褐色	多砾石重壤土	块状	8.8	10.4	0.57	0.11	22.0							
剖7	高山土	草毡土	薄草毡土		1	0—8	灰褐色	少砾石轻壤土	粒状	8.2	20.7	1.08	0.58	25.8	88	5.0	146	6.7	残积物、坡积物	E 91°16′41.5″ N 32°28′31.8″	73
					2	8—18	灰黄色	碎石重壤土	碎块状	8.5	26.0	1.61	0.81	27.8	127	4.0	136	9.8			
					3	18—28	黄棕色	少砾石重壤土	核状	8.7	12.3	0.84	0.74	31.4	83	3.0	218	13.7			
					4	28—40	红棕色	多砾石重壤土	核状	8.5	9.2	0.67	0.73	34.2	55	4.0	190	17.0			
					5	40—60	灰褐色	多砾石砂壤土	块状	9.0	5.7	0.47	0.77	37.0							
剖8	高山土	寒钙土	寒钙土		1	0—12	棕色	少砾石砂壤土	碎石结构	8.6	7.9	0.57	0.65	20.4	37	4.0	92	11.1	洪积物、冲积物	E 91°24′47.9″ N 32°19′41.2″	73
					2	12—28	淡棕色	砂土	无明显结构	8.7	2.0	0.16	0.52	17.0	14	2.0	35	6.8			
					3	28—80	黄棕色	砂土	无明显结构	9.0	1.2	<0.10	0.59	13.5	8	3.0	20	4.3			
剖9	高山土	草毡土	薄草毡土		1	0—4	暗棕色	轻壤土	屑粒状	8.5	23.8	1.41	1.09	15.4	103	5.0	252	9.9	残积物、坡积物	E 91°20′39.8″ N 32°15′28.8″	73
					2	4—20	淡黄色	少砾石轻壤土	粒状	8.6	22.0	1.14	1.13	17.7	98	4.0	185	10.8			
					3	20—41	褐色	少砾石重壤土	核块状	8.7	10.0	0.74	1.36	21.4	64	3.0	199	11.5			
					4	41—59	黄棕色	多砾石重壤土	核块状	8.8	3.8	0.40	1.26	16.3	29	2.0	127	9.0			
					5	59—80	赤褐色	黏土	块状	8.7	3.3	0.52	1.66	25.5							
剖10	高山土	寒钙土	寒钙土		1	0—15	灰棕色	多砾石砂壤土	屑粒状	8.7	13.1	0.86	0.68	20.2	66	2.8		6.7	湖积物	E 90°49′18.8″ N 32°14′34.4″	89
					2	15—25	棕色	多砾石砂壤土	屑粒状	8.7	9.1	0.56	0.61	19.1	46	1.8		6.1			
					3	25—40	灰黄色	砂壤土	无明显结构	9.0	4.3	0.28	0.47	16.4	24	1.6		4.1			
					4	40—60	黄白色	砂壤土	无明显结构	9.2	1.7	0.11	0.42	18.4							

续表 Continued

剖面号 Soil profile	土纲 Soil order	土类 Soil great group	亚类 Soil subgroup	土属 Soil genus	土层码 Layer code	土层厚度 Depth/cm	颜色 Soil color	质地 Soil texture	土壤结构 Soil structure	pH	有机质 OM/(g/kg)	全氮 TN/(g/kg)	全磷 TP/(g/kg)	全钾 TK/(g/kg)	碱解氮 AN/(mg/kg)	有效磷 AP/(mg/kg)	速效钾 AK/(mg/kg)	阳离子交换量CEC/(cmol/kg)	土壤母质 Parent material	剖面点坐标 Profile coordinate	匹配指数 Matching index/%
剖11	高山土	草毡土	薄草毡土		1	0—8	棕色	壤土	粒状	8.5	28.6	1.36	0.87	19.6	117	4.0		10.8	洪积物、冲积物	E 91°36′36.7″ N 32°14′28.0″	76
					2	8—20	棕色	砂壤土	粒状	8.4	41.1	1.82	0.96	20.9	145	6.0		12.0			
					3	20—35	棕色	多砾石砂壤土	粒状	8.7	27.0	1.38	>4.00	19.8	113	4.0		9.6			
					4	35—50	淡棕色	砂土	无明显结构	8.7	15.6	1.04	0.98	17.6	86	4.0		9.6			
					5	50—80	淡棕色	轻壤土	无明显结构	8.8	8.7	0.51	0.81	14.9							
剖12	高山土	草毡土	草毡土		1	0—8	暗褐色	轻壤土	屑粒状	7.6	112.0	5.03	1.27	19.1	>400	8.0	195	22.4	残积物、坡积物	E 91°41′34.1″ N 32°11′16.1″	74
					2	8—37	棕褐色	多砾石砂壤土	屑粒状	8.2	3.6	2.02	1.32	19.4	232	5.0	147	16.6			
					3	37—54	褐色	多砾石砂壤土	碎块状	8.4	11.1	0.68	0.71	22.7	60	4.0	70	9.0			
					4	54—81	黄褐色	多砾石砂壤土	无明显结构	8.4	9.3	0.60	0.63	22.9							
剖13	高山土	草毡土	湿草毡土		As	0—12														E 91°44′26.9″ N 32°09′09.0″	95
					A	12—37	暗褐色	黏壤土	屑粒状	7.1	>250.0	>6.00	2.08	14.2		20.0	160	46.2			
					AC	37—53	棕色	黏壤土	屑粒状	7.1	174.5	>6.00	1.48	18.0		6.0	150	35.6			
					Cu₁	53—90	棕色	砂壤土	鳞片状	7.2	158.4	>6.00	1.23	18.8							
					Cu₂	90—100	棕色	砂质黏壤土	屑片状	7.4	79.1	2.72	0.79	19.6							
剖14	高山土	寒钙土	暗寒钙土		1	0—7	黄棕色	轻壤土	屑粒状	8.2	28.0	1.58	1.06	23.3	119	4.0	166	9.5	洪积物、冲积物	E 91°24′40.7″ N 32°06′52.9″	73
					2	7—22	褐棕色	少砾石轻壤土	碎块状	8.6	14.2	0.86	0.73	24.6	87	3.0	116	8.4			
					3	22—33	褐色	少砾石轻壤土	碎块状	8.7	7.5	0.51	0.62	24.5	41	2.0	102	7.1			
					4	33—46	淡棕色	少砾石轻壤土	碎块状	8.7	8.3	0.54	0.69	24.7	48	2.0	107	7.9			
					5	46—70	灰褐色	中壤土	块状	8.7	16.9	1.08	0.93	27.8				15.7			
剖15	高山土	寒钙土	盐化寒钙土	风积淡寒钙土	1	0—15	黄灰色	少砾石中壤土	屑粒状	9.3	18.4	1.26	1.12	23.6	64	5.0	221	7.4	湖积物	E 91°03′13.0″ N 32°05′04.6″	71
					2	15—30	淡灰色	少砾石中壤土	片状	9.3	6.7	0.60	0.76	25.9	24	2.0	115	6.9			
					3	30—42	淡棕色	少砾石中壤土	核状	9.4	3.8	0.47	0.71	24.2	17	2.0	128	5.9			
					4	42—53	淡棕色	砂壤土	块状	9.4	2.4	0.35	0.66	20.4	8	2.0	96	5.8			
					5	53—70	棕灰色	砂壤土	无明显结构												
剖16	水成土	沼泽土	草甸沼泽土		1	0—8	暗棕色	砂壤土	屑粒状	8.1	80.8	3.48	1.03	15.4	322	11.0	188	18.8	洪积物、冲积物	E 91°44′23.6″ N 32°02′41.3″	95
					2	8—20	暗棕色	砂壤土	屑粒状	8.1	97.9	4.07	1.67	18.0	305	9.0	236	21.9			
					3	20—37	棕色	轻壤土	屑粒状	8.1	61.8	2.82	1.07	19.1	265	6.0	158	18.4			
					4	37—90	灰黄色	砂壤土	无明显结构	8.4	6.4	0.39	0.61	19.7							
剖17	高山土	寒钙土	寒钙土	湖泥质寒钙土	1	0—15	棕色	多砾石轻壤土	屑粒状	8.2	31.1	1.75	1.04	22.6	175	5.0	218	12.5	残积物、坡积物	E 90°54′30.6″ N 31°59′18.6″	73
					2	15—32	棕色	多砾石中壤土	块状	8.8	7.7	0.50	0.56	19.8	43	3.0	122	8.6			
					3	32—46	黄褐色	多砾石砂壤土	块状	8.9	3.8	0.24	0.60	21.0	27	2.0	86	5.2			
					4	46—62	黄色	砂砾石	无明显结构	8.9	1.8	0.14	0.33	21.1							
					5	62—90	淡黄色	砂砾石	无明显结构	9.0	2.2	0.15	0.44	19.4							

申 扎 县

主要土类说明

寒钙土是申扎县主要土壤类型，占本县地域面积的52%，主要分布于本县北部、中部广大区域内，是当地高原和草原较寒冷、半干旱生物气候条件下的地带性土壤类型，并与东、北、西面多县的土壤类型构成藏北高原广阔的寒钙土带。在高原低温干旱，稀疏旱生高寒草原条件下，寒钙土的成土过程主要表现为生草弱腐殖质积累过程和钙积过程。①生草弱腐殖质积累过程：在当地冬季严寒降水稀少、土壤冻结期长、暖季短促的条件下，生物积累量较低，草本植物地上部分每年合成的干物质有限，地下部分的有机质残体积累量亦不大。且在低温干旱条件下，微生物活动不旺盛，使草原植物每年提供的有机质残体亦分解不完全，腐殖质积累较少，腐殖质层颜色浅淡。②钙积过程：雨季土壤中的钙、镁以可溶性重碳酸盐的形式在剖面中向下移动。受当地少雨半干旱、高蒸发的影响，这种淋溶作用较弱，钙、镁在剖面中的移动较浅，并以碳酸盐的形式在剖面中下部淀积。仅在母质层，特别是在洪积物、湖积物的母质层中，钙、镁的淀积明显，常在其砾石表面形成钙斑，甚至形成钙的半胶结层。寒钙土剖面分化为浅色的腐殖质层、更淡的钙积层和有大量钙斑的母质层。生草弱腐殖质的积累形成色浅、层薄的腐殖质层，呈浅棕色或灰棕色至浅栗色，厚5—15cm；受钙积作用影响，钙积层色淡、层薄，多呈淡棕色或灰黄棕色，层厚10—20cm。在壤质层中钙积新生体不发育，无假菌丝体和钙斑发育；在含砾土层中，砾石背面有钙斑沉淀。母质层为半风化的碎石层或有一定磨圆度的砾石层，钙淀积明显，以洪积物、冲积物、湖积物的钙积作用最强，砾石表面全为钙斑，甚至成半胶结状。寒钙土向草毡土过渡时出现斑状草毡层发育的土壤类型。寒钙土受严重侵蚀时，腐殖质更薄、更浅。寒钙土与草毡土相比，土壤有机质含量、全氮含量和阳离子交换量均处于较低水平，磷素偏低而钾素偏高。微量元素除有效锌含量中等、有效硼含量偏高外，其余微量元素均处较低水平，有效钼含量很低。土壤颗粒较粗、变化大。表土砾石含量为0—43.3%，砂粒含量为40.3%—87.0%、黏粒含量为10.6%—37.7%，这反映了土类内土壤发育程度有较大差异。

草毡土是申扎县第二大土壤类型，占本县地域面积的27%。在本县南部，草毡土分布于从河谷盆地到海拔5600m处的山地；而在本县北部，只分布于海拔5100—5500m的山地垂直带中，以巴扎乡分布较为集中。植被类型主要为高寒草甸植被，主要植物有小嵩草、苔草、火绒草等，其次是紫花针茅、莫氏苔科植物，海拔更高处出现垫状点地梅、蚤缀等，盖度多在65%—85%，植被低矮，但根系发达并相互交织穿插，生成紧密有弹性的草毡层。高原低温较湿环境和高寒草甸植被条件下，草毡土的成土过程主要表现为草毡腐殖质积累和表土冻融氧化还原作用过程。草毡土的草毡层、腐殖质层和母质层分化明显。草毡层厚8—12cm，呈灰棕到暗褐色，根系极多，交织盘结，紧实而富弹性，有机质含量为2.3%—11.3%；其下为暗棕色的腐殖质层，根系显著减少，有机质含量降低，块状结构发育，一般比较疏松；再向下过渡到母质层，该层呈黄棕色，有机质显著减少，质地多为砾石土，砾石多为碎石或卵石，紧实无结构。草毡土有机质、氮素、全磷、全钾含量偏高，阳离子交换量、速效磷含量、速效钾含量中等；微量元素中，有效锌、硼含量偏高，有效铁、铜含量中等，有效锰含量偏低，有效钼含量很低。土壤颗粒变化较大，砾石含量为0—46.6%，砂粒含量为55.0%—79.2%，黏粒含量为12.2%—23.4%，这反映了土类内土壤发育程度的较大差异。

寒冻土是申扎县第三大土壤类型，占本县地域面积的7%。寒冻土为本县垂直带谱中的土壤类型，主要分布于海拔5200—5600m高山上部，以马跃、卡乡等乡比较集中。海拔高、气候严寒、植被稀疏是寒冻土的主要成土条件。土壤冻融作用、物理风化作用强烈，以岩石物理崩解为主，次生黏土矿物的生成、移动很弱，倒石堆、岩屑坡、流石坡十分发育，而生物化学风化作用极弱。一般高等植物难以生长，植被盖度不足5%，鲜草产量极低，土壤有机质的积累受限制。成土母质以砂岩为主，其次是石灰岩和花岗岩的残积物、坡积物。在以物理崩解为主的风化条件下，母质颗粒粗，石块多、细粒少，常以岩屑坡、石海的形式出现。寒冻土成土过程包括：①弱生草粗腐殖质积累：寒冻土有机质含量相对低下，常不足1%，且以粗腐殖质为主。②冻融碎屑氧化还原作用：高寒地带、土壤冻结时间长，只在最热月份有短期解冻。此时土壤表层常呈昼夜正负温度交替状态。表土这种冻融状况，使土壤崩解强烈，生物化学风化作用微弱，形成土壤的粗颗粒性。寒冻土表土含砾量多在70%以上，甚至呈现岩屑坡、石海。表土的冻融作用，还使土壤呈现氧化还原状态，并在表层出现片状结构和少量的锈纹锈斑。寒冻土在其成土条件和成土过程的影响下，表现出土层薄、色浅、石多、土少的形态特征。土层厚度多在20cm左右，土色呈浅灰棕色，土壤含砾量高达70%，多为带棱角的砾石，而物理黏粒含量多不足12%，表土质地多为重砾石土。

草甸土占申扎县地域面积的5%。草甸土是隐域性半水成土壤，在本县各地均有分布，主要分布于本县沿河的河漫滩地、湖周边的湖滩地和洪冲积边缘的地下水溢出带。分布区的地下水位较浅，一般为1—2m。通常为矿化度不高的淡水，局部为矿化度较高的咸水。成土母质为含砾较少、颗粒较细的洪积物、冲积物和湖积物。植被类型主要为以小嵩草为主的低湿草甸和以大嵩草为主的沼泽草甸。在低洼、浅地下水位，并发生季节水位升降的条件下，以繁茂草甸植被大量提供有机残体为基础，草甸土表土进行草毡腐殖质积累过程，表土以下进行氧化还原过程。草甸土在其成土条件和成土过程的影响下，形成草毡层、腐殖质层和氧化还原层，构成其特定的诊断层。草毡层厚9—21cm，呈暗棕色和灰棕色，较紧实，根系交织盘结；其下为腐殖质层，厚20—30cm，同样呈暗棕色和灰棕色，块状结构，根系明显减少；一般从心土层开始出现锈纹锈斑，最浅15cm即可见到，深的在49cm出现。底土多出现潜育现象，有灰蓝色斑纹发育，显示底土长期处于还原状态。

沼泽土占申扎县地域面积的3%。沼泽土是隐域性的水成土壤，在申扎县分布较广，亦较零散。以申扎、雄梅等地较为集中。隐域性沼泽土形成的特定条件是表土过湿，这是由浅地下水位、浅永冻层和地表积水形成的。在河谷滩地和湖周滩地，受河水和湖水的影响，多出现浅地下水位和地表积水状况。在洪冲积扇边缘，常是地下水溢出带，造成浅地下位和地表积水。一般地下水位为70—80cm，极少有超过1m的。在草被茂密、草毡层深厚、永冻层十分靠近地表的地方，地下水位可出现在88cm深处。永冻层常发育为当地的不透水层，湿季地表排水不良，引起地表过湿。在湿润土壤条件下，植被生长主要为沼泽草甸植被，以嵩草和苔草为主，积水坑中生长有水蓼、杉叶藻等。草被生长旺盛，大嵩草株高可达15—25cm，植被盖度为85%—95%，草毡层发育，根系交织盘结紧实。成土母质为含砾少的湖积物、冲积物和洪积物。在地表过湿和茂密植被提供大量有机残体条件下，沼泽草甸土的成土过程主要表现为强草毡腐殖质积累和潜育过程。发育的草毡层、腐殖质层和明显的潜育层是沼泽土的显著特征。草毡层厚达14—25cm，呈暗棕色和棕黑色，根系明显减少，过高的腐殖质积累可发育成泥炭层。沼泽土的有机质、氮素、磷素和钾素含量一般均偏高，阳离子交换量亦偏高，有效铁、锌、硼含量偏高，有效锰含量中等，有效铜、钼含量偏低。土壤颗粒细，不含砾或少含砾，黏粒稍偏高。

小于本县地域面积3%的土壤类型还有粗骨土、寒原盐土和新积土等。

本区域中心区气候特征

本区域中心区气候特征值
Regional climate characteristics in central area of the region

气候带：高原亚寒带亚干旱气候 Climate region: Plateau sub frigid sub arid climate	
年平均气温 /℃ Annual average temperature /℃	6.5
年平均最高气温 /℃ Annual average maximum temperature /℃	14.5
年平均最低气温 /℃ Annual average minimum temperature /℃	-0.4
年降水量 /mm Annual precipitation /mm	320
≥10℃的积温 /℃ Daily temperature accumulated in a year（≥10℃）/℃	3296
年日照时数 /h Annual sunshine /h	2980
年平均相对湿度 /% Annual average relative humidity /%	45
干燥度 Dryness	6.98

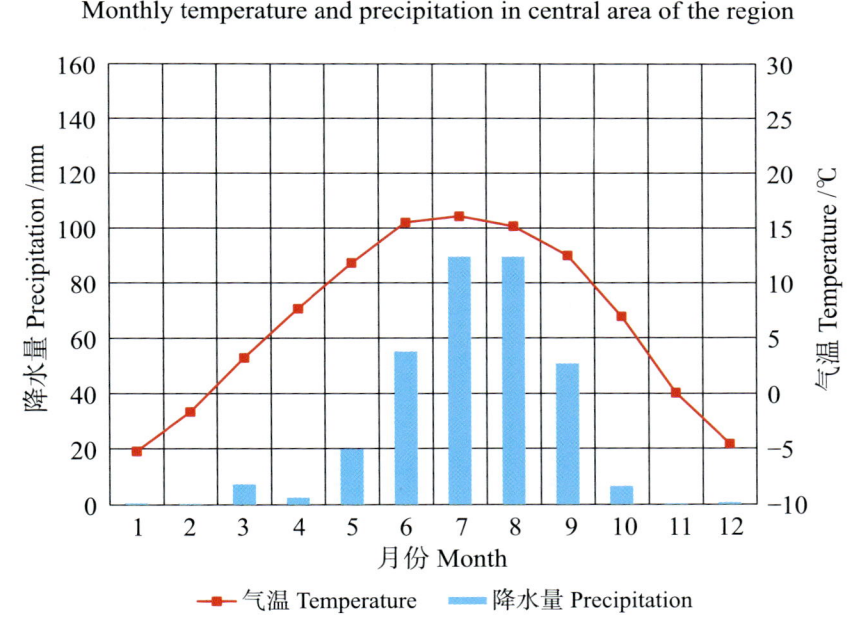

本区域中心区月平均气温与月平均降水量
Monthly temperature and precipitation in central area of the region

申扎县主要土壤类型与土壤剖面点分布图
1:840 000

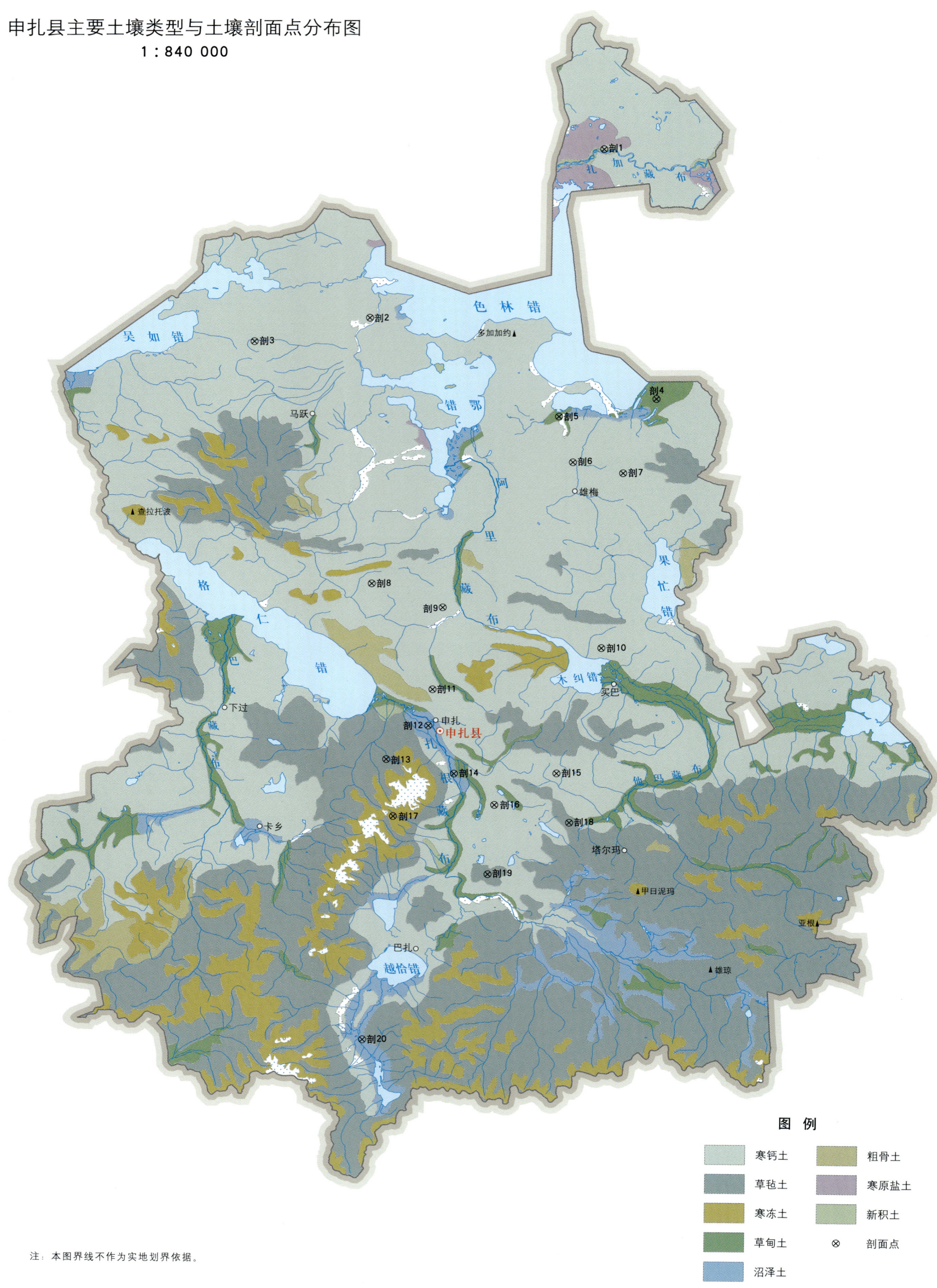

申扎县土壤剖面理化性状表

剖面号 Soil profile	土纲 Soil order	土类 Soil great group	亚类 Soil subgroup	土属 Soil genus	土层码 Layer code	土层厚度 Depth/cm	颜色 Soil color	质地 Soil texture	土壤结构 Soil structure	pH	有机质 OM/(g/kg)	全氮 TN/(g/kg)	全磷 TP/(g/kg)	全钾 TK/(g/kg)	碱解氮 AN/(mg/kg)	有效磷 AP/(mg/kg)	速效钾 AK/(mg/kg)	阳离子交换量CEC/(cmol/kg)	土壤母质 Parent material	剖面点坐标 Profile coordinate	匹配指数 Matching index/%
剖1	初育土	新积土	冲积土		1	0—15	淡灰棕色	中砾石土	无明显结构	8.8	3.4	0.26	0.69	27.0	14	5.0	103	4.4	砂砾质冲积物	E 89° 05′ 05.3″ N 32° 04′ 05.2″	75
					2	15—40	淡褐棕色	砾石土	无明显结构	8.6	5.3	0.29	1.00	25.4	17	5.0	123	5.6			
剖2	高山土	寒钙土	寒钙土	湖泥质寒钙土	1	0—10	淡褐棕色	多砾石砂土	碎粒状										湖积物	E 88° 33′ 36.7″ N 31° 44′ 34.8″	71
					2	10—19	暗褐色	中砾石砂壤土	块状												
					3	19—36	淡白色	砂壤土	无明显结构												
					4	36—100	淡黄棕色	砂砾石土	无明显结构												
剖3	高山土	寒钙土	寒钙土		A	0—13	灰棕色	砂质黏壤土	块状	7.8	27.1	1.48	0.74	29.6	111	4.0	256			E 88° 18′ 15.8″ N 31° 41′ 56.8″	72
					AB	13—28	黄棕色	砂质黏壤土	块状	7.9	18.7	1.10	0.97	29.8	81	4.3	159				
					Bk₁	28—39	棕色	砂壤土	块状	8.2	18.3	1.10	0.97	28.2							
					Bk₂	39—100	淡灰棕色	砂土		8.4	11.5	0.64	0.79	28.7							
剖4	半水成土	草甸土	草甸土		1	0—20	红棕色	粉砂砂壤土	块状	8.7	21.5	1.30	1.44	29.2	74	12.0	122	11.3	洪积物、冲积物	E 89° 11′ 33.0″ N 31° 34′ 35.8″	74
					2	20—43	暗红棕色	粉质黏土	块状	8.5	34.6	1.80	1.40	33.2	123	12.0	263	15.5			
					3	43—74	红棕色	粉质黏土	块状	8.5	35.2	1.51	>4.00	26.4							
					4	74—100	暗红棕色	少砾石黏土	块状	8.6	15.0	0.70	1.01	27.4							
剖5	半水成土	草甸土	盐化草甸土		1	0—5	灰棕色	少砾石砂质黏壤土	碎粒状										湖积物	E 88° 58′ 35.8″ N 31° 32′ 40.9″	97
					2	5—36	淡黄棕色	少砾石砂质黏壤土	碎粒状												
					3	36—56	淡灰棕色	多砾石质黏壤土	碎块状												
剖6	高山土	寒钙土	寒钙土	洪积泥砾质寒钙土	1	0—5	淡棕色	轻砾石砂壤土	无明显结构	8.5	17.3	1.01	0.66	23.1	64	7.7	234	7.0	含砾洪积物、冲积物	E 89° 00′ 22.7″ N 31° 27′ 16.6″	73
					2	5—15	淡黄棕色	轻砾石砂壤土	无明显结构	8.5	20.3	1.33	0.58	22.8	84	5.7	222	8.9			
					3	15—32	灰棕色	中砾石土	碎块状	9.0	2.3	0.46	0.41	15.8							
					4	32—105	灰棕色	中砾石土	碎块状	9.2	1.1	0.19	0.33	10.6							
剖7	高山土	寒钙土	寒钙土		1	0—10	淡灰棕色	多砾石砂质黏壤土	无明显结构	9.0	7.0	0.49	0.57	21.0	20	7.4	92	3.8	石灰岩残积物、坡积物	E 89° 07′ 01.6″ N 31° 25′ 54.8″	71
					2	10—30	暗黄棕色	砂质黏壤土	碎块状	9.0	11.2	0.78	0.70	22.8	43	7.2	192	5.9			
					3	30—45	黄棕色	多砾石砂质黏壤土	无明显结构	8.9	11.0	0.81	0.71	22.9							
剖8	高山土	寒钙土	暗寒钙土		1	0—5	灰棕色	多砾石砂质黏壤土	碎块状	8.6	14.4	0.80	0.48	28.0	59	6.0	156	6.1	页岩残积物、坡积物	E 88° 33′ 35.6″ N 31° 13′ 18.1″	87
					2	5—15	淡棕色	砾石、砂砾石砂质黏壤土	无明显结构	8.3	6.1	1.07	0.50	27.2	84	5.0	115	8.9			
					3	15—20	淡棕色	多砾石重壤土	无明显结构	8.0	25.4	1.52	0.76	29.8							
					4	20—60	淡棕色	少砾石砂壤土	碎粒状												
剖9	高山土	寒钙土	暗寒钙土		1	0—21	灰棕色	多砾石砂质黏壤土	碎块状	8.7	4.4	0.25	0.78	29.0	26	3.5	75	5.4	石灰岩残积物、坡积物	E 88° 42′ 56.2″ N 31° 10′ 23.5″	86
					2	21—79	淡棕色	砂壤土	块状	8.8	1.6	<0.10	0.75	28.3	6	1.8	40	3.5			
					3	79—100	淡棕色	砂壤土	碎粒状	8.8	1.3	<0.10	0.77	27.9							
剖10	高山土	寒钙土	暗寒钙土		1	0—17	淡棕褐色	轻砾石砂壤土	碎块状	8.0	4.8	0.36	0.48	27.2	24	6.4	83	3.3	页岩残积物、坡积物	E 89° 03′ 50.0″ N 31° 05′ 22.2″	78
					2	17—100	淡棕褐色	砂砾石砂质黏壤土	块状	8.7	5.4	0.43	0.67	26.8	20	2.8	55	4.4			
剖11	高山土	寒钙土	暗寒钙土		1	0—15	灰棕褐色	中砾石砂质黏壤土	块状	8.1	18.6	1.18	0.77	33.3	96	7.0	204	8.8	砂岩残积物、坡积物	E 88° 41′ 31.2″ N 31° 00′ 44.3″	71
					2	15—39	黑褐色	多砾石砂质黏壤土	碎块状	8.1	30.6	1.55	1.12	30.8	104	5.0	123	13.7			
					3	39—79	淡黄棕色	砂壤土	块状	8.4	4.7	0.33	0.68	31.6							
					4	79—100	淡红棕色	砂壤土	块状	8.4	2.4	0.22	0.68	31.6							
剖12	水成土	沼泽土	草甸沼泽土		1	0—25	棕色	砂壤土	碎粒状										湖积物	E 88° 40′ 55.9″ N 30° 56′ 28.7″	75
					2	25—38	灰棕色	砂质黏壤土	块状												
					3	38—57	灰灰棕色	砂壤土	无明显结构												
					4	67—75	暗棕色	砂壤土	无明显结构												
					5	75—95															

续表 Continued

剖面号 Soil profile	土纲 Soil order	土类 Soil great group	亚类 Soil subgroup	土属 Soil genus	土层码 Layer code	土层厚度 Depth/cm	颜色 Soil color	质地 Soil texture	土壤结构 Soil structure	pH	有机质 OM/(g/kg)	全氮 TN/(g/kg)	全磷 TP/(g/kg)	全钾 TK/(g/kg)	碱解氮 AN/(mg/kg)	有效磷 AP/(mg/kg)	速效钾 AK/(mg/kg)	阳离子交换量CEC/(cmol/kg)	土壤母质 Parent material	剖面点坐标 Profile coordinate	匹配指数 Matching index/%
剖13	高山土	草毡土	草毡土		1	0—9	暗灰棕色	多砾石砂壤土	屑粒状	7.3	62.4	1.76	1.28	34.6	126	5.6	160	9.7	花岗岩残积物、坡积物	E 88°35′21.1″ N 30°52′33.2″	74
					2	9—18	暗棕色	轻砾石壤土	块状	7.4	12.8	0.63	1.25	37.0	38	3.8	126	5.0			
					3	18—65	黄棕色	轻砾石壤土	无明显结构	7.6	5.0	0.29	0.98	36.5							
剖14	水成土	沼泽土	草甸沼泽土		1	0—13	灰棕色	砂壤土	碎粒状										冲积物	E 88°44′14.6″ N 30°50′47.4″	75
					2	13—25	灰棕色	砂壤土	无明显结构												
					3	25—43	灰色	砂壤土	无明显结构												
					4	43—65	灰色	砂土	无明显结构												
剖15	高山土	寒钙土	暗寒钙土		1	0—10	灰棕色	多砾石砂壤土	碎粒状	7.9	23.1	1.44	1.06	31.5	99	6.0	152	9.1	多砾石洪积物	E 88°57′46.1″ N 30°50′41.3″	71
					2	10—26	淡棕色	多砾石砂壤土	碎粒状	8.0	15.1	0.71	0.97	29.6	58	5.0	78	7.6			
					3	26—70	黄棕色	砂砾石壤土	无明显结构	7.9	8.4	0.54	0.16	25.6							
剖16	高山土	寒钙土	寒钙土		1	0—19	灰褐色	中砾石砂质素壤土	屑粒状										较薄洪积物	E 88°49′32.2″ N 30°47′03.5″	85
					2	19—80	灰棕色	砾石壤土	无明显结构												
剖17	高山土	寒冻土	寒冻土		1	0—10	淡灰棕色	重砾石土	碎粒状	7.9	7.5	0.37	1.49	37.2	19	5.9	54	4.1	砂岩残积物、坡积物	E 88°36′11.9″ N 30°45′51.8″	87
					2	10—22	灰棕色	砾石土	碎粒状	7.6	9.7	0.39	1.53	36.6	28	6.9	48	4.7			
					3	22—															
剖18	高山土	草毡土	薄草毡土		1	0—12	棕黑色	砂质黏壤土	无明显结构	8.3	112.3	3.57	1.29	32.0	256	5.5	146	20.3	石灰岩残积物	E 88°59′21.8″ N 30°44′52.8″	73
					2	12—27	黑褐色	少砾石黏土	块状	8.4	37.1	1.69	1.08	36.4	122	4.9	136	17.1			
					3	27—100	黄棕色	砂砾石土	块状	8.4	6.1	0.52	1.04	38.8							
剖19	高山土	草毡土	薄草毡土		1	0—8	暗棕色	多砾石砂质黏壤土	屑粒状	8.2	55.3	2.59	1.02	28.5	152	5.5	160	16.8	洪积物、冲积物	E 88°48′34.9″ N 30°38′52.1″	73
					2	8—21	暗棕色	多砾石砂质黏壤土	块状	8.3	60.5	3.44	1.46	27.1	183	4.5	96	20.6			
					3	21—80	灰棕色	砂砾石土	无明显结构	8.4	18.1	0.84	0.85	23.1							
剖20	水成土	沼泽土	草甸沼泽土		1	0—14	暗棕色	砂壤土	粒状	8.1	87.3	3.21	0.81	25.5	279	22.0	194	11.4		E 88°32′02.0″ N 30°19′30.0″	98
					2	14—37	暗棕色	砂壤土	碎块状	7.7	53.8	2.27	0.67	25.9	237	8.0	96	11.1			
					3	37—54	淡棕色	砂壤土	块状	7.2	89.9	3.36	0.92	25.7							
					4	54—76	淡棕色	砂土	无明显结构	7.3	40.9	1.40	0.79	28.5							

索 县

主要土类说明

黑毡土是索县主要土壤类型，占本县地域面积的46%。该土在本县各乡镇都有分布，全县所有农耕地几乎都分布在黑毡土中。在本县北部和西北部，黑毡土分布上界线为海拔4600m左右，分布下界线直达河谷底部，海拔在4000m左右；而在本县的南部、东南部怒江谷地，黑毡土的分布上界线为海拔4600m，在河谷阴坡，分布下界线是海拔4400m，在阳坡地带，黑毡土分布可直达谷底，为海拔4000m左右。黑毡土分布于林线之上、草毡土之下的中海拔地带，气候比较温和湿润（与草毡土所处气候条件相比而言）。植被类型为亚高山草甸植被，其组成比较复杂，接近草毡土地带的植被，以苔草、小嵩草为主，但其中委陵菜等杂草比例增大。坡度比较陡峭的河谷山地中，植被中夹杂着灌丛植被，灌丛盖度在40%以上，灌丛种类有柏灌、金露梅、银露梅、三棵针、黄刺玫等，还可见到杜鹃灌丛。越接近西北部，灌丛越低矮，以柏灌为主；越接近东南部，灌丛越高大。怒江北岸山地中下部，还着生有藏柳、桦等为主的高大林木。在不同植被之下，发育着黑毡土各亚类土壤。黑毡土的成土母质主要为有各类岩性的残积物、坡积物、洪积物和冲积物等。本县耕地多分布于后几种土层较深厚的松散的母质上。黑毡土成土过程主要表现在有明显的腐殖质积累作用和氧化还原作用。由于黑毡土所处海拔低，气候比草毡土所处位置温暖湿润，植物生长期长，土壤冻结时间比草毡土短两个月左右。土壤微生物数量较多，活动频繁，腐殖质积累和分解量都比草毡土强一些，所形成的草毡层较厚，较松，韧性强，腐殖质土层有机质含量也较高，色暗。土壤剖面表层中铁锰高价氧化物被还原为低价氧化物，淋溶至土体中部后，又被氧化成高价氧化物而淀积于土壤结构面上，形成锈纹锈斑，并有灰色有光泽的腐殖质胶膜。底土层的棕色较鲜艳。

草毡土是索县第二大土壤类型，占本县地域面积的37%。草毡土在全县各乡均有分布，主要分布于海拔4600—4700m或以上的山顶部位，其分布上界线是海拔5000m，上接寒冻土，下连黑毡土。草毡土发育形成于藏北高原东部较寒冷半湿润的地带内，或较温暖湿润地带的高海拔部位。植被类型以小嵩草、苔草为主，在地表形成草毡，中间有少量菊科植物如绿绒蒿等。随海拔升高，垫状植物出现的比重增加。越接近寒冻土，植被盖度越低，而海拔低处，盖度较高，总平均盖度在70%以上，草毡土的成土母质多数为残积物、坡积物，成土母岩有花岗岩类、砾岩类、页岩和片岩类，成土母质的特点是质地粗松，砾石含量大。草毡土成土过程的主要特点是有明显的腐殖质积累作用和氧化还原作用。前者为较强的生草腐殖质积累作用。夏半年气温高，降水多，植物生长茂密，有较多的植物残体进入土壤；冬半年气温低，寒冷漫长，土壤冻结，微生物活动弱，植物残体分解慢，多以未分解或半分解的状态累积于土壤中，因而土壤中有机物的累积大于分解，形成活根与死根相互交织的连片草皮。其有机质含量在10%以上，向下各层逐渐减少。后者是由于大气降水和融冻水浸润引起的，一是形成剖面中的暗色层结构（第二层颜色较深，有不明显的层片状结构，但质地较黏重的，层片状结构明显）；二是造成铁、锰等元素的还原活化和迁移条件，由于亚铁离子的增加，一部分代换性离子被置换出来，增加了钙、钾的淋失。草毡土的剖面，各土层分化明显，草毡层厚度为7—15cm，呈暗棕色，多根系；第二层是腐殖质暗色层，厚度为10—20cm，同样呈暗棕色，植物根系明显少于上层，此土层砾石含量一般比第一层高，有机质含量低于第一层；再下是过渡层和母质层，质地粗，砾石含量大，颜色浅于上两层，呈淡棕色或浅黄棕色，全剖面土层水分含量低。

寒冻土是索县第三大土壤类型，占本县地域面积的10%，分布海拔在4900—5000m，甚至更高，其上部与永久积雪相接，下部岩屑堆积成倒石堆，是全县土壤垂直分布位置最高的土壤，也是脱离冰川和永久积雪影响最晚、成土年龄最短的土壤类型。寒冻土分布区地势高亢，气候严寒，风大，植物种类极少，只有一些极耐寒的地衣、苔状蚤缀、红景天、雪莲、绿绒蒿等极稀疏地生长在岩缝中，盖度仅为1%—2%，极少见到动物活动。其成土母质是各类岩性残积物、坡积物，如花岗岩、砂岩、页岩等的残积物、坡积物。在高海拔的低温环境中，岩石风化程度低，岩屑粗，细粒少，质地粗。寒冻土在成土过程中，寒冻作用对成土影响很大，而有机质积累和分解都极其缓慢微弱，对成土所起的作用极其微小。成土年龄短、成土过程弱、成土过程容易中断是寒冻土的主要成土特点。寒冻土土层浅薄，地表多角状碎石，土壤粗骨性强，少量细土粒随冻融水聚积在岩石缝隙中，地表因频繁交替的冻融而形成砾幂，土层内也因冻融作用而形成不明显的层片状结构（因质地粗而不明显）。夏日表土的夜冻昼融，氧化还原环境频繁交替，低价铁锰氧化物氧化成高价氧化物，沉积于表土结构面上，故表土层常可见到锈斑。表土层因水分状况好，且又常年处于冰冻嫌气还原环境中，低价铁锰氧化物将底土层染成灰棕色，有潜育特征。寒冻土地表特征是植被稀疏，多砾石，土层浅薄，剖面发育不明显，为 A-C 型构型，腐殖质层（A 层）发育差，植被根系极少，颜色为黑灰色，潮湿，底土层呈深灰色至黑灰色，半冻结，由于质地粗看不出结构。剖面总厚度 60cm，海拔越高，其剖面形态发育越原始；海拔越低，发育程度越高。

暗棕壤占索县地域面积的 5%，主要分布于怒江谷地，坡度较陡，只有小面积分布于河谷阶地上。成土母质为残积物、坡积物、洪积物、冲积物。分布区气候条件是夏季温暖多雨，冬季寒冷干旱，干湿季节分明，降水主要集中于 5—9 月，年降水量超过 600mm 或更多。植被类型较多，山地阴坡生长有杉、松等高大乔木，阳坡以柏、栎等为主，间有灌丛。土层薄的地带，只生长一些矮灌和草类，比较平坦的山麓坡积裙、洪冲积阶地上，已开辟为耕地，种植小麦、青稞等作物。暗棕壤的成土过程主要包括腐殖质积累和淋溶棕化作用。随着地表植被种类不同，有机质积累的强度也有所不同。地表以草本植被为主的地带，腐殖质积累作用为生草有机质积累，而以森林植被为主地带，则为森林腐殖质积累。淋溶棕化作用也因地表植被不同而各有强弱，以草、小灌丛为主要植被地带，淋溶棕化强度弱，而森林植被以松杉为主，枯枝落叶分解后，产生的有机酸较强，因此淋溶棕化作用也强。

小于本县地域面积 3% 的土壤类型还有粗骨土等。

本区域中心区气候特征

本区域中心区气候特征值
Regional climate characteristics in central area of the region

气候带：高原亚温带亚湿润气候 Climate region: Plateau sub temperate sub humid climate	
年平均气温 /℃ Annual average temperature /℃	2.7
年平均最高气温 /℃ Annual average maximum temperature /℃	10.7
年平均最低气温 /℃ Annual average minimum temperature /℃	-3.7
年降水量 /mm Annual precipitation /mm	463
≥10℃的积温 /℃ Daily temperature accumulated in a year（≥10℃）/℃	1987
年日照时数 /h Annual sunshine /h	2672
年平均相对湿度 /% Annual average relative humidity /%	55
干燥度 Dryness	1.64

本区域中心区月平均气温与月平均降水量
Monthly temperature and precipitation in central area of the region

索县主要土壤类型与土壤剖面点分布图

1:480 000

图 例
- 黑毡土
- 草毡土
- 寒冻土
- 暗棕壤
- 粗骨土
- ⊗ 剖面点

注：本图界线不作为实地划界依据。

索县土壤剖面理化性状表

剖面号 Soil profile	土纲 Soil order	土类 Soil great group	亚类 Soil subgroup	土层码 Layer code	土层厚度 Depth/cm	颜色 Soil color	质地 Soil texture	土壤结构 Soil structure	pH	有机质 OM/(g/kg)	全氮 TN/(g/kg)	全磷 TP/(g/kg)	全钾 TK/(g/kg)	阳离子交换量CEC/(cmol/kg)	土壤母质 Parent material	剖面点坐标 Profile coordinate	匹配指数 Matching index/%
剖1	高山土	黑毡土	薄黑毡土	1	0—26	淡黄棕色	轻壤土	屑粒状	7.1	41.1	2.45	1.61	26.6	12.1	洪积物、冲积物	E 93° 52′ 57.0″ N 31° 56′ 15.7″	71
				2	26—56	黄棕色	轻壤土	块状	7.9	17.3	1.26	1.15	28.6	10.7			
				3	56—71	灰棕色	轻壤土	块状	8.3	15.7	1.19	1.31	25.8				
				4	71—110	灰棕色	砂砾石土		8.8	10.2	0.97	1.34	25.8				
剖2	高山土	黑毡土	薄黑毡土	1	0—11	灰棕色	轻壤土	屑粒状	8.4	52.4	3.16	1.26	30.8	13.8	洪积物、冲积物	E 93° 48′ 08.3″ N 31° 52′ 14.9″	72
				2	11—39	黄灰棕色	轻壤土	碎块状	8.3	27.8	2.34	1.06	38.6	13.9			
				3	39—100	黄棕色	中壤土	碎块状	9.2	9.0	1.52	1.19	33.2				
剖3	高山土	草毡土		1	0—12	灰棕色	轻壤土	屑粒状	6.7	180.1	>6.00	1.82	30.8	32.9	残积物、坡积物	E 93° 45′ 13.7″ N 31° 51′ 50.0″	82
				2	12—25	黄灰棕色	轻壤土	碎块状	7.6	35.4	1.93	1.24	24.6	20.6			
				3	25—70	黄棕色	砾石土		8.3	16.0	0.91	1.19	26.2				
剖4	高山土	草毡土		1	0—6	暗棕色	轻壤土	屑粒状	5.6	98.8	4.77	1.93	27.8	15.2	残积物、坡积物	E 94° 16′ 43.3″ N 31° 47′ 52.4″	79
				2	6—11	淡棕色	轻壤土		5.9	100.0	4.79	1.93	28.2	16.9			
				3	11—34	黄棕色	砂壤土	碎块状	6.5	23.2	1.67	1.23	33.2				
				4	34—52	黄棕色	砂壤土	碎块状	6.6	25.8	1.71	1.34	32.8				
				5	52—70	棕灰色	砂壤土										
剖5	高山土	黑毡土		1	0—9	暗棕色	轻壤土	屑粒状	8.1	41.8	2.38	1.29	32.0	9.6	洪积物、冲积物	E 93° 50′ 07.4″ N 31° 47′ 26.2″	83
				2	9—21	暗棕色	轻壤土	碎块状	8.6	42.1	2.49	1.40	33.6	10.4			
				3	21—37	淡棕色	砂壤土	碎块状	8.6	23.2	1.60	1.21	34.4				
				4	37—61	棕灰色	砂土	碎块状	8.8	7.7	0.79	1.09	36.0				
				5	61—90	黄灰色	砾石土										
剖6	高山土	黑毡土	薄黑毡土	1	0—26	暗棕色	轻壤土	屑粒状	8.4	25.6	2.41	1.22	28.2	11.8	洪积物、冲积物	E 93° 43′ 43.7″ N 31° 46′ 40.4″	71
				2	26—56	灰黄棕色	轻壤土	碎块状	8.6	25.8	1.73	1.07	28.5	12.5			
				3	56—71	暗棕色	轻壤土	碎块状	8.6	20.7	1.58	1.21	27.2				
				4	71—110	棕灰色	轻壤土	碎块状	8.8	45.0	1.34	1.15	27.6				
剖7	高山土	黑毡土	棕黑毡土	1	0—13	暗棕色	轻壤土	碎块状	8.4	20.9	2.34	1.08	27.8	13.9	残积物、坡积物	E 94° 19′ 48.7″ N 31° 44′ 07.8″	71
				2	13—30	暗棕色	轻壤土	碎块状		17.3	1.24	1.53	23.6	10.5			
				3	30—52	暗棕色	轻壤土	碎块状		17.3	1.04	1.44	24.0				
				4	52—100	暗棕色	轻壤土	碎块状	4.6	17.3	1.04	1.50	25.0				
剖8	高山土	黑毡土		1	0—10	棕色	轻壤土	粒状		155.4	>6.00	1.87	20.2	25.9	洪积物、冲积物	E 94° 16′ 56.6″ N 31° 42′ 26.3″	79
				2	10—30	棕色	轻壤土	块状	6.9	85.7	3.99	2.04	30.8	21.2			
				3	30—45	灰色	中壤土	碎块状	7.1	51.0	2.33	1.74	33.6				
				4	45—65	灰色	砾石土		7.6	17.2	1.03	0.97	35.6				
剖9	高山土	黑毡土		1	0—5	黄棕色	轻壤土	屑粒状		50.9	2.71	1.95	29.0	13.3	洪积物、冲积物	E 94° 30′ 46.8″ N 31° 40′ 46.9″	82
				2	5—16	暗黄棕色	轻壤土	碎块状		50.9	2.84	1.71	27.1	15.0			
				3	16—32	黑棕色	轻壤土	粒状		37.4	2.02	1.44	24.4				
				4	32—74	灰棕色	砾石土	碎块状		11.0	0.73	0.93	26.4				
剖10	高山土	黑毡土	棕黑毡土	1	0—9	淡灰棕色	轻壤土	屑粒状	6.9	67.2	3.36	1.44	33.6	12.6	残积物、坡积物	E 94° 20′ 33.4″ N 31° 40′ 19.6″	90
				2	9—25	淡黄灰色	轻壤土	屑粒状	7.1	22.9	1.58	1.54	33.8	8.8			
				3	25—48	暗黄棕色	轻壤土	碎块状	7.6	6.5	0.80	1.08	35.6				
				4	48—70	黄棕色		粒状	7.8	8.6	0.98	1.41	38.4				

续表 Continued

剖面号 Soil profile	土纲 Soil order	土类 Soil great group	亚类 Soil subgroup	土层码 Layer code	土层厚度 Depth/cm	颜色 Soil color	质地 Soil texture	土壤结构 Soil structure	pH	有机质 OM/(g/kg)	全氮 TN/(g/kg)	全磷 TP/(g/kg)	全钾 TK/(g/kg)	阳离子交换量CEC/(cmol/kg)	土壤母质 Parent material	剖面点坐标 Profile coordinate	匹配指数 Matching index/%
剖11	高山土	黑毡土	棕黑毡土	1	0—10	棕色	轻壤土		5.9	232.6	>6.00	1.92		33.0		E 93° 50′ 06.4″ N 31° 39′ 36.0″	71
				2	10—25	灰棕色	轻壤土	碎块状	5.9	115.4	5.96	2.28		24.9			
				3	25—40	灰棕色	轻壤土	片状	6.4	86.2	4.46	2.50					
				4	40—50	棕色	轻壤土	粒状	6.5	43.2	2.60	2.32					
				5	50—100	灰棕色	砾石土		6.6	15.1	1.24	0.93					
剖12	高山土	黑毡土	黑毡土	1	0—15	灰色	轻壤土	粒状	7.2	43.0	2.63	1.45	35.6	10.0	洪积物、冲积物	E 94° 23′ 42.0″ N 31° 36′ 07.6″	84
				2	15—25	深棕色	轻壤土	核块状	7.6	27.0	1.99	1.44	36.0	8.9			
				3	25—40	深灰色	砾石土	块状	7.9	12.4	1.18	1.18	32.0				
				4	40—80	棕灰色	中壤土	碎块状	8.1	23.0	1.49	1.82	30.8				
剖13	高山土	黑毡土	黑毡土	1	0—15	灰棕色	轻壤土	粒状	6.9	69.3	3.33	1.93	28.4	15.2	残积物、坡积物	E 94° 38′ 33.4″ N 31° 35′ 46.0″	77
				2	15—25	深棕色	中壤土	碎块状	7.2	59.3	3.06	1.90	27.6	14.4			
				3	25—45	灰棕色	中壤土	块状	6.8	38.8	2.17	2.04	28.2				
				4	35—60	灰棕色	砾石土		7.1	7.4	0.65	0.84	31.6				
剖14	高山土	黑毡土	黑毡土	1	0—15	棕色	中壤土	粒状		82.0	4.29	>4.00	29.4	17.8	洪积物、冲积物	E 94° 31′ 28.9″ N 31° 34′ 49.4″	86
				2	15—30	棕色	砾石土	碎块状	6.6	57.0	3.09	>4.00	31.2	19.5			
				3	30—50	暗棕色	中壤土	核块状	7.1	63.4	2.52	2.84	32.0				
				4	50—80	棕灰色	砾石土		7.6	12.3	0.93	1.91					
剖15	高山土	寒冻土	寒冻土	1	0—3	棕色	中壤土	粒状	6.8	10.5	0.94	1.65	34.0	2.2	残积物、坡积物	E 94° 38′ 59.3″ N 31° 32′ 01.3″	70
				2	3—7	深棕色	砾石土	碎块状	7.1	10.2	0.94	1.58	33.4	3.0			
				3	7—35	深灰色	中壤土	块状	7.2	10.6	0.85	1.46	32.0				
				4	35—60	黑灰色	砾石土		6.3	9.3	0.82	1.54	31.4				
剖16	高山土	黑毡土	黑毡土	1	0—15	棕灰色	中壤土	核块状	8.4	20.7	1.89	1.57	26.6	11.6	残积物、坡积物	E 94° 31′ 59.2″ N 31° 32′ 00.2″	71
				2	15—30	黄棕色	轻壤土	片状	8.7	17.5	1.02	1.36	25.2	9.1			
				3	30—50	灰棕色	轻壤土	块状	8.4	21.0	1.57	1.63	28.0				
				4	50—70	黄棕色	轻壤土	核块状	8.4	20.5	0.89	1.13	23.6				
剖17	高山土	黑毡土	黑毡土	1	0—22	棕色	轻壤土		8.5	34.1	2.03	1.04	22.2	13.3	残积物、坡积物	E 94° 37′ 42.6″ N 31° 30′ 51.8″	79
				2	22—45	灰棕色	轻壤土	粒状	9.0	14.2	1.09	1.41	23.2	9.7			
				3	45—100	黄棕色	轻壤土		9.1	5.1	0.44	1.24	22.2				
剖18	高山土	薄黑毡土	薄黑毡土	1	0—10	棕色	多砾石轻壤土		6.0	>250.0	>6.00	2.42	16.8	43.2	残积物、坡积物	E 94° 46′ 53.8″ N 31° 30′ 54.7″	86
				2	10—20	棕色	多砾石轻壤土		5.6	187.7	>6.00	2.92	24.8	29.6			
				3	20—35	灰棕色	多砾石轻壤土	碎块状	5.7	108.5	5.43	3.22	26.2				
				4	35—60	棕灰色	中壤土		6.6	10.5	0.96	1.13	30.8				
剖19	高山土	黑毡土	黑毡土	1	0—24	灰棕色	砾石土	屑粒状	8.7	20.5	1.26	1.49	29.2	8.6	残积物、坡积物	E 94° 43′ 15.6″ N 31° 30′ 36.4″	73
				2	24—53	黄棕色	轻壤土	块状	8.8	10.9	0.86	1.44	31.0	7.4			
				3	53—100	暗棕色	轻壤土	碎块状	9.0	8.3	0.79	1.39	31.2				
剖20	高山土	黑毡土	棕黑毡土	1	0—1	棕黑色	轻壤土	屑粒状	6.5	83.4	4.13	2.70	24.6	19.6	残积物、坡积物	E 94° 40′ 59.2″ N 31° 32′ 00.2″	72
				2	1—15	暗灰棕色	轻壤土	碎块状	6.9	39.6	2.15	2.30	27.0	12.2			
				3	15—34	灰棕色	轻壤土	屑粒状	7.4	9.1	0.75	1.20	29.8				
				4	34—76	灰白色	轻壤土	块状	6.7	94.9	5.00	1.68	29.2	18.1			
剖21	高山土	黑毡土	棕黑毡土	1	0—10	灰棕色	轻壤土	屑粒状	7.4	32.4	2.38	1.43	31.4	12.1	残积物、坡积物	E 94° 38′ 52.8″ N 31° 27′ 19.1″	71
				2	10—30	灰棕色	轻壤土	碎块状	>9.5	16.3	1.43	1.13	30.0				
				3	30—45	灰棕色	中壤土	碎块状	8.4	12.1	1.23	1.01	28.8				
				4	45—90	灰棕色	砾石土	碎块状	8.6	11.8	1.18	1.14	29.4				
				5	90—105	黄棕色	砾石土	碎块状	8.7	6.6	1.01	1.08	28.8				
				6	105—120												

续表 Continued

剖面号 Soil profile	土纲 Soil order	土类 Soil great group	亚类 Soil subgroup	土层码 Layer code	土层厚度 Depth/cm	颜色 Soil color	质地 Soil texture	土壤结构 Soil structure	pH	有机质 OM/(g/kg)	全氮 TN/(g/kg)	全磷 TP/(g/kg)	全钾 TK/(g/kg)	阳离子交换量 CEC/(cmol/kg)	土壤母质 Parent material	剖面点坐标 Profile coordinate	匹配指数 Matching index/%
剖22	高山土	草毡土	草毡土	1	0—8	棕色	轻壤土		5.7	237.1	>6.00	2.18	25.4	27.3	残积物、坡积物	E 94°23′26.9″ N 31°23′06.7″	71
				2	8—15	灰棕色	中壤土	碎块状	5.5	118.5	5.88	2.42	29.4	20.1			
				3	15—25	棕褐色	中壤土	棱块状	5.9	44.4	2.30	1.62	32.8				
				4	25—60	灰棕色	砾石土		6.3	21.7	1.21	1.33	31.7				

班 戈 县

主要土类说明

寒钙土是班戈县主要土壤类型，占本县地域面积的 44%，集中分布于本县西北部、中部南羌塘高原北部宽谷湖盆区。寒钙土是在高原较寒冷、半干旱的气候条件下发育的水平地带性土壤，月平均气温为低于零度的月份是 10 月至翌年 4 月，土壤冻结时间长达半年。地表植被以禾本科针茅为代表，盖度在 60% 以下。成土母质为多种岩性的残积物、洪积物、坡积物、冲积物、湖积物和风积物等，质地一般较粗，含有多量砾石，有的母质如风积物、湖积物中含有较多的碳酸钙。寒钙土的成土过程主要表现在腐殖质积累作用和钙积作用。剖面形态特征：表层为不足 10cm 腐殖土层，呈浅棕色，较松，具少量粒状结构；第二层黄棕色，稍紧，一般无结构；底土层灰白色无结构。全剖面质地粗，含砾石多，土层厚度视母质不同而异，残积、坡积母质土壤，剖面厚度多在 50cm 以内；其他松散母质土壤，剖面厚度可达 100cm。母质层中有时可见到钙积现象，如砾石背面有石灰膜、土层中有假菌丝体等。一般剖面表层及第二层无石灰反应，或石灰反应较弱，越向下石灰反应越强烈。成土母质含钙多的土壤，如湖积寒钙土，从表层土壤开始，各层石灰反应都很强烈。

草毡土是班戈县第二大土壤类型，占本县地域面积的 30%，主要分布于德庆镇、新吉乡的山地。草毡土所处环境的温度、降水量条件都适宜小嵩草、苔草为主的高山草甸植被生长。在温度较低、湿度较大的山地，高山草甸植被组成单一，下部较少有垫状植物分布，随着海拔升高，垫状植物在植被中所占比例增大。而在德庆镇南面的宽谷中，由于海拔低，南北均有高山，局部气温较高，蒸发量加大，高山草甸植被仍以小嵩草、苔草为主，但植被盖度略偏小，并有少量针茅等禾本科杂草侵入，有草原化趋势。山地的高山草甸植被生长好，盖度大。草毡土的成土母质有残积物、坡积物，也有洪积物和冲积物，局部还有冰碛物。草毡土的成土过程有明显的腐殖质积累作用和氧化还原作用。草毡土的剖面都发育有草毡层、腐殖质暗色土层、母质层，各层分化明显，草毡层因亚类土壤不同而厚度不同，一般厚度范围为 7—15cm，而高山湿草甸土表层可厚 20cm。表层多植物根系，根系干重与土石比为 0.12。草毡土下的腐殖质暗色土层厚度为 10—20cm，根系少，砾石含量高于表层，向下为过渡层和母质层，根系少，质地粗。各层土壤颜色以表层最深，呈暗棕色，第二层一般为暗棕色，但比第一层稍浅，过渡层、母质层一般为淡黄棕色或黄棕色。

草甸土是班戈县第三大土壤类型，占本县地域面积的 6%。草甸土是半水成土壤，在本县多分布于河流两岸低阶段和湖泊周围较高处，地下水丰富，潜水位为 1—3m 或更浅，地下水直接参与成土作用。成土母质为洪积物、冲积物及湖积物，湖积物中往往含有各种盐分。地表植被一般为大嵩草、小嵩草和苔草等，北部湖泊周围草甸植被种类有苔草、早熟禾等。大嵩草、小嵩草和苔草为主的草甸植被，盖度可达 90% 以上，而北部湖积物上的草甸植被，盖度和草产量都比较低。草甸土的成土过程主要表现在两个方面：有机质的积累和草根盘结层的形成、季节性氧化还原和锈斑的形成。剖面表层为草根盘结层，厚度为 15—20cm，呈暗棕色；第二层为腐殖质土层，颜色稍浅；以下为心土层和母质层，母质层受地下水经常影响，形成蓝灰色或蓝黑色的潜育层。剖面上层土层有锈纹锈斑，有时潜育层内也可见到大块黄色锈斑。表层土壤为屑粒状结构，结构较强，第二层粒状结构较少，向下则由于水浸润而无结构。

寒冻土占班戈县地域面积的 3%，以本县南部的念青唐古拉山区分布最为集中。寒冻土是脱离冰川影响最晚、成土年龄最短的一种土壤，分布于高海拔的山顶部位，如位于本县念青唐古拉山西北坡的寒冻土分布于海拔 5500—5600m 或以上；位于新吉乡的念青唐古拉山西段北坡的寒冻土分布于海拔 5400m 以上；位于班戈县城以南山地的寒冻土也分布在海拔 5400m 以上。其上部更高处是永久积雪和冰川，其下部岩屑堆积，冻融石流广布分布区地势高亢，气候严寒，风大，植物种类极稀少，只见到耐寒的低等地衣、红景天、雪莲、绿绒蒿等生长于岩石缝隙中，稍下部位有少量垫状蚤缀零星分布于地表，植被盖度为 1%—2%，最多不超过 5%，极少见到动物活动。成土母质为各类岩性的残积物、坡积物，如花岗岩、砂岩、页岩等的风化残积物、坡积物。在高海拔、低温、冰冻环境下，岩石经风化，岩屑颗粒粗，细粒少，地表常因冻融交替布满砾石，形成岩幂，而一些细碎土粒，随融冻水流渗透到岩隙中，形成表层为岩石覆盖下的细粒的特殊土壤层次。寒冻土因植被稀疏，由植物参与的土壤有机质的积累作用极其缓慢微弱，有机质积累作用对成土所起的作用十分微小，但在有植物生长的土层中，有机质积累作用还是较强的，对寒冻土的局部成土起到一定作用。冻融作用对大范围的寒冻土成土来讲，所起的作用很大，影响较深，成土过程以物理风化占主导地位。寒冻土地表植被稀疏，多砾石，土层浅薄，剖面发育程度低，构型为A-C型，腐殖质层（A层）发育差，植物根系稀少，颜色为浅棕色，湿润，底土层为母质层，浅棕色，有潜育化特征，呈半冻结状态，微见层片状结构。土壤通体质地粗，且上层粗于下层，剖面厚度10—30cm。

沼泽土占班戈县地域面积的3%，主要分布于本县中部、南部宽谷近河洼地及北部湖滨洼地中。沼泽土是一种隐域性的水成土壤，靠近河、湖，土壤过湿或有时没于水中，土壤水分经常处于饱和或过饱和状态中。排水不畅的河湖漫滩低地汇集、滞留的季节性降水和暂时性地表径流，或是地下水位过高溢出地表，或地下存在冻层阻止土壤水分下渗所造成的地表长期积水，都是沼泽土形成的主要成土条件。在以上多水地带地表生有较耐水湿的大嵩草、苔草、眼子菜、毛茛、蓼类等中湿生植物，生长繁茂，积累有机质较多。成土母质主要有洪积物、冲积物和湖积物等松散母质。成土过程主要表现在有机质积累和氧化还原及潜育化等。有机质积累主要集中于土体上部。由于成土条件中水分状况的差异，土壤上层有机质积累形成有泥炭、腐殖质土层和腐殖质草根层。沼泽土长期处在水分饱和或过饱和状况下，铁锰氧化物还原为低价铁锰氧化物，将土层染成蓝灰色，形成潜育层，是沼泽土的诊断土层。全剖面都呈现潜育特征。因季节性水位有升降变化，有时上部土层处于氧化环境中，而使低价铁、锰发生氧化，在上层土壤的结构面上形成锈纹锈斑，潜育层内有时也会也现较大块的锈纹锈斑。沼泽土剖面特征随成土条件各异。泥炭沼泽土表层是厚度小于50cm的泥炭层，下为腐泥层和潜育层，泥炭层内有时可见到锈纹锈斑。草甸沼泽土由于地下水位下降或地下水位稍低，表层土壤常处于还原状态而无潜育现象，有锈纹锈斑，表土层之下为潜育层，潜育层内也可见到锈色斑块。盐化沼泽土由于地下水含盐分较多，在成土过程中富集于地表，地表可出现白色盐霜，盐分不利地表植被生长，使之盖度稍低，但仍大于其他类型土壤植被盖度。

小于本县地域面积3%的土壤类型还有寒原盐土、冷棕钙土、粗骨土、新积土和风沙土等。

本区域中心区气候特征

本区域中心区气候特征值
Regional climate characteristics in central area of the region

气候带：高原亚寒带亚干旱气候 Climate region: Plateau sub frigid sub arid climate	
年平均气温 /℃ Annual average temperature /℃	5.1
年平均最高气温 /℃ Annual average maximum temperature /℃	13.2
年平均最低气温 /℃ Annual average minimum temperature /℃	−1.8
年降水量 /mm Annual precipitation /mm	356
≥10℃的积温 /℃ Daily temperature accumulated in a year（≥10℃）/℃	2970
年日照时数 /h Annual sunshine /h	2999
年平均相对湿度 /% Annual average relative humidity /%	46
干燥度 Dryness	4.84

本区域中心区月平均气温与月平均降水量
Monthly temperature and precipitation in central area of the region

班戈县主要土壤类型与土壤剖面点分布图
1:940 000

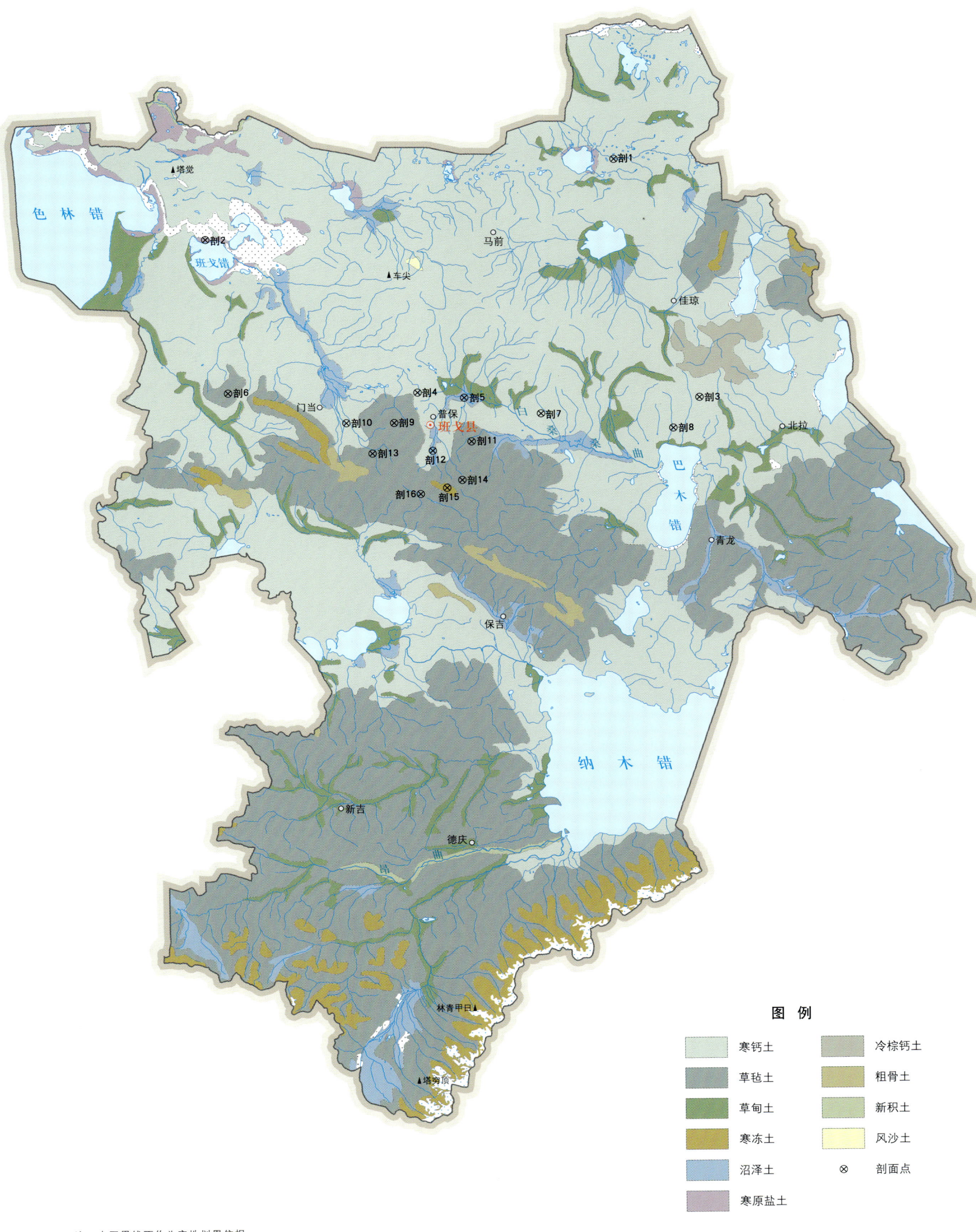

班戈县土壤剖面理化性状表

剖面号 Soil profile	土纲 Soil order	土类 Soil great group	亚类 Soil subgroup	土属 Soil genus	土层码 Layer code	土层厚度 Depth/cm	颜色 Soil color	质地 Soil texture	土壤结构 Soil structure	pH	有机质 OM/(g/kg)	全氮 TN/(g/kg)	全磷 TP/(g/kg)	全钾 TK/(g/kg)	碱解氮 AN/(mg/kg)	有效磷 AP/(mg/kg)	速效钾 AK/(mg/kg)	阳离子交换量 CEC/(cmol/kg)	土壤母质 Parent material	剖面点坐标 Profile coordinate	匹配指数 Matching index/%
剖1	高山土	寒钙土	盐化寒钙土	风积淡寒钙土	1	0—10	黄棕色	砂壤土	碎粒状	9.3	9.1	0.63	0.81	23.2				4.2	洪积物、冲积物	E 90°25′11.3″ N 31°57′11.2″	73
					2	10—21	淡黄棕色	砂壤土	块状	>9.5	8.9	0.68	0.87	25.7				5.5			
					3	21—44	暗黄棕色	轻壤土	块状	>9.5	5.8	0.61	0.86	29.0							
					4	44—100	暗黄棕色	轻壤土	块状	>9.5	4.5	0.59	0.75	30.6							
剖2	盐碱土	寒原盐土	寒原草甸盐土		1	0—17	黄棕色	中壤土	碎粒状	>9.5	2.7	0.30	0.67	17.8				3.9	湖积物	E 89°27′49.3″ N 31°45′44.6″	73
					2	17—21	淡灰棕色	中壤土	块状	9.3	10.0	0.65	0.13	31.1				9.2			
					3	21—100	淡黄棕色	砂砾质土	块状	9.2	9.0	0.74	0.14	33.6							
剖3	高山土	寒钙土	寒钙土		1	0—7	淡棕色	砂砾石土		8.3	16.5	0.85	0.59	21.2				5.0	残积物、坡积物	E 90°37′51.1″ N 31°27′34.9″	83
					2	7—33	淡棕色	砂土		8.4	10.3	0.67	0.54	19.7				4.9			
					3	33—63	淡棕色			8.6	4.5	0.38	0.50	7.8							
					4	63—75	淡棕色			8.4	6.9	0.46	0.77	13.2							
剖4	高山土	寒钙土	暗寒钙土		1	0—5	淡黄色	轻壤土	屑粒状	7.9	29.1	1.81	1.02	29.6				9.5	洪积物、冲积物	E 89°58′15.2″ N 31°27′23.0″	73
					2	5—23	黄棕色	轻壤土	屑粒状	7.9	20.4	1.47	1.01	29.8				9.1			
					3	23—58	黄白色	砾石土		8.6	2.7	0.24	0.58	31.1							
					4	58—100	黄白色	砾石土		7.9	3.0	0.17	0.60	30.8							
剖5	水成土	沼泽土	泥炭沼泽土		1	0—13	淡棕色	轻壤土	屑粒状	8.4	126.5	5.45	1.55	19.2				22.0	冲积物	E 90°04′50.9″ N 31°26′53.2″	95
					2	13—24	棕色	轻壤土	屑粒状	8.5	114.1	4.69	1.43	21.6							
					3	24—56	灰黄棕色	轻壤土		8.5	75.6	3.00	1.21	21.4							
					4	56—70	灰黄棕色	砂砾石土		8.5	17.9	0.79	0.73	21.4							
剖6	草毡土	草毡土	薄草毡土	洪积泥砾质寒钙土	As	0—8	灰棕色	砂质黏壤土	屑粒状	7.5	52.5	2.70	1.13	28.8	206	7.0	290	14.6	洪积物、冲积物	E 89°31′38.3″ N 31°26′40.6″	73
					AC	8—32	棕色	砂质壤土	块状	7.9	28.8	1.66	1.22	28.8	131	4.0	130	8.1			
					C	32—54	棕色	砂质黏壤土	块状	7.8	16.8	0.97	1.23	31.2							
						54—79	亮棕灰色	壤质砂土	粒状	8.2	6.5	0.40	1.51	29.2							
剖7	高山土	寒钙土	寒钙土	洪积泥砾质寒钙土	1	0—7	灰白色	砂质壤土	屑粒状	7.7	30.5	1.70	0.81	27.9	66	7.0	157	5.0	洪积物、冲积物	E 90°15′41.4″ N 31°25′08.8″	73
					2	7—42	灰棕色	壤质土	块状	7.9	13.8	0.87	0.82	28.3	38	5.0	87	4.9			
					3	42—75	灰白色	砂砾石土	块状	8.5	4.5	0.41	0.65	29.2							
剖8	高山土	寒钙土	寒钙土		A	0—7	暗棕色	重砾质砂壤土	块状	8.2	16.5	1.38	0.59	21.2	309	7.0	200	15.6	洪积物、冲积物	E 90°34′19.9″ N 31°23′39.8″	95
					AB	7—33	黄棕色	重砾质砂壤土	块状	7.9	10.3	0.67	0.54	19.7							
					Bk₁	33—63	淡黄橙色	壤质黏壤土	块状	8.6	4.5	0.38	0.50	17.8							
					Bk₂	63—75	灰棕色	砂砾石土	块状	8.4	6.9	0.46	0.77	18.2							
剖9	高山土	草毡土	草毡土		As	0—10	暗棕色	重砾质砂黏壤土	屑粒状	6.8	52.6	3.14	0.99	27.1	95	1.0	173	15.5		E 89°55′04.8″ N 31°23′29.4″	86
					A	10—30	灰棕色	砾质砂壤土	粒状	7.0	11.7	0.59	0.32	26.2	42	2.0	129	15.8			
					AC	30—42	黄棕色	砂砾石土	粒状	7.1	3.4	0.38	0.21	27.9	28		116	16.2			
					C	42—50	淡黄橙色	砾质砂黏壤土	屑粒状	7.8	30.0	1.78	0.79	26.7			63	12.3			
剖10	高山土	寒钙土	寒钙土		A	0—23	亮棕色	重砾质砂壤土	屑粒状	8.2	18.0	1.14	0.93	29.0						E 89°48′22.0″ N 31°23′19.7″	95
					AB	23—31	亮棕色	重砾质砂黏壤土	块状	8.6	11.3	0.75	0.98	31.6				10.7			
					Bk₁	31—63	棕色	重砾质砂黏壤土	块状	8.6	4.9	0.19	1.29	29.6							
					Bk₂	47—103	暗棕色	砂壤土	屑粒状	7.2	49.5	2.38	1.20	29.8				15.4			
剖11	高山土	草毡土	薄草毡土		1	0—8	灰棕色	砂壤土	屑粒状	7.7	34.4	1.68	1.12	30.8					残积物、坡积物	E 90°06′00.0″ N 31°21′25.2″	82
					2	8—18	黄棕色	砂壤土	屑粒状	8.2	14.3	0.73	0.37	23.0							
					3	18—32	淡棕色	屑粒状		8.3	10.1	0.49	1.11	28.4							
					4	32—43															

续表 Continued

剖面号 Soil profile	土纲 Soil order	土类 Soil great group	亚类 Soil subgroup	土属 Soil genus	土层码 Layer code	土层厚度 Depth/cm	颜色 Soil color	质地 Soil texture	土壤结构 Soil structure	pH	有机质 OM/(g/kg)	全氮 TN/(g/kg)	全磷 TP/(g/kg)	全钾 TK/(g/kg)	碱解氮 AN/(mg/kg)	有效磷 AP/(mg/kg)	速效钾 AK/(mg/kg)	阳离子交换量CEC/(cmol/kg)	土壤母质 Parent material	剖面点坐标 Profile coordinate	匹配指数 Matching index/%
剖12	水成土	沼泽土	草甸沼泽土		1	0—13	棕色	砂壤土	屑粒状	7.9	167.8	>6.00	1.50	20.8				29.0	冲积物	E 90°00′37.1″ N 31°20′08.2″	75
					2	13—43	淡棕色	砂壤土		7.6	103.1	5.37	1.63	24.2				30.6			
					3	43—55	暗灰色	中壤土		7.6	41.3	2.02	0.95	29.2							
					4	55—74	灰蓝色	砂土		8.0	34.4	0.71	0.89	>40.0							
剖13	高山土	草毡土	薄草毡土		1	0—8	淡灰褐色	轻壤土	碎块状	8.0	52.5	2.70	1.13	28.8				14.5	残积物、坡积物	E 89°52′09.1″ N 31°19′35.8″	73
					2	8—32	淡棕褐色	砂壤土	块状	8.4	28.8	1.66	1.22	28.8				11.9			
					3	32—54	棕褐色	砂土	块状	8.4	16.8	0.97	1.23	31.2							
					4	54—79	棕黄灰色	砂土		8.7	6.5	0.40	1.51	29.2							
剖14	高山土	草毡土	草毡土		1	0—10	暗棕色	轻壤土	屑粒状	6.8	123.8	5.84	1.81	25.6				22.1	残积物、坡积物	E 90°04′49.8″ N 31°16′34.7″	87
					2	10—30	暗棕色	轻壤土	屑粒状	6.8	52.6	3.14	2.28	32.6				15.6			
					3	30—42	黄棕色	砂土		7.0	11.7	0.59	0.76	31.6							
					4	42—50	黄白色	砾石土		7.1	3.4	0.38	0.47	33.6							
剖15	高山土	寒冻土			1	0—8	淡棕色	轻壤土		7.3	30.4	1.66	1.22	25.5				11.6	残积物、坡积物	E 90°02′44.5″ N 31°15′33.5″	75
					2	8—25	淡棕色	轻壤土		7.5	45.6	0.94	1.26	24.6				9.5			
					3	25—30															
剖16	高山土	草毡土	湿草毡土		1	0—13	暗棕色	轻壤土	屑粒状	6.9	220.0	>6.00	2.52	23.2				31.5	残积物、坡积物	E 89°59′01.3″ N 31°14′41.3″	74
					2	13—43	淡灰棕色	轻壤土	屑粒状	6.8	138.9	4.70	1.75	24.4				24.5			
					3	43—80	暗灰棕色	轻壤土	屑粒状	6.3	155.2	>6.00	1.55	24.4							

巴青县

主要土类说明

草毡土是巴青县主要土壤类型，占本县地域面积的65%，全县均有分布，主要分布在海拔4400m以上的河谷和山地。植被为高寒草甸植被，植株低矮，盖度为50%—90%，可利用率高。在本县北部，成土母质主要为残积物、坡积物、冰碛物、洪积物、冲积物，在本县南部有残积物、坡积物和冰碛物等。土壤母质上层多为30—40cm厚的含砾壤土层，下层为40—100cm厚的半风化砾石层。草毡土的成土过程主要表现在草毡腐殖质积累和表土冻融氧化还原过程。草毡层、腐殖质层、母质层发育并分化明显。草毡层厚6—18cm，呈暗灰棕色到棕黑色，有机质含量可达5.4%—25.8%；暗棕色的腐殖质层，根系减少，有机质含量降低，但亦有14.5%—24.0%；向下过渡为母质层，呈黄棕色，有机质含量甚少，质地为砾石土，多无结构发育。当草毡土分布海拔升高，植被变稀，草毡层变薄，腐殖质含量减小；当草毡土向山地阴坡过渡时，灌丛植被增多，草毡层变薄。草毡土颗粒普遍偏粗，含砾23.4%，含砂粒53.4%，含粉粒16.6%，而黏粒含量仅为6.1%，土壤发育程度较低。

寒冻土是巴青县第二大土壤类型，占本县地域面积的16%，主要分布于高山雪线以下或冰缘外围的高海拔地段，本县北部和中部山地分布面积较大，分布海拔为5000—5300m。分布区地势高，气候严寒，风大，土壤的冻融作用、物理风化作用强烈，岩石风化以物理崩解为主，而生物化学风化作用微弱。地表只能生长一些耐寒、耐贫瘠的低等植被，盖度不足5%，土壤有机质的积累极受限制。成土母质为砂板岩、砂页岩、红色岩系和花岗岩为的残积物、坡积物。寒冻土的成土过程表现为弱生草粗腐殖质积累和冻融碎屑氧化还原作用，具有色浅、层薄、肥力低、砾石多的土壤特征。其表土砂砾石含量可在90%以上，而物理黏粒极少，不到2%，多是重砾石土。

黑毡土是巴青县第三大土壤类型，占本县地域面积的13%，在本县南部山地河谷区，从河谷阶地、洪冲积扇到海拔4600m以下的坡地均有分布，广泛分布于本县南部雅安、巴青、本塔等地。所处地带气候条件较温暖半湿润，生长有丰富的地带性山地草甸植被，盖度达85%—95%。草根层较厚，厚度多在5—15cm，且较紧实，富弹性。成土母质为砂板岩、砂页岩、花岗岩等的残积物、坡积物和河流、冰川洪积物、冲积物和冰碛物。母质上层多为砂质壤土，其中残积物、坡积物下部多为半风化的碎石层，而其他母质下部50cm左右出现卵石层；冰碛物地表多漂砾散布，成分以花岗岩居多。其成土过程主要表面在草毡腐殖质积累和表土氧化还原过程。剖面特征分化明显，只是草毡层更厚些，厚8—27cm，腐殖质层较厚，为28—53cm，呈暗灰棕色，色稍浅。一些剖面发育有褐色或灰褐灰色淀积层，有胶膜。母质层多为半风化的碎石层或卵石层。黑毡土表土颗粒普遍偏粗，多含砾石，但比草毡土黏粒含量稍高，含砾石16.9%，含砂粒56.9%，含粉粒18.8%，含黏粒8.22%。黑毡土比草毡土发育程度要高些。

小于本县地域面积3%的土壤类型还有粗骨土、草甸土、沼泽土和寒钙土等。

本区域中心区气候特征

本区域中心区气候特征值
Regional climate characteristics in central area of the region

气候带：高原亚寒带亚湿润气候 Climate region: Plateau sub frigid sub humid climate	
年平均气温 /℃ Annual average temperature /℃	1.2
年平均最高气温 /℃ Annual average maximum temperature /℃	9.4
年平均最低气温 /℃ Annual average minimum temperature /℃	−5.5
年降水量 /mm Annual precipitation /mm	429
≥10℃的积温 /℃ Daily temperature accumulated in a year（≥10℃）/℃	1933
年日照时数 /h Annual sunshine /h	2727
年平均相对湿度 /% Annual average relative humidity /%	55
干燥度 Dryness	2.15

本区域中心区月平均气温与月平均降水量
Monthly temperature and precipitation in central area of the region

巴青县主要土壤类型与土壤剖面点分布图

1 : 600 000

图 例

草毡土	草甸土	
寒冻土	沼泽土	
黑毡土	寒钙土	
粗骨土	⊗ 剖面点	

注：本图界线不作为实地划界依据。

巴青县土壤剖面理化性状表

剖面号 Soil profile	土纲 Soil order	土类 Soil great group	亚类 Soil subgroup	土层码 Layer code	土层厚度 Depth/cm	颜色 Soil color	质地 Soil texture	土壤结构 Soil structure	pH	有机质 OM (g/kg)	全氮 TN (g/kg)	全磷 TP (g/kg)	全钾 TK (g/kg)	碱解氮 AN (mg/kg)	有效磷 AP (mg/kg)	速效钾 AK (mg/kg)	阳离子交换量CEC (cmol/kg)	土壤母质 Parent material	剖面点坐标 Profile coordinate	匹配指数 Matching index/%
剖1	水成土	沼泽土	草甸沼泽土	As	0—13	淡灰色	砂质黏壤土	粒状、块状	5.5	111.7	4.90	1.07	28.6	>400	5.0	93	21.1		E 93°47′52.4″ N 32°22′40.4″	82
				Ah	13—35	灰黑色	黏壤土	块状	5.5	120.4	5.06	1.41	32.2							
				G₁	35—70	暗黑棕色	黏壤土	块状	6.7	15.6	0.83	0.32	20.6							
				G₂	70—100		壤土	粒状												
剖2	高山土	草毡土	湿草毡土	1	0—10	暗灰棕色	黏壤土	块状										砂岩坡积物	E 93°39′28.4″ N 32°20′30.1″	74
				2	10—18	暗灰棕色	黏壤土	块状												
				3	18—30	褐灰棕色	砂黏土	块状												
				4	30—55	棕灰色	砂黏土	块状												
				5	55—85															
剖3	高山土	寒冻土	寒冻土	1	0—11	淡灰棕色		片状	7.9	6.0	4.98	1.35	32.4	35	7.0	40	3.5	砂岩 残积物、坡积物	E 93°33′16.9″ N 32°16′39.0″	71
				2	11—40	灰黄色			7.9	5.3	4.96	1.44	34.0	30	9.5	50	3.4			
剖4	高山土	草毡土	棕草毡土	1	0—10	暗棕色	砂壤土	粒状	6.4	>250.0	>6.00	2.28	19.6	>400	22.3	316	38.0	砂板岩 残积物、坡积物	E 93°41′07.8″ N 32°13′45.5″	73
				2	10—25	暗棕色	砂壤土	屑粒状	6.6	145.1	>6.00	1.98	26.8	>400	7.2	118	31.3			
				3	25—50	灰黄棕色	砾石土	屑粒状	7.1	75.5	3.23	2.30	27.6							
剖5	高山土	草毡土		1	0—18	灰棕色	砂壤土	屑粒状	8.4	42.0	4.51	1.05	24.4	125	4.7	128	12.1	红色泥质岩 残积物、坡积物	E 94°04′40.8″ N 32°13′10.6″	87
				2	18—35	暗灰棕色	砂壤土	屑粒状	8.6	38.1	1.99	1.75	28.0	107	1.8	80	13.5			
				3	35—56	红棕色	砂壤土	屑粒状	8.6	26.7	1.42	1.65	27.8							
剖6	高山土	草毡土		1	0—14	暗棕色	壤土	屑粒状	7.3	98.7	5.00	1.72	24.0	>400	5.9	232	22.2	砂质岩 残积物、坡积物	E 93°23′50.3″ N 32°12′00.7″	74
				2	14—30	灰黄色	壤土	块状	7.7	24.1	1.58	1.29	31.2	145	1.0	50	11.3			
				3	30—52	棕灰色		屑状	7.7	8.0	0.78	0.85	34.8							
剖7	高山土	黑毡土		1	0—20	暗棕色	砂壤土	团块状	7.9	46.5	2.35	1.52	28.8	3	6.3	140	12.1	砂板岩 残积物、坡积物	E 94°01′21.4″ N 31°58′01.6″	74
				2	20—36	暗棕色	砂壤土	块状	7.9	28.1	1.48	1.25	24.4	131	2.8	90	14.0			
				3	36—51	棕色	砂壤土		8.2	18.7	1.12	1.09	20.0							
				4	51—105	灰黄色	砾石土		8.3	10.1	0.45	1.17	19.6							
剖8	高山土	黑毡土		1	0—9	暗棕色	砂壤土	屑粒状	8.4	38.7	2.10	1.27	21.2	175	10.5	120	12.2	冲积物	E 93°57′10.1″ N 31°56′26.5″	71
				2	9—20	淡灰棕色	砂壤土	碎粒状	8.6	18.3	1.21	1.34	20.6	96	4.5	65	11.4			
				3	20—30	淡灰棕色	砂壤土	碎粒状	8.7	6.2	0.44	1.22	17.0							
				4	30—56	灰黄棕色	砾石土		8.8	5.2	0.38	1.20	17.4							
剖9	高山土	黑毡土	薄黑毡土	1	0—18	灰棕色	壤土	粒状	6.1	127.2	4.77	2.20	24.4	>400	9.5	198	20.4	洪积物、冲积物	E 94°27′46.4″ N 31°56′06.4″	74
				2	18—47	暗棕色	砂粒土	屑粒状	6.6	94.0	4.17	2.26	24.4	>400	4.4	112	20.3			
				3	47—68	棕黑色	壤土	团块状	6.8	44.8	1.94	1.89	27.2							
				4	68—120	黄棕色	砾石土		7.4	8.9	0.48	1.17	26.8							
剖10	高山土	草毡土		1	0—10	灰棕色	砾石土	屑粒状	7.2	126.2	5.74	1.24	25.6	>400	7.2	104	25.1	石灰岩 残积物、坡积物	E 94°01′19.6″ N 31°53′38.4″	71
				2	10—20	暗棕色	砾石土	屑粒状	7.1	137.7	>6.00	2.28	26.2	>400	5.8	91	33.4			
				3	20—42	淡灰棕色	砾石土	屑粒状	7.3	42.6	2.32	1.33	25.8							
剖11	高山土	黑毡土	棕黑毡土	1	0—10	暗棕色	壤土	粒状	6.2	108.6	4.50	2.02	28.0	>400	8.3	157	17.5	冰碛物	E 94°19′01.6″ N 31°52′06.6″	74
				2	10—30	棕灰色	壤土	屑粒状	7.1	71.6	3.26	2.16	26.6	323	5.8	146	17.1			
剖12	高山土	草毡土		3	30—60		砾石土											砂板岩 残积物、坡积物		

续表 Continued

剖面号 Soil profile	土纲 Soil order	土类 Soil great group	亚类 Soil subgroup	土层码 Layer code	土层厚度 Depth/cm	颜色 Soil color	质地 Soil texture	土壤结构 Soil structure	pH	有机质 OM/(g/kg)	全氮 TN/(g/kg)	全磷 TP/(g/kg)	全钾 TK/(g/kg)	碱解氮 AN/(mg/kg)	有效磷 AP/(mg/kg)	速效钾 AK/(mg/kg)	阳离子交换量CEC/(cmol/kg)	土壤母质 Parent material	剖面点坐标 Profile coordinate	匹配指数 Matching index/%
剖13	高山土	黑毡土	黑毡土	1	0—10	暗棕色	砂壤土	屑粒状	6.3	88.1	3.81	1.44	24.4	367	4.7	87	16.7	冰碛物	E 94°27′32.8″ N 31°50′20.4″	88
				2	10—25	暗棕色	砂壤土	屑粒状	6.4	43.4	1.98	1.10	21.2	181	2.5	65	15.2			
				3	25—38	淡棕色	砾石土	碎块状	6.7	22.0	1.02	0.99	21.8							
				4	38—60	黄棕色	砾石土		7.2	8.5	0.38	0.62	25.6							
剖14	高山土	黑毡土	棕黑毡土	1	0—3													砂板岩残积物、坡积物	E 94°28′22.1″ N 31°48′25.6″	79
				2	3—10	黑棕色	黏壤土	粒状	6.4	>250.0	>6.00	2.60	17.2	>400	19.6	278	41.9			
				3	10—25	棕黑色	黏壤土	粒状	6.4	>250.0	>6.00	2.32	18.4	>400	11.7	162	48.8			
				4	25—40	灰褐色	砂壤土	块状	6.6	116.8	4.77	2.54	27.6							
				5	40—70	灰棕色	砾石土		7.0	55.7	2.58	2.08	30.0							

尼 玛 县

主要土类说明

寒钙土是尼玛县主要土壤类型，占本县地域面积的86%，广泛分布于全县各地的高原面上，主要分布于辽阔的湖盆、宽谷和山坡，以及主要着生以禾本科针茅属植物占优势的高山草原（多格错—仁强错—布若岗日—心湖一线以南）和以青藏苔草为主的高山荒漠化草原（多格错—仁强错—布若岗日—心湖一线以北）。在此气候和植被条件下，成土过程主要表现为草原弱生草腐殖质积累和钙积作用。由于生草条件差，草原生物产量低，归还到土壤中去的有机残体数量少，在低温的不利情况下，腐殖质积累作用弱，土壤有机质含量较低，腐殖质层颜色较淡，厚度较薄，腐殖质组成复杂程度也小，以较小分子量的富里酸占优势，土壤碳氮比一般较低。分布区降水量少，蒸发量高，使土壤淋溶过程很弱，本县中南部土壤具弱度淋溶，北部土壤基本不表现淋溶。土壤中钙质的淋溶和淀积均受成土条件影响，土体中碳酸钙淀积表现较弱，钙积层出现深度较浅，较少见到假菌丝体等钙积新生体，而粉末状、斑块状和包在砾石表面的结皮状钙质淀积物则较常见。但本县的成土母质大多富含碳酸钙，因而寒钙土大多碳酸钙含量较高。在较多钙质的作用下，土体中的土粒、砂粒和小石砾胶结得比较紧密，因而土体普遍紧而硬。由于碳酸钙含量高，土壤呈弱碱性到碱性反应，pH多数在8.5以上，高者达10.0。在低温、干旱的条件下成土母质的生物化学风化作用均比较弱，以物理风化为主，而物理风化即使在高原面大多数的平缓部位强度也不高，且难以深入到土壤下层，这就造成土壤的粗骨性比较明显的特征，砾石含量比较高。

小于本县地域面积3%的土壤类型还有寒原盐土、寒冻土、粗骨土、草毡土、草甸土、新积土、风沙土、沼泽土和石质土等。

本区域中心区气候特征

本区域中心区气候特征值
Regional climate characteristics in central area of the region

气候带：高原亚寒带亚干旱气候 Climate region: Plateau sub frigid sub arid climate	
年平均气温 /℃ Annual average temperature /℃	5.8
年平均最高气温 /℃ Annual average maximum temperature /℃	14.0
年平均最低气温 /℃ Annual average minimum temperature /℃	-1.4
年降水量 /mm Annual precipitation /mm	216
≥10℃的积温 /℃ Daily temperature accumulated in a year（≥10℃）/℃	3399
年日照时数 /h Annual sunshine /h	2944
年平均相对湿度 /% Annual average relative humidity /%	44
干燥度 Dryness	13.10

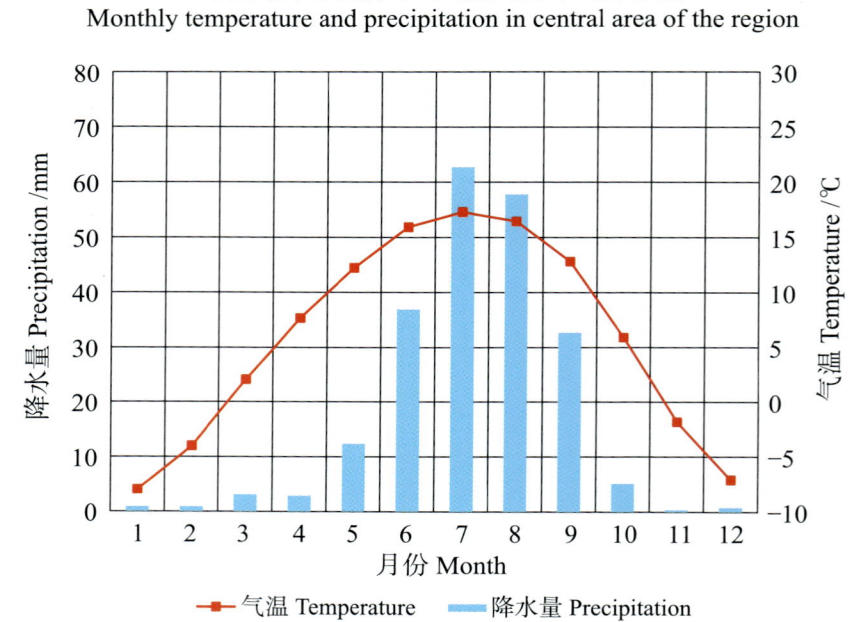

本区域中心区月平均气温与月平均降水量
Monthly temperature and precipitation in central area of the region

尼玛县主要土壤类型与土壤剖面点分布图
1:2 240 000

图例

寒钙土	新积土
寒原盐土	风沙土
寒冻土	沼泽土
粗骨土	石质土
草毡土	⊗ 剖面点
草甸土	

注：国务院2012年9月批准，设立双湖县。本图界线不作为实地划界依据。

尼玛县土壤剖面理化性状表

剖面号 Soil profile	土纲 Soil order	土类 Soil great group	亚类 Soil subgroup	土属 Soil genus	土层码 Layer code	土层厚度 Depth/cm	颜色 Soil color	质地 Soil texture	土壤结构 Soil structure	pH	有机质 OM/(g/kg)	全氮 TN/(g/kg)	全磷 TP/(g/kg)	全钾 TK/(g/kg)	碱解氮 AN/(mg/kg)	有效磷 AP/(mg/kg)	速效钾 AK/(mg/kg)	阳离子交换量CEC/(cmol/kg)	土壤母质 Parent material	剖面点坐标 Profile coordinate	匹配指数 Matching index/%
剖1	高山土	寒钙土	淡寒钙土		1	0~5	灰黄色	砂壤土	粒状	8.7	2.9	0.33						<2.0	砂岩、玄武岩	E 86° 58′ 58.1″ N 36° 09′ 52.2″	71
					2	5~20	黄棕色	中壤土	粒、块状	8.8	5.7	0.63						7.1			
					3	20~30	红棕色	中壤土	粒、块状	8.7	6.1	0.56						8.2			
					4	30~40	灰棕色	中壤土	块状	8.7	5.0	0.51						8.1			
剖2	高山土	寒钙土	淡寒钙土		1	0~3	灰黄色	轻壤土		8.8	3.4	0.39						4.6	冰水洪积物	E 87° 21′ 57.2″ N 36° 05′ 41.3″	84
					2	3~10	淡黄棕色	中壤土	粒、块状	8.7	7.4	0.63						<2.0			
					3	10~16	淡红棕色	中壤土	粒、块状	8.8	7.8	0.71						7.6			
					4	16~20		砂砾石土		8.7	4.4	0.65						6.8			
剖3	高山土	寒钙土	淡寒钙土		1	0~11				8.6	5.5	0.31						5.1	风积物、湖积物	E 86° 43′ 48.0″ N 35° 12′ 41.0″	71
					2	11~20				8.6	3.3	0.21						5.9			
					3	20~50				8.5	2.9	0.21						6.2			
剖4	高山土	寒钙土	淡寒钙土		1	0~12	黄棕色	砂壤土	粒状	8.5	32.7	1.68	1.04	29.8	110	7.6	222	11.6	残积物、坡积物	E 88° 59′ 58.6″ N 33° 36′ 47.5″	73
					2	12~26	黄棕色	砂壤土		8.9	16.4	0.97	1.00	25.9	52	2.8	158	4.6			
					3	26~52	红棕色	砾石土		9.0	9.2	0.62	0.92	28.4							
					4	52~78	红棕色	砾石土		9.3	4.7	0.42	0.83	27.4							
剖5	高山土	寒钙土	寒钙土		1	0~3	棕黄色	轻壤土	鳞片状										洪积物	E 87° 13′ 51.2″ N 33° 36′ 32.0″	71
					2	3~10	红棕色		粒状												
					3	10~20	红棕色	砂壤土	碎块状												
					4	20~35		中壤土	碎块状												
					5	35~60		重壤土													
剖6	高山土	寒钙土	盐化寒钙土	风积淡寒钙土	1	0~5	棕黄色	砂壤土	屑粒状	8.6	10.6	0.58	1.48	34.4	47	17.7	206	8.2	残积物、坡积物	E 88° 26′ 45.2″ N 33° 27′ 08.6″	73
					2	5~15	暗棕色	砂壤土	粒状	8.3	31.6	1.65	1.46	>40.0	121	6.4	232	18.4			
					3	15~50	紫红色	砾石土		8.5	26.7	1.27	1.59	>40.0							
剖7	高山土	寒钙土	暗寒钙土	洪积泥砾质寒钙土	1	0~12	红棕色	轻壤土	屑粒状	8.1	14.8	0.86	0.99	22.4	52	13.6	454	10.0	残积物、坡积物	E 87° 47′ 32.6″ N 33° 25′ 35.4″	71
					2	12~26	红棕色	中壤土	粒状	8.5	7.7	0.59	0.79	21.1	48	4.3	270	11.8			
					3	26~68	棕红色	砾石土		8.9	3.0	0.29	0.70	21.8							
剖8	高山土	寒钙土	暗寒钙土		1	0~8	灰棕色	砂壤土	屑粒状	8.4	33.1	1.53	1.05	20.8	117	11.4	361	10.4	残积物、坡积物	E 87° 27′ 30.2″ N 33° 23′ 55.0″	71
					2	8~18	灰棕色	砂壤土	粒状	8.3	39.5	1.94	1.09	22.0	151	5.5	254	12.9			
					3	18~35	灰棕色	砂壤土		8.4	34.9	1.80	1.12	22.2							
					4	35~60		砾石土		8.5	11.7	0.62	0.83	21.6							
剖9	初育土	新积土	冲积土		1	0~6	灰黄色	砂土		9.1	<1.0	0.32	1.25	20.3	7	13.6	>500	5.0	冲积物	E 87° 01′ 43.0″ N 33° 21′ 41.4″	74
					2	6~20	灰黄色	砾石土		>9.5	4.9	0.11	1.02	17.8	7	5.8	452	3.9			
					3	20~60	褐色	砂土	层状、片状	>9.5	2.7	<0.10	0.97	17.2							
剖10	高山土	寒钙土	暗寒钙土		1	0~8	红棕色	砂土		9.0	7.7	0.43	0.81	25.2	33	7.6	134	3.5	洪积物、冲积物	E 88° 13′ 36.1″ N 33° 18′ 30.6″	73
					2	8~19	棕红色	砂土		8.8	9.4	0.48	0.87	20.2	38	3.1	129	4.0			
					3	19~46	黄棕色	砂土		8.8	4.2	0.21	0.74	25.2							
					4	46~84	红褐色	砂土		8.9	5.4	0.33	>4.00	25.2							
剖11	高山土	寒冻土	寒冻土		1	0~5	棕黄色	砾石土		8.7	10.0	0.43	3.34	35.6	34	6.4	88	4.3	砂页岩残积物、坡积物	E 88° 39′ 25.9″ N 33° 11′ 27.6″	71
					2	5~15	棕黄色	轻壤土		8.6	9.9	0.41	3.34	39.4	24	5.6	140	7.2			
					3	15~45	灰黑色	砾石土		8.7	25.9	0.89	2.64	>40.0							
					4	45~70	棕灰色	砾石土		8.8	9.2	3.11	>4.00	37.0							

续表 Continued

剖面号 Soil profile	土纲 Soil order	土类 Soil great group	亚类 Soil subgroup	土属 Soil genus	土层码 Layer code	土层厚度 Depth/cm	颜色 Soil color	质地 Soil texture	土壤结构 Soil structure	pH	有机质 OM/(g/kg)	全氮 TN/(g/kg)	全磷 TP/(g/kg)	全钾 TK/(g/kg)	碱解氮 AN/(mg/kg)	有效磷 AP/(mg/kg)	速效钾 AK/(mg/kg)	阳离子交换量CEC/(cmol/kg)	土壤母质 Parent material	剖面点坐标 Profile coordinate	匹配指数 Matching index/%
剖12	高山土	寒钙土	盐化寒钙土	风积淡寒钙土	1	0—12	黄棕色	砂壤土		8.8	18.6	>6.00	1.60	28.6	37	15.8	>500	7.0	冲积物	E 86°53′00.2″ N 33°09′51.5″	71
					2	12—34	棕色	轻壤土	粒状	9.1	12.5	>6.00	1.46	26.2	36	3.8	>500	6.9			
					3	34—82	淡棕色	砂砾石土		9.2	17.0	0.39	0.38	21.0							
剖13	高山土	寒钙土	寒钙土		1	0—8	灰棕色	砂土		>9.5	6.1	0.40	1.59	19.6	32	3.9	149	3.3	洪积物、冲积物	E 88°48′07.9″ N 33°02′52.8″	73
					2	8—15	灰棕色	砂土		8.8	4.6	0.34	1.57	19.6	22	2.7	172	2.9			
					3	15—52	红棕色	砂砾石土		8.6	5.4	0.36	1.38	24.2							
					4	52—87	淡黄棕色	砂砾石土		9.0	2.7	0.13	1.32	20.0							
剖14	高山土	寒钙土	盐化寒钙土	风积淡寒钙土	1	0—11	暗棕色	砂壤土		8.6	4.5	0.40	1.03	16.0	15	6.4	351	2.8	洪积物、冲积物	E 88°51′45.0″ N 33°00′16.6″	73
					2	11—28	暗棕色	砂壤土		9.2	5.0	0.47	0.96	18.5	19	2.9	344	4.7			
					3	28—46	暗棕色	砂土		9.2	1.7	0.32	0.82	18.4							
					4	46—78	黄棕色	砂砾石土		8.1	2.2	0.34	0.79	21.3							
剖15	盐碱土	寒原盐土	寒原草甸盐土		1	0—1				8.9	3.0	0.16	1.04	26.6	9	3.4	>500	<2.0		E 88°44′47.0″ N 32°57′38.5″	74
					2	0—9	灰棕色	砂土		9.2	5.2	0.10	1.36	19.0	8	2.3	>500	2.1			
					3	9—33	淡棕色	砂土		9.4	1.6	0.10	0.85	12.6	5	1.4	>500	2.4			
					4	33—52	淡棕色	砂土		9.3	1.9	0.11	1.02	15.6							
					5	52—76	黄棕色	砂砾石土		9.2	2.1	0.12	1.32	16.4							
剖16	盐碱土	寒原盐土	寒原草甸盐土		1	0—1				>9.5	4.9	0.42	1.09	30.3	11	10.4	>500	4.7		E 88°41′22.2″ N 32°52′45.1″	73
					2	1—7	棕褐色	砂壤土		>9.5	4.2	0.27	1.12	31.6	5	12.7	>500	4.9			
					3	7—15	棕色	砂土		>9.5	3.6	0.27	0.95	26.9							
					4	15—30	淡棕色	紧砂土	棱块状	9.5	3.7	0.23	0.89	30.4							
					5	30—80	蓝灰色	砂砾石土		9.2	3.2	0.17	0.92	28.4							
剖17	高山土	寒钙土	寒原土		1	0—9	灰棕色	砂壤土		8.7	19.0	1.00	1.00	30.8	67	8.6	280	6.8	洪积物	E 86°41′57.2″ N 32°48′40.3″	76
					2	9—22	淡棕色	砂壤土		8.8	16.4	0.81	0.80	28.4	62	5.7	174	7.0			
					3	22—48	淡棕色	砂砾石土		8.9	6.9	0.36	0.69	31.2							
					4	48—76	黄棕色	砂砾石土		9.2	3.0	0.19	0.61	30.2							
剖18	高山土	寒钙土	寒钙土		1	0—5	黄棕色	轻壤土	屑粒状	9.5	16.2	0.89	0.81	16.3	47	7.7	377	4.0	洪积物	E 89°13′46.6″ N 32°30′24.1″	89
					2	5—25	黄棕色	轻壤土	团粒状	9.0	17.4	0.94	0.96	17.9	64	3.8	182	5.8			
					3	25—55	淡棕色	轻壤土	棱块状	8.6	19.5	1.02	1.07	20.0							
					4	55—80	淡棕色	砂壤土	鳞片状	8.5	16.3	0.98	1.14	24.0							
剖19	高山土	寒钙土	寒钙土		1	0—20	棕灰色	砂壤土	块状	8.7	19.0	1.03	0.83	25.6	66	6.5	202	7.1		E 90°00′00.2″ N 32°26′44.2″	71
					2	20—40	灰棕色	砾石土	块状	9.0	5.2	0.37	0.70	22.6	22	2.4	73	4.0			
					3	40—60	黄棕色	砂质黏土	块状	8.9	3.1	0.27	0.63	23.7							
					4	60—80	淡黄棕色	砾石土		9.2	2.5	0.28	0.65	26.4							
					5	80—110					2.7	0.29	0.68								
剖20	高山土	草毡土	薄草毡土		1	0—6	灰棕色	砂壤土	粒状	8.4	41.4	1.27	2.10	19.4	108	9.2	356	7.9	砂页岩残积物、坡积物	E 87°41′39.8″ N 32°48′14.8″	73
					2	6—20	棕灰色	砂壤土	块状	8.4	50.5	1.89	2.60	20.1	154	5.1	200	11.9			
					3	20—30	棕灰色	砂质黏壤土	块状	8.6	27.2	0.86	2.98	20.6							
					4	30—70	棕色	砂质黏壤土		8.5	22.0	0.76	1.97	21.6							
剖21	高山土	寒钙土	寒钙土	洪积泥砾质寒钙土	A	0—10	棕色	砂壤土	粒状	8.5	19.1	0.90	0.88	21.6	62	9.0	232	4.0	洪积物	E 89°14′03.5″ N 32°18′41.4″	90
					AB	10—20	灰棕色	砂土	块状	8.5	24.4	1.25	1.00	15.7	94	5.2	256	5.8			
					Bk₁	20—30	淡棕色	砂土	块状	8.6	19.1	1.01	0.93	14.4							
					Bk₂	30—50	棕色	砂土		8.6	10.2	0.58	0.65								
剖22	高山土	寒钙土	寒钙土		1	0—9	淡棕色	砂土		8.9	12.2	0.66	0.86	29.6	38	5.7	189	5.2	洪积物、冲积物	E 87°44′34.4″ N 32°10′37.6″	73
					2	9—20	灰棕色	砂壤土		8.7	17.5	0.95	0.88	29.6	65	3.7	224	7.2			
					3	20—51	灰白色	砂土		8.9	9.4	0.54	0.67	27.0							
					4	51—84	黄棕色	砂土		8.9	7.5	0.64	0.62	26.4							

续表 Continued

剖面号 Soil profile	土纲 Soil order	土类 Soil great group	亚类 Soil subgroup	土属 Soil genus	土层码 Layer code	土层厚度 Depth/cm	颜色 Soil color	质地 Soil texture	土壤结构 Soil structure	pH	有机质 OM/(g/kg)	全氮 TN/(g/kg)	全磷 TP/(g/kg)	全钾 TK/(g/kg)	碱解氮 AN/(mg/kg)	有效磷 AP/(mg/kg)	速效钾 AK/(mg/kg)	阳离子交换量CEC/(cmol/kg)	土壤母质 Parent material	剖面点坐标 Profile coordinate	匹配指数 Matching index/%
剖23	盐碱土	寒原盐土	寒原草甸盐土		1	0—1	白色	轻壤土		9.0	9.2	0.67	0.98	25.6	23	15.8	>500	8.1		E 87°45′03.6″ N 32°03′14.0″	74
					2	1—10	红褐色	轻壤土	块状	8.8	9.0	0.71	1.04	27.6	27	9.6	>500	11.3			
					3	10—20	灰夹褐色	轻壤土	粒状	8.9	9.6	0.82	1.01	28.3							
					4	20—50	灰棕色	轻壤土	片状	9.0	8.5	0.59	1.06	25.2							
					5	50—100	褐色	砂砾石土		9.2	2.7	0.19	0.58	22.2							

阿 里 地 区

普 兰 县

主要土类说明

寒钙土是普兰县主要土壤类型，占本县地域面积的 58%。寒钙土集中分布于本县排水良好，"冷"而"干"的坡、岗、倾斜平原、丘陵、阶地和扇形地，即冈底斯山山前洪积扇、山麓平原、宽谷坡地及低山等高亢地段。在玛旁雍错、拉昂错、公珠错与冈底斯山间的上述地貌区主要分布于巴嘎、霍尔两乡的大面积狭长地段，呈连片分布；在喜马拉雅山的高山深谷区，则集中分布于坡陡高亢的山坡、古冰碛台地、孔雀河谷的高阶地（一般四至八级阶地），以及坡地和山前洪积平原。分布海拔在 4300—4700m，最高处公珠错北岸的丘陵和浅切高山海拔达 4900m。寒钙土为高原的地带性土壤，"干""寒"为其主要特点。植被以沙生针茅、紫花针茅群系为主，在海拔 5000m 左右的较高分布带则以紫花针茅群系为主，时有羽柱针茅出现；地势偏高或多砾地段常伴生有少量苔状蚤缀和垫状点地梅；地势较干地段则常伴生少量骆绒藜、棘豆等荒漠植被；地势偏"湿"地段则伴生有少量嵩草形成的紫花针茅与高山嵩草群系。主要成土过程。①钙积过程：在草原土成土过程中十分活跃，钙成为化学迁移中的标志元素，但因寒钙土土壤风化和成土作用较弱，钙积作用也较低海拔草原土弱。在本县的寒钙土中，几乎无明显的钙积层，且碳酸盐新生体不发育，多呈斑状淀积于土体砾石的背面。且本该县降水少，大风天气多，土体蒸发强，故钙有轻微的表聚现象，表层或亚表层碳酸钙的含量相对较高，随着高程的降低，钙积现象明显增强。②腐殖质的积累过程。由于"干""冷"条件，植物生长时间短，生长速度缓慢，微生物活动也十分微弱。针茅生长高度一般不足 20cm，有机质含量远远低于草毡土，表层无草毡层，且有细砾覆于其表，但表层有机质含量略高，在土体中呈"T"形分布。土壤表层（0—30cm）有机质含量平均为 1.41%，极值为 0.74%—2.14%；心土层（30—60cm）有机质含量平均为 0.79%，极值为 0.34%—1.42%；底土层（60—100cm）有机质含量平均为 0.51%，极值为 0.23%—1.04%。

寒冻土是普兰县第二大土壤类型，占本县地域面积的 17%，分布于雪线以下的高山寒冻荒漠带，海拔在 5200—6000m，集中分布于山地分水岭、古冰斗、古冰碛平台和冰碛堤等冰碛地貌和高山寒冻带的残积、坡积部位。寒冻土的成土母质以寒冻风化的崩积物和冰碛物为主，分布低部尚有部分残积物、坡积物。风化度极低，成土母岩多为花岗岩、板岩、片岩和页岩，冈底斯山尚有砂岩、灰岩及超基性岩。寒冻土因地处高山寒冻荒漠带，降水多为固态。由于"高""寒"的生态条件，植被几乎无高等植物，建群种为着生于裸岩或砾石表面的低等植物，如呈黄、绿、黑、灰等鲜艳颜色的漆皮状地衣。高等植物单调，稀疏而矮小，盖度极低，不足 1%，仅在岩缝或受间歇流水的冲沟、低洼处生长少量的垫状点地梅、垫状金露梅、苔状蚤缀、匍匐状景天、雪莲和风毛菊等。主要成土过程特点为：①土壤有机质及养分积累过程微弱。寒冻土由于高寒生态环境而致生物过程十分微弱，高寒植被生长十分缓慢，土壤有机质积累过程也十分困难。同时因土壤微生物活动较弱，而致腐殖化作用弱而分解缓慢，胡敏酸含量低。虽表层有机质含量略高于心土层、底土层，但有机质含量仍低于其他高山土壤，本县寒冻土表层有机质含量为 0.87%—1.07%，心土层、底土层含量更低，均不足 1.0%。据全县统计值，表土层（0—30cm）有机质平均含量为0.77%，心土层（30—60cm）有机质平均含量为0.65%，底土层（60—100cm）有机质平均含量为0.41%；全氮含量也很低，表土层为0.066%；心土层为0.036%；底土层为0.028%，全磷含量也是一样，其含量从上至下呈递减趋势。②亚表层碳酸钙有轻微表聚现象。由于夏季湿热同季，昼夜的融冻交替作用，微弱的蒸发作用而使碳酸钙在表层和亚表层出现了轻微的表聚现象。③物理性黏粒有微弱移动。寒冻土虽然生物化学风化微弱，但因长期的寒冻风化作用及夏季微弱的淋溶作用，而使砾缝间的极少数物理性黏粒和物理性砂粒向下移动，积聚于岩隙和砾缝中。

草毡土是普兰县第三大土壤类型，占本县地域面积的4%。草毡土为发育在高原较寒冷半湿润气候条件下的地带性土壤，在冈底斯山分布面积大而集中，主要分布于本县霍尔的冈底斯山南坡寒漠土带以下的平缓山原和古冰碛平台，而在巴噶的冈底斯山南坡则主要沿冲沟侧坡呈树枝状分布。植被类型以耐寒喜湿的高山矮草草甸为主，建群种有高山矮生嵩草、喜马拉雅嵩草。一般草高1—3cm，常伴生苔草、圆穗蓼、报春花等垫状植被，生草层根系致密，形似草毡，形成草毡土特有的草毡层，表层常附生苔藓；灌丛草甸的灌丛以喜马拉雅蔷薇为主，时有少量变色锦鸡儿、绢毛蔷薇和白背金露梅，但均矮化成垫状，因有机质含量略低于高山草甸，又称"棕毡"；在上界线或多砾地带还常附生有漆皮状地衣，伴生有苔状蚤缀和垫状点地梅；在下界线及略干或过牧地段常出现草原化特征，伴生有羊茅或紫花针茅等高山草原植被，盖度为35%—95%。本县草毡土的成土过程，在生态环境方面可归结为三个"交替"。其一，"寒""凉"交替："寒"指冬季寒冷，且季节长，冻土时间达半年以上；"凉"指夏季，凉而不热，且十分短暂，故虽年复一年的"寒""凉"交替，但实质上是以寒为主，因此植被生长时间短而缓慢。其二，"干""湿"交替："干"指冬季干、寒同季，略有降水，为固体降水（雪），不能融化；"湿"指夏季湿、凉同季，这种特殊的"干""湿"交替，使土体发生了特殊的"潴育"特征。其三，"冻""融"交替：这种冻、融交替，就年度内而言，发生在冬、夏二季，即冬冻夏融；就夏季内而言，又发生昼夜交替，即夜冻昼融。由于上述三个"交替"，决定了草毡土的成土过程有如下特点：①缓慢的腐殖质积累过程，有机质含量高，全县含量区间为6.91%—24.12%。若出现草原化特征，有机质含量有较明显下降，最低值下降为2.76%。②微弱的氧化还原过程，从而形成了土层中特殊的冻层结构——暗色氧化还原层和锈斑新生体。

石质土占本县地域面积的4%。石质土多分布于高峻陡峭的山地，常与裸岩或寒冻土呈复区分布。本县内石质土集中分布于冈底斯山脉，而在喜马拉雅山脉分布较为零星，石质土发育层次为薄层AR层，剖面风化微弱，砾质度高，大、中砾石占70%以上，几乎无淋溶和累积特征。部分剖面有石灰反应，主要与母质有关。地表几乎无植被，无B层发育。

小于本县地域面积3%的土壤类型还有冷钙土、草甸土、沼泽土、灌淤土和风沙土等。

本区域中心区气候特征

本区域中心区气候特征值
Regional climate characteristics in central area of the region

气候带：高原亚温带亚干旱气候 Climate region: Plateau sub temperate sub arid climate	
年平均气温 /℃ Annual average temperature /℃	10.1
年平均最高气温 /℃ Annual average maximum temperature /℃	17.6
年平均最低气温 /℃ Annual average minimum temperature /℃	3.6
年降水量 /mm Annual precipitation /mm	199
≥10℃的积温 /℃ Daily temperature accumulated in a year (≥10℃) /℃	3978
年日照时数 /h Annual sunshine /h	2802
年平均相对湿度 /% Annual average relative humidity /%	44
干燥度 Dryness	14.11

本区域中心区月平均气温与月平均降水量
Monthly temperature and precipitation in central area of the region

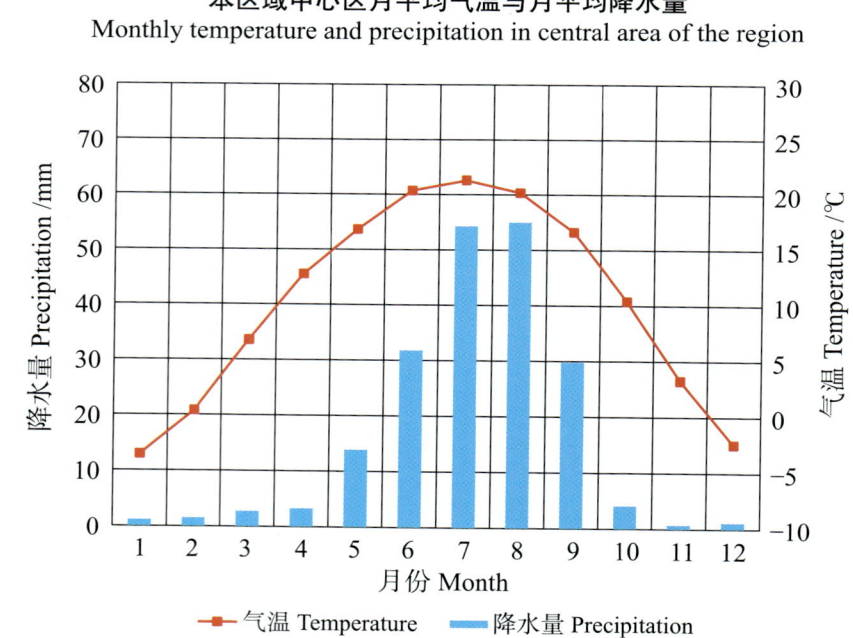

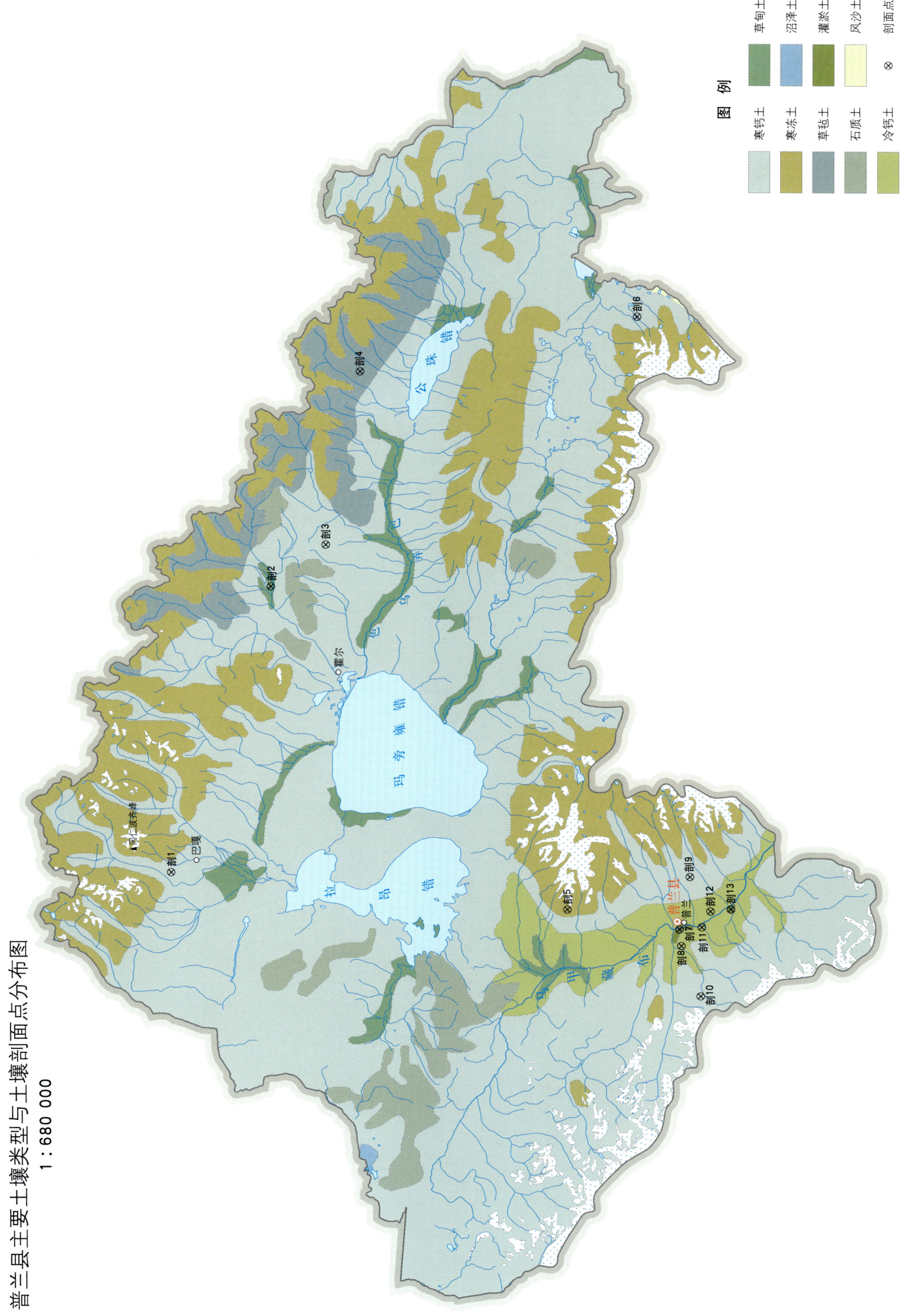

普兰县土壤剖面理化性状表

剖面号 Soil profile	土纲 Soil order	土类 Soil great group	亚类 Soil subgroup	土属 Soil genus	土层码 Layer code	土层厚度 Depth/cm	颜色 Soil color	质地 Soil texture	土壤结构 Soil structure	pH	有机质 OM/(g/kg)	全氮 TN/(g/kg)	全磷 TP/(g/kg)	全钾 TK/(g/kg)	碱解氮 AN/(mg/kg)	有效磷 AP/(mg/kg)	速效钾 AK/(mg/kg)	土壤母质 Parent material	剖面点坐标 Profile coordinate	匹配指数 Matching index/%
剖1	高山土	寒钙土	寒钙土		1	0—13	黄棕色		屑粒状										E 81° 16′ 00.5″ N 31° 00′ 49.0″	71
					2	13—30	暗黄棕色		鳞片状											
					3	30—43	深黄棕色		单粒状											
					4	43—56	棕黄色		单粒状											
					5	56—	棕黄色		单粒状											
剖2	半水成土	草甸土	草甸土		As	0—20	灰棕色	中黏土	草毡状	9.1	87.3	4.84	0.52	8.4	47	8.0	229	洪积物	E 81° 45′ 26.3″ N 30° 52′ 07.0″	97
					2	20—32	棕灰色	重壤土	屑粒状	9.4	28.3	1.44	0.42	14.9						
					3	32—43	黄棕色	重壤土	单粒状	9.4	26.4	1.53	0.38	13.6						
					4	43—55	蓝灰色	轻黏土	屑粒状	9.3	25.6	1.83	0.37	10.8						
					5	55—	蓝灰色	中壤土	鳞片状	9.1										
剖3	高山土	寒钙土	寒钙土		1	1—6		砂壤土											E 81° 49′ 43.0″ N 30° 47′ 23.3″	79
					2	6—24		砂壤土												
					3	24—44		砂壤土												
					4	44—		中壤土												
剖4	高山土	草毡土	草毡土		As	0—11	灰棕色	中壤土	草毡状	8.1	70.2	3.56	0.18	20.3	30	5.0	125		E 82° 07′ 27.8″ N 30° 44′ 19.0″	74
					2	11—22	灰棕色	中黏土	单粒状	8.3	114.8	5.38	0.86	15.5						
					3	22—45	深褐色	中黏土	鳞片状	8.2	72.3	4.21	1.02	20.1						
					4	45—69	黄褐色	中黏土	鳞片状	8.1	241.2	5.18	1.14	20.2						
剖5	高山土	寒冻土	寒冻土		1	0—7	灰白色	紧砂土	单粒状	7.6	8.7	0.39	0.73	24.3				花岗岩冰碛物	E 81° 12′ 07.9″ N 30° 26′ 55.3″	89
					2	7—17	棕黄色	砂壤土	单粒状	7.8	4.0	0.33	0.82	24.1						
					3	17—45	淡棕黄色	松砂土	单粒状	8.4	3.8	0.28	0.81	26.2						
					4	45—70	黄棕色	砂壤土	松屑粒状	9.0	2.7	0.17	0.72	24.4						
剖6	高山土	寒钙土	暗寒钙土		1	0—8	深褐色	重壤土	松片状									花岗岩坡积物	E 82° 12′ 58.0″ N 30° 20′ 33.7″	71
					2	8—31	深褐色	黏土、砂土	鳞片状											
					3	31—40	暗棕色	黏土、砂土	鳞片状											
					4	40—55	黄褐色	砂土	屑粒状											
					5	55—86	黄色	砂土	单粒状											
剖7	人为土	灌淤土	灌淤土		1	0—15	灰棕色	轻壤土	团粒状	9.5	21.8	1.27	1.15	17.1				洪积物、冲积物	E 81° 10′ 04.4″ N 30° 17′ 21.1″	75
					2	15—31	淡灰棕色	轻壤土	块状	9.4	16.0	0.79	1.15	16.5						
					3	31—62	淡灰棕色	轻壤土	块状	8.9	12.8	0.75	0.86	16.8						
					4	62—79	深灰棕色	轻壤土	块状	9.3	10.2	0.52	0.87	17.1						
					5	79—100	淡黄棕色	中壤土	块状	8.4	10.1	0.51	0.89	16.7						
剖8	高山土	冷钙土	冷钙土	洪积泥砾质冷钙土	1	0—11	灰棕色		鳞片状	8.5	9.4	0.55	0.67	15.9				灰岩洪积物、冲积物	E 81° 08′ 21.8″ N 30° 17′ 11.4″	90
					2	11—24	暗棕色		松块状	8.4	18.4	1.00	0.53	16.9						
					3	24—40	暗棕色		松块状	8.6	15.0	1.21	0.55	19.9						
					4	40—54	黄棕色		松块状	8.5	13.2	0.66	0.61	17.2						
					5	54—67	黄棕色		松块状	9.0	11.8	0.66	0.59	17.8						
					6	67—81	黄棕色		单粒状	8.7	11.0	0.49	0.46	16.7						
					7	81—99	黄棕色		松块状	8.7	7.4	0.55	0.60	15.6						
					8	99—	棕黄色		单粒状	8.9	5.7	0.31	0.41	14.9						

续表 Continued

剖面号 Soil profile	土纲 Soil order	土类 Soil great group	亚类 Soil subgroup	土属 Soil genus	土层码 Layer code	土层厚度 Depth/cm	颜色 Soil color	质地 Soil texture	土壤结构 Soil structure	pH	有机质 OM/(g/kg)	全氮 TN/(g/kg)	全磷 TP/(g/kg)	全钾 TK/(g/kg)	碱解氮 AN/(mg/kg)	有效磷 AP/(mg/kg)	速效钾 AK/(mg/kg)	土壤母质 Parent material	剖面点坐标 Profile coordinate	匹配指数 Matching index/%
剖9	高山土	寒钙土	寒钙土		1	0–15	棕黄色		屑粒状										E 81°15′27.4″ N 30°16′26.0″	86
					2	15–34	黄棕色		团粒状											
					3	34–63	棕色		屑粒状											
					4	63–83	淡黄色		单粒状											
					5	83–104	灰黄色		单粒状											
剖10	高山土	寒钙土	寒钙土		1	0–19		重壤土											E 81°03′11.5″ N 30°15′33.5″	71
					2	19–49		轻黏土												
					3	49–69		重壤土												
					4	69–89		重壤土												
					5	89–		重壤土												
剖11	高山土	冷钙土	冷钙土	洪积泥砾质冷钙土	1	0–17	灰棕色	轻壤土	团粒状	8.6	23.1	1.38	0.74						E 81°10′18.5″ N 30°15′27.0″	73
					2	17–34	灰棕色	轻壤土	块状	9.0	18.2	1.16	0.74							
					3	34–49	淡灰棕色	重壤土	块状	9.2	12.7	0.55	0.78							
					4	49–80	黄灰色	轻壤土	单粒状	9.1	10.1	0.54	0.63			2.0	186			
					5	80–	黄灰色	重壤土	块状	8.9	11.7	0.55	0.82							
剖12	高山土	冷钙土	冷钙土	洪积泥砾质冷钙土	1	0–16	淡灰棕色	中壤土	团粒状	8.8	23.3	1.33	0.52					洪积物、冲积物	E 81°11′55.7″ N 30°14′42.0″	79
					2	16–29	淡灰棕色	中壤土	团块状	8.7	19.0	1.15	0.55							
					3	29–40	暗灰棕色	中壤土	团块状	8.7	14.6	0.67	0.47							
					4	40–63	暗灰棕色	中壤土	团块状	8.6	10.8	0.97	0.45							
					5	63–89	深灰棕色	中壤土	块状	8.8	9.8	0.55	0.49		95	2.0	113			
					6	89–105	深灰棕色	中壤土	块状	8.8	10.1	0.99	0.52							
剖13	人为土	灌淤土	灌淤土		1	0–14	灰棕色	重壤土	块状	9.1	21.5	0.99	0.59	15.2				洪积物、冲积物	E 81°12′07.9″ N 30°12′55.8″	83
					2	14–31	灰棕色	重壤土	块状	8.8	28.6	1.26	0.70	15.0						
					3	31–45	灰棕色	重壤土	块状	8.9	25.9	1.15	0.57	14.5						
					4	45–66	棕色	中壤土	块状	8.8	27.1	1.16	0.57	14.6						
					5	66–88	黄棕色	重壤土	块状	9.1	12.8	0.60	0.45	13.5						
					6	88–	棕黄色	中壤土	块状	9.4	15.7	0.81	0.39	13.8						

札 达 县

主要土类说明

寒钙土是札达县主要土壤类型，占本县地域面积的52%。寒钙土主要分布于青藏高原高寒半干旱区，土壤具有弱度腐殖质积累、底层钙积的特征。土壤有机质层厚约15cm，有机质含量为1.0%—3.0%。碳酸钙含量为50—120g/kg，上部低，下部高，土壤pH为7.5—8.5。

冷钙土是札达县第二大土壤类型，占本县地域面积的14%。冷钙土主要分布于青藏高原高寒半干旱原面上，土壤具弱腐殖质积累与钙积作用的特征，有机质含量为1.5%—3.0%。土壤碳酸钙含量为50—200g/kg，呈斑点状或脉络状分布，且含少量易溶盐与石膏，土壤pH为7.5—8.5。

寒冻土是札达县第三大土壤类型，占本县地域面积的13%。寒冻土发育形成于高山冰雪带下缘地带，其成土过程以寒冻物理风化作用为主，生物累积弱，土层浅薄，含石砾多，仅在岩屑中见少量细土物质堆积。土壤pH为7.0—8.5。

冷漠土占札达县地域面积的10%。冷漠土发生于高原高寒干旱条件下，表层见有孔状结皮层，有机质累积弱，有机质含量为1%左右。土壤亚表土黏粒略有增加，易溶盐，石膏见于剖面下部，土壤pH为8.0—8.5。

石质土占札达县地域面积的7%。石质土广泛分布于侵蚀严重、岩石裸露的石质山地、侵蚀残丘，以及丘顶、山脊、山坡等坡度陡峻的地形部位。土壤表层岩石裸露，风化层浅薄，厚度一般小于10cm，风化度低，富含砾石，多碎屑岩粒，风化层下为坚硬岩石层。

小于本县地域面积3%的土壤类型还有草甸土和沼泽土等。

本区域中心区气候特征

本区域中心区气候特征值
Regional climate characteristics in central area of the region

气候带：高原亚温带亚干旱气候 Climate region: Plateau sub temperate sub arid climate	
年平均气温 /℃ Annual average temperature /℃	10.9
年平均最高气温 /℃ Annual average maximum temperature /℃	18.2
年平均最低气温 /℃ Annual average minimum temperature /℃	4.6
年降水量 /mm Annual precipitation /mm	163
≥10℃的积温 /℃ Daily temperature accumulated in a year (≥10℃) /℃	4082
年日照时数 /h Annual sunshine /h	2763
年平均相对湿度 /% Annual average relative humidity /%	45
干燥度 Dryness	15.35

本区域中心区月平均气温与月平均降水量
Monthly temperature and precipitation in central area of the region

札达县主要土壤类型与土壤剖面点分布图
1∶1 060 000

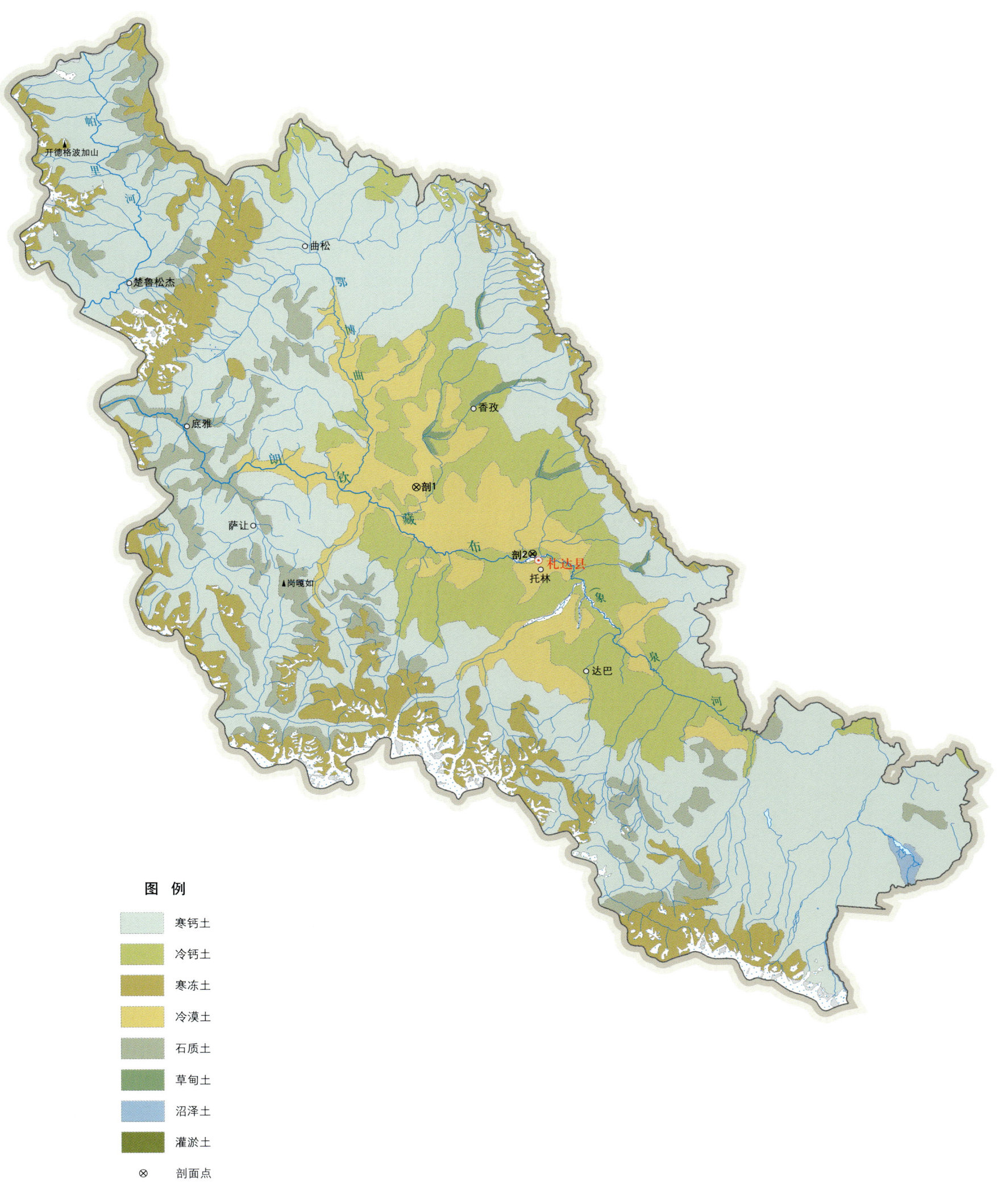

札达县土壤剖面理化性状表

剖面号 Soil profile	土纲 Soil order	土类 Soil great group	亚类 Soil subgroup	土层码 Layer code	土层厚度 Depth/cm	颜色 Soil color	质地 Soil texture	土壤结构 Soil structure	pH	有机质 OM/(g/kg)	全氮 TN/(g/kg)	全磷 TP/(g/kg)	全钾 TK/(g/kg)	碱解氮 AN/(mg/kg)	有效磷 AP/(mg/kg)	速效钾 AK/(mg/kg)	阳离子交换量CEC/(cmol/kg)	剖面点坐标 Profile coordinate	匹配指数 Matching index/%
剖1	高山土	冷漠土	冷漠土	J	0—4				7.6	3.0	0.25	0.40	16.8	73	5.0	91	9.4	E 79°28′43.7″ N 31°38′56.0″	75
				ABk	4—56	黄灰色	重砾质砂壤土	块状	8.2	4.3	0.22	0.37	16.3	47	4.0	68	9.1		
				C	56—70	黄灰色	砂土	片状											
剖2	人为土	灌淤土	灌淤土	A₁₁	0—16	棕灰色	砂壤土	团粒状	7.9	41.4	2.05	1.27	17.1	185	>100.0	255	15.2	E 79°46′58.8″ N 31°29′56.8″	75
				A₁₂	16—24	棕灰色	砂壤土	块状	7.9	30.9	1.49	0.90	17.3		44.0	118	14.6		
				Ab	24—73	灰黄色	黏壤土	块状	8.3	7.6	0.48	0.51	20.4		6.0	208	12.3		
				C	73—100	淡黄色	黏壤土	块状	8.1	8.7	0.61	0.45	18.8		2.0	233	12.8		

噶 尔 县

主要土类说明

寒钙土是噶尔县主要土壤类型，占本县地域面积的 57%，广泛分布于本县两侧山地、山麓洪积扇上，分布高度在海拔 4600—5400m 范围内，上接寒冻土。寒钙土所在地形为高原面上低缓丘陵，位于河谷中的洪冲积扇和河阶地上。成土母质为残积物、坡积物、洪积物、冲积物和风积物。该土土壤冻结期达半年之久，以寒冻物理风化为主。植被类型为高寒草原植被。在左左以南，植被由紫花针茅、固沙草、黄芪、棘豆、垫状点地梅和苔状蚤缀等组成；以北由沙生针茅、硬叶苔草占据草原优势，并伴生有扭管马先蒿、匙叶栎、驼绒藜，组成荒漠化草原，盖度在 5%—20%。寒钙土的成土过程主要表现为腐殖质积累作用和钙积作用。但由于冬季严寒，降水量少，腐殖质积累和钙积作用均比较弱，土壤有机质含量为 1.0%—2.0%；剖面中碳酸钙新生体不太明显，通体呈石灰反应。

冷钙土是噶尔县第二大土壤类型，占本县地域面积的 16%。冷钙土是高原温带半干旱地区的地带性土类，主要分布在噶尔河谷海拔 4200—4600m 范围内，所在地形为山麓洪积扇、冲积平原。成土母质为板岩、页岩、石灰岩及花岗岩等风化的残积物、坡积物、洪积物、冲积物等。分布区气候具有温凉干旱的大陆性气候特征，植被为高寒草原类型，主要有沙生针茅、固沙草和蒿草等，有些地方伴生有锦鸡儿灌丛，盖度在 10%—20%。冷钙土的成土过程主要表现为有机质积累过程和钙积作用，但同高山草原相比，有机质积累作用弱而碳酸钙的聚积作用较强。土壤有机质含量为 0.5%—1.0%，有较明显的碳酸钙聚积，以白色假菌丝状、斑点状分布。砾石背面有石灰薄膜，底土未见石膏淀积。剖面通体有石灰反应。

寒冻土是噶尔县第三大土壤类型，占本县地域面积的 15%，主要分布在冈底斯山及其支脉阿依拉山海拔 5400—5700m 的山区，是本县山地垂直带谱中分布最高的土壤类型，上与雪线相连，下接寒钙土。由于寒冻土处于高海拔、气候严寒地带，土壤以寒冻物理风化为主，成土母质多为岩屑、碎石的冰积物、残积物、坡积物，地表多为裸岩，土壤分布不连续，只在岩隙中有少量土粒。由于气候干寒，只生长有耐寒的风毛菊、垫状点地梅，苔状蚤缀等，盖度为 1%—2%，多生长在有土粒的石隙中。寒冻土的形态特征为土层浅薄，剖面分化不明显，剖面由 A 型、A-C 型构成，质地轻、粗，砾石含量高，土壤呈中性反应，阳离子交换量低，有机质及其他养分也较缺乏。

小于本县地域面积 3% 的土壤类型还有草甸土、石质土和沼泽土等。

本区域中心区气候特征

本区域中心区气候特征值
Regional climate characteristics in central area of the region

气候带：高原亚温带亚干旱气候 Climate region: Plateau sub temperate sub arid climate	
年平均气温 /℃ Annual average temperature /℃	10.8
年平均最高气温 /℃ Annual average maximum temperature /℃	18.1
年平均最低气温 /℃ Annual average minimum temperature /℃	4.5
年降水量 /mm Annual precipitation /mm	159
≥10℃的积温 /℃ Daily temperature accumulated in a year（≥10℃）/℃	4112
年日照时数 /h Annual sunshine /h	2755
年平均相对湿度 /% Annual average relative humidity /%	45
干燥度 Dryness	15.80

本区域中心区月平均气温与月平均降水量
Monthly temperature and precipitation in central area of the region

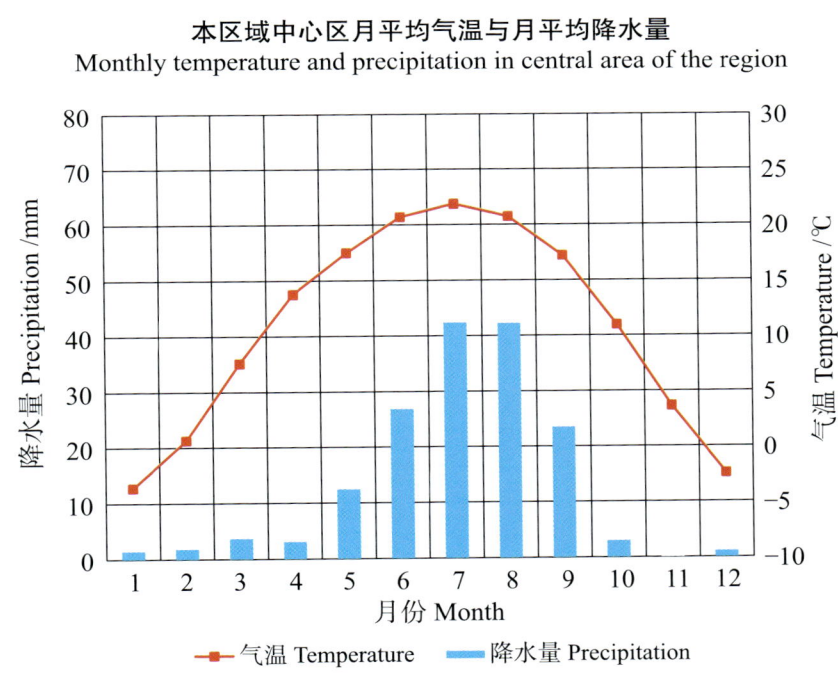

噶尔县主要土壤类型与土壤剖面点分布图
1﹕840 000

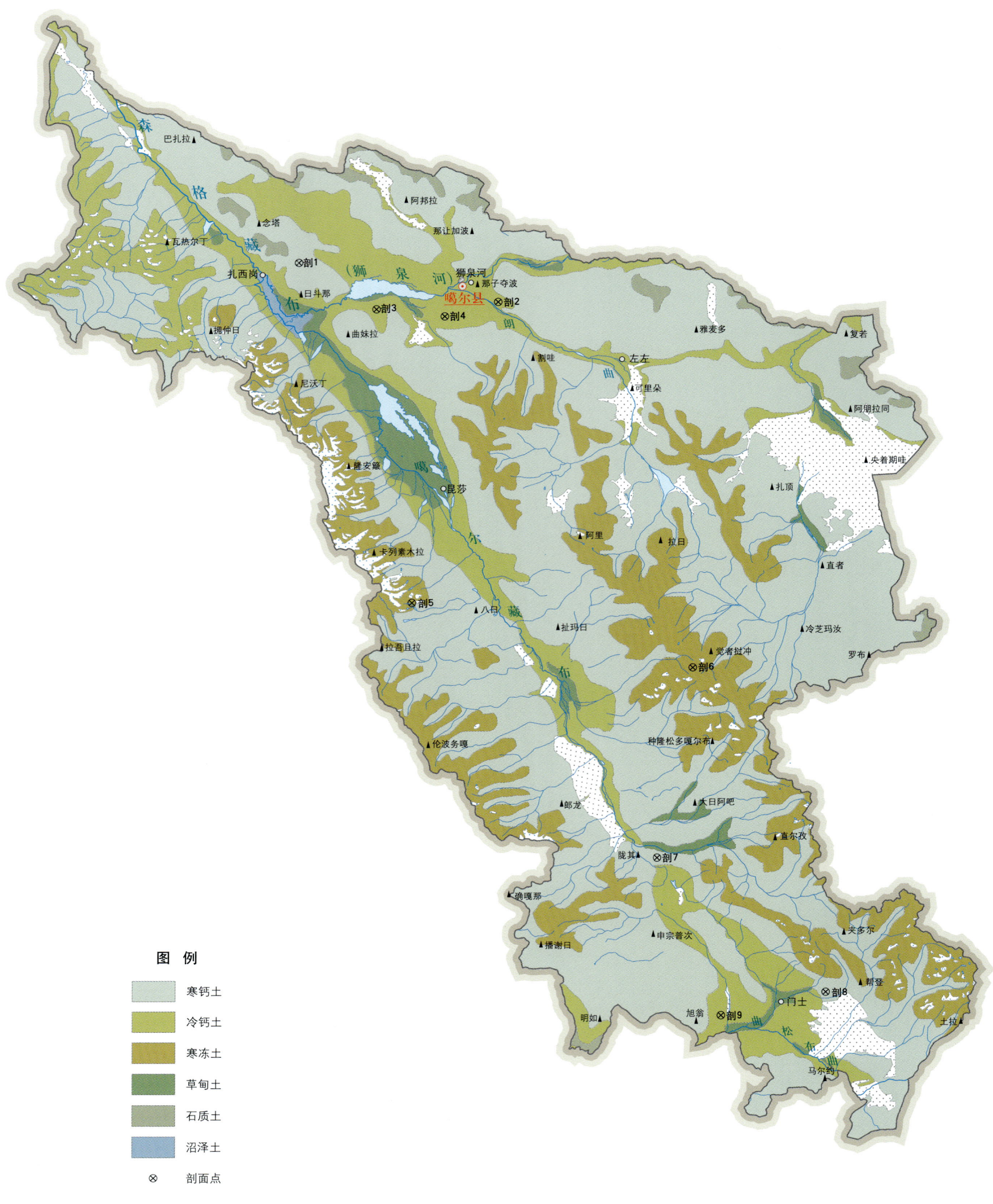

噶尔县土壤剖面理化性状表

剖面号 Soil profile	土纲 Soil order	土类 Soil great group	亚类 Soil subgroup	土属 Soil genus	土层码 Layer code	土层厚度 Depth/cm	颜色 Soil color	质地 Soil texture	土壤结构 Soil structure	pH	有机质 OM/(g/kg)	全氮 TN/(g/kg)	全磷 TP/(g/kg)	全钾 TK/(g/kg)	碱解氮 AN/(mg/kg)	有效磷 AP/(mg/kg)	速效钾 AK/(mg/kg)	阳离子交换量CEC/(cmol/kg)	土壤母质 Parent material	剖面点坐标 Profile coordinate	匹配指数 Matching index/%
剖1	高山土	寒钙土	淡寒钙土		1	0—5	灰棕色	多砾石砂壤土	粒状	7.6	18.7	0.94	0.93	25.7	60	28.0	280	9.3	残积物、坡积物	E 79°45′09.7″ N 32°32′01.3″	71
					2	5—10	灰棕色	砾质砂壤土	粒状	7.5	25.0	1.29	0.70	26.4	83	29.0	280	13.7			
剖2	高山土	冷钙土	淡冷钙土	洪积砂砾质淡冷钙土	1	0—11	棕灰色	多砾石砂壤土	屑粒状	8.5	3.1	0.21	1.25	25.0	20	6.0	90	<2.0	洪积物、冲积物	E 80°10′07.0″ N 32°27′49.0″	83
					2	11—36	棕色	砾质砂壤土		8.6	2.8	0.14	0.50	22.2	24	3.0	68	<2.0			
					3	36—60		砂土		8.6	2.0	<0.10	0.50	22.2	29	2.0	34	<2.0			
剖3	高山土	冷钙土	淡冷钙土	洪积砂砾质淡冷钙土	1	0—10	灰棕色	多砾石砂壤土	团粒状	8.4	3.2	0.16	0.74	36.8	23	2.0	68	2.0	残积物、坡积物	E 79°54′55.1″ N 32°26′57.5″	87
					2	10—28	棕灰色	多砾石砂壤土		8.2	5.5	0.32	0.50	38.5	30	2.0	124	<2.0			
					3	28—45	灰棕色	多砾石砂壤土	无明显结构	8.2	4.7	0.24	0.79	36.9	19	1.0	64	<2.0			
					4	45—70	棕灰色	多砾石砂壤土		8.6	2.2	<0.10	0.35	37.9	23	2.0	44	<2.0			
剖4	高山土	冷钙土	淡冷钙土	洪积砂砾质淡冷钙土	A	0—11	棕灰色	重砾质砂壤土	屑粒状	8.5	3.1	0.21	1.25	25.0	20	6.0	90	<2.0		E 80°03′27.4″ N 32°26′12.5″	75
					Bk	11—36	棕灰色	砾质砂土		8.6	2.8	0.14	0.50	22.6	24	3.0	68	<2.0			
					BkC	36—60	棕灰色	砾质砂土		8.6	2.0	<0.10	0.50	21.3	29	2.0	34				
剖5	高山土	寒冻土	寒冻土		1	0—5	淡灰色	多砾石砂壤土	粒状	7.3	2.3	0.12	1.13	38.7	13	3.0	50			E 79°59′40.6″ N 31°54′37.1″	71
					2	5—10	灰色	多砾石砂壤土	块状	7.5	2.1	0.12	1.28	37.2	15	2.0	49	6.6			
剖6	高山土	寒冻土	寒冻土		1	0—13		多砾石砂壤土		6.8	3.2	0.87	0.42	23.6	83	6.0	84	4.5		E 80°34′37.2″ N 31°47′39.1″	81
					2	13—30		多砾石砂壤土		6.6	7.3	0.34	0.42	25.2	43	5.0	52				
剖7	高山土	寒钙土	寒钙土		1	0—12	棕灰色	多砾石砂壤土	块状	7.2	20.7	1.23	0.50	23.1	103	4.0	188		湖积物	E 80°30′19.8″ N 31°26′40.9″	89
					2	12—23	棕灰色	多砾石砂壤土	屑粒状	7.2	21.0	1.15	0.50	22.4	93	3.0	98				
					3	23—40	棕色	砂壤土	屑粒状	7.4	7.6	0.50	0.34	23.4	37	3.0	70				
剖8	高山土	寒钙土	寒钙土	洪积泥砾质寒钙土	1	0—12	棕灰色	多砾石砂壤土	块状	7.2	20.7	1.23	0.50	23.1	103	4.0	188		洪积物、冲积物	E 80°51′16.2″ N 31°11′53.5″	81
					2	12—23	棕灰色	多砾石砂壤土	屑粒状	7.2	21.0	1.15	0.50	22.4	93	3.0	98				
					3	23—40	棕色	砂壤土	屑粒状	7.4	7.6	0.50	0.34	23.4	37	3.0	70				
剖9	高山土	冷钙土	冷钙土		1	0—12	灰棕色	多砾石砂壤土	粒状	8.4	10.7	0.66	0.52	21.1	46	16.0	212		洪积物、冲积物	E 80°38′19.3″ N 31°09′19.1″	74
					2	12—26	棕色	多砾石砂壤土	核状	8.1	4.7	0.32	0.37	19.8	26	4.0	134				
					3	26—50	棕色	多砾石砂壤土	无明显结构	8.6	2.3	0.15	0.31	19.8	17	2.0	118				

日 土 县

主要土类说明

寒钙土是日土县主要土壤类型，占本县地域面积的56%，主要分布在山地洪冲积扇、低缓丘陵、宽广的湖盆地带。成土母质为坡积物、洪积物、冲积物和湖积物等。土壤冻结达半年之久，以寒冻物理风化为主。植被类型为高寒草原类型，在本县的北部昆仑山与喀喇昆仑山之间，以硬叶苔草为主，盖度在5%—20%；在昆仑山以南的广大地区为荒漠化草原，以针茅、蒿、固沙草、蚤缀、驼绒藜等为主，盖度在10%左右。成土过程主要表现为较弱的腐殖质积累过程和较强的钙积过程。土壤有机质含量低，一般为0.5%—1.5%，剖面中碳酸钙新生体较明显，通体呈石灰反应，碳酸钙含量为2%—20%。

寒冻土是日土县第二大土壤类型，占本县地域面积的21%。寒冻土主要分布在北部昆仑山和喀喇昆仑山海拔5400m以上的山顶部位，是全县土壤垂直分布位置最高的土壤，也是脱离冰川和永久积雪影响最晚、成土年龄最短的土壤类型。寒冻土分布区由于处于高海拔，气候严寒，呈现出独特的高山寒漠景观。土壤以寒冻物理风化为主，成土母质多为岩屑、碎石的冰碛物，地表多裸岩，土被不连续，只有岩隙中有少量细土物质，成土作用弱，成土过程容易中断。由于气候干寒，植被稀疏，以垫状植物为主，只生长有耐寒的风毛菊、点地梅、苔状蚤缀等，盖度为5%左右。寒冻土土层浅薄，一般仅厚约10cm，剖面分化不明显，通体大部分为粗骨质，为多砾质土。

石质土是日土县第三大土壤类型，占本县地域面积的9%。本县的石质土主要分布在各陡峭的山地，几乎无植被生长。石质土土层很薄，常直接覆盖在未风化的基岩上，剖面构型为A-R型。土壤中富含石砾，为砾石土，表土有机质含量低，土壤呈碱性。

小于本县地域面积3%的土壤类型还有寒漠土、冷钙土、草甸土、寒原盐土、冷漠土和新积土等。

本区域中心区气候特征

本区域中心区气候特征值
Regional climate characteristics in central area of the region

气候带：高原寒带干旱气候 Climate region: Plateau frigid arid climate	
年平均气温 /℃ Annual average temperature /℃	11.1
年平均最高气温 /℃ Annual average maximum temperature /℃	18.4
年平均最低气温 /℃ Annual average minimum temperature /℃	4.7
年降水量 /mm Annual precipitation /mm	109
≥10℃的积温 /℃ Daily temperature accumulated in a year (≥10℃) /℃	4252
年日照时数 /h Annual sunshine /h	2708
年平均相对湿度 /% Annual average relative humidity /%	43
干燥度 Dryness	16.67

本区域中心区月平均气温与月平均降水量
Monthly temperature and precipitation in central area of the region

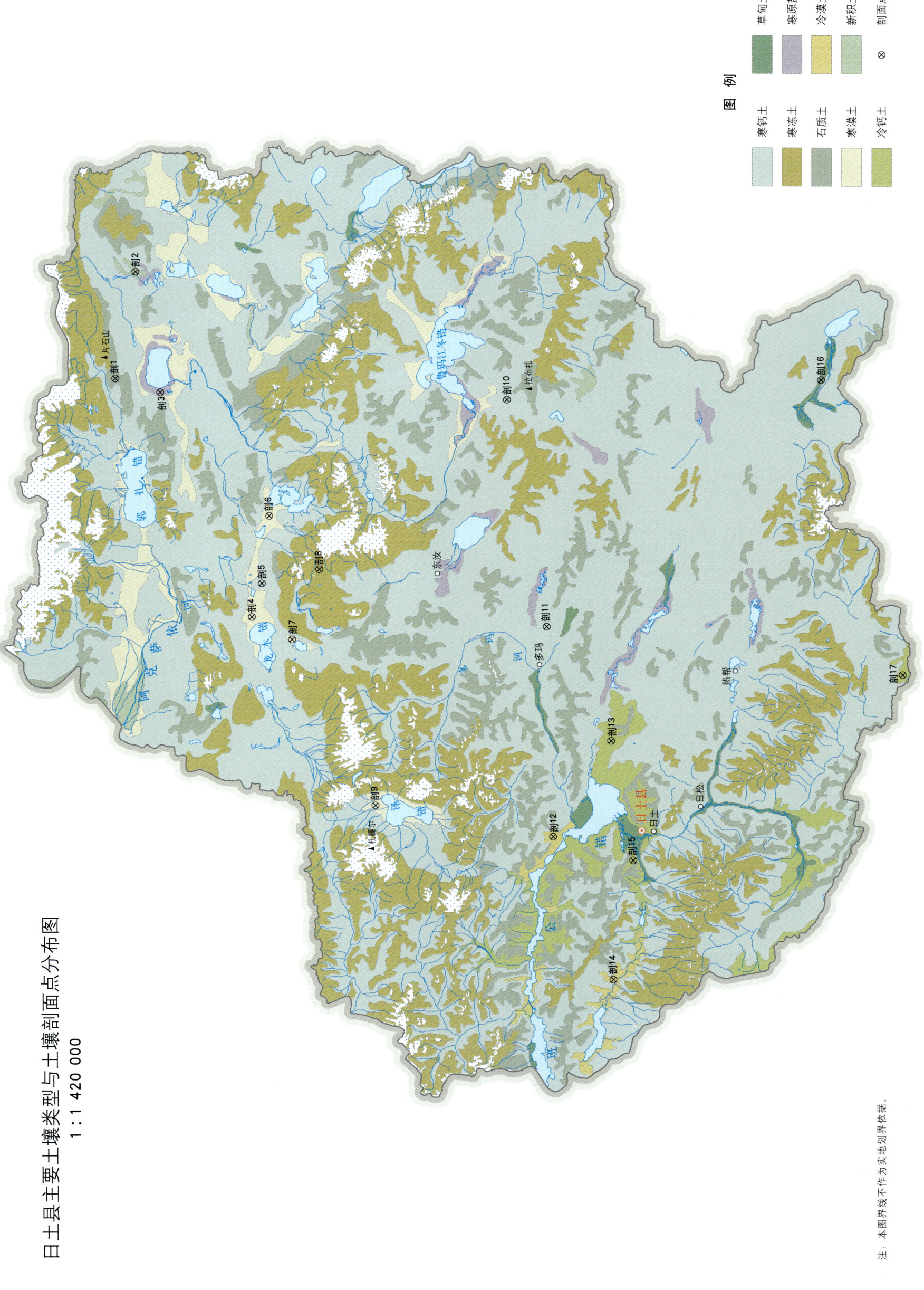

日土县土壤剖面理化性状表

剖面号 Soil profile	土纲 Soil order	土类 Soil great group	亚类 Soil subgroup	土属 Soil genus	土层码 Layer code	土层厚度 Depth/cm	颜色 Soil color	质地 Soil texture	土壤结构 Soil structure	pH	有机质 OM/(g/kg)	全氮 TN/(g/kg)	全磷 TP/(g/kg)	全钾 TK/(g/kg)	碱解氮 AN/(mg/kg)	有效磷 AP/(mg/kg)	速效钾 AK/(mg/kg)	阳离子交换量CEC/(cmol/kg)	土壤母质 Parent material	剖面点坐标 Profile coordinate	匹配指数 Matching index/%
剖1	初育土	石质土	石质土		R	0–4 4–	灰色	砾石土			4.5		0.25	0.50	13.8					坡积物	E 81°31′18.5″ N 35°05′34.1″	71
剖2	初育土	新积土	冲积土		1 2	0–15 15–	灰色 淡灰色	砂土 砂土	单粒状		4.3 3.5		0.35 0.27	0.40 0.38	20.0 18.5			>500 >500		河流冲积物	E 81°57′14.0″ N 35°01′29.3″	75
剖3	盐碱土	寒原盐土	寒原盐土		1 2 3 4 5	0–10 10–21 21–45 45–70 70–100	灰色 灰色 棕灰色 棕灰色 棕灰色	轻壤土 轻壤土 轻壤土 轻壤土	块状 片状 屑粒状	9.2 9.4 8.6 8.3 8.5	4.8 5.3 5.3 3.2 4.0	0.20 0.30 0.29 0.31 0.16	0.61 0.61 0.64 0.60 0.60	18.8 18.4 18.0 24.0 18.4	21 23	17.0 13.0				E 81°27′54.7″ N 34°56′53.5″	74
剖4	高山土	寒冻土	寒漠土		J ABk Bk C	0–4 4–26 26–38 38–	棕灰色 棕灰色 棕灰色	重砾质重黏土 重砾质重黏土 重砾质重黏土	层状、片状 块状 块状	7.8 7.6 8.5	8.5 7.5 6.3			17.3 18.6 18.0	32 25	9.0 9.0	116 52			E 80°33′32.8″ N 34°39′13.3″	75
剖5	高山土	寒钙土	淡寒钙土	洪积砂砾质淡寒钙土	A Bk C	0–10 10–40 40–93	黄棕色 棕色	重砾质砂土 重砾质砂土	粒状 块状	8.1 8.1	13.7 7.1	0.83 0.46	0.44 0.40 0.38	19.7 19.2	68 57	4.0 2.0	169 68	10.1		E 80°41′42.0″ N 34°37′20.6″	95
剖6	高山土	寒钙土	寒漠土		A Bk C	0–10 10–25 25–40	黄棕色 黄棕色	砂砾土 重砾质砂土 重砾质砂土	单粒状 单粒状	8.5 8.6 8.6	5.1 3.9 4.1	0.28 0.24 0.21	0.48 0.62 0.38 0.34	16.2 15.6 15.1	28 24	3.0 1.0	100 60	5.1 5.8 5.4		E 80°58′02.3″ N 34°35′55.7″	75
剖7	高山土	寒漠土	寒漠土		1 2 3 4 5	0–1 1–10 10–28 28–46 46–80	淡棕灰色 淡棕灰色 黄色 灰红棕色 灰色	粉砂壤土 砂壤土 粉质壤土 壤土 壤土	片状 片状 屑粒状 粒状	8.6 8.6 8.3 8.3 8.7	6.4 6.6 8.4 4.4 1.5	0.45 0.49 0.53 0.38 0.50						5.7 6.4 8.3 9.5 5.7		E 80°28′12.7″ N 34°31′26.0″	84
剖8	高山土	寒钙土	淡寒钙土		1 2 3	0–6 6–13 13–24	灰色 棕棕色 黄棕色	砾石土 多砾石壤土 多砾石黏土	碎块状 块状 无明显结构	8.4 8.7 8.7	2.8 5.0	0.70 0.80	0.62					9.0 9.5	岩屑坡积物	E 80°45′09.4″ N 34°26′15.7″	75
剖9	高山土	寒钙土	寒漠土		1 2 3	1–10 10–25 25–40	黄棕色 黄棕色 黄棕色	多砾石砂土 多砾石砂土 多砾石砂土	无明显结构 无明显结构 无明显结构	8.6 8.6 8.6	5.1 3.9 4.1	0.28 0.24 0.21	0.62 0.38 0.34	16.2 15.8 16.1	28 24	3.0 1.0	100 60	2.8 2.5 2.5	湖积物	E 79°48′15.1″ N 34°15′09.0″	72
剖10	高山土	寒钙土	淡寒钙土	洪积砂砾质淡寒钙土	1 2 3	0–10 10–40 40–	黄棕色 黄色 棕灰色	多砾石砂土 多砾石砂土	粒状	8.1 8.1	13.7 7.1	0.83 0.46	0.48 0.28	19.7 19.2	68 57	4.0 2.0	169 68		湖积物、洪积物	E 81°26′06.0″ N 33°50′00.2″	73
剖11	高山土	寒钙土	淡寒钙土		1 2 3 4	0–6 6–23 23–41 41–62	棕灰色 棕灰色 棕灰色 黄棕色	多砾石砂土 中砾石黏壤土 多砾石砂土 多砾石砂土	无明显结构 碎屑状 碎屑状	7.9 8.1 7.9 8.0	6.6 16.9 10.0 5.5	0.72 1.00 1.13 0.82	0.52 0.52 0.52 0.41	20.5 24.2 23.2 25.8	31 54	3.0 1.0	81 62	2.8 3.3 3.5	砾质洪积物、冲积物	E 80°31′43.3″ N 33°42′21.6″	84
剖12	高山土	冷钙土	冷漠土		1 2 3	0–16 16–44 44–70	棕灰色 棕灰色 棕色	中砾石砂土 砂壤土 中砾质砂壤土	碎屑状 块状	8.5 8.6 9.0	8.6 3.2 1.5	0.38 0.25 0.10	0.28 0.34 0.26	28.3 26.6 23.8	26 35	5.0 1.0	156 146		坡积物	E 79°41′17.5″ N 33°40′48.7″	86
剖13	高山土	冷钙土	淡冷钙土	洪积砂砾质淡冷钙土														98		坡积物	E 80°04′30.0″ N 33°29′48.8″	71

续表 Continued

剖面号 Soil profile	土纲 Soil order	土类 Soil great group	亚类 Soil subgroup	土属 Soil genus	土层码 Layer code	土层厚度 Depth/cm	颜色 Soil color	质地 Soil texture	土壤结构 Soil structure	pH	有机质 OM/(g/kg)	全氮 TN/(g/kg)	全磷 TP/(g/kg)	全钾 TK/(g/kg)	碱解氮 AN/(mg/kg)	有效磷 AP/(mg/kg)	速效钾 AK/(mg/kg)	阳离子交换量 CEC/(cmol/kg)	土壤母质 Parent material	剖面点坐标 Profile coordinate	匹配指数 Matching index/%
剖14	高山土	冷漠土	冷漠土		J	0—1	灰棕色	重砾质砂土	块状	8.3	2.0	0.21	0.35	27.8	68	9.0	72	5.4		E 79°07′26.0″ N 33°28′52.7″	77
					Ak₁	1—5	棕灰色	砾质砂土	单粒状	8.2	6.4	0.39	0.39	26.2	42	16.0	26	2.8			
					Ak₂	5—18	灰棕色	重砾质砂土	单粒状	8.5	2.6	0.14	0.35	26.2				<2.0			
					Bk	18—45	灰棕色	重砾质砂土	单粒状	9.1	<1.0	<0.10	0.21	26.6				<2.0			
					C	45—70															
剖15	高山土	冷钙土	暗冷钙土		1	0—11	灰棕色	多砾石砂土	无明显结构	8.4	4.5	0.25	0.46	23.8	25	4.0	170		砂砾洪积物、冲积物	E 79°35′53.9″ N 33°25′21.4″	73
					2	11—36	棕色	多砾石砂土	块状	8.2	4.9	0.29	0.35	23.2	33	1.0	154				
					3	36—50				8.5	5.6	0.24	0.34	18.4							
剖16	半水成土	草甸土	盐化草甸土		1	0—16				8.5	20.7	1.39	0.44	17.4	92	5.0	>500	5.4		E 81°30′49.0″ N 32°49′23.2″	97
					2	16—30				8.0	17.0	1.24	0.40	17.4	99	3.0	98	7.8			
					3	30—51				8.1	14.5	0.96	0.35	16.6				5.5			
					4	51—85		轻壤土	碎屑状	8.1	14.6	0.99	0.37	21.0				7.3			
剖17	高山土	冷钙土	淡冷钙土	洪积砂砾质淡冷钙土	1	0—9	灰棕色	砂壤土	块状	7.9	11.4	1.19	0.48	19.6	322	6.0	118		洪积物、冲积物	E 80°20′53.5″ N 32°33′36.7″	73
					2	9—22	灰棕色	砂壤土		8.1	13.2	1.09	0.50	17.6	159	2.0	52				
					3	22—42	黄色	砂壤土	无明显结构	8.1	10.3	0.76	0.40	14.8							

改 则 县

主要土类说明

寒钙土是改则县主要土壤类型，占本县地域面积的90%。寒钙土是发生于青藏高原高寒半干旱区，具有弱度腐殖质积累、底层钙积特点的土壤。寒钙土多分布于极高山、高山地区，由于严寒、干旱的恶劣气候，限制了土壤发育的生物化学作用过程，以物理风化为主。寒钙土分布区冬季严寒少雨，土壤冻结期较长，有季节性或部分多年冻土现象，而暖季短促，土壤夜冻昼融作用较寒漠土、草毡土弱，但比冷钙土强一些。其形成过程的主要特点是具有腐殖质积累作用和钙积作用。但由于土壤季节性冻结时间长，低温干旱，微生物活动并不旺盛，致使草原植物每年提供的有限残体分解不完全，使腐殖质仅有少量的积累，腐殖质积累作用较弱。土壤的风化和成土作用也较弱，基本发育程度低，淋溶程度不强，钙积作用总体不强。土壤有机质层厚度为15cm，有机质含量为1.0%—3.0%。碳酸钙向下移动，在一定部位形成碳酸钙积聚，碳酸钙含量为50—120g/kg，上部低，下部高，土壤pH为7.5—8.5。

寒冻土是改则县第二大土壤类型，占本县地域面积的4%。寒冻土主要分布于高山冰雪带下缘，是全县土壤垂直分布位置最高的土壤，也是脱离冰川和永久积雪影响最晚、成土年龄最短的土壤。高寒、大风、雹雪是寒冻土形成的主要环境条件，土壤的形成过程中，物理风化和冰雪剥蚀作用强烈，生物化学作用微弱，生物量低，有机质来源缺乏，腐殖质累积较弱，土层浅薄，分化不明显，粗骨性强，含石砾多，仅在岩屑中见少量细土物质堆积。土壤pH为7.0—8.5。

小于本县地域面积3%的土壤类型还有石质土、草甸土、沼泽土、寒原盐土、新积土、寒漠土和粗骨土等。

本区域中心区气候特征

本区域中心区气候特征值
Regional climate characteristics in central area of the region

气候带：高原寒带干旱气候 Climate region: Plateau frigid arid climate	
年平均气温 /℃ Annual average temperature /℃	8.6
年平均最高气温 /℃ Annual average maximum temperature /℃	16.7
年平均最低气温 /℃ Annual average minimum temperature /℃	1.4
年降水量 /mm Annual precipitation /mm	169
≥10℃的积温 /℃ Daily temperature accumulated in a year (≥10℃) /℃	3772
年日照时数 /h Annual sunshine /h	2814
年平均相对湿度 /% Annual average relative humidity /%	44
干燥度 Dryness	13.60

本区域中心区月平均气温与月平均降水量
Monthly temperature and precipitation in central area of the region

改则县主要土壤类型与土壤剖面点分布图
1∶1 740 000

第二编　分县土壤图与土壤剖面数据 | 335

改则县土壤剖面理化性状表

剖面号 Soil profile	土纲 Soil order	土类 Soil great group	亚类 Soil subgroup	土属 Soil genus	土层码 Layer code	土层厚度 Depth/cm	颜色 Soil color	质地 Soil texture	土壤结构 Soil structure	pH	有机质 OM/(g/kg)	全氮 TN/(g/kg)	全磷 TP/(g/kg)	全钾 TK/(g/kg)	剖面点坐标 Profile coordinate	匹配指数 Matching index/%
剖1	高山土	寒钙土	寒钙土	洪积泥砾质寒钙土	A	0—12	黄灰色	砂土	碎块状	8.5	9.5	0.33	0.19	19.0	E 83°40′16.3″ N 32°00′42.5″	71
					A(B)	12—49	黄灰色	砂土	碎块状	8.5	5.4	0.22	0.15	22.0		
					(B)	49—64	灰黄色	砂土	块状	8.3	9.0	0.38	0.17	23.2		
					(B)C	64—87	浊红棕色	砂土	块状	8.3	8.6	0.51	0.20	11.6		
					C	87—										

措 勤 县

主要土类说明

寒钙土是措勤县主要土壤类型，占本县地域面积的55%。在措勤藏布中游段以南，寒钙土分布海拔为4600—4750（4800）m；在措勤藏布中游段以北，寒钙土分布海拔为4600—5200（5400）m。寒钙土的成土过程具有弱度腐殖质积累、底层钙积的特点。土壤有机质层厚15cm，有机质含量为1.0%—3.0%。碳酸钙含量为50—120g/kg，上部低，下部高。土壤pH为7.5—8.5。

草毡土是措勤县第二大土壤类型，占本县地域面积的20%，分布于措勤藏布中游段以南的山地、谷地。草毡土分布的地形部位主要是平缓山丘沟谷，海拔4800—5400m。成土母质以山丘及谷坡上的残积物、坡积物和冰积物为主，在沟谷地为洪积物、冲积物。分布区气候条件为寒冷半湿润，终年寒冷而稍湿润。土壤冻结期在6个月以上，季节性冻层厚度超过1.5m，土壤夜冻昼融交替频繁。植被类型为嵩草草甸，植物以小嵩草和大嵩草为主，伴生有委陵菜、嵩属、紫花针茅和早熟禾等，垫状金露梅和垫状蚤缀也有较普遍的分布，盖度在50%左右，植被一般较矮，但根系发育十分庞大。草毡土的发生特征是草毡层的形成，主要成土过程表现为表层粗腐殖质积聚过程、由于降水和融冻水浸润所引起的底层土壤的氧化还原过程。草毡土腐殖质积累作用较强，土壤表层形成厚为5—10cm草毡层，其下为10—15cm的腐殖质积累层，有机质含量较高（A_1层含量为5%左右）。但由于长期的低温环境（土壤冻结期从11月到翌年5月），有机物质的腐殖质化程度弱。草毡土的氧化还原过程受大气降水和融冻浸润所控制。土壤表层除夏季较湿润期间有间歇性还原淋溶作用外，常处于氧化状态，剖面中下部含水量较稳定，中部基本上处于还原状态。如遇蒸发和蒸腾强烈，或秋冬降温时土壤自下而上的冻结，也可造成土体上部出现氧化状态，下部却呈还原状态。基于此，草毡土形成了冻层结构，并在剖面中部形成暗色层。

寒冻土是措勤县第三大土壤类型，占本县地域面积的15%。寒冻土是脱离冰川影响最晚、成土年龄最短的一类土壤，其分布的地形部位为分水岭脊、古冰斗、冰碛堤和冰碛台地。由于本县地势较高，尤其在冈底斯山北支脉山区，海拔超过5400m的山岭面积较大，寒冻土分布十分广泛。寒冻土分布区内，气候严寒，风大。由于高寒的生境条件，高等植物种类极少，主要植物有垫状蚤缀、红景天、金露梅、委陵菜、黄芪等，盖度仅1%—2%。寒冻土成土作用微弱，成土过程受冻融作用明显，表层形成厚度为5cm左右的冻融结皮层，生物化学作用微弱，表层有机质含量不足0.5%。

小于本县地域面积3%的土壤类型还有草甸土、沼泽土、新积土、寒原盐土、石质土和风沙土等。

本区域中心区气候特征

本区域中心区气候特征值
Regional climate characteristics in central area of the region

气候带：高原亚温带亚干旱气候 Climate region: Plateau sub temperate sub arid climate	
年平均气温 /℃ Annual average temperature /℃	8.5
年平均最高气温 /℃ Annual average maximum temperature /℃	16.2
年平均最低气温 /℃ Annual average minimum temperature /℃	1.8
年降水量 /mm Annual precipitation /mm	256
≥10℃的积温 /℃ Daily temperature accumulated in a year（≥10℃）/℃	3691
年日照时数 /h Annual sunshine /h	2885
年平均相对湿度 /% Annual average relative humidity /%	44
干燥度 Dryness	11.17

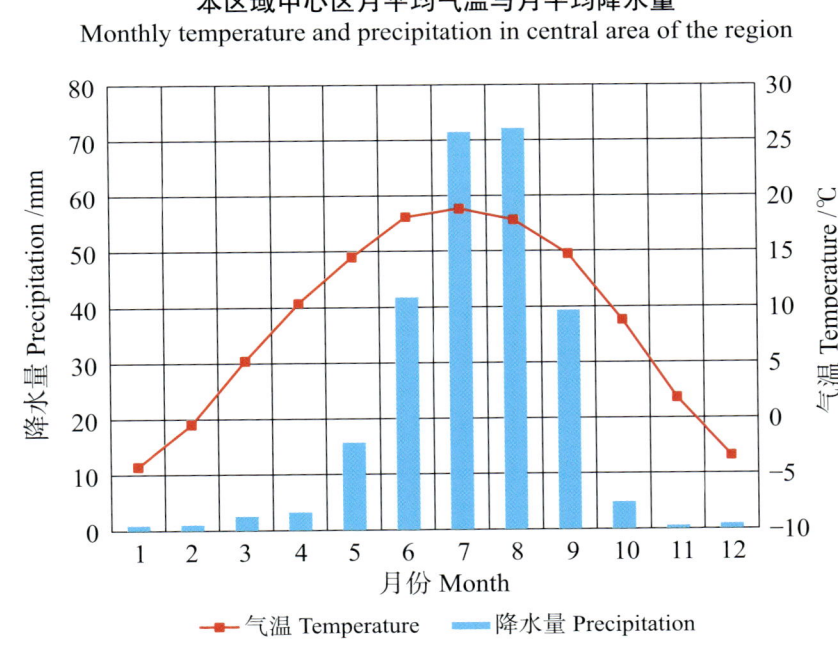

本区域中心区月平均气温与月平均降水量
Monthly temperature and precipitation in central area of the region

措勤县主要土壤类型与土壤剖面点分布图
1:840 000

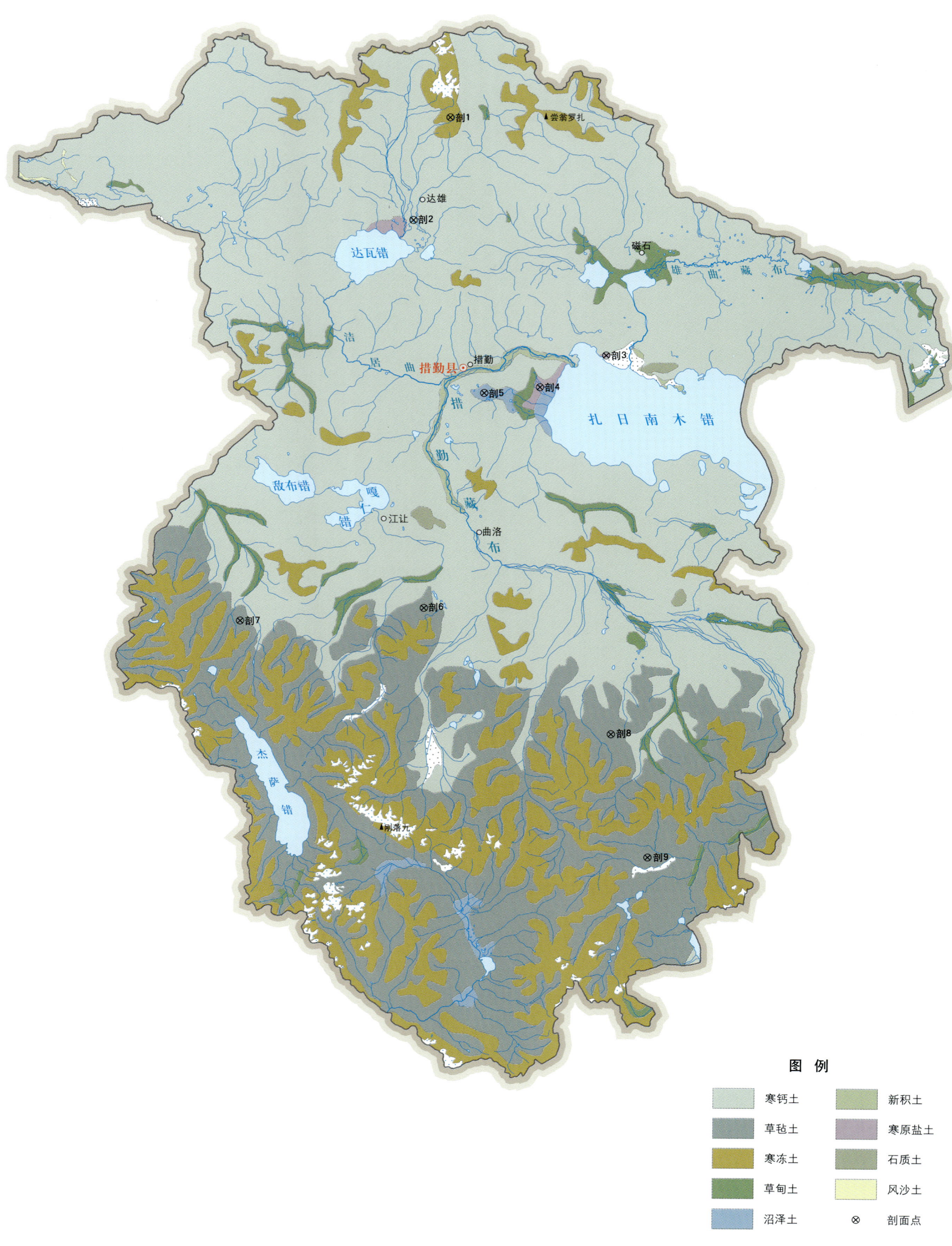

注：本图界线不作为实地划界依据。

措勤县土壤剖面理化性状表

剖面号 Soil profile	土纲 Soil order	土类 Soil great group	亚类 Soil subgroup	土层码 Layer code	土层厚度 Depth/cm	颜色 Soil color	质地 Soil texture	土壤结构 Soil structure	pH	有机质 OM/(g/kg)	全氮 TN/(g/kg)	全磷 TP/(g/kg)	全钾 TK/(g/kg)	碱解氮 AN/(mg/kg)	有效磷 AP/(mg/kg)	速效钾 AK/(mg/kg)	阳离子交换量 CEC/(cmol/kg)	剖面点坐标 Profile coordinate	匹配指数 Matching index/%
剖1	高山土	寒冻土	寒冻土	1	0—8	灰黄色	轻砾石土	片状										E 85° 07′ 31.4″ N 31° 30′ 13.3″	71
				2	8—30	灰色	重砾石土	片状											
				3	30—														
剖2	水成土	沼泽土	草甸沼泽土	1	0—12	黑色	少砾质砂壤土	粒状	7.6	95.6	3.39	0.21	20.8	225	2.0	117	10.7	E 85° 03′ 05.0″ N 31° 18′ 24.5″	97
				2	12—37	灰棕色	砂土	块状	7.0	74.5	2.64	0.16	20.4	196	1.0	104	12.2		
				3	37—51	青灰色	砂壤土	块状	6.2	123.2	4.18	0.16	19.6	378	<1.0	171	21.4		
剖3	盐碱土	寒原盐土	寒原草甸盐土	1	0—12	黄灰色	少砾质砂壤土	块状	8.8	21.2	1.00	0.31	23.6	68	5.0	>500		E 85° 28′ 07.7″ N 31° 03′ 21.2″	74
				2	12—25	黄灰色	粉质砂壤土	块状	8.2	18.3	0.81	0.31	28.1	53	5.0	>500			
				3	25—49	灰黄色	少砾质砂壤土	块状	8.4	5.5	0.29	0.25	28.5	19	3.0	270			
剖4	盐碱土	寒原盐土	寒原草甸盐土	Az	0—12	黄灰色	砂质壤土	块状	8.8	21.2	1.00	0.31	23.6	68	5.0	>500		E 85° 19′ 46.9″ N 30° 59′ 33.0″	75
				ACzu	12—35	黄灰色	粉砂质壤土	块状	8.2	18.3	0.81	0.31	28.1	53	5.0	>500			
				Czu	35—49	灰灰色	砂壤	块状	8.4	5.5	0.29	0.25	28.5	19	3.0	270			
剖5	水成土	沼泽土	盐化沼泽土	1	0—10	灰棕色	砂土	块状	9.4	27.2	1.36	0.46	20.0	86	5.0	>500		E 85° 12′ 38.2″ N 30° 58′ 49.1″	97
				2	10—36	淡灰棕色	砾石土	块状	>9.5	16.1	0.82	0.40	19.6	56	11.0	>500			
				3	36—45			粒状	8.4	14.3	0.64	0.39	18.9	49	11.0	207			
剖6	高山土	草毡土	薄草毡土	1	0—5	褐棕色	砂砾土	粒状							2.0			E 85° 05′ 37.0″ N 30° 34′ 07.7″	73
				2	5—14	棕色	砂砾土	块状											
				3	14—25	灰棕色	砂砾土	块状											
				4	25—48														
剖7	高山土	草毡土	薄草毡土	1	0—10				8.0	10.0	0.69	0.32	17.0	58	4.0	114	7.3	E 84° 42′ 16.2″ N 30° 32′ 16.1″	73
				2	10—25		轻砾石土		8.4	4.9	0.32	0.18	15.1	28	<1.0	49	3.6		
				3	25—50				8.6	2.6	0.17	1.05	23.2				2.8		
剖8	高山土	草毡土	薄草毡土	1	0—12		轻砾石土		8.3	12.0	0.77	0.29	22.3	48	2.0	159	10.3	E 85° 29′ 44.2″ N 30° 20′ 05.3″	73
				2	12—28		轻砾石土		8.0	5.0	0.36	0.31	18.3	21	1.0	96	5.9		
				3	28—49		多砾质壤质黏土		8.0	2.9	0.33	0.29	29.5	23	1.0	180	12.8		
剖9	高山土	草毡土	草毡土	1	0—8	灰棕色	多砾质壤质黏土	粒状、片状	7.7	47.5	1.99	0.46	26.0	161	5.0	207	12.1	E 85° 34′ 43.3″ N 30° 06′ 04.0″	74
				2	8—24	暗灰棕色	中砾石土		7.0	23.8	1.05	0.37	26.5	105	4.0	91	10.5		
				3	24—46		轻砾石土	块状	7.0	5.6	0.32	0.29	27.7	33	3.0	74	5.3		

附 录

附录1　西藏自治区县级行政区及分县主要土壤类型与土壤剖面点分布图中地域名对照表

地级行政区划	县级行政区划[1]	分县主要土壤类型与土壤剖面点分布图地域名[2]	地级行政区划	县级行政区划[1]	分县主要土壤类型与土壤剖面点分布图地域名[2]
拉萨市	城关区	市辖区*	日喀则市	吉隆县	吉隆县
	堆龙德庆区	堆龙德庆县		聂拉木县	聂拉木县
	达孜区	达孜县		萨嘎县	萨嘎县
	林周县	林周县		岗巴县	岗巴县
	当雄县	当雄县	昌都市	卡若区	市辖区*
	尼木县	尼木县		江达县	江达县
	曲水县	曲水县		贡觉县	贡觉县
	墨竹工卡县	墨竹工卡县		类乌齐县	类乌齐县
日喀则市	桑珠孜区	市辖区*		丁青县	丁青县
	南木林县	南木林县		察雅县	察雅县
	江孜县	江孜县		八宿县	八宿县
	定日县	定日县		左贡县	左贡县
	萨迦县	萨迦县		芒康县	芒康县
	拉孜县	拉孜县		洛隆县	洛隆县
	昂仁县	昂仁县		边坝县	边坝县
	谢通门县	谢通门县	林芝市	巴宜区	市辖区*
	白朗县	白朗县		工布江达县	工布江达县
	仁布县	仁布县		米林县	米林县
	康马县	康马县		墨脱县	墨脱县
	定结县	定结县		波密县	波密县
	仲巴县	仲巴县		察隅县	察隅县
	亚东县	亚东县		朗县	朗县

续表

地级行政区划	县级行政区划[1]	分县主要土壤类型与土壤剖面点分布图地域名[2]	地级行政区划	县级行政区划[1]	分县主要土壤类型与土壤剖面点分布图地域名[2]
山南市	乃东区	市辖区*	那曲市	聂荣县	聂荣县
	扎囊县	扎囊县		安多县	安多县
	贡嘎县	贡嘎县		申扎县	申扎县
	桑日县	桑日县		索县	索县
	琼结县	琼结县		班戈县	班戈县
	曲松县	曲松县		巴青县	巴青县
	措美县	措美县		尼玛县	尼玛县
	洛扎县	洛扎县		双湖县	
	加查县	加查县	阿里地区	普兰县	普兰县
	隆子县	隆子县		札达县	札达县
	错那县	错那县		噶尔县	噶尔县
	浪卡子县	浪卡子县		日土县	日土县
那曲市	色尼区	市辖区*		革吉县	
	嘉黎县	嘉黎县		改则县	改则县
	比如县	比如县		措勤县	措勤县

注：1）为民政部于 2022 年 3 月发布的《2021 年中华人民共和国行政区划代码》中的县级行政区名称。该名称也作为本数据集分县目录。分县排序按《2021 年中华人民共和国行政区划代码》中的地级、县级行政区排列。

2）分县主要土壤类型与土壤剖面点分布图地域名是全国第二次土壤普查中分县采样调查、制图的县级行政区名称。分县主要土壤类型与土壤剖面点分布图采用的县级行政域是从国家测绘局获取的 1∶25 万 DLG（公众版）数据（使用许可协议编号：非 2011—1011）。附录 1 显示了全国第二次土壤普查时的县级行政区域名与《2021 年中华人民共和国行政区划代码》中的县级行政区名称之间的关联。附录 1 中仅有《2021 年中华人民共和国行政区划代码》中的县级行政区名称，而没有对应的分县主要土壤类型与土壤剖面点分布图地域名的分县，表示该县级行政区无土壤剖面数据，未纳入分县目录。

* 在附录 1 中，凡分县主要土壤类型与土壤剖面点分布图地域名表示为"市辖区"的地域，均指在全国第二次土壤普查中，在城市中心区及近郊区完成的采样调查和制图。此时，县级行政区名称与分县主要土壤类型与土壤剖面点分布图地域名不是完全的对应关系。如拉萨市市辖区主要土壤类型与土壤剖面点分布图代表土壤调查中拉萨市城区及近郊区的土壤分布状况。此时将"市辖区"作为这一节的标题。

附录2　专题图基础地理要素图例

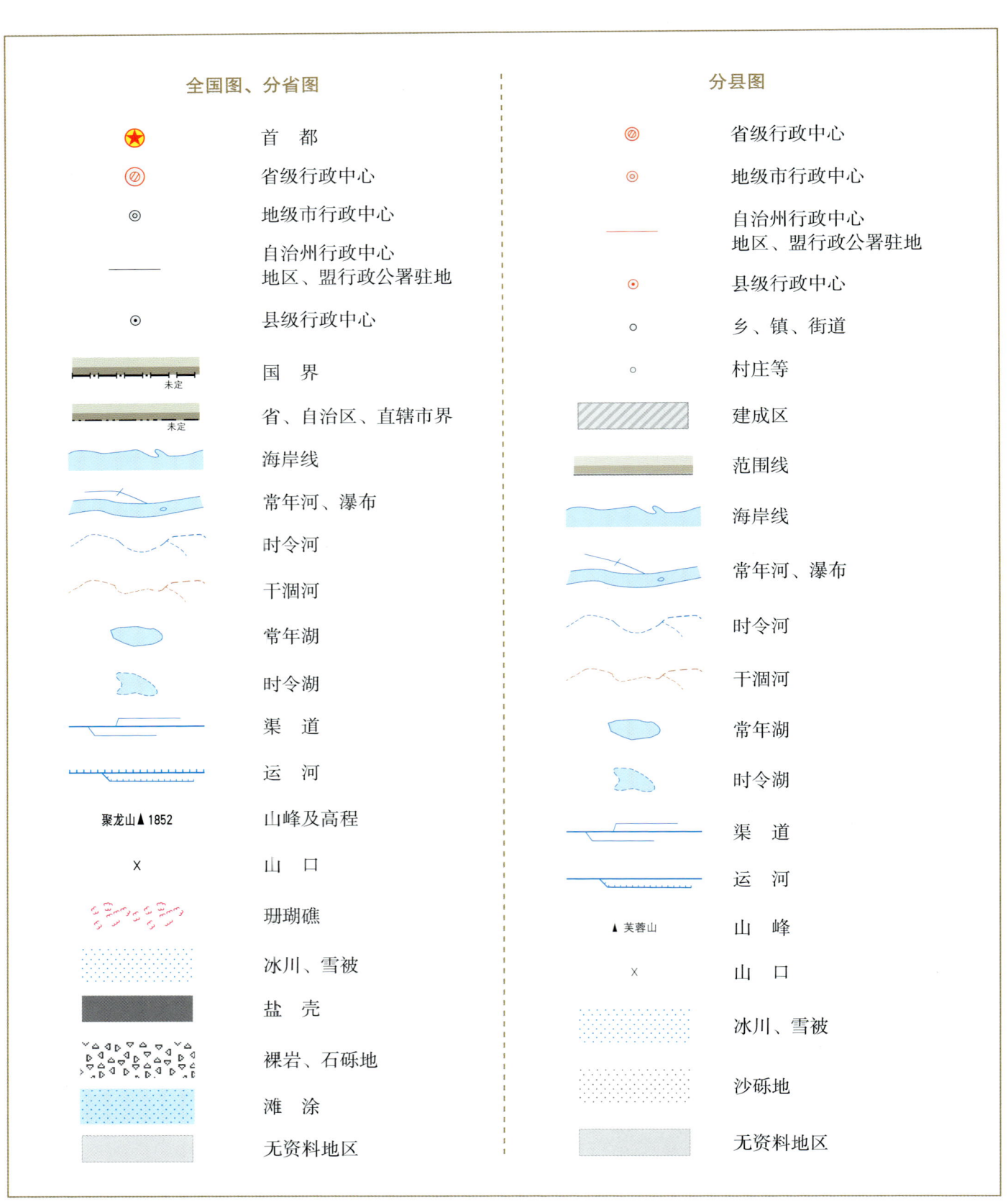

附录3　土壤图土类图例

图例	土类名	色码（RGB）	色码（CMYK）	图例	土类名	色码（RGB）	色码（CMYK）
	砖红壤	253，139，149	0，56，26，0		棕钙土	250，221，212	2，17，13，0
	赤红壤	253，160，170	0，47，17，0		灰钙土	230，214，165	11，15，40，1
	红　壤	252，199，209	1，29，6，0		灰漠土	246，237，182	4，6，36，0
	黄　壤	250，238，14	2，5，92，0		灰棕漠土	232，207，118	8，19，62，1
	黄棕壤	247，231，171	3，9，40，0		棕漠土	238，220，86	5，12，76，1
	黄褐土	249，236，121	2，5，64，0		黄绵土	249，223，2	1，13，93，0
	棕　壤	238，218，147	6，14，50，1		红黏土	247，149，143	1，52，33，0
	暗棕壤	226，181，98	9，33，68，2		新积土	184，199，156	30，11，44，2
	白浆土	223，226，205	15，7，22，0		龟裂土	254，252，55	0，7，86，0
	棕色针叶林土	206，169，142	18，35，40，4		风沙土	242，242，180	6，2，39，0
	灰化土	183，169，182	31，31，16，4		石灰（岩）土	176，175，85	28，21，75，9
	漂灰土*	220，219，162	15，9，44，1		火山灰土	223，167，170	11，41，19，2
	燥红土	250，161，9	0，46，95，0		紫色土	199，177，221	28，31，0，0
	褐　土	225，201，153	12，21，43，1		磷质石灰土	240，250，156	7，1，51，0
	灰褐土	228，219，186	12，12，30，0		石质土	171，181，150	35，18，43，5
	黑　土	142，164，151	46，21，38，8		粗骨土	196，187，132	23，21，53，4
	灰色森林土	162，178，175	40，19，27，4		草甸土	128，171，117	51，14，63，7

续表

图例	土类名	色码（RGB）	色码（CMYK）	图例	土类名	色码（RGB）	色码（CMYK）
	黑钙土	230, 188, 50	6, 30, 88, 1		潮土	169, 219, 118	34, 1, 68, 0
	栗钙土	214, 195, 161	17, 22, 37, 2		砂姜黑土	191, 202, 188	29, 13, 26, 1
	栗褐土	240, 213, 157	5, 18, 43, 1		林灌草甸土	171, 191, 44	31, 12, 93, 5
	黑垆土	201, 204, 125	22, 12, 60, 3		山地草甸土	132, 184, 161	52, 9, 42, 3
	沼泽土	144, 183, 212	49, 14, 8, 2		灌漠土	158, 184, 110	39, 12, 67, 6
	泥炭土	150, 140, 173	46, 41, 10, 6		草毡土	150, 172, 169	45, 20, 29, 6
	草甸盐土	222, 145, 201	21, 49, 0, 0		黑毡土	129, 157, 106	48, 19, 63, 14
	滨海盐土	232, 206, 217	10, 22, 5, 0		寒钙土	198, 214, 203	26, 8, 21, 1
	酸性硫酸盐土	187, 159, 184	29, 38, 9, 3		冷钙土	194, 194, 96	23, 15, 72, 5
	漠境盐土	209, 130, 159	16, 58, 11, 3		冷棕钙土	183, 186, 169	31, 20, 32, 3
	寒原盐土	187, 159, 184	29, 38, 9, 3		寒漠土	235, 223, 181	9, 12, 33, 0
	碱土	227, 211, 211	13, 18, 11, 0		冷漠土	223, 197, 102	11, 22, 68, 2
	水稻土	107, 176, 107	59, 9, 72, 3		寒冻土	196, 171, 79	19, 29, 77, 8
	灌淤土	136, 146, 47	38, 24, 90, 21				

注：*漂灰土，《中国土壤分类与代码》（GB/T 17296—2009）中无此土类，在二普完成的中国1:100万土壤图和分县土壤图中含漂灰土，主要分布于西藏自治区南部，总面积约为112 km²。

附录 4 中国主要土壤类型简表

土纲名[1]	土类名[2]	主要成土条件及特征[3]	分布区域	WRB 土组名[4]	MR[5]/%	百分比[6]/%
铁铝土纲 Ferrallisols	砖红壤 Latosols	热带雨林或季雨林下，强烈脱硅富铝化，游离铁占全铁的 80%，土壤呈砖红色，具 A-Bs-Bv-C 剖面构型	海南、广东等	Acrisols	29	0.46
	赤红壤 Latosolic red soils	南亚热带季雨林下，脱硅富铝化程度次于砖红壤、强于红壤，铁的游离度介于二者之间，土壤呈赤红色，具 A-Bs-C 剖面构型	广东、云南、广西、福建等	Acrisols	40	2.23
	红壤 Red soils	中亚热带常绿阔叶林下，中度脱硅富铝化，具有深厚红色土层，具 A-Bs-Bv 或 A-Bs-C 剖面构型	南部的江西、福建、湖南等	Cambisols	35	6.79
	黄壤 Yellow soils	亚热带湿润气候条件下，多见于海拔 700—1200m 的山区，中度富铝化，土壤有机质累积较多，土壤呈黄色，具 O-A-AB-B-C 剖面构型	贵州、四川、云南、西藏、台湾等	Cambisols	45	2.65
淋溶土纲 Alfisols	黄棕壤 Yellow-brown soils	北亚热带暖湿落叶阔叶林下，弱度富铝化，母质多为砂页岩及花岗岩风化物，黏化特征明显，土壤呈黄棕色，具 A-B-C 或 A-(B)-C 剖面构型	长江中下游沿江低山丘陵区，以及云南、贵州、四川、陕西、西藏等	Cambisols	39	2.37
	黄褐土 Yellow-cinnamon soils	北亚热带地区，黄土状母质，无游离碳酸钙，黏化淀积明显，土壤呈灰黄棕色，具 A-B-C 或 A-Bt-C 剖面构型	河南、安徽面积最大，陕南、鄂北、江苏、川东北、江西等地也有分布	Luvisols	58	0.59
	棕壤 Brown soils	湿润暖温带地区，处于硅铝风化阶段，盐基已淋失，土体见黏粒淀积，土壤呈棕色，具 O-A-Bt-C 剖面构型	辽东至苏北低山丘陵，以及内蒙古、河南、西藏、云南、湖北等地的山地垂直带	Luvisols	51	2.73
	暗棕壤 Dark brown soils	湿润温带地区，针阔叶混交林下，弱酸性淋溶，有机质富集明显，土体 B 层呈棕色，具 O-A-B-C 剖面构型	黑龙江、吉林、内蒙古等	Cambisols	48	4.12

续表

土纲名[1]	土类名[2]	主要成土条件及特征[3]	分布区域	WRB 土组名[4]	MR[5]/%	百分比[6]/%
淋溶土纲 Alfisols	白浆土 Bleached baijiang soils	湿润温带平缓岗地森林草原下，上层土壤周期性滞水，还原铁、锰，漂洗形成灰黄色至灰白色白浆土层 E，具 Ah-E-Bt-C 剖面构型	黑龙江、吉林等	Luvisols	46	0.49
	棕色针叶林土 Brown coniferous forest soils	寒温带针叶林下，酸性淋溶，表层盐基饱和度降低，B 层呈棕色，具 O-A-AB-B-C 剖面构型	内蒙古、黑龙江、四川、云南、吉林、新疆等	Cambisols	47	1.15
	灰化土 Podzolic soils	寒冷湿润针叶林下，表层有机质层深厚，强烈淋溶和 SiO_2 淀积形成灰化层 A_2，具 A_1-A_2-B-BC 剖面构型	西藏	Podzols	100	< 0.01
半淋溶土纲 Semi-alfisols	燥红土 Torrid red soils	热带、亚热带干旱河谷与雨区稀树草原下形成的盐基饱和的红色土壤，具 A-B-C（D）剖面构型	海南、贵州、云南、四川等	Luvisols	100	0.08
	褐土 Cinnamon soils	暖温带半湿润，黏化与钙质淋移淀积，盐基饱和，B 层呈棕褐色，具 A-B-Bk-C 剖面构型	河北、山西、北京等	Cambisols	48	2.88
	灰褐土 Gray-cinnamon soils	温带干旱、半干旱山地云冷杉下，腐殖质累积与钙积作用明显，弱黏淀特征，具 Ao-A-B-C 剖面构型	甘肃、内蒙古、新疆、西藏、青海、宁夏等地的山地垂直带	Cambisols	43	0.65
	黑土 Black soils	温带半湿润草甸草原下，具深厚的腐殖质层，无石灰性的黑色土壤，底层轻度淋溶，具 A-ABh-BhC-C 剖面构型	东北平原	Phaeozems	31	0.68
	灰色森林土 Gray forest soils	温带森林植被下，腐殖质层深厚，弱度淋溶，剖面下部见硅粉，具 O-A-AB 或（B）-BC-C 剖面构型	内蒙古、新疆、河北	Phaeozems	77	0.34
钙层土 Pedocals	黑钙土 Chernozems	温带半湿润草甸草原下，具深厚的腐殖质层、碳酸钙淋溶淀积层	内蒙古、新疆、吉林、黑龙江、青海、甘肃	Chernozems	50	1.51
	栗钙土 Castanozems	温带半干旱草原下，具有栗色腐殖质层和灰白色钙积层	内蒙古、新疆、河北、山西、吉林等	Kastanozems	61	4.18
	栗褐土 Castano-cinnamon soils	暖温带半干旱草原及灌木下，弱度黏化和弱度淋溶，通体有石灰反应	山西、内蒙古、河北	Cambisols	40	0.47
	黑垆土 Dark loessial soils	黄土高原上，由黄土母质发育，有机质含量低，腐殖质层深厚，无明显黏化层	甘肃面积最大，其次为陕北和宁南地区	Cambisols	59	0.21
干旱土 Aridisols	棕钙土 Brown caliche soils	温带干旱草原向荒漠过渡区，具浅棕色薄腐殖质层、灰白色薄钙积层，钙积层接近地表	内蒙古、甘肃、青海、新疆	Cambisols	36	2.81
	灰钙土 Sierozems	暖温带干旱草原下，母质多为黄土，低腐殖质、弱淋溶，具腐殖质层和钙积层	甘肃、宁夏、新疆、青海、内蒙古、陕西	Cambisols	63	0.50

续表

土纲名[1]	土类名[2]	主要成土条件及特征[3]	分布区域	WRB 土组名[4]	MR[5]/%	百分比[6]/%
漠土 Desert soils	灰漠土 Gray desert soils	温带干旱漠境边缘区	宁夏、内蒙古、甘肃、新疆等	Cambisols	44	0.72
	灰棕漠土 Gray-brown desert soils	温带干旱中心	新疆、内蒙古等	Cambisols	78	3.11
	棕漠土 Brown desert soils	暖温带极干旱漠境中心	新疆、甘肃等	Cambisols	65	2.69
初育土 Amorphic soils	黄绵土 Loessial soils	黄土高原上，由黄土母质直接翻耕形成，具 A-C 剖面构型	陕西、甘肃、山西、宁夏等	Cambisols	33	1.97
	红黏土 Red primitive soils	由第三纪红色黏土及部分第四纪老黄土发育	陕西、甘肃、河南、山西、辽宁等	Regosols	48	0.07
	新积土 Neo-alluvial soils	新近冲积、洪积、坡积、塌积或人工堆垫，具 A-C 或（A）-C 剖面构型	全国各地，以吉林、陕西面积最大，其次为黑龙江、宁夏、四川等	Fluvisols	51	0.57
	龟裂土 Takyr	干旱、漠境地区山前细土洪积微弱发育，表层为不规则龟裂结皮	新疆、甘肃、内蒙古、宁夏	Cambisols	72	0.06
	风沙土 Aeolian soils	半干旱、干旱及滨海地区，由风成沙性母质发育	新疆、内蒙古、甘肃、青海等	Arenosols	75	7.03
	石灰（岩）土 Limestone soils	由热带、亚热带石灰岩母质发育	贵州、广西、四川、湖南等	Cambisols	80	1.73
	火山灰土 Volcanic ash soils	由火山喷发碎屑、粉尘状堆积物发育，具 A-C 剖面构型	黑龙江、江苏、海南等	Andosols	53	0.04
	紫色土 Purplish soils	由热带、亚热带紫红色岩层侵蚀发育，土层浅薄，具 A-C 剖面构型	四川、云南、湖南、贵州、广西等	Cambisols	68	2.44
	磷质石灰土 Phospho-calcic soils	热带珊瑚岛礁上，由海鸟粪与珊瑚礁风化物形成	南海的西沙、南沙、东沙、中沙诸岛	Arenosols	81	<0.01
	石质土 Lithosols	石质山地岩石风化残积物，风化层厚度一般小于10cm，具 A-R 剖面构型	西北和华北山地	Leptosols	100	1.87
	粗骨土 Skeletal soils	基岩风化残积物、坡积物，属于 A-C 或（A）-C 剖面构型	辽宁、内蒙古、山东、浙江等地的河谷阶地、丘陵、低山和中山	Regosols	93	1.76
水成土 Aqueous soils	沼泽土 Bog soils	所处地势低洼，长期地表积水，还原作用形成潜育层 G，泥炭层或腐泥层厚度小于50cm，具 H-G 剖面构型	黑龙江、青海、内蒙古等地的沟谷、平原河湖滨低洼地区均有分布，主要分布于东北	Gleysols	53	1.53
	泥炭土 Peat soils	泥炭层 H 厚度大于50cm，其下为潜育层 G，具 H-G 剖面构型	青海、四川、黑龙江、吉林等	Histosols	48	0.06

续表

土纲名[1]	土类名[2]	主要成土条件及特征[3]	分布区域	WRB 土组名[4]	MR[5]/%	百分比[6]/%
半水成土 Semi-aqueous soils	草甸土 Meadow soils	冷湿条件下受地下水浸润并在草甸植被下发育，有明显腐殖质累积，铁、锰氧化还原形成锈纹层 Cu，具 A-Cu 或 A-C-Cu 剖面构型	黑龙江、内蒙古、新疆、四川等	Cambisols	92	3.54
	潮土 Fluvo-aquic soils	河流冲积平原或低平阶地耕作土壤，地下水位高，底土氧化还原交替形成锈纹层 Cu，具 $A_{11}-A_{12}-Cu$ 或 $A_{11}-C-Cu$ 剖面构型	主要分布于黄淮海平原，内蒙古、辽宁、湖北等地的河谷平原，滨湖低地与山间谷地也有分布	Cambisols	85	3.71
	砂姜黑土 Lime concretion black soils	河湖沉积物经脱沼与长期耕作形成，底土见砂姜	主要分布于安徽、河南、山东、江苏等，河北、湖北、广西等地也有分布	Cambisols	79	0.54
	林灌草甸土 Shrubby meadow soils	漠境河谷平原沿河一带的胡杨林下发育，有交替氧化还原作用，具 Ao-AC-C 剖面构型	新疆、内蒙古、甘肃等	Cambisols	87	0.24
	山地草甸土 Mountain meadow soils	中海拔山顶平台草甸植被下发育的薄层土壤，草皮层 As 下见铁锰锈纹、胶膜，具 As-A-C-D 剖面构型	除青藏高原及西北高山区以外，各省、自治区、直辖市均有分布，以西部为多，西南部次之	Cambisols	60	0.04
盐碱土 Alkali-saline soils	草甸盐土 Meadow solonchaks	草甸土、潮土、沼泽土地区，盐分累积量大于 6g/kg，有盐化表土层 Az，具 Az-C 剖面构型	从长江口到松辽平原均有分布	Solonchaks	55	1.21
	滨海盐土 Coastal solonchaks	母质为滨海沉积物，盐分来自海水和高矿化潜水，通常含盐量为 10g/kg，具 Az-Cz 剖面构型	山东、浙江、福建等沿海地区	Solonchaks	47	0.31
	酸性硫酸盐土 Acid sulphate soils	热带、南亚热带滨海低平原的海潮可及处，红树林残体形成的硫化物经氧化形成硫酸，土壤呈强酸性	海南、广东、广西、福建、台湾等	Solonchaks	36	<0.01
	漠境盐土 Desert solonchaks	极端干旱的漠境条件，含盐量通常在 100g/kg 以上	新疆、青海、甘肃等	Solonchaks	50	0.31
	寒原盐土 Frigid plateau solonchaks	青藏高寒地区退缩内陆湖盆、河间洼地	西藏	Solonchaks	88	0.10
	碱土 Solonetzes	碱化度（交换性钠占阳离子交换量百分比）大于 20%	零星分布于东北、华北、西北的内陆地区	Solonetz	50	0.06
人为土 Anthrosols	水稻土 Paddy soils	长期季节性淹灌、排水，水下翻耕，氧化还原交替，形成多种发生层分异：淹育层 Aa、犁底层 Ap、渗育层 P、潴育层 W 与潜育层 G	全国各地，以四川、江西、湖南等地面积为大	Anthrosols	83	4.93
	灌淤土 Irrigated warped soils	引用高泥沙含量灌溉水淤灌，加厚土层大于 50cm	新疆、宁夏、甘肃、河北、青海、西藏等	Anthrosols	70	0.22

续表

土纲名[1]	土类名[2]	主要成土条件及特征[3]	分布区域	WRB 土组名[4]	MR[5]/%	百分比[6]/%
人为土 Anthrosols	灌漠土 Irrigated desert soils	干旱荒漠地区，坎儿井水长期耕灌	新疆、甘肃、宁夏、青海等地的荒漠绿洲地带	Anthrosols	68	0.12
高山土 Alpine soils	草毡土 Felty soils	高寒区平缓高原面上，强度生草腐殖质累积与弱度氧化还原形成草毡层	青海、西藏、四川、新疆等	Cambisols	69	5.46
	黑毡土 Dark felty soils	高寒区略较温湿的原面上，草毡层初步分解，色泽较暗，有机质含量较高	西藏、四川、新疆、甘肃等	Cambisols	61	2.73
	寒钙土 Frigid calcic soils	高寒半干旱区，弱度腐殖质累积，底层积钙	西藏、青海、新疆、甘肃等	Calcisols	70	7.88
	冷钙土 Cold calcic soils	高寒区冷凉半干旱原面下，具弱腐殖质累积与钙积特征	新疆、西藏、甘肃等	Cambisols	45	1.43
	冷棕钙土 Cold brown calcic soils	高寒区温凉的半干旱河谷处，土壤弱腐殖质累积，弱度淋溶与积钙	西藏	Cambisols	67	0.09
	寒漠土 Frigid desert soils	高寒干旱条件下成土	青藏高原西北部海拔4000m以上地区，涉及新疆、四川、西藏、青海等	Cryosols	87	0.29
	冷漠土 Cold desert soils	亚高山冷凉干旱条件下成土	西藏海拔4500m以下的湖盆、河谷及山地中下部	Cambisols	42	0.03
	寒冻土 Frigid frozen soils	高山冰川冰缘地带条件下，以物理风化为主	青藏高原冰缘地区，涉及新疆、西藏、甘肃等	Leptosols	100	3.23

注：1）中国土壤分类系统中土纲名及土纲英译名。
2）中国土壤分类系统中土类名及土类英译名。
3）本栏所用土层及后缀代码释义。
  自然土壤：A 表土层，As 草根层、草毡层，A_2 灰化层，B 母质特征消失的表下层，C 受成土作用少的母质层，D 未受成土作用影响的碎屑层，R 坚硬岩石层，E 漂白、白浆层，H 泥炭状有机质层，Hi 纤维状泥炭层，He 半分解泥炭层，O 凋落物有机质层。
  旱地土壤：A_{11} 旱耕层，A_{12} 亚耕层，C_1 心土层，C_2 底土层。
  水田土壤：Aa 耕作层（淹育层），Ap 犁底层（淹育层），P 渗育层，W 潴育层，G 潜育层，Gw 脱潜层，M 腐泥层。
  土层后缀代码：d 漂灰特征，c 铁结核或硬结核，f 冰冻特征，h 有机质淀积，k 石灰聚积，n 碱化特征，q 硅聚积，t 黏粒淀积，v 网纹特征，x 脆盘，z 易溶盐聚集，su 硫化物聚积，b 埋藏或重叠，e 漂洗特征，g 潜育特征，i 弱分解有机质，m 胶结或固结，p 人工扰动，s 三氧化二物聚积，u 锈色斑纹，w 色泽或结构发育，y 石膏聚积，mo 铁锰胶膜。
4）世界土壤资源参比基础（world reference base for soil resources，WRB）工作组发布土组名，WRB 土组划分原则与中国分类系统中土纲接近。
5）WRB 土组对中国分类系统中各土类的最大可参比性（maximum referencibility，MR）。
6）该土类面积占各土类总面积的百分比。

附录 5　西藏自治区主要土壤类型表

土纲名[1]	土类名[2]	WRB 土组名[3]	MR[4]/%	百分比[5]/%
铁铝土纲 Ferrallisols	砖红壤 Latosols	Acrisols	29	0.4
	赤红壤 Latosolic red soils	Acrisols	40	0.8
	黄壤 Yellow soils	Cambisols	45	1.3
淋溶土纲 Alfisols	黄棕壤 Yellow-brown soils	Cambisols	39	1.3
	棕壤 Brown soils	Luvisols	51	0.9
	暗棕壤 Dark brown soils	Cambisols	48	3.0
	棕色针叶林土 Brown coniferous forest soils	Cambisols	47	0.4
半淋溶土纲 Semi-alfisols	褐土 Cinnamon soils	Cambisols	48	0.7
	灰褐土 Gray-cinnamon soils	Cambisols	43	0.8
初育土 Amorphic soils	新积土 Neo-alluvial soils	Fluvisols	51	0.5
	风沙土 Aeolian soils	Arenosols	75	0.3
	石质土 Lithosols	Leptosols	100	1.4
	粗骨土 Skeletal soils	Regosols	93	0.8
半水成土 Semi-aqueous soils	草甸土 Meadow soils	Cambisols	92	1.9
	潮土 Fluvo-aquic soils	Cambisols	85	0.1
水成土 Aqueous soils	沼泽土 Bog soils	Gleysols	53	0.6
盐碱土 Alkali-saline soils	寒原盐土 Frigid plateau solonchaks	Solonchaks	88	0.7
高山土 Alpine soils	草毡土 Felty soils	Cambisols	69	16.0
	黑毡土 Dark felty soils	Cambisols	61	7.3
	寒钙土 Frigid calcic soils	Calcisols	70	42.1
	冷钙土 Cold calcic soils	Cambisols	45	2.3
	冷棕钙土 Cold brown calcic soils	Cambisols	67	0.7
	寒漠土 Frigid desert soils	Cryosols	87	0.2
	冷漠土 Cold desert soils	Cambisols	42	0.2
	寒冻土 Frigid frozen soils	Leptosols	100	11.0

注：1）中国土壤分类系统中土纲名及土纲英译名。
2）中国土壤分类系统中土类名及土类英译名。
3）世界土壤资源参比基础（world reference base for soil resources，WRB）工作组发布土组名，WRB 土组划分原则与中国分类系统中土纲接近。
4）WRB 土组对中国分类系统中各土类的最大可参比性（maximum referencibility，MR）。
5）该土类面积占西藏自治区地域面积的百分比，土类面积不足本自治区地域面积 0.05% 的土类未列入本表。

附录 6　分省土壤有机质含量图有机质含量分级图例

图例	分级序号	色码（CMYK）	色码（RGB）	图例	分级序号	色码（CMYK）	色码（RGB）
	1	2, 2, 17, 0	255, 255, 220		8	38, 0, 74, 0	157, 218, 104
	2	4, 1, 35, 0	248, 255, 190		9	42, 0, 80, 0	146, 210, 90
	3	8, 0, 47, 0	238, 255, 165		10	48, 1, 85, 0	132, 200, 80
	4	17, 0, 53, 0	220, 249, 150		11	52, 4, 89, 1	123, 190, 70
	5	23, 0, 60, 0	203, 242, 135		12	54, 11, 94, 3	115, 175, 55
	6	28, 0, 62, 0	185, 235, 130		13	61, 18, 98, 7	92, 158, 37
	7	34, 0, 68, 0	169, 225, 118		14	64, 24, 100, 15	70, 138, 20

附录 7　西藏自治区典型剖面 0—20cm 土层土壤理化性状中位数与平均数

土壤理化性状[1]	西藏自治区[2]			西南地区[3]			全国[4]		
	中位数	平均数	样本量*	中位数	平均数	样本量*	中位数	平均数	样本量*
有机质 /(g/kg)	35.8	53.2	804	23.6	33.2	11258	18.6	25.4	53243
pH	7.5	7.3	794	6.5	6.6	11668	6.8	6.8	54014
全氮 /(g/kg)	1.95	2.34	795	1.31	1.65	9621	1.06	1.37	49409
全磷 /(g/kg)	0.87	1.09	784	0.67	0.96	10208	0.60	0.78	50185
全钾 /(g/kg)	22.0	22.2	757	10.0	11.9	6093	18.0	17.5	29736
碱解氮 /(mg/kg)	119	151	584	103	131	7200	90	114	19316
有效磷 /(mg/kg)	5.4	8.5	610	5.0	8.3	4749	4.4	7.5	23100
速效钾 /(mg/kg)	121	151	607	91	115	4606	90	110	23841
阳离子交换量 /(cmol/kg)	13.7	15.9	458	15.5	17.3	4382	13.1	14.8	22361

注：1）土壤全氮、全磷、全钾、碱解氮、有效磷、速效钾含量均以 N、P、K 纯养分量计。
2）本卷收录的西藏自治区典型土壤剖面共计 898 个。通过对剖面数据的土层厚度转换，附录 7 给出了这些典型剖面 0—20cm 土层土壤理化性状中位数与平均数。全国第二次土壤普查剖面采样为典型土类采样，而非网格化采样。0—20cm 土层土壤理化性状中位数与平均数不代表本自治区土壤理化性状平均状况。但全国第二次土壤普查是我国最早的大样本量调查，附录 7 所示的 0—20cm 土层土壤理化性状中位数与平均数对了解西藏自治区 20 世纪 80 年代土壤肥力性状量化指标具有一定参考价值。
3）西南地区包括云南、贵州、重庆、四川和西藏 5 个省（区、市），本数据集收录该地区的剖面共计 12873 个。
4）本数据集全集收录的剖面共计 63792 个。
5）* 样本量的单位为"个"。

附录8　西藏自治区主要土地利用类型 0—30cm 土层土壤有机质含量[1]

土地利用类型	西藏自治区		西南地区[2]		全国	
	占自治区区域面积百分比/%[3]	有机质/(g/kg)	占地域面积百分比/%	有机质/(g/kg)	占地域面积百分比/%	有机质/(g/kg)
耕地	0.37	16.72	7.05	20.99	13.52	18.65
园地	0.01	23.33	1.99	21.27	2.13	16.68
林地	14.90	32.73	36.16	28.72	30.04	26.96
草地	66.65	17.20	39.21	19.50	27.97	19.18
湿地	3.58	12.76	2.40	15.95	2.48	17.56

注：1）各土地利用类型 0—30cm 土层土壤有机质含量由本卷编制的西藏自治区土壤有机质含量图和自然资源部土地科学数据中心编制的 2019 年 1∶100 万比例尺全国土地利用缩编图通过叠加、计算生成。其中，耕地包括水田、水浇地和旱地；园地包括果园、茶园和其他园地；林地包括有林地、灌木林地和其他林地；草地包括天然牧草地、人工牧草地和其他草地；湿地包括沼泽地、沿海滩涂和内陆滩涂。
2）西南地区包括云南、贵州、重庆、四川和西藏 5 个省、自治区、直辖市。
3）土地利用类型占自治区区域面积百分比根据第三次全国国土调查发布的 2019 年土地利用现状分类面积汇总数据计算生成。

附录 9 西藏自治区耕地、园地、林地和草地中主要土壤类型占比[1]

西藏自治区								西南地区[2]								全国							
耕地		园地		林地		草地		耕地		园地		林地		草地		耕地		园地		林地		草地	
土类名	占比/%	土类名	占比/%	土类名	占比/%	土类名	占比/%	土类名	占比/%	土类名	占比/%	土类名	占比/%	土类名	占比/%	土类名	占比/%	土类名	占比/%	土类名	占比/%	土类名	占比/%
冷棕钙土	46.9	潮土	39.1	黑毡土	21.9	寒钙土	54.3	紫色土	29.8	紫色土	19.2	黄壤	14.7	寒钙土	47.7	水稻土	14.9	水稻土	14.3	红壤	16.7	寒钙土	21.8
潮土	14.9	褐土	18.7	暗棕壤	18.7	草毡土	19.1	水稻土	21.4	赤红壤	17.9	红壤	11.5	草毡土	20.1	潮土	14.3	红壤	13.1	暗棕壤	10.3	草毡土	14.4
冷钙土	14.1	草甸土	16.9	草毡土	9.5	寒冻土	9.9	黄壤	13.6	水稻土	16.3	紫色土	11.4	寒冻土	9.6	草甸土	9.1	砖红壤	11.5	黄壤	7.0	栗钙土	9.7
黑毡土	9.1	冷棕钙土	15.5	黄壤	8.8	黑毡土	4.9	红壤	12.7	红壤	14.7	黄棕壤	9.5	黑毡土	8.1	褐土	6.1	褐土	10.5	黄棕壤	6.3	棕钙土	7.4
草甸土	3.3	棕壤	9.7	风沙土	8.5	冷钙土	2.7	石灰(岩)土	8.7	砖红壤	12.9	暗棕壤	8.4	冷钙土	2.4	紫色土	4.8	赤红壤	9.6	棕壤	5.8	寒冻土	5.3
棕壤	2.4			棕壤	5.7	草甸土	2.1	黄棕壤	4.8	黄壤	9.3	黑毡土	7.6	草甸土	2.1	红壤	4.7	紫色土	5.6	赤红壤	5.1	风沙土	4.8
风沙土	1.9			赤红壤	5.3	石质土	1.3	赤红壤	3.3	石灰(岩)土	3.2	棕壤	6.8	石质土	1.2	黑土	3.4	粗骨土	5.0	褐土	4.6	灰棕漠土	4.4
新积土	1.7			灰褐土	4.6	粗骨土	0.9	棕壤	1.1	黄棕壤	2.4	石灰(岩)土	6.3	沼泽土	1.2	黑钙土	3.2	潮土	4.8	紫色土	4.5	黑色土	4.0
合计	94.3	合计	99.9	合计	83.0	合计	95.3	合计	95.3	合计	95.9	合计	76.2	合计	92.4	合计	60.4	合计	74.5	合计	60.3	合计	71.7

注：1）耕地、园地、林地和草地中主要土壤类型占比由本表编制组编制。其中，耕地包括水田、水浇地和旱地；园地包括果园、茶园和其他园地；林地包括有林地、灌木林地和其他林地；草地包括天然牧草地、人工牧草地和其他草地。占比是根据中国科学院南京土壤研究所和自然资源部土地科学技术重点实验室自然资源部国土整治中心制作的2019年1:100万比例尺全国土地利用缩编图和自然资源部土地科学数据中心编制的2019年1:100万比例尺西藏自治区土壤图和自然资源部土地科学数据中心制作的2019年1:100万比例尺全国土地利用缩编图通过叠加、计算生成。当某省、自治区、直辖市中某土壤类型所含土地利用类型较多时，本表仅列出占比较大的土壤类型。

2）西南地区包括云南、贵州、重庆、四川和西藏5个省、自治区、直辖市。

附录10 《中国土壤剖面数据集》参编单位

国家科技基础性工作专项重点项目"我国1:5万土壤图籍编撰及高精度数字土壤构建"主持与参加单位	
中国农业科学院农业资源与农业区划研究所	湖南农业大学
中国科学院南京土壤研究所	西北农林科技大学
中国农业科学院农业环境与可持续发展研究所	沈阳大学
中国科学院地理科学与资源研究所	山东省国土测绘院
国家基础地理信息中心	辽宁省基础测绘院
全国农业技术推广服务中心	黑龙江省农业科学院土壤肥料与环境资源研究所
中国农业大学	海南省农业科学院
华中农业大学	上海市农业科学院生态环境保护研究所
中国地质大学（北京）	城信迪赛（北京）科技有限公司
参加数据集各分卷审核和修订工作的单位	
北京市农林科学院植物营养与资源研究所	广西农业科学院农业资源与环境研究所
河北省农林科学院农业资源环境研究所	重庆市农业技术推广总站
山西省农业科学院农业环境与资源研究所	贵州省农业科学院土壤肥料研究所
辽宁省农业科学院植物营养与环境资源研究所	云南省农业科学院农业环境资源研究所
吉林省农业科学院农业资源与环境研究所	甘肃省农业科学院土壤肥料与节水农业研究所
江苏省农业科学院农业资源与环境研究所	青海省农林科学院土壤肥料研究所
福建省农业科学院	宁夏农林科学院农业资源与环境研究所
江西省土壤肥料技术推广站	新疆农业科学院土壤肥料与农业节水研究所
山东省农业科学院农业资源与环境研究所	西藏自治区农牧科学院
湖南省土壤肥料研究所	

续表

参加分县大比例尺纸质土壤图与土种志收集的单位	
北京市耕地建设保护中心	福建省农田建设与土壤肥料技术总站
天津市农田建设管理处	山东省土壤肥料总站
河北省土壤肥料总站	河南省土壤肥料站
山西省耕地质量监测保护中心	湖北省耕地质量与肥料工作总站（湖北省土壤肥料调查测试中心）
内蒙古自治区土壤肥料和节水农业工作站	湖南省土壤肥料工作站
辽宁省土壤肥料总站	广东省农业科学院农业资源与环境研究所
吉林省土壤肥料总站	河池市土壤肥料工作站
黑龙江八一农垦大学	成都土壤肥料测试中心
上海市农业技术推广服务中心	云南省土壤肥料工作站
江苏省农业科学院	陕西省耕地质量与农业环境保护工作站
扬州市土壤肥料站	甘肃省耕地质量建设保护总站
安徽省土壤肥料总站	

注：表中各参编单位仅出现一次，参与多项工作的单位不重复列出。

参考文献

[1] 张维理，徐爱国，张认连，等．土壤分类研究回顾与中国土壤分类系统的修编［J］．中国农业科学，2014，47（16）：3214-3230．

[2] 张维理，KOLBE H，张认连，等．世界主要国家土壤调查工作回顾［J］．中国农业科学，2022，55（18）：3565-3583．

[3] MCBRATNEY A B, MENDONÇA SANTOS M L, MINASNY B. On digital soil mapping［J］. Geoderma, 2003（117）: 3-52.

[4] USDA. Natural Resources Conservation Service［EB/OL］. Soils National Soil Information System（NASIS）［2021-12-01］. http://www.nrcs.usda.gov/wps/portal/nrcs/detail/soils/survey/cid=nrcs142p2_053552.

[5] CSIRO Land and Water. Australian Soil Resource Information System（ASRIS）［EB/OL］.［2021-12-01］. http://www.asris.csiro.au/asris.

[6] European Soil Data Centre［EB/OL］.［2021-12-01］. http://eusoils.jrc.ec.europa.eu/.

[7] 全国土壤普查办公室．全国第二次土壤普查暂行技术规程［M］．北京：农业出版社，1979．

[8] 张维理，张认连，徐爱国，等．中国1∶5万比例尺数字土壤的构建［J］．中国农业科学，2014，47（16）：3195-3213．

[9] 张维理，傅伯杰，徐爱国，等．中国土壤调查结果的地统计特征［J］．中国农业科学，2022，55（13）：2572-2583．

[10] 张维理．海量空间数据提取、整合与制图表达方法概要［J］．中国农业科学，2014，47（16）：3231-3249．

[11] 张维理．智能化海量空间信息分析与地图制图软件包 IMAT 设计及构建［J］．中国农业科学，2014，47（16）：3250-3263．

[12]《第一次全国地理国情普查地图集》编纂委员会．第一次全国地理国情普查地图集［M］．北京：中国地图出版社，2019．

[13] 中国地图出版社．中国地图集［M］．3版．北京：中国地图出版社，2022．

[14] 全国土壤质量标准化技术委员会．土壤制图 1∶25 000　1∶50 000　1∶100 000 中国土壤图用色和图例规范：GB/T 36501—2018［S］．北京：中国标准出版社，2018．

[15] 张维理，KOLBE H，张认连．土壤有机碳作用及转化机制研究进展［J］．中国农业科学，2020，53（2）：317-331．

[16] 周北燕，石家星．中华人民共和国地形图［M］．北京：中国地图出版社，2009．

[17]《中华人民共和国气候图集》编委会．中华人民共和国气候图集［M］．北京：气象出版社，2002．

[18] 中国标准化与信息分类编码研究所，全国农业技术推广服务中心．中国土壤分类与代码：GB/T 17296—1998［S］．

[19] 中国标准研究中心．中国土壤分类与代码：GB/T 17296—2000［S］．

[20] 全国信息分类编码标准化技术委员会．中国土壤分类与代码：GB/T 17296—2009［S］．北京：中国标准出版社，2009．

[21] ISSS, ISRIC, FAO. World Reference Base for Soil Resources. Wageningen/Rome, 1998.

[22] SHI X Z, YU D S, XU S X, et al. Cross-reference for relating Genetic Soil Classification of China with WRB at different scales［J］. Geoderma, 2010（155）: 344-350.

[23] 全国土壤普查办公室．中国土种志　第一卷［M］．北京：中国农业出版社，1993．

[24] 全国土壤普查办公室．中国土种志　第二卷［M］．北京：中国农业出版社，1994．

[25] 全国土壤普查办公室．中国土种志　第三卷［M］．北京：中国农业出版社，1994．

[26] 全国土壤普查办公室．中国土种志　第四卷［M］．北京：中国农业出版社，1995．

[27] 全国土壤普查办公室．中国土种志　第五卷［M］．北京：中国农业出版社，1995．

[28] 全国土壤普查办公室．中国土种志　第六卷［M］．北京：中国农业出版社，1996．

[29] 全国土壤普查办公室．中国土壤［M］．北京：中国农业出版社，1998．